苏天教育组织编写

# 江苏"专转本"
# 机械工程专业大类
# 考试必读

## 综合基础理论分册

主　编　沈仙法

副主编　陈本德　王海巧　刘　洋

扫码可见本册答案与解析

南京大学出版社

**图书在版编目(CIP)数据**

江苏"专转本"机械工程专业大类考试必读/沈仙
法主编. —南京:南京大学出版社,2024.9
ISBN 978 - 7 - 305 - 27977 - 5

Ⅰ. ①江… Ⅱ. ①沈… Ⅲ. ①机械工程—成人高等教
育—升学参考资料 Ⅳ. ①TH

中国国家版本馆 CIP 数据核字(2024)第 040092 号

出版发行 南京大学出版社
社　　址 南京市汉口路 22 号　　　　邮　编　210093
书　　名 江苏"专转本"机械工程专业大类考试必读
　　　　　JIANGSU "ZHUANZHUANBEN" JIXIE GONGCHENG ZHUANYE DALEI KAOSHI BIDU
主　　编 沈仙法
责任编辑 吴　华　　　　　　　　编辑热线　025 - 83597482
照　　排 南京开卷文化传媒有限公司
印　　刷 常州市武进第三印刷有限公司
开　　本 787 mm×1092 mm　1/16　印张 38.25　字数 1235 千
版　　次 2024 年 9 月第 1 版　2024 年 9 月第 1 次印刷
ISBN 978 - 7 - 305 - 27977 - 5
定　　价 98.00 元(含综合基础理论分册、综合操作技能分册共 2 册)

网　　址:http://www.njupco.com
官方微博:http://weibo.com/njupco
微信公众号:njupress
销售咨询热线:(025)83594756

# 前　言

为了建立高质量应用型人才培养的立交桥,重点突破"专转本"选拔考试内容与形式,构建"文化素质+职业技能"的评价方式,培养高层次技术技能人才,江苏省教育厅于2019年6月发布了《江苏省普通高校"专转本"选拔考试改革实施方案》(苏教学[2019]6号)。该改革方案对今后的"专转本"选拔考试将产生深远影响。

根据考试大纲,机械工程专业大类专业综合考试实行全省统一考试,含专业综合基础理论和专业综合操作技能两大部分。其中,专业综合基础理论包括机械制图、工程力学、机械设计基础、金属材料及热处理四门课程,专业综合操作技能包括机械图样绘制与识读、机械CAD软件绘图、机械零件加工、机械零部件装配、零件测量与公差配合应用五个技能。

苏天教育立足江苏,作为省内专业的专转本考试培训机构,自成立以来辛勤耕耘,帮助数万名考生实现转本梦想、登上人生更高一层台阶,在专转本领域内深耕多年,先后荣获江苏省和南京市多项荣誉。

为了响应江苏省内万千考生的复习需求,帮助考生实现人生梦想,苏天教育厚积薄发,跨学校选拔了一批从教经验丰富、实操能力强、教材编写水平高的优秀师资,对专业综合考试大纲进行认真分析,仔细研究,以方便学生学习参加"专转本"选拔考试为出发点,编写了本教材。本书作为江苏省"专转本"选拔考试专业综合考试应试指导教材,不仅能帮助考生顺利通过专业综合考试,还可作为学生日常学习参考用书。

本教材具有以下特点:

第一,紧扣考纲,够用为度。本教材紧扣考试大纲进行编写,反映命题趋势和命题方向,适当删除大纲中不涉及的知识点,减少考生的复习压力。

第二,内容可视,突出考点。本教材在每个章节刚开始均设置了知识框架,便于学生把相关知识形成知识网;采用设置底纹、加粗等形式,突出考点,方便学生学习。

参加本教材编写工作的有:三江学院的沈仙法(主编,编写机械设计基础、金属材料及热处理、技能一和技能二)、陈本德(副主编,编写技能三、技能四和技能五),金陵科技学院的王海巧(副主编,编写机械制图),东南大学成贤学院刘洋(副主编,编写工程力学)。本书由沈仙法老师负责统稿并担任主审。本教材参考和引用了已公开的有关文献和资料,为此谨对所有文献的作者和曾关心、支持本教材的同仁们深表谢意。此外,在教材的编写过程中,感谢相关课程的专家老师提出的宝贵意见,在此一并表示谢意。限于编者水平有限,时间仓促,书中难免存在缺点和不足之处,敬请广大读者批评指正!联系邮箱:544149198@qq.com。全书答案与解析可见前言和扉页下方二维码。

☞扫码可见《综合基础理论分册》答案与解析

☞扫码可见《综合操作技能分册》答案与解析

# 目　录

## 课程 A　机械制图

# 课程 B　工程力学

# 课程 D  金属材料及热处理

# 课程 A  机械制图

 知识框架

| 序号 | 考试内容 | |
|---|---|---|
| | 知识领域 | 知识点 |
| 1 | 制图基本知识 | (1) 了解国家标准《机械制图》《技术制图》的基本规定(图纸幅面、比例、字体、图线型式) |
| | | (2) 熟悉尺寸标注的基本规则和要素 |
| | | (3) 熟悉常见的圆周等分、斜度、锥度以及圆弧连接的作图方法 |
| | | (4) 理解平面图形的尺寸类型 |
| | | (5) 掌握平面图形的作图步骤 |
| 2 | 投影作图基础 | (6) 了解投影法的概念、分类 |
| | | (7) 掌握简单形体三视图的作图方法 |
| | | (8) 了解点、直线、平面的三面投影规律 |
| | | (9) 了解特殊位置直线、平面的投影画法 |
| | | (10) 掌握常见平面体(正棱柱、正棱锥)与回转体(圆柱、圆锥和圆球)及简单切割的三视图画法 |
| | | (11) 掌握相贯体的常见画法 |
| | | (12) 了解形体分析法的概念及应用 |
| | | (13) 理解组合体的尺寸标注 |
| | | (14) 掌握组合体的三视图画法 |
| | | (15) 掌握用形体分析法识读组合体的三视图 |
| | | (16) 掌握基本视图的画法 |
| | | (17) 熟悉向视图、斜视图、局部视图的画法 |
| | | (18) 掌握全剖视图、半剖视图和局部剖视图的画法与标注方法 |
| | | (19) 理解利用平面剖切形体的剖视图画法 |
| | | (20) 掌握移出断面图和重合断面图的画法 |
| | | (21) 熟悉局部放大图和常用图形的简化画法 |
| 3 | 标准件与常用件 | (22) 了解螺纹的要素和分类 |
| | | (23) 熟悉螺纹的标注方法 |
| | | (24) 掌握内外螺纹的规定画法及连接画法 |
| | | (25) 了解螺纹紧固件的分类、标记及适用场合 |

续　表

| 序号 | 考试内容 | |
|---|---|---|
| | 知识领域 | 知识点 |
| 3 | 标准件与常用件 | (26) 理解紧固件连接的规定画法(螺栓连接、螺柱连接及螺钉连接) |
| | | (27) 了解齿轮传动的类型 |
| | | (28) 掌握绘制单个齿轮的规定画法 |
| | | (29) 了解键、销连接的作用、分类与标记 |
| | | (30) 了解滚动轴承的作用及规定画法 |
| 4 | 零件图与装配图 | (31) 了解零件图的作用和内容 |
| | | (32) 了解零件图的尺寸标注方法 |
| | | (33) 了解零件上常见工艺结构的画法和尺寸注法 |
| | | (34) 理解零件图上表面粗糙度、尺寸公差、几何公差等技术要求的标注与识读 |
| | | (35) 掌握四种典型零件图的识读(轴套类、盘盖类、叉架类、箱体类) |
| | | (36) 了解装配图的作用和内容 |
| | | (37) 理解装配图的视图表达方案与尺寸类型 |
| | | (38) 理解装配图中的零部件序号、明细栏内容与技术要求,能识读简单的装配图 |

# 第一章　制图基本知识和技能

## ▌▶ 考点 1　国家标准《机械制图》《技术制图》的基本规定

图样是"工程界的语言",为便于技术交流和指导生产,就必须有一个统一的规定。国家标准简称国标,代号为"GB"。

### 一、图纸幅面及格式

(1) 优先采用**基本幅面 A0、A1、A2、A3、A4**,加长幅面是基本幅面短边的整数倍。(见表 1-1)

表 1-1　基本幅面尺寸(mm)

| 幅面代号 | | A0 | A1 | A2 | A3 | A4 |
|---|---|---|---|---|---|---|
| 尺寸 $B \times L$ | | 841×1189 | 594×841 | 420×594 | 297×420 | 210×297 |
| 边框 | $a$ | | | 25 | | |
| | $c$ | | 10 | | 5 | |
| | $e$ | | 20 | | 10 | |

(2) 图框格式:每幅图必须用粗实线画出图框,**图框尺寸有留装订边和不留装订边两种**。一般采用 A4 竖装或 A3 横装。(见图 1-1)

(3) 标题栏的方位及格式:**每张图样的右下角均应有标题栏,且标题栏中的文字方向为看图方向**。标题栏的外框是粗实线,其右边和底边与图框线重合,其余为细实线。标题栏格式在国家标准 GB 10609.1—2008《技术制图标题栏》中有明确规定。

### 二、比例

**图样与实物相应要素的线性尺寸之比称为图样的比例**。绘图时所选比例应符合表 1-2 中的规定,优先选用第一系列比例,尽量采用 1:1 的比例。

> **注意:图样不论放大或缩小,在标注尺寸时,应按机件的实际尺寸标注**。每张图样上应在标题栏的"比例"一栏填写比例。

表 1-2　比　例

| 种　类 | 比　　　　例 | |
|---|---|---|
| | 第一系列 | 第二系列 |
| 原值比例 | 1:1 | |

续　表

| 种类 | 比　　例 | |
|---|---|---|
| | 第一系列 | 第二系列 |
| 缩小比例 | $1:2$　$1:5$　$1:1\times10^n$　$1:2\times10^n$　$1:5\times10^n$ | $1:1.5$　$1:2.5$　$1:3$　$1:4$　$1:6$　$1:1.5\times10^n$　$1:2.5\times10^n$　$1:3\times10^n$　$1:4\times10^n$　$1:6\times10^n$ |
| 放大比例 | $2:1$　$5:1$　$1\times10^n:1$　$2\times10^n:1$　$5\times10^n:1$ | $2.5:1$　$4:1$　$2.5\times10^n:1$　$4\times10^n:1$ |

注:$n$ 为正整数。

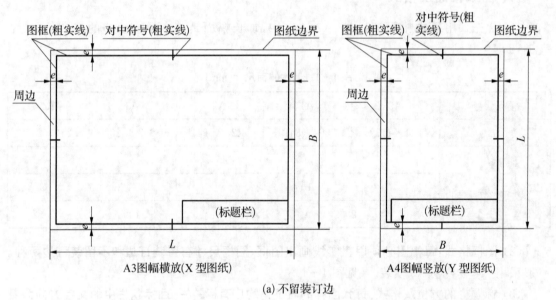

(a) 不留装订边

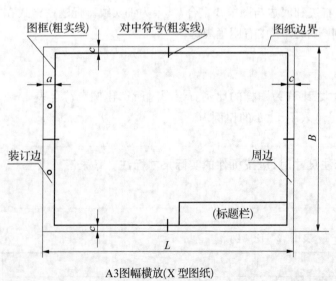

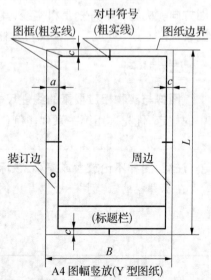

(b) 留装订边

图 1-1　图框格式

### 三、字体

要求:字体工整、笔画清楚、排列整齐、间隔均匀。

**字体大小分为 20、14、10、7、5、3.5、2.5、1.8 八种号数,号数即字体的高度。**

1. 汉字

**汉字应写成长仿宋体字,**并应采用国家正式公布推行的简化字。字宽一般为 $h/\sqrt{2}(\approx 0.7h)$,字号不能小于 3.5。

长仿宋体字的特点是横平竖直,结构均匀,注意起落,高度足格。

2. 数字和字母

**数字和字母可写成直体和斜体。**斜体字字头向右倾斜,与水平线约成75°。在技术文件中数字和字母一般写成斜体,而与汉字混合书写时,可采用直体。

**数字和字母又分 A 型和 B 型,**A 型字体笔画宽度 $d=h/14$,B 型为 $h/10$。在同一图样中应采用同一型号的字体,用作指数、分数、极限偏差、注脚及字母的字号时,一般采用比基本尺寸数字小一号的字体。

### 四、图线

1. 图线形式及应用

绘制图样时,应采用国标 GB/T 17450—1998《技术制图图线》中所规定的图线,如表 1-3 所示。

表 1-3　图线(摘选)

| NO. | 图线名称 | | 图线宽度 | 应用举例 |
|---|---|---|---|---|
| 01 | 实线 | 粗实线 | $b$ | 可见轮廓线,可见过渡线 |
| | | 细实线 | 约 $b/2$ | 尺寸线,尺寸界线,剖面线,重合剖面的轮廓线,引出线 |
| | | 波浪线 | 约 $b/2$ | 断裂处的边界线,视力和剖视图的分界线 |
| | | 双折线 | 约 $b/2$ | 断裂处的边界线 |
| 02 | 虚线 | | 约 $b/2$ | 不可见轮廓线,不可见过渡线 |
| 04 | 单点长划线 | | 约 $b/2$ | 剖切线 |
| 10 | 点划线 | 细点划线 | 约 $b/2$ | 轴线,对称中心线,节圆和节线 |
| | | 粗点划线 | $b$ | 有特殊要求的线或表面的表示线 |
| 12 | 双点划线 | | 约 $b/2$ | 相邻辅助零件的轮廓线,极限位置的轮廓线,假想投影的轮廓线 |

**常用图线有:**粗实线、细实线、波浪线、双折线、虚线、细点划线、双点划线等。

图线分为粗、细两种。粗线宽 $b$ 根据图的大小和复杂程度,在 0.5~2 mm 之间选择;细线约为 $b/2$。图线宽度推荐系列为:0.18,0.25,0.35,0.5,0.7,1,1.4,2 mm。0.18 mm 避免采用。

2. **图线画法**

(1) 同一图样中,同类图线的宽度应一致;虚线、点划线及双点划线的线段长度和间隔应大致相等。

(2) 两条平行线之间的距离应不小于粗实线的两倍,最小间距不小于 0.7 mm。

(3) 绘制圆的对称中心线时,点划线两端应超出圆的轮廓线 2～5 mm;首末两端应是线段而不是短画;圆心应是线段的交点。在较小的图形上绘制点划线有困难时可用细实线代替。

(4) 两条线相交应以线相交,而不应相交在点或间隔处。

(5) 直虚线在实线的延长线上相接时,虚线应留出间隔。

(6) 虚线圆弧与实线相切时,虚线圆弧应留出间隔。

(7) 点划线、双点划线的首末两端应是线,而不应是点。

(8) 当有两种或更多的图线重合时,通常按图线所表达对象的重要程度优先选择绘制顺序:可见轮廓线—不可见轮廓线—尺寸线—各种用途的细实线—轴线和对称中心线—假想线。

▶ **单选题**

1. 国标规定图纸的基本幅面有( )。(本书中所有答案与解析可扫前言二维码观看)

A. 4 种        B. 5 种        C. 6 种        D. 7 种

2. 分别用下列比例画同一个物体,画出图形最小的比例是( )。

A. 1∶200        B. 1∶50        C. 1∶100        D. 1∶10

▶ **判断题**

机件的真实大小应以图样上所标注的尺寸数值为依据,与图形的大小及绘图的准确度无关。

▶ **填空题**

图样上书写的汉字采用( )体。

## ▶ 考点2 尺寸标注的基本规则和要素

图样中的尺寸用以直接确定形体的真实大小和位置。

1. **基本规则**

(1) 机件的真实大小应以图样上所注的尺寸数值为依据,与图形的大小及绘图的准确度无关。

(2) **图样中(包括技术要求和其他说明)的尺寸,以 mm 为单位,不需标注计量单位的代号或名称,如采用其他单位,则必须注明相应的计量单位的代号或名称。**

(3) **图样中所标注的尺寸,为该图样所示机件的最后完工尺寸,否则应另加说明。**

(4) **机件的每一尺寸,一般只标注一次,并应标注在反映该结构最清晰的图形上。**

(5) 绘图时都是按理想关系绘制的,如相互平行平面和相互垂直平面的关系均按图形所示几何关系处理,一般不需标注尺寸,如垂直不需标注 90°。

2. **尺寸组成及其注法**

**一个完整的尺寸,一般由尺寸界线、尺寸线、尺寸线终端和尺寸数字四要素组成。**

尺寸线:表明度量尺寸的方向。线性尺寸的尺寸线应与所标注的线段平行,其间隔或平行的尺寸线之间的间隔应一致,约为 5～10 mm。

尺寸界线:表明所注尺寸的范围。一般与尺寸线垂直,且超过尺寸线 2～3 mm。

尺寸线终端:表明尺寸的起、止。

尺寸数字:表示机件的实际大小。

**注意:**

(1) 尺寸数字按标准字体书写,且同一张纸上的字高(3.5)要一致,通常注写在尺寸线的上方或中断处。水平方向的尺寸数字字头向上,垂直方向的尺寸数字字头向左,倾斜方向的尺寸数字字头偏向斜上方。对于非水平方向的尺寸,其数字也可注写在尺寸线的中断处。**尺寸数字在图中遇到图线时,须将图线断开。**如图线断开影响图形表达时,须调整尺寸标注的位置。

(2) **一般情况下,尺寸线不能用其他图线代替,也不得与其他图线重合或画在其他图线的延长线上。**

(3) 尺寸线的终端有两种形式:箭头和线段。机械图多采用箭头。同一张图上箭头大小要一致,一般应采用一种形式。箭头尖端应与尺寸界线接触。当采用箭头时,在位置不够的情况下,允许用圆点或斜线代替箭头。

(4) 尺寸界线应自图形的轮廓线、轴线、对称中心线引出。轮廓线、轴线、对称中心线也可以用作尺寸界线。

(5) 尺寸线与尺寸界线用细实线绘制。

3. 各类尺寸的注法

**注意:**易出错的地方是圆弧尺寸和对称尺寸的标注。**角度尺寸的数字一律水平注写。**

➤ **单选题**

角度尺寸在标注时,文字一律(　　)书写。

A. 随机　　　　　　　B. 水平　　　　　　　C. 倾斜　　　　　　　D. 垂直

➤ **判断题**

尺寸数字可以被图线通过,图线不能断开。

➤ **填空题**

尺寸标注由(　　)、(　　)、(　　)、(　　)几部分组成。

## ▶▶ 考点3　常见的圆周等分、斜度、锥度以及圆弧连接的作图方法

几何作图,是指根据已知的几何条件,运用绘图工具绘出所需几何图形。而工程图样都是由基本的直线、圆、圆弧或其他曲线组合而成,因此,掌握几何作图的基本方法,便可准确、熟练地绘出工程图样。

## 一、正多边形的画法

1. 正六边形的画法(利用正六边形的边长等于其外接圆的半径直接作图)

2. 正五边形的画法

如图1-2所示,平分半径 $OA$ 得中点 $M$,以 $M$ 为圆心,$M$ I 为半径作圆弧,交水平直径于点 $K$,直线段 I $K$ 即为正五边形边长,以 I 为起点,即可作出圆内接正五边形。

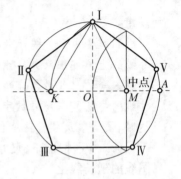

图 1-2 正五边形的作图方法

## 二、斜度和锥度

(1) 斜度:是一直线(平面)对另一直线(平面)的倾斜程度,用夹角的正切表示,并把比值化为 $1:n$ 的形式。

(2) 锥度:圆锥底圆直径(或上、下直径差)与锥体高度之比值,也可简化为 $1:n$。

## 三、圆弧连接

圆弧连接是指用已知半径的圆弧光滑连接(即相切)两已知线段(直线或圆弧)。这段已知半径的圆弧称连接圆弧。为保证圆弧连接光滑,必须准确地作出连接圆弧的圆心和连接的切点。

1. 圆弧连接的作图原理

(1) 与已知直线相切的圆弧,其圆心轨迹是两条与其平行且距离为圆弧半径的直线,从圆心向已知直线作垂线,垂足为切点。

(2) 与已知圆弧相切的圆弧,其圆心轨迹为已知圆弧的同心圆。其半径为:两圆外切时半径之和;两圆内切时半径之差。切点在连心线或其延长线与已知圆弧的交点处。

2. 在不同连接情况下作连接弧的方法

▷ 单选题

圆锥台高 100 mm,上底圆半径 20 mm,下底圆半径 30 mm,该圆锥台锥度为(　　　)。

A. 1:10　　　　　　 B. 10:1　　　　　　 C. 1:5　　　　　　　 D. 5:1

## ▶▶ 考点4　平面图形的尺寸类型

一个平面图形通常由一个或多个封闭图形组成,而每一个封闭图形一般又由若干线段(直线、圆弧)组成。要正确绘制一个平面图形,必须首先对其尺寸和线段进行分析,从而准确确定各线段相对位置和关系。

## 一、平面图形的尺寸分析

(1) 基准:标注尺寸的起点。常用作基准线的有图形(或圆)对称中心线、较长直线。
平面图形应有两个方向的基准——水平和垂直。

(2) 尺寸按其在平面图形中所起的作用,分为定形尺寸和定位尺寸两类。

① 定形尺寸:确定平面图形上各线段形状大小的尺寸。如长度、直径、半径、角度。

② 定位尺寸:确定平面图形上的线段或线框间相对位置的尺寸。

## 二、平面图形的线段分析

确定一个圆弧,需知道圆心的两个坐标及半径尺寸。

(1) 已知弧:已知圆心的两个坐标及半径尺寸。

(2) 中间弧:具备两个尺寸(一个常是半径)的圆弧。

(3) 连接弧:具备一个尺寸(半径)的圆弧。

➢ **填空题**

平面图形的线段分为(　　　)、(　　　)、(　　　)。

# ▌▌▶ 考点 5　平面图形的作图步骤

## 一、平面图形的画图步骤(如图 1－3)

第一步　画出基准线,并根据定位尺寸画出定位线。

第二步　画已知线段。

第三步　画中间线段。

第四步　画连接线段。

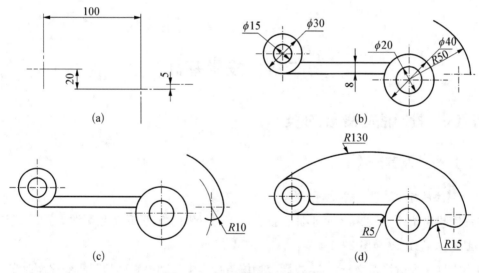

图 1－3　平面图形的画图步骤

## 二、平面图形的尺寸注法

平面图形中标注的尺寸,必须能唯一地确定图形的形状和大小。尺寸标注的基本要求是:

(1) 尺寸完全,不遗漏,不重复;

(2) 尺寸注写要符合国家标准《机械制图》尺寸注法(GB 4458.4—2003,GB/T 16675.2—2012)的规定;

(3) 尺寸注写要清晰,便于阅读。

标注尺寸的方法和步骤如下:(见图1-4)

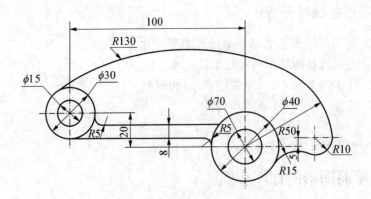

图1-4 平面图形的尺寸注法

**第一步** 分析平面图形的形状和结构,确定长度方向和高度方向的尺寸基准线。一般选用图形中的主要中心线和轮廓线作为基准线。

**第二步** 分析并确定图形的线段性质,即哪些是已知线段,哪些是中间线段,哪些是连接线段。

**第三步** 按已知线段、中间线段、连接线段的次序逐个标注尺寸,对称尺寸应对称标注。

# 第二章　投影基础

## Ⅱ▶考点6　投影法的概念、分类

### 一、投影法及其分类

**1. 投影法的建立**

在一定投影条件下,求得空间形体在投影面上的投影的方法,称为投影法。

**2. 投影法的分类(如图2-1)**

**中心投影法**投射线相交于一点,投影随物体与投影中心和投影面的距离变化而改变大小,故不反映空间形体表面的真实大小和形状,但富有真实感。

**平行投影法**投射线相互平行,当物体平行移动时,投影的形状和大小不改变,可分为**斜投影**和**正投影**。

本课程研究平行投影且主要是正投影,以后"投影"指正投影。

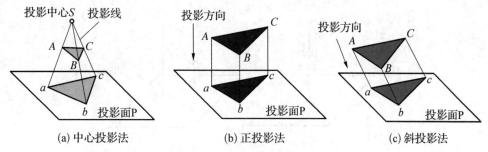

(a) 中心投影法　　　　(b) 正投影法　　　　(c) 斜投影法

图 2-1　中心投影法及平行投影法

## 二、正投影的基本性质

**1. 实形性**

当线段或平面图形平行于投影面时,其投影反映实长或实形。

**2. 积聚性**

当直线或平面图形垂直于投影面时,其投影积聚成点或直线。

**3. 类似性**

当直线或平面图形既不平行也不垂直于投影面时,直线的投影仍然是直线,平面图形的投影是原图形的类似形,但直线或平面图形的投影小于实长或实形。

此外,正投影还有平行性(即空间平行线段的投影仍然平行);定比性(即空间平行线段的长度比在投影中保持不变);从属性(即几何元素的从属关系在投影中不会发生改变,如属于直线的点的投影必属于直线的投影,属于平面的点和线的投影必属于平面的投影)等性质(如图 2-2)。

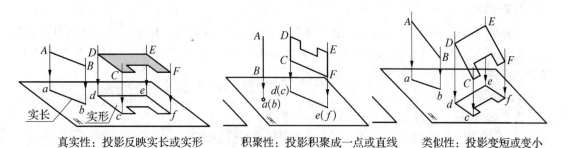

真实性:投影反映实长或实形　　积聚性:投影积聚成一点或直线　　类似性:投影变短或变小

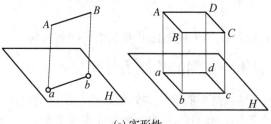

(a) 实形性

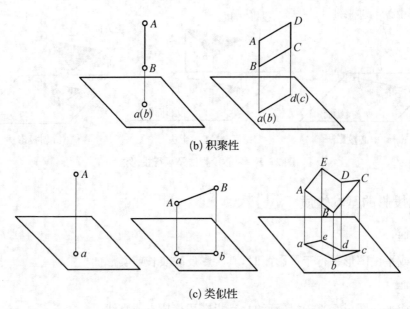

(b) 积聚性

(c) 类似性

图 2 - 2　正投影的基本性质

### 三、工程中常用的两种作图方法

**1. 多面正投影图**

采用相互垂直的两个或两个以上的投影面,在每个投影面上分别用正投影法获得物体的投影。它有良好的度量性,作图简便,但直观性差。由这些投影能确定几何形体的空间位置或物体形状。

**2. 轴测图**

将物体连同其参考直角坐标系,沿不平行于任一坐标面的方向,用平行投影法将其投射在单一投影面上所得的具有立体感的图形。它能反映长、宽、高的形状,但作图较繁且度量性差,作辅助图样。

➤ **多选题**

投影法分为(　　)。

A. 正投影法　　　　　　　　　　　　B. 中心投影法

C. 平行投影法　　　　　　　　　　　D. 斜投影法

➤ **填空题**

正投影法是指投射线(　　)于投影面并互相平行的投影法。

## ▌▶ 考点 7　简单形体三视图的作图方法

只根据物体的一个投影,是不能确定物体形状的。要反映物体的完整形状,必须增加由不同投影方向得到的几个视图,互相补充,才能把物体表达清楚。

## 一、三投影面体系

由正立投影面 *V*、水平投影面 *H* 和侧立投影面 *W* 三个相互垂直的投影面构成的投影面体系称为三投影面体系(如图 2-3)。正立投影面简称为正面或 *V* 面,水平投影面简称为水平面或 *H* 面,侧立投影面简称为侧面或 *W* 面。三投影面两两相交产生的交线 *OX*、*OY*、*OZ*,称为投影轴,简称 *X* 轴、*Y* 轴、*Z* 轴。

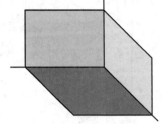

图 2-3　三面投影体系

## 二、三视图的形成

将物体放在三投影面体系中,用正投影法,分别向三个投影面投影可得到物体的三视图。国标规定的视图名称是:

**主视图**——由前向后投影,在正面上所得的视图;

**俯视图**——由上向下投影,在水平面上所得的视图;

**左视图**——由左向右投影,在侧面上所得的视图。

## 三、三视图的投影规律

### 1. 三视图的位置关系

三视图的位置关系为:主视图在上,俯视图在主视图的正下方,左视图在主视图的正右方。按照这种位置配置视图时,国家标准规定一律不加任何标注。

### 2. 投影对应关系及其投影规律(如图 2-4)

每个视图只能反映物体长、宽、高中的两个方向的大小:

**主视图反映物体的长($x$)和高($z$);**

**俯视图反映物体的长($x$)和宽($y$);**

**左视图反映物体的宽($y$)和高($z$)。**

从物体的投影和投影面的展开过程中,还可看到:

主、左视图反映了物体上、下方向的同样高度(等高);物体上各个面和各条线在主、左视图上的投影,应在高度方向上分别平齐。简称"高平齐"。

主、俯视图反映了物体左、右方向的同样长度(等长);物体上各个面和各条线在主、俯视图上的投影,应在长度方向分别对正。简称"长对正"。

俯、左视图反映了物体前、后方向的同样宽度(等宽);物体上各个面和各条线在俯、左视图上的投影,应在宽度方向上相等。简称"宽相等"。

上述三条投影规律,尤其是最后一条,必须在初步理解的基础上,经过画图和看图的反复实践,逐步达到熟练和融会贯通的程度。

### 3. 物体的方位关系

主视图反映了物体上下、左右的方位关系;

俯视图反映了物体左右、前后的方位关系;

左视图反映了物体上下、前后的方位关系。

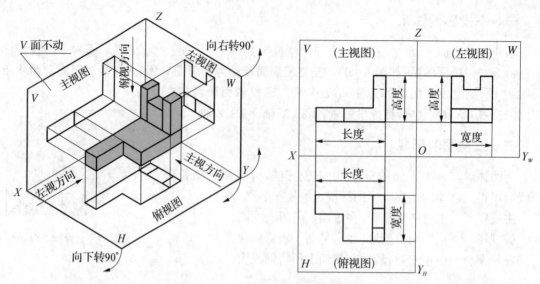

**图 2-4 三视图的形成及其投影规律**

初学者应特别注意对照直观图和平面图,熟悉展开和还原过程,以便在平面图上准确判断物体不同的方位关系,尤其是前后方位。

➤ **单选题**

能反映出物体上下方位的视图是(          )。

A. 后视图和俯视图                    B. 俯视图和左视图

C. 主视图和左视图                    D. 主视图和俯视图

➤ **填空题**

三视图投影的对应关系是:主视俯视(          ),主视左视(          ),俯视左视(          )。

## ▌▶ 考点8  点、直线、平面的三面投影规律

### 一、点的三面投影及投影规律

点的投影仍为一点,且空间点在一个投影面上有唯一的投影。但已知点的一个投影,不能唯一确定点的空间位置。

将点 $A$ 放在三投影面体系中分别向三个投影面 $V$ 面、$H$ 面、$W$ 面作正投影,得到点 $A$ 的水平投影 $a$、正面投影 $a'$、侧面投影 $a''$。(关于空间点及其投影的标记规定为:空间点用大写字母 $A,B,C,\cdots$ 表示,水平投影相应用 $a,b,c,\cdots$ 表示,正面投影相应用 $a',b',c',\cdots$ 表示,侧面投影相应用 $a'',b'',c'',\cdots$ 表示)

将投影面体系展开,去掉投影面的边框,保留投影轴,便得到点 $A$ 的三面投影图。

由图 2-5 可以得出点在三投影面体系中的投影规律是:

(1) 点 $A$ 的 $V$ 面投影和 $H$ 面投影的连线垂直于 $OX$ 轴,即 $a'a \perp OX$(长对正);

(2) 点 $A$ 的 $V$ 面投影和 $W$ 面投影的连线垂直于 $OZ$ 轴,即 $a'a'' \perp OZ$(高平齐);

(3) 点 $A$ 的 $H$ 面投影到 $OX$ 轴的距离等于点 $A$ 的 $W$ 面投影到 $OZ$ 轴的距离,即 $aa_x = a''a_z$(宽相等),可以用圆弧或 $45°$ 线来反映该关系。

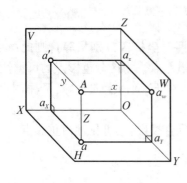
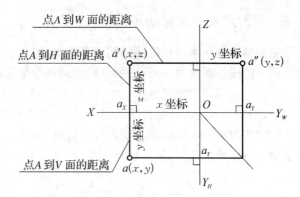

**图 2-5  点的投影及其投影规律**

## 二、点的三面投影与其直角坐标的关系

水平投影由 $X$ 与 $Y$ 坐标确定,正面投影由 $X$ 与 $Z$ 坐标确定,侧面投影由 $Y$ 与 $Z$ 坐标确定。点的任何两个投影可反映点的三个坐标,即确定该点的空间位置。空间点在三面投影体系中有唯一确定的一组投影。

## 三、点的轴测投影

点的轴测投影图即根据点的投影图绘制的直观图。可以把投影面当作坐标面,把投影轴当作坐标轴,这时 $O$ 点即为坐标原点。

规定 $X$ 轴从 $O$ 点向左为正,$Y$ 轴从 $O$ 点向前为正,$Z$ 轴从 $O$ 点向上为正。

$X(Y,Z)$ 坐标用 $A$ 点到 $W(V,H)$ 面的距离表示。

## 四、两点的相对位置

在投影图上判断空间两个点的相对位置,就是**分析两点之间上下、左右和前后的关系**。

如图 2-6 所示,由正面投影或侧面投影判断上下关系($Z$ 坐标差);

由正面投影或水平投影判断左右关系($X$ 坐标差);

由水平投影或侧面投影判断前后关系($Y$ 坐标差)。

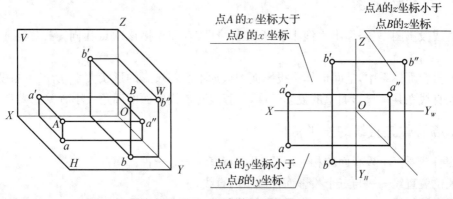

**图 2-6  两点的相对位置**

## 五、重影点及其投影的可见性

当空间两点位于某一投影面的同上条投射线（即其有两对坐标值分别相等），则此两点在该投影面上的投影重合为一点,此两点称为对该投影面的重影点。为区分重影点的可见性,规定观察方向与投影面的投射方向一致,即对 $V$ 面由前向后,对 $H$ 面由上向下,对 $W$ 面由左向右。因此,距观察者近的点的投影为可见,反之为不可见(如图 2-7)。

当空间两点有两对坐标值分别相等时,则该两点必有重合投影,其可见性由重影点的一对不等的坐标值来确定,坐标值大者为可见,小者为不可见。

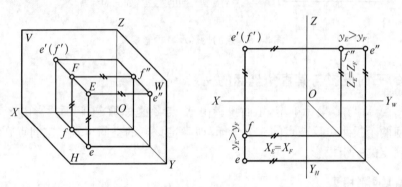

图 2-7　重影点

> 单选题

1. 点的正面投影与水平投影的连线垂直于(　　　　)。

A. $OY_W$ 轴　　　　B. $OX$ 轴　　　　C. $OY_H$ 轴　　　　D. $OZ$ 轴

2. 在点的投影中,点到 $V$ 面的距离表示点的(　　　)坐标。

A. 铅垂坐标　　　　B. $X$ 坐标　　　　C. $Y$ 坐标　　　　D. $Z$ 坐标

3. 空间两点 $A$、$B$ 位于垂直于 $W$ 面的同一投射线上,该两点的(　　　)投影重合。

A. 铅垂　　　　B. 侧面　　　　C. 正面　　　　D. 水平

## ▌▶ 考点 9　特殊位置直线、平面的投影画法

### 一、直线的投影图

作直线投影图,只需作出直线上任意两点的投影,并连接该两点在同一投影面上的投影即可。

三面投影面体系中,空间形体距投影面的远近不影响投影的形状大小,所以不画投影图。空间直线在某一投影面上的投影长度,与直线对该投影面的倾角大小有关。

### 二、各种位置直线的投影特性

按照直线对三个投影面的相对位置,可以将直线分为三种:

**一般位置直线**——与三个投影面都倾斜的直线;

**投影面平行线**——平行于一个投影面,倾斜于另两个投影面的直线;

**投影面垂直线**——垂直于一个投影面,平行于另两个投影面的直线。

投影面平行线和投影面垂直线又称为特殊位置直线。

1. 一般位置直线

一般位置直线的投影特性如下：

(1) 三面投影都倾斜于投影轴；

(2) 投影长度均比实长短，且不能反映与投影面倾角的真实大小。

2. 投影面平行线

投影面平行线又可分为三种：

(1) 平行于 $V$ 面，与 $H$ 面、$W$ 面倾斜的直线称为**正平线**；

(2) 平行于 $H$ 面，与 $V$ 面、$W$ 面倾斜的直线称为**水平线**；

(3) 平行于 $W$ 面，与 $V$ 面、$H$ 面倾斜的直线称为**侧平线**。

投影特性：在它所不平行的两个投影面上的投影平行于相应的投影轴，不反映实长；在它所平行的投影面上的投影反映实长，其与投影轴的夹角，分别反映该直线对另两个投影面的真实倾角。

3. 投影面垂直线

投影面垂直线同样可以分为三种：

(1) 垂直于正面的直线称为**正垂线**；

(2) 垂直于水平面的直线称为**铅垂线**；

(3) 垂直于侧面的直线称为**侧垂线**。

投影特性：在所垂直的投影面上的投影积聚为一点；在另两个投影面上的投影垂直于相应的投影轴，反映实长。

### 三、直线上的点

点在直线上，则点的各个投影必在该直线的同面投影上，且点分直线的两线段长度之比等于其投影长度之比；反之亦然。

### 四、平面的表示法

由几何学可知，平面可由下列几何元素确定：不在同一条直线上的三点；一直线及直线外一点；两相交直线；两平行直线；任意的平面图形。

### 五、各种位置平面的投影特性

平面对投影面的位置有三种：

**一般位置平面**——与三个投影面都倾斜的平面；

**投影面垂直面**——垂直于一个投影面，与另外两个投影面倾斜的平面；

**投影面平行面**——平行于一个投影面，垂直于另两个投影面的平面。

1. 一般位置平面

倾斜于 $V$、$H$、$W$ 面，是一般位置平面。

一般位置平面的投影特性：它的三个投影仍是平面图形，而且面积缩小，平面与三个投影面的倾角也不能在投影上反映出来（如图 2-8）。

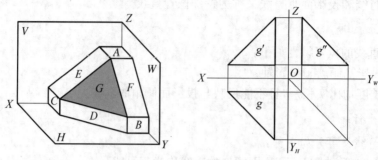

图 2-8　一般位置平面的投影

### 2. 投影面垂直面

投影面垂直面可分为三种(如图 2-9):

(1) 垂直于 $V$ 面,与 $H$ 面、$W$ 面倾斜的平面称为**正垂面**;

(2) 垂直于 $H$ 面,与 $V$ 面、$W$ 面倾斜的平面称为**铅垂面**;

(3) 垂直于 $W$ 面,与 $V$ 面、$H$ 面倾斜的平面称为**侧垂面**。

投影特性:在所垂直的投影面上的投影积聚为一斜直线,此投影与相应投影轴的夹角分别反映该平面与另两个投影面的倾角;该平面在另两个投影面上的投影均为类似性。

判定:若平面的三个投影中有一个投影是斜直线,则它一定是该投影面的垂直面。

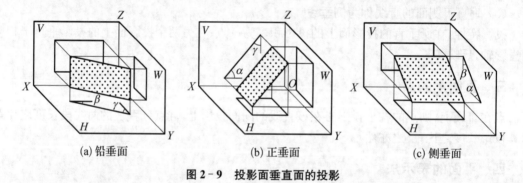

(a) 铅垂面　　　　　　　(b) 正垂面　　　　　　　(c) 侧垂面

图 2-9　投影面垂直面的投影

### 3. 投影面平行面

投影面平行面又可分为三种(如图 2-10):

(1) 平行于 $V$ 面的平面称为**正平面**;

(2) 平行于 $H$ 面的平面称为**水平面**;

(3) 平行于 $W$ 面的平面称为**侧平面**。

投影特性:在所平行的投影面上的投影反映实形,其他两个投影都积聚成直线且平行于相应的投影轴。

判定:若平面的三个投影中有一个投影积聚成直线,并与该投影面的投影轴平行或垂直,则它一定是某个投影面的平行面。

小结:

平面垂直于投影面时,它的投影积聚成一条直线——积聚性。

平面平行于投影面时,它的投影反映实形——实形性(真实性)。

平面倾斜于投影面时,它的投影为类似图形——类似性。

平面图形的三个投影中,至少有一个投影是封闭线框。反之,投影图上的一个封闭线框一般表示空间的一个面的投影。

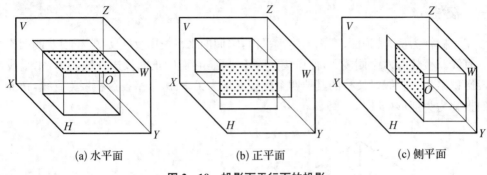

(a) 水平面　　　　　　　　(b) 正平面　　　　　　　　(c) 侧平面

**图 2‑10　投影面平行面的投影**

▶ **单选题**

1. 垂直于 $H$ 面,与 $V$ 面、$W$ 面倾斜的平面称为(　　)。

A. 正垂面　　　　　B. 铅垂面　　　　　C. 水平面　　　　　D. 一般面

2. 三角形平面的三个投影均为缩小的类似形,该平面为(　　)。

A. 正平面　　　　　　　　　　　　　B. 侧平面

C. 一般位置平面　　　　　　　　　　D. 水平面

▶ **多选题**

关于平面的投影,下面描述正确的是(　　)。

A. 根据平面和投影面的位置关系,平面可以分为两种类型

B. 投影面的平行面和投影面的垂直面,都至少有一面投影积聚为直线

C. 一般位置平面的三面投影都不反映实形

D. 投影面的平行面又分为正平面、水平面和侧平面

▶ **判断题**

投影面平行面的投影特征:一面投影反映实形,另两面投影都垂直于对应的投影轴。

# 第三章　立体及其表面交线

## ⏩ 考点 10　常见平面体与回转体及简单切割的三视图画法

机件形状是多种多样的,经过分析,都是由一些基本几何体所组成。而几何体又是由一些表面所围成,根据这些表面的性质,几何体可分为两类:

**平面立体**——由若干个平面所围成的几何体,如棱柱、棱锥等。

**曲面立体**——由曲面或曲面与平面所围成的几何体,最常见的是回转体,如圆柱、圆锥、圆球、圆环等。

用投影图表示一个立体,就是把围成立体的这些平面和曲面表达出来,然后根据可见性判别哪些线是可见的,哪些线是不可见的,把其投影分别画成粗实线和虚线,即可得立体的投

影图。

平面立体各表面都是平面图形,各平面图形均由棱线围成,棱线又由其端点确定。因此,平面立体的投影是由围成它的各平面图形的投影表示的,其实质是作各棱线与端点的投影。

## 一、棱柱

以正六棱柱为例,其顶面、底面均为水平面,它们的水平投影反映实形,正面及侧面投影积聚为一直线。棱柱有六个侧棱面,前后棱面为正平面,它们的正面投影反映实形,水平投影及侧面投影积聚为一直线。棱柱的其他四个侧棱面均为铅垂面,水平投影积聚为直线,正面投影和侧面投影为类似形(如图 3 - 1)。

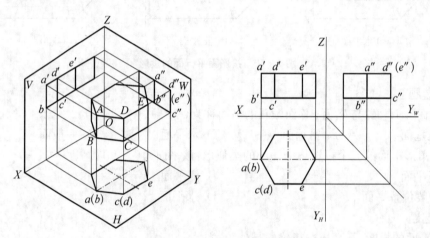

图 3 - 1　正六棱柱的投影

## 二、棱锥

以四棱锥为例,其底面为一长方形,呈水平位置,水平投影反映底面的实形。左、右两个棱面是正垂面,其正面投影积聚为直线,水平和侧面投影均为类似三角形,前、后两个棱面为侧垂面,其侧面投影积聚为直线,水平和正面投影同样为类似的三角形。底边中两条为正垂线,两条为侧垂线。可对照立体图及投影图分析其每一条棱线的投影(如图 3 - 2)。

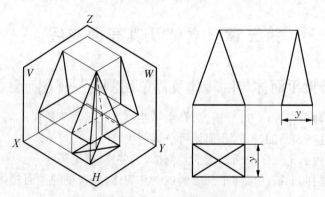

图 3 - 2　正四棱锥的投影

### 三、圆柱体

#### 1. 圆柱体的投影

圆柱体是由圆柱面和顶面、底面组成。

圆柱面是由一条直母线，绕与它平行的轴线旋转而形成，圆柱面上的素线都是平行于轴线的直线。

圆柱的顶面、底面是水平面，所以水平投影反映圆的实形，即投影为圆。其正面投影和侧面投影积聚为直线，直线的长度就等于圆的直径。由于圆柱的轴线垂直于水平面，圆柱面的所有素线都垂直于水平面，故其水平投影积聚为圆，与上下底面的圆的投影重合。

在圆柱的正面投影中，前、后两半圆柱面的投影重合为一矩形，矩形的两条竖线分别是圆柱最左、最右素线的投影，也就是圆柱前后分界的转向轮廓线的投影。在圆柱的侧面投影中，左右两半圆柱面重合为一矩形，矩形的两条竖线分别是最前、最后素线的投影，也就是圆柱左右分界的转向轮廓线的投影。转向轮廓线对于回转体而言是一个十分有用的概念，要认真体会，分清其在三个投影面中的投影（如图 3-3）。

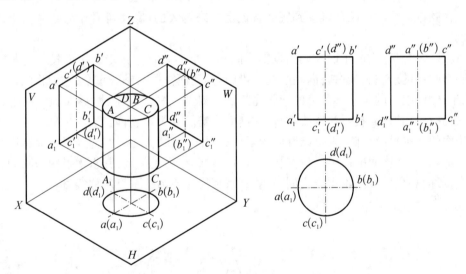

图 3-3　圆柱的投影

#### 2. 圆柱表面找点

圆柱表面找点，若点在转向轮廓线上，可直接根据线上取点的方法直接找出点的投影，注意可见性，应熟悉各转向轮廓线在三投影面上的投影。若点不在转向轮廓线上，可根据圆柱面的积聚性，先找出点的积聚性投影，然后再根据点的投影规律找点的其余投影。

### 四、圆锥体

#### 1. 圆锥体的投影

圆锥体由圆锥面和底面组成。（见图 3-4）

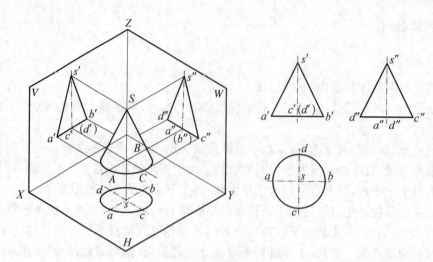

图 3-4　圆锥的投影

圆锥面是由一条直母线绕与它相交的轴线旋转而形成。在圆锥面上任意位置的素线,均交于锥顶。圆锥面上的纬圆从锥顶到底面直径是越来越大的,底面可看作为圆锥面上直径最大的纬圆。

以直立圆锥为例,它的正面和侧面投影为同样大小的等腰三角形。正面投影的等腰三角形的两腰是圆锥的最左和最右转向轮廓线的投影,其侧面投影与轴线重合,它们将圆锥面分为前、后两半;侧面投影的等腰三角形的两腰是圆锥面对侧面转向轮廓线,亦即圆锥面上最前和最后素线的投影,其正面投影与轴线重合,它们将圆锥面分为左、右两半。

圆锥面的水平投影为圆,因为圆锥面的素线相对于底面的位置均是倾斜的,故圆周只是底面圆的投影,而非圆锥面的投影。最左和最右转向轮廓线为正平线,其水平投影与圆的水平对称线重合;最前和最后转向轮廓线为侧平线,其水平投影与圆的垂直对称线重合。

2. 圆锥表面找点(见图 3-5)

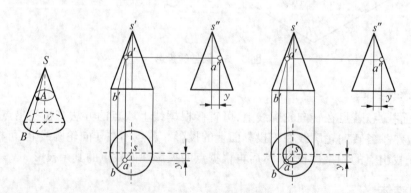

图 3-5　圆锥表面上取点

在转向轮廓线上找点,同圆柱。

在圆锥面上取点,因为圆锥面没有积聚性,所以只能应用作辅助线的方法,在圆锥面上的辅助线有纬圆和素线两种:

素线法,即过点 $A$ 与锥顶 $S$ 作锥面上的素线 $SB$,即先过 $a'$ 作 $s'b'$,由 $b'$ 求出 $b$、$b''$,连接 $sb$

和 $s''b''$，它们是辅助线 $SB$ 的水平投影及侧面投影。而点 $A$ 的水平投影及侧面投影必在 $SB$ 的同面投影上，从而求出 $a$ 和 $a''$。

纬圆法，即过点 $A$ 在锥面上作一水平辅助纬圆，纬圆与圆锥的轴线垂直。该纬圆在正面及侧面投影中积聚为直线，直线长度即为纬圆直径，水平投影反映纬圆的实形。点 $A$ 的投影必在纬圆的同面投影上。

先过 $a'$ 作垂直于轴线的直线，得到纬圆的直径；画出纬圆的水平投影，由 $a'$ 找出 $a$，注意 $A$ 点的正面投影可见，所以其应在圆锥的前半部分，即 $a$ 为 $a'a$ 连线与纬圆水平投影两交点中前面的一个；再由 $a'$、$a$ 求出 $a''$，因点 $A$ 在圆锥面的左半部，所以 $a''$ 为可见。

## 五、圆球体

### 1. 圆球体的投影

圆球体由圆球面围成。

圆球面是一圆母线绕其直径旋转一周形成的。如图 3-6 所示，圆球的三个投影是圆球上平行相应投影面的三个不同位置的转向轮廓圆。正面投影的轮廓圆是前、后两半球面的可见与不可见的分界线。水平投影的轮廓圆是上、下两半球面的可见与不可见的分界线。侧面投影的轮廓圆是左、右两半球面的可见与不可见的分界线。

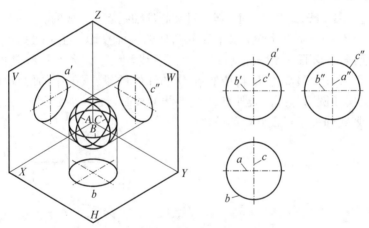

图 3-6　圆球的投影

### 2. 圆球表面找点

若所找点在转向轮廓线上，同样可根据线上找点的方法来求，但应注意圆球的转向轮廓线为圆。

若点在一般位置，则应作辅助线，在球面上只能以辅助纬圆作辅助线。

如图 3-7 所示，若已知圆球面上的点 $A$、$B$、$C$ 的正面投影 $a'$、$b'$、$c'$，要求各点的其他投影。$A$、$B$ 两点均为处于转向轮廓线上的特殊位置点，可直接作图求出其另外两投影。因 $a'$ 可见，且在正面的转向轮廓圆上，故其水平投影 $a$ 在水平对称线上，侧面投影 $a''$ 在竖直对称线上；$b'$ 为不可见，且在水平对称线上，故点 $B$ 在水平面的转向轮廓圆的后半部，可由 $b'$ 先求出 $b$，最后求出 $b''$；由于点 $B$ 在侧面转向轮廓圆的右半部，故 $b''$ 不可见。而 $C$ 在圆球面上处于一般位置，故需辅助线。在圆球面上作辅助线，只能采用作平行纬圆的方法。可过 $c'$ 作平行于

$X$ 轴的直线(其实质是过点 $C$ 的水平纬圆的正面投影),与球的正面投影圆相交于 $e'$、$f'$,以 $e'f'$ 为直径在水平投影上作圆,则点 $C$ 的水平投影 $c$ 必在此纬圆上,由 $c$、$c'$ 可求出 $c''$;因为 $C$ 在球的右下方,故其水平及侧面投影 $c$、$c''$ 均为不可见。

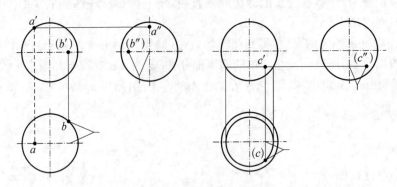

图 3-7　圆球表面取点

## 六、圆环体

圆环体由圆环面围成。

圆环面是由一圆母线,绕与它共面,但不过圆心的轴线旋转形成的。

图 3-8 所示为一个轴线垂直于水平面的圆环的两面投影。正面投影中外环面的转向轮廓线半圆为实线,内环面的转向轮廓线半圆为虚线,上、下两条水平线是内、外环面分界圆的投影,也是圆母线上最高点 $B$ 和最低点 $D$ 的纬线的投影;图中的细点划线表示轴线。水平投影中最大实线圆为母线圆最外点 $A$ 的纬线的投影,最小实线圆为母线圆最内点 $C$ 的纬线的投影,点划线圆表示母线圆心的轨迹。

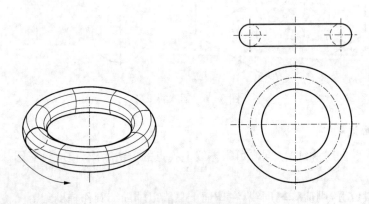

图 3-8　圆环的投影

## 七、截交线

### 1. 平面与平面立体相交

在机件上常有平面与立体相交(平面截割立体)而形成的交线,平面与立体表面相交的交线,称为截交线。这个平面称为截平面,形体上截交线所围成的平面图形称为截断面。被截切

后的形体称为截断体,如图3-9所示。从图中可以看出,截交线既在截平面上,又在形体表面上,它具有如下性质:

(1)截交线上的每一点既是截平面上的点又是形体表面的点,是截平面与立体表面共有点的集合。

(2)因截交线是属于截平面上的线,所以截交线一般是封闭的平面图形。

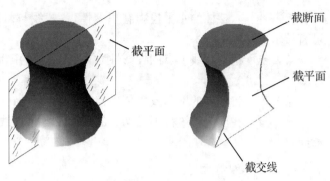

**图3-9  截交线的概念**

平面立体被截切后所得到的截交线,是由直线段组成的平面多边形。此多边形的各边是立体表面与截平面的交线,而多边形的各顶点是立体各棱线与截平面的交点。截交线既在立体表面上,又在截平面上,所以它是立体表面和截平面的共有线,截交线上的各顶点都是截平面与立体各棱线的共有点。因此,求截交线实际上是求截平面与立体各棱线的交点,或求截平面与平面立体各表面的交线。

以平面截切六棱柱为例(如图3-10):

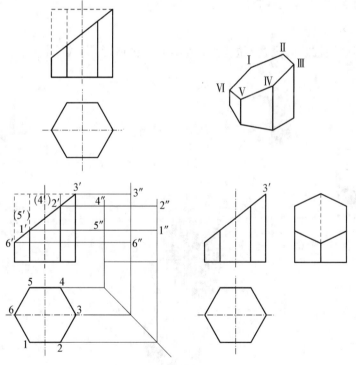

**图3-10  平面截切六棱柱**

作图步骤:

第一步  先画出完整六棱柱的侧面投影图。

第二步  因截平面为正垂面,六棱柱的六条棱线与截平面的交点的正面投影1′、2′、3′、4′、5′、6′可直接求出。

第三步 六棱柱的水平投影有积聚性,各棱线与截平面的交点的水平投影1、2、3、4、5、6可直接求出。

第四步 根据直线上点的投影性质,在六棱柱的侧面投影上,求出相应点的侧面投影1″、2″、3″、4″、5″、6″。

第五步 将各点的侧面投影依次连接起来,即得到截交线的侧面投影,并判断其可见性。

第六步 在图上将被截平面切去的顶面及各条棱线的相应部分去掉,并注意可能存在的虚线。

**2. 截交线的画法**

当平面与回转体相交时,所得的截交线是闭合的平面图形,截交线的形状取决于回转面的形状和截平面与回转面轴线的相对位置。一般为平面曲线,有时为曲线与直线围成的平面图形、椭圆、三角形、矩形等,但当截平面与回转面的轴线垂直时,任何回转面的截交线都是圆。求回转面截交线投影的一般步骤是:

第一步 分析截平面与回转体的相对位置,从而了解截交线的形状。

第二步 分析截平面与投影面的相对位置,以便充分利用投影特性,如积聚性、实形性。

第三步 当截交线的形状为非圆曲线时,应求出一系列共有点。先求出特殊点(大多数在回转体的转向轮廓线上),再求一般点,对回转体表面上的一般点则采用辅助线的方法求得,然后光滑连接共有点,求得截交线投影。

**3. 圆柱的截交线**

根据平面对圆柱轴线的位置不同,其截交线有三种情形:圆、椭圆、矩形。

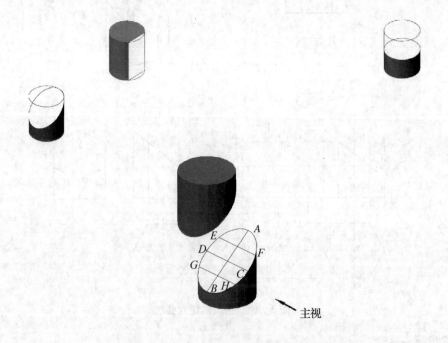

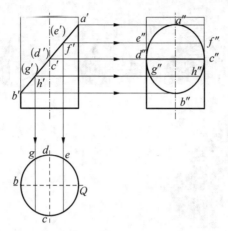

**图 3-11 圆柱截切为椭圆**

在这其中,应以圆柱截切产生圆和矩形为主,熟悉求取直线的位置和长度的方法。

截交线为一般平面曲线的作图步骤如图 3-11 所示。

第一步 作特殊点。以正面投影图上各转向轮廓线上的 $a'$,$b'$,$c'$,$(d')$ 为特殊点,由 $A$,$B$,$C$,$D$ 四点的正面投影和水平投影可作出它们的侧面投影 $a''$,$b''$,$c''$,$d''$,并且其中点 $A$ 是最高点,点 $B$ 是最低点。根据对圆柱截交线椭圆的长、短轴分析,可以看出垂直于正面的椭圆直径 $CD$ 等于圆柱直径,是短轴,而与它垂直的直径 $AB$ 是椭圆的长轴,长、短轴的侧面投影 $a''b''$,$c''d''$ 仍应互相垂直。

第二步 作一般点。在主视图上取 $f'(e')$,$h'(g')$ 点,其水平投影 $f$,$e$,$h$,$g$ 在圆柱面积聚性的投影上。因此,可求出侧面投影 $f''$,$e''$,$h''$,$g''$。一般取点的多少可根据作图准确程度的要求而定。

第三步 依次光滑连接 $a''$,$e''$,$d''$,$g''$,$b''$,$h''$,$c''$,$f''$,$a''$ 即得截交线的侧面投影。

**4. 圆锥的截交线**

根据截平面对圆锥轴线的位置不同,其截交线有五种情形:圆、椭圆、抛物线(截平面平行任一素线)、双曲线(截平面平行轴线,如图 3-12)及两相交直线(截平面过锥顶)。

作图步骤:求特殊点;求一般点;判别可见性;连线;整理外形轮廓线。

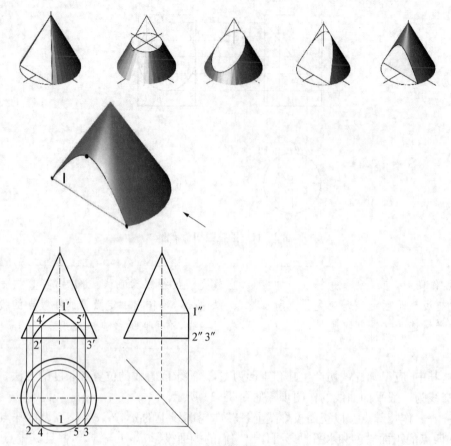

**图 3 - 12　圆锥截切为双曲线**

5. 圆球的截交线

平面与球的截交线均为圆(如图 3 - 13)。当截平面平行投影面时,截交线在该投影面上的投影反映真实大小的圆,而另两投影则分别积聚成直线。

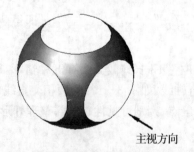

主视方向

**图 3 - 13　平面与球相交交线均为圆**

以带槽的圆球为例(如图 3 - 14):

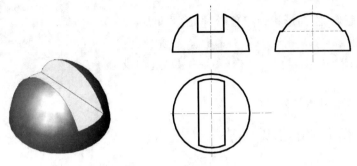

**图 3-14  带槽圆球的投影**

### 6. 复合回转体表面的截交线

为了正确地画出复合回转体表面的截交线,首先要进行形体分析,弄清是由哪些基本体组成,平面截切了哪些立体,是如何截切的。然后逐个作出每个立体上所产生的截交线(如图 3-15)。

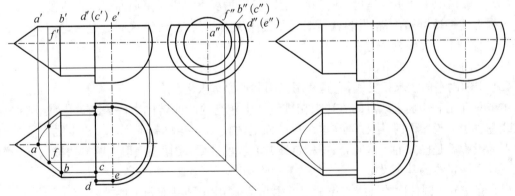

**图 3-15  复合回转体的截交线**

▶ **单选题**

1. 两个视图为三角形,一面视图是圆的基本体是什么图形(　　　)。

A. 四棱锥　　　　　B. 圆柱　　　　　　　C. 圆台　　　　　　　D. 圆锥

2. 平面与圆球相交,截交线的空间形状是(　　　)。

A. 椭圆　　　　　　B. 双曲线　　　　　　C. 圆　　　　　　　　D. 直线

➢ **多选题**

平面与圆锥截切,断面形状为三角形时,截平面是(　　)。

A. 平行于轴线　　　　　　　　　　　　B. 过锥顶

C. 平行于素线　　　　　　　　　　　　D. 过轴线

➢ **填空题**

立体表面交线的基本性质是(　　)和(　　)。

## ▶ 考点 11　相贯体的常见画法

### 一、相贯线

两回转体相交,表面产生的交线称为相贯线,如图 3 - 16。当两回转体相交时,相贯线的形状取决于回转体的形状、大小以及轴线的相对位置。**相贯线的性质:**

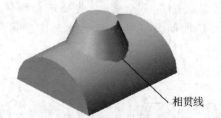

相贯线

**图 3 - 16　相贯线的概念**

(1) 相贯线是两立体表面的共有线,是两立体表面共有点的集合。

(2) 相贯线是两相交立体表面的分界线。

(3) 一般情况下相贯线是封闭的空间曲线,特殊情况下可以是平面曲线或直线段。

根据上述性质可知,求相贯线就是求两回转体表面的共有点,将这些点光滑地连接起来,即得相贯线。求相贯线常用方法:

(1) 利用面上取点的方法求相贯线。

(2) 用辅助平面法求相贯线,它是利用三面共点原理求出共有点。

本节只介绍利用面上取点的方法求相贯线。当相交的两回转体中,只要有一个是圆柱且其轴线垂直于某投影面时,圆柱面在这个投影面上的投影具有积聚性,因此,相贯线在这个投影面上的投影就是已知的。这时,根据相贯线共有线的性质,利用面上取点的方法按以下作图步骤可求得相贯线的其余投影:

(1) 首先分析圆柱面的轴线与投影面的垂直情况,找出圆柱面积聚性投影。

(2) 作特殊点:特殊点一般是相贯线上处于极端位置的点,为最高点、最低点、最前点、最后点、最左点、最右点,这些点通常是曲面转向轮廓线上的点,求出相贯线上的特殊点,便于确定相贯线的范围和变化趋势。

(3) 作一般点,为准确作图,需要在特殊点之间插入若干一般点。

(4) 光滑连接:只有相邻两素线上的点才能相连,连接要光滑,注意轮廓线要到位。

(5) 判别可见性:相贯线只有同时位于两个回转体的可见表面上时,其投影才是可见的。

### 1. 两圆柱相贯

当两圆柱相贯时,两圆柱面的直径大小变化时对相贯线空间形状和投影形状变化的影响。这里要特别指出的是,当轴线相交的两圆柱面公切于一个球面时两圆柱面直径相等,相贯线是平面曲线——椭圆,且椭圆所在的平面垂直于两条轴线所决定的平面(如图 3-17)。

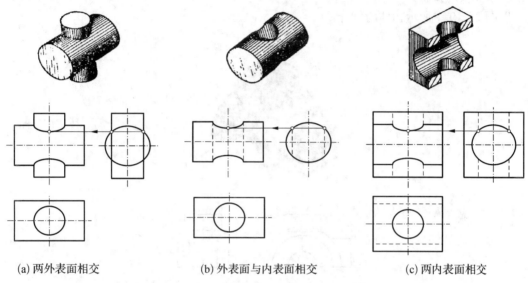

(a) 两外表面相交　　　　　(b) 外表面与内表面相交　　　　　(c) 两内表面相交

图 3-17　两圆柱面相交的三种基本形式

### 2. 相贯线的特殊情况

① 当相交两回转体具有公共轴线时,相贯线为圆,在与轴线平行的投影面上相贯线的投影为一直线段,在与轴线垂直的投影面上的投影为圆的实形。

② 当圆柱与圆柱相交时,若两圆柱轴线平行其相贯线为直线。

如图 3-18 所示。

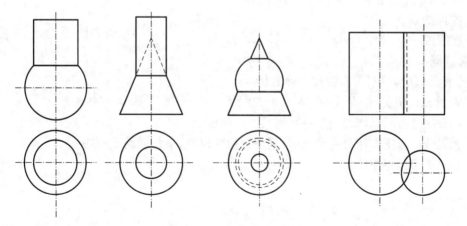

图 3-18　相贯的特殊情况

## 二、截交,相贯综合举例

有些形体的表面交线比较复杂,有时既有相贯线,又有截交线。画这种形体的视图时,必须注意形体分析,找出存在相交关系的表面,应用前面有关截交线和相贯线的作图知识,逐一作出各条交线的投影。

以图 3-19 中所示物体为例介绍:

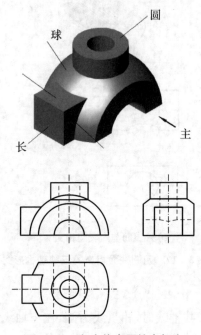

**图 3-19  复合体表面综合相交**

▷ **单选题**

两圆柱轴线平行相贯,其柱面的相贯线是(　　　)。

A. 空间曲线　　　　　　　　　　　B. 椭圆

C. 直线段　　　　　　　　　　　　D. 圆

▷ **多选题**

关于相贯线的知识,下面叙述正确的是(　　　)。

A. 两回转体相交,相贯线一定是空间曲线

B. 相贯线是由两立体表面上一系列共有点组成的

C. 相贯线的作图方法有两种,一是利用积聚性取点,二是辅助平面法

D. 相贯线可以不封闭

# 第四章 组合体

## ▶ 考点 12 形体分析法的概念及应用

### 一、组合体的组成方式

通常组合体构形有叠加和挖切两种方式。叠加如同积木的堆积，挖切包括切割和穿孔。**组合体按构形方式可分为三种类型，即叠加式、挖切式和综合式**。综合式是指组合体由叠加和挖切两种方法形成的，如图 4-1 所示。

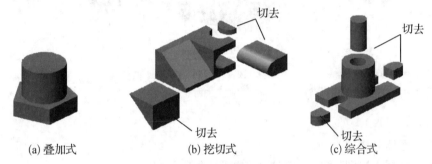

(a) 叠加式     (b) 挖切式     (c) 综合式

**图 4-1 组合体的基本构形方法**

### 二、组合体中相邻形体表面的连接关系

如图 4-2 所示，组合体中相邻表面的连接关系可分为四种：(a) 不平齐；(b) 平齐；(c) 相切；(d) 相交。

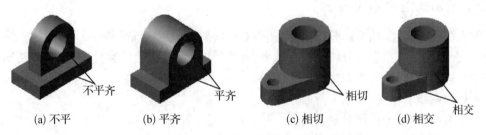

(a) 不平     (b) 平齐     (c) 相切     (d) 相交

**图 4-2 组合体中表面连接关系**

在对组合体进行表达时，必须注意其组合形式和各组成部分表面间的连接关系，在绘图时才能做到不多线和不漏线；同时在读图时，也必须注意这些关系，才能清楚组合体的整体结构形状。

### 三、组合体的分析方法

通常一个组合体上同时存在几种组合形式，在分析组合体时，我们常常采用形体分析法。**所谓形体分析法，就是把形状比较复杂的组合体分解成由基本几何体构成的方法**。在画图和看图时应用形体分析法，就能化繁为简、化难为易，提高画图速度，保证绘图的质量。

如图4-3所示的支架,用形体分析法可将其分解成四个基本形体组成。支架的中间为一直立空心圆柱,肋和右上方的搭子均与直立空心圆柱相交而产生交线,肋的左侧斜面与直立空心圆柱相交产生的交线是曲线(椭圆的一小部分)。前方的水平空心圆柱与直立空心圆柱垂直相交,两孔穿通,圆柱外表面要产生交线,两内圆柱表面也要产生交线。右上方的搭子顶面与直立空心圆柱的顶面平齐,表面无交线;底板两侧面与直立空心圆柱相切,相切处无交线。

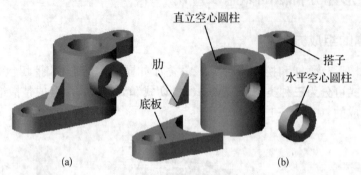

图4-3 支架及形体分析

## 四、叠加式组合体的画法

画图步骤:

第一步 形体分析。

第二步 选择主视图:确定放置位置和投影方向。

第三步 画底稿:定图幅,选比例,画各视图的主要轴线、定位基准线;先画主要形体、大形体,后画次要形体、小形体;对各形体先定位后定形,先大体后细节;各形体的三视图同时进行。

第四步 检查、加深图线:先圆弧、后直线;画圆弧时应先小后大再中等;画直线时,应先水平后竖直再倾斜。

## 五、挖切式组合体的画法

挖切式组合体除了用形体分析法外,还要对一些斜面运用线面分析法。

线面分析法——在形体分析法的基础上,运用线、面的空间性质和投影规律,分析形体表面的投影,进行画图、看图的方法。

"一框对两线"——投影面平行面。

"一线对两框"——投影面垂直面。

"三框相对应"——一般位置平面。

应注意面投影的所具有的实形性或类似性或积聚性,特别是类似性。

组合体的构形设计是指以基本几何体为主,构形设计组合体。所设计的组合体应体现产品的结构形状和功能,其目的是培养利用基本几何体构成组合体的方法及视图的画法。在设计过程中,要开拓思维,充分发挥想象能力,所设计的组合体可以是凭空想象的,以培养观察、分析、综合能力。

## 六、构形设计的方式

(1) 已知形体的一个视图,通过改变封闭线框所表示的基本形体的形状(应与投影相符)

及相邻封闭线框的前后位置关系,可构思出不同的形体。

(2)已知形体的两个视图,根据视图的对应关系,可构思出不同的形体。

## 七、构形设计注意的问题

两个形体组合时,不能出现线接触和面接触,如图 4-4 所示。

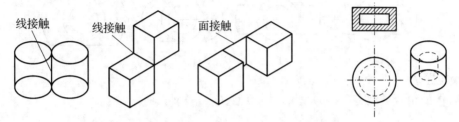

**图 4-4  不能出现线接触和面连接和封闭内腔**

➤ **单选题**

1.已知立体的主、俯视图,正确的左视图是(    )。

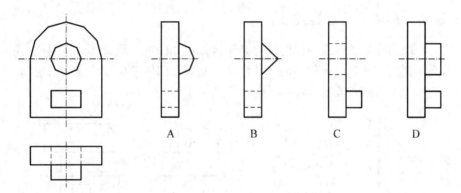

2.已知主、俯两视图,其正确的左视图是(    )。

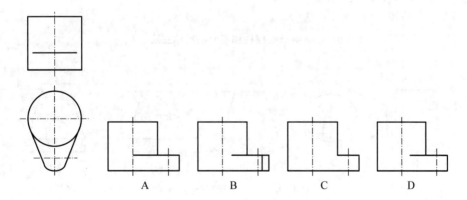

3.选择正确的俯视图。(　　　)

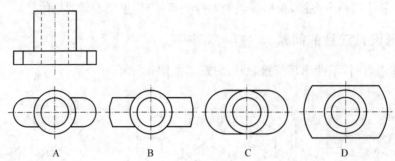

> **填空题**

组合体的组合类型有(　　　)型、(　　　)型、(　　　)型三种。

## ▶▶ 考点 13　组合体的尺寸标注

要准确地表达组合体的形状和大小,必须在视图中标注尺寸。组合体视图上尺寸标注的基本要求是齐全和清晰,并应遵守国家标准有关尺寸标注的规定。

### 一、基本几何体的尺寸标注

锥、柱、圆球、圆环等基本几何体的尺寸是组合体尺寸的重要组成部分。因此,要标注组合体的尺寸,必须首先掌握基本几何体的尺寸注法。基本几何体的尺寸注法都已定型,一般情况下不允许多注,也不可随意改变注法(如图 4-5 和图 4-6 所示)。

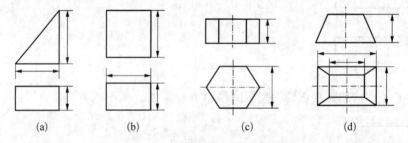

图 4-5　棱柱和棱台的尺寸注法

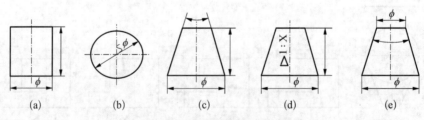

图 4-6　圆柱、球和圆台的尺寸

### 二、组合体视图的尺寸标注方法

组合体是由若干基本形体构成的,注全尺寸的常用方法是形体分析法,从形体分析的角度来看,组合体的尺寸主要有大小尺寸和定位尺寸两种,有时还要标注总体尺寸(如图 4-7 所示)。

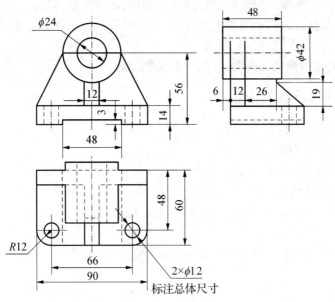

图 4-7　轴承座尺寸标注

（1）选定尺寸基准：在长、宽、高三方向至少各要有一个基准，通常以形体的主要端面、对称面、轴线等为基准。

（2）标注大小尺寸（定形尺寸）。确定组合体中基本几何体大小的尺寸。

（3）标注定位尺寸。确定组合体中各基本几何体之间相对位置的尺寸。确定各基本形体间的相对位置通常需要长、宽、高三个方向的定位尺寸。定位尺寸实际上就是确定体上某些点（如圆心）、线（如轴线）、面（为主要端面、对称面等）的位置尺寸。

（4）标注总体尺寸。确定组合体的总长、总宽、总高的尺寸。

## 三、标注尺寸时应注意的问题

（1）**不注多余尺寸**。在同一张图上有几个视图时，同一基本几何体的每一个尺寸一般只标注一次。

（2）**不在截交线和相贯线上注尺寸**。截交线和相贯线是基本几何体被切割或相交后自然产生的，因此，在标注尺寸时，只标注出基本几何体的大小尺寸、定位尺寸和截平面的定位尺寸，而不在截交线和相贯线上标注尺寸。

（3）**回转体尺寸的注法**。在标注圆柱等回转体的直径时，直径标注在非圆的视图上，而不是注在投影为圆的视图上。标注半径尺寸时则应注在投影为圆弧的视图上。

（4）**集中相关尺寸**。为了便于看图，表示同一形体的尺寸应尽量集中在一起。为了避免尺寸相交，应将小尺寸注在内，大尺寸注在外。

（5）尺寸应注在反映形体特征最明显的视图上，尽量不在虚线上注尺寸。

（6）**组合体一般要标注总体尺寸**。但由于组合体定形、定位尺寸已标注完整，若再加注总体尺寸会出现重复尺寸。因此，加注一个总体尺寸的同时，就要减去一个同方向的定形尺寸。

（7）当组合体一端为同心圆孔的回转体时，一般只标注孔的定位尺寸和外端圆柱面的半径，不标注总体尺寸。

(8) 有时总体尺寸被某个形体的定形尺寸所取代,则不重复标注。

(9) 当基本几何体之间的相对位置为堆积、平齐或处于组合体的对称面上时,在相应方向不需要定位尺寸。

(10) 回转体的定位尺寸,必须直接确定其轴线位置。

### 四、组合体尺寸标注的步骤

第一步 进行形体分析。

第二步 标注各形体的定形尺寸。

第三步 确定长、高、宽三个方向的尺寸基准,标注形体间的定位尺寸。

第四步 考虑总体尺寸标注,对已注的尺寸进行必要的调整。

第五步 检查尺寸标注是否正确、完整,有无重复、遗漏。

▶ **判断题**

尺寸基准一般采用组合体的对称中心线、轴线和重要的平面及端面。

▶ **填空题**

组合体的视图上,一般应标注出( )、( )和( )三种尺寸。

▶ **单选题**

下列尺寸标注正确的是( )。

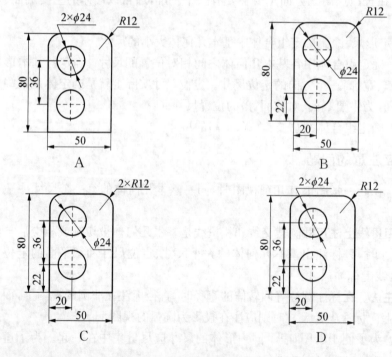

## ▐▶ 考点 14   组合体的三视图画法

画组合体的视图就是运用正投影法将空间形体用平面图形表达出来。画图时常用的方法是形体分析法和线面分析法,下面结合具体实例,说明画组合体视图的形体分析法。

**1. 形体分析**

绘图时,首先要对轴承座的结构进行形体分析。如图 4-8 所示,该轴承座是以叠加为主的综合型结构,由底板、圆筒、支承板、肋板和凸台 5 个部分组成。凸台与圆筒的轴线垂直相交,与内、外圆柱面均有交线;支承板两侧面与圆筒外圆柱面相切;肋板两侧面上、下分别与圆筒外表面、底板上表面相交;底板、支承板的后表面平齐;凸台、圆筒相交轴线所确定的平面为组合体的对称面。

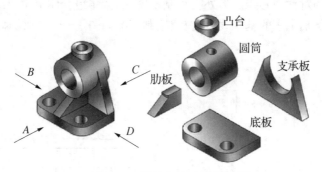

图 4-8　轴承座的形体分析法

**2. 选择主视图**

主视图是表达组合体三视图中最主要的视图,当主视图的投影方向确定之后,其他两个视图的投影方向就随之确定。选择主视图时一般将组合体放正,即使组合体上主要平面、轴线对投影面处于垂直或平行的特殊位置,再选择反映组合体形体特征的方向作为主视图的投影方向,并使图中的虚线尽可能少。

如图 4-9 所示,该轴承座有 A、B、C、D 四个方位可作为主视图的投影方向,各方位对应的视图如图 4-9 所示。若以 C 方向作为主视图,图中虚线较多,显然没有 A 方向清楚;B 和 D 两个方向得到的视图虚线情况相同,但 B 方向作主视图时,左视图中会有较多的虚线,没有 D 方向作为主视图好;最后比较 A、D 两个方向,显然 A 方向作为主视图更能反映这个组合体的形体特征(如结构的对称性、各部分的相互位置关系),所以选择 A 方向作为主视图的投影方向。

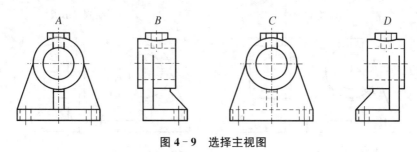

图 4-9　选择主视图

**3. 画三视图**

(1)选比例定图幅。根据组合体的大小和复杂程度选择适当的比例,在视图表达清晰的前提下,尽可能选择 1∶1 的比例。根据图形大小、尺寸和标题栏所占位置确定所需图纸幅面。

(2)布置视图。布置视图就是根据各视图的尺寸大小,按照三视图的投影关系,同时考虑视图中的尺寸标注位置,确定各视图在图框内的位置。好的布图应该是图形绘制完成后,视图在图框内分布均匀,视图与视图之间、视图与图框线之间距离匀称,图面清晰美观。

各视图在图纸中的位置由每个视图的定位基准线来确定,通常用图形对称中心线、较大回转结构的轴线、底面和端面等作为基准线,如本例中确定轴承座主、俯视图在图纸中左右位置的基准线就是视图的对称中心线。另外在绘制基准线时,将组合体上主要结构的中心线、定位线也绘制出来。本例轴承座的基准线、定位线绘制情况如图 4-10(a)所示。

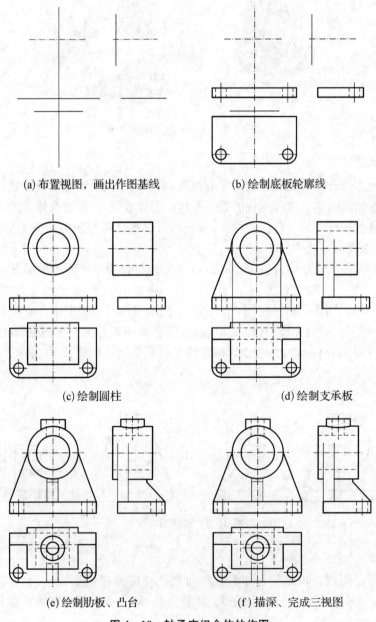

(a)布置视图,画出作图基线　　　　(b)绘制底板轮廓线

(c)绘制圆柱　　　　(d)绘制支承板

(e)绘制肋板、凸台　　　　(f)描深、完成三视图

**图 4-10　轴承座组合体的作图**

（3）绘制底稿。底稿用细线轻轻画出，从主要形体入手，逐一画出每个形体的投影。画图时，先画主要形体，后画次要形体；先画各形体的基本轮廓，最后完成细节。画轴承座视图底稿的顺序如图 4 - 10(b)、(c)、(d)、(e)所示。

（4）检查图形，加深图线。完成底稿后，必须仔细检查，修改图中的错误，擦去多余图线，按规定线型加深、加粗，画图结果如图 4 - 10(f)所示。

## ▐▶考点 15　用形体分析法识读组合体的三视图

读图的基本方法有形体分析法和线面分析法，一般以形体分析法为主，线面分析法为辅，读图过程的一般原则是：先确定整体，后补充细节；先分析主要结构，后确定次要结构；先看清容易的部分，后解决难点的部位。

所谓形体分析法读图，即在读图时，根据该组合体的特点，将表达形状特征明显的视图（一般是主视图）划分为若干封闭线框，再利用投影规律联系其他视图，想象出各部分形状，同时分析各组成部分的相对位置，最后综合起来想象出形体的整体形状。

【例 4 - 1】　如图 4 - 11(a)所示三视图，想象组合体结构。

分析：从所给三视图来看，该组合体是综合型结构。

（1）分线框，对投影。根据主视图的图形特点，结合俯、左视图，可将主视图分为四个部分，如图 4 - 11(a)所示。

（2）对投影，定形体。按照投影关系可定线框Ⅰ在俯、左视图中的投影，根据图形可知这部分的形体结构是上部带有半圆槽的长方体，如图 4 - 11(b)所示。

从第Ⅱ部分在三个视图中的投影来看，基本形体也是长方体，下部从前往后、从左往右分别挖掉长方体形成方槽结构，由于前后方槽的深度尺寸较大，使得左右方槽之间不连续，如图 4 - 11(c)所示。

从第Ⅲ、Ⅳ部分在三个视图中的投影来看，很显然它们是呈现左右对称的三角肋板，如图 4 - 11(d)所示。对于这种对称的形体结构，为提高效率，读图时应一起分析，而在第一步分线框时可以直接将它们作为一个部分对待。

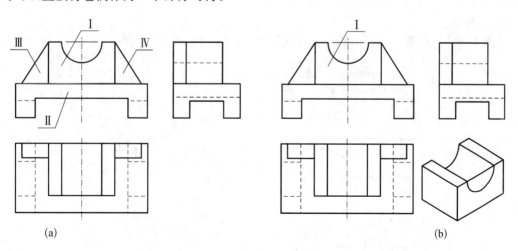

(a)　　　　　　　　　　　　　　　　(b)

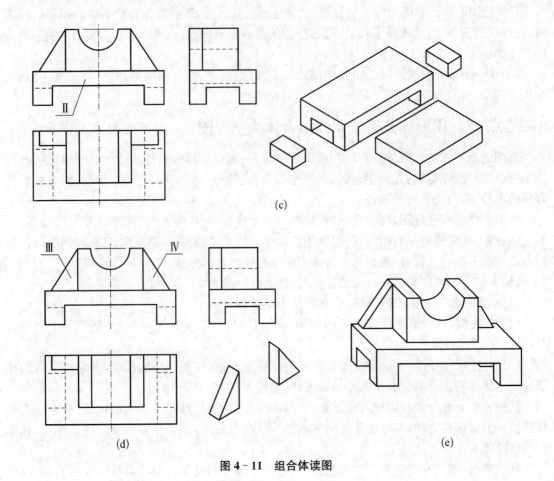

图 4 - 11　组合体读图

（3）综合起来想整体。带方槽的长方体在下面，上面叠加带半圆槽的长方体和三角肋板，位置靠后，四个部分形体的后表面平齐共面，组合在一起左右对称，由此想象的整体结构如图 4 - 11(e)所示。

**【例 4 - 2】**　如图 4 - 12(a)所示组合体视图，分析结构，画出左视图。

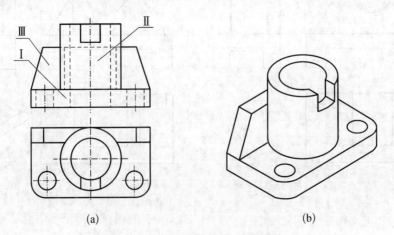

图 4 - 12　读组合体视图、分析结构

（1）分析结构。从主视图入手,结合俯视图,根据图形特点可将主视图分为三个部分。按投影关系,确定各部分在俯视图中的投影,从各部分在主、俯视图中的投影来看,第Ⅰ部分为前方左右带有圆角和圆孔的方形底板;第Ⅱ部分为前、上方带有方槽的铅垂圆筒;第Ⅲ部分为正平的梯形板。圆筒和梯形板叠加在底板上,圆筒在前,底板与梯形板后表面平齐,圆筒与梯形板后表面相切,组合在一起左右对称,想象的形体结构如图 4-12(b)所示。

（2）画图。先画底板,再画圆筒,最后画梯形板,绘图过程如图 4-13 所示。

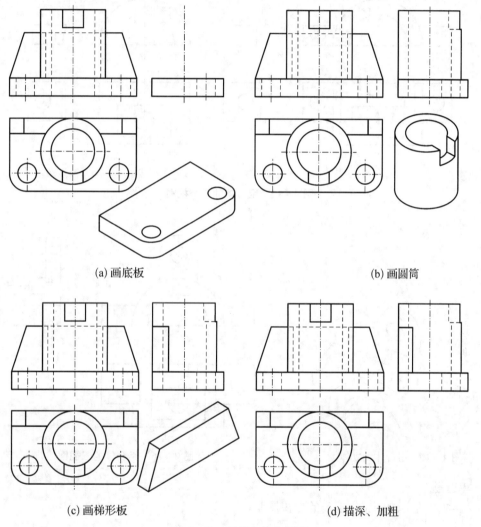

(a) 画底板　　　　　　　　　　　　　　　(b) 画圆筒

(c) 画梯形板　　　　　　　　　　　　　　(d) 描深、加粗

**图 4-13　画组合体左视图**

【例 4-3】　如图 4-14(a)所示组合体视图,分析结构,画出左视图。

（1）分析结构。由主、俯视图可以看出,该组合体主要是由叠加方式构成的。此时,应以形体分析法为主想象主体形状。主视图上反映组合体结构的特征较多,从主视图入手,将主视图分割成四个实线框,分别对应着三种简单形体。利用投影关系,把俯视图与主视图中四个实线框对应的投影图形分解出来,然后分别想象各部分的立体形状,如图 4-14(b)所示。在想象出各组成部分的立体形状后,综合出组合体的整体形状,如图 4-15 所示。

(2) 画图。先画中间,再画上面,最后画两边,绘图结果如图 4-16 所示。

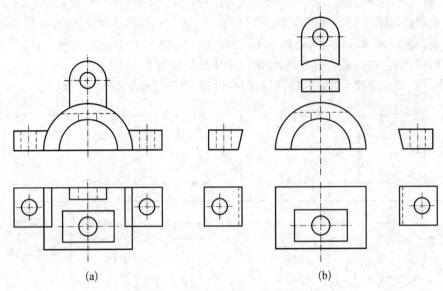

(a)             (b)

图 4-14　组合体的两个视图

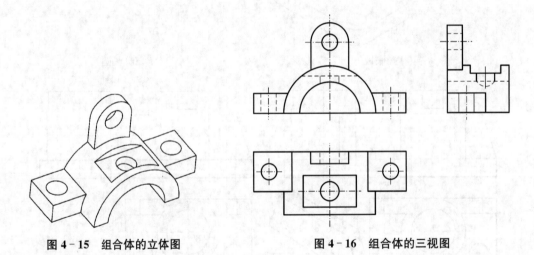

图 4-15　组合体的立体图　　　　　　　图 4-16　组合体的三视图

➤ 单选题

已知物体的主、俯视图,正确的左视图是(　　　)。

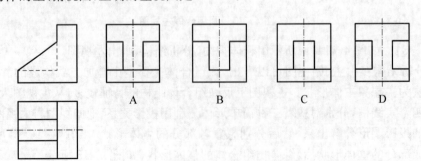

➢ **判断题**

在用线面分析法读图时,要注意面的投影特征。面的投影要么积聚为线(面与投影面垂直),要么是一封闭线框(面与投影面平行或倾斜);当一个面的多面投影都是封闭线框时,这些封闭线框必为类似形。

➢ **分析题**

根据两视图画出第三视图。

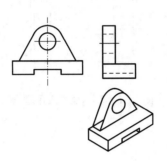

# 第五章　图样的基本表示法

## ▶ 考点 16　基本视图的画法

视图就是立体的投影,用来表达机件的外部形状,一般只画机件的可见部分,必要时才画虚线。它包括:**基本视图、向视图、局部视图和斜视图。**

采用正六面体的六个面作为基本投影面,机件向基本投影面投影所得到的视图称为基本视图。**共六个基本视图,**除了主视图、俯视图、左视图外,新增加的三个视图是:

右视图——由右向左投影得到的视图;

仰视图——由下向上投影得到的视图;

后视图——由后向前投影得到的视图。

六个视图之间仍应符合"长对正、高平齐、宽相等"的投影规律。除后视图外,各视图靠近主视图里侧,均反映机件的后面,而远离主视图的外侧,均反映机件的前面。

实际绘图时,并不是每一个机件都要画六个基本视图,而是根据机件的外部结构形状和复杂程度,选用适当的基本视图。

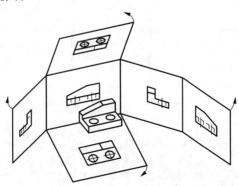

图 5-1　六个基本视图的形成

在表达机件形状时,并非都要画出六个基本视图,而应根据机件的实际结构形状选择恰当的基本视图。如图5-2所示的机件,选用了主、左、右三个视图来表达其主体和左、右凸缘的形状,并省略了一些不必要的虚线。

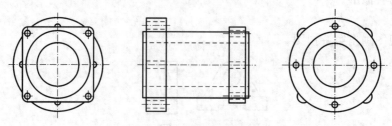

图5-2 基本视图应用举例

▶ 单选题

视图主要表达机件的(　　　)。

A. 正面形状　　　　　　　　　　　B. 内部结构

C. 全部结构　　　　　　　　　　　D. 外部结构

▶ 填空题

基本视图一共有(　　　)个,它们的名称分别是(　　　)、(　　　)、(　　　)、(　　　)、(　　　)、
(　　　)。

## ▮▶ 考点17　向视图、斜视图、局部视图的画法

### 一、向视图

**向视图可以根据需要自由配置,它应标注:向视图的投射方向和名称。**

应在向视图的上方用大写英文字母标注出视图的名称,并在相应的视图附近用箭头指明获得向视图的投射方向,标注上相同的字母(如图5-3)。(六个视图的位置若按规定位置配置时,一律不标注视图的名称)

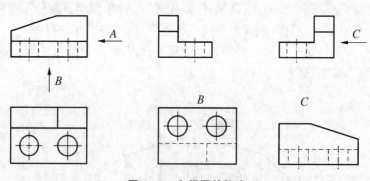

图5-3　向视图的标注

## 二、局部视图

**将机件的某一部分向基本投影面投射所得的视图称为局部视图。** 当机件只有局部形状没有表达清楚时，则没有必要画出完整的基本视图或向视图，而应采用局部视图，表达更为简练，如图 5-4 所示。

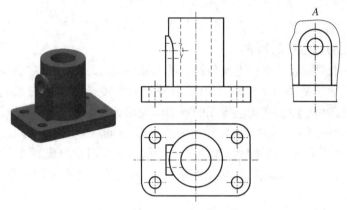

图 5-4　局部视图

当机件的主要形状已经表达清楚，只有局部结构未表达清楚，为了简便，不必再画一个完整的视图，而只画出未表达清楚的局部结构。

画局部视图时，一般应标注，其方法与向视图相同。当局部视图按投影关系配置，中间又没有其他视图隔开时，可省略标注。

局部视图的范围（断裂）边界用波浪线表示。当所表达的局部结构是完整的，且外轮廓线又成封闭时，波浪线可省略不画。

## 三、斜视图

**机件向不平行于任何基本投影面的平面投射所得视图称为斜视图。**

斜视图主要用于表达机件上倾斜表面的实形，为此可选用一个平行于该倾斜表面且垂直于某一基本投影面的平面作为新投影面，使倾斜部分在新投影面上反映真实形状，如图5-5所示。

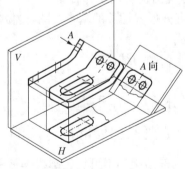

图 5-5　斜视图

斜视图通常只用于表达机件倾斜部分的实形，其余部分不必全部画出，而用波浪线断开。

斜视图一般按投影关系配置，其标注方法与向视图相同。必要时也可配置在其他适当的位置。为了便于画图，允许将图形旋转摆正画出，此时斜视图名称要带旋转符号，并且字母应写在靠近旋转符号的箭头一端。

> **注意：** 所选投影面应平行于要表达的倾斜表面；斜视图与原有基本视图之间存在投影关系；表示斜视图的投影方向的箭头一定要垂直于要表达的倾斜表面。

斜视图的画法和标注规定如下：

（1）斜视图一般只需表达机件上倾斜结构的形状，常画成局部的斜视图，其断裂边界用波浪线表示。但当所表达的倾斜结构是完整的，且外轮廓线又成封闭时，波浪线可省略不画。

（2）画斜视图必须标注。在相应视图的投射部位附近用垂直于倾斜表面的箭头指明投射方向，并注上字母，并在斜视图的上方标注相同的字母（字母一律水平书写）。

（3）斜视图一般按投影关系配置，如图 5 - 6 所示，必要时也可配置在其他适当位置。在不致引起误解时，允许将图形旋转，但必须加旋转符号，其箭头方向为旋转方向，字母应靠近旋转符号的箭头端。

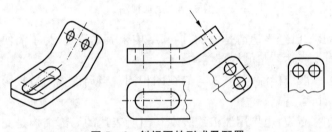

**图 5 - 6　斜视图的形成及配置**

> **单选题**

机件向不平行于任何基本投影面的平面投射所得的视图叫（　　）。

A. 局部视图　　　　B. 斜视图　　　　C. 基本视图　　　　D. 向视图

> **多选题**

关于视图的知识，下面叙述正确的是（　　）。

A. 六个基本视图展开后，右视图在主视图的右侧

B. 向视图是没有按照原始展开位置摆放的基本视图，要做出"X 向"标注

C. 局部视图上都要有波浪线

D. 斜视图多用来表达机件上的倾斜结构

> **判断题**

局部视图和斜视图都是将物体的某一部分向投影面投射所得的视图。

## ▶▶ 考点 18　全剖视图、半剖视图和局部剖视图的画法与标注方法

在用视图表达机件时，由于内部结构和不可见轮廓线都是用虚线来表示，虚线过多会引起看图和标注尺寸的不便。为了解决这个问题，常采用剖视的方法表达机件。因剖视图将虚线变为粗实线，可以更清晰地表达机件的内部结构形状。

## 一、剖视图的概念

剖视图:假想用剖切平面剖开机件,将处在观察者与剖切平面之间的部分移去,而将剩余部分向投影面投影所得到的视图称为剖视图(如图 5 - 7)。

"剩余的部分"是指机件的剖断面及其后面可见的轮廓线。

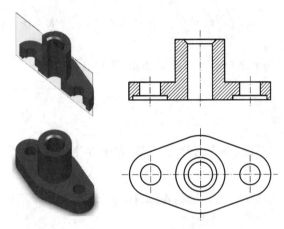

图 5 - 7　剖视图的概念

## 二、剖视图的画法

(1) 选择剖切面的位置

为了表达机件内部的真实形状,剖切平面应通过被剖切部分的基本对称面或轴线,如通过机件上孔的轴线、槽的对称面等结构,并使剖切平面平行或垂直于某一投影面。

(2) 变化线型

在视图改画成剖视图的过程中,图线的变化有两种情况:有些图线被去掉;有些虚线变成粗实线。一般,不会增加新的图线。

(3) 画剖面符号

机件上被剖切平面剖到的实体部分叫剖断面。国标规定,在剖断面上要画出剖面符号(剖面符号与机件采用的材料有关)。**金属材料的剖面符号称为剖面线,它应画成与水平线成 45°的等距细实线,剖面线向左或向右倾斜均可,但同一机件在各个剖视图中的剖面线倾斜方向应相同,间距应相等。**当图形中的主要轮廓线与水平线成 45°时,则该图的剖面线应画成与水平线成 30°或 60°的细实线。

(4) **剖视图的标注:剖切平面的位置、投射方向和剖视图的名称。**

画剖视图时,一般应在剖视图的上方用大写英文＋字母标注出视图的名称"×—×",在相应的视图上用剖切符号标注剖切位置,剖切符号是线宽约 $1\sim1.5b$,长约 $5\sim10$ mm 的粗实线。剖切符号不得与图形的轮廓线相交,在它的起、迄和转折处标注相同的大写字母,字母一律水平书写。在剖切符号的外侧画出与其垂直的细实线和箭头表示投影方向。

① 省略箭头:当剖视图按投影关系配置,中间又无其他图形隔开时,可省略箭头。

② 省略全部标注:当单一的剖切平面通过机件的对称平面或基本对称平面,且剖视图按投影关系配置,中间又没有其他图形隔开时。

**注意:**

(1) 为了表达机件内部的真实形状,剖切平面应通过孔、槽的对称平面或轴线,并平行于某一投影面。

(2) 由于剖切平面是假想的,因此,当机件的某一个视图画成剖视图后,其他视图仍应完整地画出。

(3) 在剖视图中,一般应省略虚线。当有没有表达清楚的结构,为减少视图,可画少量虚线。

(4) 剖切平面后的可见轮廓线应全部画出,不得遗漏。

## 三、剖视图的种类

**按剖切面剖开机件的范围,剖视图分为:全剖视图、半剖视图和局部剖视图三种。**

1. 全剖视图

用剖切平面完全地剖开机件所得到的视图,称为全剖视图。全剖视图主要用于外形简单、内形复杂的机件。

2. 半剖视图

当机件具有对称平面时,在垂直于对称平面的投影面上投影所得到的图形,允许以对称中心线为界,一半画成剖视图,另一半画成视图,这种组合的图形称为半剖视图(如图 5-8)。

半剖视图既能表达机件的外部形状,又能表达机件的内部结构。因为机件是对称的,根据一半的形状就能想象出另一半的结构形状。所以看半剖视图时,应采用"内外分别看,对称地想象"。

**注意:**

(1) 半个视图和半个剖视图之间是以点划线为分界线,不是粗实线;

(2) 机件的内部结构由半个剖视图来表达,半剖视图的视图部分用来表达外部形状的,只需要画外形,不应有虚线。

3. 局部剖视图

局部剖视图:用剖切平面局部地剖开机件所得的剖视图。它可以同时表达内外形状,又不像半剖视图有条件限制,因此可用于:

① 内外形状都需要表达,但零件形状不对称。

② 虽有对称面,但有轮廓线与对称线重合,不能采用半剖视图的。

③ 需要表达的内部结构只是范围较小的局部内部结构,没有必要对机件作全剖。

局部剖视图中的波浪线可以视为机件上的不规则断面,故波浪线必须在机件的实体上,不能超出被切部分的实体轮廓或穿过空的区域,也不能与轮廓线重合或画在其他图线的延长线上。

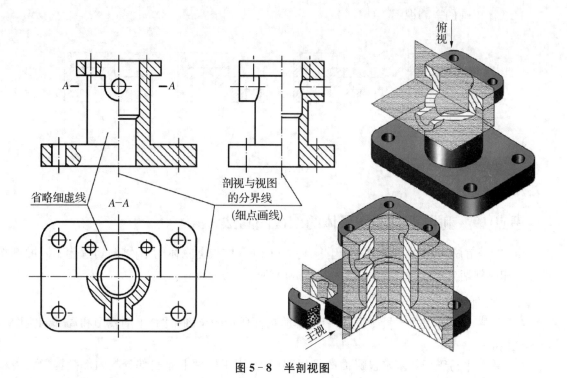

图 5-8　半剖视图

画局部剖视图的步骤：

第一步　确定剖切位置。

第二步　确定剖切范围：综合考虑内外表达的需要，画出波浪线。

第三步　变化线型：以波浪线为界，外形部分去掉不必要的虚线，剖视部分按剖视的画法。

第四步　画剖面线。

第五步　标注：当剖切位置明确，并按投影关系配置时，局部剖视图可不作标注。

➢ 单选题

1. 在半剖视图中半个视图与半个剖视图的分界线应用（　　）表达。

A. 粗实线　　　　　　　　　　　　　B. 细实线

C. 细点划线　　　　　　　　　　　　D. 波浪线

2. 在下图中选出正确的一组剖视图（　　）。

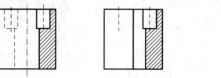

A

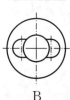
B

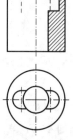
C

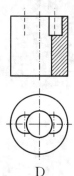
D

3. 选择正确的全剖视图。（　　　）

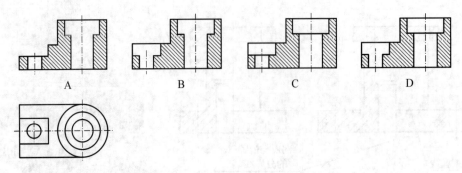

## 考点 19　利用平面剖切形体的剖视图画法

由于物体的形状结构千差万别，因此，画剖视图时，应根据物体的结构特点，选用不同的剖切面及相应剖切方法，以便使物体的内外结构得到充分的表现。

1. 单一剖切面

（1）用一个平行于基本投影面的平面剖切，前面所示的全剖视图、半剖视图和局部剖视图均是这种情况。

（2）用不平行于任何基本投影面的平面剖切：常用于机件上倾斜部分的内部结构形状需要表达的情况。

用这种剖切方法获得的剖视图一般按投影关系配置，必要时也可配置在其他适当位置，在不致引起误解时，允许将图形旋转，但必须加旋转符号，其箭头方向为旋转方向，字母应靠近旋转符号的箭头端。

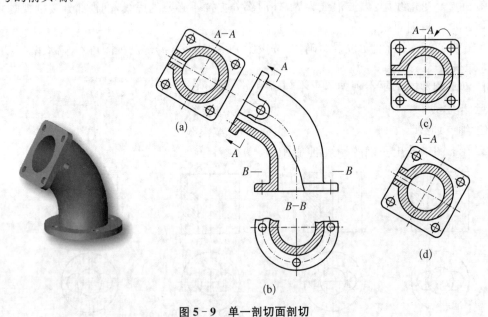

图 5-9　单一剖切面剖切

**2.几个平行的剖切面**

用几个平行的平面剖切:主要适用于机件上有较多的内部结构形状,而它们的轴线不在同一平面内,且按层次分布相互不重叠的情况(如图 5-10)。

采用这种方法画出的剖视图必须按规定标注,各剖切面相互连接而不重叠,其转折符号成直角且应对齐。当转折处位置有限,又不致引起误解时,允许只画转折符号,省略标注字母。

采用这种剖切方法画剖视图时应注意:

(1)不应画出两剖切面转折处的分界线。

(2)不应出现不完整要素,仅当两个要素在图形上具有公共对称中心线或轴线时,可以各画一半,此时应以对称中心线或轴线为界。

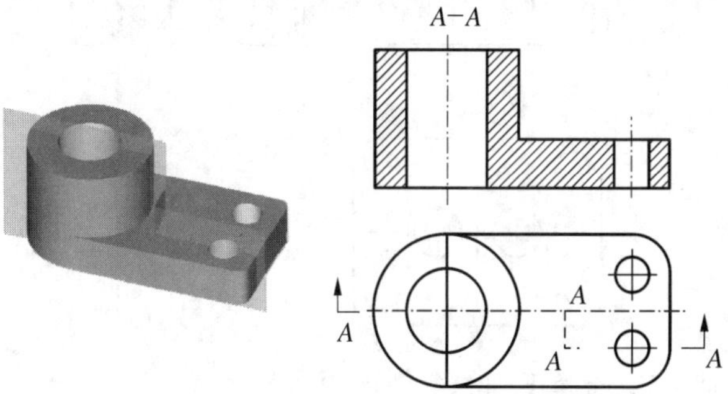

图 5-10 几个平行剖切面剖切

**3.几个相交的剖切面(交线垂直于某一投影面)**

(1)用两个相交的剖切面剖切。

采用这种方法画剖视图时,先假想按剖切位置剖开机件,然后将被剖切面剖开的结构及其有关部分旋转到与选定的投影面平行再进行投射。在剖切面后的其他结构一般仍按原来位置投射,当剖切后产生不完整要素时,应将此部分按不剖绘制(如图 5-11)。

(2)用几个相交的平面剖切:主要适用于当机件的内部结构比较复杂,用以上几种剖切面都不能完全表达的情况。

用这种方法画出的剖视图也必须按规定标注。

采用这种剖切方法时,根据需要还可采用展开画法,标注时在名称后加注"展开"两字。

旋转剖适用于具有倾斜结构的机件的内部形状,其倾斜结构与主体之间有明显的回转轴线,该轴线恰好与两剖切平面的交线重合。

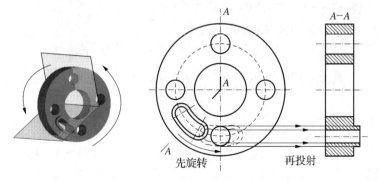

图 5-11 几个相交剖切面剖切

▷单选题

1. 选择正确的全剖视图。(　　　)

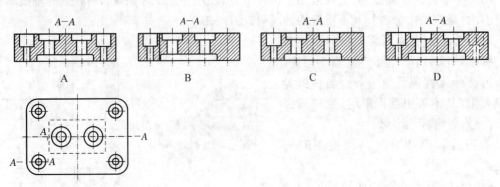

2. 选择正确的全剖视图。(　　　)

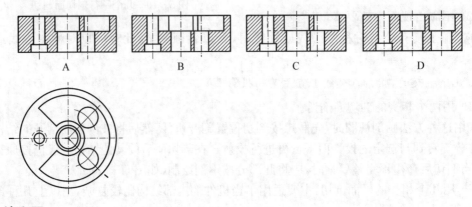

▷填空题

按剖切范围分,剖视图可分为(　　　)、(　　　)和(　　　)三类。

▷多选题

有关剖视图的概念,下面描述正确的是(　　　)。

A. 剖视是假想剖切,并没有真的把机件切开

B. 剖视图一般分为全剖、半剖和阶梯剖三种类型

C. 半剖视图一般用于具有对称结构的机件

D. 在剖视图的标注中,剖切符号用来表示剖视图投射的方向

# ▐▶ 考点 20　移出断面图和重合断面图的画法

## 一、断面的概念

　　假想用剖切面将机件的某处切断,只画出该剖切面与机件接触部分的图形,这种图形称为断面图,简称断面。

　　断面图与剖视图的区别在于断面图只画出机件被切处的断面形状,而剖视图不仅要画出断面形状,还要画出断面之后的所有可见轮廓(如图 5-12)。

## 二、断面图的种类和画法

**断面分为移出断面和重合断面。**

### 1. 移出断面

画在视图之外的断面,称为移出断面。

（1）移出断面的画法

**移出断面的轮廓线用粗实线画出**,在剖断面上画剖面符号（如图 5-13）。

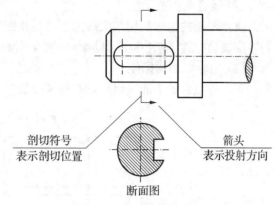

剖切符号
表示剖切位置

箭头
表示投射方向

断面图

**图 5-12　断面图的概念**

为了看图方便,移出断面应尽量画在剖切平面迹线的延长线上。

在画移出断面时应注意以下几点:

当剖切平面通过由回转面形成的孔和凹坑的轴线时,这些结构按剖视绘制。当剖切平面通过非圆孔,会导致出现完全分离的两个剖面时,其结构应按剖视绘制。

当断面图形对称时,移出断面也可画在视图的中断处。

（2）移出断面的标注:与剖视图相同,包括剖切位置、投射方向和断面的名称。

**以下情况标注可以省略:**

**① 省略箭头:当断面图形对称于剖切平面迹线方向或断面按照投影关系配置。**

**② 省略名称:当断面配置在剖切平面迹线延长线上。**

**③ 省略全部标注:配置在剖切平面迹线延长线上的对称断面或配置在视图中断处的断面。**

（3）移出断面的剖切位置

移出断面的剖切平面应垂直于所表达结构的主要轮廓线。采用两个或多个相交的剖切平面剖开机件得出的移出断面,图形中间应断开。在不致引起误解时,允许将图形旋转摆正,在断面的名称旁标注旋转符号。

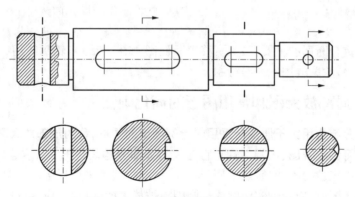

**图 5-13　移出断面图的画法和标注**

### 2. 重合断面

画在被切断部分的投影轮廓内的断面,称为重合断面。

(1) 重合断面的画法

重合断面的轮廓线用细实线绘制。当视图中的轮廓线与重合断面的图形重叠时,视图中的轮廓线仍应连续画出,不可间断(如图 5 – 14)。

(2) 重合断面的标注

**不对称重合断面应注出剖切符号和投影方向。对称的重合断面可省略标注。**

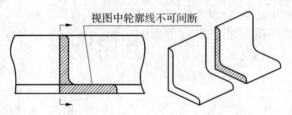

图 5 – 14  重合断面图的画法和标注

➤ 单选题

1. 选择正确的移出断面图。(　　　)

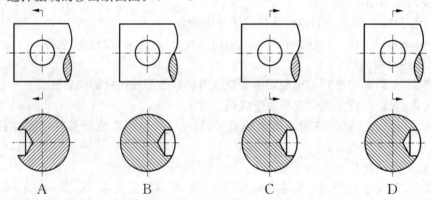

A　　　　　　B　　　　　　C　　　　　　D

2. 配置在剖切线延长线上的对称移出断面图,在标注时(　　　)。

A. 不能省略字母和箭头 　　　　　　　B. 不必标注字母

C. 不必标注箭头 　　　　　　　　　　D. 不必标注字母和箭头

➤ 填空题

移出断面和重合断面的主要区别是:移出断面图画在(　　　),轮廓线用(　　　)绘制;重合断面图画在(　　　),轮廓线用(　　　)绘制。

## ▮▶ 考点 21　局部放大图和常用图形的简化画法

**将机件的部分结构用大于原图所采用的比例画出的图形,称为局部放大图。**

**局部放大图可画成视图、剖视、断面,它与被放大部分的表达方式无关。**当机件上的某些细小结构在原图中表达得不清楚,或不便于标注尺寸时,就可采用局部放大图。

绘制局部放大图时,应用细实线圆或长圆圈出被放大的部位,并应尽量把局部放大图配置在被放大部位的附近。当同一机件上有几个被放大的部位时,必须用罗马数字依次标明被放大的部位,并在局部放大图的上方标出相应的罗马数字和所采用的比例,如图5-15所示。当机件上被放大的部位仅一个时,在局部放大图的上方只需注明所采用的比例。

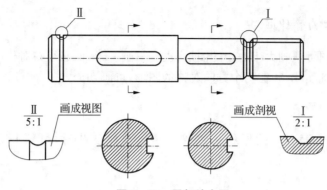

图 5–15  局部放大图

## 一、机件上的肋、轮辐及薄壁结构在剖视图中的规定画法

画剖视图时,对于机件上的肋、轮辐及薄壁等,如按纵向剖切,这些结构均不画剖面符号,并用粗实线将它与其他结构分开;如横向剖切,仍应画出剖面符号(如图 5–16)。

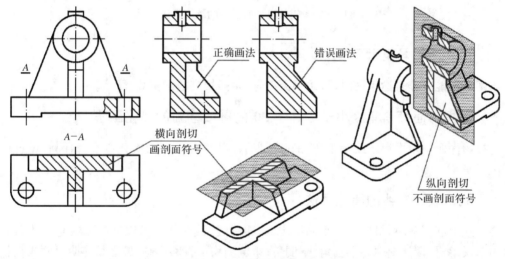

图 5–16  肋板的规定画法

## 二、回转体上均匀分布的孔、肋、轮辐结构在剖视图中的规定画法

当回转体上均匀分部的肋、轮辐、孔等结构不处于剖切平面上时,可将这些结构沿回转轴旋转到剖切平面上画出,不需要作任何标注。

## 三、机件上相同结构的简化画法

当机件上具有若干个相同结构(如孔、槽等),并按一定规律分部时,只需画出几个完整的结构,其余用细实线连接表示出位置,同时在图中注明该结构的总数。

当机件上具有若干直径相同且成规律分部的孔,可仅画出一个或几个孔,其余用点划线表示其中心位置,并在图中注明孔的总数即可(如图 5–17)。

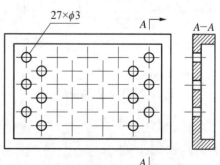

图 5–17  按规律分布的孔的简化画法

## 四、对称机件的简化画法

对称机件的视图可只画大于一半的图形;也可只画一半,但必须在对称中心线两端画出两条与其垂直的平行细实线;如在两个方向对称的图形,可画四分之一。

## 五、切断缩短画法

较长机件如沿长度方向的形状一致或按一定规律变化时,可断开后缩短绘制(如图5-18)。

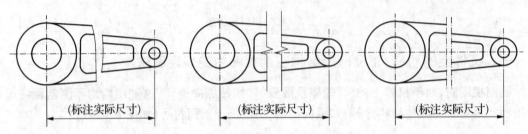

图 5-18　较长机件断开后的缩短画法

## 六、用平面符号表示平面

当图形不能充分表达平面时,可用平面符号(两条相交的细实线)表示。

## 七、与投影面倾斜角度小于或等于30°的圆或圆弧的简化画法

与投影面倾斜角度小于或等于30°的圆或圆弧,其投影可用圆或圆弧代替,圆心位置按照投影关系确定。

## 八、机件表面交线的简化画法

在不致引起误解时,机件上较小的结构(如相贯线、截交线),可以用圆弧或直线代替。在不致引起误解时,零件图中的小圆角、小倒角、小倒圆均可省略不画,但必须注明尺寸或在技术要求中加以说明(如图5-19)。

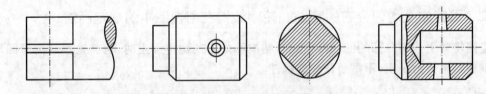

图 5-19　较小结构的交线的简化画法

➤ 单选题

1. 选择正确的全剖视图。(　　　)

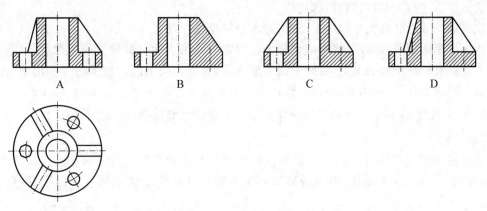

2. 根据主、俯视图,判断主视图的剖视图哪个是正确的。(　　)

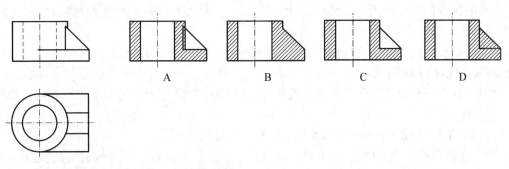

3. 下列四种断开画法,哪一个是错误的。(　　)

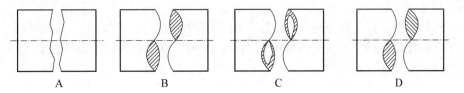

# 第六章　标准件和常用件

## ▶ 考点 22　螺纹的要素和分类

### 一、螺纹的形成、结构和要素

螺纹是指在圆柱表面或圆锥表面上,沿着螺旋线形成的具有相同断面的连续凸脊和沟槽。螺纹的凸起部分称为牙,螺纹凸起部分顶端的表面称为牙顶,螺纹沟槽底部的表面称为牙底。在外表面上形成的螺纹称为外螺纹,在内表面上形成的螺纹称为内螺纹。人们常见的螺钉和螺母上的螺纹,分别是外螺纹和内螺纹。

#### 1. 螺纹的形成

动点沿直线做等速运动,直线同时绕一条与之平行(相交)的轴线做等角速度旋转,点的这种复合运动轨迹称为圆柱(圆锥)螺旋线。

决定螺旋线形状和大小的三个要素:导面、导程和旋向。

平面图形沿螺旋线运动,将形成螺旋面。以螺旋面为表面的螺旋体成为螺纹。(换言之,螺纹是指在圆柱或圆锥表面上,沿螺旋线所形成的,具有相同剖面的连续凸脊和沟槽)在圆柱外表面上形成的螺纹,称为外螺纹;在圆柱内表面上形成的螺纹,称为内螺纹。

2. 螺纹五要素(只有五个要素完全相同的内外螺纹才能旋合在一起)

(1) 牙型

在通过螺纹轴线的剖面上,有形状相同的连续的凸脊和沟槽,它们的轮廓形状,称为螺纹牙型。凸脊的顶端称为牙顶,沟槽的底部称为牙底。常见的螺纹牙型有三角形、梯形、锯齿形等。

(2) 大径、小径和中径

大径:螺纹的最大直径,又称公称直径,即通过外螺纹的牙顶(内螺纹的牙底)的假想圆柱面的直径。外螺纹用 $d$,内螺纹用 $D$ 表示大径。

小径:螺纹的最小直径,即通过外螺纹的牙底(内螺纹的牙顶)的假想圆柱面的直径。外螺纹用 $d_1$,内螺纹用 $D_1$ 表示。

中径:在大径和小径之间有一假想圆柱面,其母线通过牙型上沟槽宽度和凸脊宽度相等。

(3) 线数

在同一圆柱(圆锥)上加工出的螺纹条数称为螺纹的线数。

沿一条螺旋线形成的螺纹,称为单线螺纹;沿两条或两条以上,且在轴向等距离分布的螺旋线所形成的螺纹,称为多线螺纹。

(4) 螺距和导程

相邻两牙在中径线上对应两点间的轴向距离,称为螺距,用"$P$"表示。在同一螺旋线上的相邻两牙在中径线上对应两点间的轴向距离,称为导程,用"$L$"表示。螺旋线数为 $n$,则导程与螺距有如下关系:$L=nP$。

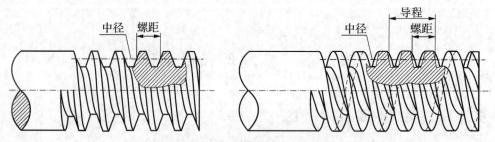

图 6-1 螺纹的线数,螺距和导程

(5) 旋向

螺纹分左旋和右旋两种,顺时针旋转时旋入的螺纹,称为右旋螺纹;逆时针旋转时旋入的螺纹,称为左旋螺纹。常用的螺纹为右旋螺纹。

**内外螺纹必须成对配合使用,螺纹的牙型、大径、螺距、线数和旋向,这五个要素完全相同时,内外螺纹才能相互旋合。**

## 二、螺纹的分类

| 螺纹类别 | | | 特征代号 | 螺纹牙型放大图 | 说　明 |
|---|---|---|---|---|---|
| 连接螺纹 | 普通螺纹 | 粗牙普通螺纹 | M | 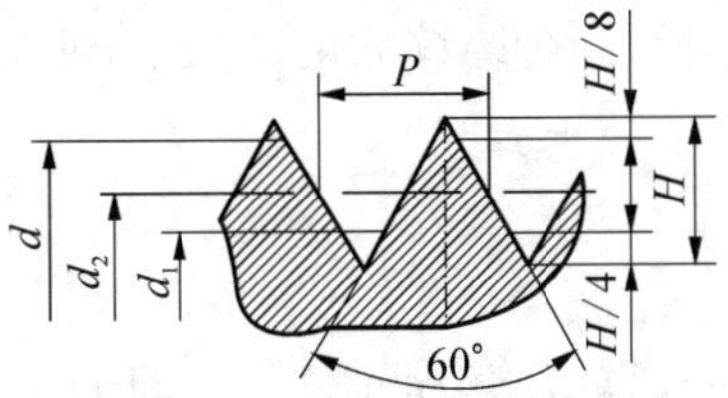 | 最常用的连接螺纹。同一种大径的普通螺纹,一般有几种螺距,螺距最大的为粗牙普通螺纹,其余都为细牙普通螺纹。细牙普通螺纹用在细小的精密零件或薄壁零件上 |
| | | 细牙普通螺纹 | | | |
| | 管螺纹 | 非螺纹密封的管螺纹 | G | 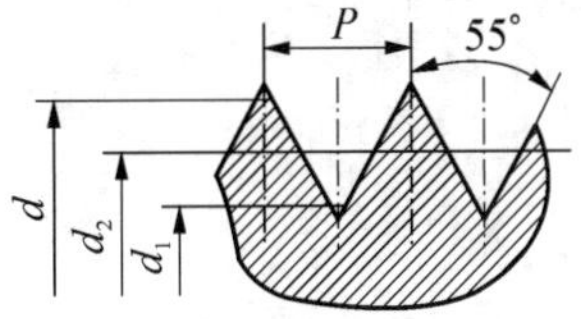 | 自身密封性很差,用在电线管等不需要密封的管子上。这种螺纹如果另加密封结构后,也有较好的密封效果 |
| | | 螺纹密封的管螺纹 | $R_p$ $R_c$ $R_1$ $R_2$ | 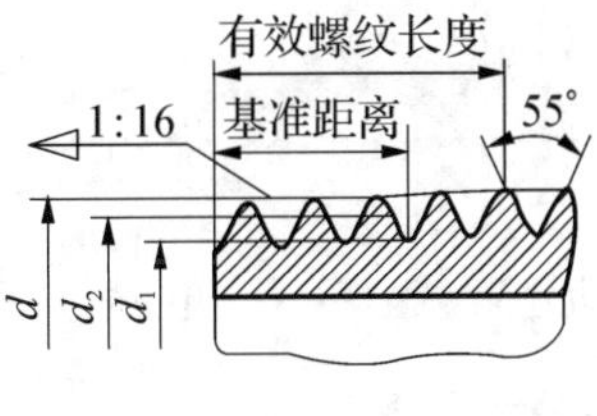 螺纹密封的圆锥外管螺纹 | 有很好的密封性,用在水管、气管等有密封要求的管子上。$R_p$ 为圆柱管螺纹,$R_c$ 为圆锥内管螺纹,$R_1$、$R_2$ 圆锥外管螺纹。其中,$R_1$ 为与圆柱内管螺纹旋合的圆锥外管螺纹,$R_2$ 为与圆锥内管螺纹旋合的圆锥外管螺纹 |
| 传动螺纹 | 梯形螺纹 | | Tr | 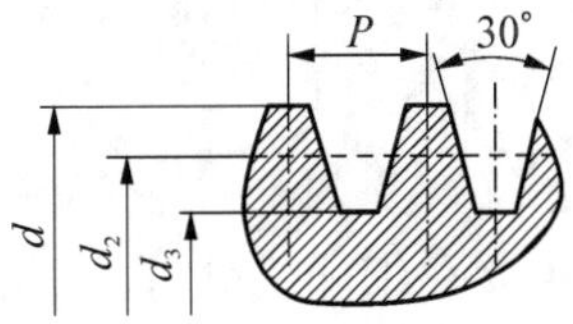 | 可以双向传递运动和动力,用于各种机床上的丝杆传动系统 |
| | 锯齿形螺纹 | | B | 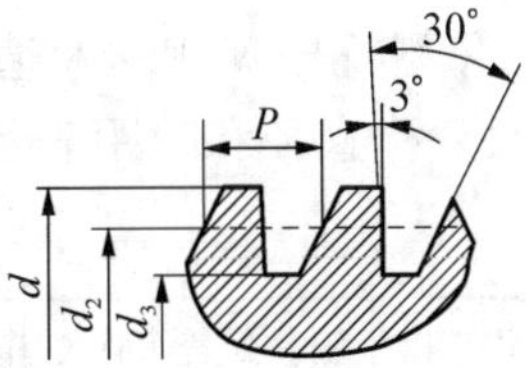 | 只能传递单向动力,用于某些有特殊要求的丝杆传动系统 |

图 6-2　螺纹的分类

牙型、大径、螺距是决定螺纹的最基本因素。根据这三个要素是否符合国家标准,可将其分为标准螺纹、特殊螺纹(只有牙型符合)和非标准螺纹(牙型不符合)。

螺纹按用途可分为:连接螺纹和传动螺纹(如图 6-2)。

普通螺纹是最常用的连接螺纹,牙型角为 60°。同一大径可有几种螺距,将其中螺距最大的一种螺纹称为粗牙普通螺纹,其他螺距的螺纹称为细牙普通螺纹。

管螺纹也是连接螺纹,牙型角为 55°。根据管螺纹的特性,又可将其分为用螺纹密封的管螺纹($R_p$、$R_c$、$R$)和非螺纹密封的管螺纹($G$、$ZG$)。

用螺纹密封的管螺纹,其连接本身具有一定的密封性,多用于高温高压系统。

非螺纹密封的管螺纹,无密封性,常用于润滑管路系统。

最常见的传动螺纹:梯形螺纹 *Tr* 和锯齿形螺纹 *B*,其中梯形螺纹应用最广。

### 三、螺纹在图样上的表示方法

标准和特殊螺纹采用规定画法配合螺纹标记来表示;非标准螺纹用牙型的图形及尺寸标注来表示。

### 四、螺尾、倒角及退刀槽

为了便于内外螺纹的旋合,在螺纹的端部制成 45° 的倒角。在制造螺纹时,由于退刀的缘故,螺纹的尾部会出现渐浅部分,这种不完整的牙型,称为螺尾。为了消除这种现象,应在螺纹终止处加工一个退刀槽。

➤ **单选题**

1. 普通螺纹的牙型符号是(　　　)。

A. B　　　　　　　　B. Tr　　　　　　　　C. G　　　　　　　　D. M

2. 普通螺纹的公称直径为螺纹的(　　　)。

A. 大径　　　　　　　B. 中径　　　　　　　C. 小径　　　　　　　D. 顶径

3. 普通螺纹的牙型为(　　　)。

A. 锯齿形　　　　　　B. 三角形　　　　　　C. 矩形　　　　　　　D. 梯形

## ▌▶ 考点 23　螺纹的标注方法

螺纹按国标的规定画法画出后,牙型、公称直径、螺距、线数和旋向等要素需要用标注代号或标记的方式来加以说明。

#### 1. 普通螺纹

普通螺纹的牙型角为 60°,有粗牙和细牙之分,即在相同的大径下,有几种不同规格的螺距,螺距最大的一种为粗牙普通螺纹,其余为细牙普通螺纹。

螺纹代号:粗牙普通螺纹代号用牙型符号 M 和公称直径表示,粗牙螺纹允许不标注螺距;细牙普通螺纹的代号用牙型符号 M、公称直径和螺距表示。当螺纹为左旋时,用代号 LH 表示,右旋省略标注。螺纹标记如下:

| 特征代号 | 公称直径 | × | 螺距 | 旋向 | — | 中径公差带代号 | 顶径公差带代号 | — | 旋合长度代号 |

旋合长度是指内、外螺纹旋合在一起的有效长度,分为短、中、长三种,分别用代号 S、N、L 表示,相应的长度可根据螺纹公称直径及螺距从标准中查出。当旋合长度为中等时,N 可省略。

例如,已知细牙普通螺纹,公称直径为 20 mm,螺距为 2 mm,中径公差带代号为 5 g,顶径公差带代号为 6 g,短旋合长度。其标注形式为:

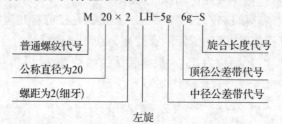

2. 梯形和锯齿形螺纹

梯形螺纹用来传递双向动力,其牙型角为30°,不分粗细;锯齿形螺纹用来传递单向动力。梯形螺纹、锯齿形螺纹只标注中径公差带代号,旋合长度分为 N、L 两种,当旋合长度为 N 不用标注。

梯形螺纹的标记形式为:

单线格式:

| 特征代号 | 公称直径 | × | 螺距 | 旋向 | 中径公差带代号 | 旋合长度代号 |
|---|---|---|---|---|---|---|

多线格式:

| 特征代号 | 公称直径 | × | 导程(P 螺距) | 旋向 | 中径公差带代号 | 旋合长度代号 |
|---|---|---|---|---|---|---|

例如:Tr40×7-6HTr 表示梯形螺纹,40 为公称直径,7 为螺距,6H 为中径公差带代号,中旋合长度。

3. 管螺纹

在水管、油管、煤气管等管道连接中常用管螺纹,管螺纹分为非螺纹密封的内、外管螺纹和用螺纹密封的管螺纹。管螺纹应标注螺纹特征代号和尺寸代号;非螺纹密封的外管螺纹还应标注公差等级。

标记形式如下:

| 特征代号 | 尺寸代号 | 公差等级代号 | — | 旋向 |
|---|---|---|---|---|

管螺纹标注中的尺寸代号不是管子的外径,也不是螺纹的大径,而是指管螺纹所在管子孔径英寸的近似值;外螺纹的公差等级代号分 A、B 两级,内螺纹不标记公差等级代号;右旋螺纹的旋向不标注,左旋螺纹标注 LH。管螺纹在图样上一律标注在引出线上,引出线应由大径或由对称中心处引出。

例如:G1/2AG 表示非螺纹密封的管螺纹,1/2 为尺寸代号,A 为 A 级外螺纹。

4. 其他螺纹

(1) 特殊螺纹的标注,应在特征代号前加注"特"字,并注出大径和螺距,如图 6-3(a) 所示。

(2) 非标准螺纹的标注,应在画出的牙型图上注出大径、小径、螺距和牙型的尺寸,如图 6-3(b)所示。

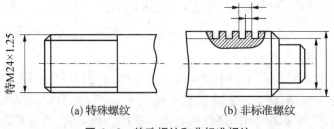

(a)特殊螺纹          (b)非标准螺纹

图 6-3  特殊螺纹和非标准螺纹

常见标准螺纹的标注示例见表 6 - 1。

表 6 - 1 标准螺纹的标注示例

| 螺纹类别 | | 标注例图 | 说明 |
|---|---|---|---|
| 连接螺纹 | 粗牙普通螺纹 | 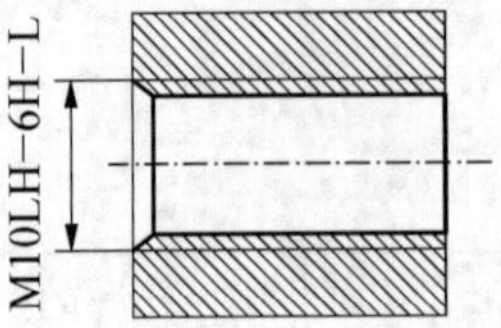 M10LH-6H-L | 粗牙普通内螺纹,公称直径10 mm,左旋,中、顶径公差带代号相同,均为 6H,长旋合长度 |
| | 细牙普通螺纹 | 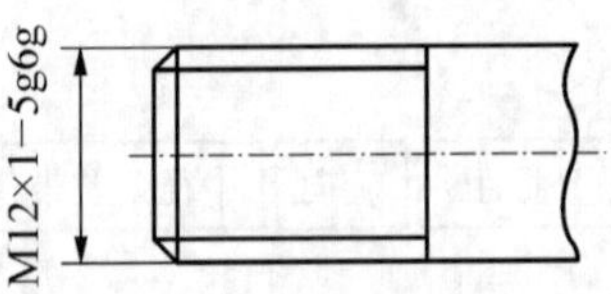 M12×1-5g6g | 细牙普通外螺纹,公称直径 12 mm,螺距 1 mm,右旋,中、顶径公差带代号分别为 5 g、6 g,中等旋合长度 |
| 连接螺纹 | 非螺纹密封的管螺纹 | 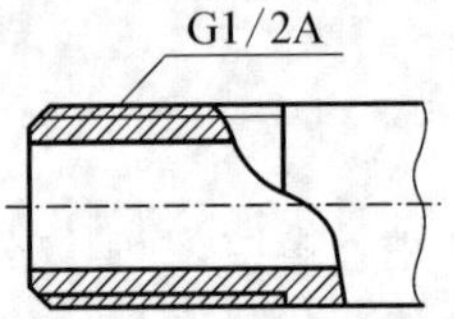 G1/2A | 非螺纹密封的圆柱外管螺纹,尺寸代号为 1/2 英寸,公差等级为 A 级,右旋 |
| | 螺纹密封的管螺纹 | 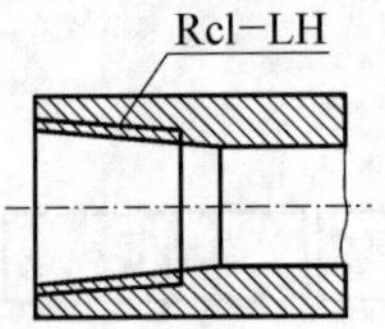 Rcl-LH | 螺纹密封的圆锥内管螺纹,尺寸代号为 1 英寸,左旋 |
| 传动螺纹 | 梯形螺纹 | 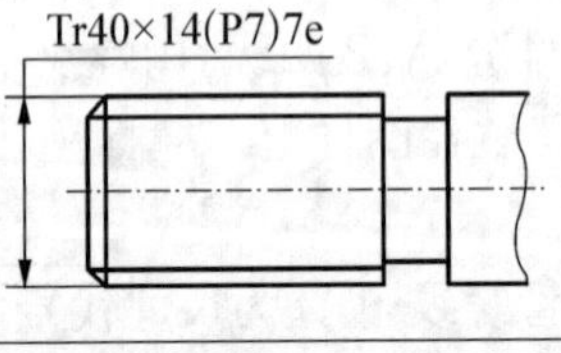 Tr40×14(P7)7e | 梯形外螺纹,公称直径 40 mm,导程 14 mm,螺距 7 mm,双线,右旋,中径公差带代号为 7e,中等旋合长度 |
| | 锯齿形螺纹 | 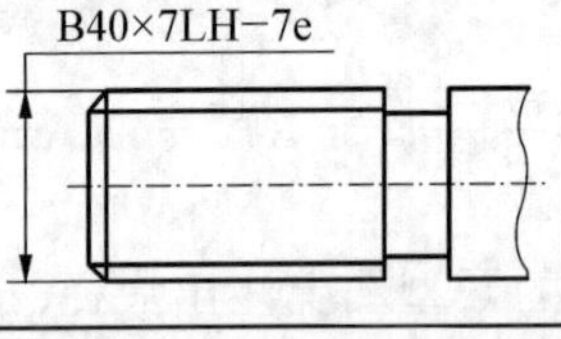 B40×7LH-7e | 锯齿形外螺纹,公称直径 40 mm,螺距 7 mm,单线,左旋,中径公差带代号为 7e,中等旋合长度 |

## ▶▶ 考点 24 内外螺纹的规定画法及连接画法

**螺纹用通过牙顶和牙底的圆柱面轮廓线表示。内外螺纹旋合时,旋合部分按外螺纹绘制。**
(1) 外螺纹的画法

外螺纹大径用粗实线表示,小径用细实线表示,螺杆的倒角和倒圆部分也要画出,小径可近似地画成大径的 0.85 倍,螺纹终止线用粗实线表示。在投影为圆的视图上,表示牙底的细实线只画约 3/4 圈,螺杆端面的倒角圆省略不画。螺尾一般不画,当需要表示螺尾时,表示螺尾部分牙底的细实线应画成与轴线成 30°的夹角[如图 6 - 4(a)]。

（2）内螺纹的画法

当内螺纹画成剖视图时，大径用细实线表示，小径和螺纹终止线用粗实线表示，剖面线画到粗实线处。螺孔应将钻孔深度和螺孔深度分别画出，底部的锥顶角应画成 120°。螺纹不可见时，所有图形都为虚线[如图 6-4(b)]。

（3）螺纹连接的画法

内外螺纹连接画成剖视图时，旋合部分按外螺纹的画法绘制，其余部分仍按各自的规定画法绘制。并且内外螺纹的大径线和小径线应对齐，螺纹的小径与螺杆的倒角大小无关，剖面线均应画到粗实线[如图 6-4(c)]。

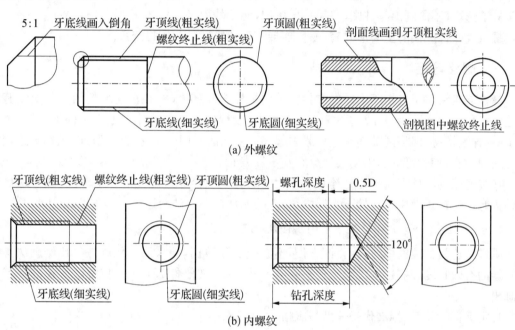

（a）外螺纹

（b）内螺纹

（i）　（ii）

（c）内、外螺纹连接

图 6-4　螺纹的规定画法

➤ 单选题

螺纹标记 M12×1.25-6 g 中的"1.25"表示（　　）。

A. 直径　　　　　　B. 螺距　　　　　　C. 导程　　　　　　D. 线数

➤ 多选题

下列说法正确的是（　　）。

A. 普通螺纹代号是 M　　　　　　　　B. 牙顶画粗实线

C. 粗牙螺纹不标螺距　　　　　　　　D. 公称直径是中径

> 判断题

绘制不通内螺纹孔时,钻孔底部的锥孔为 90°。

# 考点 25　螺纹紧固件的分类、标记及适用场合

# 考点 26　紧固件连接的规定画法

螺纹紧固件是利用螺纹起连接作用,使两个零件连接固定在一起。常用的螺纹紧固件有螺栓、双头螺柱、螺母、螺钉、垫圈等。这类零件的结构形式和尺寸已经标准化,使用时可根据有关标准选取,不需画出零件图,只需写出标记,便于外购。

**螺纹紧固件连接的主要形式有:螺栓连接、双头螺柱连接、螺钉连接。**

## 一、螺栓连接

**螺栓连接常用于连接不太厚的零件。** 采用螺栓连接零件时,在被连接的两零件上钻有比螺栓直径稍大的通孔($\approx 1.1d$),将螺栓穿入孔内,以螺栓的头部抵住下面零件的下端面,再套上垫圈,拧紧螺母,即将两被连接零件紧固起来。垫圈的作用是防止拧紧螺母时损伤被连接零件的表面,同时使螺母的压力均匀地分布到零件表面上。

在被连接的零件上制出比螺栓直径稍大的通孔。螺栓穿过通孔后套上垫圈,并用螺母拧紧即为螺栓连接。常用于连接不太厚的零件,并能从连接零件两边同时装配的场合。

1. 六角螺母、六角头螺栓及垫圈的画法及规定标记

画螺纹连接件装配图时,为作图方便,不必查实际数据,而采用比例画法。比例画法是指除螺栓的有效长度和螺栓的螺纹大径按真实尺寸绘制,其他各部分尺寸按螺纹大径的一定比例画出。

规定标记:**名称　标准代号—型号规格**

其后面还可带性能等级或材料及热处理、表面处理等技术参数。

(1)螺母:有六角螺母、方螺母和圆螺母,六角螺母应用最广,按加工质量和使用要求的不同,分为粗制和精制两种。它的规格尺寸是螺纹大径。

螺母　GB 6170—86 M20

紧固件名称是螺母,标准代号为 GB 6170—86,粗牙普通螺纹,公称直径是 20。查阅标准,可进一步知道该螺母的详细规格尺寸和各种技术参数。

(2)六角头螺栓:其应用最广,按加工质量和使用要求的不同,分为粗制和精制两种。它的规格尺寸是螺纹大径和螺栓长度。

螺栓由头部及杆部组成,杆部刻有螺纹,端部有倒角。

螺栓　GB 5782—86　M24×100

根据标记可知:该紧固件是螺栓,其标准代号为 GB 5782—86,公称直径 24,粗牙普通螺纹,公称长度 100。

(3)垫圈:垫圈一般放在螺母与被连接件之间,起保护被连接零件的表面,以免拧紧螺母时刮伤零件表面;同时可以增加螺母与被连接零件的接触面积。按加工质量和使用要求的不同,分为粗制和精制两种。它的规格尺寸是螺栓的大径。

为便于安装,垫圈中间的通孔直径比螺纹的大径大些。

垫圈　GB 97.2—85　24—140HV

紧固件名称是垫圈,标准代号是 GB 97.2—85,公称尺寸 24,性能等级为 140HV 级。

**2. 螺栓连接的画法**

绘图时要知道螺栓的形式、大径和被连接零件的厚度,并从标准中查出螺栓、螺母和垫圈的有关尺寸。计算出的螺栓长度要按螺栓长度系列选择接近的标准长度。

**螺纹连接装配图中的一般规定:**

(1) 两零件的接触面只画一条线。

(2) 作剖视所用的剖切平面沿轴线(或对称中心线)通过实心零件或标准件(螺栓、螺母、垫圈)时,这些零件按不剖画出,即仍画其外形。

(3) 在剖视图中,不同零件的剖面线应有所区别,而同一零件在同一张图纸上,它的剖面线应完全相同(即在各个剖视图中方向应一致,间隔应相等)。

螺栓连接适用于连接两个不太厚的零件。螺栓穿过两被连接件上的通孔,加上垫圈,拧紧螺母,就将两个零件连接在一起了。

画螺栓连接图时,螺栓的公称长度 $l$ 可按下式计算:

$$l \geqslant \delta_1 + \delta_2 + h + m + a$$

$\delta_1, \delta_2$——被连接件的厚度(已知条件);

$h$——平垫圈厚度(根据标记查表);

$m$——螺母高度(根据标记查表);

$a$——螺栓末端超出螺母的高度,一般可取 $a = 2P$ 或 $0.2d \sim 0.3d$($P$ 为螺距)。

计算出的螺栓长度还要按螺栓长度系列选择接近的标准长度,这个长度称为螺栓的**公称长度**。

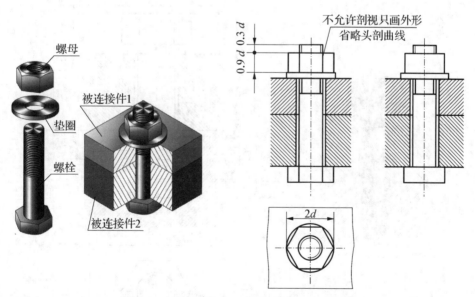

图 6-5　螺栓连接及六角螺栓连接装配图画法

**螺栓连接比例画法的步骤(如图 6-5):**

第一步　定出基准线。

第二步　画出被连接零件（要剖，孔径为1.1$d$，注意剖面线的方向、间距）。

第三步　画出穿入螺栓（不剖）的两个视图，螺纹小径可暂不画。

第四步　画出套上垫圈（不剖）的三视图。

第五步　画出拧紧螺母（不剖）后的三视图，在俯视图中应画螺栓。

第六步　补全螺母上的交线，全面检查、描深。

## 二、双头螺柱连接

在一个被连接零件上制有螺孔，双头螺柱的一端紧旋在这个螺孔里，而另一端穿过另一零件的通孔，然后套上垫圈再拧紧螺母，即为双头螺柱连接。**其一般用在结构上不能使用螺栓连接的场合，如被连接零件之一太厚不宜钻成通孔。**

1. 双头螺柱

双头螺柱两端都有螺纹，其中一端全部旋入被连接件的螺孔内，称为旋入端。其长度用$b_m$表示；另一端用来旋紧螺母称为紧固端。此时采用的是弹簧垫圈，它依靠弹性增加摩擦力，防止螺母因受振动松开。

双头螺柱旋入端长度$b_m$应全部旋入螺孔内，故螺孔的深度应大于旋入端长度，一般取$b_m+0.5d$。$b_m$由带螺孔的被连接零件的材料决定：对青铜、钢，$b_m=d$；铸铁，$b_m=1.25\sim1.5d$；铝，$b_m=2d$。它的规格尺寸是螺纹直径和双头螺柱长度。

规定标记：螺柱　GB897　AM10×50

2. 双头螺柱连接的画法

绘图时要知道双头螺柱的形式、大径和被连接零件的厚度（如图6-6）。

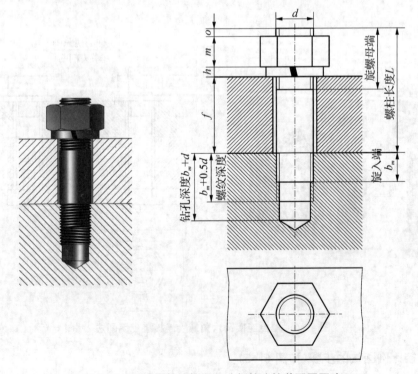

**图6-6　双头螺柱连接及双头螺柱连接装配图画法**

螺柱的公称长度 $l$ 按下式计算后取标准长度：

$$l \geqslant \delta + s + m + a$$

其中：$s$—弹簧垫圈厚度，取 $s = 0.2d$；$n$—弹簧垫圈开口宽，取 $n = 0.1d$

**注意**：旋入端应与两连接零件的接触表面平齐。

### 三、螺钉连接

螺钉连接常用于受力不大而又不经常拆装的场合，在电子产品中应用广泛。被连接零件中的一个加工出螺孔，而另一个零件加工成通孔，将螺钉穿过通孔，旋入有螺孔的零件中，用以连接两零件，即为螺钉连接。

1. 螺钉

螺钉的一端为螺纹，旋入到被连接零件的螺孔中，另一端为头部。按头部形状分为：内六角圆柱头、开槽圆柱头、沉头螺钉。其规格尺寸为螺纹大径和螺钉长度。

2. 螺钉连接的画法

螺钉头部槽口在反映螺钉轴线的视图上应画成垂直于投影面，在俯视图，应画成与中心线倾斜 **45°**，螺纹的旋入深度 $b_m$ 由材料决定（如图 6–7）。螺钉的公称长度计算如下：

$l \geqslant \delta$（通孔零件厚度）$+ b_m$ 计算后取标准公称长度。

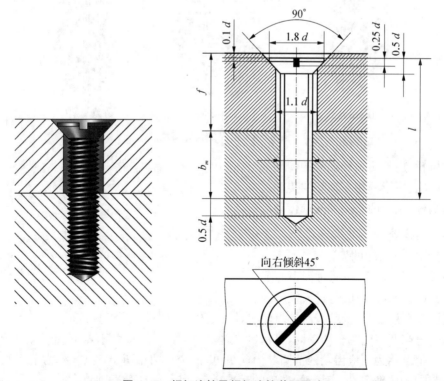

**图 6–7 螺钉连接及螺钉连接装配画法**

▶ 单选题

1. 一般用于受力不大且不常拆卸的场合的连接方法是（　　）。

A. 双头螺柱连接　　B. 螺栓连接　　　　C. 螺钉连接　　　　D. 均可

2. 下列螺栓连接图,画法正确的是（　　）。

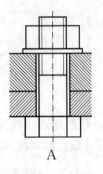 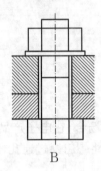 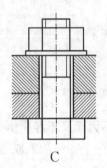 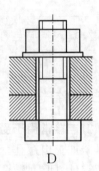

A　　　　　　　　B　　　　　　　　C　　　　　　　　D

▶ 判断题

双头螺柱 $b_m$ 的长度与被旋入的零件材料相关。

## ▶▶ 考点 27　齿轮传动的类型

齿轮结构在机械传动中应用很广,除用来传递动力外,还可以改变转动方向、转动速度和运动方式等。根据两轴线的相对位置不同,齿轮可分为三大类(如图 6-8)。

(a) 圆柱齿轮　　　　　　(b) 圆锥齿轮　　　　　(c) 蜗轮蜗杆

**图 6-8　常见的齿轮转动**

圆柱齿轮:用于两平行轴间的传动。

圆锥齿轮:用于两相交轴间的传动。

蜗轮蜗杆:用于两交叉轴间的传动。

1. 齿轮的基本参数和轮齿各部分的名称(如图 6-9)

齿数($Z$)——齿轮的齿数。

齿顶圆(直径 $d_a$)——通过齿顶的圆。

齿根圆(直径 $d_f$)——通过齿根的圆。

分度圆(直径 $d$)——设计、制造齿轮时计算齿轮各部分尺寸的基准圆。

节圆——当两齿轮啮合传动时,其齿廓在连心线 $O_1O_2$ 上接触于点 $P$ 处,以 $O_1P$ 和 $O_2P$ 为半径的两个圆称为相应齿轮的节圆。由此可见,两个节圆相切于 $P$ 点(称为节点)。节圆直径只有在装配后才确定。一对装配准确的标准齿轮,其节圆和分度圆重合。

齿顶高($h_a$)——分度圆到齿顶圆的径向距离。

齿根高($h_f$)——分度圆到齿根圆的径向距离。

齿高($h$)——齿顶圆到齿根圆的径向距离。

齿距($p$)——在分度圆上,相邻两齿对应点的距离。

齿厚($s$)——在分度圆上,每一齿上的弧长。

齿宽($b$)——齿轮的有齿部分沿分度圆柱面的直母线方向量度的宽度。

压力角($\alpha$)——过齿廓与分度圆的交点 $P$ 的径向直线与该点处的齿廓切线所夹的锐角。我国规定标准齿轮的压力角为20°。

啮合角($\alpha'$)——两齿轮传动时,两相啮齿的齿廓接触点处的公法线与两节圆的内公切线所夹的锐角,称为啮合角。啮合角就是在 $P$ 点处两齿轮受力方向与运动方向的夹角。

一对装配准确的标准齿轮,其啮合角等于压力角,即 $\alpha'=\alpha$。

模数($m$):由于分度圆周长 $\pi d=pz$,所以 $d=(p/\pi)z$。

令比值 $p/\pi=m$。$m$ 称为齿轮的模数,所以 $d=mz$。

由于 π 是常数,所以 $m$ 的大小决定了 $p$ 的大小,模数 $m$ 大则齿距 $p$ 也大,随之齿厚 $s$ 也增大,则该齿轮的承载能力也增大。

由上可知一对正确啮合的齿轮的模数 $m$ 和压力角 $\alpha$ 必须相等,为了便于设计和加工,模数已经标准化(见表 6-2)。

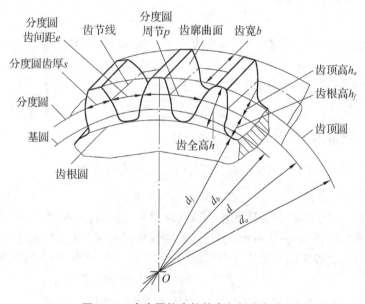

图6-9 直齿圆柱齿轮轮齿各部分名称

表6-2 齿轮的模数标准系列摘录(GB/T 1357—2008)

| 第一系列 | 1,1.25,1.5,2,2.5,3,4,5,6,8,10,12,16,20,25,32,40,50 |
|---|---|
| 第二系列 | 1.75,2.25,2.75,(3.25),3.5,(3.75),4.5,5.5,(6.5),7,9,(11),14,18,22,28,(30),36,45 |

表 6-3  标准齿轮轮齿(正常齿)各部分的尺寸关系

| 名称及代号 | 公式 |
| --- | --- |
| 模数 $m$ | $m=p/\pi=d/z$ |
| 齿顶高 $h_a$ | $h_a=m$ |
| 齿根高 $h_f$ | $h_f=1.25m$ |
| 齿高 $h$ | $d=2.25m$ |
| 分度圆直径 $d$ | $d=mz$ |
| 齿顶圆直径 $d_a$ | $d_a=d+2h_a=m(z+2)$ |
| 齿根圆直径 $d_f$ | $D_f=d-2h_f=m(z-2.25)$ |
| 齿距 $p$ | $p=\pi m$ |
| 中心距 $a$ | $a=(d_1+d_2)/2=m(z_1+z_2)/2$ |

2. 齿轮各部分尺寸与模数的关系

标准齿轮轮齿各部分的尺寸,都根据模数来确定,标准直齿圆柱齿轮轮齿(正常齿)各部分的尺寸与模数的关系见表 6-3。

➢ 单选题

1. 已知直齿圆柱齿轮的齿数 $z=60$,模数 $m=3$,其分度圆直径是(　　)。

A. $\phi180$　　　　　　B. $\phi186$　　　　　　C. $\phi174$　　　　　　D. $\phi172.5$

2. 标准直齿圆柱齿轮的齿顶高尺寸计算公式是(　　)。

A. $h_a=1.25m$　　　　B. $h_a=m$　　　　C. $h_a=mz$　　　　D. 均不对

## 考点 28　绘制单个齿轮的规定画法

根据 GB/T 4459.2—2003 中的规定,直齿圆柱齿轮的画法如下:

**1. 轮齿部分的画法**

**轮齿部分按下列规定绘制:齿顶圆和齿顶线用粗实线绘制;分度圆和分度线用细点划线绘制(分度线应超出齿轮两端 2~3 mm);齿根圆和齿根线用细实线绘制,也可以省略不画,在剖视图中,齿根线用粗实线绘制。** 如需表明齿形时,也可在图形中用粗实线画出一个或两个齿,或用适当比例的局部放大图表示。

**2. 单个直齿圆柱齿轮的画法**

单个直齿圆柱齿轮的轮齿部分按上述规定绘制,其余部分按真实的投影绘制。在剖视图中,当剖切平面通过齿轮的轴线时,齿轮按不剖绘制(如图 6-10)。

**3. 直齿圆柱齿轮的啮合画法**

一对啮合直齿圆柱齿轮,其啮合区的画法如下:

(1) 在垂直于圆柱齿轮轴线的投影面的视图中,两

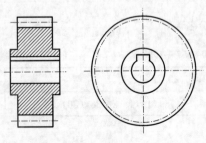

图 6-10　直齿圆柱齿轮的画法

节圆应相切。在啮合区的齿顶圆均用粗实线绘制,如图 6-11 端面视图画法二所示;也可以省略不画,如图端面视图画法一所示。齿根圆全部不画。

(2) 在平行圆柱齿轮轴线的投影面的视图中,啮合区内的齿顶线不需画出,节圆用粗实线画出。当画成剖视图且剖切平面通过两啮合齿轮的轴线时,在啮合区内将一个齿轮的轮齿用粗实线绘制,另一个齿轮的轮齿被遮挡部分用虚线绘制(这条虚线也可以不画)。在剖视图中,当剖切面不通过啮合齿轮的轴线时,齿轮一律按不剖绘制。

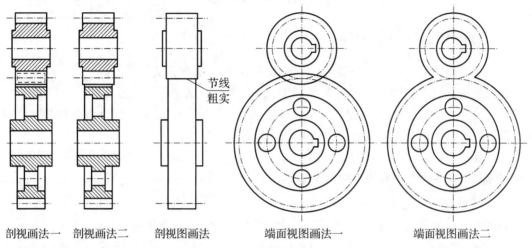

剖视画法一　　剖视画法二　　剖视图画法　　　端面视图画法一　　　端面视图画法二

**图 6-11　直齿圆柱齿轮的啮合画法**

▶ **单选题**

下列齿轮轮齿画法中正确的是(　　　)。

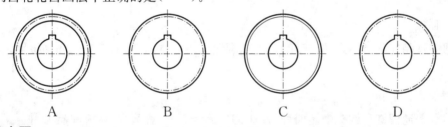

A　　　　　　　B　　　　　　　C　　　　　　　D

▶ **填空题**

齿轮轮齿部分的规定画法是:齿顶圆用(　　　)绘制;分度圆用(　　　)绘制;齿根圆用(　　　)绘制,也可省略不画。在剖视图中,齿根圆用(　　　)绘制。

## ▶▶ 考点 29　键、销连接的作用、分类与标记

键用来联结轴与装在轴上的零件(如齿轮、带轮等)。其中键的一部分嵌在轴上的键槽内,另一部分嵌在轮上的键槽内,保证轮与轴一起转动,起传递扭矩作用。这种联结称为键联结。

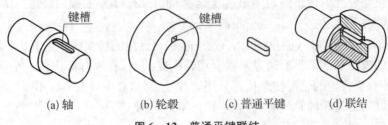

(a) 轴          (b) 轮毂          (c) 普通平键          (d) 联结

图 6 - 12    普通平键联结

## 一、键的种类、画法及标记

键是标准件,种类很多。**常见的键有:普通平键、半圆键和钩头楔键。**

常用的有普通平键(如图 6 - 12)、半圆键、钩头楔键,以普通平键最常见。

键连接时,必须先在连接轴和轮上,加工出键槽。连接好后,键有一部分嵌在轴的键槽内,另一部分嵌在轮上的键槽内,这样就可以保证轴和轮一起转动。

画键连接图时,先要知道轴的直径和键的形式,然后根据轴的直径查有关标准,确定键的公称尺寸及选定键的标准长度(键长不超过轮毂宽)。

### 1. 普通平键

**普通平键按轴槽结构分为 A 型(圆头)、B 型(方头)和 C 型(单圆头)三种。**

连接时,键的两侧面是工作表面,因此只画一条线;而键的上底面与轮毂上的键槽底面间应有间隙,不接触,应画两条线。在剖视图中,当剖切平面通过键的纵向对称面时,键按不剖绘制;当剖切平面垂直于轴线剖切键时,被剖切的键应画出剖面线。在键连接中键的倒角或小圆角一般不画。

### 2. 半圆键

**半圆键常用在载荷不大的传动轴上。**其画法与平键类同:两侧面与轮和轴接触,顶面应有间隙。

### 3. 楔键

楔键有普通楔键和钩头楔键两种,普通又分 A、B、C 三种型号,钩头只有一种。

## 二、普通平键、半圆键联结装配图画法

画普通平键和半圆键装配图时,根据设计要求应已知轴的直径和键的形式,然后根据轴的直径 $d$ 查阅有关标准,确定键的公称尺寸 $b$、$h$ 和标准长度 $L$ 以及轴和轮上的键槽尺寸(如图 6 - 13)。

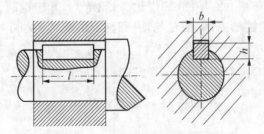

图 6 - 13    普通平键装配图画法

由于普通平键和半圆键的两侧面与被联结零件相应表面接触,为工作面。

画这两种键联结装配图时,键与被联结零件的两侧面和底面为接触面,而顶面有间隙。在剖视图中当剖切平面通过键的纵向对称面时,键按不剖绘制;当剖切平面垂直于轴线剖切到键时,键按剖切绘制出剖面线。

### 三、钩头楔键联结装配图画法

钩头楔键的顶面有 1∶100 的斜度。键的斜面与轮毂上键槽顶部的斜面是工作面,必须紧密接触,不能有间隙。其余画法与普通平键类似(如图 6 - 14)。

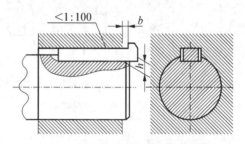

图 6 - 14 钩头楔键联结装配图画法

### 四、销及其连接

销是标准件,主要用于零件间的连接或定位。**常用的销有圆柱销(按配合性质分 A、B、C、D 四种型式)、圆锥销(按表面加工要求分 A、B 两种型式)、开口销等。**

圆柱销和圆锥销通常用于零件间的连接或定位,这时有较高的装配要求,其在加工销孔时应把有关零件装配在一起加工,这个要求必须在零件图上注明;开口销则用来防止螺母松动或固定其他零件。

#### 1. 销的种类、画法及规定标记

销的常用类型有圆柱销、圆锥销和开口销,如图 6 - 15 所示。圆柱销和圆锥销主要用于零件间的连接或定位,开口销主要用来防止螺母松动或者固定其他零件。

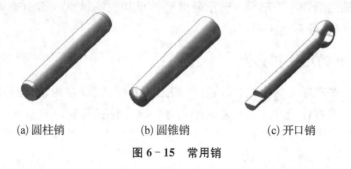

(a)圆柱销   (b)圆锥销   (c)开口销

图 6 - 15 常用销

每一种销的结构型式、规定标记和连接画法国家标准都有规定。

销的标记为:销标准号类型代号 $d×l$

例如,公称直径 $d=10$ mm,长度 $l=50$ mm 的 A 型圆锥销的标记为:销 GB/T 117—2000 A10×50

2. 销连接装配图画法

如图 6-16 所示的是圆柱销和圆锥销连接装配图画法。在剖视图中,当剖切平面通过销的轴线时,销按不剖绘制;若垂直于销的轴线时,被剖切的销应画剖面线。

当销用于定位作用时,装配要求较高,因此,在加工销孔时,一般把有关零件装配在一起加工。加工要求应在零件图中注明。

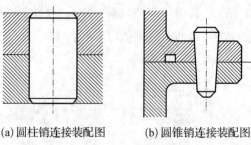

(a) 圆柱销连接装配图　　　(b) 圆锥销连接装配图

**图 6-16　销连接装配图**

▷ **单选题**

1. "GB/T 1096 键 $18×11×100$"代号中,键的高度为(　　)。

A. 以上都不是　　　　　　　　　　B. 100

C. 18　　　　　　　　　　　　　　D. 11

2. 在平键连接中,键的上表面与轮毂键槽底面应(　　)。

A. 留有一定间隙　　　　　　　　　B. 紧密配合

C. 视情况而定　　　　　　　　　　D. 过渡配合

▷ **判断题**

1. 平键连接中,平键的两个侧面是工作表面。

2. 常用的销有圆柱销、圆锥销和开口销等,它们都是标准件。

## ▐▶ 考点 30　滚动轴承的作用及规定画法

机器中支撑轴的部件称为轴承。轴承分滑动轴承和滚动轴承。滚动轴承由于结构紧凑、摩擦损失较小,所以得到广泛应用。

### 一、滚动轴承的结构和分类

滚动轴承由安装在轴上的内圈,安装在机座上的外圈,安装在内、外圈间滚道中的滚动体和保持架(隔离罩)等零件组成。滚动体的形式有圆球、圆柱、圆锥等。

滚动轴承按受力方向分三类:

(1) 向心轴承:主要承受径向力。

(2) 推力轴承:只承受轴向力。

(3) 向心推力轴承(单列圆锥滚子轴承):同时承受径向和轴向力。

### 二、滚动轴承的代号和标记

**滚动轴承的代号是由前置代号、基本代号、后置代号构成**,分别用字母和数字表示轴承的结构形式、特点、承载能力、类型和内径尺寸等。前置代号和后置代号是补充代号,其内含和标注见 GB/T 272—2017。基本代号是轴承代号的基础,下面介绍常用基本代号。基本代号由轴承类型代号、尺寸系列代号和内径代号构成(尺寸系列代号由轴承的宽(高)度系列代号和直径系列代号组合而成)。例如:圆锥滚子轴承 30203。所代表的意义为:右起第一、二位数字表示轴承的内径代号。内径在 $10 \sim 495$ mm 以内的表示方法如下:

| 内径代号 | 00 | 01 | 02 | 03 | 04 以上 |
|---|---|---|---|---|---|
| 内径数值(mm) | 10 | 12 | 15 | 17 | 将代号数字乘以 5 为内径数值 |

右起第三位数字表示直径系列,即在内径相同时,有各种不同的外径;右起第四位数字表示轴承的宽度系列。当宽度系列为 0 系列(正常系列)时多数轴承可不注出宽度系列代号 0,但对于调心滚子轴承,宽度系列代号 0 应标出;右起第五位数字表示轴承的类型,例如"3"表示圆锥滚子轴承。

**【例 6 - 1】**  滚动轴承的规定标记:轴承 30203

3  0  2  03

03:表示内径:$d = 17$ mm

2:表示直径系列(指相同内径尺寸的轴承有不同外径尺寸),"2"为轻窄系列

0:表示轴承的宽度系列,"0"为正常系列

3:表示类型:"3"为圆锥滚子轴承

**【例 6 - 2】**  轴承 6206

6  2  06

06:表示轴承内径 $d = 6 \times 5 = 30$ mm

(0)2:表示轴承尺寸系列代号"(0)2",宽度系列代号为 0,常省略不注,直径系列代号 2

6:表示轴承类型,"6"表示深沟球轴承

### 三、滚动轴承的画法

**滚动轴承是标准部件,国标规定在装配图中采用通用画法、特征画法或规定画法表示。**

**通用画法:**在剖视图中,当不需要确切地表示滚动轴承的外形轮廓、载荷特征、结构特征时,用矩形线框及位于线框中央的十字形符号表示。十字形符号不能与矩形线框接触。

**特征画法:**在剖视图中,如需要较形象地表示滚动轴承的结构特征时,可采用矩形线框内画出其结构要素的方法表示。

**规定画法:**根据外径、内径、宽度等几个主要尺寸,按比例画法近似地画出它的结构特征。规定画法一般绘制在轴的一侧,另一侧按通用画法绘制。

表 6 - 4 列出了常用滚动轴承的类型、规定画法及特征画法。

表 6-4　常用滚动轴承的类型、规定画法及特征画法

| 类型名称和标准号 | 结构 | 简化画法 | | 规定画法 |
|---|---|---|---|---|
| | | 通用画法 | 特征画法 | |
| 深沟球轴承 GB/T 276 —2013 |  | 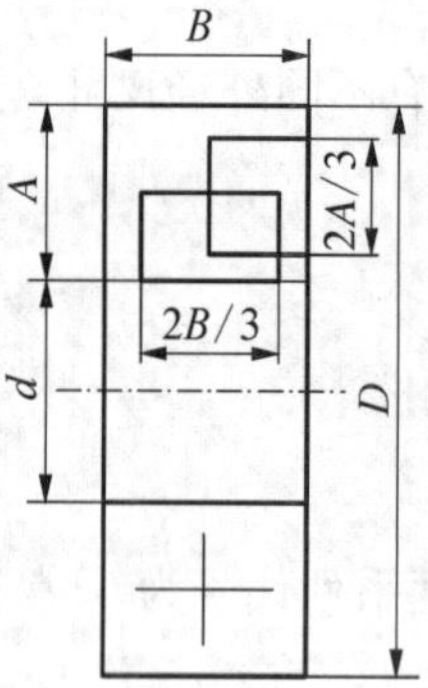 | 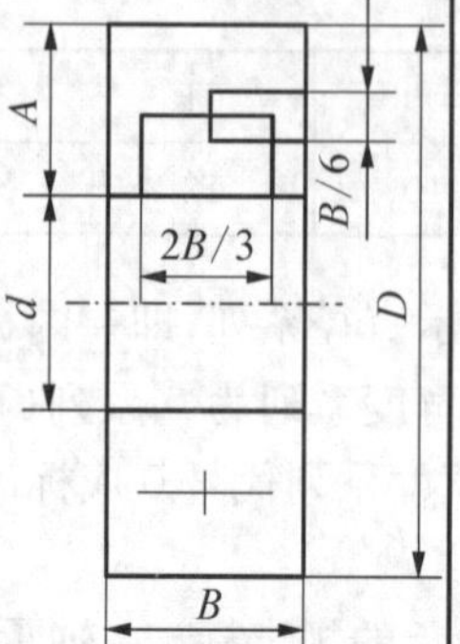 | 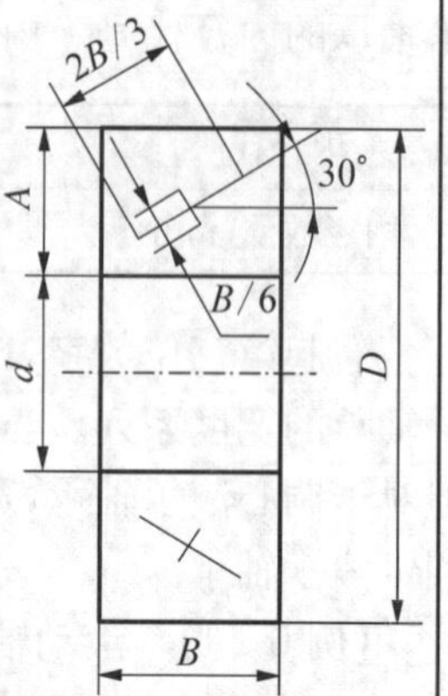 |
| 圆锥滚子轴承 GB/T 297 —2015 |  | | 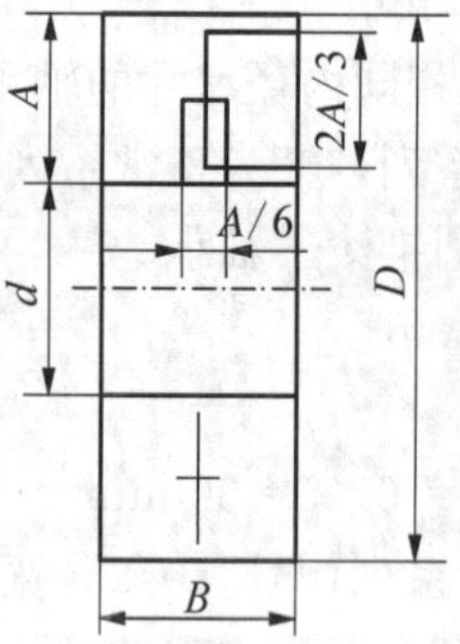 | 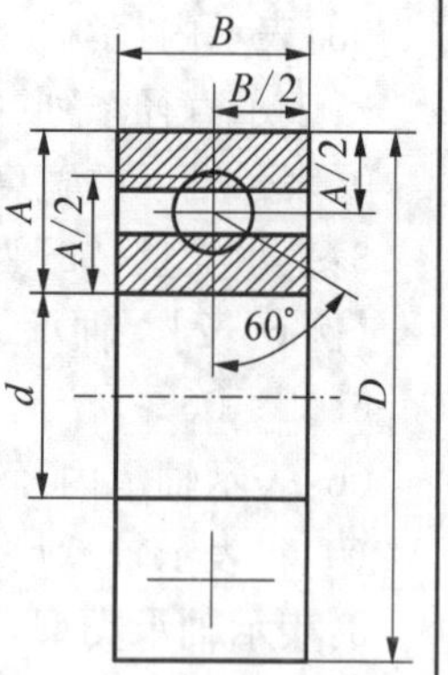 |
| 推力球轴承 GB/T 301 —2015 |  | | 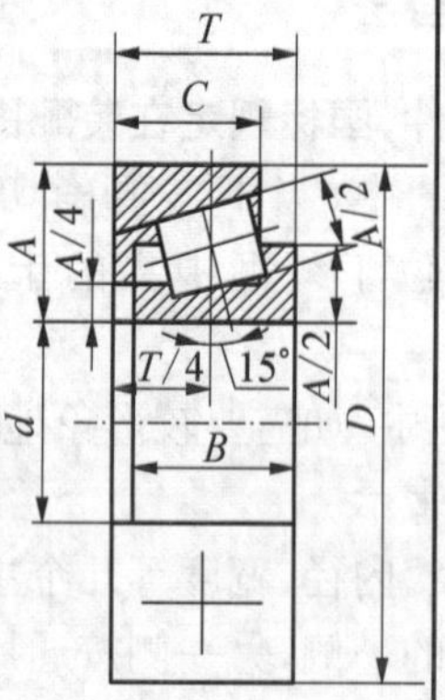 | 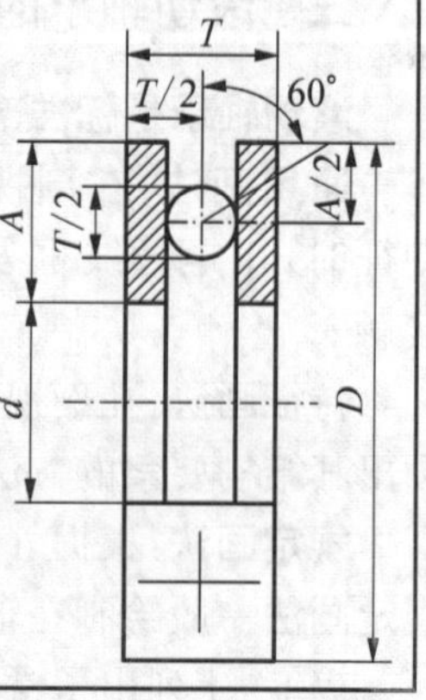 |

滚动轴承在装配图中的表示方法，可以采用规定画法，亦可采用简化画法。用规定画法绘制时，只绘出轴承的一侧，另一侧可按简化画法绘制。

➤ 单选题

滚动轴承代号由前置代号、基本代号和后置代号组成，其中基本代号表示（　　）。

A. 轴承的类型、结构和尺寸        B. 轴承游隙和配置

C. 轴承组件        D. 轴承内部结构变换和轴承公差等级

➤ **多选题**

弹簧的作用主要是(　　)。

A. 夹紧        B. 减振        C. 复位        D. 测力和储能

➤ **判断题**

轴承是标准零件。

# 第七章　零件图

## ▶ 考点 31　零件图的作用和内容

一台机器是由若干个零件按一定的装配关系和技术要求装配而成,我们把构成机器的最小单元称为零件。在生产中,零件图是指导零件的加工制造、检验的技术文件。

一张零件图包括下列内容:

(1) **一组图形**:合理运用各种机件表达方法(视图、剖视图、断面图)等,正确、完整、清晰、简洁地表达零件的结构形状。

(2) **完整尺寸**:零件制造和检验所需的全部尺寸。所标尺寸必须正确、完整、清晰、合理。

(3) **技术要求**:零件制造、检验、使用时应达到的技术指标。除用文字在图纸空白处书写出技术要求(热处理、表面处理)外,还有用符号表示的技术要求,如表面粗糙度、尺寸公差、形位公差等。

(4) **标题栏**:在图纸右下角的标题栏中填写零件的名称、材料、数量、图号、比例以及设计有关人的签名、日期等。

零件的结构、形状各不相同。为了将零件的结构形状完整、清晰地表达出来,就要求选用适当的视图、剖视、断面等表达方法,并在便于看图的前提下,力求画图简便。为此,在零件图的视图选择时,必须认真选择好主视图,同时选配好其他视图。

### 一、主视图的选择

主视图是一组视图的核心,选择得合理与否对看图和画图影响很大。

在选择主视图时应注意以下两个要求:

1. 主视图应较好地反映零件的形状特征

这一条称为“形状特征原则”是选择主视图投影方向的依据。从形体分析角度来说,就是要求选择能将零件各组成部分的形状及其相对位置反映得最充分的方向作为主视图的投影方向。

主视图的投影方向只能确定主视图的形状,不能确定主视图在图纸上的位置。例如,图 7-1 中按箭头 A 的方向投影,既可以把上述轴的主视图按轴线水平画,也可以按垂直和倾斜位置画,因此还必须确定零件的位置。

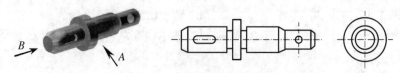

图7-1 轴的主视图选择

2. 主视图应尽可能反映零件加工位置或工作位置

"加工位置原则"或"工作位置原则"是确定零件的安放位置的依据。

加工位置是零件在机床上加工时的装夹位置。主视图与加工位置一致的优点是方便看图加工。轴、套、轮和盘盖类零件的主视图,一般按车削加工位置安放,即将轴线垂直于侧面,并将车削加工量较多的一端放在右边,如图7-1所示。

工作位置是零件安装在机器中工作的位置。主视图与工作位置一致的优点在于便于对照装配图来看图和画图。支座、箱体类零件,一般按工作位置安放,因为这类零件结构形状一般比较复杂,在加工不同的表面时往往其加工位置也不同。图7-2所示轴承座的主视图就是按工作位置绘制的。如果零件的工作位置是倾斜的,或者工作时在运动,因而其工作位置是不断变化的,则习惯上将零件摆正,使更多的表面平行或垂直于基本投影面。

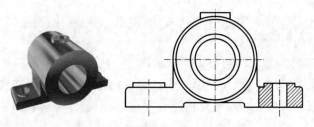

图7-2 轴承座的主视图选择

## 二、其他视图的选择

在选择其他视图时,应注意以下两点:

(1) 所选的视图之间必须互相配合呼应。

(2) 有时还要考虑到视图与尺寸注法的配合。

对于回转体,由于在标注尺寸时要加上符号"$\phi$"或"$S\phi$",一个带尺寸的视图就能清楚地表达它们的形状。同理,由一些同轴线的回转体(包括孔)及轴线相交的回转体所组成的零件,用一个带尺寸的视图也能把它们的形状表达清楚(如图7-3)。

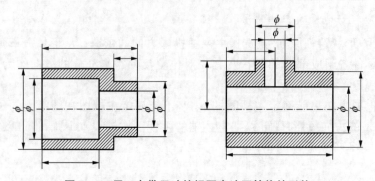

图7-3 用一个带尺寸的视图表达回转体的形状

主视图选定后,如果依靠尺寸配合还不能表达清楚零件的形状,则在选择其他视图时,应根据形体分析或结构分析,对零件各组成部分的内外结构形状逐个加以考虑。为了表达清楚每个组成部分的形状和相对位置,首先考虑还需要哪些视图(包括断面)与主视图配合,然后考虑其他视图之间的配合。这就是说,每个图形都应有明确的表达目的。

### 三、典型零件的表达方案

**1. 轴套类**

结构特点:主体结构是同轴回转体,并且轴向尺寸远大于径向尺寸,在沿轴线方向通常有轴肩、倒角、螺纹、退刀槽、键槽、销孔、螺纹孔等结构要素。

功能:主要用来支承传动零件和传递动力。

加工方法:以车床加工为主,装夹时零件轴线水平放置。

表达特点:主体结构只需一个基本视图。再根据各部分结构特点,选用断面图、局部放大图等来表达一些小结构(退刀槽、键槽、越程槽、中心孔)。

尺寸标注分析:轴的径向尺寸基准是轴的轴线。

**2. 盘盖类**

结构特点:主体结构是同轴回转体,并且轴向尺寸远小于径向尺寸。

功能:(轮)与轴配合用来传递旋转运动和扭矩,盘(盖)主要起支承、轴向定位及密封的作用。加工方法:以车床加工为主,装夹时零件轴线水平放置。

表达特点:主体结构一般需要两个基本视图,主视图全剖或半剖。如果有轮辐、肋板等结构,可用移出断面或重合断面表示。

尺寸标注分析:盘盖类零件的径向方向的基准都是回转轴线,长度方向的主要基准是经过加工的较大端面。圆周上均匀分布的小孔的定位圆直径是这类零件的典型定位尺寸。

**3. 叉架类**

结构特点:形状不规则,外形比较复杂。叉杆零件常有弯曲或倾斜结构。

功能:这类零件包括各种用途的拨叉和支架。拨叉主要用在机床、内燃机等各种机器的操纵机构上,实现一定动作,改变其他零件的位置;支架主要起支承和连接作用。按功能可将这类零件的结构分为三部分:支撑部分、工作部分(只有拨叉有)、连接部分。

加工方法:因叉架类零件一般都是锻件或铸件,往往要在多种机床上加工。

表达特点:这类零件的结构形状较为复杂且不太规则,一般都需要两个以上基本视图。主视图的投影方向按照形状特征原则,主视图的零件位置按照工作位置或自然位置。基本视图上一般用局部剖表示内部结构。另外,往往用斜视图、斜剖表达倾斜结构,用断面图表达连接部分的肋、臂。

尺寸标注分析:叉架类零件在长、宽、高三个方向的主要基准一般为孔的中心线(或轴线)、对称平面和较大的加工面。

**4. 箱体类**

结构特点:主体形状为壳体,内外形状都较复杂,尤其内腔比较复杂,表面过渡线较多。此类零件箱壁上有各种位置的孔,并多有带安装孔的底板,上面带有凹坑或凸台结构;支承孔处常设有加厚凸台或加强肋。

功能:箱体类零件一般是机器或部件的主体部分,它起着支承、包容、保护运动零件和其他零件的作用。

表达特点:一般按工作位置和形状特征原则选择主视图,需要三个或三个以上的基本视图,并要采用比较复杂的剖切面形成各种剖视图来表达复杂的内部结构。箱体零件上常常会出现一些截交线和相贯线,应认真分析,在视图上应画成过渡线。

加工方法:箱体类零件的加工工序和加工位置复杂多变。

尺寸标注分析:箱体类零件的长、宽、高三个方向的主要基准采用中心线、轴线、对称平面和较大的加工平面。因结构形状复杂,定位尺寸多,各孔中心线(或轴线)间的距离一定要直接注出来。

➤ **单选题**

轴、套、轮、盘类等回转体零件,选择主视图时,一般遵循(　　　)原则。

A. 安装位置　　　　　B. 工作位置　　　　　C. 加工位置　　　　　D. 任意位置

➤ **多选题**

选择零件主视图的原则是(　　　)。

A. 主视图应尽量表示零件在机器或部件中的安装位置

B. 主视图应尽量表示零件的加工位置

C. 主视图应尽量多地反映零件的结构形状特征

➤ **填空题**

一张零件图包括四项内容:(　　　),(　　　),(　　　),(　　　)。

# ▶▶ 考点 32　零件图的尺寸标注方法

## 一、零件图中尺寸标注的基本要求

零件图中的尺寸,应标注得**齐全、清晰和合理**,在第三章中已介绍了用形体分析法齐全、清晰地标注尺寸的问题,这里主要介绍合理标注尺寸的基本知识。

合理标注尺寸,就是所注的尺寸必须做到:

(1) 满足设计要求,以保证机器的质量。

(2) 满足工艺要求,以便于加工制造和检测。要达到这些要求,必须掌握一定的生产实际知识和有关的专业知识。这里仅介绍一些基本原则和方法。

## 二、尺寸基准的选择

按照零件的功能、结构和工艺要求,决定零件上面、线、点的位置所依据的面、线、点,称为尺寸基准(也就是标注尺寸的起点)。零件的长、宽、高三个方向至少要有一个尺寸基准。当同一个方向上有几个基准时,其中必有一个是主要基准,其余是辅助基准。要合理标注尺寸,一定要正确选择尺寸基准。按照其作用的不同,基准可分为设计基准和工艺基准。

### 1. 设计基准

根据机器的构造特点及对零件的设计要求而选定的基准称为设计基准。如图 7-4 所示轴承座,高度尺寸的标注应以底面 B 为基准,才能保证轴孔到底面的距离,进而保证两个轴承座轴孔在同一轴线上。长度方向以左右对称面 C 为基准,以保证底板上两孔之间的距离以及轴孔的对称关系。宽度方向以后端面 $D$ 为基准。

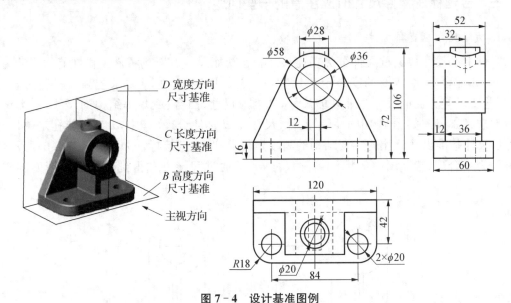

图 7-4  设计基准图例

2. 工艺基准

根据零件在加工、测量、安装时的要求而选定的基准,称为工艺基准。图 7-5 所示为轴的尺寸标注,结合轴的加工过程可看出车削轴的各段长度时,以轴的两端为基准,即轴的两端面为工艺基准。

应尽可能使零件上的设计基准与工艺基准重合,二者无法重合时,应将设计基准作为主要基准(零件上的主要尺寸从设计基准出发来标注),工艺基准作为辅助基准。零件上用以作为尺寸基准的几何要素通常是:重要的安装定位面,与其他零件的结合面,主要结构的对称面,重要的端面、轴肩面以及轴和孔的轴线。

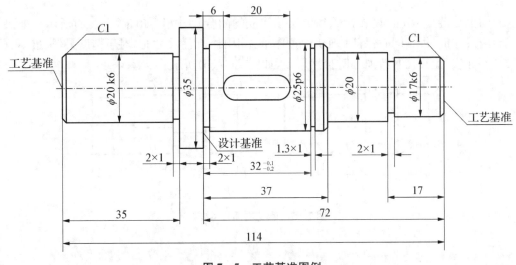

图 7-5  工艺基准图例

### 三、合理标注零件尺寸时应注意的一些问题

**1. 功能尺寸应直接标注**

零件上的尺寸根据重要性分为功能尺寸和非功能尺寸。影响零件工作性能的尺寸为功能尺寸,如配合尺寸、重要的安装定位尺寸,这类尺寸的精度通常要求较高;仅满足结构形状、工艺要求等方面的尺寸为非功能尺寸,如外形尺寸、凸台、倒角等结构的尺寸,这类尺寸精度要求都不高。如图 7-6(a)所示尺寸,尺寸 $a,d$ 标注合理(其中,$a$ 为安装孔定位尺寸,$d$ 为从设计基准出发标注的主要结构的高度定位尺寸,均直接标注);如图 7-6(b)所示,尺寸标注为不合理(按照图中的标注情况尺寸,$a,d$ 通过间接方式得到保证尺寸精度的难度加大)。

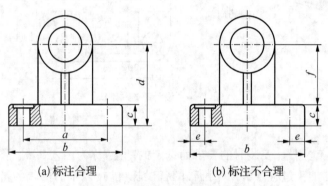

(a) 标注合理　　　　　　　　(b) 标注不合理

**图 7-6　重要尺寸应直接标注**

**2. 遵从加工顺序**

零件图上重要尺寸要直接标注,其他尺寸一般尽量按加工顺序进行标注。每一加工步骤均可由图中直接看出所需尺寸,以便于测量时减少差错。

**3. 避免封闭尺寸链**

封闭尺寸链是指由首尾相接的多个尺寸构成的闭合尺寸组,如图 7-7(a)所示。如果标注成封闭尺寸链,很难同时保证每个尺寸的精度。因此,标注尺寸时,对于精度最低、最不重要的尺寸不标注,让其在制造加工时自然形成,如图 7-7(b)所示。

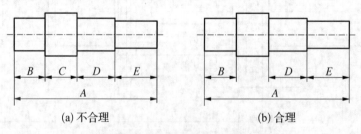

(a) 不合理　　　　　　　　(b) 合理

**图 7-7　避免封闭尺寸链**

4. 便于测量(如图 7-8)

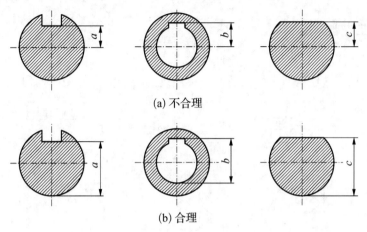

(a) 不合理

(b) 合理

**图 7-8　便于测量**

➤ **单选题**

1. 尺寸应该尽量标注在(　　)上。

A. 左视图　　　　　B. 主视图　　　　　C. 特征视图　　　　　D. 俯视图

2. 在下面零件的主视图中,尺寸 $\phi 10$ 所表示的结构是该零件功能结构,零件的左右对称面 $A$ 为长度方向的基准,底面 $B$ 是高度方向的基准。在下面各选项中,尺寸标注合理的是(　　)。

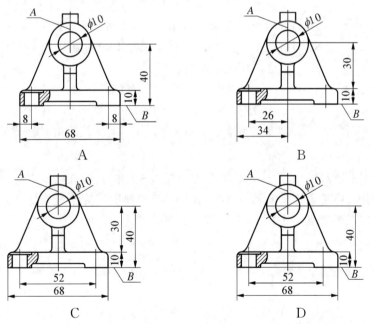

➤ **多选题**

标注零件尺寸的基本要求是(　　)。

A. 正确:符合国家标准　　　　　　　　B. 完整:不多余,不缺少

C. 合理:符合设计要求,便于加工、测量　　D. 清晰:利于阅读,避免干扰

## ▶ 考点 33  零件上常见工艺结构的画法和尺寸注法

### 一、铸造工艺结构

将液态金属浇注到预制好的铸型空腔中待其冷却凝固以获得毛坯或零件的生产方法称为铸造。铸造的常见工艺结构有：铸造圆角、拔模斜度、过渡线、铸件壁厚均匀等。

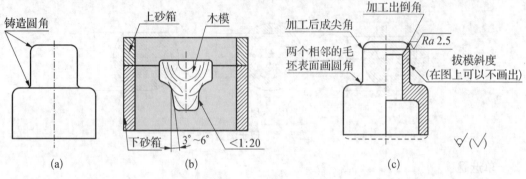

图 7-9  铸造件工艺示例

#### 1. 铸造圆角

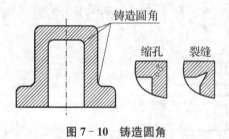

图 7-10  铸造圆角

为便于铸件造型，避免从砂型中起模时砂型转角处落砂及浇注时将转角处冲毁，防止铸件转角处产生裂纹、组织疏松和缩孔等铸造缺陷，铸件上相邻表面的相交处应做成圆角，称为铸造圆角，如图 7-10 所示。对于压塑件，其圆角能保证原料充满压模，并便于将零件从压模中取出。

铸造圆角半径一般取壁厚的 0.2~0.4 倍，可从有关标准中查出。同一铸件的圆角半径大小应尽量相同或接近。铸造圆角不必一一在图中标明，常在技术要求中用文字说明，如"未注圆角 $R2~R4$"。

#### 2. 起模斜度

为便于将木模从砂型中顺利取出，在铸件的内外壁上沿起模方向常设计出一定的斜度，称为起模斜度（或叫拔模斜度、铸造斜度），如图 7-11 所示。起模斜度的大小通常为 1：100~1：20。拔模斜度较小时，在图上可不必画出，若斜度较大则应画出。

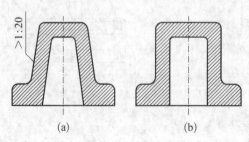

图 7-11  拔模斜度

### 3. 铸造壁厚

用铸造方法制造零件毛坯时，为了避免浇注后零件各部分因冷却速度不同而产生缩孔或裂纹，铸件的壁厚应保持均匀或逐渐过渡，如图 7-12 所示。

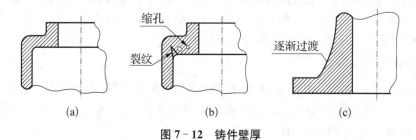

**图 7-12　铸件壁厚**

### 4. 过渡线

在铸造和锻造零件上，由于工艺方面要求，在零件两表面的相交处常用小圆角光滑的过渡。由于该原因，零件表面间的交线消失了，而表面间没有交线，会使图形所表达的零件结构显得含糊不清。为了便于看图，在零件图上，仍画出表面的理论交线，但画至交线的两端或一端端点附近应留出空白，称为过渡线（GB/T 4457.4—2002 机械制图 图样画法 图线）。图 7-13 为常见几种形式的过渡线，过渡线的画法与没有圆角时的交线画法基本相同。

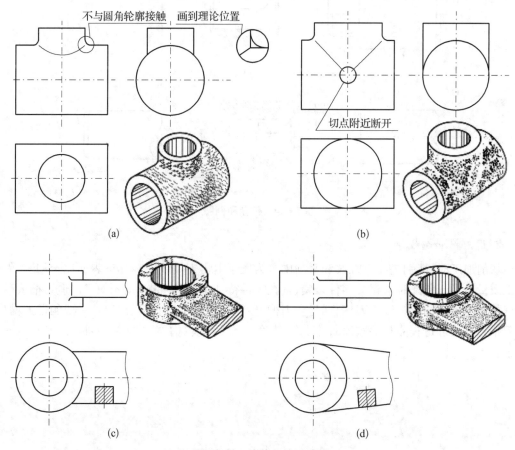

**图 7-13　铸件上的过渡线**

## 二、机械加工工艺结构

切削加工是用刀具从毛坯半成品或型材上切除多余材料以获得所需形状、尺寸精度和质量要求的零件的加工方法。毛坯制成后,一般要经过切削加工做成满足设计功能的零件。切削加工可分为机械加工和手工切削两类,常见的机械加工工艺对零件结构的要求有倒角和倒圆、退刀槽和越程槽、钻孔结构、凸台和凹坑等几种。

### 1. 倒角和倒圆

为去掉切削零件时产生的毛刺、锐边,使操作安全,便于装配,常在轴或孔的端部等处加工倒角;为了避免因应力集中而产生裂纹,在两不等直径圆柱(或圆锥)轴肩处,常采用圆角过渡,称为倒圆。倒角与倒圆的标注如图 7 - 14 所示。

倒角多为 45°,也可制成 30°或 60°,倒角宽度 $C$ 数值可根据轴径或孔径查有关标准确定。当倒角为 45°时,标注方式如图 7 - 14(a)所示;也可以不画出倒角,而用符号 $C$ 表示 45°倒角,如 $1×45°$ 写成 $C1$ 即可。采用简化画法表示倒角时,标注方式如图 7 - 14(b)所示。当倒角不是 45°时,标注方式如图 7 - 14(c)所示。

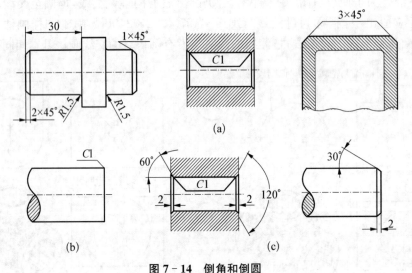

图 7 - 14　倒角和倒圆

### 2. 退刀槽和越程槽

切削加工时(特别是在车螺纹和磨削中),为便于退出刀具或使被加工表面完全加工,保证加工质量及易于装配时与相关零件靠紧,常在零件待加工面的末端,预先加工出退刀槽或砂轮越程槽。常见结构有螺纹退刀槽、插齿空刀槽、砂轮越程槽、刨削越程槽等。一般的退刀槽(或越程槽),其尺寸可查阅相关国家标准,按"槽宽×直径"或"槽宽×槽深"的标注,如图 7 - 15 所示。

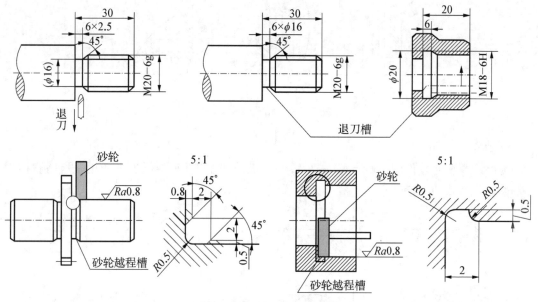

图 7-15 退刀槽和越程槽

### 3. 钻孔结构

用钻头钻不通孔(也叫盲孔),钻头顶角会在钻孔底部留下一个近 120°的锥顶角,在阶梯形钻孔的过渡处,也存在锥角 120°的圆台。画图时应按 120°画出钻尖角,但不必标注尺寸,另外钻孔深度指的是圆柱部分的深度,不包括锥角,如图 7-16 所示。

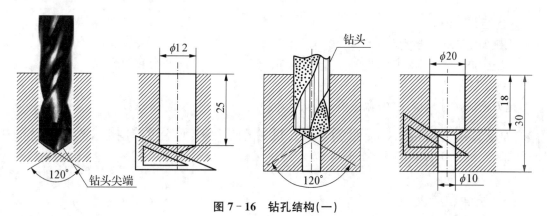

图 7-16 钻孔结构(一)

用钻头钻孔时,被加工零件的结构设计应考虑到加工方便,以保证钻孔的主要位置准确性和避免钻头折断,同时还要保证钻削工具有最方便的工作条件。为此,钻头的轴线应尽量垂直于被钻孔端面。如果钻孔处表面是斜面或曲面,应预先设置与钻孔方向垂直的平面凸台或凹坑,并且设置的位置应避免钻头单边受力产生偏斜或折断,如图 7-17所示。

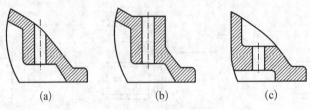

图 7-17　钻孔结构(二)

### 4. 凸台和凹坑

为保证装配时零件间接触良好,减少零件上机械加工面积,降低加工费用,设计铸件结构时常设置凸台或凹坑(或凹槽、凹腔),如图 7-18 所示。

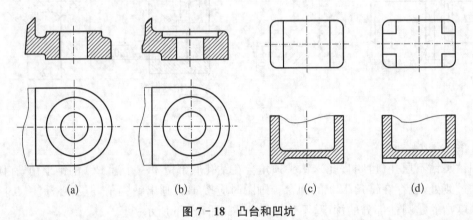

图 7-18　凸台和凹坑

> **多选题**

机械加工工艺结构有(　　)。

A. 退刀槽　　　　B. 铸造圆角　　　　C. 起模斜度　　　　D. 凸台和凹坑

> **判断题**

退刀槽的尺寸可以用"槽宽×槽深"表示,也可以用"槽宽×直径"表示。

## ▶▶ 考点 34　零件图上表面粗糙度、尺寸公差、几何公差等技术要求的标注与识读

### 一、表面粗糙度

#### 1. 表面粗糙度的基本概念

不论采用何种加工所获得的零件表面,加工的表面都不是绝对平整和光滑的,总会留下加工的痕迹。若将表面轮廓放大若干倍,就会看到表面轮廓形状凸凹不平。这是由于在加工过程中,刀具与加工表面的摩擦、挤压以及机器的高频振动等多方面因素导致表面存在间距很小的峰谷结构。零件表面具有较小间距和峰谷所组成的微观几何形状特征称为表面粗糙度,如图 7-19 所示。

表面粗糙度对零件的工作精度、耐磨性、抗腐蚀性、密封性及零件间的配合都有直接影响。恰当地选择零件表面粗糙度,对提高零件的工作性能、延长使用寿命和降低生产成本都具有重

要意义。表面粗糙度是评定零件表面质量的重要指标,最常用的参数是 $R$ 轮廓,其值越小,加工成本越高。

在机械图样中,常用的粗糙度的高度评定参数有:轮廓算术平均偏差 $R_a$、轮廓最大高度 $R_z$,如图 7-20 所示。

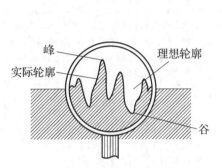

图 7-19　零件表面的微观状况

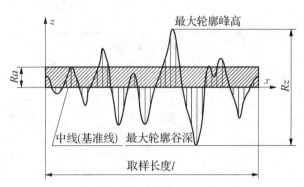

图 7-20　算术平均偏差 $R_a$ 和最大高度 $R_z$

轮廓算术平均偏差 $R_a$ 是指在取样长度 $l$ 范围内,被测轮廓线上各点至基准线距离的算术平均值,可用下式来表示:

$$R_a = \frac{1}{l} \int_0^l |z(x)| \, dx$$

显然,$R_a$ 数值越大,表面越粗糙。

$R_z$ 是指在给定的一个取样长度内,最大轮廓峰高与最大轮廓谷深之和的高度。

轮廓算术平均偏差 $R_a$ 值的选用,既要满足零件表面的功能要求,又要考虑经济合理性,国家标准已对其数值系列标准化,详细可查阅(GB/T 1031—2008——表面结构轮廓法表面粗糙度参数及其数值)。表 7-1 给出了 $R_a$ 第一系列数值。

表 7-1　轮廓算术平均偏差 $R_a$ 第一系列数值　　　　　　　　($\mu m$)

| 0.012 | 0.025 | 0.05 | 0.1 | 0.2 | 0.4 | 0.8 | 1.6 | 3.2 | 6.3 | 12.5 | 25 | 50 | 100 |
|---|---|---|---|---|---|---|---|---|---|---|---|---|---|

$R_a$ 取值应优先采用国标规定的第一系列里的数值,具体数值可参照已有的类似零件图来确定。零件的工作表面、配合表面、密封表面、摩擦表面和精度要求高的表面等 $R_a$ 值应取小一些,非工作表面、非配合表面和尺寸精度低的表面 $R_a$ 值应取大一些。表 7-2 列出了 $R_a$ 值与加工方法的关系及其应用实例,可供选用时参考。

表 7-2　轮廓算术平均偏差 $R_a$ 应用举例

| $R_a$ | 表面特征 | 主要加工方法 | 应用举例 |
|---|---|---|---|
| >40~80 | 明显可见刀痕 | 粗车、粗铣、粗刨、钻、粗纹锉刀和粗砂轮加工 | 光洁程度最低的加工面,一般很少应用 |
| >20~40 | 可见刀痕 | | |
| >10~20 | 微见刀痕 | 粗车、刨、立铣、平铣、钻等 | 不接触表面、不重要的接触面,如螺钉孔、倒角、机座底面等 |

| $R_a$ | 表面特征 | 主要加工方法 | 应用举例 |
|---|---|---|---|
| >5~10 | 可见加工痕迹 | 精车、精铣、精刨、铰、镗、粗磨等 | 没有相对运动的零件接触面,如箱、盖、套筒要求紧贴的表面,键和键槽工作表面;相对运动速度不高的接触面,如支架孔、衬套、带轮轴孔的工作表面 |
| >2.5~5 | 微见加工痕迹 | | |
| >1.25~2.5 | 看不见加工痕迹 | | |
| >0.63~1.25 | 可辨加工痕迹方向 | 精车、精铰、精拉、精镗、精磨等 | 要求很好密合的接触面,如与滚动轴承配合的表面、销孔等;相对运动速度较高的接触面,如滑动轴承的配合表面、齿轮的工作表面 |
| >0.32~0.63 | 微辨加工痕迹方向 | | |
| >0.16~0.32 | 不可辨加工痕迹方向 | | |
| >0.08~0.16 | 暗光泽面 | 研磨、抛光、超级精细研磨等 | 精密量具表面、极重要零件的摩擦面,如气缸的内表面、精密机床的主轴颈、坐标镗床的主轴颈等 |
| >0.04~0.08 | 亮光泽面 | | |
| >0.02~0.04 | 镜状光泽面 | | |
| >0.01~0.02 | 雾状镜面 | | |
| ≯0.01 | 镜面 | | |

**2. 表面粗糙度的图形符号**

表面粗糙度符号由规定的符号和相关参数值组成,其图形符号及其含义见表 7 - 3。

表 7 - 3 表面粗糙度图形符号及含义

| 符号名称 | 符号 | 含义及说明 |
|---|---|---|
| 基本图形符号 | | 基本图形符号,表面未指定工艺方法的表面。当不加注粗糙度参数值或有关说明(例如:表面处理、局部热处理状况等)时,仅适用于简化代号标注<br>符号的 $H_1$ 高度值为 $1.4h$($h$ 为图样中的字母和数字的字高),$H_2$ 高度值约为 $3h$ |
| 扩展图形符号 | | 基本符号加一短画,表示表面粗糙度是用去除材料的方法获得,例如:车、铣、磨、抛光等 |
| | | 基本符号加一小圆,表示表面粗糙度是用不去除材料的方法获得。例如:铸、锻、热轧等;或者是用于保持原始供应状况的表面(毛面);或者是保持上道工序的状况 |
| 完整图形符号 | | 在三种符号的长边上加一横线(横线长度视注写内容而定),用于注写对表面结构的各种要求 |

为了明确表面结构要求,除标注表面结构参数和数值外,必要时应标注补充要求,包括取样长度、加工工艺、表面纹理及方向和加工余量等,这些要求在图形符号中的注写位置可参考图 7 - 21。

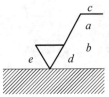

区域a注写表面结构的单一要求或第一表面结构要求。
区域b注写第二表面结构要求。
区域c注写加工方法及涂镀要求，如：车、铣、磨、镀Cr等。
区域d注写表面纹理方向。
区域e注写加工余量。

**图 7 - 21　粗糙度各种要求注写位置**

表面粗糙度图形符号注写了参数和数值等要求后称为表面粗糙度代号,表面粗糙度代号及其含义示例如表 7 - 4 所示。

**表 7 - 4　表面粗糙度代号示例**

| 代号 | 含　义 |
|---|---|
| $\sqrt{}$ Ra 1.6 | 用去除材料方法获得的表面粗糙度,$R_a$ 的上限值为 1.6 $\mu m$ |
| $\sqrt{}$ Ra 6.3 | 用不去除材料方法获得的表面粗糙度,$R_a$ 的上限值为 6.3 $\mu m$ |
| $\sqrt{}$ Rzmax 3.2 | 用去除材料方法获得的表面粗糙度,$R_z$ 的最大值为 3.2 $\mu m$ |
| $\sqrt{}$ Ra 3.2 Ra 1.6 | 用去除材料方法获得的表面粗糙度,$R_a$ 的上限值为 3.2 $\mu m$,$R_a$ 的下限值为 1.6 $\mu m$ |

**3. 表面粗糙度在图样中的注法**

(1) 在图样中零件上每一表面的粗糙度要求一般只标注一次,并尽可能注在标注该表面尺寸与公差的视图上。除非另有说明,所标注的粗糙度要求是对完工零件表面的要求。

(2) 表面粗糙度符号的注写和读取方向与尺寸的注写和读取方向一致,如图 7 - 22 所示。

(3) 表面粗糙度符号可注在轮廓线或轮廓线的延长线上,其符号应从材料外指向并接触所注表面的轮廓线或轮廓线的延长线,如图 7 - 23 所示。必要时,表面粗糙度符号可采用带箭头或黑点的指引线引出标注,如图 7 - 24 所示。

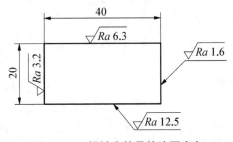

**图 7 - 22　粗糙度符号的注写方向**

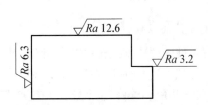

**图 7 - 23　粗糙度符号在轮廓线或延长线上**

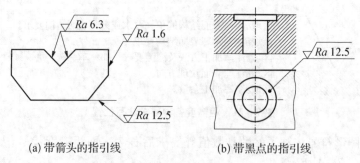

(a) 带箭头的指引线   (b) 带黑点的指引线

**图 7-24 粗糙度符号的指引线引出标注**

(4) 在不致引起误解时表面粗糙度符号可以标注在尺寸线上,如图 7-25(a)所示,也可以标注在几何公差框格的上方,如图 7-25(b)所示。

(a) 标注在尺寸线上  (b) 标注在几何公差框格符号上

**图 7-25 粗糙度标注在尺寸线上、几何公差框格符号上**

(5) 如果在工件的多数(或全部)表面有相同的粗糙度要求,则它们的粗糙度符号可统一标注在标题栏附近,此时,符号后面加一圆括号,圆括号内画出无任何其他标注的基本符号或不同的表面粗糙度符号,如图 7-26 所示。

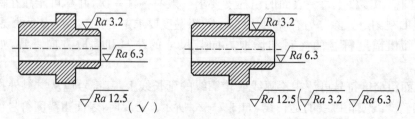

**图 7-26 大多数表面具有相同粗糙度要求的简化标注**

## 二、极限与配合

### 1. 零件的互换性

按零件图要求加工出来的一批相同规格的零件,装配时不需经过任何的选择或修配,任选其中一件就能达到规定的技术要求和连接装配使用要求,这种性质称为互换性。零件具有互换性,便于装配和维修,也利于组织生产和协作,提高生产率。建立公差与配合制度是保证零件具有互换性的必要条件。

### 2. 极限与配合的概念及有关术语和定义

在生产实际中,零件尺寸不可能加工得绝对精确。为了使零件具有互换性,必须对零件尺寸的加工误差规定一个允许的变动范围,这个变动量称为尺寸公差,简称公差。

下面以轴的尺寸 $\phi 50^{+0.018}_{+0.002}$ 为例,将有关尺寸公差的术语和定义介绍如下:

(1) 基本尺寸($\phi 50$):设计给定的尺寸。

(2) 实际尺寸:零件加工完后通过测量所得的尺寸。

(3) 极限尺寸:允许尺寸变化的两个极限值。实际尺寸位于其中,也可达到极限尺寸,它以基本尺寸为基数来确定。

最大极限值($\phi 50.018$):两个极限尺寸中较大的一个。

最小极限值($\phi 50.002$):两个极限尺寸中较小的一个。

如果实际尺寸在两个极限尺寸所决定的闭区间内,则为合格;否则不合格。

(4) 尺寸偏差(简称偏差):某一尺寸(实际尺寸、极限尺寸等)减其基本尺寸所得的代数差。

上偏差($+0.018$):最大极限尺寸减其基本尺寸所得的代数差。

下偏差($+0.002$):最小极限尺寸减其基本尺寸所得的代数差。

上偏差和下偏差统称为极限偏差。偏差可以为正、负或零值。孔的上、下偏差代号分别用大写字母 ES、EI 表示;轴的上、下偏差代号分别用小写字母 es、ei 表示。

(5) 尺寸公差(简称公差)($0.016$):允许尺寸的变动量。

公差＝最大极限尺寸－最小极限尺寸＝上偏差－下偏差

公差是没有正负号的绝对值。

(6) 零线:在公差与配合图解(简称公差带图)中,表示基本尺寸的一条直线,以其为基准确定偏差和公差。零线之上的偏差为正,零线之下的偏差为负。

(7) 尺寸公差带(简称公差带):在公差带图解中,由代表上、下偏差的两条直线所限定的一个区域(如图 7－27)。

公差带与公差的区别在于公差带既表示了公差(公差带的大小),又表示了公差相对于零线的位置(公差带位置)。

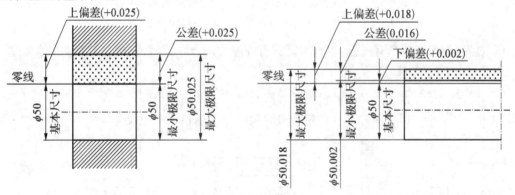

图 7－27　孔、轴公差带示意图

国家标准规定,孔、轴的公差带由标准公差和基本偏差确定,前者确定公差带的大小,后者确定公差带相对于零线的位置。为了满足不同的配合要求,国家标准制定了标准公差系列和基本偏差系列。

(8) 标准公差($0.016$):国家标准规定用来确定公差带大小的标准化数值。

标准公差的数值取决于公差等级和基本尺寸。公差等级是用来确定尺寸的精确度的。国家标准将公差等级分为 20 级，即 IT01，IT0，IT1，IT2，…，IT18。IT 表示标准公差，数字表示公差等级。IT01 级的精确度最高，以下逐级降低。在一般的机器的配合尺寸中，孔用 IT6—IT12 级，轴用 IT5—IT12 级。在保证质量的条件下，应选用较低的公差等级。

（9）基本偏差（+0.002）：国家标准规定用来确定公差带相对于零线位置的那个极限偏差，它可以是上偏差或下偏差，一般为靠近零线的那个偏差。

为了满足各种配合的需要，国家标准规定了基本偏差系列，并根据不同的基本尺寸和基本偏差代号确定了轴和孔的基本偏差数值；基本偏差代号用拉丁字母表示，大写为孔，小写为轴，各 28 个。基本偏差系列表示公差带中属于基本偏差的一端，表示极限偏差的另一端是开口的，开口的一端取决于公差带的大小，它由设计者选用的标准公差的大小确定。

3. 配合与配合制

（1）配合

基本尺寸相同，相互结合的孔和轴公差带之间的关系。

孔和轴配合时，由于它们的实际尺寸不同，将产生"过盈"或"间隙"。孔的尺寸减去与之配合的轴的尺寸所得的代数值，为正时是间隙，为负时是过盈。

（2）配合种类

根据使用要求不同，相结合的两零件装配后松紧程度不同，国家标准将配合分为三类：

① **间隙配合**：孔和轴装配时具有间隙（包括最小间隙等于零）的配合，此时，孔的公差带在轴的公差带之上，如图 7-28(a)所示。

$$最小间隙＝孔的最小极限尺寸－轴的最大极限尺寸$$
$$最大间隙＝孔的最大极限尺寸－轴的最小极限尺寸$$

② **过盈配合**：孔和轴装配时具有过盈（包括最小过盈为零）的配合，此时，孔的公差带在轴的公差带之下，如图 7-28(b)所示。

$$最小过盈＝孔的最大极限尺寸－轴的最小极限尺寸$$
$$最大过盈＝孔的最小极限尺寸－轴的最大极限尺寸$$

③ **过渡配合**：可能具有过盈，也有可能具有间隙的配合。此时，孔的公差带与轴的公差带相互重叠，如图 7-28(c)所示。

$$最大过盈＝孔的最小极限尺寸－轴的最大极限尺寸$$
$$最大间隙＝孔的最大极限尺寸－轴的最小极限尺寸$$

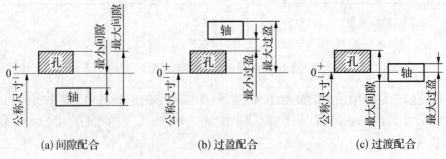

(a) 间隙配合　　　　　　(b) 过盈配合　　　　　　(c) 过渡配合

图 7-28　三类配合中孔、轴公差带的关系

（3）配合制

要得到各种性质的配合,就必须在保证适当间隙或过盈的条件下,确定孔或轴的上、下偏差。**为了便于设计和制造,国家标准对配合规定了基孔制与基轴制。**

① 基孔制:基本偏差为一定的孔的公差带,与不同基本偏差的轴的公差带形成的各种配合的一种制度,如图 7 - 29(a)所示。

基孔制的孔为基准孔,基准孔的基本偏差代号为 H,其下偏差为零。

② 基轴制:基本偏差为一定的轴的公差带,与不同的基本偏差的孔的公差带形成的各种配合的一种制度,如图 7 - 29(b)所示。

基轴制的轴为基准轴,基准轴的基本偏差代号为 h,其上偏差为零。

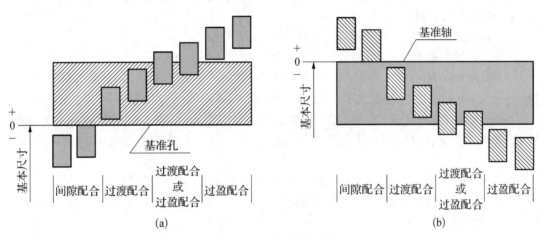

图 7 - 29　配合制示意图

4. 极限与配合在图样上的标注

（1）公差带代号

孔、轴公差带代号由基本偏差代号和公差等级代号组成。基本偏差代号用拉丁字母表示,大写的为孔,小写的为轴;公差等级代号用阿拉伯数字表示;如 H8,K7,H9 等为孔的公差带代号,s7,h6,f9 等为轴的公差带代号。

（2）配合代号

配合代号由组成配合的孔,轴公差带代号表示,写成分数的形式,分子为孔的公差带代号,分母为轴的公差带代号,即"$\dfrac{孔公差带代号}{轴公差带代号}$"或"孔公差带代号/轴公差带代号"。若为基孔制配合,配合代号为 $\dfrac{基准孔公差带代号}{轴公差带代号}$,如 $\dfrac{H6}{k5}$、$\dfrac{H8}{e7}$ 或 H6/k5、H8/e7 等;若为基轴制配合,配合代号为 $\dfrac{孔公差带代号}{基准轴公差带代号}$,如 $\dfrac{K6}{h5}$、$\dfrac{E8}{h7}$ 或 K6/h5、E8/h7 等。

（3）在图样中的标注

① 装配图中的注法

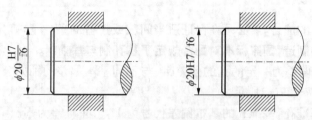

**图 7 - 30　配合代号在装配图中的注法**

在基本尺寸的右边标注配合代号,如图 7 - 30 所示。对于配合代号如 H7/h6,一般看作为基孔制,但也可以看作基轴制,它是一种最小间隙为 0 的间隙配合。

② 零件图中的标注

在零件图中,线性尺寸的公差有三种注法:

➤ 在孔或轴的基本尺寸右边,只标注公差带代号。

➤ 在孔或轴的基本尺寸右边,标注上、下偏差,如图 7 - 31(b)所示。上偏差写在基本尺寸的右上方,下偏差应与基本尺寸注在同一底线上,偏差数值应比基本尺寸数值小一号。上、下偏差前面必须标出正、负号。上、下偏差的小数点对齐,小数点后的位数也必须相同。当上偏差或下偏差为"零"时,用数值"0"标出,并与上偏差或下偏差的小数点前的个位数对齐。

当公差带相对于基本尺寸对称配置,即两个偏差相同时,偏差只需注一次,并应在偏差与基本尺寸之间注出符号"±",两者的数值高度应一样。例如"50±0.25"。必须注意,偏差数值表中所列的偏差单位为微米($\mu$m),标注时,必须换算成毫米(mm)。

➤ 在孔和轴的基本尺寸后面,同时标注公差带代号和上、下偏差,这时,上、下偏差必须加上括号,如图 7 - 31(c)所示。

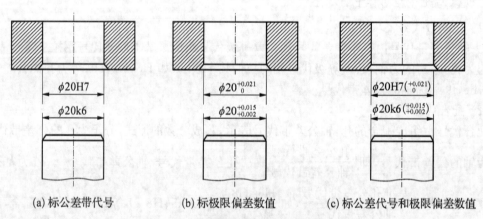

　　(a) 标公差带代号　　　　　　(b) 标极限偏差数值　　　　(c) 标公差代号和极限偏差数值

**图 7 - 31　公差在零件图中的规定注法**

➤ **单选题**

1. 下面图中表面结构注写正确的是(　　　　)。

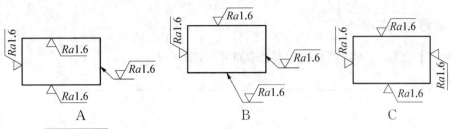

A          B          C

2. 下图中 $\boxed{\perp | 0.05 | A}$ 的被测要素是（　　　）。

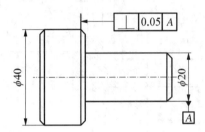

A. $\phi40$ 圆柱的右端面　　　　　　　　B. $\phi40$ 圆柱的轴线
C. $\phi40$ 圆柱的轮廓线　　　　　　　　D. $\phi40$ 圆柱的左端面

3. 根据国家标准规定，有（　　　）种基本偏差。
A. 28　　　　　　　B. 20　　　　　　　C. 18　　　　　　　D. 30

▶ **判断题**

表面结构中 $R_a$ 数值越大，表面越光滑。

▶ **填空题**

常见的配合类型有（　　　）、（　　　）和（　　　）。

# ▥▶ 考点 35　典型零件图的识读

在生产实际中看零件图，就是要求在了解零件在机器中的作用和装配关系的基础上，弄清零件的结构形状、尺寸、材料和技术要求等，评价零件设计的合理性，必要时提出改进意见，或者为零件拟定适当的加工制造工艺方案。

读零件图的步骤如下：

第一步　**一般了解**

首先从标题栏了解零件的名称、材料、比例等，然后通过装配图或其他途径了解零件的作用和与其他零件的装配关系。

第二步　**看懂零件的结构关系**

① 弄清各视图之间的投影关系。

② 以形体分析法为主（在具备一定机械设计和工艺知识后，应以结构分析为主），结合零件上的常见结构知识，逐一看懂零件各部分的形状，然后综合起来想象出整个零件的形状。要注意零件结构形状的设计是否合理。

③ 分析尺寸。找出尺寸基准后，先根据设计要求了解主要尺寸，然后了解其他的尺寸。要注意尺寸标注是否合理、齐全。

④ 了解技术要求。包括表面粗糙度、尺寸公差、形位公差和其他技术要求。要注意这些要求的确定是否妥当。

## 一、读零件图举例

【例 7 - 1】 读图 7 - 32 所示减速器端盖的零件图。

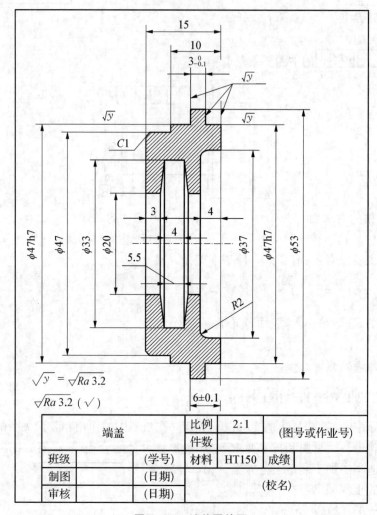

图 7 - 32　端盖零件图

1. 概括了解

由标题栏可知,减速器端盖材料为 HT150,此图绘图比例为 2∶1。

2. 分析视图,想象形状

本零件只用了一个视图表达,且采用了全剖视图,可见它是内部形状比外形复杂的较简单零件。减速器端盖的作用是保证减速器内的运动件能有一个密封的工作环境,它必然有一个能与箱体箱盖很好接触的结合面。此外,它还应保证传动轴既能伸出来又不影响转动,即轴与盖孔之间应有间隙。因此,带来的新问题是消除间隙可能引起的箱内油液的外泄,所以在轴与端盖间有一个密封圈。综上所述,从图中可以看到盖体中间的梯形空腔即为嵌入密封圈的槽,其余部分读图就容易了。

### 3. 尺寸分析

零件为盘盖类零件,以回转体为主,故以回转轴线为径向尺寸基准;轴向则以其右端面为尺寸基准,右端面需伸入箱体内,为装在轴上的其他零件定位。

### 4. 了解技术要求

本例以代号或直接注公差值的方式,注明了端盖与其他零件接触表面的尺寸精度要求。

### 5. 归纳总结(端盖空间形状如图 7-33 所示)

【例 7-2】 读图 7-34 所示主动轴的零件图。

**图 7-33 减速器端盖立体剖切图**

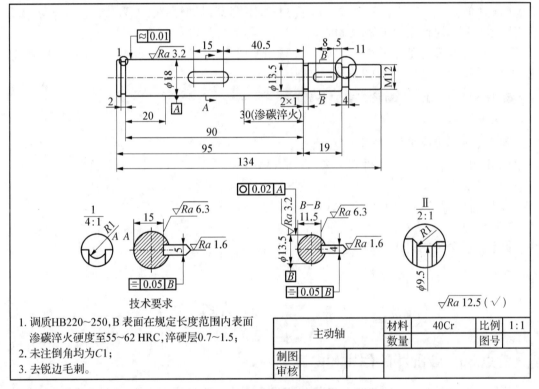

**图 7-34 主动轴的零件图**

### 1. 概括了解

由标题栏中可以看出零件名称为主动轴,材料采用 40Cr,属于轴套类零件。从总体尺寸看,最大直径 18 mm,总长 134 mm,属于较小的零件。

### 2. 分析视图,想象形状

看图时注意先看主要部分,后看次要部分;先看整体,后看细节。该零件的主体结构为多段同轴圆柱,局部有两处键槽。零件的放置遵循加工位置原则,表达方案由主视图和移出断面图、局部放大图组成。局部放大图表达了螺纹退刀槽、挡圈槽的结构。移出断面图表达键槽结构。

零件的主体结构从左往右依次是:φ18 圆柱及其左侧挡圈槽、φ13.5 圆柱及其根部的退刀槽、M12 螺纹及螺纹退刀槽,轴的两端倒角。

局部结构:在 φ18 圆柱有键槽,宽 5 mm,深 3 mm;φ13.5 圆柱有键槽,宽 4 mm,深 2 mm。

3. 尺寸分析

径向尺寸基准为水平轴线;轴向尺寸基准为 φ18 圆柱的右端面。

4. 了解技术要求

(1) 表面粗糙度:零件表面粗糙度要求最高的是 φ18 圆柱面键槽的两侧面。φ18 圆柱面键槽的两侧面,$R_a$ 值为 1.6;其次是 φ18 圆柱面,$R_a$ 值为 3.2,φ18 圆柱面键槽的底面和 φ13.5 圆柱面键槽的底面 $R_a$ 值为 6.3,其他 $R_a$ 值为 12.5。

(2) 尺寸公差:φ18H7 圆柱孔的公差代号为 H7。

(3) 几何公差:φ13.5 圆柱轴线相对于 φ18 圆柱轴线的同轴度公差为 0.15;φ18 和 φ13.5 圆柱面键槽两侧面对称面对于 φ13.5 圆柱轴线的对称度公差均为 0.05。

(4) 材料表面处理:整个材料表面处理采用调质 220~250HB,φ18 表面在那个长度范围内表面渗碳淬火硬度达 55~62 HRC,淬硬层 0.7~1.5。

5. 归纳综合,对该主动轴形成完整的认识

➤ 单选题

零件图中不可以采用的方法是(        )。

A. 剖视            B. 拆卸画法            C. 端面            D. 局部放大

➤ 填空题

读零件图的步骤主要有(        ),(        ),(        ),(        ),(        )。

➤ 判断题

典型零件分为三类:轴套类,轮盘类,叉架类。


# 第八章    装配图


## ▐▐▶ 考点 36    装配图的作用和内容

机器或部件是由若干零件按一定的装配关系和技术要求装配而成,表达机器或部件的工作原理、结构形状、装配关系及技术要求等的机械图样称为装配图。其中,表示部件的图样,称为部件装配图;表示一台完整机器的图样,称为总装配图或总图。

装配图是设计、装配、检验、安装调试及使用维修等工作中重要的技术文档。

如图 8-1 所示,滑动轴承是用来支撑轴及轴上零件的一种装置,组成滑动轴承的主要零件有轴承座、轴承盖、上轴衬、下轴衬、轴销等,其中轴承座和轴承盖通过螺柱连接,轴衬固定其中央,轴的两端分别装入两轴衬形成的轴孔中转动,以传递扭矩。

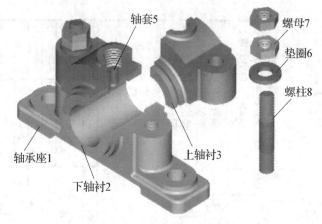

图 8 - 1　滑动轴承三维图

## 一、作用

装配图:表达机器、部件或组件的图样。

部件(组件)装配图:表达机器中某个部件或组件的装配图。

总装配图:表达一台完整机器的装配图。

在设计过程中,一般先根据设计要求画出装配图以表达机器或部件的工作原理、传动路线和零件间的装配关系,并通过装配图表达各组成零件在机器或部件上的作用和结构以及零件之间的相对位置和连接关系,以便正确地绘制零件图。在装配过程中,要根据装配图把零件装配成部件和机器。使用时,也要通过装配图了解部件和机器的性能、作用原理和使用方法。因此,装配图是反映设计思想、指导装配和安装、使用、维修机器的依据。

## 二、内容

一张完整的装配图应具备的基本内容(如图 8 - 2):

(1) **一组图形**:用各种表达方法来正确、完整、清晰地表达机器或部件的工作原理、各零件的装配关系、零件的连接关系、传动路线以及零件的主要结构形状。

(2) **必要的尺寸**:标注出表达机器或部件的性能、规格以及装配、检验、安装时所需的一些尺寸。

(3) **技术要求**:用文字或符号说明机器或部件的性能、装配和调整要求、验收条件、试验和使用规则。

(4) **零件的编号、明细栏和标题栏**:根据生产组织和管理工作的需要,在装配图上必须对每个零件标注序号并编制明细栏。明细栏说明机器或部件上各个零件的名称、编号、数量、材料及备注等。编号的另一个作用是将明细栏与图样联系起来,使看图时便于找到零件的位置。标题栏说明机器或部件的名称、重量、图号、图样比例等。

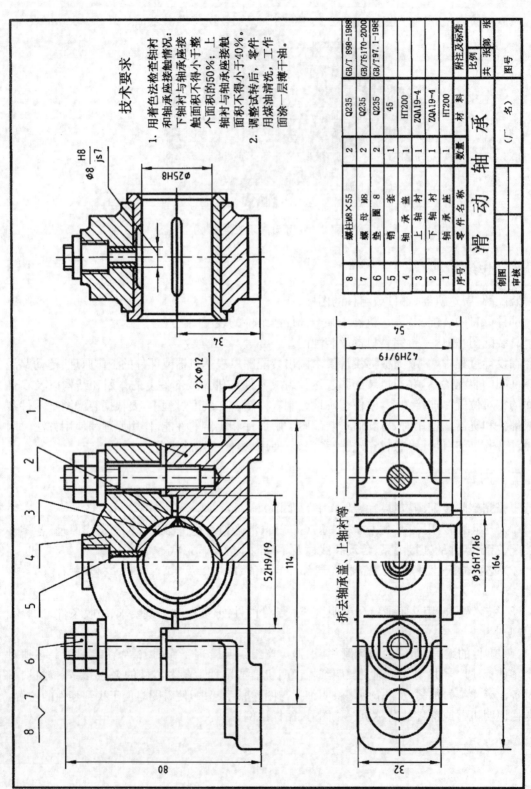

**技术要求**

1. 用着色法检查轴衬和轴承座接触情况:下轴衬与轴承座接触面积不得小于整个面积的50%;上轴衬与轴承座接触面积不得小于40%。

2. 调整试转后,零件用煤油清洗,工作面涂一层薄干油。

| 序号 | 零件名称 | 数量 | 材料 | 附注及标准 |
|---|---|---|---|---|
| 8 | 螺栓M8×55 | 2 | Q235 | GB/T 898-1988 |
| 7 | 螺母 M8 | 2 | Q235 | GB/T6170-2000 |
| 6 | 垫圈 8 | 2 | Q235 | GB/T97.1-1985 |
| 5 | 销 套 | 1 | 45 | |
| 4 | 轴承盖 | 1 | HT200 | |
| 3 | 上轴衬 | 1 | ZQA19-4 | |
| 2 | 下轴衬 | 1 | ZQA19-4 | |
| 1 | 轴承座 | 1 | HT200 | |

滑 动 轴 承

(厂 名)

制图　　审核

比例　　共 张 第 张

图号

拆去轴承盖、上轴衬等

图 8 - 2　滑动轴承装配图

➤ 单选题

1. 装配图上的内容,不包括(　　)。

A. 完整的尺寸

B. 技术要求

C. 一组视图

D. 标题栏、序号和明细栏

2. 下列技术要求,属于装配图的是(　　)。

A. 零件需要进行调质处理

B. 未注圆角 $R3—R5$

C. 该铸件不允许有砂眼、气孔和裂纹

D. 安装完成后,需要空转运行两小时,测试机器性能

➤ 多选题

关于装配图的尺寸标注和技术要求,正确的说法是(　　)。

A. 一张装配图中有时不必五类尺寸俱全

B. 装配图需标注配合尺寸

C. 装配图需标注表面粗糙度

D. 装配图需要标注几何公差

# 考点 37　装配图的视图表达方案与尺寸类型

机器(部件)和零件的表达的共同点:表达出它们的内外结构形状。不同点:装配图以表达机器(部件)的工作原理和主要装配关系为中心,把机器和部件的内部构造、外部形状和零件的主要结构形状表达清楚,不要求把每个零件的形状完全表达清楚。零件图需要完整、清晰地表达零件的结构形状。

在以前各章中介绍的各种表达方法和它们的选用原则,都适用于表达机器或部件。由于装配图的表达重点是机器或部件的工作原理、传动路线、零件间的装配关系和技术要求,而对于各零件本身的内外形状不一定要求完全表达出来,因此,在装配图中各种剖视应用最为广泛。

## 一、规定画法

(1) 两个零件的接触面或配合面只画一条线,如图 8-3 中①所示。相邻两零件不接触时,必须画两条线,如果间距太小,应夸大画出,如图 8-3 中②⑧所示。

(2) 剖视图中,相邻两零件的剖面线方向应相反,或者方向一致间隔不等,如图 8-3 中各零件的剖面线。同一零件的剖面线无论在哪个图形中表达,其方向、间隔必须相同。当零件的厚度小于 2 mm 时,允许以涂黑的方式代替剖面线,如图 8-3 中③所示。

(3) 对于螺纹紧固件及实心杆件(如轴、手柄、连杆、拉杆、键、销等),当剖切平面通过它们的轴线进行纵向剖切时,这些零件均按不剖绘制,如图 8-3 中④⑤所示。需要特别表明的零件结构,如:销孔、键槽等,可用局部剖视图表达。而当剖切平面垂直于这些零件横向进行剖切时,则应画剖面线。

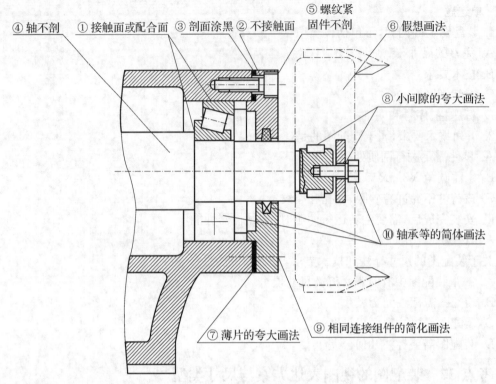

④ 轴不剖　① 接触面或配合面　③ 剖面涂黑　② 不接触面　⑤ 螺纹紧固件不剖　⑥ 假想画法

⑧ 小间隙的夸大画法

⑩ 轴承等的简体画法

⑦ 薄片的夸大画法　⑨ 相同连接组件的简化画法

图 8-3　装配图的规定画法

## 二、特殊画法

为了简便清楚表达机器或部件,国家标准规定了以下特殊表达方法。

1. 拆卸画法或沿着结合面剖切

在装配图中,当某个或几个零件在某个视图中遮住了需要表达的其他结构或装配关系,可以假想将这些零件拆去,画出所要表达的部分,并标注"拆去××零件",如图 8-2 所示的俯视图。

有时还可采用沿着零件的结合面进行剖切,结合面不画剖面线,被剖切到的螺栓等实心件因横向剖切需画剖面线,如图 8-2 所示的俯视图,就是沿轴承座和轴承盖的结合面剖切后画出的半剖视图。

2. 假想画法

(1) 表示部件中运动件的极限位置时,可用双点划线假想画出其外形轮廓,如图 8-4 中所示的手柄。

(2) 必须表达与本部件的相邻零件或部件的安装连接关系,也可用双点划线画出相邻零部件的轮廓,如图 8-3 中⑥所示。

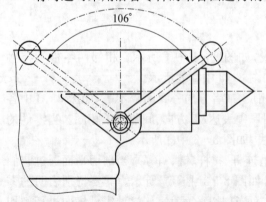

106°

图 8-4　车床尾架锁紧手柄极限位置表示方法

3. 夸大画法

对于装配体中的细小结构如微小间隙、薄片零件等,当无法按实际尺寸画出,或者虽能如实画出,但不能清晰表达其结构(如锥度很小的锥孔或锥销),均可以采取夸大画法,即将这些结构或零件适当加大尺寸画出,如图 8-3 中⑦⑧所示。

**4. 单独表示画法**

在装配图中,为了特别说明某个零件的结构形状,可以单独画出该零件的某个视图,但要在所画视图上方注写该零件的视图名称,并在相应视图附近用箭头指明投射方向,并注上相同的字母。

**5. 简化画法**

(1) 在装配图中,对于相同的零件组如螺栓连接等,可详细画一组或几组,其余的只需用细点划线标明其中心位置即可,如图 8-3 中⑨所示。

(2) 在装配图中,螺母、螺栓等螺纹紧固件可采用简化画法,如图 8-3 中⑩所示。

(3) 在装配图中,零件的工艺结构如圆角、倒角、退刀槽等可以省略不画。

(4) 滚动轴承、油封、密封圈等在剖视图中可以只画出一半详细图形,另一半采用通用画法,如图 8-3 中⑩所示。

(5) 在装配图中,不穿孔的螺纹可不画出钻孔深度,仅按有效螺纹部分的深度画出。

**6. 展开画法**

在装配图中,为了表示较复杂的传动机构的传动线路和装配关系,可按传动关系或线路沿轴线剖开,并将其展开在一个平面上画出,这种画法称为展开画法。用此画法画图时,必须在所得的展开图上方标注"××展开",如图 8-5 所示。

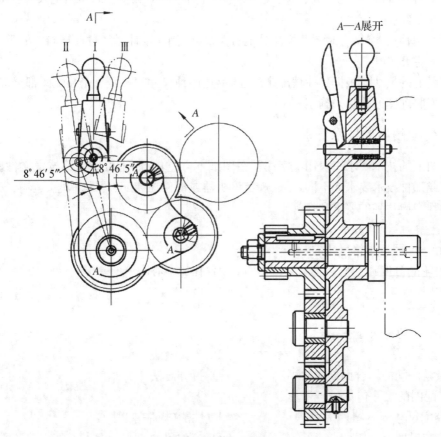

**图 8-5　展开画法**

### 三、装配图中的尺寸标注

装配图中的尺寸是用以表达机器或部件的工作原理、性能规格以及指导装配与安装工作的。主要应标注出部件性能和零件之间配合、定位关系尺寸以及与其他部件之间的安装关系及包装运输用的外形尺寸。一般只注出以下几种尺寸:

1. 性能规格尺寸(特征尺寸)

表示机器或部件性能和规格的尺寸。如图 8-2 中的轴孔尺寸 $\phi$25H8。

2. 装配尺寸

表示机器或部件中零件之间配合关系、连接关系和保证零件间相对位置等的尺寸。一般包括:

(1) 配合尺寸——表示零件间有配合要求的尺寸。如图 8-2 中 52H9/f9、$\phi$36H7/k6 等。

(2) 相对位置尺寸——轴承盖与轴承座相对距离 2 mm。

(3) 零件间连接尺寸——表示装配时应保证的零件间较重要的一些尺寸。

3. 安装尺寸

表示将机器安装在基础上或将部件安装在机器上所需要的尺寸。如图 8-2 中轴承座中 114 和 $\phi$12。

4. 外形尺寸

表示机器或部件总体长、宽、高的尺寸。它是包装、运输和安装时所需的尺寸。如图 8-2 中的 164、54、80。

除以上四种尺寸外,有时还要标注其他有关尺寸,例如设计时经过计算确定的重要尺寸和主要零件的主要尺寸。

装配图上的尺寸应根据具体情况来标注,上述四种尺寸并不是每张装配图都全部具有,标注时应根据装配图的作用来确定。

### 四、装配图中的技术要求

装配图上的技术要求一般用文字注写在图纸下方空白处,也可以另编技术文件。不同性能的机器或部件技术要求亦不同,一般规定该机器或部件在装配、调试、检验、运输、安装、使用和维护过程中应达到的要求和指标。

> 单选题

下列尺寸,属于规格尺寸的是(　　　)。

A. 齿轮的分度圆直径　　　　　　　　B. 孔的中心距

C. 62JS7　　　　　　　　　　　　　　D. 62H7/h6

> 多选题

1. 装配图的特殊画法有(　　　)。

A. 展开画法　　　　　　　　　　　　B. 夸大画法

C. 沿零件间的结合面剖切的画法　　　D. 拆卸画法

2. 装配图的尺寸包括(　　　)。

A. 装配尺寸　　　　　　　　　　　　B. 性能(规格)尺寸

C. 安装尺寸　　　　　　　　　　　　D. 定位尺寸

## 考点 38　装配图中零部件序号、明细栏内容与技术要求，识读简单装配图

### 一、零件的序号

（1）装配图中所有的零件、组件都必须编写序号，且同一零件、部件只编一个序号，数量填写在明细栏里相应一栏中。

（2）序号应注写在视图轮廓以外，在所指零件可见轮廓内画一小圆点，由此用细实线画出指引线，在指引线的末端画一水平线或圆，在水平线上方或圆内注写序号，序号字高比图中数字大 1～2 号，如图 8-6(a)和(b)所示。也可注写在指引线端部附近，字体比尺寸数字大两号，如图 8-6(c)所示。

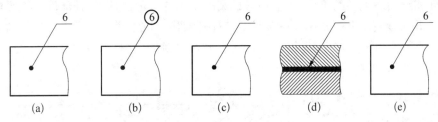

图 8-6　序号的编写形式

（3）指引线应从零、部件的投影清晰的可见轮廓内引出，并在起始端画一小圆点。若所指零件很薄或涂黑的剖面，不宜画小圆点，可在指引线的起始处画出指向该件的箭头，如图 8-6(d)所示。

（4）指引线彼此不能相交，当它通过剖面线区域时，也不应与剖面线相平行，必要时可将指引线画成折线，但只允许曲折一次，如图 8-6(e)所示。

（5）一组紧固件以及装配关系清晰的零件组，可以采用公共指引线进行编号，如图 8-7所示。

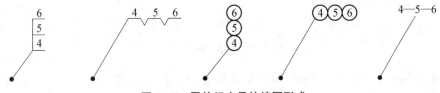

图 8-7　零件组序号的编写形式

（6）序号沿水平或垂直方向按顺时针或逆时针方向顺序排列整齐，同一张装配图中的编号形式应一致。

### 二、明细栏

装配图中一般应有明细栏，它是装配图中全部零件和部件的详细目录，包括零、部件的序号、代号、名称、数量、材料、重量、备注等内容。绘制和填写明细栏应注意以下几点：

（1）明细栏一般配置在标题栏的上方，与标题栏相接。当位置不够时，明细栏也可分段画在栏题栏的左方。

（2）在明细栏中，序号应自下而上从小到大依次填写，以便在漏编或增加零件时继续向

上画。

（3）标准件应将其规定标记填写在零件名称一栏，也可以将标准件注写在视图中的适当位置。

（4）当装配图中不能在标题栏上方配置明细栏时，可作为装配图的续页按 A4 幅面作为装配图的续页单独给出，其编写顺序为自上而下，但应在明细栏的下方配置标题栏，并在标题栏中填写与装配图相一致的名称和代号。

在实际绘制装配图时，为了避免遗漏或重复编号，一般先画出指引线，待检查无重复及遗漏后，再依次编号，最后填写明细栏。

## 三、技术要求

在设计和绘制装配图的工作中，应该考虑装配结构的合理性，以保证部件性能要求以及零件加工和装拆的方便。下面介绍几种常见的装配图结构以供参考。

（1）两个零件接触时，在同一方向上只能有一对接触面，这样既保证了零件的良好接触，又降低了加工要求，如图 8-8 所示。

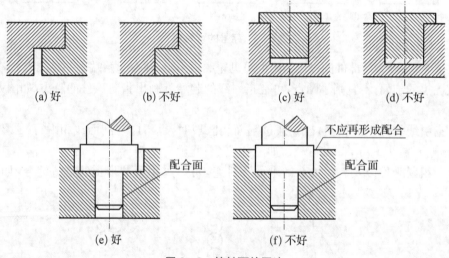

(a) 好　　　(b) 不好　　　(c) 好　　　(d) 不好

(e) 好　　　(f) 不好

**图 8-8　接触面的画法**

（2）两锥面配合时，锥体顶部与锥孔底部之间必须留有空隙，如图 8-9 所示，应使 $L_1 > L_2$。

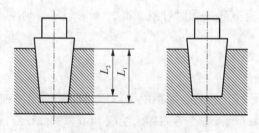

**图 8-9　锥面配合的画法**

（3）轴肩面和孔端面相接触时，应在孔边倒角或在轴的根部切槽，以保证轴肩与孔的端面接触良好,如图 8-10 所示。

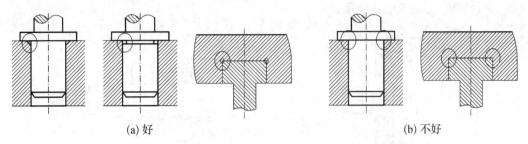

(a) 好          (b) 不好

**图 8-10    孔端倒角或轴根切槽**

(4) 考虑安装、维修、拆卸的方便。

① 滚动轴承的轴向定位结构应方便装拆,如图 8-11 所示。

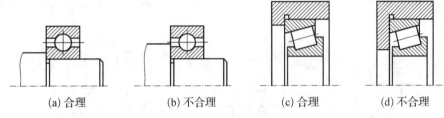

(a) 合理        (b) 不合理        (c) 合理        (d) 不合理

**图 8-11    轴承方便装拆的结构**

② 为了保证两零件的装配精度,通常用圆柱销或圆锥销将两零件定位。为了方便加工和拆卸,在可能的情况下,销孔最好做成通孔,如图 8-12 所示。

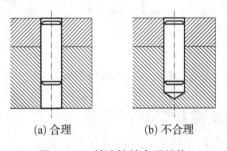

(a) 合理              (b) 不合理

**图 8-12    销连接的合理结构**

③ 为了方便紧固件的装拆,应留有足够的空间,如图 8-13 所示。

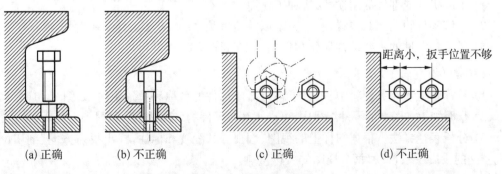

(a) 正确        (b) 不正确        (c) 正确        (d) 不正确

**图 8-13    紧固件的装拆**

（5）在机器或部件中，为了防止内部液体外漏，同时防止外部灰尘等杂质的侵入，应采取合理的密封装置，如图 8‑14 所示。

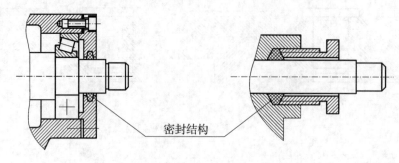

密封结构

图 8‑14　常见的密封装置

（6）为了防止因振动或冲击而造成的螺纹紧固件的松动，必要时需考虑防松装置，如图 8‑15所示。

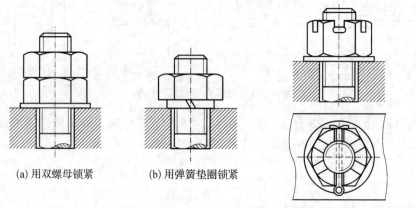

(a) 用双螺母锁紧　　　(b) 用弹簧垫圈锁紧

(c) 用开口销和六角开槽螺母锁紧

图 8‑15　常见防松装置

## 四、读装配图的方法及要求

在设计、制造、装配、检验、使用和维修以及技术交流等生产活动中，都要用到装配图。读装配图的目的是要从装配图了解机器或部件工作原理、各零件的相互位置和装配关系以及主要零件的结构。读装配图的要求是：

（1）了解机器或部件的用途、结构和工作原理。

（2）了解零件间的相对位置、装配关系以及装拆顺序。

（3）了解各零件的主要结构形状和作用以及名称、数量和材料。

1. 概括了解

（1）从标题栏和有关资料中，可以了解机器或部件的名称和大致用途（如图 8‑16）。

（2）从明细表和图上的零件编号中，可以了解各零件的名称、数量、材料和它们所在的位置。

（3）分析表达方法。根据图样上的视图、剖视等的配置和标注，找出投射方向、剖切位置、各视图间的投影关系，了解每个视图的表达重点。

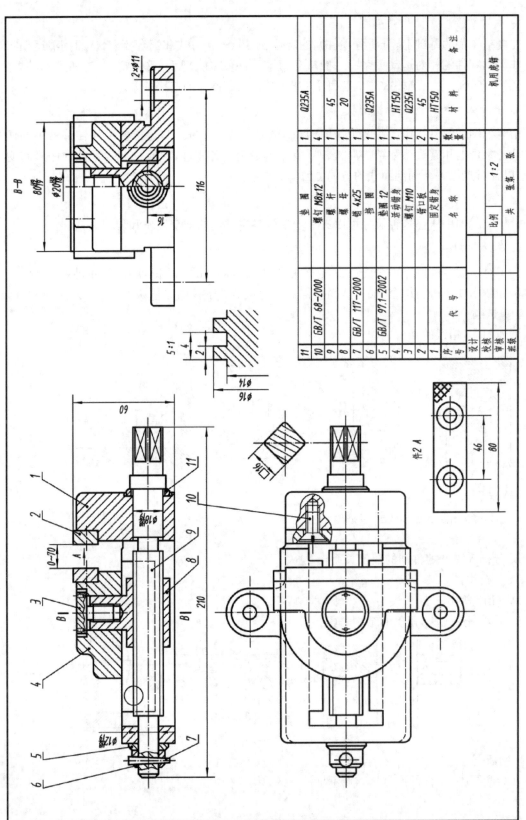

图 8－16 机用虎钳装配图

| 序号 | 代 号 | 名 称 | 数量 | 材 料 | 备 注 |
|---|---|---|---|---|---|
| 11 | | 垫圈 | 1 | Q235A | |
| 10 | GB/T 68－2000 | 螺钉 M8×12 | 4 | 45 | |
| 9 | | 螺杆 | 1 | 20 | |
| 8 | GB/T 117－2000 | 螺母 | 1 | Q235A | |
| 7 | | 销 4×25 | 1 | | |
| 6 | | 垫圈 | 1 | HT150 | |
| 5 | | 垫圈 12 | 1 | Q235A | |
| 4 | | 活动钳身 | 1 | 45 | |
| 3 | | 螺钉 M10 | 2 | HT150 | |
| 2 | GB/T 97.1－2002 | 钳口板 | 2 | | |
| 1 | | 固定钳身 | 1 | | |

机用虎钳

比例 1:2
共 张 第 张

**2. 了解装配关系和工作原理**

在概括了解的基础上,分析各零件间的定位、密封、连接方式和配合要求,从而搞清运动零件与非运动零件的相对运动关系。一般从动力输入件(手轮、把手、皮带轮、齿轮和主动轴等)开始,沿着各个传动系统按次序了解每个零件的作用、零件间的连接关系。

**3. 分析零件的作用及结构形状**

由装配图了解到机用虎钳的工作原理和装配关系后,应进一步分析各零件在部件中的作用以及各零件的相互关系和结构形状。从装配图中区分各零件,应通过看各零件的序号和明细表,以及对投影关系和剖面线的方向、距离来实现。

**4. 尺寸分析**

分析装配图中所注各种尺寸可以进一步了解各零件间的配合性质和装配关系。

**5. 总结归纳**

为了对所看装配图有一全面认识,还应根据机器或部件的工作原理从部件的装拆顺序、安装方法和技术要求进行综合分析,从而获得对整台机器或部件的完整认识。

➤ **单选题**

下列图形,错误的结构是( )。

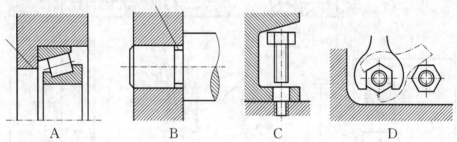

A B C D

➤ **多选题**

1. 看装配图的方法和步骤包括( )。

A. 概括了解

B. 分析零件和零件间的装配关系

C. 分析视图

D. 归纳总结

2. 下列图形画法,正确的结构是( )。

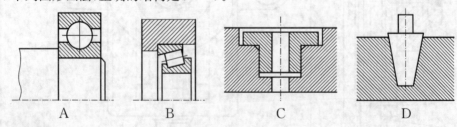

A B C D

➤ **判断题**

在装配图中,零件的序号自上而下标注。

# 课程 B　工程力学

 **知识框架**

| 序号 | 考试内容 | |
| --- | --- | --- |
| | 知识领域 | 知识点 |
| 1 | 静力学基础 | (1) 知道力的概念 |
| | | (2) 理解力对点的矩 |
| | | (3) 掌握力偶的概念及其运算法则 |
| | | (4) 理解力的平移定理 |
| | | (5) 知道约束与约束力的概念 |
| | | (6) 掌握受力图的画法 |
| 2 | 平面力系 | (7) 熟悉平面任意力系的简化、结果讨论 |
| | | (8) 掌握平面任意力系的平衡方程及应用 |
| | | (9) 熟悉静定与静不定问题及物体系统的平衡 |
| | | (10) 熟悉考虑滑动摩擦时的平衡问题 |
| | | (11) 了解滚动摩擦 |
| 3 | 空间力系 | (12) 了解力在空间直角坐标轴上的投影 |
| | | (13) 理解力对轴之矩 |
| | | (14) 掌握空间任意力系的平衡方程 |
| | | (15) 熟悉轮轴类零件平衡问题的平面解法 |
| | | (16) 掌握重心及形心位置的求法 |
| 4 | 轴向拉伸与压缩 | (17) 了解轴向拉伸与压缩的概念 |
| | | (18) 掌握截面法、轴力与轴力图 |
| | | (19) 理解横截面上的应力 |
| | | (20) 掌握拉压杆的变形及胡克定律 |
| | | (21) 了解材料在拉压时的力学性能 |
| | | (22) 掌握拉压杆的强度计算 |
| 5 | 剪切 | (23) 理解剪切概念 |
| | | (24) 知道剪切胡克定律 |
| | | (25) 掌握剪切的常用计算 |

| 序号 | 考试内容 | |
|---|---|---|
| | 知识领域 | 知识点 |
| 6 | 扭转 | (26) 了解扭转的概念 |
| | | (27) 掌握扭矩与扭矩图 |
| | | (28) 了解圆轴扭转时的应力与变形 |
| | | (29) 掌握圆轴扭转时的强度与刚度计算 |
| 7 | 梁的弯曲 | (30) 了解平面弯曲的概念 |
| | | (31) 理解梁的内力、剪力与弯矩图 |
| | | (32) 熟悉弯曲正应力的计算 |
| | | (33) 掌握梁的强度计算 |
| | | (34) 了解梁的变形和刚度计算 |
| | | (35) 了解提高梁抗弯强度、刚度的措施 |
| 8 | 组合变形 | (36) 熟悉拉伸(压缩)与弯曲组合变形的强度计算 |
| | | (37) 熟悉弯曲与扭转组合变形的强度计算 |
| 9 | 动载荷 | (38) 了解动载荷的概念 |
| | | (39) 了解交变应力及其循环特征 |
| | | (40) 了解疲劳破坏和持久极限 |
| 10 | 压杆稳定 | (41) 知道压杆稳定的概念 |
| | | (42) 了解压杆的临界应力计算方法 |
| | | (43) 了解压杆稳定性校核 |

# 第一章　静力学基础

## ▶ 考点 1　力的概念

### 一、基本概念

静力学是研究物体在力系作用下平衡规律的科学。

在静力学中所指的物体通常都是**刚体**。所谓刚体就是在力的作用下,其内部任意两点间的距离始终不变的物体,这是一个理想化的力学模型。在力的作用下,变形不能忽略不计的物体为**变形体**。

**力,是物体间相互的机械作用,这种作用效果使物体的机械运动状态发生变化。**

**力对物体的作用效果由三个要素——力的大小、方向、作用点来确定,习惯称之为力的三要素。**故力应以矢量表示,本书中用黑斜体字母 $F$ 表示力矢量,而用普通字母 $F$ 表示力的大小。在国际单位制中,力的单位是 N 或 kN。

力系是指作用在物体上的一群力。

**如果一个力系作用于物体的效果与另一个力系作用于该物体的效果相同,称这两个力系互为等效力系。**

不受外力作用的物体可称其为受零力系作用。一个力系如果与零力系等效,称该力系为平衡力系。

在静力学中,主要研究以下三个问题:

1. 物体的受力分析

分析某个物体共受几个力作用,以及每个力的作用位置和方向。

2. 力系的等效替换(或简化)

将作用在物体上的一个力系用与它等效的另一个力系来替换,称为力系的等效替换。用一个简单力系等效替换一个复杂力系,称为力系的简化。某力系与一个力等效,则称此力为该力系的合力,而该力系的各力为此力的分力。

研究力系等效替换并不限于分析静力学问题,也是为动力学提供基础。

3. 建立各种力系的平衡条件

研究作用在物体上的各种力系所需满足的平衡条件。

### 二、静力学公理

1. 公理 1　力的平行四边形法则

**作用于物体上同一点的两个力可合成为一个合力,此合力也作用于该点,合力的大小和方向由这两个力为邻边所构成的平行四边形的对角线来确定,**如图 1-1 所示。或者说,合力矢等于这两个力矢的几何和,即

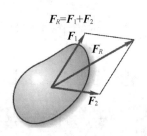

图 1-1　力的合成

$$F_R = F_1 + F_2$$

这条公理是复杂力系简化的基础。

2. 公理2  二力平衡条件

作用于同一刚体上的两个力,使刚体保持平衡的必要与充分条件是:这两个力大小相等、方向相反且在同一直线上。

这条公理表明了作用在刚体上最简单力系平衡时所必须满足的条件。

3. 公理3  加减平衡力系原理

**在任一原有力系上加上或减去任意的平衡力系,与原力系对刚体的作用效果等效。**

这条公理是研究力系等效替换的重要依据。

根据上述公理可以导出下列两条推理:

推论1  力的可传性

**作用于刚体上的力可沿其作用线移到同一刚体内的任一点,而不改变该力对刚体的作用效应**,如图1-2所示。

由此可见,对于刚体来说,力的作用点已由作用线所代替。因此,对刚体来说,力的作用三要素是大小、方向和作用线。

推论2  三力平衡汇交定理

**刚体受三力作用而平衡,若其中两力作用线汇交于一点,则第三力的作用线必汇交于同一点,且三力的作用线共面**,如图1-3所示。

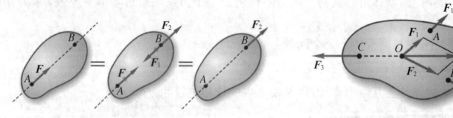

图1-2  力的可传性          图1-3  三力平衡汇交

4. 公理4  作用和反作用定律

作用力和反作用力总是同时存在,两力的大小相等、方向相反,沿着同一条直线,分别作用在两个相互作用的物体上。

➤ 判断题

三力平衡汇交定理是三力平衡的充要条件。

➤ 单选题

加减平衡力系公理适用于(      )。

A. 刚体          B. 变形体          C. 刚体及变形体          D. 刚体系统

## ▶ 考点2  力对点的矩

### 一、力在直角坐标轴上的投影

在力 $F$ 作用的平面内建立直角坐标系 $Oxy$,如图1-4所示。自力 $F$ 的矢量终端分别向

$x$ 轴和 $y$ 轴作垂线,力 $\boldsymbol{F}$ 在 $x$ 轴上的投影用 $F_x$ 表示,在 $y$ 轴上的投影用 $F_y$ 表示。

投影的正负号规定如下:若力 $\boldsymbol{F}$ 在坐标轴上的投影方向与坐标轴方向一致,取正号;反之取负号。

由图 1-4 可得

$$F_x = \pm F\cos\theta$$
$$F_y = \pm F\sin\theta$$

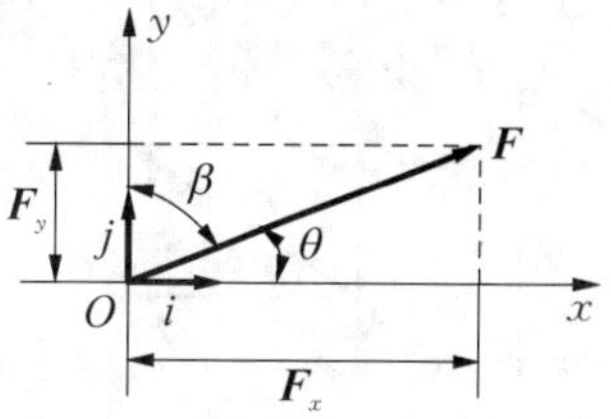

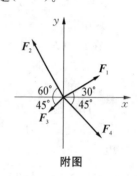

图 1-4　力的投影

> **判断题**

两个力 $\boldsymbol{F}_1$,$\boldsymbol{F}_2$ 大小相等,则它们在同一轴上的投影也相等。

> **单选题**

力沿某一坐标轴的分力与该力在同一坐标轴上的投影之间的关系是(　　　)。

A. 分力的大小必等于投影

B. 分力的大小必等于投影的绝对值

C. 分力的大小可能等于,也可能不等于投影的绝对值

D. 分力与投影是性质相同的物理量

> **计算题**

已知 $F_1 = 200\ \mathrm{kN}$,$F_2 = 200\ \mathrm{kN}$,$F_3 = 200\ \mathrm{kN}$,$F_4 = 250\ \mathrm{kN}$,求图示各力在 $x$ 轴和 $y$ 轴上的投影。

附图

## 二、力对点的矩

力对刚体的作用效应使刚体的运动状态发生改变,包括移动与转动,力对刚体的移动效应可用力矢来度量,而力对刚体的转动效应可用力对点的矩(简称力矩)来度量,即力矩是度量力对刚体转动效应的物理量。

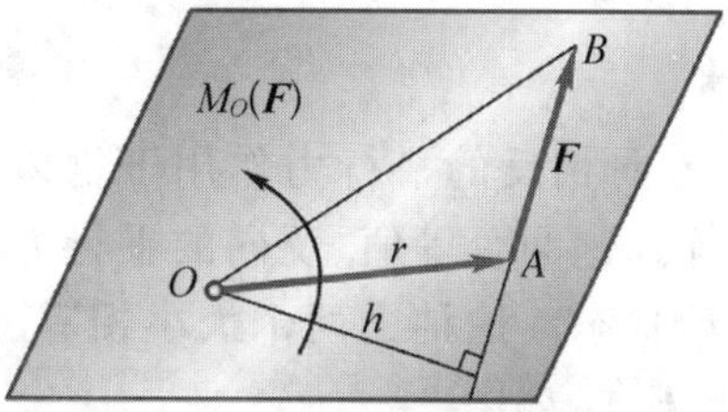

图 1-5　力对点的矩示意图

如图 1-5 所示,力 $\boldsymbol{F}$ 与点 $O$ 位于同一平面内,称点 $O$ 为矩心,点 $O$ 到力 $\boldsymbol{F}$ 作用线的垂直距离 $h$ 为力臂,在此平面中,力 $\boldsymbol{F}$ 使物体绕点转动的效果,取决于两个要素:

(1)力的大小 $F$ 与力臂 $h$(矩心到力作用线的距离)的乘积;

(2)力使物体绕矩心转动的方向。

在平面问题中力对点的矩的定义如下:

**力对点之矩是一个代数量,它的绝对值等于力的大小与力臂的乘积,其转向用正负号规定,按下法规定:力使物体绕矩心逆时针转向转动时为正,反之为负。**

力 $\boldsymbol{F}$ 对点 $O$ 的矩以 $M_O(\boldsymbol{F})$ 表示,即

$$M_O(\boldsymbol{F}) = \pm Fh$$

显然,当力的作用线通过矩心,即力臂等于零时,它对矩心的力矩等于零。

力矩的常用单位为 N·m 或 kN·m。

### 三、合力矩定理

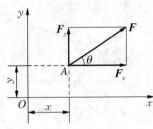

图 1-6 合力矩定理示意图

合力矩定理:平面任意力系的合力对于平面内任一点之矩等于所有各分力对于该点之矩的代数和,即

$$M_O(\boldsymbol{F}_R) = \sum M_O(\boldsymbol{F}_i)$$

合力矩定理常可以用来简化力矩的计算,尤其当力臂不易求出时,可将力分解为两个互相垂直的分力,而两个分力对某点的力臂已知或易求出,则可方便地求出两个分力对某点的矩的代数和,从而求出已知力对该点的矩,如图 1-6 所示。

$$M_O(\boldsymbol{F}) = M_O(\boldsymbol{F}_x) + M_O(\boldsymbol{F}_y) = -F_x \cdot y + F_y \cdot x = -F\cos\theta \cdot y + F\sin\theta \cdot x$$

➤ 单选题

在 $M_O(\boldsymbol{F}) = \pm Fh$ 中,正、负号代表力 $F$ 使物体绕矩心 $O$ 的(      )。

A. 转动方向          B. 移动方向

C. 顺时针            D. 逆时针

➤ 计算题

图示直杆长为 $l$,力 $\boldsymbol{F}$ 与 $x$ 轴夹角为 $\alpha$。求力 $\boldsymbol{F}$ 对固定端 $O$ 之矩。

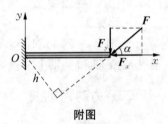

附图

## ▶ 考点 3　力偶

### 一、力偶

#### 1. 力偶的概念

在日常生活与工程实际中,我们常见到两个大小相等、方向相反的平行力作用于物体的情形。例如,人们用手指拧水龙头、司机双手转动方向盘等。这两个等值、反向的平行力不能满足二力平衡,合力显然不为零,它们能使物体改变转动状态。**这种由两个大小相等、方向相反且不共线的平行力组成的力系,称为力偶**,记作 $(\boldsymbol{F}, \boldsymbol{F}')$,如图 1-7 所示。力偶的两力之间的垂直距离 $d$ 称为力偶臂,力偶所在的平面称为力偶的作用面。

由于力偶不能合成为一个力或用一个力等效替换,因此,力偶也不能用一个力来平衡。**力和力偶是静力学的两个基本要素。**

图 1-7　力偶示意图

#### 2. 力偶矩

力偶对物体的转动效应可用力偶矩来度量。力偶矩的大小等于力偶中力的大小 $F$ 与力偶臂 $d$ 的乘积,力偶矩的正负号表示力偶在作用面内转动的方向,通常规定:力偶使物体逆时针转向为正,反之为负。

力偶矩的单位和力矩的单位相同。

### 二、力偶的性质

(1) 力偶在任意坐标轴上的投影等于零。

（2）力偶不能合成为一个力，力偶只能由力偶来平衡。

（3）力偶对刚体内任意一点之矩都等于力偶矩，不因矩心的改变而改变。

（4）在同平面内的两力偶，如果力偶矩相等（大小相等，转向相同），则两力偶等效。

两个推论：

推论1：在同一个刚体上，力偶可以在其作用面内任意移动或转动，而不改变对刚体的作用效果。

推论2：只要保持力偶矩的大小和转向不变，可同时改变力偶中力的大小与力偶臂的长短，而不改变对刚体的作用效果。

➤ **判断题**

1. 力偶的合力等于零。

2. 同一个平面内的两个力偶，只要它们的力偶矩相等，这两个力偶就一定等效。

➤ **计算题**

如图所示的工件，用多轴钻床在工件上同时钻三个孔，钻头对工件作用有三个力偶，其矩分别为 $M_1 = M_2 = 10 \text{ N} \cdot \text{m}$，$M_3 = 20 \text{ N} \cdot \text{m}$，固定螺栓 $A$ 和 $B$ 的距离 $l = 200 \text{ mm}$。求两个光滑螺栓所受的水平力。

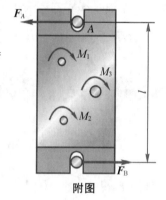

附图

## ▌▶ 考点4  力的平移定理

若保持力的大小和方向不变，只是把力平行移动到刚体上另一点，这样会改变力对该刚体的作用效果。那么要想把力平行移动到刚体上另一点而不改变作用效果，需附加什么条件呢？

图1-8(a)中，设力 $F$ 作用于刚体的点 $A$。若在刚体上任取一点 $B$，在 $B$ 点加一对作用线与力 $F$ 平行的平衡力 $F'$ 和 $F''$，且 $F = F' = F''$，如图1-8(b)所示。根据加减平衡力系公理，图1-8(a)和图1-8(b)对该刚体的作用效果是相等的。在图1-8(b)中，力 $F$ 和 $F''$ 组成一个力偶，其力偶矩为 $M = Fd = M_B(F)$。于是，原来作用在 $A$ 点的力，现在被一个作用在 $B$ 点的力 $F'$ 和一个力偶 $(F, F'')$ 等效替换，如图1-8(c)所示。

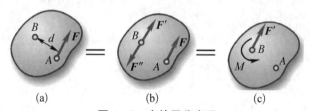

(a)          (b)          (c)

**图1-8  力的平移定理**

因此得力的平移定理：**作用在刚体上某点的力 $F$，可以平行移到任一点 $O$，但必须同时附加一个力偶，其附加力偶的矩等于原来的力 $F$ 对新作用点 $O$ 的矩。**

➤ **判断题**

1. 作用在刚体上的一个力，可以从原来的作用位置平行移动到该刚体内任意指定点，但必须附加一个力偶，附加力偶的矩等于原力对指定点的矩。

2. 刚体的某平面内作用一力和一力偶，由于力与力偶不能等效，所以不能将它们等效变为一个力。

## 考点5 约束和约束力

有些物体,例如,飞行的飞机、炮弹和火箭等,它们在空间的位移不受任何限制。**称位移不受限制的物体叫自由体。**相反,有些物体在空间的位移却要受到一定的限制,如机车受铁轨的限制,只能沿轨道运动。**位移受限制的物体叫非自由体。对非自由体的某些位移起限制作用的周围物体为约束。**

从力学角度来看,约束对物体的作用,实际上就是力,称这种力为约束力,因此,**约束力的方向必与该约束所能够阻碍的位移方向相反。**应用这个准则,可以确定约束力的方向或作用线的位置。至于约束力的大小则是未知的。在静力学问题中,约束力和物体受的其他已知力(称主动力)组成平衡力系,因此,可用平衡条件求出未知的约束力。当主动力改变时,约束力一般也发生改变,因此,约束力是被动的,这也是将约束力之外的力称为主动力的原因。

下面介绍几种在工程中常见的约束类型和确定约束力方向的方法。

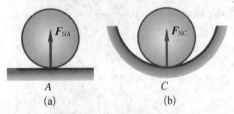

图1-9 光滑接触面约束

### 1. 具有光滑接触表面的约束

例如,支持物体的固定面(如图1-9)、机床中的导轨等,当摩擦忽略不计时,都属于这类约束。

这类约束不能限制物体沿约束表面切线的位移,只能阻碍物体沿接触表面法线并向约束内部的位移。**因此,光滑支承面对物体的约束力,作用在接触点处,方向沿接触表面的公法线,并指向被约束的物体。**通常用 $F_N$ 表示。

### 2. 由柔软的绳索、链条或胶带等构成的约束

细绳吊住重物,如图1-10所示。由于柔软的绳索本身只能承受拉力,所以它给物体的约束力也只可能是拉力。因此,绳索对物体的约束力,作用在接触点,方向沿着绳索背离物体。通常用 $F$ 或 $F_T$ 表示这类约束力。

链条或胶带也都只能承受拉力。当它们绕在轮子上,对轮子的约束力沿轮缘的切线方向(如图1-11)。

一般统称这类约束为柔索约束。

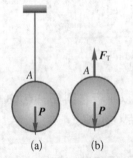

图1-10 柔索约束示意一

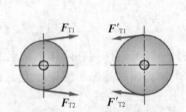

图1-11 柔索约束示意二

### 3. 光滑铰链约束

这类约束有向心轴承、圆柱形铰链和固定铰链支座等。

（1）向心轴承（径向轴承）

图 1-12（a）所示为轴承装置，可画成如图 1-12（c）所示的简图。轴可在孔内任意转动，也可沿孔的中心线移动，但是，轴承阻碍着轴沿径向向外的位移。当轴和轴承在某点 $A$ 光滑接触时，轴承对轴的约束力 $F_A$ 作用在接触点 $A$，且沿公法线指向轴心。

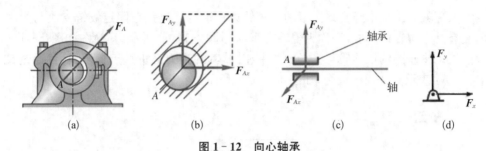

图 1-12  向心轴承

但是，随着轴所受的主动力不同，轴和孔的接触点的位置也随之不同。所以当主动力尚未确定时，约束力的方向预先不能确定。然而，无论约束力朝向何方，它的作用线必垂直于轴线并通过轴心。这样一个方向不能预先确定的约束力，通常可用**通过轴心的两个大小未知的正交分力 $F_{Ax}$，$F_{Ay}$ 来表示**，如图 1-12（b）或（c）所示，$F_{Ax}$，$F_{Ay}$ 的指向暂可任意假定。

在平面问题中，此类约束一般用图 1-12（d）所示的符号表示。

（2）圆柱形铰链和固定铰链支座

图 1-13 所示为一拱形桥示意图，它是由两个拱形构件通过圆柱铰链 $C$ 以及固定铰链支座 $A$ 和 $B$ 连接而成。圆柱铰链是由销钉 $C$ 将两个钻有同样大小孔的构件连接在一起而成的［如图 1-13（b）］，其简图如图 1-13（a）的铰链 $C$ 所示。如果铰链连接中有一个固定在地面或机架上作为支座，则称这种约束为固定铰链支座，简称固定铰支，如图 1-13（b）中所示的支座

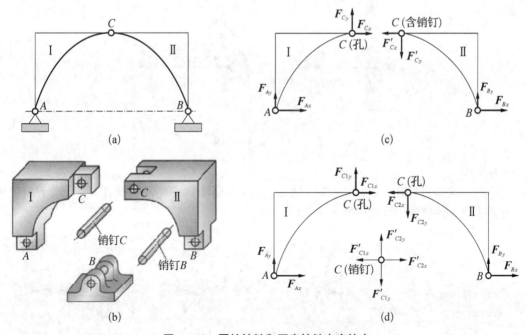

图 1-13  圆柱铰链和固定铰链支座约束

$B$,其简图如图 $1-13$(a)所示的固定铰链支座 $A$ 和 $B$。它们与轴承具有相同的约束性质,即约束力的作用线不能预先定出,但约束力垂直轴线并通过铰链中心,故也可用**两个未知的正交分力来表示**,如图 $1-13$(c)和(d)所示。

### 4. 滚动支座

在桥梁、屋架等结构中经常采用滚动支座约束。这种支座是在固定铰链支座与光滑支承面之间,装有几个辊轴而构成,又称为辊轴支座,如图 $1-14$(a)所示,其简图如图 $1-14$(b)所示。显然,滚动支座的约束性质与光滑面约束相同,**其约束力必垂直于支承面,且通过铰链中心**。通常用 $F_N$ 表示其法向约束力,如图 $1-14$(c)所示。

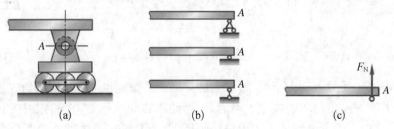

图 $1-14$  滚动支座约束

### 5. 固定端约束

当物体的一端完全固结(嵌)于另一物体上,称这种约束为固定端约束。阳台、烟囱、水塔根部的约束及其他许多约束基本上属于固定端约束。对这些约束,当所有主动力都分布在同一平面内时,约束力也必定分布在此平面内,称其为平面固定端约束,如图 $1-15$(a)所示。

固定端约束的约束力分布比较复杂,在平面问题中可以简化为**两个指向假定的正交分力和一个转向假定的力偶**,如图 $1-15$(b)所示。

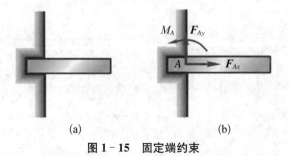

图 $1-15$  固定端约束

> **单选题**

$AB$ 为一均质直杆,一端靠在光滑的斜面上,另一端靠在一光滑的圆弧面上,以下四图中哪一个是其正确的受力图,且杆处于平衡(　　　　)。

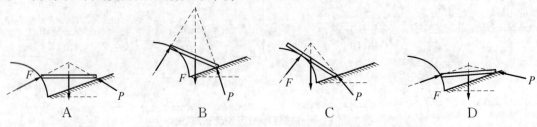

## ▌▶ 考点 6　受力图的画法

在工程实际中,为了求出未知的约束力,需要根据已知力,应用平衡条件求解。为此,首先要确定构件受了几个力,每个力的作用位置和力的作用方向,这种分析过程称为受力分析。

作用在物体上的力可以分为两类:一类是主动力,例如,物体的重力、风力、气体压力等,一般是已知的;另一类是约束对于物体的约束力,为未知的被动力。

为了清晰地表示物体的受力情况,我们把需要研究的物体(称为受力体)从周围的物体(称为施力体)中分离出来,单独画出它的受力简图,这个步骤叫作取研究对象或取分离体。然后,把施力物体对研究对象的作用力(包括主动力和约束力)全部画出来。这种表示物体受力的简明图形,称为受力图。画物体受力图是解决静力学问题的一个重要步骤。

▷ **画图题**

1. 设小球重量为 $G$,在 $A$ 处用绳索系在墙上,球的受力如图所示,试画出小球球心 $C$ 点的受力图(不计摩擦)。

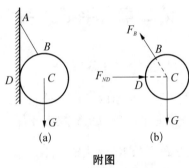

(a)　　　　(b)

附图

2. 如图所示为悬臂吊车的简图,所吊重物为 $W$,试作出横梁 $ACB$ 的受力图。

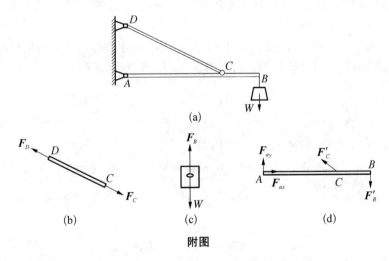

(a)

(b)　　　　(c)　　　　(d)

附图

3. 多跨梁受力分析如图所示,多跨梁 $ABC$ 由 $ADB$、$BC$ 两个简单的梁组合而成,受集中力 $F$ 及均布载荷 $q$ 作用,试画出整体及梁 $ADB$、$BC$ 段的受力图。

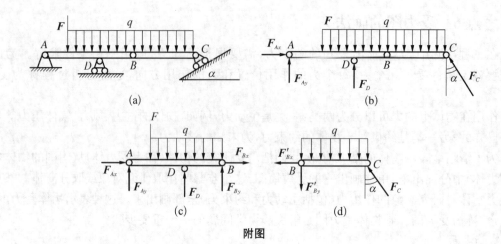

附图

# 第二章　平面力系

## 考点7　平面任意力系的简化、结果讨论

力系中所有力的作用线都处于同一平面内且任意分布时,称其为平面任意力系。平面任意力系,不论其怎么复杂,总可以用一个简单力系等效代替,称为平面任意力系的简化。

### 一、平面任意力系向作用面内任意一点的简化

设刚体上有作用有 $n$ 个力 $F_1,F_2,\cdots,F_n$,形成一平面任意力系,如图 2-1(a)所示。在此平面内任取一点 $O$ 作为简化中心,根据力的平移定理,把力系中各力矢量向 $O$ 点平移,如图 2-1(b)所示。得到一个作用于简化中心 $O$ 点的平面汇交力系 $F_1',F_2',\cdots,F_n'$ 和一个附加平面力偶系,其矩为 $M_1,M_2,\cdots,M_n$。显然,力 $F_i$ 和 $F_i'$ 大小相等,方向相同,力偶的矩等于力对简化中心 $O$ 点的矩, $M_1=M_o(F_1),M_2=M_o(F_2),\cdots,M_n=M_o(F_n)$。

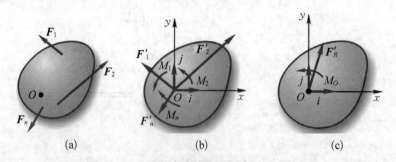

图 2-1　平面任意力系向平面内任一点简化

平面汇交力系可以合成为作用在 $O$ 点的一个合力 $F_R'$;平面力偶系可以合成为一个合力偶 $M_O$,如图 2-1(c)所示。

**图 2-1(c)中的 $F_R'$ 称为主矢**,其矢量 $F_R'$ 等于力系中各力的矢量和,即

$$F'_R = F'_1 + F'_2 + \cdots + F'_n = F_1 + F_2 + \cdots + F_n = \sum_{i=1}^{n} F_i \qquad (2-1)$$

> **注意:** 主矢与简化中心无关。

图 **2-1(c)** 中的 $M_O$ 称为主矩,主矩等于各附加力偶矩的代数和,也等于原力系中各力对 $O$ 点的矩的代数和,即

$$M_O = M_1 + M_2 + \cdots + M_n = \sum_{i=1}^{n} M_O(F_i) \qquad (2-2)$$

> **注意:** 主矩与简化中心位置有关,故必须注明力系对哪一点的主矩。

综上可得结论,在一般情况下,平面任意力系向作用面内任选一点简化可得一个力和一个力偶,这个力的大小和方向等于该力系的主矢,作用线通过简化中心。这个力偶的矩等于该力系对于简化中心的主矩。

### 二、平面任意力系的简化结果分析

根据主矢 $F'_R$ 和主矩 $M_O$ 来讨论平面任意力系向作用平面内任一点简化的最后结果。

(1) 若 $F'_R \neq 0$,$M_O = 0$,则力系简化为一个合力。这种情况说明原力系与通过简化中心的一个力等效,这个力就是主矢 $F'_R$。

(2) 若 $F'_R = 0$,$M_O \neq 0$,则力系简化为一个力偶。这种情况说明原力系与一个力偶等效,这个力偶的力偶矩就是主矩 $M_O$。由于力偶对于平面内任意一点的矩都相同,因此当力系合成为一个力偶时,主矩与简化中心的选择无关。

(3) 若 $F'_R \neq 0$,$M_O \neq 0$,则力系简化为一个力。这种情况,根据力的平移定理,主矢 $F'_R$ 和主矩 $M_O$ 可以合成为一个合力 $F_R$,如图 2-2 所示。$F_R$ 的大小和方向与 $F'_R$ 相同,$F_R$ 的作用线到简化中心 $O$ 的距离为

$$d = \frac{M_O}{F_R}$$

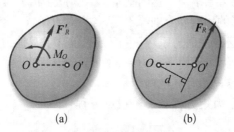

(a)　　　　　　　(b)

图 **2-2** 平面任意力系的合力

$F_R$ 在 $O$ 点的哪一侧,由 $F'_R$ 的指向与 $M_O$ 的转向决定。

(4) 若 $F'_R = 0$,$M_O = 0$,则力系平衡。

▷ **判断题**

1. 设平面任意力系向某点简化得到一合力。如果另选适当的点简化,则力系可简化为一力偶。
2. 一般情况下,力系的主矩随简化中心的不同而变化。

▷ **计算题**

试求图(a)中平面力系向 $O$ 点简化的结果。

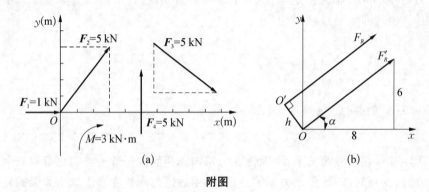

附图

## ⮞ 考点8 平面任意力系的平衡方程及应用

平面任意力系向一点简化,若得到的主矢和主矩都等于零,则力系平衡。反之,要使平面任意力系平衡,则必须使主矢和主矩都等于零。因此,**平面任意力系平衡的必要和充分条件是:力系的主矢和对任一点的主矩都等于零**,即

$$F'_R = 0, \quad M_O = 0$$

而 $\qquad F'_R = \sqrt{F_{Rx}^2 + F_{Ry}^2} = \sqrt{\left(\sum F_x\right)^2 + \left(\sum F_y\right)^2}, \quad M_O = \sum M_o(\boldsymbol{F})$

故平面任意力系平衡条件为

$$\left.\begin{array}{l} \sum F_x = 0 \\ \sum F_y = 0 \\ \sum M_o(\boldsymbol{F}) = 0 \end{array}\right\} \tag{2-3}$$

式(2-3)称为平面任意力系平衡方程的基本形式。此平衡方程的力学含义是:所有各力在两个任选的坐标轴上的投影的代数和分别等于零,各力对于任意一点的矩的代数和也等于零。

平面任意力系是最普遍的平面力系,其平衡方程包含了其他力系的平衡规律,从中可导出其他特殊情况的平衡规律,例如平面平行力系、平面汇交力系等。

平面任意力系的平衡方程还有其他两组形式。

三个平衡方程中有两个力矩方程和一个投影方程,即

$$\left.\begin{array}{l} \sum F_x = 0 \\ \sum M_A(\boldsymbol{F}) = 0 \\ \sum M_B(\boldsymbol{F}) = 0 \end{array}\right\} \tag{2-4}$$

其中，$x$ 轴不得垂直于 $A$，$B$ 两点的连线。

同理，也可写出三个力矩式的平衡方程，即

$$\left.\begin{aligned}\sum M_A(\boldsymbol{F}) &= 0 \\ \sum M_B(\boldsymbol{F}) &= 0 \\ \sum M_C(\boldsymbol{F}) &= 0\end{aligned}\right\} \qquad (2-5)$$

其中，$A$，$B$，$C$ 三点不得共线。

> **计算题**

1. 起重机重 $P_1 = 10\ \text{kN}$，可绕铅垂轴 $AB$ 转动；起重机的挂钩上挂一重为 $P_2 = 40\ \text{kN}$ 的重物，如图所示。起重机的重心 $C$ 到转动轴的距离为 $1.5\ \text{m}$，其他尺寸如图所示。求止推轴承 $A$ 和径向轴承 $B$ 处的约束力。

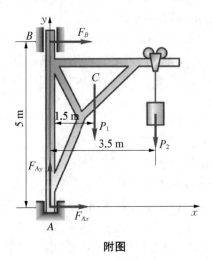

附图

2. 图所示的均质水平横梁 $AB$，$A$ 端为固定铰链支座，$B$ 端为滚动支座。梁长为 $4a$，梁重为 $\boldsymbol{P}$。在梁的 $AC$ 段上受均布载荷 $q$ 作用，在梁的 $BC$ 段上受矩为 $M = qa$ 的力偶作用。求支座 $A$ 和 $B$ 处的约束力。

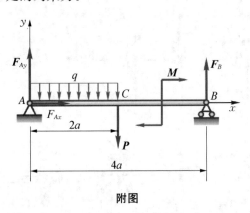

附图

## ▐▶ 考点9 静定与静不定问题及物体系统的平衡

工程中,如组合构架、三铰拱等结构,都是由几个物体组成的系统。当物体系平衡时,组成该系统的每一个物体都处于平衡状态,因此,对于每一个受平面任意力系作用的物体,均可写出三个平衡方程。如物体系由 $n$ 个物体组成,则共有 $3n$ 个独立方程。如系统中有的物体受平面汇交力系或平面平行力系作用时,则系统的平衡方程数目相应减少。当系统中的未知量数目等于独立平衡方程的数目时,则所有未知数都能由平衡方程求出,这样的问题被称为静定问题。显然前面列举的各例都是静定问题。在工程实际中,有时为了提高结构的刚度和坚固性,常常增加约束,因而使这些结构的未知量的数目多于平衡方程的数目,未知量就不能全部由平衡方程求出,这样的问题被称为超静定问题。对于超静定问题,必须考虑物体因受力作用而产生的变形,加列某些补充方程后,才能使方程的数目等于未知量的数目。超静定问题已超出刚体静力学的范围,须在材料力学和结构力学中研究。

下面举出一些静定和超静定问题的例子。

用两根绳子悬挂一重物,如图 2-3(a)所示,未知的约束力有两个,而重物受平面汇交力系作用,有两个独立平衡方程,因此为静定问题。若用 3 根位于同一平面内的绳子悬挂重物,且力的作用线在平面内交于一点,如图 2-3(b)所示,未知约束力有 3 个,而独立平衡方程为两个,因此是超静定问题。

用 2 个径向轴承支承一根轴,如图 2-3(c)所示,未知约束力为 2 个,轴受平面平行力系作用,有 2 个独立平衡方程,是静定问题。若用 3 个径向轴承支承,如图 2-3(d)所示,则未知的约束力为 3 个,而独立平衡方程为 2 个,因此是超静定问题。

图 2-3(e)所示系统受平面任意力系作用,有 3 个独立平衡方程,有 3 个未知数,因此是静定问题。图 2-3(f)所示系统受平面任意力系作用,有 3 个独立平衡方程,有 4 个未知数,因此是超静定问题。

图 2-3(g)所示的梁由两部分组成,每部分有 3 个独立平衡方程,共有 6 个未知数(除图示的 4 个外,还有 $C$ 处两个未知力),因此是静定问题,但若在之间再加一个滚动支座或把 $B$ 处的滚动支座改为固定铰支座,则系统共有 7 个未知数,因此是超静定问题。

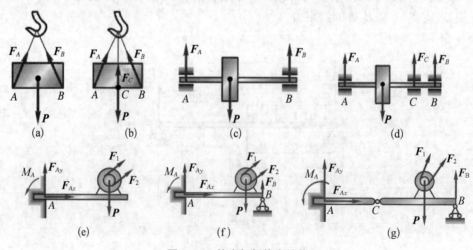

图 2-3 静定与超静定结构

　　研究物体系的平衡问题,不仅要求出整个系统的支座约束力,还要计算出系统内各个物体间的相互作用力。我们把物体系统以外的物体作用在此系统上的力叫作外力;把物体系统内各物体间的相互作用力叫作内力。

　　对物体系的平衡问题,因首先看到的是整个系统(整体),所以应先对整体进行受力分析,看能否求出题目所要求,若能求出则用整体,若不能求出或不能全部求出,则应考虑拆开整体进行分析。

➢ 计算题

1. 在图中,已知重力 $\boldsymbol{P}$,$OC=CE=CA=CB=2l$,定滑轮半径为 $R$,动滑轮半径为 $r$,且 $R=2r=l$,$\theta=45°$。求支座 $A$,$E$ 的约束力与杆 $BD$ 所受的力。

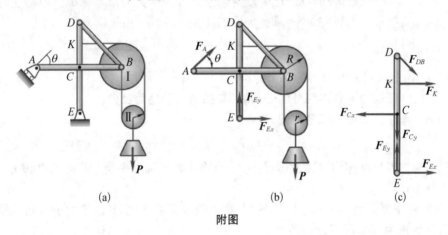

(a)　　　　　　　(b)　　　　　　　(c)

附图

2. 如图所示不计自重的组合梁,由 $AC$ 和 $CD$ 在 $C$ 处铰接而成。已知:$F=20\ \text{kN}$,均布载荷 $q=10\ \text{kN/m}$,$M=20\ \text{kN·m}$,$l=1\ \text{m}$。求固定端 $A$ 与滚动支座 $B$ 的约束力。

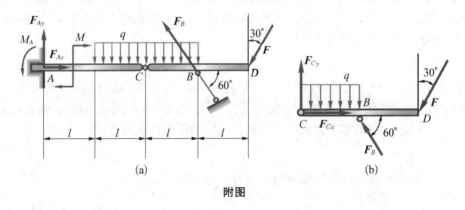

(a)　　　　　　　　　　　(b)

附图

# ▶▶ 考点 10　考虑滑动摩擦时的平衡问题

## 一、滑动摩擦

　　两个相互接触,表面粗糙的物体有相对滑动趋势或产生相对滑动时,在接触处的公切面内有一种阻碍现象发生,称此种现象为滑动摩擦,彼此间作用的阻碍相对滑动的阻力,称为滑动摩擦力。称前者为静滑动摩擦,滑动摩擦力为静滑动摩擦力,常以 $\boldsymbol{F}_s$ 表示,简称静摩擦力;称后者为动滑动摩擦,滑动摩擦力为动滑动摩擦力,常以 $\boldsymbol{F}_d$ 表示,简称动摩擦力。

### 1. 静摩擦力和静滑动摩擦定律

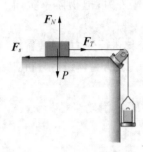

**图 2 - 4　滑动摩擦实验**

对滑动摩擦的讨论一般建立在如下简单实验的基础上,在水平平面上放一重量为 $P$ 的物块,然后用一根重量可以不计的细绳跨过一小滑轮,绳的一端系在物块上,另一端悬挂一可放砝码的平盘,如图 2 - 4 所示。显然,当物块平衡时,绳对物块的拉力 $F_T$ 等于平盘与砝码的重量。当 $F_T$ 等于零时,物块处于静止状态,当 $F_T$ 逐渐增大(盘中砝码增加)时,物块仍可处于静止状态。但当 $F_T$ 增大到某值时,物块将开始运动,此时已为动滑动摩擦。现研究静滑动摩擦。取静止时的物块为研究对象,其受力图如图 2 - 4 所示,由平衡方程

$$\sum F_x = 0, \quad F_T - F_s = 0$$

得 $F_s = F_T$。 由此可得静摩擦力的几个特点:

(1) 方向:**静摩擦力沿着接触处的公切线,与相对滑动趋势反向。**

(2) 大小:**静摩擦力有一取值范围**,为

$$0 \leqslant F_s \leqslant F_{max} \tag{2-6}$$

称 $F_{max}$ 为临界静摩擦力或最大静摩擦力,为物体处于临界平衡状态时的摩擦力,超过此值,物体将开始运动。

(3) 临界静摩擦力是一个很重要的量,大量实验和实践表明,$F_{max}$ **的大小与物体接触处的正压力(法向约束力)** $F_N$ **成正比**,即

$$F_{max} = f_s F_N \tag{2-7}$$

**一般称之为静滑动摩擦定律(或库仑摩擦定律),称式中的 $f_s$ 为静摩擦因数**。$f_s$ 是一个量纲一的量,需由实验来确定,它与接触物体的材料,接触处的粗糙程度、湿度、温度、润滑情况等因素有关,数值可在工程手册中查到。

### 2. 动摩擦力

当静摩擦力已达到最大值时,若主动力 $F$ 再继续加大,接触面之间将出现相对滑动。此时,接触物体之间仍作用有阻碍相对滑动的阻力,称这种阻力为动滑动摩擦力,简称动摩擦力,以 $F_d$ 表示。实验表明:**动摩擦力大小与接触物体间的正压力成正比**,即

$$F_d = f F_N \tag{2-8}$$

式中,$f$ 是动摩擦因数,它与接触物体的材料和表面情况有关。

一般情况下,动摩擦因数小于静摩擦因数,即 $f < f_s$。

## 二、摩擦角和自锁现象

### 1. 全约束力与摩擦角

当有静滑动摩擦时,支承面对物体的约束力包含法向约束力 $F_N$ 和切向约束力 $F_s$(即静摩擦力)。为讨论问题的方便,在某些情况下,把这两个力合起来,即 $F_{RA} = F_N + F_s$,称为全约束力。全约束力的作用线与接触处的公法线间有一夹角 $\varphi$,如图

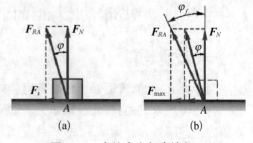

(a)　　　　　(b)

**图 2 - 5　全约束力与摩擦角**

2-5(a)所示。当物块处于临界平衡状态时,静摩擦力达到由式(2-7)确定的最大值,偏角 $\varphi$ 也达到最大值 $\varphi_f$,如图2-5(b)所示。**称全约束力与法线间的夹角的最大值为摩擦角。**由图2-5(b)可得

$$\tan\varphi_f = F_{max}/F_N = f_s F_N/F_N = f_s \qquad (2-9)$$

**即摩擦角的正切等于静摩擦因数。**可见,摩擦角与摩擦因数一样,都是表示摩擦的一个重要物理量。

2. 自锁现象

物块平衡时,静摩擦力不一定达到最大值,而是在零与最大值 $F_{max}$ 之间变化,所以全约束力的作用线与法线间的夹角 $\varphi$ 在零与摩擦角 $\varphi_f$ 之间变化,即

$$0 \leqslant \varphi \leqslant \varphi_f \qquad (2-10)$$

由于静摩擦力不能超过最大值 $F_{max}$,所以全约束力的作用线也不能超出摩擦角(锥)之外,即全约束力的作用线必在摩擦角(锥)之内。由此可知:

(1) **如果作用在物体上的全部主动力的合力 $F_R$ 的作用线在摩擦角 $\varphi_f$ 之内,且指向支承面,则无论这个力多么大,物体必保持静止,称这种现象为自锁现象。**因为在这种情况下,主动力的合力 $F_R$ 与法线间的夹角 $\theta < \varphi_f$,由二力平衡公理,全约束力可以和主动力的合力 $F_{RA}$ 等值、反向、共线,且和主动力的大小无关,如图 2-6(a)所示。工程中常应用自锁条件设计一些机构或夹具,如千斤顶、压榨机、圆锥销等,使它们始终保持在平衡状态下工作。

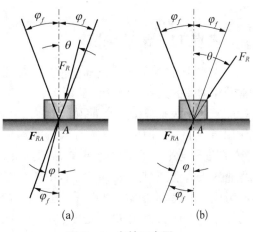

图 2-6　自锁示意图

(2) 如果全部主动力的合力 $F_R$ 的作用线在摩擦角 $\varphi_f$ 之外,则无论这个力多么小,物体一定会滑动。因为在这种情况下 $\theta > \varphi_f$,全约束力 $F_{RA}$ 的作用线只有在摩擦角之外才可能与主动力的作用线共线,这是不可能的,如图 2-6(b)所示。应用这个道理,可以设法避免自锁现象。

## 三、考虑摩擦时的平衡问题

考虑滑动摩擦时,求解物体平衡问题的步骤与前几节基本相同,但有如下几个新特点:

(1) 分析物体受力且画受力图时,必须考虑接触处沿切向的摩擦力。在滑动趋势(或方向)已知的情况下,摩擦力应和滑动趋势(或方向)反向画出。在滑动趋势未知的情况下,摩擦力的方向可以沿切线方位假设。因为此时摩擦力为未知,一般就增加了未知量的数目。

(2) 严格区分物体是处于非临界还是临界平衡状态。在非临界平衡状态,摩擦力 $F_s$ 由平衡条件来确定,其应满足方程 $F_s < f_s F_N$。在临界平衡状态,摩擦力达到临界值,此时方可使用方程 $F_s = F_{max} = f_s F_N$。

(3) 由于静摩擦力 $F_s$ 的值可以随主动力而变化,即 $0 \leqslant F_s \leqslant F_{max}$,因此在考虑摩擦的平衡问题中,求出的值有时也有一个变化范围。

▶ 判断题

1. 在任何情况下,摩擦力的大小总是等于摩擦因数与正压力的乘积。

2. 接触面的全约束力与接触面的法线方向的夹角称为摩擦角。

▶ 单选题

如图,重力为 $P$ 的物体自由地放在倾角为 $\theta$ 的斜面上,物体与斜面间的摩擦角为 $\varphi_f$,若 $\theta > \varphi_f$,则物体(　　)。

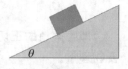

附图

A. 静止

B. 滑动

C. 当 $P$ 很小时能静止

D. 处于临界状态

▶ 计算题

物块重 $P = 1500\,\text{N}$,放于倾角为 $30°$ 的斜面上,它与斜面间的静摩擦因数为 $f_s = 0.2$,动摩擦因数 $f = 0.18$。物块受水平力 $F = 400\,\text{N}$,如图所示。问:物块是否静止,并求此时摩擦力的大小与方向。

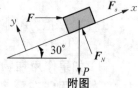

附图

## ▶▶ 考点 11　滚动摩擦

由实践可知,使滚子滚动比使它滑动省力。所以在工程中,为了提高效率,减轻劳动强度,常利用物体的滚动代替物体的滑动。当物体滚动时,存在什么阻力? 它有什么特性? 下面通过简单的实例来分析这些问题。设在水平面上有一滚子,重量为 $P$,半径为 $r$,在其中心 $O$ 上作用一水平力 $F$,如图 2-7 所示。当力 $F$ 不大时,滚子仍保持静止。分析滚子的受力情况可知,在滚子与平面的接触点 $A$ 有法向约束力 $F_N$,它与 $P$ 等值反向。另外,还有静摩擦力 $F_s$,阻止滚子滑动,它与 $F$ 等值反向,则图 2-7 所示滚子不可能保持平衡,因为静摩擦力 $F_s$ 与力 $F$ 组成一力偶,将使滚子发生滚动。但是,实际上当力 $F$ 不大时,滚子是可以平衡的。这是因为滚子和平面实际上并不是刚体,它们在力的作用下都会发生变形,有一个接触面,如图 2-8(a)所示。在接触面上,物体受分布力的作用,这些力向点 $A$ 简化,得到一个力 $F_R$ 和一个力偶,力偶的矩为 $M_f$,如图 2-8(b)所示。这个力 $F_R$ 可分解为摩擦力 $F_s$ 和正压力 $F_N$,**称矩为 $M_f$ 的力偶为滚动摩阻力偶(简称滚阻力偶)**,它与力偶 $(F, F_s)$ 平衡,它的转向与滚动的趋向相反,如图 2-8(c)所示。

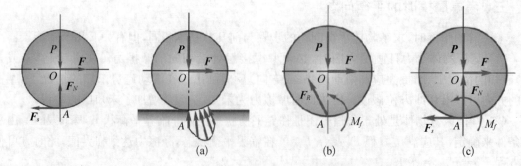

(a)　　　　　　(b)　　　　　　(c)

图 2-7　滚子受力示意图　　　　图 2-8　滚动摩擦受力示意图

与静摩擦力相似,滚动摩阻力偶矩 $M_f$ 随着主动力偶矩的增加而增大,当力 $F$ 增加到某个值时,滚子处于将滚未滚的临界平衡状态,这时,滚动摩阻力偶矩达到最大值,称为最大滚动摩阻力偶矩,用 $M_{max}$ 表示。若力 $F$ 再增大一点,轮子就会滚动。在滚动过程中,滚动摩阻力偶矩近似等于 $M_{max}$。

由此可知,滚动摩阻力偶矩 $M_f$ 的大小介于零与最大值之间,即

$$0 \leqslant M_f \leqslant M_{max} \tag{2-11}$$

实验表明:**最大滚动摩阻力偶矩 $M_{max}$ 与滚子半径无关,与支承面的正压力(法向约束力) $F_N$ 的大小成正比**,即

$$M_{max} = \delta F_N \tag{2-12}$$

称此为滚动摩阻定律,其中 $\delta$ 是比例常数,称为滚动摩阻系数,简称滚阻系数。由上式知,滚动摩阻系数具有长度的量纲,单位一般用 mm。

滚阻系数由实验测定,它与滚子和支承面的材料的硬度和湿度等有关,与滚子的半径无关。

由于滚阻系数较小,因此,在大多数情况下滚动摩阻忽略不计。

➤ **判断题**

滚动摩阻因数是一个无量纲的系数。

➤ **单选题**

如图,重为 $P$,半径为 $R$ 的匀质圆轮受力 $F$ 作用,静止于水平面上,若静止滑动摩擦因数为 $f_s$,动滑动摩擦因数为 $f$,滚动摩阻系数为 $\delta$,则圆轮受到的摩擦力和滚动摩阻力偶矩为(　　)。

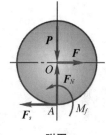

附图

A. $F_s = f_s P, M_f = \delta P$

B. $F_s = F, M_f = \delta P$

C. $F_s = f P, M_f = FR$

D. $F_s = F, M_f = FR$

# 第三章　空间力系

## ▶▶ 考点 12　力在空间直角坐标轴上的投影

力系中各力的作用线不处于同一平面内时,称这样的力系为空间力系。

在空间中,若已知力 $F$ 与直角坐标系 $Oxyz$ 三轴间的夹角为 $\theta, \beta, \gamma$,如图 3-1(a)所示,则力 $F$ 在三个坐标轴上的投影为

$$F_x = F\cos\theta, \quad F_y = F\cos\beta, \quad F_z = F\cos\gamma$$

称此为直接(一次)投影法。当力 $F$ 与轴 $Ox, Oy$ 间的夹角未知或不易确定,但已知图 3-1(b)所示角度 $\gamma, \varphi$ 时,可采用间接(二次)投影法,如图 3-1(b)所示,为

$$F_x = F\sin\gamma\cos\varphi, \quad F_y = F\sin\gamma\sin\varphi, \quad F_z = F\cos\gamma$$

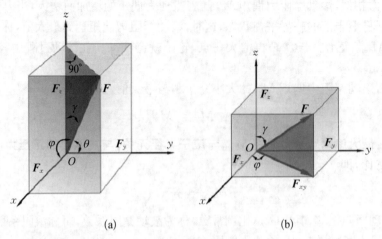

(a)                    (b)

**图 3 - 1    力在空间直角坐标轴上的投影**

> **计算题**

如图所示,已知斜齿圆柱齿轮受到另一对齿轮对它的啮合力 $F_n$,$\alpha_n$ 为压力角,$\beta$ 为螺旋角,试计算斜齿圆柱齿轮所受的圆周力 $F_t$、径向力 $F_r$ 及轴向力 $F_a$ 的大小。

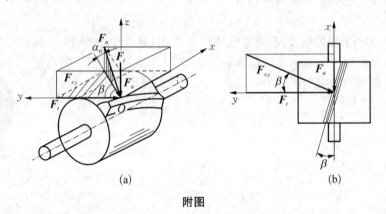

(a)                    (b)

**附图**

## ▶▶ 考点 13    力对轴之矩

工程中,经常遇到刚体绕定轴转动的情形,为了度量力对刚体定轴转动的作用效果,必须了解力对轴的矩的概念。如图 3 - 2(a)所示,在斜齿轮上作用一力 $F$,使其绕固定轴 $z$ 转动。把力 $F$ 分解为平行于 $z$ 轴的分力 $F_z$ 和垂直于 $z$ 轴的分力 $F_{xy}$,由经验可知,分力 $F_z$ 不能使静止的刚体绕 $z$ 轴转动,故此分力对 $z$ 轴的矩为零。只有分力 $F_{xy}$ 才能使静止的刚体绕 $z$ 轴转动。现用符号 $M_z(F)$ 表示力 $F$ 对 $z$ 轴的矩,点 $O$ 为平面 $Oxy$ 与 $z$ 轴的交点,$OA = h$ 为点 $O$ 到力 $F_{xy}$ 作用线的距离。因此,力 $F$ 对 $z$ 轴的矩就是分力 $F_{xy}$ 对点 $O$ 的矩,如图 3 - 2(a)所示,以公式表示为

$$M_z(F) = M_O(F) = \pm F_{xy}h \qquad (3 - 1)$$

于是,可得力对轴的矩的定义如下:力对轴的矩是力使刚体绕该轴转动效果的度量,是一个代数量,其绝对值等于该力在垂直于该轴的平面上的投影对于这个平面与该轴的交点的矩的大小。其正负号如下规定:从轴 $z$ 正端来看,若力使物体绕该轴逆时针转向则取正号,反之

取负号。也可按右手螺旋规则确定其正负号，如图 3-2(b)所示，**拇指指向与 $z$ 轴一致为正，反之为负。**

力对轴的矩等于零的情形：(1)当力与轴相交时(此时 $h = 0$)；(2)当力与轴平行时(此时 $F_{xy} = 0$)。这两种情形可以合起来说：**当力与轴在同一平面内时，力对该轴的矩等于零。**

力对轴的矩的单位为 N·m。

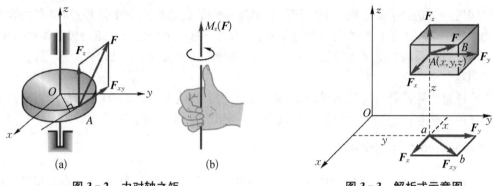

图 3-2　力对轴之矩　　　　　　图 3-3　解析式示意图

力对轴的矩也可用解析式表示。设力 $F$ 在三个坐标轴上的投影分别为 $F_x$，$F_y$，$F_z$。力作用点 $A$ 的坐标为 $A(x,y,z)$，如图 3-3 所示。根据合力矩定理，得

$$M_z(\boldsymbol{F}) = M_O(\boldsymbol{F}_{xy}) = M_O(\boldsymbol{F}_x) + M_O(\boldsymbol{F}_y)$$

即

$$M_z(\boldsymbol{F}) = xF_y - yF_x$$

同理可得对 $x$，$y$ 轴的矩，把三式合写为

$$\left.\begin{array}{l} M_x(\boldsymbol{F}) = yF_z - zF_y \\ M_y(\boldsymbol{F}) = zF_x - xF_z \\ M_z(\boldsymbol{F}) = xF_y - yF_x \end{array}\right\} \tag{3-2}$$

以上三式是计算力对轴之矩的解析式。

➤ **计算题**

手柄 $ABCE$ 位于平面 $Axy$ 内，在 $D$ 处作用一力 $\boldsymbol{F}$，它在垂直于 $y$ 轴的平面内，偏离铅垂线的角度为 $\theta$，如图所示。$CD = a$，杆 $BC$ 平行于 $x$ 轴，杆 $CE$ 平行于 $y$ 轴，$AB = BC = l$，求力 $\boldsymbol{F}$ 对 $x$，$y$，$z$ 轴的矩。

附图

## ▶️ 考点 14　空间任意力系的平衡方程

### 一、空间任意力系的平衡方程

根据空间任意力系简化结果分析可知，当主矢 $\boldsymbol{F}'_R = 0$，主矩 $\boldsymbol{M}_O = 0$，力系和零力系等效，空间任意力系平衡，由此可得**空间任意力系处于平衡的必要和充分条件是：该力系的主矢和对于任一点的主矩都等于零。**即

$$F'_R = 0, \quad M_O = 0$$

可将上述条件写为

$$\left. \begin{array}{ccc} \sum F_x = 0, & \sum F_y = 0, & \sum F_z = 0 \\ \sum M_x(\boldsymbol{F}) = 0, & \sum M_y(\boldsymbol{F}) = 0, & \sum M_z(\boldsymbol{F}) = 0 \end{array} \right\} \qquad (3-3)$$

称为空间任意力系的平衡方程。即**空间任意力系平衡的必要和充分条件是：所有各力在三个坐标轴中每一个轴上的投影的代数和等于零，各力对于每一个坐标轴的矩的代数和也等于零。**

空间任意力系的独立平衡方程有六个，只能求解六个未知量，如果未知量多于六个，就是静不定问题。

空间任意力系是最普遍的力系，其平衡方程包含了其他力系的平衡规律，从中可导出其他特殊情况的平衡规律，例如空间平行力系、空间汇交力系和平面任意力系等。

## 二、空间约束类型举例

一般情况下，当刚体受到空间任意力系作用时，在每个约束处，其约束力的未知量可能有 1 个到 6 个。决定每种约束的约束力未知量个数的基本方法是：观察被约束物体在空间可能的 6 种独立的位移中(沿 $x,y,z$ 三轴的移动和绕此三轴的转动)，有哪几种位移被约束所阻碍。阻碍移动的是约束力，阻碍转动的是约束力偶。现将几种常见的约束及其相应的约束力综合列表，如表 3-1 所示。

表 3-1　空间约束类型与其约束力举例

| 约束力未知量 | | 约束类型 |
| --- | --- | --- |
| 1 | | 光滑表面　　滚动支座　　绳索　　二力杆<br> |
| 2 | | 径向轴承　　圆柱铰链　　铁轨　　蝶铰链<br> |
| 3 | | 球形铰链　　　　　　止推轴承<br> |

| 约束力未知量 | 约束类型 |
|---|---|
| 4 （a）$M_{Az}$ $F_{Az}$ $M_{Ay}$ $F_{Ay}$ $A$<br>（b）$F_{Az}$ $M_{Ay}$ $F_{Ay}$ $F_{Ax}$ $A$ | 导向轴承　万向接头<br>（a）　（b） |
| 5 （a）$F_{Az}$ $M_{Az}$ $M_{Ax}$ $F_{Ay}$ $F_{Ax}$ $A$<br>（b）$F_{Az}$ $M_{Az}$ $F_{Ay}$ $M_{Ax}$ $M_{Ay}$ | 带有销子的夹板　导轨<br>（a）　（b） |
| 6 $F_{Az}$ $M_{Az}$ $M_{Ay}$ $F_{Ay}$ $F_{Ax}$ $M_{Ax}$ $A$ | 空间的固定端支座 |

➤ **计算题**

　　在图中,胶带的拉力 $F_2 = 2F_1$,曲柄上作用有铅垂力 $F = 2\,000$ N。 皮带轮的直径 $D = 400$ mm,曲柄长 $R = 300$ mm,胶带 1 和胶带 2 与铅垂线间夹角分别为 $\theta = 30°,\beta = 60°$（见图 b）,其他尺寸如图所示。求胶带拉力和轴承约束力。

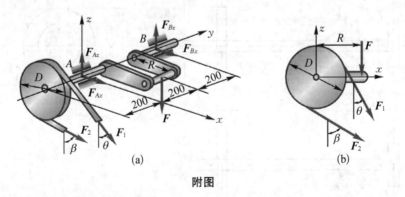

附图

## ▐▶ 考点 15　轮轴类零件平衡问题的平面解法

空间任意力系的研究方法也是先将力系向一点简化,然后通过分析、推导,得到空间任意力系的平衡方程,但这种方法较繁琐。

在机械工程中,常把空间的受力图投影到三个坐标平面,画出主视、俯视、侧视三个视图。分别列出它们的平衡方程,同样可解出所求的未知量。这种将空间问题分散转化为三个平面问题的讨论方法,称为空间问题的平面解法。这种方法特别适合于解决轮轴类零件的空间受力平衡问题。

➤ **计算题**

一轴上装有一个齿轮和一个带轮,如图(a)所示。齿轮的分度圆直径 $d = 94.5$ mm,压力角 $\alpha = 20°$,带轮直径 $D = 320$ mm,工作时胶带的拉力 $F_1 = 800$ N,$F_2 = 300$ N,试求齿轮上的圆周力 $F_t$,径向力 $F_r$ 和支座 $A$,$B$ 两处的约束反力的大小。图中尺寸的单位为 mm。

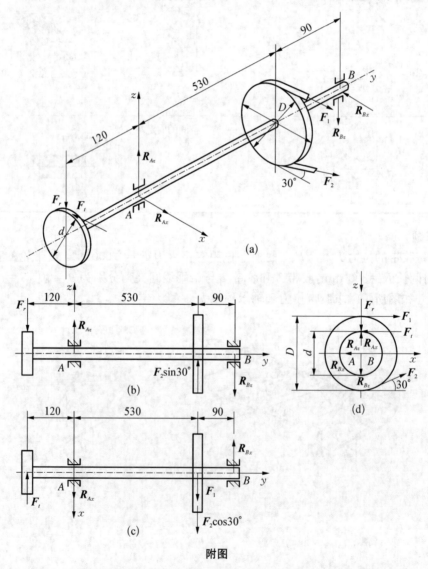

附图

## ⏩ 考点 16　重心及形心位置的求法

在地球表面附近的空间中,任何物体的各个质点都受到铅垂向下的地球引力作用,习惯称之为重力。这些力严格说来组成一个空间汇交力系,力系的汇交点在地球中心附近。但是,工程中的物体尺寸都远较地球为小,离地心又很远,若把地球看作为圆球,可以算出,在地球表面一个长约 31 m 的物体,其两端重力间的夹角不超过 1″。因此,在工程中,把物体各微小部分的重力视为空间平行力系是足够精确的。

物体各质点的重力组成一个空间平行力系,此平行力系的合力大小称为物体的重量,此平行力系的中心称为物体的重心,也即**物体重力合力的作用点称为物体的重心**。如果把物体看作为刚体,则此物体的重心相对物体本身来说是一个固定的点,不因物体的放置方位而改变。

下面介绍几种常见的确(测)定或计算物体重心的方法。

### 1. 对称确定法

对均质物体,若此物体具有几何对称面、对称轴或对称点,则此物体的重心必定在此对称面、对称轴或对称点上。这种确定物体重心的方法虽然简单,但方便实用。此时,物体的重心也称为物体的形心(几何中心)。

### 2. 实验测定法

工程中经常遇到形状复杂或非均质的物体,此时其重心的位置可用实验方法确定。另外,虽然设计时重心的位置计算得很精确,但由于在制造和装配时产生误差等原因,待产品制成后,其重心在不在设计的范围内,也可以用实验的方法来进行重心的测定。下面介绍两种常用的实验方法。

（1）悬挂法

对于薄板形物体或具有对称面的薄零件,可将该物体悬挂于任一点 $A$,如图 3-4(a)所示。待平衡时,设法标出过 $A$ 点的竖直线段,根据二力平衡公理,重心必在此线上。再将该物体悬挂于任一点 $B$[如图 3-4(b)],待平衡时,设法标出过 $B$ 点的竖直线段,则两线段的交点 $C$ 就是该物体的重心。

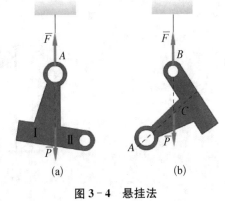

（2）称重法

对于形状复杂、体积庞大的物体或由许多零部件构成的物体系,常用称重法测定重心的位置。

图 3-4　悬挂法

### 3. 解析计算法

重心是物体在空间的一个点,在空间中确定一个点需要 3 个坐标。下面给出在坐标系下计算物体重心坐标的公式,称这种方法为解析计算法。对固体来说,重心有确定的位置,与物体在空间的位置无关。

有限分割法如下:

设物体由若干部分组成,第 $i$ 部分的重量为 $P_i$,其重心坐标为($x_i, y_i, z_i$),则计算物体重心坐标的公式为

$$x_c = \frac{\sum P_i x_i}{P}, \quad y_c = \frac{\sum P_i y_i}{P}, \quad z_c = \frac{\sum P_i z_i}{P} \tag{3-4}$$

考虑到 $P_i = m_i g$，$P = mg$，式中，$g$ 为重力加速度，$m_i$ 为微体的质量，$m$ 为物体的质量，代入式（3-4），得到计算物体重心（质心）的坐标公式为

$$x_c = \frac{\sum m_i x_i}{m}, \quad y_c = \frac{\sum m_i y_i}{m}, \quad z_c = \frac{\sum m_i z_i}{m} \tag{3-5}$$

如果物体是均质的，又有 $m_i = V_i \rho$，$m = V\rho$，式中，$\rho$ 为物体的密度，$V_i$ 为微体的体积，$V$ 为物体的体积，代入式（3-5），又得到计算物体重心（形心）的坐标公式为

$$x_c = \frac{\sum V_i x_i}{V}, \quad y_c = \frac{\sum V_i y_i}{V}, \quad z_c = \frac{\sum V_i z_i}{V} \tag{3-6}$$

如果物体为等厚均质板或薄壳，又有 $V_i = A_i h$，$V = Ah$，式中，$h$ 为板或壳的厚度，$A_i$ 为微体的面积，$A$ 为物体的面积，又有计算物体重心（形心）的坐标公式为

$$x_c = \frac{\sum A_i x_i}{A}, \quad y_c = \frac{\sum A_i y_i}{A}, \quad z_c = \frac{\sum A_i z_i}{A} \tag{3-7}$$

> **计算题**

1. 图示为一等厚度均质 $Z$ 形板，其尺寸如图所示（尺寸单位为 mm），求其重心位置。

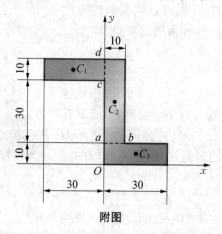

附图

2. 求图示振动沉桩器中的偏心块的重心。已知 $R = 100$ mm，$r = 17$ mm，$b = 13$ mm。

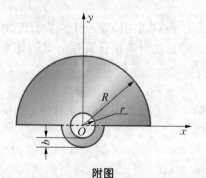

附图

# 第四章 轴向拉伸与压缩

## ▶ 考点 17 轴向拉伸与压缩的概念

生产实践中经常遇到承受拉伸或压缩的杆件。这些受拉或受压的杆件虽外形各有差异,加载方式也并不相同,但它们的共同特点是:**作用于杆件两端的外力合力的作用线与杆件轴线重合,杆件变形是沿轴线方向的伸长或缩短**。所以,若把这些杆件的形状和受力情况进行简化,都可以简化成图 4-1 所示的受力简图。图中用虚线表示变形后的形状。

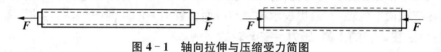

**图 4-1 轴向拉伸与压缩受力简图**

➤ **判断题**

1. 轴向拉伸和压缩的变形特点是沿杆件轴线方向伸长或缩短。
2. 使杆件产生轴向拉压的外力必须是一对沿杆轴线的集中力。

## ▶ 考点 18 截面法、轴力与轴力图

### 一、内力的概念

材料力学中的**内力**,是指外力作用下,构件内部各质点间的相互作用力的变化量,所以是**物体内部各部分之间因外力而引起的附加相互作用力,即"附加内力"**。

### 二、截面法

分析计算杆件内力,一般采用截面法,截面法的基本步骤为:

第一步 欲求某一截面上的内力时,先沿该截面假想地把构件分成两部分,然后任意地取出一部分作为研究对象,并弃去另一部分。

第二步 用作用于截面上的内力代替弃去部分对取出部分的作用。

第三步 建立取出部分的平衡方程,确定未知的内力。

为了显示拉(压)杆横截面上的内力,沿横截面 $m$—$m$ 假想地把杆件分成两部分(如图 4-2(a)。杆件左右两段在横截面 $m$—$m$ 上相互作用的内力是一个分布力系[如图 4-2(b)或 (c)],其合力为 $F_N$。由左段的平衡方程 $\sum F_x = 0$,得

$$F_N - F = 0$$
$$F_N = F$$

### 三、轴力

由于外力的作用线与杆件的轴线重合,内力的合力 $F_N$ 作用线也与杆件的**轴线重合**,所以 $F_N$ 称为**轴力**。习惯上,把**拉伸时的轴力规定为正,压缩时的轴力规定为负**。

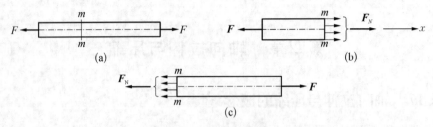

图 4 - 2　截面法及轴力

## 四、轴力图

为表明轴力沿横截面位置的变化情况,选取一个坐标系,其横坐标表示横截面的位置,纵坐标表示相应截面上的轴力,绘出表示轴力与截面位置关系的几何图形,称为轴力图。**在轴力图中,将拉力绘在 $x$ 轴的上侧,压力绘在 $x$ 轴的下侧。**

➤ **判断题**

轴力一定垂直于杆件的横截面。

➤ **计算题**

试求如图所示等直杆横截面 1—1、2—2 和 3—3 上的轴力,并作轴力图。

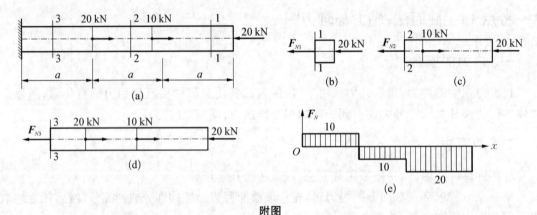

附图

## ▌▶ 考点 19　横截面上的应力

### 一、应力的概念

应力表示内力系在截面内某一点处的强弱程度。

设在图 4 - 3(a)所示受力构件的 $m$—$m$ 截面上,围绕 $C$ 点取微小面积 $\Delta A$,$\Delta A$ 上分布内力的合力为 $\Delta F$。$\Delta F$ 的大小和方向与 $C$ 点的位置和 $\Delta A$ 的大小有关。$\Delta F$ 与 $\Delta A$ 的比值为

$$p_m = \frac{\Delta F}{\Delta A}$$

$p_m$ 是一个矢量,代表在 $\Delta A$ 范围内,单位面积上内力的平均集度,称为平均应力。随着

$\Delta A$ 的逐渐缩小，$p_m$ 的大小和方向都将逐渐变化。当 $\Delta A$ 趋于零时，$p_m$ 的大小和方向都将趋于一定极限。可写成

$$p = \lim_{\Delta A \to 0} p_m = \lim_{\Delta A \to 0} \frac{\Delta F}{\Delta A} \qquad (4-1)$$

$p$ 称为 $C$ 点的应力。它是分布内力系在 $C$ 点的集度，反映内力系在 $C$ 点的强弱程度。$p$ 是一个矢量，一般说既不与截面垂直，也不与截面相切。通常把应力 $p$ 分解成垂直于截面的分量 $\sigma$ 和切于截面的分量 $\tau$［如图 4-3(b)］。$\sigma$ 称为正应力，$\tau$ 称为切应力。

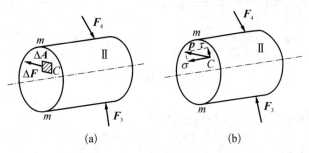

图 4-3 应力示意图

在我国法定计量单位中，应力的单位是 Pa(帕)，称为帕斯卡，1 Pa＝1 N/m²。由于这个单位太小，使用不便，通常使用 MPa (读作兆帕)，1 MPa＝10⁶ Pa。

## 二、轴向拉(压)杆横截面上的正应力

在轴向拉伸杆的横截面上，与轴力 $F_N$ 对应的应力是正应力 $\sigma$，通过推导可得横截面上各点的正应力 $\sigma$ 相等，即正应力均匀分布于横截面上，$\sigma$ 等于常量。计算公式为

$$\sigma = \frac{F_N}{A} \qquad (4-2)$$

式中　$F_N$ —横截面上的轴力，单位 N，由截面法确定；
　　　　$A$ —横截面面积，单位 mm²。

公式(4-2)同样可用于 $F_N$ 为压力时的压应力计算。关于正应力的符号，一般规定拉应力为正，压应力为负。

➤ 判断题

轴向拉压杆件截面上的应力只有正应力。

➤ 计算题

如图所示结构，试求杆件 $AB$、$CB$ 的应力。已知 $F=20$ kN，斜杆 $AB$ 为直径 20 mm 的圆截面杆，水平杆 $CB$ 为 15 mm×15 mm 的方截面杆。

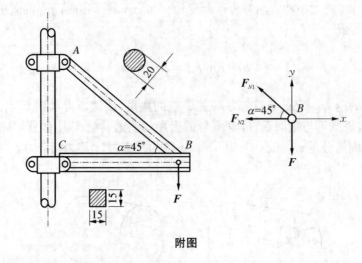

附图

## ▌▶ 考点 20　拉压杆的变形及胡克定律

### 一、轴向拉压变形

设等直杆的原长度为 $l$(如图 4-4),横截面面积为 $A$。在轴向拉力 $F$ 作用下,长度由 $l$ 变为 $l_1$。 杆件在轴线方向的伸长为

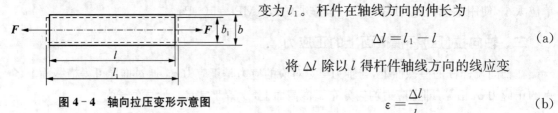

$$\Delta l = l_1 - l \qquad (a)$$

将 $\Delta l$ 除以 $l$ 得杆件轴线方向的线应变

$$\varepsilon = \frac{\Delta l}{l} \qquad (b)$$

图 4-4　轴向拉压变形示意图

若杆件变形前的横向尺寸为 $b$,变形后为 $b_1$,则横向应变为

$$\varepsilon' = \frac{\Delta b}{b} = \frac{b_1 - b}{b} \qquad (c)$$

试验结果表明:当应力不超过比例极限时,横向应变 $\varepsilon'$ 与轴向应变 $\varepsilon$ 之比是一个常数。可写成

$$\mu = -\frac{\varepsilon'}{\varepsilon} \qquad (4-3)$$

称为横向变形因数或泊松比,是一个量纲一的量。表 4-1 给出了几种常用材料的 $\mu$ 值。

表 4-1　几种常用材料的 $E$ 和 $\mu$ 的约值

| 材料名称 | $E$/GPa | $\mu$ |
|---|---|---|
| 碳钢 | 196~216 | 0.24~0.28 |
| 合金钢 | 186~206 | 0.25~0.30 |

续　表

| 材料名称 | $E/\text{GPa}$ | $\mu$ |
|---|---|---|
| 灰铸铁 | 78.5～157 | 0.23～0.27 |
| 铜及其合金 | 72.6～128 | 0.31～0.42 |
| 铝合金 | 70 | 0.33 |

## 二、胡克定律

工程上使用的大多数材料，其应力与应变关系的初始阶段都是线弹性的。**即当应力不超过材料的比例极限时，应力与应变成正比，这就是胡克定律。**可以写成

$$\sigma = E\varepsilon \tag{4-4}$$

式中 $E$ 为与材料有关的比例常数，称为**弹性模量**。$E$ 的值随材料而不同。几种常用材料的 $E$ 值已列入表 4-1 中。

此外，在杆件(见图 4-4)横截面上的应力为

$$\sigma = \frac{F_N}{A} = \frac{F}{A} \tag{d}$$

若把式(b)和式(d)两式代入公式(4-4)，得

$$\Delta l = \frac{F_N l}{EA} = \frac{Fl}{EA} \tag{4-5}$$

这表示：**当应力不超过比例极限时，杆件的伸长 $\Delta l$ 与拉力 $F$ 和杆件的原长度 $l$ 成正比，与横截面面积 $A$ 成反比。**这是胡克定律的另一表达形式。以上结果同样可以用于轴向压缩的情况，只要把轴向拉力改为压力，把伸长 $\Delta l$ 改为缩短就可以了。

从公式(4-5)看出，对长度相同，受力相等的杆件，$EA$ 越大则变形 $\Delta l$ 越小，所以 $EA$ 称为杆件的抗拉(或抗压)刚度。

➤ 单选题

关于杆件的轴向变形，下列说法中正确的是(　　)。

A. 若两杆的受力情况和长度都相同，则二者的变形相同

B. 若两杆的受力情况和截面面积都相同，则二者的变形相同

C. 若两杆的受力情况、长度和刚度都相同，则二者的变形相同

D. 若两杆的变形相同，必然受力情况、长度和刚度都相同

➤ 判断题

1. 若物体产生位移，则必同时产生变形。

2. 若拉伸试件处于弹性变形阶段，则试件工作段的应力—应变成正比关系。

➤ 计算题

钢制直杆，各段长度及载荷情况如图(a)所示。各段横截面面积分别为 $A_1 = A_3 = 300\text{ mm}^2$，$A_2 = 200\text{ mm}^2$。材料弹性模量 $E = 200\text{ GPa}$。试计算杆件各段的轴向变形，并确定

截面 $D$ 的位移。

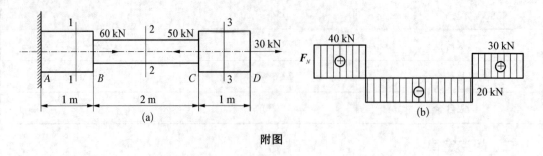

附图

## ▶ 考点 21　材料在拉压时的力学性能

### 一、材料拉伸时的力学性能

材料的力学性能也称为机械性质,是指材料在外力作用下表现出的变形、破坏等方面的特性。它须由实验来测定。在室温下,以缓慢平稳的加载方式进行试验,称为常温静载试验,是测定材料力学性能的基本试验。为了便于比较不同材料的试验结果,对试样的形状、加工精度、加载速度、试验环境等,国家标准都有统一规定。在试样平行长度内取长为 $l$ 的一段(如图 4-5)作为试验段,$l$ 称为标距。对圆截面试样,标距 $l$ 与直径 $d$ 有两种比例,即 $l=5d$ 和 $l=10d$。

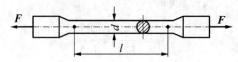

图 4-5　拉伸试验标准试样

1. 低碳钢拉伸时的力学性能

(1) 拉伸图、应力应变图

将低碳钢试样装在试验机上,施加缓慢增加的拉力。对应着每一个拉力 $F$,试样标距 $l$ 范围内的试验段有一个伸长量 $\Delta l$。表示 $F$ 和 $\Delta l$ 的关系的曲线,称为拉伸图或 $F-\Delta l$ 曲线,如图 4-6 所示。

$F-\Delta l$ 曲线与试样的尺寸有关。为了消除试样尺寸的影响,把拉力 $F$ 除以试样横截面的原始面积 $A$,得出正应力:$\sigma=\dfrac{F}{A}$;同时,把伸长量 $\Delta l$ 除以标距的原始长度 $l$,得到应变:$\varepsilon=\dfrac{\Delta l}{l}$。通过上述转变,拉伸试验的力—变形曲线转换成应力—应变曲线,称为应力—应变图或 $\sigma-\varepsilon$ 曲线,如图 4-7 所示。

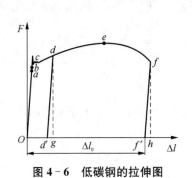

图 4-6　低碳钢的拉伸图

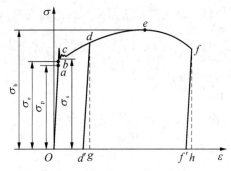

图 4-7　低碳钢的应力—应变图

（2）拉伸过程的四个阶段

根据试验结果，可将低碳钢的拉伸过程分为四个阶段。

① 弹性阶段

在拉伸的初始阶段，$\sigma$ 与 $\varepsilon$ 的关系为直线 $Oa$，表示在这一阶段内，应力 $\sigma$ 与应变 $\varepsilon$ 成正比，满足胡克定律。**直线部分的最高点 $a$ 所对应的应力 $\sigma_p$ 称为比例极限。** 显然，只有应力低于比例极限时，应力才与应变成正比，材料才服从胡克定律。这时，称材料是线弹性的。

超过比例极限后，从 $a$ 点到 $b$ 点，$\sigma$ 与 $\varepsilon$ 之间的关系不再是直线，但解除拉力后变形仍可**完全消失，这种变形称为弹性变形。$b$ 点所对应的应力是材料只出现弹性变形的极限值，称为弹性极限，用 $\sigma_e$ 表示。** 在曲线上，$a$，$b$ 两点非常接近，所以工程上对弹性极限和比例极限并不严格区分。

在应力超过弹性极限后，如再解除拉力，则试样变形的一部分随之消失，这就是上面提到的弹性变形。但还**遗留下一部分不能消失的变形，这种变形称为塑性变形或残余变形。**

② 屈服阶段

当应力超过 $b$ 点增加到某一数值时，应变有非常明显的增加，而应力先是下降，然后做微小的波动，在曲线上出现接近水平线的小锯齿形线段。这种应力基本保持不变，而应变显著增加的现象，称为屈服或流动。将不计初始瞬时效应（即舍去第一个谷值应力）时屈服阶段内最小的应力定义为下屈服极限，能够反映材料的性能。**通常就把下屈服极限称为屈服极限或屈服强度，用 $\sigma_s$ 来表示。**

表面磨光的试样屈服时，表面将出现与轴线大致成 45°倾角的条纹。这是由于材料内部相对滑移形成的，称为滑移线。因为拉伸时在与杆轴成 45°倾角的斜截面上，切应力为最大值，可见屈服现象的出现与最大切应力有关。

材料屈服表现为显著的塑性变形，而零件的塑性变形将影响机器的正常工作，所以**屈服极限 $\sigma_s$ 是衡量材料强度的重要指标。**

③ 强化阶段

过屈服阶段后，材料又恢复了抵抗变形的能力，要使它继续变形必须增加拉力。这种现象称为材料的强化。**强化阶段中的最高点 $e$ 所对应的应力 $\sigma_b$ 是材料所能承受的最大应力，称为强度极限或抗拉强度。** 它是衡量材料强度的另一重要指标。

④ 局部变形阶段

过 $e$ 点后，在试样的某一局部范围内，横向尺寸突然急剧缩小，形成缩颈现象（如图 4-8）。由于在缩颈部分横截面面积迅

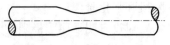

图 4-8　局部变形示意图

速减小,使试样继续伸长所需要的拉力也相应减少。在应力—应变图中,用横截面原始面积 $A$ 算出的应力 $\sigma=\dfrac{F}{A}$ 随之下降,降落到 $f$ 点,试样被拉断。

(3) 塑性指标

① 伸长率

试样拉断后,由于保留了塑性变形,试样标距由原来的 $l$ 变为 $l_1$,用百分比表示的比值

$$\delta=\frac{l_1-l}{l}\times100\% \tag{4-6}$$

称为伸长率。伸长率是衡量材料塑性的指标。工程上通常按伸长率的大小把材料分成两大类,$\delta>5\%$ 的材料称为塑性材料,如碳钢、黄铜、铝合金等;而把 $\delta<5\%$ 的材料称为脆性材料,如灰铸铁、玻璃、陶瓷等。

② 断面收缩率

原始横截面面积为 $A$ 的试样,拉断后缩颈处的最小截面面积变为 $A_1$,用百分比表示的比值

$$\psi=\frac{A_1-A}{A}\times100\% \tag{4-7}$$

称为断面收缩率。$\psi$ 也是衡量材料塑性的指标。

(4) 卸载定律及冷作硬化

如把试样拉到超过屈服极限的 $d$ 点(如图 4-7),然后逐渐卸除拉力,应力和应变关系将沿着斜直线 $dd'$ 回到 $d$ 点。斜直线 $dd'$ 近似地平行于 $Oa$。这说明:**在卸载过程中,应力和应变按直线规律变化。这就是卸载定律**。拉力完全卸除后,应力—应变图中,$d'g$ 表示消失了的弹性变形,而 $Od'$ 表示不再消失的塑性变形。

卸载后,如在短期内再次加载,则应力和应变大致上沿卸载时的斜直线 $dd'$ 上升。直到 $d$ 点后,又沿曲线 $def$ 变化。可见在再次加载时 $d$ 点以前材料的变形是弹性的,过 $d$ 点后才开始出现塑性变形。比较图 4-7 中的 $Oabcdef$ 和 $d'def$ 两条曲线,可见在第二次加载时,**其比例极限(亦即弹性阶段)得到了提高,但塑性变形和伸长率却有所降低。这种现象称为冷作硬化**。冷作硬化现象经退火后又可消除。

工程上经常利用冷作硬化来提高材料的弹性阶段,如起重用的钢索和建筑用的钢筋。

2. 其他材料的拉伸力学性能

(1) 其他塑性材料

工程上常用的塑性材料,除低碳钢外,还有中碳钢、高碳钢和合金钢、铝合金、青铜、黄铜等。图 4-9 中是几种塑性材料的曲线。其中有些材料,如 Q345 钢,和低碳钢一样,有明显的弹性阶段、屈服阶段、强化阶段和局部变形阶段。有些材料,如黄铜 H62,没有屈服阶段,但其他三阶段却很明显。还有些材料,如高碳钢 T10A,没有屈服阶段和局部变形阶段,只有弹性阶段和强化阶段。

对没有明显屈服极限的塑性材料,可以将产生 $0.2\%$ 塑性应变时的应力作为屈服指标,称为规定塑性延伸强度,并用 $\sigma_{p0.2}$ 来表示(如图 4-10)。

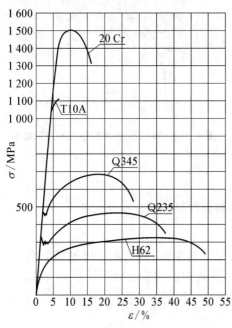

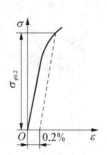

图 4 - 10  规定塑性延伸强度示意图

图 4 - 9  几种塑性材料的应力—应变图

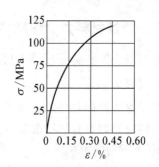

图 4 - 11  灰口铸铁拉伸时的应力—应变图

（2）脆性材料

灰口铸铁拉伸时的应力—应变关系是一段微弯曲线，如图 4 - 11 所示，没有明显的直线部分。它在较小的拉应力下就被拉断，没有屈服和缩颈现象，拉断前的应变很小，伸长率也很小。灰口铸铁是典型的脆性材料。

铸铁拉断时的最大应力即为其强度极限。因为没有屈服现象，强度极限 $\sigma_b$ 是衡量强度的唯一指标。铸铁等脆性材料的抗拉强度很低，所以不宜作为抗拉零件的材料。

## 二、材料压缩时的力学性能

金属的压缩试样一般制成很短的圆柱，以免被压弯。圆柱高度为直径的 1.5～3.5 倍。混凝土、石料等则制成立方形的试块。

### 1. 低碳钢的压缩试验

低碳钢压缩时的 $\sigma$—$\varepsilon$ 曲线如图 4 - 12 所示。试验表明：**低碳钢压缩时的弹性模量 $E$ 和屈服极限 $\sigma_s$，都与拉伸时大致相同。**屈服阶段以后，试样越压越扁，横截面面积不断增大，试样抗压能力也继续增高，因而得不到压缩时的强度极限。

### 2. 铸铁的压缩试验

图 4 - 13 表示铸铁压缩时的 $\sigma$—$\varepsilon$ 曲线。试样仍然在较小的变形下突然破坏。破坏断面的法线与轴线大致成 $45°$～$55°$ 的倾角，表明试样沿斜截面因相对错动而破坏。**铸铁的抗压强度比它的抗拉强度高 4～5 倍。**其他脆性材料，如混凝土、石料等，其抗压强度也远高于抗拉强度。

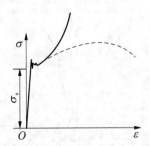
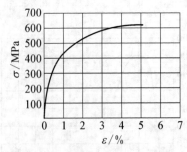

图 4-12　低碳钢压缩时的应力—应变曲线　　图 4-13　铸铁压缩时的应力—应变曲线

### 三、两类材料力学性能的比较

通过以上的实验分析,可以得到塑性材料和脆性材料的主要差别如下。

1. 强度方面

**塑性材料拉伸和压缩的弹性极限、屈服极限基本相同,应力超过弹性极限后有屈服现象;脆性材料拉伸时没有屈服现象,破坏是突然的,压缩时的强度极限远比拉伸大,因此,脆性材料一般适用于受压构件。**

2. 变形方面

**塑性材料的伸长率 $\delta$ 和断面收缩率 $\psi$ 都比较大,构件破坏前有较大的塑性变形;材料可塑性大,便于加工和安装时的矫正。而脆性材料的 $\delta$ 和 $\psi$ 较小,难以加工,在安装时的矫正中易产生裂纹和损坏。**

➤ 判断题

1. 若将所加的载荷去掉,试件的变形可以全部消失,这种变形称为弹性变形。

2. 对于脆性材料,压缩强度极限比拉伸强度极限高出许多。

3. 钢材经过冷作硬化处理后,其延伸率可以得到提高。

➤ 单选题

延伸率取值为(　　)的材料称为塑性材料。

A. $\delta > 5\%$　　　　　B. $\delta < 5\%$　　　　　C. $\delta > 4\%$　　　　　D. $\delta < 4\%$

## ▶▶ 考点 22　拉压杆的强度计算

### 一、失效

由脆性材料制成的构件,在拉力作用下,当变形很小时就会突然断裂。塑性材料制成的构件,在拉断之前已出现塑性变形,由于不能保持原有的形状和尺寸,它已不能正常工作。**可以把断裂和出现塑性变形统称为失效。**

### 二、极限应力

**脆性材料断裂时的应力是强度极限 $\sigma_b$,塑性材料到达屈服时的应力是屈服极限 $\sigma_s$,**这两者都是构件失效时的极限应力。

## 三、许用应力

**强度要求是指构件应有足够的抵抗破坏的能力。**为保证构件有足够的强度,在载荷作用下构件的实际应力 $\sigma$(以后称为工作应力),显然应低于极限应力。强度计算中,以大于 1 的因数除极限应力,并将所得结果称为许用应力,用 $[\sigma]$ 来表示。对塑性材料,

$$[\sigma]=\frac{\sigma_s}{n_s} \tag{4-8}$$

对脆性材料,

$$[\sigma]=\frac{\sigma_b}{n_b} \tag{4-9}$$

式中,大于 1 的因数 $n_s$ 或 $n_b$,称为安全因数。

## 四、强度计算

要使构件在载荷作用下能够安全可靠地工作,必须使构件截面上最大的工作应力 $\sigma_{\max}$ 不超过材料的许用应力,即

$$\sigma_{\max} \leqslant [\sigma] \tag{4-10}$$

对于等直杆,强度条件可以写为

$$\sigma_{\max}=\frac{F_N}{A} \leqslant [\sigma] \tag{4-11}$$

根据以上强度条件,便可进行强度校核、截面设计和确定许可载荷等强度计算。

➤ 判断题

1. 在轴向拉压杆件中,横截面积最小的截面一定是危险截面。
2. 在轴向拉压杆件中,轴力最大的截面一定是危险截面。

➤ 计算题

如图,简易起重设备中,$AC$ 杆由两根 $80 \times 80 \times 7$ 等边角钢组成,$AB$ 杆由两根 10 号工字钢组成。材料为 Q235 钢,许用应力 $[\sigma]=170$ MPa。 求许可荷载 $[F]$。

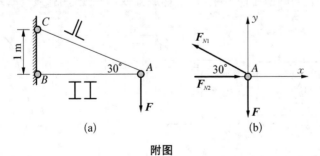

(a)　　　　　　　　(b)

附图

# 第五章　剪　切

## ▸▸ 考点 23　剪切的概念

现以钢杆受剪的例子[如图 5-1(a)],介绍剪切的概念。上、下两个刀刃以大小相等、方向相反、垂直于轴线且作用线很近的两个 $F$ 力作用于钢杆上,迫使在 $n$—$n$ 截面左、右的两部分发生沿 $n$—$n$ 截面相对错动的变形[如图 5-1(b)],直到最后被剪断。

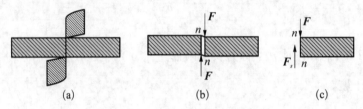

图 5-1　钢杆剪切变形示意图

以上例中的 $n$-$n$ 截面可称为**剪切面**。可见剪切的特点是:**作用于构件某一截面两侧的力,大小相等,方向相反,且相互平行,使构件的两部分沿这一截面(剪切面)发生相对错动的变形**。工程中的连接件,如螺栓、铆钉、销钉、键等都是承受剪切的构件。

### ➤ 判断题

在连接件上,剪切面垂直于外力方向。

## ▸▸ 考点 24　剪切胡克定律

为便于分析剪切变形,在构件受剪部位取一微小正六面体(单元体)研究。剪切变形时,截面产生相对错动,致使正六面体变为平行六面体,如图 5-2(a)所示。在切应力 $\tau$ 的作用下,单元体的右面相对于左面产生错动,其错动量为绝对剪切变形,而相对变形为

$$\frac{ee'}{\mathrm{d}x} = \tan\gamma \approx \gamma$$

式中,$\gamma$ 是矩形直角的微小改变量,称为**切应变**或**角应变**,用弧度(rad)度量。

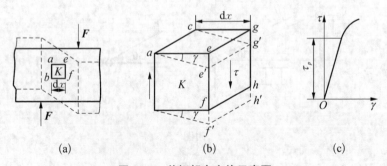

图 5-2　剪切胡克定律示意图

试验表明：当切应力不超过材料的剪切比例极限时，切应变 $\gamma$ 与切应力 $\tau$ 成正比[如图 5 - 2(c)]。这就是剪切胡克定律，可以写成

$$\tau = G\gamma \tag{5-1}$$

式中 $G$ 为比例常数，称为材料的**切变模量**。因 $\gamma$ 量纲为一，$G$ 的量纲与 $\tau$ 相同。钢材的 $G$ 值约为 80 GPa。

> **判断题**

在剪切胡克定律中，$G$ 是表示材料的抵抗剪切变形能力的量，当剪应力 $\gamma$ 一定时，$G$ 值越大，剪应变就越小。

## 考点 25　剪切的常用计算

### 一、内力计算

讨论剪切的内力时，剪切面 $n\!-\!n$ 将受剪构件分成两部分，并以其中一部分为研究对象，如图 5 - 1(c)所示。$\boldsymbol{n\!-\!n}$ 截面上的内力 $\boldsymbol{F_s}$ 与截面相切，称为剪力。由平衡方程容易求得

$$F_s = F$$

### 二、应力计算

实用计算中，假设在剪切面上剪切应力是均匀分布的。若以 $A$ 表示剪切面面积，则应力是

$$\tau = \frac{F_s}{A} \tag{5-2}$$

$\tau$ 与剪切面相切，故为切应力。

### 三、强度计算

用实验的方式建立强度条件时，使试样受力尽可能地接近实际连接件的情况，由实验确定试样失效时的极限载荷。用式(5 - 2)由极限载荷求出相应的名义极限应力，再除以安全因数 $n$，得许用切应力 $[\tau]$，从而建立强度条件

$$\tau = \frac{F_s}{A} \leqslant [\tau] \tag{5-3}$$

根据以上强度条件，便可进行强度计算。

> **判断题**

1. 实用剪切计算，就是假定建立在剪切面上均匀分布。

2. 在连接件剪切强度的实用计算中，许用切应力 $[\tau]$ 是精确计算得到的。

> **计算题**

如附图所示，冲床的最大冲压力 $F = 400$ kN，冲头材料的许用压应力 $[\sigma] = 440$ MPa，钢板的剪切强度极限 $\tau_u = 360$ MPa，试求冲头能冲剪的最小孔径 $d$ 和最大的钢板厚度。

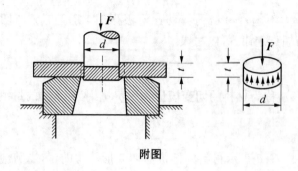

附图

# 第六章 扭 转

## ▶▶ 考点 26 扭转的概念

图 6-1 汽车转向轴扭转示意图

汽车转向轴(如图 6-1)在工作时,轴上端受到经由方向盘传来的力偶作用,下端则又受到来自转向器的阻抗力偶作用。丝锥攻丝时,通过铰杠把力偶作用于丝锥的上端,丝锥下端则受到受扭构件的阻抗力偶作用。这些实例都是**在杆件的两端作用两个大小相等、方向相反且作用平面垂直于杆件轴线的力偶,致使杆件的任意两个横截面都发生绕轴线的相对转动,这就是扭转变形**。

➤ 判断题

杆件受到作用面垂直于杆轴的一对力偶作用,发生扭转变形。

## ▶▶ 考点 27 扭矩与扭矩图

### 一、外力偶矩的计算

作用于轴上的外力偶矩往往不直接给出,通常是给出轴所传送的功率和轴的转速。设轴传送的功率为 $P$(单位为 kW),轴的转速为 $n$(单位为 r/min),则计算外力偶矩 $M_e$ 的公式为

$$\{M_e\}_{\text{N·m}} = 9\,549\,\frac{\{P\}_{\text{kW}}}{\{n\}_{\text{r/min}}} \tag{6-1}$$

### 二、圆轴扭转时的内力——扭矩

圆轴在外力偶矩作用下,其横截面上将产生内力,可用截面法求出这些内力。

设一圆轴(如图 6-2)在外力偶矩 $M_e$ 的作用下发生扭转变形,欲求截面 $n$—$n$ 上的内力,可假想地将圆轴沿 $n$—$n$ 截面分成两部分,并取部分 I 作为研究对象[如图 6-2(b)]。由于整个轴是平衡的,所以部分 I 也处于平衡状态下,这就要求截面 $n$—$n$ 上的内力系必须归结为一个内力偶矩 $T$,且由部分 I 的平衡方程 $\sum M_x = 0$,求出

$$T - M_e = 0$$

$$T = M_e$$

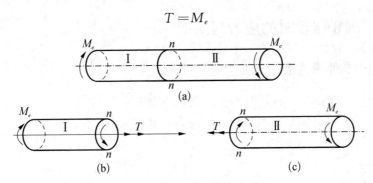

图 6-2　截面法分析扭矩示意图

$T$ 称为 $n—n$ 截面上的扭矩，它是 I、II 两部分在 $n—n$ 截面上相互作用的分布内力系的合力偶矩。扭矩 $T$ 的符号规定如下：若按**右手螺旋法**则把 $T$ 表示为矢量，当矢量方向与截面的外法线的方向一致时，$T$ 为正；反之为负。也即当力偶矩矢的指向离开截面时为正，反之为负。根据这一规则，在图 6-2 中，$n—n$ 截面上的扭矩无论就部分 I 还是 II 来说，都是一致的，且是正的。

## 三、圆轴扭转时的内力图——扭矩图

若作用于轴上的外力偶多于两个，也与拉伸(压缩)问题中画轴力图一样，可用图线来表示各横截面上扭矩沿轴线变化的情况。图中以横轴表示横截面的位置，纵轴表示相应截面上的扭矩。这种图线称为扭矩图。

➤ **判断题**

受扭杆件所受的外力偶矩，经常要由杆件所传递的功率及其转速换算而得。

➤ **计算题**

一传动轴如附图所示。主动轮 $A$ 的输入功率 $P_A = 36\,\mathrm{kW}$，从动轮 $B$、$C$、$D$ 的输出功率分别为 $P_B = P_C = 11\,\mathrm{kW}$，$P_D = 14\,\mathrm{kW}$。轴的转速为 $n = 300\,\mathrm{r/min}$，试画出该轴的扭矩图。

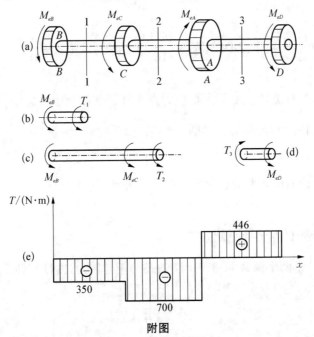

附图

## ▶▶ 考点 28　圆轴扭转时的应力与变形

### 一、圆轴扭转时横截面上的应力

如图 6-3 所示,根据圆轴扭转时的平面假设以及几何条件、物理条件、静力条件,经过理论推导可得出圆轴扭转时横截面上距圆心距离为 $\rho$ 处切应力计算公式为

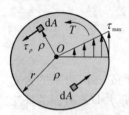

$$\tau_\rho = \frac{T\rho}{I_p} \qquad (6-2)$$

式中, $I_p$ 为横截面对形心的极惯性矩(截面二次极矩),与截面形状和尺寸有关。对于实心圆轴, $I_p = \frac{\pi d^4}{32}$, $D$ 为圆截面直径;对于空心

图 6-3　圆轴扭转时横截面上切应力分布图

轴, $I_p = \frac{\pi(D^4 - d^4)}{32}$, $D$、$d$ 分别为圆截面外径和内径。

在圆截面边缘上, $\rho$ 为最大值 $r$,得最大切应力为

$$\tau_{\max} = \frac{T\rho_{\max}}{I_p} = \frac{Tr}{I_p} \qquad (6-3)$$

引入记号

$$W_t = \frac{I_p}{r} \qquad (6-4)$$

$W_t$ 称为抗扭截面系数,则公式(6-3)可改写成

$$\tau_{\max} = \frac{T}{W_t} \qquad (6-5)$$

对实心轴, $W_t = \frac{\pi D^3}{16}$;对于空心轴, $W_t = \frac{\pi D^3}{16}(1-\alpha^4)$,其中 $\alpha = \frac{d}{D}$。

#### ➢ 判断题

1. 当圆轴受扭时,横截面上的最大切应力发生在距截面形心最远处。

2. 一空心圆轴,外径为 $D$、内径为 $d$,则其抗扭截面系数 $W_t = \frac{\pi D^3}{16} - \frac{\pi d^3}{16}$。

#### ➢ 单选题

扭转变形时,圆轴横截面上的切应力呈(　　)分布。

A. 均匀　　　　　　　B. 线性　　　　　　　C. 弧形　　　　　　　D. 抛物线

### 二、圆轴扭转时的变形计算公式

扭转变形的特征是两个横截面间产生绕轴线的相对转角,亦即扭转角 $\varphi$,其计算公式为

$$\varphi = \frac{Tl}{GI_p} \qquad (6-6)$$

上式表明，$GI_p$ 越大，则扭转角 $\varphi$ 越小，**故 $GI_p$ 称为圆轴的抗扭刚度**。扭转角的单位为 rad。

有时，轴在各段内的 $T$ 并不相同；或者各段内的 $I_p$ 不同，例如阶梯轴。这时就应该分段计算各段的扭转角，然后按代数值相加，得两端截面的相对扭转角为

$$\varphi = \sum_{i=1}^{n} \frac{T_i l_i}{GI_{pi}}$$

为消除长度的影响，用 $\varphi$ 对 $x$ 的变化率 $\dfrac{\mathrm{d}\varphi}{\mathrm{d}x}$ 来表示扭转变形的程度。用 $\varphi'$ 表示变化率 $\dfrac{\mathrm{d}\varphi}{\mathrm{d}x}$，得出

$$\varphi' = \frac{\mathrm{d}\varphi}{\mathrm{d}x} = \frac{T}{GI_p} \tag{6-7}$$

$\varphi$ 的变化率 $\varphi'$ 即是相距为 1 单位长度的两截面的相对转角，称为**单位长度扭转角**，单位为 rad/m。

➤ **单选题**

当实心圆轴的直径增加一倍时，其抗扭刚度增加到原来的（　　）。

A. 2　　　　　　　　B. 4　　　　　　　　C. 8　　　　　　　　D. 16

➤ **判断题**

1. 两根截面面积相同但材料不同的圆轴在相同扭矩作用下，扭转角大的轴其刚度较小。

2. 由不同材料制成的两根圆轴，其长度、截面和所受扭转力偶都相同，则其相对扭转角必相同。

## ▌▶ 考点 29　圆轴扭转时的强度与刚度计算

### 一、强度计算

根据轴的受力情况或由扭矩图，求出最大扭矩 $T_{max}$。对等截面杆，按公式(6-5)算出最大切应力 $\tau_{max}$。限制了 $\tau_{max}$ 不超过许用应力 $[\tau]$，便得强度条件为

$$\tau_{max} = \frac{T_{max}}{W_t} \leqslant [\tau] \tag{6-8}$$

对变截面杆，如阶梯轴、圆锥形杆等，$W_t$ 不是常量，$\tau_{max}$ 并不一定发生于扭矩为 $T_{max}$ 的截面上，这要综合考虑 $T$ 和 $W_t$，寻求 $\tau = \dfrac{T}{W_t}$ 的极值。

➤ **计算题**

附图所示阶梯圆轴，$AB$ 段是实心部分，直径 $d_1 = 40$ mm，$BC$ 段是空心部分，直径 $d = 50$ mm，$D = 60$ mm。扭转力偶矩为 $M_A = 0.8$ kN·m，$M_B = 1.8$ kN·m，$M_C = 1$ kN·m。已知材料的许用切应力 $[\tau] = 80$ MPa，试校核该轴的强度。

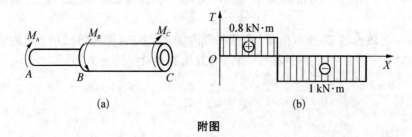

附图

## 二、刚度计算

为保证圆轴正常工作,除满足强度要求外,还应满足刚度要求。**刚度要求就是指构件应有足够的抵抗变形的能力**。扭转的刚度条件是限定 $\varphi'$ 的最大值不得超过规定的允许值 $[\varphi']$,即

$$\varphi'_{max} = \frac{T_{max}}{GI_p} \leqslant [\varphi'] \qquad (6-9)$$

工程中,习惯用 $(°/m)$ 作为 $[\varphi']$ 的单位。把上式中的弧度换算成度,得

$$\varphi_{max} = \frac{T_{max}}{GI_p} \times \frac{180°}{\pi} \leqslant [\varphi'] \qquad (6-10)$$

> **计算题**

一传动轴如附图(a)所示,其转速为 $208\ \text{r/min}$,主动轮 $A$ 的输入功率 $P_A = 6\ \text{kW}$,从动轮 $B$、$C$ 的输出功率分别为 $P_B = 4\ \text{kW}$,$P_C = 2\ \text{kW}$。已知轴的许用应力 $[\tau] = 30\ \text{MPa}$,单位长度许用扭转角 $[\varphi'] = 1(°/m)$,切变模量 $G = 80\ \text{GPa}$,试按强度条件和刚度条件设计轴的直径。

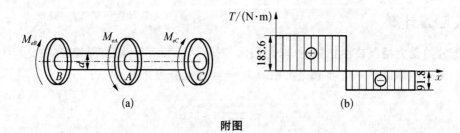

附图

# 第七章　梁的弯曲

## ▶ 考点 30　平面弯曲的概念

### 一、平面弯曲

工程中经常遇到像桥式起重机的大梁[如图 7-1(a)]、火车轮轴[如图 7-1(b)]这样的杆件。作用于这些杆件上的外力垂直于杆件的轴线,使原为直线的轴线变形后成为曲线。这种形式的变形称为弯曲变形。以弯曲变形为主的杆件习惯上称为梁。

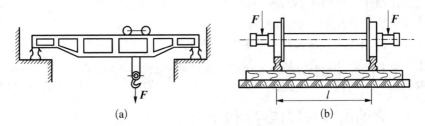

(a)　　　　　　　　　　　　　　(b)

**图 7-1　弯曲变形示意图**

工程问题中,绝大部分受弯杆件的横截面都有一根对称轴,因而整个杆件存在一个包含轴线的纵向对称面。当作用于杆件上的所有外力都在纵向对称面内时(如图 7-2),弯曲变形后的轴线将是位于这个对称面内的一条曲线。这是弯曲问题中最常见的情况,称为平面弯曲。

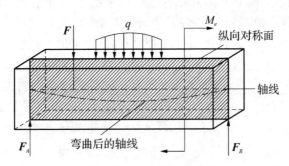

**图 7-2　平面弯曲示意图**

### 二、静定梁

梁在发生平面弯曲时,外力或外力的合力都作用在梁轴线的纵向对称面内,为使梁在此平面内不致发生随意的移动和转动,必须有足够的支座约束。按照跨数可以分为单跨梁和多跨梁两类。单跨梁按支撑情况,常见的有下列三种类型。

(1) **简支梁**:梁的一段为固定铰链,另一端为活动铰链支座,如图 7-3(a)所示。

(2) **外伸梁**:梁的支撑情况同简支梁,但梁的一端或两端伸出支座之外,如图 7-3(b)所示。

(3) **悬臂梁**:梁的一端固定,另一端自由,如图 7-3(c)所示。

图 7-3　三种静定梁

这些梁的计算简图确定后,**支座约束力均可由静力平衡方程完全确定,统称为静定梁**。至于支座约束力不能完全由静力平衡方程确定的梁,称为超静定梁。

➢**单选题**

1. 平面弯曲变形的特征是(　　　)。

A. 弯曲时横截面仍保持为平面

B. 弯曲载荷均作用在同一平面内

C. 弯曲变形后的轴线是一条平面曲线

D. 弯曲变形的轴线与载荷作用面同在一个平面内

2. 下列不属于单跨静定梁的是(　　　)。

A. 悬臂梁　　　　　B. 简支梁　　　　　C. 外伸梁　　　　　D. 连续梁

# ▶▶ 考点 31　梁的内力、剪力与弯矩图

**1. 剪力和弯矩**

根据平衡方程,可以求得静定梁在载荷作用下的支座约束力,于是作用于梁上的外力皆为已知量,进一步就可以研究各横截面上的内力。现以图 7-4(a)所示简支梁为例,$F_1$,$F_2$ 和 $F_3$ 为作用于梁上的载荷,$F_{RA}$ 和 $F_{RB}$ 为两端的支座约束力。为了显示出横截面上的内力,沿截面 m—m 假想地把梁分成两部分,并以左段为研究对象[如图 7-4(b)]。由于原来的梁处于

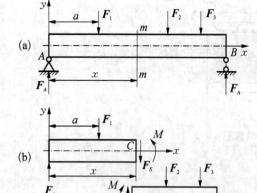

图 7-4　梁弯曲时横截面上的内力分析

平衡状态,所以梁的左段仍应处于平衡状态。作用于左段上的力,除外力 $F_{RA}$ 和 $F_1$ 外,在截面 m—m 上还有右段对它作用的内力。把这些内力和外力投影于 $y$ 轴,其总和应等于零。一般地说,这就要求 m—m 截面上有一个与横截面相切的内力 $F_S$,且由 $\sum F_y = 0$,得

$$F_{RA} - F_1 - F_s = 0$$
$$F_S = F_{RA} - F_1 \tag{a}$$

$F_S$ 称为横截面 m—m 上的剪力。它是与横截面相切的分布内力系的合力。若把左段上的所有外力和内力对截面 m—m 的形心 O 取矩,其力矩总和也应等于零。一般地说,这就要求在截面 m—m 上有一个内力偶矩 $M$,由 $\sum M_O = 0$,得

$$M + F_1(x - a) - F_{RA}x = 0$$
$$M = F_{RA}x - F_1(x - a) \tag{b}$$

$M$ 称为横截面 $m—m$ 上的**弯矩**。它是与横截面垂直的分布内力系合成的力偶矩。**剪力和弯矩同为梁横截面上的内力。**

从上面计算还可看出,在数值上,剪力 $F_S$ 等于截面 $m—m$ 以左所有外力在梁轴线的垂线($y$ 轴)上投影的代数和;弯矩 $M$ 等于截面 $m—m$ 以左所有外力对截面形心的力矩的代数和。所以,$F_S$ 和 $M$ 可用截面 $m—m$ 左侧的外力来计算。

如以右段为研究对象[如图 7-4(c)],用相同的方法也可求得截面 $m—m$ 上的 $F_S$ 和 $M$,且在数值上是相等的,但方向相反。

2. 剪力和弯矩的正负号规定

为使上述两种算法得到的同一截面上的弯矩和剪力,不仅数值相同而且符号也一致,把剪力和弯矩的符号规则与梁的变形联系起来,规定如下:在所截横截面的内侧切取微段,凡使微段产生顺时针转动趋势的剪力为正[如图 7-5(a)],反之为负[如图 7-5(b)]。使微段弯曲变形后,**凹面朝上的弯矩为正**[如图 7-5(c)],反之为负[如图 7-5(d)]。

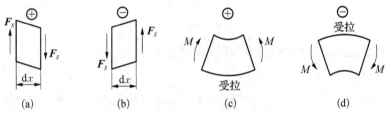

**图 7-5　剪力和弯矩正负判断示意图**

3. 梁横截面上内力的计算

利用截面法计算内力较麻烦,需画出脱离体的受力图,列平衡方程,解方程。故仔细观察式(a),(b)两式,可归纳出梁横截面上内力的计算规律如下。

(1)梁任一横截面上的剪力在数值上等于该截面一侧所有竖向外力(包括支座约束力)的代数和。根据剪力的正负规定可知,横截面左侧向上的外力或右侧向下的外力产生正剪力,反之产生负剪力。

(2)梁任一横截面上的弯矩在数值上等于该截面一侧所有外力(包括支座约束力)对该截面形心取力矩的代数和。根据弯矩正负号的规定可知,不论在横截面左侧还是右侧,向上的外力均产生正弯矩,反之向下的外力均产生负弯矩;若截面一侧有外力偶,则外力偶的转向与该截面同侧向上的外力对该截面形心的力矩转向相同时产生正弯矩,反之产生负弯矩。即左侧梁上,顺时针转动的外力偶为正;右侧梁上,逆时针转动的外力偶为正。

上述规律,可以概括为口诀:"**左上右下,剪力为正;左顺右逆,弯矩为正。**"据此可直接写出梁上任一横截面的剪力和弯矩的计算式。

➢**判断题**

1. 梁在弯曲变形时,其横截面上只有弯矩一种内力。

2. 分别由两侧计算同一截面上的剪力和弯矩时,会出现不同的结果。

➢**计算题**

简支梁受荷载作用如附图所示。已知 $F=18\text{ kN}$,$q=12\text{ kN/m}$,$a=1.5\text{ m}$,$b=2\text{ m}$。试求截面 1—1 和 2—2 上的剪力和弯矩。

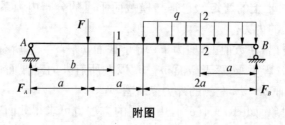

附图

## 二、梁的内力图

### 1. 剪力方程和弯矩方程

一般情况下,梁横截面上的剪力和弯矩随截面位置不同而变化。若以横坐标表示横截面在梁轴线上的位置,则各横截面上的剪力和弯矩皆可表示为 $x$ 的函数,即

$$F_S = F_S(x)$$
$$M = M(x)$$

上面的函数表达式,即为梁的剪力方程和弯矩方程。

### 2. 剪力图和弯矩图

与绘制轴力图或扭矩图一样,也可用图线表示梁的各横截面上弯矩 $M$ 和剪力 $F_S$ 沿轴线变化的情况。绘图时以平行于梁轴的横坐标表示横截面的位置,以纵坐标表示相应截面上的剪力或弯矩。这种图线分别称为剪力图和弯矩图。

➤ **计算题**

1. 如图所示简支梁在 $C$ 点受集中力 $F$ 作用。试列出它的剪力方程和弯矩方程,并作剪力图和弯矩图。

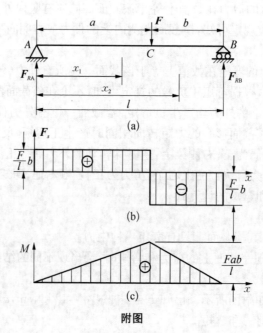

附图

2. 图示的简支梁在 $C$ 点处受矩为 $M$ 的集中力偶作用。试作此梁的剪力图和弯矩图。

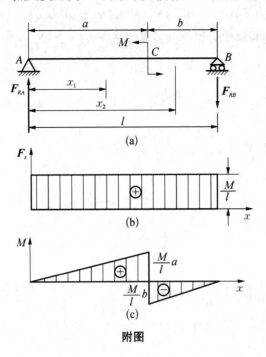

附图

3. 图示的简支梁,在全梁上受集度为 $q$ 的均布荷载用。试作此梁的剪力图和弯矩图。

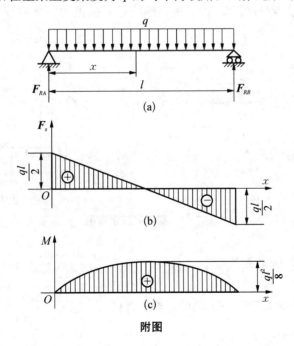

附图

### 3. 微分关系法绘制剪力图和弯矩图

轴线为直线的梁如图 7-6(a)所示。以轴线为 $x$ 轴,$y$ 轴向上为正。梁上分布载荷的集度 $q(x)$ 是 $x$ 的连续函数,且规定 $q(x)$ 向上(与 $y$ 轴方向一致)为正。从梁中取出长为 $\mathrm{d}x$ 的微段,并放大为图 7-6(b)。微段左边截面上的剪力和弯矩分别是 $F_S(x)$ 和 $M(x)$。当坐标

$x$ 有一增量 $\mathrm{d}x$ 时，$F_S(x)$ 和 $M(x)$ 的相应增量是 $\mathrm{d}F_S(x)$ 和 $\mathrm{d}M(x)$。 所以，微段右边截面上的剪力和弯矩应分别为 $F_S(x)+\mathrm{d}F_S(x)$ 和 $M(x)+\mathrm{d}M(x)$。 微段上的这些内力都取正值，且设微段内无集中力和集中力偶。由微段的平衡方程 $\sum F_y=0$ 和 $\sum M_C=0$，得

$$F_S(x)-[F_S(x)+\mathrm{d}F_S(x)]+q(x)\mathrm{d}x=0$$

$$-M(x)+[M(x)+\mathrm{d}M(x)]-F_S(x)\mathrm{d}x-q(x)\mathrm{d}x\,\frac{\mathrm{d}x}{2}=0$$

略去第二式中的高阶微量 $q(x)\mathrm{d}x\,\dfrac{\mathrm{d}x}{2}$，整理后得出

$$\frac{\mathrm{d}F_S(x)}{\mathrm{d}x}=q(x) \tag{7-1}$$

$$\frac{\mathrm{d}M(x)}{\mathrm{d}x}=F_x(x) \tag{7-2}$$

这就是直梁微段的平衡方程。如将式(7-2)对 $x$ 取导数，并利用式(7-1)，又可得出

$$\frac{\mathrm{d}^2M(x)}{\mathrm{d}x^2}=\frac{\mathrm{d}F_S(x)}{\mathrm{d}x}=q(x) \tag{7-3}$$

以上三式表示了直梁的 $q(x)$，$F_S(x)$ 和 $M(x)$ 间的导数关系。

根据上述导数关系，容易得出下面一些推论。这些推论对绘制或校核剪力图和弯矩图是非常有帮助的。

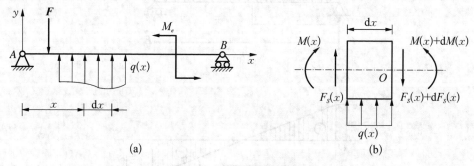

图 7-6　梁及微段示意图

(1) 在梁的某一段内，若无载荷作用，即 $q(x)=0$，由 $\dfrac{\mathrm{d}F_S(x)}{\mathrm{d}x}=q(x)=0$ 可知，在这一段内 $F_S(x)=$ 常数，剪力图是平行于 $x$ 轴的直线。再由 $\dfrac{\mathrm{d}^2M(x)}{\mathrm{d}x^2}=\dfrac{\mathrm{d}F_S(x)}{\mathrm{d}x}=0$ 可知 $M(x)$ 是 $x$ 的一次函数，弯矩图是斜直线。

(2) 在梁的某一段内，若作用均布载荷，即 $q(x)=$ 常数，则 $\dfrac{\mathrm{d}^2M(x)}{\mathrm{d}x^2}=\dfrac{\mathrm{d}F_S(x)}{\mathrm{d}x}=q(x)=$ 常数。故在这一段内 $F_S(x)$ 是 $x$ 的一次函数，$M(x)$ 是 $x$ 的二次函数。因而剪力图是斜直线，弯矩图是抛物线。

在梁的某一段内,若分布载荷 $q(x)$ 向下,则因向下的 $q(x)$ 为负,故 $\dfrac{\mathrm{d}^2 M(x)}{\mathrm{d}x^2}=q(x)<0$,这表明弯矩图应为向上凸的曲线。反之,若分布载荷向上,则弯矩图应为向下凸的曲线。

(3) 在梁的某一截面上,若 $F_S(x)=\dfrac{\mathrm{d}M(x)}{\mathrm{d}x}=0$,则在这一截面上弯矩有一极值(极大或极小),即弯矩的极值发生于剪力为零的截面上。

在集中力作用截面的左、右两侧,剪力 $F_S$ 有一突然变化,弯矩图的斜率也发生突然变化,成为一个转折点。弯矩的极值就可能出现于这类截面上。

在集中力偶作用截面的左、右两侧,弯矩发生突然变化,这类截面上也可能出现弯矩的极大值。

(4) 用导数关系式(7-1)和式(7-2),经过积分得

$$F_S(x_2)-F_S(x_1)=\int_{x_1}^{x_2}q(x)\mathrm{d}x \tag{7-4}$$

$$M(x_2)-M(x_1)=\int_{x_1}^{x_2}F_S(x)\mathrm{d}x \tag{7-5}$$

以上两式表明,在 $x=x_2$ 和 $x=x_1$ 两截面上的剪力之差,等于两截面间载荷图的面积;两截面上的弯矩之差,等于两截面间剪力图的面积。上述关系自然也可用于剪力图和弯矩图的绘制与校核。

➤ **判断题**

1. 集中力偶作用处,弯矩图不发生突变。

2. 如果某段梁内的弯矩为零,则该段梁内的剪力也为零。

➤ **单选题**

当梁上的某段作用有均匀分布载荷时,该段梁上的(　　　)。

A. 剪力图为水平线　　　B. 弯矩图为斜直线　　　C. 剪力图为斜直线　　　D. 弯矩图为水平线

➤ **计算题**

梁的受力如附图(a)所示,利用微分关系画此梁的剪力图和弯矩图。

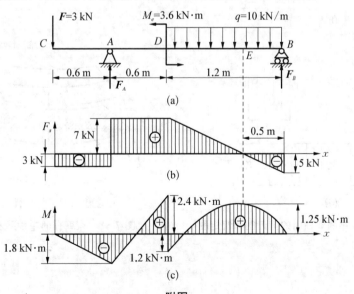

附图

## 考点 32  弯曲正应力的计算

### 一、纯弯曲和横力弯曲

在对梁进行强度计算时,除了确定梁在弯曲时横截面上的内力外,还需要进一步研究梁横截面上的应力情况。

在图 7-7(a)中,简支梁上的两个外力 **F** 对称地作用于梁的纵向对称面内。其计算简图、剪力图和弯矩图分别表示于图 7-7(b),(c)和(d)中。从图中看出,在 $AC$ 和 $DB$ 两段内,**梁横截面上既有弯矩又有剪力。这种情况称为横力弯曲**。在 $CD$ 段内,**梁横截面上剪力等于零,而弯矩为常量。这种情况称为纯弯曲**。

设想梁由平行于轴线的众多纵向纤维所组成。发生弯曲变形后,例如发生图 7-8 所示凸向下的弯曲,必然会引起靠近底面的纤维伸长,靠近顶面的纤维缩短。因为横截面仍保持为平面,所以沿截面高度方向,由底面纤维的伸长连续地过渡为顶面纤维的缩短,中间**必定存在一长度不变的纤维层。这一层纤维称为中性层。中性层与横截面的交线称为中性轴**。在中性层上、下两侧的纤维,如一侧伸长则另一侧必为缩短。这就形成横截面绕中性轴的轻微转动。由于梁上的载荷都作用于梁的纵向对称面内,梁的整体变形应对称于纵向对称面,这就使得**中性轴与纵向对称面垂直**。

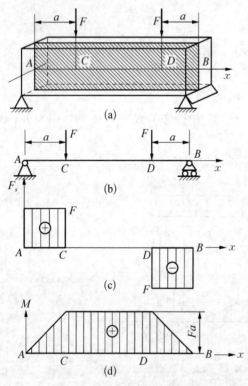

(a)

(b)

(c)

(d)

图 7-7  简支梁平面弯曲时的剪刀图和弯矩图

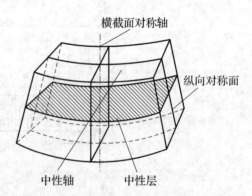

横截面对称轴

纵向对称面

中性轴    中性层

图 7-8  梁弯曲时中性层及中性轴示意图

## 二、纯弯曲时横截面上的正应力

理论推导(略)得到梁纯弯曲时横截面(图 7-9)上正应力 $\sigma$ 的计算公式为:

$$\sigma = \frac{My}{I_z} \qquad (7-6)$$

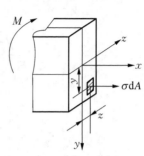

**图 7-9 纯弯曲时梁横截面示意图**

式中,$M$ 为截面上的弯矩;$y$ 为点到中性轴的距离。$I_z$ 为横截面对 $z$ 轴(中性轴)的惯性矩,其值由横截面的形状尺寸及中性轴的位置决定。若截面是直径为 $d$ 的圆形,则 $I_z = \frac{\pi d^4}{64}$;若截面是高为 $h$、宽为 $b$ 的矩形,则 $I_z = \frac{bh^3}{12}$。

横截面上最大正应力发生在横截面上离中性轴最远的点处,其值为

$$\sigma_{max} = \frac{My_{max}}{I_z} = \frac{M}{W} \qquad (7-7)$$

式中,$W$ 为抗弯截面系数,它与截面的几何形状有关,单位为 $m^3$。若截面是高为 $h$、宽为 $b$ 的矩形,则 $W = \frac{I_z}{h/2} = \frac{bh^3/12}{h/2} = \frac{bh^2}{6}$;若截面是直径为 $d$ 的圆形,则 $W = \frac{I_z}{d/2} = \frac{\pi d^4/64}{d/2} = \frac{\pi d^3}{32}$。

应用式(7-6)和式(7-7)时,应将弯矩 $M$ 和坐标 $y$ 的数值和正负号一并带入,若得出的 $\sigma$ 为正值,为拉应力;若为负值,则为压应力。一点的应力是拉应力或压应力,也可由弯曲变形直接判定,不一定借助于坐标 $y$ 的正或负。因为,以中性层为界,梁在凸出的一侧受拉,凹入的一侧受压。这样,就可把 $y$ 看作是一点到中性轴的距离的绝对值。

式(7-6)的应用条件和范围如下:

(1) 式(7-6)虽然是由矩形截面在纯弯曲情况下推导出来的,但也适用于以 $y$ 轴为对称轴的其他横截面形状的梁,如圆形、工字形和 T 形等。

(2) 经进一步分析证明,在横力弯曲(剪力不等于零)的情况下,当梁的跨度与梁横截面高之比大于 5 时,横截面上的正应力变化规律与纯弯曲几乎相同,故式(7-6)仍然可用,误差很小。

(3) 在推导式(7-6)过程中,应用了胡克定律。因此,当梁的材料不服从胡克定律或正应力超过材料的比例极限时,该式不适用。

(4) 式(7-6)是等截面直梁在平面弯曲情况下推导出来的,因此,不适用于非平面弯曲情况,也不适用于曲梁。

➤ **判断题**

1. 中性层是梁平面弯曲时纤维缩短和伸长的分界面。

2. 梁横截面上作用面上有负弯矩,则中性轴上侧各点作用的是拉应力,下侧各点作用的是压应力。

➤ **单选题**

某实心圆截面杆件受弯,当其直径增加一倍而载荷减少一半时,其最大正应力是原来的( )。

A. 1/2          B. 1/4          C. 1/8          D. 1/16

➤ 计算题

外伸梁受力如附图(a)所示,均布载荷集度 $q=4$ kN/m,集中 $P=2$ kN,集中力偶 $m_c=6$ kN·m,截面尺寸如图。试分别求距 $A$ 点 0.5 m 处和 1.5 m 处截面上 $a$ 点的应力。

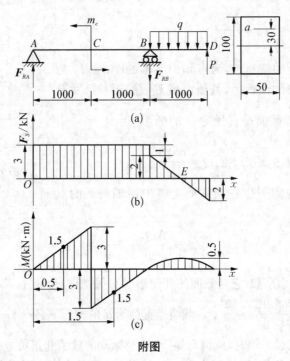

附图

## ▌▶ 考点 33　梁的强度计算

为了从强度方面保证梁在使用中安全可靠,应使梁内最大正应力不超过材料的许用应力。梁内产生最大应力的截面称为危险截面,危险截面上的最大应力点称为危险点。

对于等截面梁,弯矩最大的截面是危险截面,截面上离中性轴最远的边缘上各点为危险点,其最大正应力公式为:

$$\sigma_{\max}=\frac{M_{\max}y_{\max}}{I_z}=\frac{M_{\max}}{W}$$

梁的正应力强度条件为:

$$\sigma_{\max}=\frac{M_{\max}}{W}\leqslant[\sigma] \tag{7-8}$$

式中,$[\sigma]$ 为材料的许用弯曲正应力。

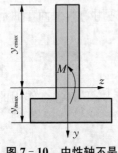

图 7-10　中性轴不是对称轴的梁截面形状

用脆性材料制成的梁,由于材料的抗拉和抗压性能不同,即 $[\sigma_t]\neq[\sigma_c]$,故采用上下不对称于中性轴的梁截面形状,如图 7-10 所示。此时,因截面上下边缘到中性轴的距离不同,所以同一个截面有两个抗弯截面系数。应用式(7-8),可分别建立拉、压强度条件,解决梁的强度校核、设计截面尺寸和确定许可载荷等三类问题。

$$\sigma_{t\max} = \frac{My_{t\max}}{I_z} \leqslant [\sigma_t]$$

$$\sigma_{c\max} = \frac{My_{c\max}}{I_z} \leqslant [\sigma_c]$$

➤ **计算题**

如附图(a)所示材料为铸铁的 $T$ 字形截面外伸梁,材料的 $[\sigma_t]=50\,\mathrm{MPa}$,$[\sigma_c]=120\,\mathrm{MPa}$,截面对 $z$ 轴的惯性矩为 $I_z=400\,\mathrm{cm}^4$,试根据弯曲正应力强度确定该梁的最大许可载荷。

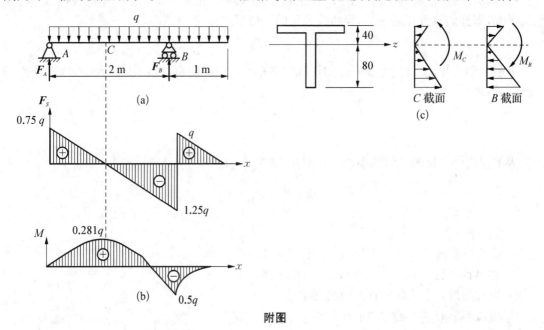

附图

## 考点 34　梁的变形和刚度计算

工程中对某些受弯杆件除强度要求外,往往还有刚度要求,即要求它变形不能过大。

以吊车梁为例,当变形过大时,将使梁上的小车行走困难,出现爬坡现象,还会引起较严重的振动。所以,若变形超过允许值,即使仍在弹性范围内,也被认为是已经失效。

发生弯曲变形时,变形前为直线的梁轴线,**变形后成为一条连续且光滑的曲线,称为挠曲线。**

1. **挠度**

讨论弯曲变形时,以变形前的梁轴线为 $x$ 轴,垂直向上的轴为 $y$ 轴(图 7-11),$x—y$ 平面为梁的纵向对称面。在对称弯曲的情况下,变形后梁的轴线将成为 $x—y$ 平面内的一条曲线。挠曲线上横坐标为 $x$ 的任意点的纵坐标,用 $w$ 来表示,**它代表坐标为 $x$ 的横截面的形心沿 $y$ 方向的位移,称为挠度。**规定挠度与坐标轴 $y$ 轴的正方向一致时为正,反之为负。

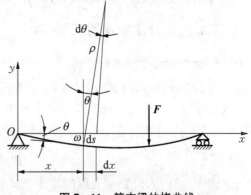

**图 7-11　简支梁的挠曲线**

**2. 转角**

弯曲变形中,**梁的横截面对其原来位置转过的角度 $\theta$,称为截面转角**。根据平面假设,弯曲变形前垂直于轴线($x$ 轴)的横截面,变形后仍垂直于挠曲线。所以,截面转角 $\theta$ 就是 $y$ 轴与挠曲线法线的夹角。它应等于挠曲线的倾角,即等于 $x$ 轴与挠曲线切线的夹角。规定逆时针转动为正。

**3. 挠度与转角的关系**

挠度和转角随截面的位置 $x$ 的变化而变化,即 $w$ 和 $\theta$ 都是 $x$ 的函数。梁的挠曲线可用函数关系式,即挠曲线方程来表示,挠曲线方程的一般形式为:

$$w = w(x) \tag{7-9}$$

由微分学可知,挠曲线上任一点的切线的斜率 $\tan\theta$ 等于挠曲线函数 $w = w(x)$ 在该点的一次导数,即:

$$\tan\theta = \frac{\mathrm{d}w}{\mathrm{d}x} = w'$$

因工程构件常见的 $\theta$ 值很小,$\tan\theta \approx \theta$,则有

$$\theta = \frac{\mathrm{d}w}{\mathrm{d}x} = w' \tag{7-10}$$

**➤ 单选题**

1. 梁的挠度是(　　)。

A. 横截面上任一点沿梁轴垂直方向的线位移

B. 横截面形心沿梁轴垂直方向的线位移

C. 横截面形心沿梁轴方向的线位移

D. 横截面形心的位移

2. 在下列关于梁转角的说法中,(　　)是错误的。

A. 转角是横截面绕中性轴转过的角位移

B. 转角是变形前后同一横截面间的夹角

C. 转角是横截面之切线与轴向坐标轴间的夹角

D. 转角是横截面绕梁轴线转过的角度

## 二、用积分法求梁的变形

**1. 挠曲线的近似微分方程**

为了得到挠度方程和转角方程,首先需推出一个描述弯曲变形的基本方程——挠曲线近似微分方程。弯曲变形挠曲线的曲率表达式为

$$\frac{1}{\rho(x)} = \frac{M(x)}{EI} \tag{7-11}$$

式(7-11)为研究梁变形的基本公式,用来计算梁变形后中性层(或梁轴线)的曲率半径 $\rho$。该式表明:中性层的曲率 $\frac{1}{\rho}$ 与弯矩 $M$ 成正比,与 $EI$ 成反比。**$EI$ 为梁的抗弯刚度**,它反映

了梁抵抗弯曲变形的能力。

通过理论推导（略），得到梁弯曲变形时挠曲线的近似微分方程为

$$\frac{\mathrm{d}^2 w}{\mathrm{d}x^2} = \frac{M(x)}{EI} \qquad (7-12)$$

2. 用积分法求梁的变形

将挠曲线近似微分方程的两边乘以 $\mathrm{d}x$，积分得转角方程为

$$\theta = \frac{\mathrm{d}w}{\mathrm{d}x} = \int \frac{M}{EI} \mathrm{d}x + C \qquad (7-13)$$

再乘以 $\mathrm{d}x$，积分得挠曲线的方程

$$w = \iint \left( \frac{M}{EI} \mathrm{d}x \right) \mathrm{d}x + Cx + D \qquad (7-14)$$

式中 $C,D$ 为积分常数。等截面梁的 $EI$ 为常量，积分时可提到积分号外面。

在梁的支座处，根据支座提供的位移限制特征，可给定挠度和转角。**例如在固定端，挠度和转角都为零，在铰支座上，挠度为零。这类条件称为边界条件。** 此外，挠曲线应该是一条连续光滑的曲线，亦即**在挠曲线的任意点上，有唯一确定的挠度和转角。这就是连续条件。** 根据连续条件和边界条件，就可确定积分常数。

➤ 判断题

梁的变形与梁抗弯刚度成反比。

➤ 单选题

在利用积分法计算梁的位移时，积分常数主要反映了（　　）。

A. 剪力对梁变形的影响

B. 支承条件和连续条件对梁变形的影响

C. 横截面形心沿梁轴方向的位移对梁变形的影响

D. 对挠曲线微分方程误差的修正

## 三、叠加法求梁的变形

简单载荷作用下的挠度和转角可直接在表 7-1 中查得。

表 7-1　简单载荷作用下梁的挠度和转角

| 序号 | 梁的计算简图 | 挠度曲线方程 | 端截面转角 | 最大挠度 |
|---|---|---|---|---|
| 1 | | $w = -\dfrac{M_e x^2}{2EI}$ | $\theta_B = -\dfrac{M_e l}{EI}$ | $w_B = -\dfrac{M_e l^2}{2EI}$ |

| 序号 | 梁的计算简图 | 挠度曲线方程 | 端截面转角 | 最大挠度 |
|---|---|---|---|---|
| 2 | | $w = -\dfrac{Fx^2}{6EI}(3l-x)$ | $\theta_B = -\dfrac{Fl^2}{2EI}$ | $w_B = -\dfrac{Fl^3}{3EI}$ |
| 3 | | $w = -\dfrac{Fx^2}{6EI}(3a-x)$ $(0 \leqslant x \leqslant a)$ $w = -\dfrac{Fa^2}{6EI}(3x-a)$ $(a \leqslant x \leqslant l)$ | $\theta_B = -\dfrac{Fa^2}{2EI}$ | $w_B = -\dfrac{Fa^2}{6EI} \times$ $(3l-a)$ |
| 4 | | $w = -\dfrac{qx^2}{24EI}(x^2-4lx+6l^2)$ | $\theta_B = -\dfrac{ql^3}{6EI}$ | $w_B = -\dfrac{ql^4}{8EI}$ |
| 5 | | $w = \dfrac{M_e x}{6EIl}(l-x)(2l-x)$ | $\theta_A = -\dfrac{M_e l}{3EI}$ $\theta_B = \dfrac{M_e l}{6EI}$ | $x = (1-1/\sqrt{3})l$ $w_{\max} = -\dfrac{M_e l^2}{9\sqrt{3}\,EI}$ $w_{l/2} = -\dfrac{M_e l^2}{16EI}$ |
| 6 | | $w = -\dfrac{M_e x}{6EIl}(l^2-x^2)$ | $\theta_A = -\dfrac{M_e l}{6EI}$ $\theta_B = \dfrac{M_e l}{3EI}$ | $x = l/\sqrt{3}$ $w_{\max} = -\dfrac{M_e l^2}{9\sqrt{3}\,EI}$ $w_{l/2} = -\dfrac{M_e l^2}{16EI}$ |
| 7 | | $w = \dfrac{M_e x}{6EIl}(l^2-3b^2-x^2)$ $(0 \leqslant x \leqslant a)$ $w = \dfrac{M_e}{6EIl}[-x^3+3l(x-a)^2+(l^2-3b^2)x]$ $(a \leqslant x \leqslant l)$ | $\theta_A = \dfrac{M_e}{6EIl} \times$ $(l^2-3b^2)$ $\theta_B = \dfrac{M_e}{6EIl} \times$ $(l^2-3a^2)$ | |
| 8 | | $y = \dfrac{Fx}{48EI}(3l^2-4x^2)$ $(0 \leqslant x \leqslant l/2)$ | $\theta_A = -\theta_B$ $= -\dfrac{Fl^2}{16EI}$ | $w_{\max} = -\dfrac{Fl^3}{48EI}$ |

续　表

| 序号 | 梁的计算简图 | 挠度曲线方程 | 端截面转角 | 最大挠度 |
|---|---|---|---|---|
| 9 | | $w = -\dfrac{Fbx}{6EIl}(l^2 - b^2 - x^2)$<br>$(0 \leqslant x \leqslant a)$<br>$w = -\dfrac{Fb}{6EIl}\left[\dfrac{l}{b}(x - a)^2 + (l^2 - b^2)x - x^3\right]$<br>$(a \leqslant x \leqslant l)$ | $\theta_A = -\dfrac{Fab(l+b)}{6EI}$<br>$\theta_B = \dfrac{F_Pab(l+a)}{6EI}$ | 设 $a > b$，在 $x = \sqrt{(l^2 - b^2)/3}$ 处，<br>$w_{\max} = -\dfrac{Fb(l^2 - b^2)^{3/2}}{9\sqrt{3}\,EIl}$<br>$w_{l/2} = -\dfrac{Fb(3l^2 - 4b^2)}{48EI}$ |
| 10 | | $w = -\dfrac{qx}{24EI}(l^3 - 2lx^2 + x^3)$ | $\theta_A = -\theta_B$<br>$= -\dfrac{ql^3}{24EI}$ | $w_{\max} = -\dfrac{5ql^4}{384EI}$ |

在弯曲变形很小，且材料服从胡克定律的情况下，挠曲线的微分方程(7 - 12)是线性的。又因在小变形的前提下，计算弯矩时用梁变形前的位置，结果弯矩与载荷的关系也是线性的。这样，对应于几种不同的载荷，弯矩可以叠加，方程式(7 - 12)的解也可以叠加。所以，**当梁上同时作用几个载荷时，可先分别求出每一载荷单独引起的变形，然后把所得变形叠加即为这些载荷共同作用时的变形。这就是计算弯曲变形的叠加法。**

➤ 单选题

1. 一悬臂梁自由端受集中力作用，则其最大挠度和转角(　　　)。

A. 都发生在自由端

B. 最大挠度在自由端，最大转角在固定端

C. 都发生在固定端

D. 最大转角在自由端，最大挠度在固定端

2. 用叠加法求梁的横截面挠度，转角时，需要满足的条件是(　　　)。

A. 材料必须符合胡克定律　　　　　　　B. 梁截面为等截面

C. 梁必须产生平面弯曲　　　　　　　　D. 梁是静定的

## 四、梁的刚度计算

求得梁的挠度和转角后，根据需要，限制最大挠度 $|w|_{\max}$ 和最大转角 $|\theta|_{\max}$（或特定截面的挠度和转角）不超过某一规定数值，可得到梁的刚度条件如下：

$$\left.\begin{array}{l} |w|_{\max} \leqslant [w] \\ |\theta|_{\max} \leqslant [\theta] \end{array}\right\} \tag{7-15}$$

式中 $[w]$ 和 $[\theta]$ 为规定的许可挠度和转角。

▷ 单选题

梁的刚度条件是( )。

A. 最大单位长度扭转角小于许用单位长度扭转角

B. 最大转角小于许用转角

C. 最大应力小于许用应力

D. 最大轴力小于许用轴力

## ▶▶ 考点 35　提高梁抗弯强度、刚度的措施

### 一、提高梁抗弯强度的措施

前面曾经指出,弯曲正应力是控制梁的主要因素。所以弯曲正应力的强度条件

$$\sigma_{\max} = \frac{M_{\max}}{W} \leqslant [\sigma]$$

往往是设计梁的主要依据。从这个条件看出,要提高梁的承载能力应从两方面考虑,一方面是合理安排梁的受力情况,以降低 $M_{\max}$ 的数值;另一方面则是采用合理的截面形状,以提高 $W$ 的数值,充分利用材料的性能。下面分几点进行讨论。

1. 合理安排梁的受力情况

(1) 合理布置梁的支座

如图 7 - 12(a)所示,简支梁在梁上受到均布载荷作用,若将两端支座各向里移动 $0.2l$〔如图 7 - 12(b)〕,则最大弯矩减小为 $M_{\max} = \dfrac{ql^2}{40} = 0.025ql^2$,只有前者的 $\dfrac{1}{5}$。

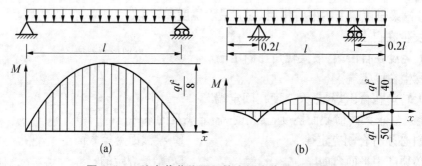

图 7 - 12　均布载荷作用下简支梁支座的合理安排

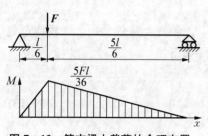

图 7 - 13　简支梁上载荷的合理布置——
载荷紧靠支座

(2) 合理布置载荷

如图 7 - 13 所示,轴上的最大弯矩仅为 $M_{\max} = \dfrac{5}{36}Fl$,但如把集中力 $F$ 作用于轴的中点,则 $M_{\max} = \dfrac{1}{4}Fl$。相比之下,前者的最大弯矩就减少很多。

2. 选用合理截面

梁的合理截面应该是截面面积 $A$ 较小,而抗弯截面

系数 $W$ 较大。因此,选择合理截面时,可采取以下措施:

(1) 选择合适的截面形式

截面的形状不同,其抗弯截面系数 $W$ 也就不同。可以用比值 $\dfrac{W}{A}$ 来衡量截面形状的合理性和经济性。比值 $\dfrac{W}{A}$ 较大,则截面的形状就较为经济合理。几种常用截面的比值 $\dfrac{W}{A}$ 已列入表 7－2 中。从表中所列数值可以看出,工字钢或槽钢比矩形截面经济合理,矩形截面比圆形截面经济合理。

表 7－2　几种截面的 $W$ 和 $A$ 的比值

| 截面形状 | 矩形 | 圆形 | 槽钢 | 工字钢 |
|---|---|---|---|---|
| $\dfrac{W}{A}$ | 0.167 h | 0.125 d | (0.27～0.31)h | (0.27～0.31)h |

(2) 使截面形状与材料性能相适应

在讨论截面的合理形状时,还应考虑到材料的特性。**对抗拉和抗压强度相同的材料(如碳钢),宜采用对中性轴对称的截面**,如圆形、矩形、工字形等。这样可使截面上、下边缘处的最大拉应力和最大压应力数值相等,并同时接近许用应力。**对抗拉和抗压强度不相等的材料(如铸铁),宜采用中性轴偏向于受拉一侧的截面形状**,例如图 7－14 中所表示的一些截面。

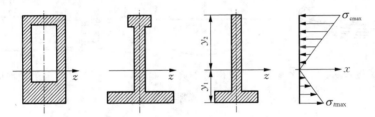

图 7－14　抗拉和抗压强度不相等材料的截面形状选择

(3) 选择合适的放置方式

当截面的面积和形状相同时,截面放置的方式不同,抗弯截面系数 $W$ 也不同。如图 7－15 所示,截面高度 $h$ 大于宽度 $b$ 的矩形截面梁,如把截面竖放[如图 7－15(a)],则 $W_1 = \dfrac{bh^2}{6}$;如把截面平放,则 $W_2 = \dfrac{hb^2}{6}$。两者之比是 $\dfrac{W_1}{W_2} = \dfrac{h}{b} > 1$。所以竖放比平放有更高的抗弯强度,更为合理。

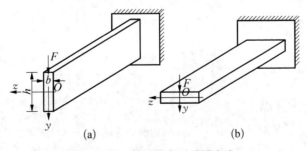

(a)　　　　　　　　　　(b)

图 7－15　截面的合适放置方式

### 3. 采用等强度梁

前面讨论的梁都是等截面的,$W$ = 常数,但梁在各截面上的弯矩却随截面的位置而变化。对于等截面的梁来说,只有在弯矩为最大值心 $M_{max}$ 的截面上,最大应力才有可能接近许用应力。其余各截面上弯矩较小,应力也就较低,材料没有充分利用。为了节约材料,减轻自重,可改变截面尺寸,使抗弯截面系数随弯矩而变化。在弯矩较大处采用较大截面,而在弯矩较小处采用较小截面。**这种截面沿轴线变化的梁,称为变截面梁**。变截面梁的正应力计算仍可近似地用等截面梁的公式。如变截面梁各横截面上的最大正应力都相等,且都等于许用应力,就是**等强度梁**。设梁在任一截面上的弯矩为 $M(x)$,而截面的抗弯截面系数为 $W(x)$。 根据上述等强度梁的要求,应有

$$\sigma_{max} = \frac{M(x)}{W(x)} = [\sigma]$$

或者写成

$$W(x) = \frac{M(x)}{[\sigma]}$$

这是等强度梁的 $W(x)$ 沿梁轴线变化的规律。

图 7 - 16 所示的叠板弹簧、鱼腹梁、阶梯轴,都是近似地按照等强度原理设计的。

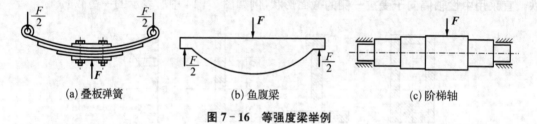

| (a) 叠板弹簧 | (b) 鱼腹梁 | (c) 阶梯轴 |

**图 7 - 16  等强度梁举例**

➤ **单选题**

1. 设计钢梁时,宜采用中性轴为(　　)的截面。

A. 对称轴 　　　　　　　　　　　　　　B. 靠近受拉边的非对称轴

C. 靠近受压力的非对称轴 　　　　　　　D. 任意轴

2. 设计铸铁时,宜采用中性轴为(　　)的截面。

A. 对称轴 　　　　　　　　　　　　　　B. 靠近受拉边的非对称轴

C. 靠近受压力的非对称轴 　　　　　　　D. 任意轴

3. 如图所示两铸铁梁,材料相同,承受相同的荷载 $F$,则当 $F$ 增大时,破坏的情况是(　　)。

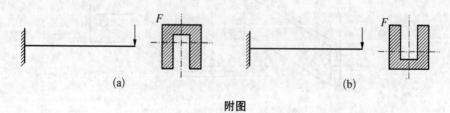

| (a) | (b) |

**附图**

A. 同时破坏　　　　　　B. （a）梁先破坏　　　　C. （b）梁先破坏

4. 在厂房建筑中使用的"鱼腹梁"实质上是根据简支梁上的（　　）而设计的等强度梁。

A. 受集中力、截面宽度不变　　　　　　　B. 受集中力、截面高度不变

C. 受均布载荷、截面宽度不变　　　　　　D. 受均布载荷、截面高度不变

## 二、提高梁抗弯刚度的措施

从挠曲线的近似微分方程及其积分可以看出，弯曲变形与弯矩大小、跨度长短、支座条件、梁截面的惯性矩 $I$ 以及材料的弹性模量 $E$ 有关。所以要提高弯曲刚度，就应该综合考虑以上各因素。

1. 缩小梁的跨度或增加支座

梁的跨度对梁的变形影响最大，缩短梁的跨度是提高刚度极有效的措施。以前的例子表明，在集中力作用下，挠度与跨度 $l$ 的三次方成正比。如跨度缩短一半，则挠度减为原来的 $\frac{1}{8}$，刚度的提高是非常显著的。在长度不能缩短的情况下，可采取增加支承的方法提高梁的刚度。例如镗刀杆，若外伸部分过长，可在端部加装尾架（如图 7 − 17），以减小镗刀杆的变形，提高加工精度。

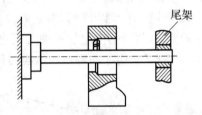

**图 7 − 17　提高梁抗弯刚度——增加支座**

2. 选择合理的截面形状

不同形状的截面，尽管面积相等，但惯性矩却不一定相等。所以选取形状合理的截面，增大截面的惯性矩，也是提高弯曲刚度的有效措施。例如，工字形、箱形、槽形、T 形截面都比面积相等的矩形截面有更大的惯性矩。

3. 改善载荷的作用情况

弯矩是引起弯曲变形的主要因素，变更载荷作用位置与方式，减小弯矩就相当于提高弯曲刚度。例如将较大的集中载荷移到靠近支座处，或把一些集中力尽量分散，甚至改成分布载荷。

最后指出，弯曲变形还与材料的弹性模量 $E$ 有关。对于 $E$ 值不同的材料来说，$E$ 值越大弯曲变形越小。由于各种钢材的弹性模量 $E$ 大致相同，所以为提高弯曲刚度而采用高强度钢材，不会达到预期的效果。

> **单选题**

下列哪种措施不能提高梁的弯曲刚度。（　　）

A. 增大梁的抗弯刚度　　　　　　　　　　B. 减小梁的跨度

C. 增加支承　　　　　　　　　　　　　　D. 将分布荷载改为几个集中荷载

> **多选题**

下面哪些措施能有效提高梁的刚度，减小梁的变形。（　　）

A. 用合金钢代替碳钢　　　　　　　　　　B. 减小梁的跨度

C. 用工字钢代替矩形截面钢　　　　　　　D. 将集中力变成分布力

# 第八章 组合变形

## 考点 36 拉伸(压缩)与弯曲组合变形的强度计算

### 一、组合变形和叠加原理

1. 组合变形的概念

前面已经讲述了杆件的拉伸(压缩)、剪切、扭转、弯曲等基本变形。工程结构中的某些构件又往往同时产生几种基本变形。例如,图 8-1(a)表示小型压力机的框架。为分析框架立柱的变形,将外力向立柱的轴线简化[如图 8-1(b)],便可看出,立柱承受了由 $F$ 引起的拉伸和由 $M = Fa$ 引起的弯曲。**这类由两种或两种以上基本变形组合的情况,称为组合变形。**

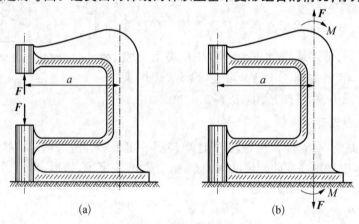

(a)                (b)

**图 8-1 组合变形示意图**

2. 叠加原理

分析组合变形时,可先将外力进行简化或分解,把构件上的外力转化成几组静力等效的载荷,其中每一组载荷对应着一种基本变形。例如,在上面的例子中,把外力转化为对应着轴向拉伸的 $F$ 和对应着弯曲的 $M$。这样,可分别计算每一基本变形各自引起的应力、内力、应变和位移,然后将所得结果叠加,得到构件在组合变形下的应力、内力、应变和位移,这就是叠加原理。

组合变形杆件的强度计算,通常按下述步骤进行:

(1) 外力分析

将外力简化并沿主惯性轴分解,将组合变形分解为基本变形,使每个力(或力偶)对应一种基本变形。

(2) 内力分析

求每个外力分量对应的内力方程和内力图,确定危险截面,分别计算在每一种基本变形下构件的应力和变形。

(3) 应力分析

画出危险截面的应力分布图,利用叠加原理,将基本变形下的应力和变形叠加,确定危险点及其应力值。

（4）强度分析

选择适当的强度理论，建立危险点的强度条件，进行强度计算。

由上可知，组合变形杆件的计算是前面内容的综合运用。

**叠加原理的成立，要求位移、应力、应变和内力等与外力成线性关系。当不能保证上述线性关系时，叠加原理不能使用。**

> **判断题**

组合变形都可以应用叠加原理。

## 二、拉(压)弯曲组合变形的强度计算

拉伸或压缩与弯曲的组合变形是工程中常见的情况。当作用在杆件上的外力既有轴向拉(压)力，又有横向力时(如图 8-2)，杆件会发生拉伸(压缩)与弯曲的组合变形。

由力学知识可知，轴向变形时横截面上的内力为轴力 $F_N$，弯曲变形时横截面上的内力为 $M_z$(剪力 $F_S$ 引起的切应力很小，一般可以忽略)，两种内力是横截面上法向正应力的集合。所以，当横截面受力如图 8-3 时，轴力和弯矩所产生的应力分别为 $\sigma' = \dfrac{F_N}{A}$ 和 $\sigma'' = \dfrac{M_z y}{I_z}$。

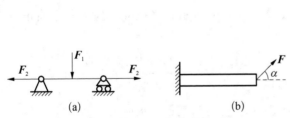

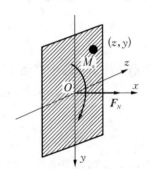

图 8-2 拉伸(压缩)与弯曲的组合
变形示意图

图 8-3 拉伸(压缩)与弯曲组合变形
横截面受力情况

横截面上任意一点 $(z, y)$ 处的正应力计算公式为

$$\sigma = \sigma' + \sigma'' = \frac{F_N}{A} + \frac{M_z \cdot y}{I_z}$$

下面以简支梁[如图 8-2(a)]拉弯组合变形来说明横截面上的最大应力计算。

1. 外力分析

简支梁两端外力 $F_2$ 的作用线与梁轴线共线，使梁产生轴向拉伸变形；力 $F_1$ 的作用线与梁的轴线垂直，使梁产生弯曲变形，所以简支梁将产生拉伸与弯曲的组合变形。

2. 内力分析

绘制梁的轴力图和弯矩图，如图 8-4 所示。从轴力图中可以看出，梁各个横截面上的轴力都相等，$F_N = F_2$。从弯矩图可以看出，跨中截面上的弯矩最大，其值为 $M_{\max} = \dfrac{F_1 l}{4}$，所以跨

中截面是杆的危险截面。

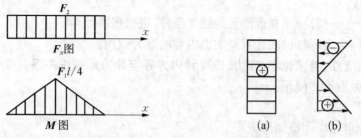

图8-4 轴力图与弯矩图　　图8-5 横截面拉伸正应力与弯曲正应力分布图

3. 应力分析

与轴力 $F_N$ 对应的拉伸正应力 $\sigma'$ 在跨中截面上各点处均相等,其值为

$$\sigma' = \frac{F_N}{A} = \frac{F_2}{A}$$

拉伸正应力 $\sigma'$ 在横截面上的分布情况如图8-5(a)所示。与最大弯矩 $M_{\max}$ 对应的弯曲正应力 $\sigma''$ 在跨中截面上的最大值为

$$\sigma'' = \frac{M_{\max}y}{I_z} = \frac{F_1 ly}{4I_z}$$

弯曲正应力在跨中截面上的分布如图8-5(b)所示。将拉伸正应力和弯曲正应力叠加后,得到组合正应力为 $\sigma$,其值为

$$\sigma = \sigma' + \sigma'' = \frac{F_N}{A} + \frac{M_{\max} \cdot y}{I_z} = \frac{F_2}{A} + \frac{F_1 ly}{4I_z}$$

由此可以判断跨中截面的上下边缘各点为危险点,其最大正应力大小为

$$\sigma_{\max} = \sigma' + \sigma''_{\max} = \frac{F_2}{A} + \frac{F_1 l}{4W}$$

4. 强度分析

对于塑性材料,许用拉应力和压应力相同,只需按截面上的最大应力进行强度计算,其强度条件为:

$$\sigma_{\max} = \left| \frac{F_N}{A} \right| + \left| \frac{M_{\max}}{W} \right| \leqslant [\sigma] \tag{8-1}$$

对于脆性材料,许用拉应力和许用压应力不同,则要分别按最大拉应力和最大压应力进行强度计算,故强度条件为:

$$\sigma_{t\max} = \left| \pm \frac{F_N}{A} + \frac{M_{\max}}{W} \right| \leqslant [\sigma_t] \tag{8-2}$$

$$\sigma_{c\max} = \left| \pm \frac{F_N}{A} - \frac{M_{\max}}{W} \right| \leqslant [\sigma_c] \tag{8-3}$$

式中 $\dfrac{F_N}{A}$ 前面取正号对应的是拉弯组合变形,取负号对应的是压弯组合变形。

> **单选题**

当构件受压弯组合变形后,横截面上的正应力(　　)。

A. 只有压应力　　　　　　　　　　B. 只有拉应力

C. 可能既有压应力又有拉应力　　　D. 应力为零

> **计算题**

悬臂吊车如图所示,横梁用 20a 工字钢制成,其抗弯刚度 $W=237$ cm³,横截面面积 $A=35.5$ cm²,总荷载 $F=34$ kN,横梁材料的许用应力为 $[\sigma]=125$ MPa。 校核横梁 $AB$ 的强度。

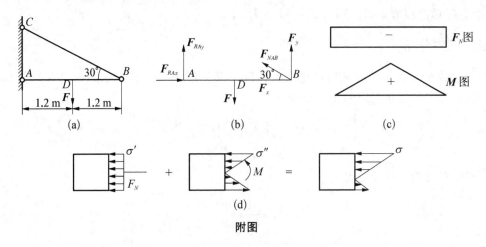

附图

## ⫸ 考点 37　弯曲与扭转组合变形的强度计算

机械设备中的转轴,多数情况下既承受弯矩又承受扭矩,因此,弯曲变形和扭转变形同时存在,即产生弯曲与扭转的组合变形。现以如图 8-6(a)所示的圆轴为例,说明弯曲与扭转组合变形的强度计算。

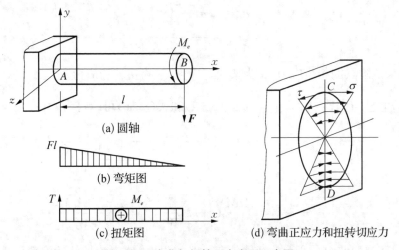

图 8-6　弯曲与扭转组合变形示意图

## 一、外力分析

设有一圆轴,如 8-6(a)所示,圆轴的左端固定,自由端受力 **F** 和力偶矩 $M_e$ 的作用。力 **F** 的作用线与圆轴的轴线垂直,使圆轴产生弯曲变形;力偶矩 $M_e$ 使圆轴产生扭转变形,所以圆轴 $AB$ 将产生弯曲与扭转的组合变形。

## 二、内力分析

画出圆轴的内力图,如图 8-6(b)和(c)所示。由扭矩图可以看出,圆轴各横截面上的扭矩值都相等。从弯矩图中可以看出,固定端 $A$ 截面上的弯矩值最大,所以横截面 $A$ 为危险截面,其上的扭矩值和弯矩值分别为 $T = M_e$,$M = Fl$。

## 三、应力分析

在危险截面 $A$ 上必然存在弯曲正应力和扭转切应力,其分布情况如图 8-6(d)所示,$C$、$D$ 两点为危险点。与扭矩对应的扭转切应力为

$$\tau = \frac{T}{W_t} = \frac{M_e}{W_t}$$

与弯矩对应的弯曲正应力为

$$\sigma = \frac{M}{W} = \frac{Fl}{W}$$

## 四、强度分析

发生扭转与弯曲组合变形的圆轴一般由塑性材料制成。由于其危险点同时存在弯曲正应力和扭转切应力,而且变形性质不同,因此,应先计算出其危险点的相当应力,然后再进行强度校核。根据第三和第四强度理论得到的相当应力分别为

$$\sigma_{r3} = \sqrt{\sigma^2 + 4\tau^2} \tag{8-4}$$

$$\sigma_{r4} = \sqrt{\sigma^2 + 3\tau^2} \tag{8-5}$$

式中 $\sigma_r$ 为危险点的相当应力,$\sigma$ 为弯曲正应力,$\tau$ 为扭转切应力。

对于圆截面杆,有 $W_t = 2W = \dfrac{\pi d^3}{16}$,式(8-4)和式(8-5)可改写为

$$\sigma_{r3} = \sqrt{\sigma^2 + 4\tau^2} = \sqrt{\left(\frac{M}{W}\right)^2 + 4\left(\frac{T}{W_t}\right)^2} = \frac{\sqrt{M^2 + T^2}}{W} \tag{8-6}$$

$$\sigma_{r4} = \sqrt{\sigma^2 + 3\tau^2} = \sqrt{\left(\frac{M}{W}\right)^2 + 3\left(\frac{T}{W_t}\right)^2} = \frac{\sqrt{M^2 + 0.75T^2}}{W} \tag{8-7}$$

要使受扭转与弯曲组合变形的杆件具有足够的强度,就应使杆件危险截面上危险点的相当应力不超过材料的许用应力,故强度条件为

$$\sigma_{r3} = \frac{\sqrt{M^2 + T^2}}{W} \leqslant [\sigma] \tag{8-8}$$

$$\sigma_{r4} = \frac{\sqrt{M^2 + 0.75T^2}}{W} \leqslant [\sigma] \tag{8-9}$$

➢ **判断题**

弯曲与扭转组合变形时,任何形状的截面杆都可以用公式 $\dfrac{\sqrt{M^2 + T^2}}{W}$ 做强度计算。

➢ **计算题**

如附图(a)所示,电动机带动皮带轮转动。已知电动机的功率 $P = 12\ \text{kW}$,转速 $n = 940\ \text{r/min}$,带轮直径 $D = 300\ \text{mm}$,重量 $G = 600\ \text{N}$,皮带紧边拉力与松边拉力之比 $F_T/F_t = 2$,$AB$ 轴的直径 $d = 40\ \text{mm}$,材料为 45 号钢,许用应力 $[\sigma] = 120\ \text{MPa}$。试按第三强度理论校核 $AB$ 轴的强度。

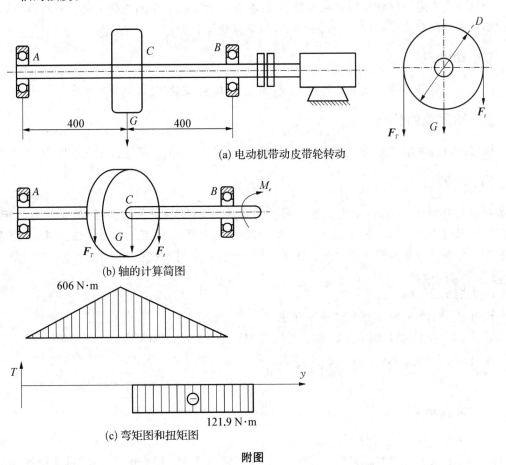

(a) 电动机带动皮带轮转动

(b) 轴的计算简图

(c) 弯矩图和扭矩图

附图

# 第九章 动载荷

## ▌▶ 考点38 动载荷的概念

### 一、动载荷

前面各章讨论的都是构件在静载荷作用下的应力、应变及位移计算。**静载荷是指构件上从零开始缓慢地增加到最终值的载荷**。因加载缓慢,加载过程中构件上各点的加速度很小,可略去不计,由此认为构件始终处于平衡状态。

在实际问题中,有些高速旋转的部件、加速提升的构件、锻压汽锤的锤杆、紧急制动的转轴等,其质点的加速度是很明显的,在分析问题的过程中必须予以考虑。这些情况均属于动载荷。**动载荷是指随时间作明显变化的载荷,即具有较大加载速率的载荷。**实验表明,只要应力在比例极限范围之内,应变与应力关系仍服从胡克定律。

### 二、动响应

构件在动载荷作用下产生的各种响应(如应力、应变、位移等),称为动响应。

### 三、动载荷的分类

根据加载的速度与性质,动载荷可分为四类:惯性力、冲击载荷、振动、交变应力。

### 四、动静法

对加速度为 $a$ 的质点,**惯性力等于质点的质量 $m$ 与 $a$ 的乘积,方向则与 $a$ 的方向相反。**达朗贝尔原理指出,对做加速运动的质点系,如假想地在每一质点上加上惯性力,则质点系上的原力系与惯性力系组成平衡力系。这样,就可把动力学问题在形式上作为静力学问题来处理,这就是动静法。

> **➤ 判断题**

1. 凡是运动的构件都存在动载荷问题。
2. 只要应力不超过比例极限,冲击时的应力和应变仍满足胡克定律。

## ▌▶ 考点39 交变应力及其循环特征

### 一、交变应力

某些零件工作时,承受随时间作周期性变化的应力。例如,在图 9-1(a)中,$F$ 表示齿轮啮合时作用于轮齿上的力。齿轮每旋转一周,轮齿啮合一次。啮合时 $F$ 由零迅速增加到最大值,然后又减小为零。因而,齿根 $A$ 点的弯曲正应力 $\sigma$ 也由零增加到某一最大值,再减小为零。齿轮不停地旋转,$\sigma$ 也就不停地重复上述过程。$\sigma$ 随时间 $t$ 变化的曲线如图 9-1(b)所示。又如,火车轮轴上的 $F$[如图 9-2(a)]表示来自车厢的力,在列车行进过程中,其大小和方向基本不变,即弯矩基本不变。因轴以角速度 $\omega$ 转动,横截面上 $A$ 点到中性轴的距离 $y = r\sin\omega t$

是随时间 $t$ 变化的。$A$ 点的弯曲正应力为

$$\sigma = \frac{My}{I} = \frac{Mr}{I}\sin\omega t$$

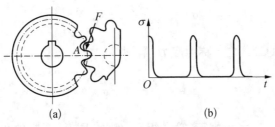

图 9‑1　交变应力实例——齿轮啮合

可见，$\sigma$ 是随时间，按正弦函数规律变化的〔如图 9‑2(b)〕。再如，因电动机转子偏心惯性力引起受迫振动的梁〔如图 9‑3(a)〕，其危险点应力随时间变化的曲线如图 9‑3(b)所示。$\sigma_{st}$ 表示电动机重量 $P$ 按静载方式作用于梁上引起的静应力，最大应力 $\sigma_{\max}$ 和最小应力 $\sigma_{\min}$ 分别表示梁在最大和最小位移时的应力。

在上述一些实例中，**随时间做周期性变化的应力称为交变应力。**

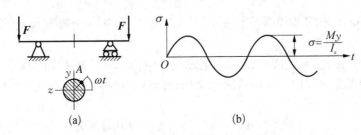

图 9‑2　交变应力实例——火车轮轴

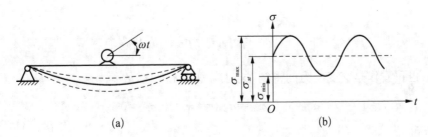

图 9‑3　交变应力实例——装有电动机的梁

## 二、交变应力的循环特征

图 9‑4 表示按正弦函数规律变化的应力 $\sigma$ 与时间 $t$ 的关系。由 $a$ 到 $b$ 应力经历了变化的全过程又回到原来的数值，称为一个应力循环。完成一个应力循环所需要的时间（如图中的 $T$），称为一个周期。以 $\sigma_{\max}$ 和 $\sigma_{\min}$ 分别表示循环中的最大和最小应力，比值

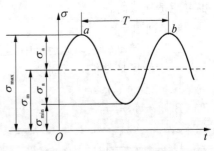

图 9‑4　应力—时间图

$$r = \frac{\sigma_{\min}}{\sigma_{\max}} \tag{9-1}$$

称为交变应力的循环特征或应力比。$\sigma_{\max}$ 与 $\sigma_{\min}$ 的代数和的二分之一称为平均应力，即

$$\sigma_m = \frac{1}{2}(\sigma_{\max} + \sigma_{\min}) \tag{9-2}$$

$\sigma_{\max}$ 与 $\sigma_{\min}$ 代数差的二分之一称为应力幅，即

$$\sigma_a = \frac{1}{2}(\sigma_{\max} - \sigma_{\min}) \tag{9-3}$$

若交变应力 $\sigma_{\max}$ 和 $\sigma_{\min}$ 大小相等，符号相反，例如，图 9-2 中的火车轴就是这样，这种情况称为对称循环。这时由公式（9-1），公式（9-2）和公式（9-3）得

$$r = -1, \quad \sigma_m = 0, \quad \sigma_a = \sigma_{\max}$$

各种应力循环中，除对称循环外，其余情况统称为不对称循环。由公式（9-2）和公式（9-3）知

$$\sigma_{\max} = \sigma_m + \sigma_a, \quad \sigma_{\min} = \sigma_m - \sigma_a \tag{9-4}$$

可见，任一不对称循环都可看成是在平均应力 $\sigma_m$ 上叠加一个幅度为 $\sigma_a$ 的对称循环。如图 9-4 所示。

若应力循环中的 $\sigma_{\min} = 0$（或 $\sigma_{\max} = 0$），表示交变应力变动于某一应力与零之间，图 9-1 中齿根 $A$ 点的应力就是这样的。这种情况称为**脉动循环**。这时，

$$r = 0, \quad \sigma_a = \sigma_m = \frac{1}{2}\sigma_{\max} \qquad (\sigma_{\min} = 0)$$

或

$$r = -\infty, \quad -\sigma_a = \sigma_m = \frac{1}{2}\sigma_{\min} \qquad (\sigma_{\max} = 0)$$

静应力也可看作是交变应力的特例，这时应力并无变化，故

$$r = 1, \quad \sigma_m = \sigma_{\max} = \sigma_{\min}, \quad \sigma_a = 0$$

➤ **判断题**

交变应力是指构件内的应力随时间做周期性变化，而作用在构件上的载荷可能是动载荷也可能是静载荷。

➤ **单选题**

1. 图示传动轴在匀速运行中，危险截面危险点处，弯曲正应力的循环特征 $r_\sigma$ 和扭转切应力的循环特征 $r_\tau$ 分别为（　　）。

A. $r_\sigma = -1, r_\tau = 1$

B. $r_\sigma = 1, r_\tau = -1$

C. $r_\sigma = r_\tau = -1$

D. $r_\sigma = r_\tau = 1$

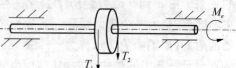

附图

2. 图示交变应力的循环特征 $r$、平均应力 $\sigma_m$、应力幅值 $\sigma_a$
分别为（　　）。

A. $-10,20,10$　　　　　　　B. $30,10,20$

C. $-\dfrac{1}{3},20,10$　　　　　D. $-\dfrac{1}{3},10,20$

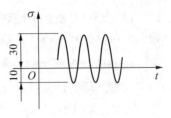

附图

# 考点 40　疲劳破坏和持久极限

## 一、疲劳破坏（疲劳失效）

实践表明，交变应力引起的失效和静应力下的失效是完全不同的。在交变应力作用下，虽然应力水平低于屈服极限，但长期反复后构件也会突然断裂。即使是塑性较好的材料，断裂前也无明显的塑性变形。**这种在交变应力作用下，当应力低于材料的强度极限，甚至低于材料的屈服极限时突然发生脆性断裂的现象称为疲劳破坏（失效）。**

对疲劳失效的解释一般认为，在足够大的交变应力作用下，构件内部应力最大[如构件外形的突变（切槽、打孔等）、表面刻痕（加工刀痕）或材质薄弱处，沿最大切应力作用面形成滑移带，滑移带开裂产生细微裂纹。分散的细微裂纹在交变应力作用下逐渐扩展，形成宏观裂纹。在扩展过程中，由于应力循环变化，扩展是缓慢的且并不连续。随着裂纹的扩展，当达到其临界长度时，构件便突然断裂。因此，疲劳破坏的过程可解释为裂纹产生、逐渐扩展和突然断裂的三个阶段。

图 9-5 是构件的疲劳破坏断口照片。观察断口，可以发现断口分为两个区域：光滑区域与粗糙区域。这是因为在裂纹的逐渐扩展过程中，裂纹两个侧面的材料时而压紧时而分离，反复地挤压、分开，从而形成断口的光滑区。断口的颗粒状粗糙区则是由突然断裂造成的。

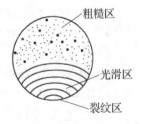

粗糙区

光滑区

裂纹区

飞机、车辆和机器发生的事故中，有很大比例是因零部件的疲劳失效造成的。这类事故由于其不可预见性，常常带来巨大的损失和伤亡，因而金属疲劳问题备受各方关注。

图 9-5　疲劳破坏断口照片

## 二、持久极限（疲劳极限）

### 1. $\sigma$—$N$ 曲线

材料在交变应力作用下产生疲劳失效时，最大应力往往低于屈服极限，因此静载荷下测定的屈服极限或强度极限已不能作为强度指标，金属疲劳的强度指标需重新测定。最常用的试验是对称循环下的旋转疲劳强度试验。

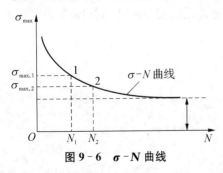

图 9-6　$\sigma$-$N$ 曲线

以应力 $\sigma$ 为纵坐标，寿命 $N$ 为横坐标，按试验结果描成的曲线，称为应力—寿命曲线或 $\sigma$—$N$ 曲线（如图 9-6）。它表明了一定循环特征下标准试样的疲劳强度与疲劳寿命之间的关系。钢试样的疲劳试验表明，当应力降低到某一极限值时，$\sigma$—$N$ 曲线趋近于水平线。这表明只要应力不超过这一极限值，寿命 $N$ 可以无限增大，即试样可经历无限次应力循环而不发生疲劳。**标准**

试样经过无穷多次应力循环而不发生疲劳破坏的最大应力值,称为该材料的**疲劳极限**或**持久极限**。对称循环的持久极限记为 $\sigma_{-1}$,下标"$-1$"表示对称循环的循环特征 $r$ 为 $-1$。

2. 影响疲劳极限的因素

对称循环的持久极限 $\sigma_{-1}$,一般是常温下用光滑小试样测定的。但实际构件的外形、尺寸、表面质量、工作环境等,都将影响持久极限的数值。下面就介绍影响持久极限的几种主要因素。

(1) 构件外形的影响

构件外形的突然变化,例如构件上有槽、孔、缺口、轴肩等,将引起应力集中。在应力集中的局部区域更易形成疲劳裂纹,使构件的持久极限显著降低。

(2) 构件尺寸的影响

持久极限一般是用直径为 $7 \sim 10\ \text{mm}$ 的小试样测定的。随着试样横截面尺寸的增大,持久极限将相应降低。现以图 9-7 中两个受扭试样来说明。沿圆截面的半径,切应力是线性分布的,若两者最大切应力相等,显然有 $\alpha_1 < \alpha_2$,即沿圆截面半径,大试样应力的衰减比小试样缓慢,因而大试样横截面上的高应力区比小试样的大。即大试样中处于高应力状态的晶粒比小试样的多,所以形成疲劳裂纹的机会也就更大。

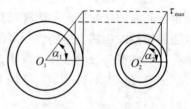

图 9-7 受扭试样

(3) 构件表面质量的影响

一般情况下,构件的最大应力发生于表层,疲劳裂纹也多出现于表层。表面加工的刀痕、擦伤等将引起应力集中,降低持久极限,所以表面加工质量对持久极限有明显的影响。

另一方面,如构件经淬火、渗碳、氮化等热处理或化学处理,使表层得到强化;或者经滚压、喷丸等机械处理,使表层形成预压应力,减弱容易引起裂纹的工作拉应力,这些都会明显提高构件的持久极限。

除上述三种因素外,构件的工作环境,如温度、介质等也会影响持久极限的数值。

➢ 判断题

1. 构件在交变应力下的疲劳破坏与静应力下的失效本质是相同的。

2. 当构件内的最大工作应力低于构件的持久极限时,通常构件就不会发生疲劳破坏现象。

➢ 单选题

可以提高构件持久极限的有效措施有(　　)。

A. 增大构件的几何尺寸

B. 提高构件表面的光洁度

C. 减小构件连接部分的圆角半径

D. 尽量采用强度极限高的材料

# 第十章 压杆稳定

## ▶ 考点 41 压杆稳定的概念

**构件的承载能力主要包括强度、刚度和稳定性三个方面。**前面讨论的强度和刚度问题的共同特点是构件在受力产生变形直至破坏的过程中,其变形形式不发生变化。但是经验表明,一些细长的杆类构件和薄壁构件在特定的载荷作用下,还可能发生平衡形式的变化,即可能会由于稳定性不够而引起失效。**稳定性要求就是指构件应有足够的保持原有平衡形态的能力。**

例如,受轴向压力的细长杆,当压力超过一定数值时,压杆会由原来的直线平衡形式突然变弯[如图 10-1(a)],致使结构丧失承载能力;又如,狭长矩形截面梁在横向载荷作用下,将发生平面弯曲,但当载荷超过一定数值时,将同时伴随发生扭转[如图 10-1(b)];受均匀压力的薄圆环,当压力超过一定数值时,圆环将不能保持圆对称的平衡形式,而突然变为非圆对称的平衡形式[如图 10-1(c)]。

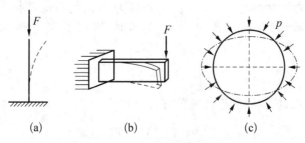

图 10-1 稳定性问题实例

本节只讨论轴向受压杆的稳定性问题。

图 10-2(a)所示下端固定、上端自由的中心受压直杆,当压力 $F$ 较小时,杆件的直线平衡形式是稳定的。即此时杆件若受到某种微小干扰,它将偏离直线平衡位置,产生微弯[如图 10-2(b)],但当干扰撤除后,杆件还能够回到原来的直线平衡位置[如图 10-2(c)]。可是当压力 $F$ 较大时,杆件原有的直线平衡形式就是不稳定的。即此时杆件若受到某种微小干扰产生微弯,撤除干扰后,杆件将不能回到原来的直线平衡位置,而在弯曲形式下保持平衡[如图

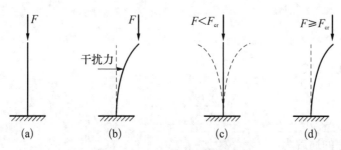

图 10-2 压杆稳定平衡与失稳

10-2(d)]。受压杆在由稳定平衡过渡为不稳定平衡的过程中,保持直线状态平衡的最大轴向压力或保持微弯状态平衡的最小轴向压力,称为临界载荷,或简称为临界力,用$F_{cr}$表示。受压杆丧失其直线状态的平衡过渡为曲线平衡的现象统称为失稳或屈曲。

研究压杆稳定性问题的关键是确定其临界压力。若压杆的工作压力不超过临界压力,则压杆不致失稳。

➢**判断题**

1. 在临界载荷作用下,压杆既可以在直线状态保持平衡,也可以在微弯状态下保持平衡。
2. 引起压杆失稳的主要原因是外界的干扰力。

## ▶ 考点 42　压杆的临界应力计算方法

### 一、两端铰支细长压杆的临界压力

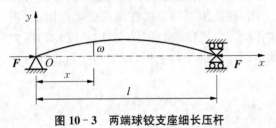

**图 10 - 3　两端球铰支座细长压杆**

设细长压杆的两端为球铰支座(如图10-3),轴线为直线,压力 $F$ 与轴线重合。选取坐标系如图所示,距原点为 $x$ 的任意截面的挠度为 $w$,弯矩 $M$ 的绝对值为 $Fw$。若只取压力 $F$ 的绝对值,则 $w$ 为正时,$M$ 为负;$w$ 为负时,$M$ 必为正。即 $M$ 与 $w$ 的符号相反,所以

$$M = -Fw \tag{a}$$

对微小的弯曲变形,挠曲线的近似微分方程为

$$\frac{\mathrm{d}^2 w}{\mathrm{d}x^2} = \frac{M(x)}{EI} \tag{b}$$

由于两端是球铰,允许杆件在任意纵向平面内发生弯曲变形,因而杆件的微小弯曲变形一定发生于抗弯能力最小的纵向平面内,所以上式中的 $I$ 应是横截面最小的惯性矩。将式(a)代入式(b),

$$\frac{\mathrm{d}^2 w}{\mathrm{d}x^2} = -\frac{Fw}{EI} \tag{c}$$

引用记号

$$k^2 = \frac{F}{EI} \tag{d}$$

于是式(c)可以写成

$$\frac{\mathrm{d}^2 w}{\mathrm{d}x^2} + k^2 w = 0 \tag{e}$$

以上微分方程的通解为

$$w = A\sin kx + B\cos kx \tag{f}$$

式中 $A,B$ 为积分常数。杆件的边界条件是

$$x=0 \text{ 和 } x=l \text{ 时}, w=0$$

由此求得

$$B=0, \quad A\sin kl=0 \tag{g}$$

式(g)的第二式表明，$A$ 或者 $\sin kl$ 等于零。但因 $B$ 已经等于零，如 $A$ 再等于零，则由式(f)知 $w \equiv 0$，这表示杆件轴线任意点的挠度皆为零，它仍为直线。这就与杆件失稳发生了微小弯曲的前提相矛盾。因此必须是

$$\sin kl=0$$

于是 $kl$ 是数列 $0, \pi, 2\pi, 3\pi, \cdots$ 中的任一个数。或者写成

$$kl=n\pi \quad (n=0,1,2,\cdots)$$

由此求得

$$k=\frac{n\pi}{l} \tag{h}$$

把 $k$ 代回式(d)，求出

$$F=\frac{n^2\pi^2EI}{l^2}$$

因为 $n$ 是 $0,1,2,\cdots$ 整数中的任一个整数，故上式表明，使杆件保持为曲线平衡的压力，理论上是多值的。在这些压力中，使杆件保持微小弯曲的最小压力，才是临界压力 $F_{cr}$。如取 $n=0$，则 $F=0$，表示杆件上并无压力，自然不是我们所需要的。这样，只有取 $n=1$ 才使压力为最小值。于是得临界力为

$$F_{cr}=\frac{\pi^2EI}{l^2} \tag{10-1}$$

**这是两端铰支细长压杆临界力的计算公式，也称为两端铰支压杆的欧拉公式。两端铰支压杆是实际工程中最常见的情况。例如，挺杆、活塞杆和桁架结构中的受压杆等，一般都可简化成两端铰支杆。**

### 二、其他支座条件下细长压杆的临界压力

当杆端为其他约束情况时，细长压杆的临界压力公式可以仿照上节中的方法，根据在不同的杆端约束情况下压杆的挠曲线近似微分方程式和挠曲线的边界条件来推导。也可采用类比方法，利用两端铰支细长压杆的临界力公式，得到其他杆端约束情况下细长压杆的临界力公式。从上节中推导临界力公式的过程可知，两端铰支细长压杆的临界压力和该压杆的挠曲线形状有联系。由此可以推知，两压杆的挠曲线形状若相同，则两者的临界力也应相同。根据这个关系，利用式(10-1)可以得到其他杆端约束情形下细长压杆的临界压力公式。

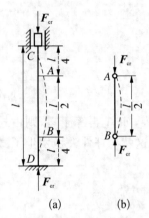

**图 10-4 两端固定细长压杆**

首先来研究长为 $l$ 的两端固定的细长压杆。在此压杆的挠曲线中,距上、下两端各 $\dfrac{l}{4}$ 外有两个拐点 $A$、$B$[如图 10-4(a)]。在 $A$、$B$ 两点间的一段曲线形状和两端铰支长为 $\dfrac{l}{2}$ 的压杆的挠曲线形状相同[如图 10-4(b)],都是半波的正弦曲线。于是 $AB$ 杆的临界压力就可以按两端铰支细长杆的临界力公式(10-1)来计算,但应将公式中的杆长用 $AB$ 段的长度 $\dfrac{l}{2}$ 代入,即

$$F_{cr} = \frac{\pi^2 EI}{\left(\dfrac{l}{2}\right)^2} \qquad (10-2)$$

由于 $AB$ 段杆是两端固定压杆中的一部分,所以 $AB$ 段杆的临界力就是所研究的两端固定压杆的临界力,因而上式也就是长度为 $l$ 的两端固定细长压杆的临界力公式。

再研究长为 $l$ 的一端固定、另一端自由的细长压杆。其挠曲线形状[如图 10-5(a)]和长为 $2l$ 的两端铰支压杆挠曲线[如图10-5(b)]的上半段形状相同,都是 1/4 波的正弦曲线。所以依据前面的推理,长为 $l$ 的一端固定、另一端自由的细长压杆的临界压力和长为 $2l$ 的两端铰支细长压杆的临界力相同,可将杆长 $2l$ 代入式(10-1),其临界压力为

$$F_{cr} = \frac{\pi^2 EI}{(2l)^2} \qquad (10-3)$$

至于长为 $l$ 的一端固定、另一端铰支细长压杆的临界压力公式可根据压杆的挠曲线近似微分方程式的解求得

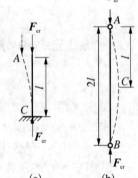

**图 10-5 一端固定一端自由细长压杆**

$$F_{cr} = \frac{\pi^2 EI}{(0.7l)^2} \qquad (10-4)$$

上述结果可归纳为细长压杆临界压力公式的统一形式:

$$F_{cr} = \frac{\pi^2 EI}{(\mu l)^2} \qquad (10-5)$$

这即是欧拉公式的普遍形式。式中 $\mu l$ 为压杆的相当长度,即相当于两端铰支压杆的长度或压杆挠曲线拐点间之距离;$\mu$ 为长度因数,反映不同杆端约束对临界压力的影响。

几种常见杆端约束情况下压杆的长度因数列于表 10-1 中。表中挠曲线上的 $C$、$D$ 点为拐点。

表 10-1　几种杆端约束条件下的长度因数

| 支端情况 | 两端铰支 | 一端固定、另一端铰支 | 两端固定 | 一端固定、另一端自由 |
|---|---|---|---|---|
| 失稳时挠曲线形状 | $F_{cr}$　$B$　$l$　$A$ | $F_{cr}$　$B$　$0.7l$　$C$　$l$　$A$ | $F_{cr}$　$B$　$D$　$0.5l$　$C$　$l$　$A$ | $F_{cr}$　$l$　$2l$ |
| 长度因数 | $\mu = 1$ | $\mu \approx 0.7$ | $\mu = 0.5$ | $\mu = 2$ |

### 三、细长压杆的临界应力

压杆在临界载荷作用下,其在直线平衡位置时横截面上的平均应力称为临界应力,用 $\sigma_{cr}$ 表示。由公式(10-5)可知,压杆在弹性范围内失稳时,临界应力为

$$\sigma_{cr} = \frac{F_{cr}}{A} = \frac{\pi^2 EI}{(\mu l)^2 A} \tag{a}$$

把横截面的惯性矩 $I$ 写成

$$I = i^2 A$$

式中 $i$ 为截面的惯性半径,这样,式(a)可以写成

$$\sigma_{cr} = \frac{\pi^2 E}{(\mu l / i)^2} \tag{b}$$

引用记号

$$\lambda = \frac{\mu l}{i} \tag{10-6}$$

$\lambda$ **是一个量纲一的量,称为柔度或长细比。**它综合反映了压杆的长度、约束条件、截面尺寸和形状等因素对临界应力 $\sigma_{cr}$ 的影响。由于引用了柔度 $\lambda$,计算临界应力的公式(b)可以写成

$$\sigma_{cr} = \frac{\pi^2 E}{\lambda^2} \tag{10-7}$$

公式(10-7)是欧拉公式(10-5)的另一种表达形式,两者并无实质性差别。

### 四、欧拉公式的适用范围

因为欧拉公式是以挠曲线近似微分方程为依据推导出的,而这个微分方程又是以胡克定律为基础的,所以欧拉公式只有在临界应力 $\sigma_{cr}$ 不超过材料的比例极限 $\sigma_p$ 时才是正确的。令

式(10-7)中的 $\sigma_{cr}$ 小于或等于 $\sigma_p$,得

$$\sigma_{cr} = \frac{\pi^2 E}{\lambda^2} \leqslant \sigma_p \qquad \text{或} \qquad \lambda \geqslant \sqrt{\frac{\pi^2 E}{\sigma_p}} \qquad\qquad (c)$$

若令

$$\lambda_p = \pi \sqrt{\frac{E}{\sigma_p}} \qquad\qquad (10-8)$$

条件(c)可以写成

$$\lambda \geqslant \lambda_p \qquad\qquad (10-9)$$

这就是欧拉公式(10-5)或公式(10-7)适用的范围。不在这个范围之内的压杆不能使用欧拉公式。式(10-7)表明,$\lambda$ 与材料的力学性能有关,材料不同 $\lambda$ 的数值也就不同。以 Q235 钢为例,$E=200\,\text{GPa}$,$\sigma_p=200\,\text{MPa}$,由式(10-7)求得 $\lambda_p=100$。只有在 $\lambda \geqslant 100$ 时,才可以使用欧拉公式。**满足条件 $\lambda$ 的压杆称为大柔度压杆或细长压杆。**

若压杆的柔度小于 $\lambda_p$,由式(10-7)计算出的 $\sigma_{cr}$ 大于材料的比例极限 $\sigma_p$,表明欧拉公式已不能使用。这类压杆是在应力超过比例极限后失稳的,属于非弹性稳定问题。对这类压杆,工程计算中一般使用经验公式。这些公式的依据是大量的试验资料。这里只介绍经常使用的直线公式和抛物线公式。

直线公式把临界应力 $\sigma_{cr}$ 与柔度 $\lambda$ 表示为以下的直线关系:

$$\sigma_{cr} = a - b\lambda \qquad\qquad (10-10)$$

式中 $a$ 与 $b$ 是与材料性质有关的常数。例如对 Q235 钢制成的压杆,$a=304\,\text{MPa}$,$b=1.12\,\text{MPa}$。在表 10-2 中列入了一些材料的 $a$ 和 $b$ 的数值。

柔度很小的短柱,如压缩试验用的金属短柱或水泥块,受压时不可能像大柔度杆那样出现弯曲变形,主要因应力达到屈服极限(塑性材料)或强度极限(脆性材料)而失效,这是一个强度问题。所以,对塑性材料,按公式(10-10)算出的应力最高只能等于 $\sigma_s$,若相应的柔度为 $\lambda_s$,则

$$\lambda_s = \frac{a - \sigma_s}{b} \qquad\qquad (10-11)$$

表 10-2  直线公式的系数 $a$ 和 $b$

| 材　　料 | $a/\text{MPa}$ | $b/\text{MPa}$ |
|---|---|---|
| Q235 钢($\sigma_b \geqslant 372\,\text{MPa}$,$\sigma_s = 235\,\text{MPa}$) | 304 | 1.12 |
| 优质碳钢($\sigma_b \geqslant 471\,\text{MPa}$,$\sigma_s = 306\,\text{MPa}$) | 461 | 2.568 |
| 硅钢($\sigma_b \geqslant 510\,\text{MPa}$,$\sigma_s = 353\,\text{MPa}$) | 578 | 3.744 |
| 铬钼钢 | 980.7 | 5.296 |
| 铸铁 | 332.2 | 1.454 |
| 强铝 | 373 | 2.15 |
| 松木 | 28.7 | 0.19 |

这是用直线公式的最小柔度。如 $\lambda \leqslant \lambda_s$，就应按压缩的强度计算，要求

$$\sigma_{cr} = \frac{F}{A} \leqslant \sigma_s \tag{d}$$

对脆性材料，只需要把以上诸式中的 $\sigma_s$ 改 $\sigma_b$。

总结以上的讨论，对 **$\lambda \leqslant \lambda_s$ 的小柔度压杆**，应按强度问题计算，在图 10 - 6 中表示为水平线 $ED$。对 **$\lambda \geqslant \lambda_p$ 的大柔度压杆**，用欧拉公式(10 - 7)计算临界应力，在图10 - 6 中表示为曲线 $CB$。柔度 $\lambda$ 介于 $\lambda_s$ 和 $\lambda_p$ 之间的压杆($\lambda_s \leqslant \lambda \leqslant \lambda_p$)，称为**中等柔度压杆**，用经验公式(10 - 10)计算临界压力，在图 10 - 6 中表示为斜直线 $DC$。**图 10 - 6 表示临界应力 $\sigma_{cr}$ 随压杆柔度 $\lambda$ 变化的情况，称为临界应力总图。**

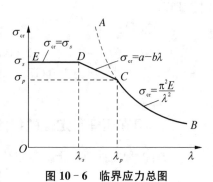

图 10 - 6  临界应力总图

抛物线公式把临界应力 $\sigma_{cr}$ 与柔度 $\lambda$ 表示为下面的抛物线关系：

$$\sigma_{cr} = a_1 - b_1 \lambda^2 \tag{10 - 12}$$

式中 $a_1$ 和 $b_1$ 也是与材料有关的常数。

➤ **判断题**

1. 两根压杆，只要其材料和柔度都相同，则它们的临界力和临界应力也相同。

2. 用同一材料制成的压杆，其柔度(长细比)愈大，就愈容易失稳。

➤ **单选题**

1. 压杆的柔度集中地反映了压杆的(　　)对临界应力的影响。

A. 长度、约束条件、截面形状和尺寸　　　　B. 材料、长度和约束条件

C. 材料、约束条件、截面形状和尺寸　　　　D. 材料、长度、截面形状和尺寸

2. 下列关于压杆临界应力的结论中，(　　)是正确的。

A. 大柔度杆的临界应力与材料无关　　　　B. 中柔度杆的临界应力与杆的柔度无关

C. 中柔度杆的临界应力与材料无关　　　　D. 小柔度杆的临界应力与杆的柔度无关

## ▶▶ 考点 43  压杆稳定性校核

### 一、压杆的稳定计算

为了保证压杆在轴向压力作用下不失稳，并具有一定的安全裕度，压杆的工作载荷 $F$ 应满足下列关系

$$F \leqslant \frac{F_{cr}}{n_{st}}$$

或

$$n = \frac{F_{cr}}{F} \geqslant n_{st} \tag{10 - 13}$$

上式即为压杆的稳定条件,$n$ 是工作安全系数,$n_{st}$ 是稳定安全系数。由于压杆存在初曲率和载荷偏心等不利因素的影响,$n_{st}$ 值一般比强度安全系数要大些,并且 $\lambda$ 越大,$n_{st}$ 值也越大,具体取值可从有关设计手册中查到,该计算方法称为安全系数法。在机械、动力、冶金等工业部门,由于载荷情况复杂,一般都采用安全系数法进行稳定计算。

> 单选题

图示边长为 $a = 2\sqrt{3} \times 10$ mm 的正方形截面大柔度杆,承受轴向压力 $F = 4\pi^2$ kN,弹性模量 $E = 100$ GPa,则该杆的工作安全系数为(    )。

A. 1      B. 2      C. 3      D. 4

## 二、提高压杆稳定性的措施

压杆的稳定性取决于临界载荷的大小。由临界应力总图可知,当柔度 $\lambda$ 减小时,则临界应力提高,而 $\lambda = \dfrac{\mu l}{i}$,所以提高压杆承载能力的措施主要是尽量减小压杆的长度,选用合理的截面形状,增加支承的刚性以及合理选用材料。现分述如下。

1. 减小压杆的长度

减小压杆的长度,可使 $\lambda$ 降低,从而提高了压杆的临界载荷。工程中,为了减小柱子的长度,通常在柱子的中间设置一定形式的撑杆,它们与其他构件连接在一起后,对柱子形成支点,限制了柱子的弯曲变形,起到减小柱长的作用。对于细长杆,若在柱子中间设置一个支点,则长度减小一半,承载能力可增加到原来的 4 倍。

2. 选择合理的截面形状

压杆的承载能力取决于最小惯性矩 $I$,当压杆各个方向的约束条件相同时,使截面对两个形心主轴的惯性矩尽可能大且相等,是压杆合理截面的基本原则。

因此,薄壁圆管[如图 10-7(a)]、正方形薄壁箱形截面[如图 10-7(b)]是理想截面,它们各个方向的惯性矩相同,且惯性矩比同等面积的实心杆大得多,但这种薄壁杆的壁厚不能过薄,否则会出现局部失稳现象。对于型钢截面(工字钢、槽钢、角钢等),由于它们的两个形心主轴惯性矩相差较大,为了提高这类钢截面压杆的承载能力,工程实际中常用几个型钢通过缀板组成一个组合截面,如图 10-7(c)和(d)所示,并选用合适的距离 $a$,使 $I_z = I_y$,这样可大大提高压杆的承载能力。

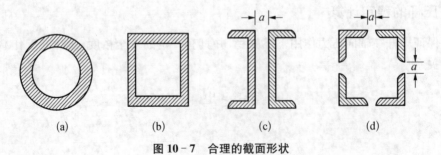

图 10-7 合理的截面形状

### 3. 增加支承的刚性

对于大柔度的细长杆,一端铰支、另一端固定的压杆其临界载荷比两端铰支的大一倍。因此,杆端越不易转动,杆端的刚性越大,长度系数就越小。如图 10-8 所示压杆,若增大杆右端止推轴承的长度 $a$,就加强了约束的刚性。

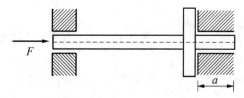

**图 10-8 增加支承的刚性**

### 4. 合理选用材料

对于大柔度杆,临界应力与材料的弹性模量 $E$ 成正比。因此,钢压杆比铜、铸铁或铝制压杆的临界载荷高。但各种钢材的 $E$ 基本相同,所以对大柔度杆选用优质钢材与低碳钢并无多大差别。对中柔度杆,由临界应力总图可以看到,材料的屈服极限 $\sigma_s$ 和比例极限 $\sigma_p$ 越高,则临界应力就越大。这时选用优质钢材会提高压杆的承载能力。至于小柔度杆,本来就是强度问题,优质钢材的强度高,其承载能力的提高是显然的。

#### ➤ 单选题

1. 在横截面积等其他条件均相同的条件下,压杆采用( )所示的截面形状,其稳定性最好。

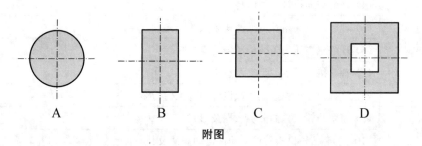

附图

2. 提高钢制细长压杆承载能力有如下方法,( )是最正确的。
A. 减小杆长,减小长度系数　　　　　　　B. 增加横截面面积,减小杆长
C. 增加惯性矩,减小杆长　　　　　　　　D. 采用高强度钢

# 课程 C　机械设计基础

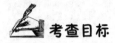 **考查目标**

掌握一般机械中常用机构和通用零件的工作原理、组成、性能特点,初步掌握结构参数和尺寸设计方法。

能够对机构和零件进行分析计算、一定的方案评价并使用技术资料。

能综合运用所学知识和实践技能,具有设计简单机械传动装置及分析、解决一般工程问题的初步能力。

 **考查内容**

| 序号 | 考试内容 | |
|---|---|---|
| | 知识领域 | 知识点 |
| 1 | 平面机构的结构分析 | (1) 理解机器、机构、构件、零件、运动副及自由度的概念 |
| | | (2) 掌握平面机构自由度的计算 |
| 2 | 平面连杆机构 | (3) 掌握铰链四杆机构的基本类型及判别方法 |
| | | (4) 理解平面机构的急回特性含义 |
| | | (5) 理解极位夹角及行程速比系数的定义 |
| | | (6) 理解机构压力角及传动角的定义 |
| | | (7) 理解机构死点的定义及意义 |
| | | (8) 掌握根据行程速比系数设计四杆机构的作图法 |
| 3 | 凸轮机构 | (9) 了解凸轮机构的分类依据及形式 |
| | | (10) 了解凸轮机构常见从动件运动规律及其特性 |
| | | (11) 理解凸轮轮廓曲线反转法设计原理 |
| | | (12) 掌握对心和偏置凸轮机构基圆、偏距圆、压力角、位移的作图方法 |
| | | (13) 理解凸轮机构基圆、压力角及滚子半径的确定方法 |
| 4 | 齿轮传动 | (14) 理解渐开线齿廓的形成及其特性 |
| | | (15) 理解渐开线齿轮各部分的名称及主要参数 |
| | | (16) 掌握标准直齿圆柱齿轮的基本尺寸、传动比的计算方法和渐开线直齿圆柱齿轮传动的正确啮合条件 |
| | | (17) 理解齿轮啮合传动过程及其特性 |
| | | (18) 了解齿轮齿廓的加工方法 |
| | | (19) 了解齿廓加工的根切现象及不根切最小齿数 |
| | | (20) 了解变位齿轮及其传动类型 |

| 序号 | 考试内容 | |
| --- | --- | --- |
| | 知识领域 | 知识点 |
| | | (21) 了解圆锥齿轮、蜗杆传动的特点、类型及其应用 |
| | | (22) 理解齿轮的常见失效形式及设计准则 |
| | | (23) 掌握直齿圆柱齿轮传动的设计过程 |
| | | (24) 理解齿轮的结构型式、精度等级、效率及润滑方式 |
| | | (25) 掌握定轴轮系及周转轮系的传动比计算 |
| | | (26) 了解简单复合轮系的传动比计算 |
| 5 | 连接 | (27) 了解键连接和销连接的分类、特点、应用 |
| | | (28) 掌握普通平键连接的设计 |
| | | (29) 理解螺纹的分类和普通螺纹的主要参数含义 |
| | | (30) 熟悉螺纹连接的主要类型、应用场合、预紧与防松 |
| | | (31) 了解单个螺栓连接的强度计算 |
| | | (32) 理解提高螺栓连接强度的措施 |
| | | (33) 了解联轴器、离合器和制动器的功用、类型特点、应用 |
| 6 | 带传动及链传动 | (34) 了解带传动的类型及应用特点 |
| | | (35) 了解 V 带的结构参数及其标准 |
| | | (36) 理解 V 带传动截面的应力特性 |
| | | (37) 理解摩擦带传动的弹性滑动及其打滑现象 |
| | | (38) 了解带传动的失效形式及设计准则 |
| | | (39) 理解 V 带传动的设计过程 |
| | | (40) 掌握 V 带传动参数的选择方法 |
| | | (41) 理解滚子链的结构参数及其选择方法 |
| | | (42) 了解链传动的多边形效应 |
| | | (43) 了解带传动和链传动的布置张紧方法 |
| 7 | 轴承 | (44) 理解滚动轴承的类型及其选择方法 |
| | | (45) 理解滚动轴承的代号含义 |
| | | (46) 理解滚动轴承额定寿命、额定载荷及当量动载荷的含义 |
| | | (47) 理解滚动轴承的失效形式及设计准则 |
| | | (48) 理解角接触轴承及圆锥滚子轴承的派生轴向力 |
| | | (49) 掌握 3、6、7 类滚动轴承的寿命计算方法 |
| | | (50) 了解滚动轴承的组合设计 |
| | | (51) 熟悉滚动轴承的润滑与密封方法 |

续　表

| 序号 | 考试内容 | |
|---|---|---|
| | 知识领域 | 知识点 |
| 7 | 轴承 | （52）了解滑动轴承的功用及其结构 |
| | | （53）了解非液体润滑轴承的强度计算 |
| 8 | 轴 | （54）理解轴的功用和类型 |
| | | （55）掌握阶梯轴的结构设计要点 |
| | | （56）理解阶梯轴上零件的定位方法 |
| | | （57）理解转轴的设计方法及过程 |

# 第一章　平面机构的结构分析

## ▶ 考点 1　机器、机构、构件、零件、运动副及自由度的概念

### 一、机器的组成

机械是一切具有确定的运动系统的机器和机构的总称。**机器是根据某种使用要求而设计的机械系统，可以用来变换或传递能量、物料与信息。**

机构是现代机械系统的骨架，是在系统中用来传递运动和力，或改变运动形式的机械装置。**机构一般为由两个或两个以上构件通过活动联接形成的构件系统。**按组成的各构件间相对运动的不同，机构可分为平面机构和空间机构；按运动副类别可分为低副机构和高副机构。

一台机器可能是由一种机构组成，也可能是由若干种机构组成，它们按一定的规律相互协调配合，通过有序的运动和动力的传递与变换来完成预期的功能。构件是组成机构的基本要素之一，而构件可以由一个或多个零件刚性连接作为一个整体运动，如图 1-1 所示。因此，从运动的角度看，任何机器都是由若干个构件组成的。同时也可看出，机器是由许多零件、部件组成的一个整体。**构件是机器中的独立运动单元，零件则是机器中的独立制造单元。**

零件可分为通用零件和专用零件，通用零件是大多数机械经常使用的零件，如螺纹、齿轮、链条、轴承等；专用零件是指某种特殊机械上专门使用的零件，如内燃机曲轴、螺旋桨、犁铧、枪栓等。部件是指为完成同一功能在结构上组合在一起并协调工作的零件，如滚动轴承。

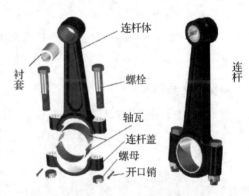

图 1-1　连杆的组成

### 二、机构的组成与分类

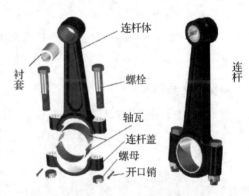

图 1-2　平面运动的自由构件

构件是机械中具有独立运动的部分。一个平面运动的自由构件具有 3 个独立运动。如图 1-2 所示，在 $Oxy$ 坐标系中，构件 $G$ 可随其上任一点 $A$ 沿 $x$ 轴、$y$ 轴方向移动或绕 $A$ 点转动。

**描述或确定机构运动所必需的独立参变量（坐标数）称为机构的自由度。**因此，一个做平面运动的自由构件具有 3 个自由度。

机构是由多个构件组成的，构件间以一定的方式构成具有相对运动的连接，这种**具有相对运动的构件间的活动连接称为运动副。**两构件上直接参与接触而构成运动副的部分（点、线或面）称为运动副元素。构件组成运动副后，其独立运动受到约束，自由度随之减少。

**按照运动副自由度的约束数分类，运动副可分为低副和高副。**

(1) 高副

**两构件以点或线接触的运动副称为高副。平面机构中的高副引入 1 个约束,保留了 2 个自由度,**如图 1-3(a)所示为齿轮副,图 1-3(b)所示为凸轮高副。

(2) 低副

**两构件以面接触的运动副称为低副。平面机构中的低副引入了 2 个约束,仅保留 1 个自由度,**如图 1-3(c)、(d)所示。

根据的构件之间的相对运动是转动还是移动,**平面机构中的低副又分为转动副和移动副。**

① 转动副

组成副的两构件之间只能绕某一轴线做相对转动的低副称为转动副。通常转动副的具体形式是用铰链连接,即由圆柱销和销孔所构成的转动副,如图 1-3(c)所示。

② 移动副

组成低副的两构件之间只能做相对直线移动的低副称为移动副,如图 1-3(d)所示。

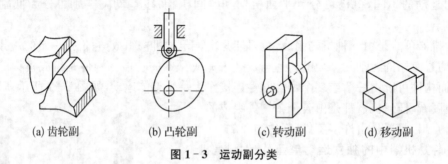

(a) 齿轮副　　　　(b) 凸轮副　　　　(c) 转动副　　　　(d) 移动副

图 1-3　运动副分类

▷ **单选题**

机器中各运动单元称为(　　　)。

A. 零件　　　　　　B. 部件　　　　　　C. 机件　　　　　　D. 构件

▷ **填空题**

平面运动副可分为(　　　)和(　　　),低副又可分为(　　　)和(　　　)。

## ⅠⅠ▶ 考点 2　掌握平面机构自由度的计算

### 一、机构的自由度计算

在平面机构中,**每个平面低副引入 2 个约束,使构件失去 2 个自由度,保留 1 个自由度;而每个平面高副引入 1 个约束,使构件失去 1 个自由度,保留 2 个自由度。**如果一个平面机构中包含有 $n$ 个活动构件(机架为参考坐标系,因相对固定而不计),在没有用运动副连接之前,这些活动构件的自由度总数应为 $3n$。当各构件用运动副连接起来之后,运动副引入的约束使构件的自由度减少。若机构中有 $P_L$ 个低副和 $P_H$ 个高副,则所有运动副引入的约束数为 $2P_L + P_H$。因此,可活动构件的自由度总数减去运动副引入的约束总数就是机构的自由度总数,这称为平面机构的自由度。

若平面机构的自由度用 $F$ 表示,则

$$F = 3n - (2P_L + P_H) \qquad (1-1)$$

**【例 1-1】**  试计算颚式破碎机的自由度。

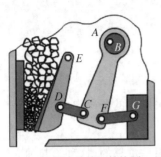
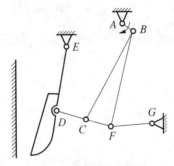

(a) 颚式破碎机结构图          (b) 颚式破碎机运动简图

**图 1-4  颚式破碎机结构图及运动简图**

**解**  由图 1-4 可知,颚式破碎机有 5 个活动构件、7 个低副,即 $n=5$,$P_L=7$,$P_H=0$。所以,该机构的自由度为

$$F=3n-(2P_L+P_H)=3\times5-(2\times7+0)=1$$

## 二、机构具有确定运动的条件

机构的自由度必须大于 0,才能保证除机架之外的其他构件能够运动;如果机构的自由度等于 0,所有构件就不能运动了,因此也就构不成机构了。通常我们把具有 1 个独立运动的构件作为原动件。因此,**机构具有确定运动的充分必要条件为:机构的自由度必须大于 0,且原动件的数目等于自由度数。**

## 三、机构自由度计算应注意的事项

应用式(1-1)计算平面机构的自由度时,应注意以下几点。

### 1. 复合铰链

由 2 个以上构件组成的 2 个或更多个共轴线的转动副,即为复合铰链,如图 1-5 所示。由图 1-5 可知,此 3 个构件共组成 2 个共轴线的转动副。当有 $k$ 个构件在同一处构成复合铰链时,就构成 $k-1$ 个共轴线转动副。

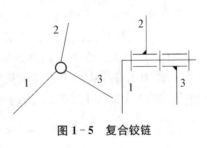

**图 1-5  复合铰链**

### 2. 局部自由度

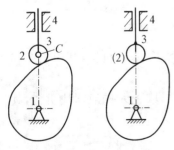

**图 1-6  局部自由度**

机构的局部自由度是指与输出构件运动无关的自由度,在计算机构的自由度时,可预先将其排除。如图 1-6(a)所示的平面滚子盘形凸轮机构中,为减少高副接触处的磨损,在从动件 3 上安装一个滚子 2,使其与凸轮 1 的轮廓线滚动接触。显然,滚子绕其自身轴线转动与否并不影响凸轮与从动件间的相对运动,因此滚子绕其自身轴线的转动为机构的局部自由度,在计算机构的自由度时应预先将转动副 C 和从动件 3 除去不计,如图 1-6(b)所示。设想将滚子 2 与从动件 3 固接在一起,作为一个

构件来考虑,此时该机构中,$n=2$,$P_L=2$,$P_H=1$,则其机构自由度为

$$F=3n-(2P_L+P_H)=3\times2-(2\times2+1)=1$$

如果不删除该机构的局部自由度,则此时该机构中,$n=3$,$P_L=3$,$P_H=1$,则其机构自由度为

$$F=3n-(2P_L+P_H)=3\times3-(2\times3+1)=2$$

这显然与实际情况不符,所以在计算时必须除去机构的局部自由度。

### 3. 虚约束

在特殊的几何条件下,有些约束所起的限制作用是重复的,这种不起独立限制作用的约束称为虚约束,如图 1-7 所示。

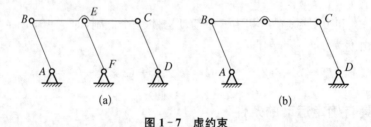

**图 1-7 虚约束**

在图 1-7(a)所示的平行四边形机构中,其自由度为

$$F=3n-(2P_L+P_H)=3\times4-(2\times6+0)=0$$

因机构自由度 $F=0$,机构不能运动,这与实际情况不符,其原因是该机构中有虚约束存在,杆 $EF$ 构成了一个虚约束,它的约束不起作用。将杆 $EF$ 除去后得到图 1-7(b)所示的平面铰链四杆机构,这时其自由度 $F=1$,符合实际情况。

平面机构的虚约束常出现于下列情况。

① 不同构件上两点间的距离保持恒定,如图 1-8 所示的平行四边形机构,其中 $EF=BC$,$EF$ 产生的约束为虚约束。

② 两构件构成多个移动副且导路互相平行,如图 1-9 所示的凸轮机构,由于 $A$、$B$ 导轨平行,所以 $A$ 或 $B$ 的约束为虚约束。

**图 1-8 平行四边形机构**　　　**图 1-9 凸轮机构**

③ 机构中对运动不起限制作用的对称部分,如图 1-10 所示的行星轮机构,其中轮 6 和轮 7 所产生的约束为虚约束。

④ 被连接件上点的轨迹与机构上连接点的轨迹重合,如图 1-11 所示的双滑块机构,其中滑块 4 所产生的约束为虚约束。

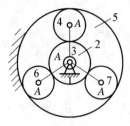

图 1-10  行星轮机构

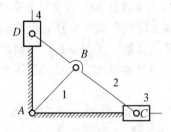

图 1-11  双滑块机构

**【例 1-2】**  计算如图 1-12(a)所示机构的自由度。

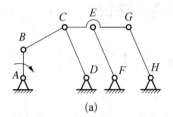

(a)

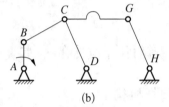

(b)

图 1-12  例 1-2 图

**解**  利用等效机构简图求自由度。

先判断是否有局部自由度、虚约束。构件 EF 构成的约束为虚约束,应除去,画出等效机构运动简图如图 1-12(b)所示。在等效图中,C 点为三构件组成的复合铰链。

根据图 1-12(b),$n=5$,$P_L=7$,$P_H=0$, 故

$$F=3n-(2P_L+P_H)=3\times5-(2\times7+0)=1$$

故该机构的自由度为 1。

**【例 1-3】**  计算图 1-13 所示齿轮系统(轮系)的自由度。

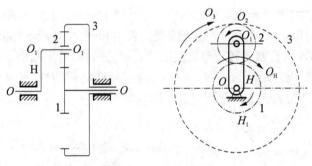

图 1-13  齿轮系统

**解**  该轮系有 4 个活动构件(齿轮 1、2、3 和系杆 H),4 个低副,2 个高副,即 $n=4$,$P_L=4$,$P_H=2$。则

$$F=3n-(2P_L+P_H)=3\times4-(2\times4+2)=2$$

故该齿轮系统的自由度为 2。

**➢ 单选题**

机构具有确定相对运动的条件是(　　　　)。

A. 机构的自由度数目大于 0 且等于原动件数目
B. 机构的自由度数目大于 0 且大于原动件数目
C. 机构的自由度数目大于 0 且小于原动件数目
D. 机构的自由度数目大于 0 且大于等于原动件数目

➢ **填空题**

1. 机构具有确定相对运动的条件是机构的自由度数目(　　)主动件数目。
2. 平面运动副的最大约束数为(　　)。

# 第二章　平面连杆机构

## 考点 3　铰链四杆机构的基本类型及判别方法

### 一、铰链四杆机构

**铰链四杆机构是全部运动副均为转动副的平面四杆机构,是平面四杆机构最基本的形式,** 如图 2-1 所示。其他平面四杆机构都可以看作是由它转换而得到的。在铰链四杆机构中,固定不动的构件 4 为机架;与机架 4 相连接的构件 1 和 3 称为连架杆,其中能做整周回转运动的连架杆称为曲柄,只能在一定范围内摆动的连架杆称为摇杆;与两连架杆相连且不与机架相连的构件 2 称为连杆,连杆做平面复合运动。

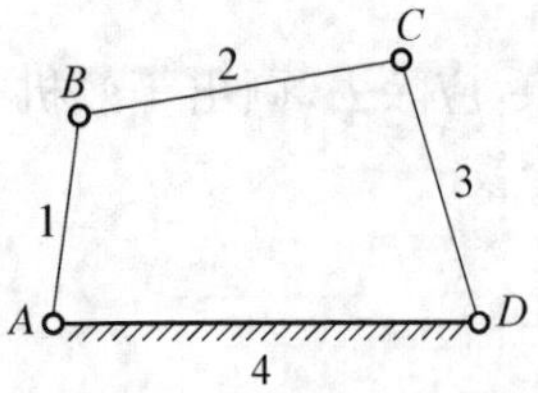


**图 2-1　铰链四杆机构**

**铰链四杆机构通常按两连架杆是曲柄还是摇杆分为曲柄摇杆机构、双曲柄机构和双摇杆机构 3 种类型。**

1. 曲柄摇杆机构

在铰链四杆机构中,若 2 个连架杆的其中一个为曲柄,另一个为摇杆,则此铰链四杆机构称为曲柄摇杆机构。图 2-2 所示的雷达天线调整机构和图 2-3 所示的搅拌机都是曲柄摇杆机构。曲柄摇杆机构能实现整周转动与往复摆动之间的转换,若取曲柄 1 为原动件,则将曲柄 1 的等速(或不等速)整周转动变为摇杆 3 的不等速往复摆动;若取摇杆 3 为原动件,则将摇杆 3 的不等速往复摆动变为曲柄 1 的等速(或不等速)整周转动。

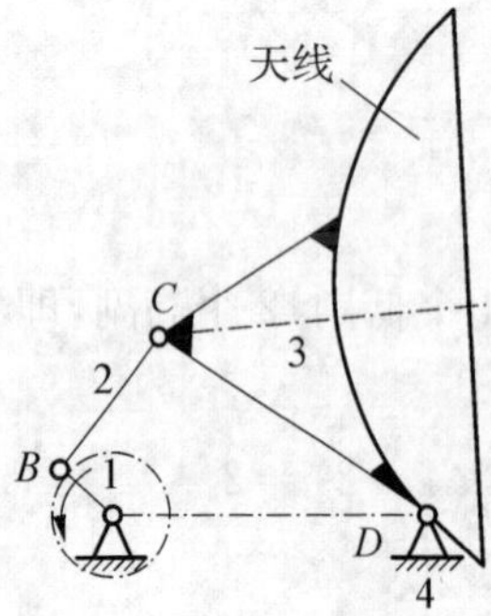


**图 2-2　雷达天线调整机构**

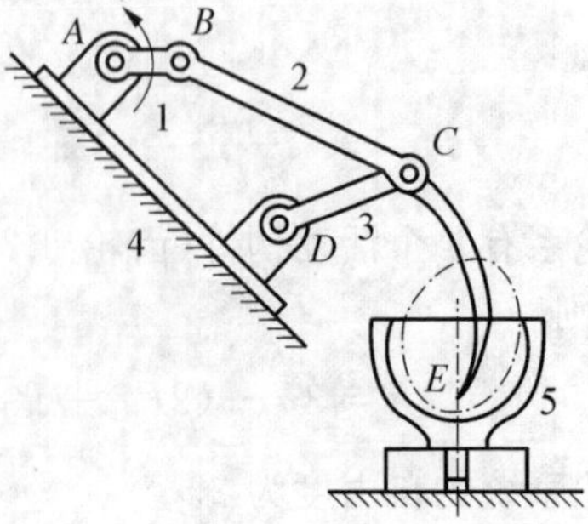


**图 2-3　搅拌机**

2. 双曲柄机构

在铰链四杆机构中，若 2 个连架杆均为曲柄，则此铰链四杆机构称为双曲柄机构。双曲柄机构中，通常一个曲柄做等速转动，另一个曲柄做不等速转动，图 2-4 所示的惯性筛机构就是将曲柄 1 的等速转动转换为曲柄 3 的不等速转动。平行四边形机构是双曲柄机构的一个特例，如图 2-5 所示，它是将曲柄 AB 的等速转动转换为曲柄 EF 的等速转动。

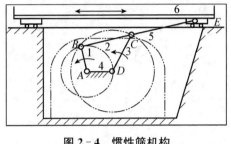

图 2-4　惯性筛机构

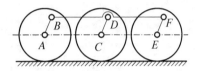

图 2-5　平行四边形机构

3. 双摇杆机构

在铰链四杆机构中，若 2 个连架杆均为摇杆，则此铰链四杆机构称为双摇杆机构。图 2-6 所示的汽车转向机构和图 2-7 所示的鹤式起重机均为双摇杆机构。

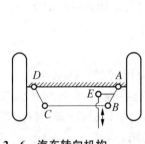

图 2-6　汽车转向机构

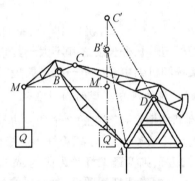

图 2-7　鹤式起重机

## 二、铰链四杆机构曲柄存在的条件

1. 铰链四杆机构中曲柄存在的条件

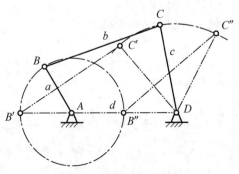

图 2-8　曲柄摇杆机构

铰链四杆机构的 3 种基本类型的区别在于机构中是否存在曲柄，以及有几个曲柄。机构中是否存在曲柄与各构件相对尺寸的大小，以及哪个构件作为机架有关。

下面用图 2-8 所示的曲柄摇杆机构来讨论曲柄存在的条件。如图 2-8 所示，AB 为曲柄、BC 为连杆、CD 为摇杆、AD 为机架，各杆长度分别为 $a$、$b$、$c$、$d$，且 $a < d$。当机构运行时，曲柄 AB 的 B 点能够通过 $B'$ 和 $B''$ 两点位置，此时图中构成了

$\triangle B'C'D$ 和 $\triangle B''C''D$,由三角形的几何关系可知

在 $\triangle B'C'D$ 中,有关系式为

$$a + d \leqslant b + c \tag{2-1}$$

在 $\triangle B''C''D$ 中,有关系式为

$$b - c \leqslant d - a \tag{2-2}$$

$$c - b \leqslant d - a \tag{2-3}$$

将式(2-1)—式(2-3)整理后得到

$$\left. \begin{array}{l} a \leqslant b \\ a \leqslant c \\ a \leqslant d \end{array} \right\} \tag{2-4}$$

式(2-4)表明杆 $AB$ 为最短杆,且最短杆与最长杆长度之和不大于其余两杆长度之和。同理,当 $d < a$ 时,可得

$$\left. \begin{array}{l} d \leqslant a \\ d \leqslant b \\ d \leqslant c \end{array} \right\} \tag{2-5}$$

由此可以得到,铰链四杆机构中存在曲柄的条件为:

**(1)** 最短杆与最长杆长度之和不大于其余两杆长度之和,这称为杆长之和条件;

**(2)** 连架杆和机架中最少有一根是最短杆。

2. 铰链四杆机构基本类型的判别准则

从上述判断曲柄是否存在的 2 个条件可推论出铰链四杆机构的具体类型如下。

**(1)** 当满足杆长条件时,若取连杆为最短杆,则机构不存在曲柄,故此机构为双摇杆机构;若取机架为最短杆,则两连架杆均为曲柄,故此机构为双曲柄机构;若取连架杆为最短杆,则最短杆为曲柄,另一根连架杆为摇杆,故此机构为曲柄摇杆机构。

**(2)** 当不满足杆长条件时,机构不存在曲柄,故此机构为双摇杆机构。

➤ 单选题

铰链四杆机构中,若最短杆与最长杆长度之和小于其余两杆长度之和,则为了获得曲柄摇杆机构,其机架应取( )。

A. 最短杆 　　　　　　　　　　　B. 最短杆的相邻杆

C. 最短杆的相对杆 　　　　　　　D. 任何一台机器中各运动单元

➤ 填空题

在铰链四杆机构中,能做整周连续旋转的构件称为( ),只能来回摇摆某一角度的构件称为( ),直接与连架杆相连接,借以传动和动力的构件称为( )。

## ⫸ 考点4　平面机构的急回特性、极位夹角及行程速比系数

图 2-9 所示的曲柄摇杆机构中,设曲柄 $AB$ 为原动件。曲柄在旋转过程中每周有 2 次与连杆在同一直线上,如图 2-9 中的 $B_1AC_1$ 和 $AB_2C_2$ 两位置。这时摇杆处于最左位置 $C_1D$ 和最右位置 $C_2D$,称为极限位置,简称极位;$C_1D$ 与 $C_2D$ 的夹角 $\phi$ 称为最大摆角;曲柄处于两极限位置 $AB_1$ 和 $AB_2$ 时所夹的锐角 $\theta$ 称为极位夹角。

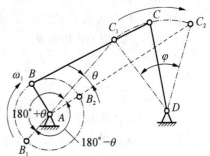

图 2-9　曲柄摇杆机构的急回特性

设曲柄以等角速度 $\omega_1$ 顺时针转动,从 $AB_1$ 转到 $AB_2$ 所经过的角度为 $(180°+\theta)$,摇杆相应地由 $C_1D$ 摆到 $C_2D$,曲柄从 $AB_2$ 到 $AB_1$ 所经过的角度为 $(180°-\theta)$,摇杆相应地由 $C_2D$ 摆回 $C_1D$,所需的时间分别为 $t_1$ 和 $t_2$,显然 $t_1 > t_2$。设摇杆摆动的角速度大小分别为 $\omega_1$ 和 $\omega_2$,那么 $\omega_1 = \varphi/t_1$,$\omega_2 = \varphi/t_2$,显然 $\omega_1 < \omega_2$。**摇杆这种返回行程的平均角速度大于推进行程的平均角速度的现象称为急回特性**,并用 $\omega_2$ 与 $\omega_1$ 的比值 $K$ 来描述急回特性的大小,$K$ 称为行程速比系数,即

$$K = \frac{\omega_2}{\omega_1} = \frac{\varphi/t_2}{\varphi/t_1} = \frac{t_1}{t_2} = \frac{180°+\theta}{180°-\theta} \qquad (2-6)$$

由式(2-6)可知**极位夹角 $\theta$ 越大,$K$ 值越大,急回特性越明显。当 $\theta=0$ 时,$K=0$,机构无急回特性**。在机械设计时可根据需要先设定 $K$ 值,然后算出 $\theta$ 值,再由此计算得各构件的长度尺寸,极位夹角 $\theta$ 为

$$\theta = 180° \times \frac{K-1}{K+1} \qquad (2-7)$$

急回特性在实际生产中广泛应用于单向工作的场合(如往复式运输机、牛头刨床等),使空回程所花的非生产时间缩短以提高生产效率。

➤ **填空题**

在曲柄摇杆机构中,当曲柄等速转动时,摇杆往复摆动的平均速度不同的运动特性称为(　　)。

➤ **单选题**

当急回特性系数为(　　)时,曲柄摇杆机构才有急回运动。

A. $K < 1$　　　　　B. $K = 1$　　　　　C. $K > 1$　　　　　D. $K = 0$

➤ **判断题**

极位夹角是曲柄摇杆机构中,摇杆两极限位置的夹角。

## ⫸ 考点5　机构压力角及传动角

### 一、压力角和传动角

在工程应用中,连杆机构除了要满足运动要求外,还应具有良好的传力性能,以减小机构的结构尺寸、提高机械效率,下面介绍表征机构传力性能优劣的物理量——压力角和传动角。

在不计重力、惯性力和摩擦力作用的前提下,机构从动件最终所受驱动力的方向与从动件受力点的速度方向之间所夹的锐角,称为机构的压力角,用 $\alpha$ 表示。压力角的余角称为机构的传动角,用 $\gamma$ 表示,即 $\alpha + \gamma = 90°$。

图 2-10 为曲柄摇杆机构的压力角和传动角示意图,设曲柄为原动件,故摇杆为从动件,动力通过连杆作用于摇杆上的 $C$ 点,驱动力 $F$ 必然沿 $BC$ 方向,点 $C$ 的速度 $v_c$ 方向切于圆弧 $C_2 C_1$,将 $F$ 分解为切线方向和径向方向的两个分力 $F_t$ 和 $F_n$,切向分力 $F_t$ 与 $C$ 点的速度 $v_c$ 同向。驱动力 $F$ 与速度 $v_c$ 所夹的锐角 $\alpha$ 为机构的压力角,驱动力 $F$ 与径向分力 $F_n$ 所夹的锐角 $\gamma$ 为机构的传动角。由图可知

$$F_t = F\cos\alpha = F\sin\gamma$$
$$F_n = F\sin\alpha = F\cos\gamma \tag{2-8}$$

$F_t$ 是驱动摇杆 $CD$ 摆动的有效分力,而 $F_n$ 将在转动过程中对运动副 $C$ 产生径向压力,是有害分力。从式(2-8)可知,**压力角 $\alpha$ 越小,传动角 $\gamma$ 越大,有效分力 $F_t$ 越大,机构传力性能越好。**

显然,压力角和传动角的大小是随着机构位置变化而变化的。为了保证机构良好的传力性能,要求机构在一个循环周期内,最大压力角不大于许用压力角,即 $\alpha \leqslant [\alpha]$,或最小传动角不小于许用传动角,即 $\gamma \geqslant [\gamma]$。一般来说,$\alpha_{max} \leqslant 50°$,$\gamma \geqslant 40°$。对于曲柄摇杆机构来说,最小传动角出现在曲柄与机架共线的两个位置之一,即如图 2-10 所示的 $B_1$ 或 $B_2$ 点位置。

偏置曲柄滑块机构以曲柄为原动件,故滑块为从动件,图 2-11 为偏置曲柄滑块机构的压力角和传动角示意图,传动角 $\gamma$ 为连杆与导路垂线所夹锐角。最小传动角 $\gamma_{min}$ 出现在曲柄垂直于导路时的位置,并且位于与偏距方向相反的一侧。对于对心曲柄滑块机构(即偏距 $e = 0$ 的情况),最小传动角 $\gamma_{min}$ 出现在曲柄垂直于导路时的位置。

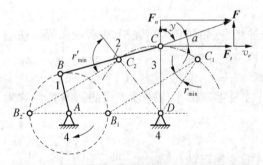
图 2-10 曲柄摇杆机构的压力角和传动角示意

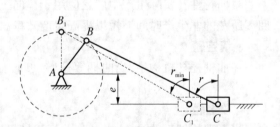
图 2-11 偏置曲柄滑块机构的压力角和传动角

对以曲柄为原动件的导杆机构(如图 2-11),因为滑块对导杆的作用力始终垂直于导杆,故其传动角 $\gamma$ 恒为 $90°$,即 $\gamma = \gamma_{min} = \gamma_{max} = 90°$,这表明导杆机构具有最好的传力性能。

➤ 判断题

铰链四杆机构中,传动角 $\gamma$ 越大,机构传力性能越高。

## ▶▶ 考点 6  机构死点的定义及意义

由式(2-8)可知,当压力角 $\alpha = 90°$,$\gamma = 0°$ 时,对从动件作用的有效分力 $F_t = 0$,此时无论驱动力 $F$ 多大,连杆都不能驱动从动件工作。机构所处的这种位置称为死点,又称止点。图

2-11(a)所示为曲柄摇杆机构的止点位置,当以摇杆 $CD$ 为原动件,曲柄 $AB$ 为从动件,曲柄 $AB$ 与连杆 $BC$ 共线时,出现压力角 $\alpha = 90°$,传动角 $\gamma = 0°$,机构处于死点位置;图 2-11(b)所示为曲柄滑块机构的止点位置,当以滑块为原动件,曲柄 $AB$ 为从动件,曲柄 $AB$ 与连杆 $BC$ 共线时,出现压力角 $\alpha = 90°$,传动角 $\gamma = 0°$,外力 $F$ 无法推动从动曲柄转动,机构处于死点位置。

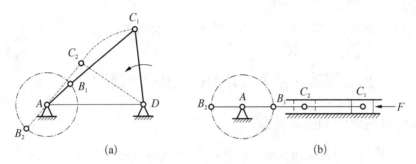

图 2-12　平面四杆机构的止点位置

　　四杆机构是否存在死点,取决于原动件的类型及从动件是否与连杆共线。例如,图 2-12(a)所示的曲柄摇杆机构,如果变摇杆 $CD$ 主动为曲柄 $AB$ 主动,则摇杆 $CD$ 为从动件,因连杆 $BC$ 与摇杆 $CD$ 不存在共线的位置,故不存在死点;又如图 2-12(b)所示的曲柄滑块机构,如果变滑块主动为曲柄 $AB$ 主动,就不存在死点。

　　当机构处于死点位置时,一方面有效驱动力作用为零,机构会卡死;另一方面是方向不定,可能因偶然外力的影响造成反转。故在设计机构时,应尽量避免出现死点。**当无法避免出现死点时,可以采用加大从动件惯性的方法,靠惯性帮助通过死点,例如内燃机曲轴上的飞轮;也可以采用机构错位排列的方法,靠两组机构死点位置差的作用通过各自的死点。**

　　死点并不总是有害的,在实际工程应用中,有许多场合是利用死点位置来实现一定工作要求的。如图 2-13(a)所示为一种快速夹具,要求夹紧工件后夹紧反力不能使夹具自动松开,因此,将施加反作用力给工件的构件 1 看成原动件,当连杆 2 和从动件 3 共线时,机构处于死点,此时夹紧反力 $N$ 对摇杆 3 的有效作用力矩为 0。这样,在不破坏机构的情况下,无论力 $N$ 有多大,也无法推动摇杆 3 而松开夹具;当用手扳动连杆 2 的延长部分时,因原动件的转换破坏了死点位置而轻易地松开工件。图 2-13(b)所示为飞机起落架处于放下状态的位置,地面反力作用于机轮使 $AB$ 件为原动件,从动件 $CD$ 与连杆 $BC$ 成一直线,机构处于死点位置,此时地面反力对从动件 $CD$ 的有效作用力为零。这样,在不破坏机构的情况下,无论地面反力有多大,也无法推动从动件 $CD$ 而使起落架回缩。当飞机升空离地要收起起落架时,只要用较小

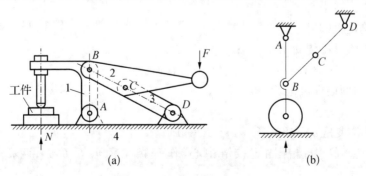

图 2-13　机构死点位置的应用

的力量推动 CD 杆,因原动件改为 CD 杆破坏了死点位置而能轻易地收起机轮。此外,应用死点的方面还有汽车发动机盖、折叠椅等。

➤ **判断题**

机构处于死点位置时,其传动角等于90°。

➤ **单选题**

在曲柄摇杆机构中,只有当( )为主动件时,才会出现"死点"位置。

A. 连杆        B. 机架        C. 摇杆        D. 曲柄

# ▌▶ 考点7 根据行程速比系数设计四杆机构的作图法

## 一、连杆机构设计的基本问题

平面连杆机构设计通常是指根据给定的要求,确定机构的类型、各构件的尺寸、动力条件等。平面连杆机构设计的基本问题可归纳为以下 3 类。

(1)实现构件给定位置的设计。这类命题又叫作刚体引导问题,即要求连杆机构能引导某一构件按规定顺序精确或近似地经过给定的若干位置。

(2)实现给定运动规律的设计。例如,要求主、从动件满足已知的若干组对应位置关系,包括满足一定的急回特性要求;或者在原动件运动规律一定时,从动件能精确或近似地按给定规律运动。

(3)实现给定运动轨迹的设计,即要求连杆机构中做平面运动的构件上某一点精确或近似地沿着给定的轨迹运动。

平面连杆机构设计的方法有作图法、解析法和实验法。本节仅介绍作图法。

## 二、按给定的行程速比系数 $K$ 设计四杆机构

设计具有急回特性的四杆机构,一般是根据运动要求选定行程速比系数,然后根据机构极限位置的几何特点,再结合其他辅助条件进行设计(如图 2-14)。

按行程速比系数 $K$ 设计平面四杆机构的步骤:

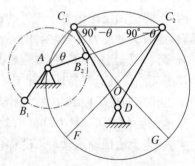

**图 2-14 设计四杆机构**

第一步 求极位夹角 $\theta$    $\theta = 180° \dfrac{K-1}{K+1}$

第二步 作摇杆的极限位置。

第三步 求回转中心 $A$。

第四步 确定机构尺寸。

第五步 校验最小传动角 $\gamma_{min} \geqslant [\gamma]$

**【例 2-1】** 已知:摇杆长度 $CD$,摆角 $\varphi$,行程速比系数 $K$。

要求:设计曲柄摇杆机构。

**解**

(1)计算极位夹角 $\theta = 180(K-1)/(K+1)$

(2)任取一点 $D$ 为摇杆固定铰链中心,作等腰三角形 $C_1C_2D$,两腰长度等于 $CD$,$\angle C_1DC_2 = \varphi$

（3）以 $C_1C_2$ 为一条边，分别作 $\angle OC_1C_2 = \angle OC_2C_1 = 90° - \theta$。以 $O$ 为圆心，$OC_1$ 为半径作圆 $\beta$。

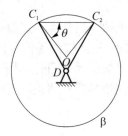

（4）连接并延长 $C_1D$，交圆 $\beta$ 于 $G$ 点，连接并延长 $C_2D$，交圆 $\beta$ 于 $F$ 点。圆弧 $C_1F$ 和 $GC_2$ 上任意一点 $A$ 到 $C_1$ 和 $C_2$ 的连线的夹角 $\angle C_1AC_2$ 都等于极位夹角 $\theta$。曲柄轴心 $A$ 点可在这两段圆弧上选取。

> **注意：** 曲柄轴心 $A$ 不能在 $FG$ 圆弧上选取，否则机构不满足运动连续性要求。在 $C_1F$ 和 $GC_2$ 两段圆弧上选取 $A$ 点时，当 $A$ 点靠近 $F$（或 $G$）点时，机构最小传动角将随之减小。

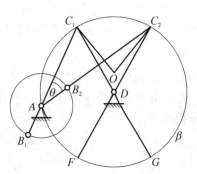

（5）$A$ 点选定后，四杆机构尺寸即确定。设曲柄长度为 $a$，连杆长度为 $b$，则

$$AC_1 = b - a, \quad AC_2 = b + a$$

所以，$a = (AC_2 - AC_1)/2$，$b = (AC_1 + AC_2)/2$

➢ **单选题**

设计连杆机构时，为了具有良好的传动条件，应使（　　）。

A. 传动角大一些，压力角小一些

B. 传动角和压力角都小一些

C. 传动角和压力角都大一些

# 第三章 凸轮机构

## ▌▶ 考点 8 凸轮机构的分类

### 一、凸轮机构的应用

图 3-1 所示为内燃机配气凸轮机构。当具有一定曲线轮廓的凸轮 1 以等角速度回转时,它的轮廓迫使从动件 2(阀杆)上下移动,从而按内燃机工作循环的要求启闭阀门。

图 3-2 所示为自动机床上控制刀架运动的凸轮机构。当圆柱凸轮 1 回转时,凸轮凹槽侧面迫使杆 2 运动,以驱动刀架运动。凹槽的形状将决定刀架的运动规律。

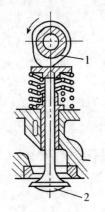

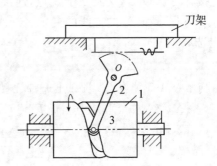

图 3-1 内燃机配气凸轮机构
1—凸轮;2—阀杆。

图 3-2 自动机床上控制刀架运动的凸轮机构
1—圆柱凸轮;2—杆。

凸轮一般做连续等速回转运动,从动件可做连续或间歇的往复运动或摆动。凸轮机构广泛应用于自动化和半自动化机械中,并作为控制机构。但**凸轮轮廓与从动件间为点、线接触,易磨损,所以不宜承受重载或冲击载荷**。

### 二、凸轮机构的分类

凸轮机构的类型很多,通常按凸轮和从动件的结构形状及运动形式分类。

1. 按凸轮的结构形状分类

(1) 盘形凸轮

盘形凸轮是凸轮最基本的形式,这种凸轮是一个绕固定轴转动并且具有变化半径的盘形零件,如图 3-3(a)所示。

(2) 移动凸轮

当盘形凸轮的回转中心趋于无穷远时,凸轮相对机架做直线运动,这种凸轮称为移动凸轮,如图 3-3(b)所示。

(3) 圆柱凸轮

将移动凸轮卷成圆柱体即成为圆柱凸轮,如图 3-3(c)所示。

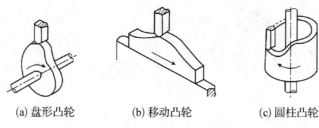

(a) 盘形凸轮          (b) 移动凸轮          (c) 圆柱凸轮

**图 3-3   按凸轮的结构形状分类**

2. 按从动件结构形状分类

（1）尖顶从动件

尖顶从动件能与任意复杂的凸轮轮廓保持接触，因而能实现任意预期的运动规律，如图 3-4(a)所示。但因为尖顶从动件磨损快，所以只宜用于受力不大的低速凸轮机构中。

（2）滚子从动件

在从动件的尖顶处安装一个滚子从动件，可以克服尖顶从动件易磨损的缺点，如图 3-4(b)所示。滚子从动件耐磨损，可以承受较大载荷，是最常用的一种从动件。

（3）平底从动件

平底从动件与凸轮轮廓表面接触的端面为一平面，所以它不能与凹陷的凸轮轮廓相接触，如图 3-4(c)所示。这种从动件的优点是：当不考虑摩擦作用时，凸轮与从动件之间的作用力始终与从动件的平底相垂直，传动效率较高，且接触面易形成油膜，利于润滑，故常用于高速凸轮机构。

(a) 尖顶从动件          (b) 滚子从动件          (c) 平底从动件

**图 3-4   不同的从动件类型(结构形状)**

3. 按从动件运动形式分类

凸轮按从动件运动形式分类可分为直动从动件和摆动从动件两种，如图 3-5 所示。

（1）直动从动件

直动从动件是指从动件的运动规律为上下移动，直动从动件是将凸轮的旋转运动转化为从动件的上下移动，如图 3-5(a)所示。

（2）摆动从动件

摆动从动件是指从动件绕着某一固定中心在一定范围内摆动，摆动从动件是将凸轮的旋转运动转化为从动件的摆动，如图 3-5(b)所示。

4. 其他分类形式

在凸轮机构中，采用重力、弹簧力使从动件端部与凸轮始终相接触的方式称为力锁合；采用特殊几何形状实现从动件端部与凸轮相接触的方式称为形锁合。

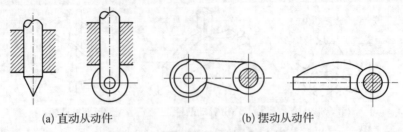

(a) 直动从动件                    (b) 摆动从动件

图 3-5　不同的从动件类型(运动形式)

▷ **填空题**

1. 按凸轮的外形,凸轮机构主要分为(　　)、(　　)凸轮等基本类型。
2. 凸轮机构主要是由(　　)、(　　)和固定机架三个基本构件所组成。

## ▶▶ 考点9　凸轮机构常见从动件运动规律及其特性

### 一、凸轮机构的基本运动参数

凸轮机构旋转运动角 $\delta$ 以 $360°$ 为一个周期,此时从动件完成由最低点 $A' \to$ 最高点 $B' \to$ 最低点 $A'$ 的一个循环,如图 3-6 所示。

**基圆 $S$**:以凸轮的最小向径 $r_0$ 为半径、凸轮转动中心 $O$ 为圆心所作的圆称为基圆。

**推程 $h$**:从动件被凸轮推动,以一定运动规律,从最低位置到达最高位置,从动件在这过程中经过的距离 $h$ 称为推程,也叫升程。

**推程运动角 $\delta_0$**:从动件从最低位置 $A'$ 运动到最高位置 $B'$ 时,对应凸轮从 $A'$ 转到 $B$ 经过的角度 $\delta_0$ 称为推程运动角。

**远休止角 $\delta_{01}$**:当凸轮继续回转时,从动件在最远位置 $B'$ 停留不动。此时凸轮从 $B$ 转到 $C$ 经过的角度 $\delta_{01}$,称为远休止角。

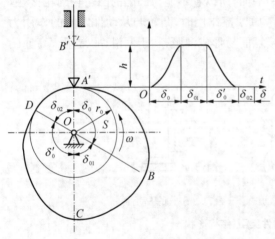

图 3-6　凸轮机构的基本运动参数

**回程运动角 $\delta_0'$**:凸轮再继续回转,从动件以一定运动规律从最远位置 $B'$ 回到最近位置 $A'$,这段行程称为回程,对应的凸轮从 $C$ 转到 $D$ 经过的角度 $\delta_0'$ 称为回程运动角。

**近休止角 $\delta_{02}$**:当凸轮继续回转时,从动件在最近位置 $A'$ 停留不动,此时凸轮从 $D$ 转到 $A'$ 经过的角度 $\delta_{02}$,称为近休止角。

### 二、从动件常用运动规律

#### 1. 等速运动规律

凸轮角速度 $\omega$ 为常数时,若从动件速度 $v$ 不变,称为等速运动规律。图 3-7 为等速运动规律的位移、速度、加速度线条图。对于等速运动规律,起点和终点瞬时的加速度 $a$ 为无穷大,由此产生巨大的冲击,这种冲击称为刚性冲击。因此,等速运动规律只适用于低速场合。

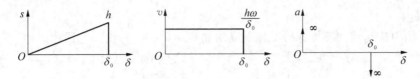

图 3-7 等速运动规律的位移、速度、加速度线条图

**2. 等加速、等减速运动规律**

在推程的前半程用等加速运动规律,后半程采用等减速运动规律,通常取两部分加速度的绝对值相等,其位移、速度、加速度线条图如图 3-8 所示。

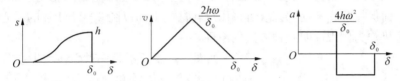

图 3-8 等加速、等减速运动规律的位移、速度、加速度线条图

等加速等减速运动规律的加速度在中间存在由正变负的有限突变,因此,等加速、等减速运动规律存在柔性冲击,它不适用于高速场合。

**3. 余弦加速度(简谐)运动规律**

余弦加速度运动规律的加速度曲线为余弦曲线,位移曲线为简谐运动曲线。余弦加速度(简谐)运动规律的位移、速度、加速度线条图如图 3-9 所示。

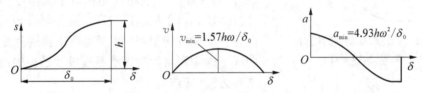

图 3-9 余弦加速度(简谐)运动规律的位移、速度、加速度线条图

余弦加速度运动规律在运动起始和终止位置时,加速度曲线不连续,此时引起的有限冲击称为柔性冲击,适用于中速场合。

**4. 正弦加速度运动规律**

正弦加速度运动规律的加速度曲线为正弦曲线,其位移曲线为摆线在纵轴上的投影,故又称为简谐运动规律,其位移、速度、加速度线条图如图 3-10 所示。

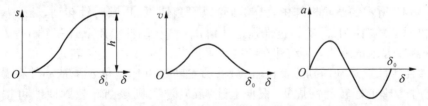

图 3-10 正弦加速度运动规律的位移、速度、加速度线条图

正弦加速度运动规律的加速度曲线光滑连续,因此,既无刚性冲击,也无柔性冲击,故适用于高速场合。

> **单选题**

凸轮机构中从动件做等加速等减速运动时将产生(　　　)冲击。它适用于(　　　)场合。

A. 刚性　　　　　　　B. 柔性　　　　　　　C. 无刚性也无柔性

D. 低速　　　　　　　E. 中速　　　　　　　F. 高速

> **填空题**

等速运动凸轮在速度换接处从动杆将产生(　　　)冲击,引起机构强烈的振动。

## 考点 10　凸轮轮廓曲线反转法设计原理

凸轮机构工作时,凸轮和从动件都在运动,为了在图纸上绘制出凸轮轮廓曲线,应该使凸轮相对图纸平面保持静止不动,为此,可采用反转法。下面以图 3-11 所示的对心尖底直动从动件盘形凸轮机构为例来说明此种方法的原理。

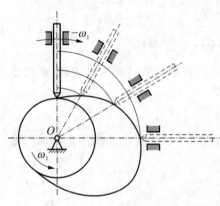

**图 3-11　凸轮与从动件的相对运动(反转原理)**

如图 3-11 所示为一对心移动尖顶从动件盘形凸轮机构,当凸轮以等角速度 $\omega_1$ 绕轴心 $O$ 逆时针转动时,将推动从动件沿其导路做往复移动。为便于绘制凸轮轮廓曲线,设想给整个凸轮机构(含机架、凸轮及从动件)加上一个绕凸轮轴心的公共角速度 $-\omega_1$,根据相对运动原理,这时凸轮与从动件之间的相对运动关系并不发生改变,但此时凸轮将静止不动,而从动件则一方面和机架一起以角速度 $-\omega_1$ 绕凸轮轴心 $O$ 转动,同时又以原有运动规律相对于机架导路做预期的往复运动。由于从动件尖顶在这种复合运动中始终与凸轮轮廓保持接触,所以其尖顶的轨迹就是凸轮轮廓曲线。**这种利用相对运动原理设计凸轮轮廓曲线的方法称为"反转法"。**

凸轮机构的形式多种多样,反转法的原理适用于各种凸轮轮廓曲线的设计。

> **判断题**

凸轮轮廓的形状取决于从动件的运动规律。

## 考点 11　对心和偏置凸轮机构基圆、偏距圆、压力角、位移

### 一、对心直动尖顶从动件盘形凸轮轮廓曲线的绘制

如图 3-12 所示的凸轮机构中,已知凸轮以等角速度 $\omega_1$ 顺时针转动,凸轮基圆半径为 $r_0$,从动件的运动规律为:凸轮转过推程运动角 $\delta_0$ 时,从动件等速上升一个行程 $h$ 到达最高位置;凸轮转过远休止角 $\delta_s$,从动件在最高位置停留不动;凸轮继续转过回程运动角 $\delta_h$,从动件以等加速等减速运动回到最低位置;最后凸轮转过近休止角 $\delta'_s$,从动件在最低位置停留不动(此时凸轮正好转动一周)。根据上述"反转法",则该凸轮轮廓曲线可按如下步骤作出:

第一步　选取长度比例尺 $\mu_s$(实际线性尺寸/图样线性尺寸)和角度比例尺 $\mu_\delta$(实际角度/图样线性尺寸),作从动件位移曲线 $s_2 = s(\delta)$,如图 3-12(b)。

第二步　将位移曲线的推程运动角 $\delta_0$ 和回程运动角 $\delta_h$ 分段等分,并通过各等分点作垂

线,与位移曲线相交,即得相应凸轮各转角时从动件的位移 $11',22',\cdots$。

第三步  用同样比例尺 $\mu_s$ 以 $O$ 为圆心,以 $OB_0 = r_0/\mu_s$ 为半径画基圆,如图 3-12(a)所示。此基圆与从动件导路线的交点 $B_0$ 即为从动件尖顶的起始位置。

第四步  自 $OB_0$ 沿 $\omega_1$ 的相反方向取角度 $\delta_0,\delta_s,\delta_h,\delta'_s$,并将它们分成与图 3-12(b)对应的若干等份,得点 $B'_1,B'_2,B'_3,\cdots$。连接 $OB'_1,OB'_2,OB'_3,\cdots$,并延长各径向线,它们便是反转后从动件路线的各个位置。

第五步  在位移曲线中量取各个位移量,并取 $B'_1B_1 = 11',B'_2B_2 = 22',B'_3B_3 = 33',\cdots$,得反转后从动件尖顶的一系列位置 $B_1,B_2,B_3,\cdots$。

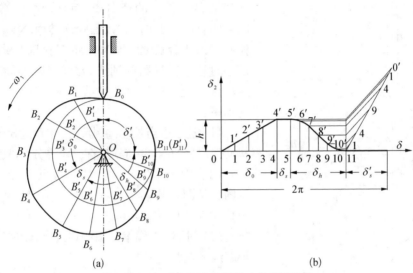

图 3-12  对心直动尖顶从动件盘形凸轮

第六步  将 $B_0,B_1,B_2,\cdots$ 连成光滑的曲线,即所求的凸轮轮廓曲线。

## 二、对心直动滚子从动件盘形凸轮轮廓曲线的绘制

设计对心直动滚子从动件盘形凸轮轮廓时,应在前述尖顶从动件盘形凸轮的基础上增加一个已知条件即滚子半径 $r_T$。在这种类型的凸轮机构中,由于凸轮转动时滚子与凸轮的相切点不一定在从动件的导路线上,但滚子中心位置始终处在该线上,从动件的运动规律与滚子中心的运动规律一致,所以其凸轮轮廓曲线的设计需要分两步进行。

（1）将滚子中心看作尖顶从动件的尖顶,按前述方法设计出轮廓曲线 $\beta_0$,这一曲线称为凸轮的理论轮廓曲线。

（2）以理论轮廓曲线上的各点为圆心、以滚子半径 $r_T$ 为半径作一系列的圆,这些圆的内包络线 $\beta$ 即为凸轮上与从动件直接接触的轮廓,称为凸轮的工作轮廓曲线,如图 3-13 所示。

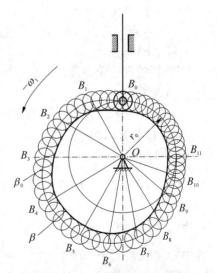

图 3-13  滚子从动件盘形凸轮机构

在滚子从动件盘形凸轮机构中,以凸轮轴心为圆心,凸轮理论轮廓最小向径值为半径所作的圆,称为凸轮理论轮廓基圆;而以凸轮轴心为圆心,凸轮工作轮廓最小向径值为半径所作的圆,称为凸轮工作轮廓基圆。由以上作图过程可知,**凸轮的基圆半径** $r_0$ **则是指凸轮理论轮廓基圆的半径**。

### 三、偏置直动尖顶从动件盘形凸轮轮廓曲线的绘制

偏置直动尖顶从动件盘形凸轮机构,如图 3-14 所示,其从动件导路的轴线不通过凸轮的回转轴心 $O$,而是有一偏距 $e$。从动件在反转运动过程中依次占据的位置不再是由凸轮

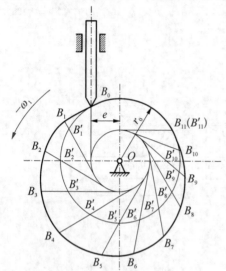

**图 3-14 偏置直动尖顶从动件盘形凸轮机构**

回转轴心 $O$ 作出的径向线,而是始终与 $O$ 保持一偏距 $e$ 的直线。此时,**若以凸轮回转中心** $O$ **为圆心,以偏距** $e$ **为半径作圆(称为偏距圆)**,则从动件在反转运动过程中其导路的轴线始终与偏距圆相切,因此,从动件的位移应沿这些切线量取。现将作图方法叙述如下:

(1) 选取适当长度比例尺 $\mu_s$ 和角度比例尺 $\mu_\delta$,作从动件位移曲线,并将横坐标分段等分,如图3-12(b)。

(2) 以同样的长度比例尺 $\mu_s$,并以 $O$ 为圆心作**偏距圆和基圆**。基圆与从动件导路中心线的交点 $B_0$ 即为从动件升程的起始位置。

(3) 过 $B_0$ 点作偏距圆的切线,该切线即为从动件导路线的起始位置。

(4) 自 $B_0$ 点开始,沿 $\omega_1$ 的相反方向将基圆分成与位移线图相同的等份,得各分点 $B'_1,B'_2,B'_3,\cdots$。过 $B'_1,B'_2,B'_3,\cdots$各点作偏距圆的切线并延长,则这些切线即为从动件在反转过程中依次占据的位置。

(5) 在各切线上自 $B'_1,B'_2,B'_3,\cdots$,截取 $B'_1B_1=11'$,$B'_2B_2=22'$,$B'_3B_3=33'$,$\cdots$,得 $B_1$,$B_2$,$B_3$,$\cdots$各点。将 $B_0$,$B_1$,$B_2$,$\cdots$连成光滑的曲线,即所求的凸轮轮廓曲线。

➢ **填空题**

以凸轮的理论轮廓曲线的最小半径所做的圆称为凸轮的( )。

➢ **单选题**

( )可使从动杆得到较大的行程。

A. 盘形凸轮机构                 B. 移动凸轮机构

C. 圆柱凸轮机构                 D. 以上均不对

## ▐▶ 考点 12   凸轮机构压力角、基圆及滚子半径的确定方法

### 一、压力角

图 3-15 所示为一尖顶直动推杆盘形凸轮机构在推程中的受力情况。当不考虑从动件与凸轮接触处的摩擦时,凸轮传动的压力角 $\alpha$ 为凸轮对从动件的作用力 $F$(沿接触点 $B$ 的法线 $n$—$n$ 方向)与直动从动杆的速度 $v_2$(沿导路方向)的夹角。

由力学知识可知,法线 $n$—$n$ 方向上的力可以分解为水平方向力 $\boldsymbol{F}_x$($F_x = F\sin\alpha$ 做无用功)和竖直方向力 $\boldsymbol{F}_y$($F_y = F\cos\alpha$ 做有用功)。当其他条件相同的情况下,压力角 $\alpha$ 越大,无用功越多,有用功越少,当 $\alpha$ 等于 90°时,该机构将发生自锁。

在凸轮机构中,压力角 $\alpha$ 是一个重要参数,一般来说,凸轮轮廓线上不同点处的压力角是不同的。为保证凸轮机构能正常运转,应使其最大压力角 $\alpha_{\max}$ 小于某一许用压力角 $[\alpha]$,即 $\alpha_{\max} < [\alpha]$。根据实际经验,直动从动件凸轮机构的许用压力角取 $[\alpha] = 30° \sim 38°$;摆动从动件凸轮机构的许用压力角取 $[\alpha] = 40° \sim 50°$;而在两者回程时,许用压力角通常取 $[\alpha] = 70° \sim 80°$。

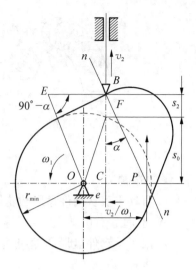

图 3-15 尖顶直动推杆盘形凸轮机构在推程中的受力情况

## 二、基圆半径

根据图 3-15 直接得到直动从动件盘形凸轮机构压力角的计算公式为

$$\tan\alpha = \frac{\dfrac{\mathrm{d}s}{\mathrm{d}\delta} \pm e}{s + \sqrt{r_0^2 - e^2}}$$

由此可见,在偏心距 $e$ 一定、推杆的运动规律已知的条件下,压力角 $\alpha$ 与基圆半径 $r_0$ 等因素有关。**基圆半径 $r_0$ 越大,凸轮推程轮廓越平缓,压力角也越小,从而改善机构的传力特性,但此时机构的尺寸将会增大;而基圆半径越小,凸轮推程轮廓越陡峻,压力角也越大,会使机构工作情况变坏,当基圆半径 $r_0$ 过小时,压力角就会超过许用值,使机构效率太低,甚至发生自锁。**故在实际设计中,只有在保证凸轮推程轮廓的最大压力角不超过许用值的前提下,方考虑缩小凸轮的尺寸。

## 三、滚子半径

滚子从动件凸轮的实际轮廓曲线,是以理论轮廓上各点为圆心作一系列滚子圆的包络线而形成的。若滚子选择不当,则无法满足预定的运动规律。

设以 $r_T$ 为滚子半径,$\rho_{\min}$ 为理论轮廓最小曲率半径,$\rho'$ 为实际轮廓曲率半径,则

$$\rho' = \rho_{\min} - r_T$$

**当 $\rho_{\min} > r_T$ 时,实际轮廓为一条平滑曲线,如图 3-16(a)所示;当 $\rho_{\min} = r_T$ 时,实际轮廓曲线产生尖点,凸轮极易磨损,磨损后就会改变原来的运动规律,如图 3-16(b)所示;当 $\rho_{\min} < r_T$,$\rho' < 0$ 时,实际轮廓曲线发生交叉,预定运动规律根本无法实现,如图 3-16(c)所示。**

在设计中,先根据结构、强度条件选择滚子半径 $r_T$,然后校核 $\rho_{\min}$,若不能满足要求,则加大基圆半径 $r_0$,重新设计。

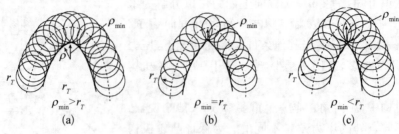

图 3-16 滚子半径的选择

▷ **单选题**

1. 直动平底从动件盘形凸轮机构的压力角( )。

A. 永远等于 0        B. 等于常数        C. 随凸轮转角而变化

2. 滚子从动件盘形凸轮机构的滚子半径应( )凸轮理论廓线外凸部分的最小曲率半径。

A. 大于            B. 小于            C. 等于

▷ **填空题**

随着凸轮压力角增大,有害分力将会( )而使从动杆自锁"卡死",通常对移动式从动杆,推程时限制压力角。

# 第四章　齿轮传动

## 考点 13　渐开线齿廓的形成及其特性

### 一、渐开线齿廓的形成

如图 4-1 所示,当有一直线 $BK$ 沿半径为 $r_b$ 的圆周做纯滚动时,直线上任意点 $K$ 的轨迹 $AK$ 就是该圆的渐开线,该圆称为基圆,直线 $BK$ 叫作发生线,角 $\theta_K$ 称为渐开线 $AK$ 段的展角,角 $\alpha_K$ 称为渐开线在 $K$ 点的压力角。渐开线齿轮的齿廓就是由两条反向的渐开线线段所组成的,见图 4-2。

从图 4-3 可以看出,渐开线上任意点的法线必与基圆相切。发生线与基圆的切点 $B$ 是渐开线在 $K$ 点的曲率中心,$BK$ 为渐开线在 $K$ 点的曲率半径,又是渐开线在 $K$ 点的法线,也是 $K$ 点所受正压力的方向线。$BK$ 与 $K$ 点的圆周速度 $v_K$ 方向线所夹锐角 $\alpha_K$,称为渐开线在 $K$ 点的压力角,其值为

$$\alpha_K = \arccos \frac{OB}{OK} = \arccos \frac{r_b}{r_K} \qquad (4-1)$$

式中:

$r_b$——渐开线的基圆半径;

$r_K$——渐开线上任意点的向径。

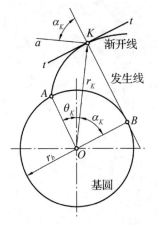

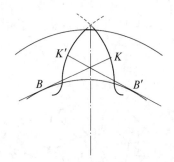

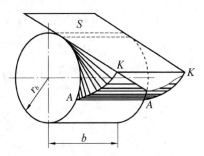

图 4-1　渐开线的形成　　　图 4-2　渐开线齿轮的齿廓　　　图 4-3　渐开线曲面的形成图

## 二、渐开线齿廓的主要性质

由渐开线的形成过程可知,渐开线齿廓具有以下主要性质:

**(1)** 发生线沿基圆滚过的长度,等于基圆上被滚过的圆弧长度,即 $\overline{BK}=\overparen{AB}$。

**(2)** 渐开线上任一点的法线恒与基圆相切,切点 $B$ 是渐开线在点 $K$ 的曲率中心,而线段 $BK$ 是渐开线在点 $K$ 的曲率半径。

**(3)** 渐开线越接近基圆的部分,其曲率半径越小,在基圆上其曲率半径为 0。

**(4)** 渐开线上各点的向径 $r_K$ 愈大,压力角 $\alpha_K$ 愈大。

**(5)** 渐开线的形状取决于基圆的大小(见图 4-4),基圆小,渐开线变曲;基圆大,渐开线平直;当基圆半径趋于无穷大时,渐开线变为直线,故渐开线齿条的齿廓曲线即为直线。

**(6)** 基圆内无渐开线。

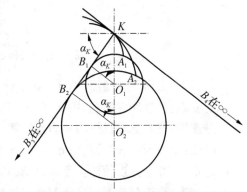

图 4-4　基圆对渐开线形状的影响

➤ 单选题

1. 渐开线上任意一点的法线必(　　)基圆。

A. 交于　　　　　　　　　B. 切于　　　　　　　　　C. 没关系

2. 标准渐开线齿轮,影响齿轮齿廓形状的是(　　)。

A. 齿轮的基圆半径　　　　　　　　　B. 齿轮的分度圆半径

C. 齿轮的节圆半径　　　　　　　　　D. 齿轮的任意圆半径

3. 渐开线形状取决于(　　)的大小。

A. 展角　　　　　　　　　B. 压力角　　　　　　　　　C. 基圆

## ▌▶ 考点 14　渐开线齿轮各部分的名称及主要参数

### 一、齿轮各部分的名称和符号

如图 4-5 所示,为一渐开线标准直齿圆柱齿轮的一部分,其中各部分名称和符号如下。

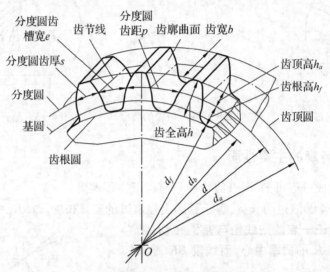

**图 4-5　渐开线标准直齿圆柱齿轮的一部分**

**齿顶圆**:齿顶所在的圆,用 $d_a$ 和 $r_a$ 分别表示其直径和半径。

**齿根圆**:齿根所在的圆,用 $d_f$ 和 $r_f$ 分别表示其直径和半径。

**分度圆**:具有标准模数和压力角的圆,用 $d$ 和 $r$ 分别表示其直径和半径。

**基圆**:生成渐开线的圆,用 $d_b$ 和 $r_b$ 分别表示其直径和半径。

**齿顶高**:介于分度圆与齿顶圆之间的轮齿部分的径向高度,用 $h_a$ 表示。

**齿根高**:介于分度圆与齿根圆之间的轮齿部分的径向高度,用 $h_f$ 表示。

**齿全高**:齿顶圆与齿根圆之间的轮齿部分的径向高度,用 $h$ 表示,显然有

$$h = h_a + h_f \tag{4-2}$$

**齿厚**:任意圆周上量得的轮齿弧长,用 $s_i$ 表示。分度圆上的齿厚为 $s$。

**齿槽宽**:任意圆周上量得的相邻两齿齿槽的弧长,用 $e_i$ 表示。分度圆上的齿槽宽为 $e$。

**齿距**:任意圆周上量得的相邻两齿同侧齿廓间的弧长,用 $p_i$ 表示,分度圆上的齿距用 $p$ 表示。显然有

$$p_i = s_i + e_i \tag{4-3}$$

### 二、渐开线直齿圆柱齿轮的基本参数

1. 齿数 $Z$

齿轮在整个圆周上的轮齿总数。

## 2. 模数 $m$

根据几何关系,齿轮上任意圆周的直径 $d_i$ 与齿距 $p_i$ 之间存在如下关系

$$Zp_i = \pi d_i \tag{4-4}$$

因此有

$$d_i = Z\frac{p_i}{\pi} \tag{4-5}$$

由于不同直径圆周上的 $p_i/\pi$ 值不相同,且含有无理数 $\pi$,这使设计计算、制造和检验颇为不便。为此,**人为地将齿轮分度圆周上的值 $p/\pi$ 规定为标准的整数或有理数,并用 $m = p/\pi$ 来表示,$m$ 称为模数**,其单位为 **mm**。我国的齿轮标准模数系列见表 4-1。

根据式(4-5),对于齿轮分度圆有

$$d = mZ \tag{4-6}$$

由此可见,模数 $m$ 是决定齿轮尺寸的一个基本参数。齿数相同的齿轮,模数大,尺寸也大,如图 4-6 所示。

**表 4-1　我国的齿轮标准模数系列**　　　　　　　　　　　　（单位:mm）

| 第一系列① | 1 | 1.25 | 1.5 | 2 | 2.5 | 3 | 4 | 5 | 6 | 8 |
|---|---|---|---|---|---|---|---|---|---|---|
| | 10 | 12 | 16 | 20 | 25 | 32 | 40 | 50 | | |
| 第二系列 | 1.75 | 2.25 | 2.75 | (3.25) | 3.5 | (3.75) | 4.5 | 4.5 | (6.5) | 7 |
| | 9 | (11) | 14 | 18 | 22 | 36 | 45 | | | |

注:① 优先采用第一系列,括号内的模数尽可能不用。

## 3. 压力角 $\alpha$

压力角 $\alpha$ 是决定渐开线齿廓形状的一个重要参数。由式 $\alpha_K = \arccos(r_b/r_K)$ 可见,对于同一渐开线齿廓,$r_K$ 不同,$\alpha_K$ 也不同,基圆上的压力角为 0。国家标准规定:分度圆上的压力角为 20°,称为标准压力角,用 $\alpha$ 表示。

## 4. 齿顶高系数 $h_a^*$ 和齿根高系数 $c^*$

齿顶高系数和齿根高系数都已标准化,国家标准规定为:正常齿的 $h^* = 1$,$c^* = 0.25$;短齿的 $h^* = 0.8$,$c^* = 0.3$。

综上所述,**模数 $m$、压力角 $\alpha$、齿顶高系数 $h^*$ 和齿根高系数 $c^*$ 均为标准值的齿轮称为标准齿轮**。标准齿轮的主要特征之一是分度圆上的齿厚 $s$ 和齿槽宽 $e$ 相等。故有

$$s = e = p/2 = \frac{\pi m}{2} \tag{4-7}$$

由 $d = mZ$ 知道,$m$ 和 $Z$ 一定时,分度圆是一个大

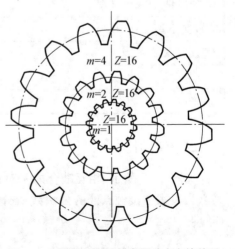

**图 4-6　模数与齿轮轮齿尺寸大小的关系**

小唯一确定的圆。由 $d_b = d\cos\alpha$ 可知,基圆也是一个大小唯一确定的圆,因此称 **m**、**Z** 和 $\alpha$ 为渐开线齿轮的三个基本参数。

> ➤填空题

如果分度圆上的压力角等于(　　　),模数取的是(　　　),齿顶高系数和顶隙系数均为标准值,齿厚和齿槽宽度(　　　)的齿轮,就称为标准齿轮。

> ➤判断题

1. 模数没有单位,只有大小。

2. 齿轮的标准压力角和标准模数都在分度圆上。

## ▶▶ 考点 15　标准直齿圆柱齿轮的基本尺寸、传动比和正确啮合条件

### 一、标准直齿圆柱齿轮几何尺寸的计算

标准直齿圆柱齿轮的几何尺寸计算公式见表 4-2。其中,将啮合的齿轮分别命名为齿轮 1 和齿轮 2。

表 4-2　渐开线标准直齿圆柱齿轮的几何尺寸计算公式

| 名称 | 齿轮 1 | 齿轮 2 |
|---|---|---|
| 分度圆直径 $d$ | $d_1 = mZ_1$ | $d_2 = mZ_2$ |
| 齿顶高 $h_a$ | $h_a = h_a^* m$ | |
| 齿根高 $h_f$ | $h_f = (h_a^* + c^*)m$ | |
| 齿全高 $h$ | $h = h_a + h_f = (2h_a^* + c^*)m$ | |
| 顶隙 $c$ | $c = c^* m$ | |
| 齿顶圆直径 $d_a$ | $d_{a1} = d_1 + 2h_a = (Z_1 + 2h_a^*)m$ | $d_{a2} = d_2 + 2h_a = (Z_2 + 2h_a^*)m$ |
| 齿根圆直径 $d_f$ | $d_{a1} = d_1 - 2h_f = (Z_1 - 2h_a^* - 2c^*)m$ | $d_{a2} = d_2 - 2h_f = (Z_2 - 2h_a^* - 2c^*)ma$ |
| 基圆直径 $d_b$ | $d_{b1} = d_1\cos\alpha$ | $d_{b2} = d_2\cos\alpha$ |
| 分度圆齿距<br>(法向齿距)$p$ | $p = \pi m (p_b = \pi m\cos\alpha P_b$ 为基圆齿距$)$ | |
| 分度圆齿厚 $s$ | $s = \pi m/2$ | |
| 分度圆齿槽宽 $e$ | $e = \pi m/2$ | |
| 齿宽 $b$ | $b = \psi_d d_1, \psi_d$ 为齿宽系数 | |
| 标准中心矩 $a$ | $a = m(Z_1 + Z_2)/2$ | |

### 二、传动比

如图 4-7 所示,相互啮合的一对齿轮在任一位置时的传动比,都与其连心线 $O_1O_2$ 被其啮合齿廓在接触点处的公法线所分成的两段成反比。这一定律称为齿廓啮合的基本定律,即

$$i_{12}=\frac{\omega_1}{\omega_2}=\frac{O_2C}{O_1C} \tag{4-8}$$

在图 4-7 中,由于齿廓为渐开线,在任意啮合点 $K$ 的公法线 $n—n$ 必与两基圆相切,其切点分别为 $N_1$ 和 $N_2$,点 $C$ 为法线与两圆连心线 $O_1O_2$ 的交点(点 $C$ 也称为节点,分别以 $O_1$、$O_2$ 为圆心,$r_1'$、$r_2'$ 为半径所作的圆为节度圆),直线 $N_1N_2$ 称为理论啮合线(齿廓啮合点的轨迹称为啮合线)。因为 $\triangle O_1N_1C \sim \triangle O_2N_2C$,两基圆半径 $r_{b1}$、$r_{b2}$ 已确定,因此有

$$i_{12}=\frac{\omega_1}{\omega_2}=\frac{O_2C}{O_1C}=\frac{r_2'}{r_1'}=\frac{r_{b2}}{r_{b1}}=\frac{Z_2}{Z_1}=常量 \tag{4-9}$$

### 三、正确啮合条件

渐开线齿轮能够满足定传动比,但不等于说任意两个渐开线齿轮都能够搭配起来正确啮合。正确啮合还必须满足一定的条件。如图 4-7 所示,为一对渐开线齿轮啮合的情况。设前一对轮齿在 $K$ 点接触,后一对轮齿在 $K'$ 点接触。要使进入啮合区内的各对轮齿都能正确啮合,两齿轮的相邻两齿同侧齿廓间的法向距离应相等,根据渐开线性质,法向齿距与基圆齿距相等。即

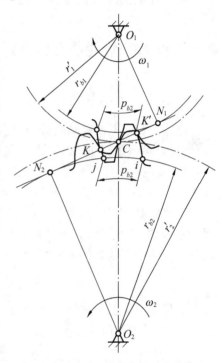

$$p_{b1}=p_{b2} \tag{4-10}$$

将 $p_b=\pi\cos\alpha$ 代入式(4-10)得

$$m_1\cos\alpha_1=m_2\cos\alpha_2 \tag{4-11}$$

因 $m$ 和 $\alpha$ 都取标准值,则使上式成立的条件为

$$m_1=m_2=m, \quad \alpha_1=\alpha_2=\alpha \tag{4-12}$$

因此,一对渐开线直齿圆柱齿轮正确啮合条件是两轮的模数 $m_1$,$m_2$ 和压力角 $\alpha_1$,$\alpha_2$ 应分别相等。

**图 4-7  一对渐开线齿轮啮合的情况**

#### ➤ 单选题

1. 一标准直齿圆柱齿轮的周节 $P_t=15.7$ mm,齿顶圆直径 $D_a=400$ mm,则该齿轮的齿数为(    )。

A. 82              B. 80              C. 78              D. 76

2. 一对齿轮要正确啮合,它们的(    )必须相等。

A. 直径           B. 宽度           C. 齿数           D. 模数

3. 正常标准直齿圆柱齿轮的齿根高(    )。

A. 与齿顶高相等                    B. 比齿顶高大

C. 比齿顶高小                      D. 与齿顶高相比,可能大也可能小

4. 一对标准直齿圆柱齿轮传动,模数为 2 mm,齿数分别为 20、30,则两齿轮传动的中心距为(    )。

A. 100 mm         B. 200 mm         C. 50 mm          D. 25 mm

▷ 填空题

1. 已知一标准直齿圆柱齿轮 $Z=30, h=22.5 \text{ mm}, m=(\qquad), d_a=(\qquad)$。

2. 当一对外啮合渐开线直齿圆柱标准齿轮传动的啮合角在数值上与分度圆的压力角相等时,这对齿轮的中心距为($\qquad$)。

▷ 判断题

1. 标准直齿圆柱齿轮传动的实际中心距恒等于标准中心距。

2. 所谓直齿圆柱标准齿轮就是分度圆上的压力角和模数均为标准值的齿轮。

▷ 计算题

有一标准渐开线直齿圆柱齿轮,已知:模数 $m=4 \text{ mm}$,齿顶圆直径 $d_a=88 \text{ mm}$,试求:(1) 齿数 $Z=$?(2) 分度圆直径 $d=$?(3) 齿全高 $h=$?(4) 基圆直径 $d_b=$?

## 考点 16  齿轮啮合传动过程及其特性

### 一、连续传动条件

齿轮传动除了正确啮合外,还需要连续传动。齿轮的连续传动是指轮齿对能及时接替,也就是前一对轮齿在退出啮合之前,后一对轮齿已经进入啮合。如图 4-8 所示,图中理论啮合线为 $N_1 N_2$,$B_1$、$B_2$ 分别为轮齿1、轮齿2齿顶圆与理论啮合线 $N_1 N_2$ 的交点,$B_1 B_2$ 称为实际啮合线,**为保证连续传动,要求实际啮合线段 $B_1 B_2 \geqslant p_b$($p_b$ 是齿轮的基圆齿距),定义 $\varepsilon_a = B_1 B_2 / p_b$ 为一对齿轮的重合度**,则一对齿轮的连续传动条件为

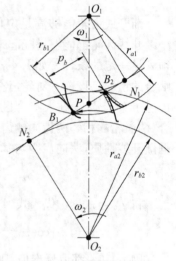

$$\varepsilon_a = B_1 B_2 / p_b \geqslant 1 \qquad (4-13)$$

为保证可靠工作,工程上要求 $\varepsilon_a \geqslant [\varepsilon_a]$,$[\varepsilon_a]$ 为许用重合度,常用机械的许用重合度见表 4-3。

**图 4-8  齿轮的连续传动**

表 4-3  常用机械的许用重合度 $[\varepsilon_a]$

| 使用场合 | 一般机械制造业 | 汽车、拖拉机 | 金属切削机床 |
|---|---|---|---|
| $[\varepsilon_a]$ | 1.4 | 1.1~1.2 | 1.3 |

对于外啮合传动,可根据几何关系推导得到其重合度计算公式为

$$\varepsilon_a = [Z_1(\tan\alpha_{a1} - \tan\alpha') + Z_2(\tan\alpha_{a2} - \tan\alpha')]/(2\pi) \qquad (4-14)$$

式中,$\alpha'$ 为啮合角,$Z_1$、$Z_2$ 为两齿轮的齿数,$\alpha_{a1}$、$\alpha_{a2}$ 为两齿轮的齿顶圆压力角。

### 二、齿轮传动的中心距和啮合角

如图 4-9 所示,一对齿轮安装后进行啮合传动时,两节圆相切并做相对滚动,故一对齿轮的实际中心距 $a'$ 等于两个节圆半径之和,即 $a' = r_1' + r_2'$,节圆上的压力角 $\alpha'$ 称为啮合角。

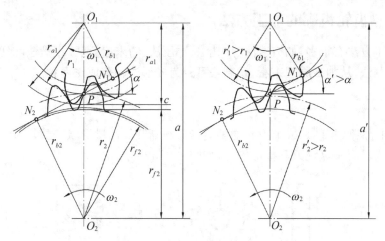

**图 4-9  齿轮传动中心距及啮合角**

两个标准齿轮的分度圆相切(即分度圆与节圆重合,压力角等于啮合角,两个齿轮在理论上无齿侧间隙,即 $s_1=e_2$,$s_2=e_1$,具有标准顶隙 $c=c^* m$)的安装称为标准安装,如图 4-9 所示(图中 $r_{f2}$ 为齿轮 2 齿根圆半径)。这时实际中心距 $a'$ 等于理论中心距 $a$,为两个分度圆半径之和,即

$$a'=a=r_1+r_2=m(Z_1+Z_2)/2 \qquad (4-15)$$

> **注意:分度圆和压力角是对单个齿轮而言的,节圆和啮合角是对一对齿轮啮合而言的,**
> **单个齿轮无节圆和啮合角。** 故节圆、啮合角和中心距是一对齿轮啮合传动的基本尺寸
> 和参数。

在齿轮的实际安装中,也可能不是标准安装,这时实际中心距 $a'$、理论中心距 $a$、啮合角 $\alpha'$ 和压力角 $\alpha$ 有以下关系式

$$a'\cos\alpha'=a\cos\alpha \qquad (4-16)$$

由此可见,当 $a'>a$ 时,$\alpha'>\alpha$。

➤ **单选题**

1. 渐开线齿轮传动的啮合角等于(      )上的压力角。

A. 分度圆　　　　　　　B. 节圆　　　　　　　　C. 基圆

2. 齿轮连续传动的条件是重合度(      )。

A. 小于 1　　　　　　　B. 等于 1　　　　　　　C. 大于等于 1

➤ **填空题**

1. 按标准中心距安装的渐开线直齿圆柱标准齿轮,分度圆与(      )重合,啮合角在数值
   上等于(      )上的压力角。

2. 相啮合的一对直齿圆柱齿轮的渐开线齿廓,其接触点的轨迹是一条(      )线。

➤ **判断题**

单个齿轮既有分度圆,又有节圆。

## ▐▶ 考点 17　齿轮齿廓的加工方法

齿轮的加工方法有很多,如铸造法、热轧法、冲压法、粉末冶金法、模锻法和切制法等,其中最常用的是切制法,从加工原理来看,切制法可分为成形法和范成法两种。

### 一、成形法

成形法包括铣削、拉削。成形刀具的轴面齿形与渐开线齿槽形状一致,直接在轮坯上加工出齿形。成形刀具有圆盘铣刀和指形铣刀,如图 4-10 所示。

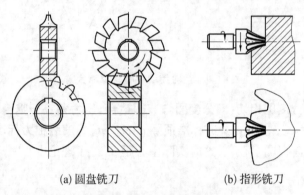

(a) 圆盘铣刀　　　　　(b) 指形铣刀

图 4-10　成形刀具

由 $d_b = d\cos\alpha$ 可知,渐开线形状随齿数变化。因此,要想利用成形法获得精确的齿廓,则加工一种齿数的齿轮就需要一把刀具,这在工程上是不现实的。成形法生产率低、精度差,适用于单件生产且精度要求不高的齿轮加工。

### 二、范成法

范成法又称为展成法,是目前齿轮加工中最常用的一种方法,插齿、滚齿、磨齿等均属于该类方法。范成法是利用齿廓啮合基本定律来切制齿廓的,即利用一对齿轮(或齿轮与齿条)在相互啮合的过程中,两齿轮齿廓互为包络线的原理来切制轮齿的齿轮。范成法加工的特点为:一种模数的齿轮只需要一把刀具连续切削,生产效率高,精度高,用于批量生产。范成法加工齿轮的形式如图 4-11 所示。

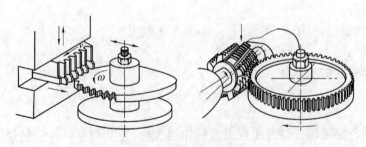

图 4-11　范成法加工齿轮的形式

➤填空题

最常用的齿轮的加工方法是(　　　),其中切制法可分为(　　　)和(　　　)两种。

## ▐▶ 考点 18　齿廓加工的根切现象及不根切最小齿数

用范成法切制齿轮时,当刀具顶部超过理论啮合线的极限点 $N_1$ 时(虚线位置),在齿根处不但切制不出渐开线齿形,还会将已加工出来的齿根切去一部分(虚线齿廓),这种现象称为轮齿的根切,如图 4-12(a)所示。

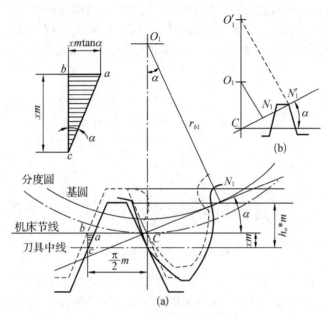

图 4-12　齿轮的根切现象

根切削弱了齿轮的抗弯强度,降低了齿轮传动的重合度,对齿轮传动产生十分不利的影响。因此,应避免根切产生。

根切发生于齿数较少的齿轮加工中。如图 4-12(b)所示,齿数增多,其分度圆半径和基圆半径增大,轮坯的圆心将由 $O_1$ 移到 $O_1'$ 处,其极限点 $N_1$ 也将随啮合线的增长而向上位移到 $N_1'$ 点。于是刀具的齿顶线不再超过极限点 $N_1$,从而避免了根切。反之,齿数越少,根切越严重。对于渐开线标准齿轮,可推导得到不产生根切的最少齿数为

$$Z_{\min} = \frac{2h^*}{\sin^2\alpha} \tag{4-17}$$

可见,不产生根切的最少齿数是 $h^*$ 和 $\alpha$ 的函数。当 $h^*=1$,$\alpha=20°$ 时,$Z=17$。

为避免产生根切现象有以下几个措施。

(1)减少齿顶高系数 $h^*$,但重合度 $\varepsilon_a$ 降低,传动的连续性也降低,且要用非标准刀具加工齿轮。

(2)增大压力角 $\alpha$,但传力性能变差,且要用非标准刀具加工齿轮。

(3)变位修正,刀具远离轮坯中心,所得齿轮为变位齿轮。

➤ 填空题

1. 标准直齿圆柱齿轮不发生根切的最少齿数为(　　　)。

2. 用展成法加工齿轮,当刀具齿顶线超过啮合线的极限点时发生(　　　)现象。

## ▶ 考点 19  变位齿轮及其传动类型

### 一、变位的概念

在图 4-13 中,当刀具中线与被切齿轮分度圆相切时,切出的齿轮称为标准齿轮(图 4-13 中的虚线位置)。**当刀具中线相对于被切齿轮有移位时,切出的齿轮称为变位齿轮。**规定远离齿轮的移位为正移位,切出的齿轮为正变位齿轮(图 4-13 中的实线位置,移位量为 $xm$,$x$ 称为变位系数,其值为正);靠近齿轮的移位为负移位,切出的齿轮为负变位齿轮,其变位系数为负(图中未示出)。

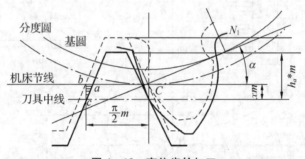

图 4-13  变位齿轮加工

无论变位与否,被切齿轮的基圆直径未变,故标准齿轮和变位齿轮的齿廓均在同一条渐开线上。不同的是正变位齿轮取渐开线远离基圆的一段作为齿廓,负变位齿轮则取渐开线靠近基圆的一段作为齿廓。通俗地说,正变位齿轮的轮齿"变胖",齿顶厚度减小,齿根厚度增大;负变位齿轮的轮齿"变瘦",齿顶厚度增大,齿根厚度减小。

### 二、变位的功用

(1) 避免根切。

(2) 配凑一对齿轮的中心距。

(3) 恰当选择两轮的变位系数 $x_1$ 和 $x_2$,可以有效地提高齿面接触强度和轮齿弯曲强度。

变位系数的选取和几何尺寸计算公式可参阅有关设计手册,选取范围受到齿顶变尖、重合度减小等因素的限制。

### 三、变位齿轮传动的类型

**变位齿轮传动可分为等移距变位齿轮传动和不等移距变位齿轮传动。**

1. 等移距变位齿轮传动

等移距变位齿轮传动又称为高度变位齿轮传动。这种传动中,两轮的变位系数绝对值相等,但小齿轮为正变位,大齿轮为负变位即 $x_1 > 0$,$x_2 < 0$,且 $x_1 + x_2 = 0$。由于小齿轮为正变位,有利于提高传动质量。

2. 不等移距变位齿轮传动

不等移距变位齿轮传动又称为角度变位齿轮传动。除标准齿轮传动($x_1 = x_2 = 0$)和等移距变位齿轮传动($x_1 + x_2 = 0$)外,其余变位齿轮传动都称为不等移距变位齿轮传动($x_1 + x_2$

$\neq 0$)。当 $x_1+x_2>0$ 时,称为正传动;$x_1+x_2<0$ 时,称为负传动。不等移距变位齿轮传动的中心距不等于标准中心距。

> **填空题**

变位齿轮传动的类型可分为(　　　)和(　　　)。

> **判断题**

变位系数 $x=0$ 的渐开线直齿圆柱齿轮一定是标准齿轮。

# ▶ 考点 20　圆锥齿轮、蜗杆传动的特点、类型及其应用

## 一、圆锥齿轮

圆锥齿轮有直齿、斜齿和曲齿等几种类型,如图 4-14 所示,但因直齿圆锥齿轮的加工、测量和安装比较简便,生产成本低廉,故应用最为广泛。曲齿圆锥齿轮由于传动平稳,承载能力较高,故常用于高速重载的传动。

直齿圆锥齿轮　　　　斜齿圆锥齿轮　　　　曲齿圆锥齿轮

**图 4-14　圆锥齿轮类型**

**圆锥齿轮传动是用来传递两相交轴之间的运动和动力的。通常采用两轴交角 $\Sigma=90°$**,如图 4-15。它的轮齿是沿着圆锥表面的素线切出的。工作时相当于用两齿轮的节圆锥做成的摩擦轮进行滚动。两节圆锥锥顶必须重合,才能保证两节圆锥传动比一致,这样就增加了制造、安装的难度,并降低了圆锥齿轮传动的精度和承载能力,因此,直齿圆锥齿轮传动一般应用于轻载、低速场合。

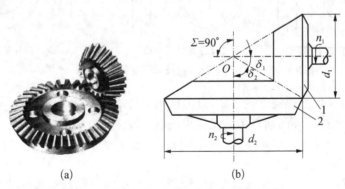

(a)　　　　　　　　(b)

**图 4-15　圆锥齿轮传动**

直齿圆锥齿轮轮齿是均匀分布在一个圆锥体上的,它的齿形一端大,另一端小,取大端参数为标准值。

## 二、蜗杆传动

### 1. 蜗杆传动的组成

**图 4 - 16 蜗杆传动**

**蜗杆传动**(见图 4 - 16)主要由蜗杆和蜗轮组成,主要用于传递空间交错的两轴之间的运动和动力,通常两轴交错角为 **90°**。一般情况下,蜗杆为原动件,蜗轮为从动件。

### 2. 蜗杆传动特点

(1)传动平稳。因蜗杆的齿是一条连续的螺旋线,传动连续,因此,它的传动平稳,噪声小。

(2)传动比大。单级蜗杆传动在传递动力时,传动比 $i=5\sim80$,常用传动化为 $i=15\sim50$。分度传动时 $i$ 可达 1 000,与齿轮传动相比则结构紧凑。

(3)具有自锁性。当蜗杆的导程角小于轮齿间的当量摩擦角时,可实现自锁。即蜗杆能带动蜗轮旋转,而蜗轮不能带动蜗杆旋转。

(4)传动效率低。蜗杆传动由于齿面间相对滑动速度大,齿面摩擦严重,故在制造精度和传动比相同的条件下,蜗杆传动的效率比齿轮传动低,一般只有 0.7~0.8。具有自锁功能的蜗杆机构,效率则一般不大于 0.5。

(5)制造成本高。为了降低摩擦、减小磨损、提高齿面抗胶合能力,蜗轮齿圈常用贵重的铜合金制造,成本较高。

### 3. 蜗杆传动的类型

蜗杆传动按照蜗杆的形状不同,可分为圆柱蜗杆传动、环面蜗杆传动和圆锥蜗杆传动,如图 4 - 17 所示。圆柱蜗杆传动又可分为普通圆柱蜗杆传动和圆弧齿圆柱蜗杆传动。

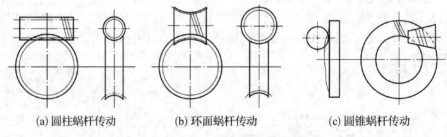

| (a) 圆柱蜗杆传动 | (b) 环面蜗杆传动 | (c) 圆锥蜗杆传动 |

**图 4 - 17 蜗杆传动的类型**

普通圆柱蜗杆又可按螺旋面的形状,分为阿基米德蜗杆(ZA)和渐开线蜗杆(ZI)等。圆柱蜗杆传动机构加工方便,环面蜗杆传动机构承载能力较强。

➤ **单选题**

1. 圆锥齿轮的标准参数在(　　)面上。

A. 法　　　　　　　　B. 小端　　　　　　　　C. 大端

2. 蜗杆传动(　　)自锁作用。

A. 具有　　　　　B. 不具有　　　　　C. 有时有　　　　　D. 以上均不是

3. 蜗杆传动与齿轮传动相比,效率(　　)。

A. 高　　　　　　B. 低　　　　　　C. 相等　　　　　　D. 以上均不是

> **填空题**

蜗杆传动的主要特点是(    )大,效率低。

> **判断题**

圆锥齿轮是用来传递两相交轴之间的转动运动的。

# ▶ 考点 21  齿轮的常见失效形式及设计准则

## 一、齿轮传动的失效形式

齿轮传动根据装置形式,可分为开式、半开式和闭式;根据使用情况,可分为低速、高速或轻载、重载;根据齿轮材料的性能及热处理工艺的不同,轮齿有较脆(如经整体淬火,齿面硬度很高的钢齿轮或铸铁齿轮)或较韧(如经调质、常化的优质碳钢及合金钢齿轮),**齿面较硬(齿轮齿廓工作面的硬度大于 350 HBS 或 38 HRC 的硬齿面齿轮)或较软(轮齿工作面硬度小于或等于 350 HBS 或 38 HRC 的软齿面齿轮)**的差别等。由于上述各种条件的不同,齿轮传动也就出现了不同的失效形式。齿轮传动是依靠轮齿的相互啮合来传递运动和动力的。

**齿轮传动的失效通常是轮齿的失效,主要失效形式有轮齿折断和齿面点蚀、齿面胶合、齿面磨损及齿面塑性变形等。**

### 1. 轮齿折断

轮齿折断有多种形式,一般发生在轮齿的根部,由于受弯曲应力的作用而发生折断(如图 4 - 18 所示)。主要的折断形式有两种:一种是由于轮齿重复受载和应力集中而形成的疲劳折断;另一种是因短时过载或冲击载荷而产生的过载折断。

对于斜齿圆柱齿轮和人字齿轮,由于接触线是倾斜的,常因载荷集中发生轮齿局部折断。若制造及安装不良或轴的弯曲变形过大,即使是直齿圆柱齿轮,也会发生局部折断。

**图 4 - 18  轮齿折断**

为了提高轮齿的抗折断能力,可采用以下措施:增大齿根过渡曲线半径;降低表面粗糙度;采用表面强化处理;采用合适的热处理方法;提高制造及安装精度;增大轴及支承的刚度。

### 2. 齿面点蚀

齿面点蚀是润滑良好的闭式齿轮传动常见的失效形式。齿面在接触变应力作用下,由于疲劳而产生的麻点状损伤称为点蚀,又称为接触疲劳磨损。齿面点蚀首先发生在节线靠近齿根部分的表面上,当麻点逐渐扩大连成一片时,齿面呈明显损伤,如图 4 - 19 所示。

**图 4 - 19  齿面点蚀**

新齿轮在短期工作后出现的痕迹,继续工作不再发展或反而消失的点蚀称为收敛性点蚀,反之称为扩展性点蚀。开式齿轮传动由于齿面磨损较快,很少出现点蚀。

增强轮齿抗点蚀能力的措施有:提高齿面硬度和降低表面粗糙度;在许可范围内采用大的变位系数,增大综合曲率半径;采用黏度较高的润滑油;减小动载荷。

### 3. 齿面胶合

齿面胶合是比较严重的黏着磨损。对于高速重载的齿轮传动,因齿面间压力大,滑动速度快,瞬时温度高,使油膜破裂,造成齿面间的粘焊现象。由于相对滑动,粘焊处被撕破,在轮齿表面沿滑动方向形成伤痕,称为齿面胶合。低速重载齿轮传动不易形成油膜,虽然温度不高,也可能因重载而形成冷焊粘着(冷胶合)。图4-20所示为齿面胶合现象。

图4-20 齿面胶合

减轻或防止齿面胶合的主要措施有:采用角度变位齿轮传动以降低啮合开始和结束时的滑动系数;减小模数和齿高以降低滑动速度;采用极压润滑油;选用抗胶合性能好的齿轮材料;两轮材料相同时,使大、小齿轮保持适当的硬度差;提高齿面硬度和降低表面粗糙度。

### 4. 齿面磨损

当表面粗糙而硬度较高的齿面与硬度较低的齿面相啮合时,由于相对滑动,软齿面易被划伤而产生齿面磨损;相啮合的齿面间落入磨料性物质也会产生齿面磨损。齿面磨损后,齿厚变小,将导致轮齿因强度不足而折断。图4-21所示为齿面磨损现象。

图4-21 齿面磨损

减轻与防止齿面磨损的主要措施有:提高齿面硬度;降低表面粗糙度;降低滑动系数;注意润滑油的清洁和定期更换;改开式齿轮传动为闭式齿轮传动。

5.齿面塑性变形

对于齿面较软的轮齿,重载时可能在摩擦力的作用下产生齿面塑性流动而形成齿面塑性变形。由于材料的塑性流动方向和齿面上所受摩擦力的方向一致,因此在主动轮节线附近形成凹槽,而在从动轮节线附近形成凸棱。图 4-22 所示为齿面塑性变形现象。

减轻与防止齿面塑性变形的主要措施有:提高齿面硬度;采用高黏度的润滑油。

图 4-22　齿面塑性变形

## 二、齿轮传动的计算准则

### 1.设计准则

齿轮的设计准则由失效形式确定。由于齿面磨损、齿面塑性变形还未建成方便工程使用的设计方法和设计数据,**所以目前在设计闭式齿轮传动时,只按保证齿根弯曲疲劳强度及保证齿面接触疲劳强度两准则进行计算。通常对于软齿面齿轮传动,应着重计算其齿面接触强度;对于硬齿面齿轮传动,应着重计算其齿根弯曲强度。**当有短时过载时,还应进行静强度计算。对于高速传动和重载传动(特别是在重载条件下起动的传动)还要进行抗胶合计算。

对于开式齿轮传动和线速度小于 1 m/s 的低速齿轮传动,通常只按弯曲疲劳强度进行计算,用适当加大模数的方法以考虑齿面磨损的影响。有短时过载时,仍应进行静强度计算。

在齿轮行业中,通常把圆周速度 $v \leqslant 25$ m/s 的齿轮传动称为低速传动,而把圆周速度 $v > 25$ m/s 的齿轮传动称为高速传动。把齿面接触应力 $\sigma_H \leqslant 1\,000$ MPa 的齿轮传动称为轻载传动,把齿面接触应力 $\sigma_H > 1\,000$ MPa 的齿轮传动称为重载传动。

### 2.齿轮传动的设计方法

齿轮传动的主要参数和几何尺寸的初定,通常有以下 3 种方法。

(1)按类比法确定,即参照已有或相近的齿轮传动,初定主要参数和几何尺寸,必要时进行强度校核。

(2)按限定条件确定,即根据整台机器提供的空间、位置和安装条件,初定主要参数和尺寸,再进行必要的强度校核。

(3)按设计公式确定,由于设计公式是经过简化的,故必要时仍需进行强度校核。

应当指出,齿轮传动强度计算的牵涉因素很多,只有引入众多的修正常数,才能考虑到各种影响。从以下各种计算中可以看到,确定载荷时,要引入载荷修正系数;计算应力时,要引入应力修正系数;确定许用应力时,要引入许用应力修正系数,并逐一进行定量的选择。

### 三、齿轮热处理

钢制齿轮常用的热处理方法主要有以下几种。

**1. 表面淬火**

表面淬火热处理即表面淬火后再低温回火,采用表面淬火热处理的钢制齿轮的常用材料为中碳钢或中碳合金钢,如 45、40Cr 等。由于经表面淬火的齿轮心部韧度高,故能用于承受中等冲击载荷的场合。因只在薄层表面加热,齿轮变形不大,表面淬火后的齿轮可不再磨齿,但若硬化层较深、变形较大,则仍应进行最后的精加工。中、小尺寸齿轮可采用中频或高频感应加热的方法,大尺寸齿轮可采用火焰加热的方法。

**2. 渗碳淬火**

对于冲击载荷较大的齿轮,宜采用渗碳淬火的方法。采用渗碳淬火热处理方法的钢制齿轮常用材料有低碳钢或低碳合金钢,如 20、20Cr、20CrMnTi 等。齿轮经渗碳淬火后,轮齿变形较大,应进行磨齿。

**3. 正火和调质**

对于批量小、单件生产、对传动尺寸没有严格限制的齿轮,常采用正火和调质处理。采用正火和调制处理的常用钢制齿轮材料为中碳钢或中碳合金钢。此时,轮齿的精加工在热处理后进行。为了减少胶合危险,并使大、小齿轮寿命相近,小齿轮齿面硬度应比大齿轮高数十个 HBW。

**4. 渗氮**

渗氮是一种化学热处理。渗氮后的齿轮硬度高、变形小,适用于内齿轮和难于磨削的齿轮。采用渗氮热处理方法的常用钢制齿轮材料有 42CrMo、38CrMoAl 等。采用此种热处理方法的钢制齿轮由于硬化层很薄,在冲击载荷下易破碎,磨损较严重时也会因硬化层被磨掉而报废,故宜用于载荷平稳、润滑良好的齿轮传动。

#### ➤ 单选题

1. 对齿面硬度 HBS≤350 的闭式齿轮传动,主要的失效形式是(　　)。

A. 轮齿疲劳折断　　　　　　　　　　B. 齿面点蚀

C. 齿面磨损　　　　　　　　　　　　D. 齿面胶合

E. 齿面塑性变形

2. 开式齿轮传动的主要失效形式是(　　)。

A. 轮齿疲劳折断　　　　　　　　　　B. 齿面点蚀

C. 齿面磨损　　　　　　　　　　　　D. 齿面胶合

E. 齿面塑性变形

3. 对于齿面硬度 HBS≤350 的闭式齿轮传动,设计时一般(　　)。

A. 先按接触强度条件计算　　　　　　B. 先按弯曲强度条件计算

C. 先按磨损条件计算　　　　　　　　D. 先按胶合条件计算

4. 对于开式齿轮传动,在工程设计中,一般(　　)。

A. 按接触强度计算齿轮尺寸,再验算弯曲强度

B. 按弯曲强度计算齿轮尺寸,再验算接触强度

C. 只需按接触强度计算

D. 只需按弯曲强度计算

5. 在计算齿轮的弯曲强度时,把齿轮看作一悬臂梁,并假定全部载荷作用于轮齿的( ),以这时的齿根弯曲应力作为计算强度的依据。

A. 齿根处　　　　　　B. 节圆处　　　　　　C. 齿顶处

> **填空题**

1. 齿轮常见的失效形式是( )、( )、( )、( )、( )五种。

2. 软齿面的硬度是( ),常用的热处理方法是( )。

3. 硬齿面的硬度是( ),常用的热处理方法是( )。

4. 在一对互相啮合传动的齿轮中,小齿轮工作次数多,考虑两轮的使用寿命大致接近,往往使小齿轮的齿面硬度比大齿轮( )。

> **判断题**

1. 开式齿轮传动结构简单,在设计齿轮时应优先选用。

2. 齿轮齿面的疲劳点蚀首先发生在节点附近的齿顶表面。

3. 齿面抗点蚀的能力主要与齿面的硬度有关,齿面硬度越高抗点蚀能力越强。

4. 提高齿面抗胶合能力的方法是提高齿面硬度和降低齿面的粗糙度。

5. 采用调质或正火处理的齿轮齿面是硬齿面齿轮。

6. 硬齿面齿轮的齿面硬度大于 350 HBS。

7. 开式齿轮传动的主要失效形式是胶合和点蚀。

# ▉▶ 考点 22　直齿圆柱齿轮传动的设计过程

## 一、直齿圆柱齿轮传动的载荷计算

如图 4-23 所示,设一对标准直齿圆柱齿轮按标准安装,其啮合点在 $C$ 处,忽略 $F_f$(轮齿间的摩擦力),**法向力 $F_n$ 可分解为两个相互垂直的力,即圆周力(切向力)$F_t$ 和径向力 $F_r$。**

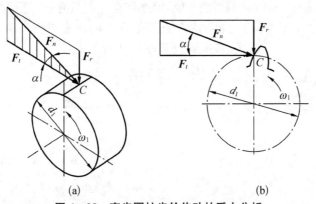

(a)　　　　　　　　　　　　　(b)

**图 4-23　直齿圆柱齿轮传动的受力分析**

$$
\left.\begin{array}{lll}
\text{圆周力} & F_t = 2T_1/d_1 \\
\text{径向力} & F_r = F_t \tan\alpha \\
\text{法向力} & F_n = F_t/\cos\alpha
\end{array}\right\} \tag{4-18}
$$

式中,$d_1$ 为小齿轮节圆直径,对于标准齿轮传动,即为分度圆直径,单位为 mm;$\alpha$ 为啮合角,对于标准齿轮传动,$\alpha=20°$;$T_1$ 为小齿轮传递的名义转矩(名义转矩是由名义功率计算得到的转矩,有方向)。

根据作用力与反作用力的关系,作用在主动轮和从动轮上的各对应力大小相等、方向相反。从动轮上的圆周力与回转方向相同;主动轮上的圆周力与回转方向相反;径向力分别指向各轮轮心。

## 二、直齿圆柱齿轮传动的强度计算

**1. 齿面接触疲劳强度计算**

**(1) 计算公式**

一对齿轮啮合时,可将齿轮齿廓啮合点曲率半径 $\rho_1$ 和 $\rho_2$ 视为接触圆柱体曲率半径,见图 4-24。图中,$d_1$ 和 $d_2$ 为节圆直径,$\alpha'$ 为啮合角。两圆柱体的接触应力 $\sigma_H$ 可按赫兹公式计算,即

$$
\sigma_H = Z_E \cdot \sqrt{\frac{\omega}{\rho}} = \sqrt{\frac{F}{\pi b} \cdot \left( \frac{1/\rho}{\frac{1-\mu_1^2}{E_1} + \frac{1-\mu_2^2}{E_2}} \right)} \leqslant [\sigma_H] \tag{4-19}
$$

式中,$\rho$ 为两圆柱体的综合曲率半径,$\dfrac{1}{\rho} = \dfrac{1}{\rho_1} \pm \dfrac{1}{\rho_2}$;$Z_E$ 为弹性系数;$\omega$ 为单位接触线载荷,$\omega = F/b$,$\mu_1$、$\mu_2$ 为材料的泊松比;$E_1$、$E_2$ 为材料的弹性模量。

图 4-24 中同时给出了渐开线齿廓沿啮合线 $AE$ 上各点的综合曲率半径变化情况。点 $A$ 的 $\rho$ 值虽然最小,但此时通常有两对轮齿啮合,共同分担载荷;节点 $C$ 的值 $\rho$ 虽不是最小值,但在该点一般只有一对轮齿啮合。实际上,点蚀也往往先在节线附近的齿根表面产生。因此,接触强度计算通常以节点 $C$ 为计算点。

由于

$$
\frac{1}{\rho} = \frac{2}{d_1 \cos\alpha \tan\alpha'} \cdot \frac{u \pm 1}{u}
$$

$$
F_n = \frac{F_t}{\cos\alpha'} = \frac{2T_1}{d_1 \cos\alpha'}
$$

$$
L = \frac{b}{Z_\varepsilon^2}, \quad b = \psi_d d_1
$$

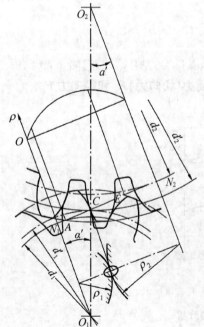

**图 4-24 齿面接触疲劳强度计算简图**

式中,$L$ 为齿轮接触线长度,$u$ 为齿数比,$\psi_d$ 为齿宽系数。

将以上 3 个公式代入式(4-19),并计入载荷系数 $K$ 后,得最大接触应力 $\sigma_H$ 的计算式为

$$\sigma_H = \sqrt{\dfrac{1}{\pi\dfrac{1-\mu_1^2}{E_1}+\dfrac{1-\mu_2^2}{E_2}}}\sqrt{\dfrac{2}{\cos^2\alpha\tan\alpha'}}Z_\varepsilon\sqrt{\dfrac{2KT_1}{bd_1^2}\dfrac{u\pm1}{u}} \tag{4-20}$$

$$= Z_E Z_H Z_\varepsilon\sqrt{\dfrac{2KT_1}{bd_1^2}\dfrac{u\pm1}{u}}\leqslant[\sigma_H]$$

式(4-20)为齿面接触疲劳强度校核公式。对标准齿轮传动和变位齿轮传动均适用。式中"+"号用于外啮合,"-"号用于内啮合。许用接触应力 $[\sigma_H]$ 应以两齿轮中的较小者代入计算。公式中 $T_1$ 的单位为 N·mm;$b,d_1$ 的单位为 mm;$E,\sigma_H,[\sigma_H]$ 的单位为 MPa。

由式(4-20)可看出,齿轮传动的接触疲劳强度取决于齿轮的直径(或中心距)。模数大小由弯曲疲劳强度确定。

(2) 计算参数的选取

① 重合度系数 $Z_\varepsilon$。接触线长度影响单位齿宽上的载荷,它取决于齿轮宽度 $b$ 和端面重合度 $\varepsilon_a$。 可以认为:重合度愈大,接触线总长度愈大,单位接触载荷愈小。$Z_\varepsilon$ 的计算式为

$$Z_\varepsilon = \sqrt{\dfrac{4-\varepsilon_a}{3}} \tag{4-21}$$

② 弹性系数 $Z_E$。材料弹性模量 $E$ 和泊松比 $\mu$ 对接触应力的影响用弹性系数 $Z_E$ 来表示。不同材料组合的齿轮副,其弹性系数可由表 4-4 查得。泊松比除尼龙取 $0.5$ 外,其余均取 $0.3$。

表 4-4　齿轮副弹性系数 $Z_E$　　　　单位:$\sqrt{\text{MPa}}$

| 小齿轮材料 | 大齿轮材料 | | | | | | |
|---|---|---|---|---|---|---|---|
| | 钢 | 铸钢 | 球墨铸铁 | 灰铸铁 | 铸锡青铜 | 锡青铜 | 尼龙 |
| 钢 | 189.8 | 188.9 | 181.4 | 162.0～164.4 | 154.0 | 159.8 | 56.4 |
| 铸钢 | — | 188.0 | 180.5 | 161.4 | — | — | — |
| 球墨铸铁 | — | — | 173.9 | 156.6 | — | — | — |
| 灰铸铁 | — | — | — | 143.7～146.7 | — | — | — |

③ 节点区域系数 $Z_H$。节点区域系数 $Z_H$ 用以考虑节点处齿廓曲率对接触应力的影响,可由图 4-25 查得。

(3) 许用接触应力

许用接触应力按下式计算

$$[\sigma_H] = \dfrac{\sigma_{H\lim}Z_N}{S_{H\min}} \tag{4-22}$$

式中:$\sigma_{H\lim}$ 为当失效概率为 1% 时,试验齿轮的接触疲劳极限,可由图 4-26 查出;$S_{H\min}$ 为接触强度的最小安全系数,参考表 4-5 选取;$Z_N$ 为接触疲劳强度计算的寿命系数,可由图 4-27 查出。

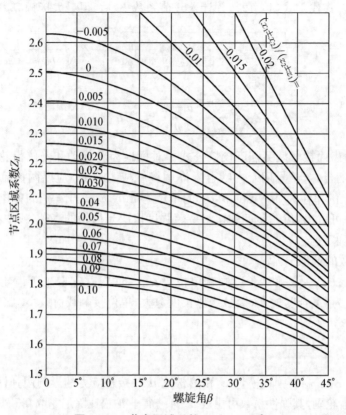

图 4 - 25  节点区域系数 $Z_H(\alpha_n = 20°)$

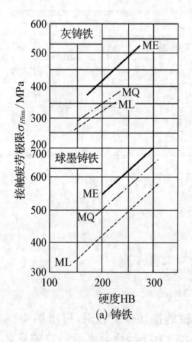

(a) 铸铁

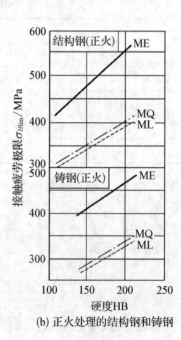

(b) 正火处理的结构钢和铸钢

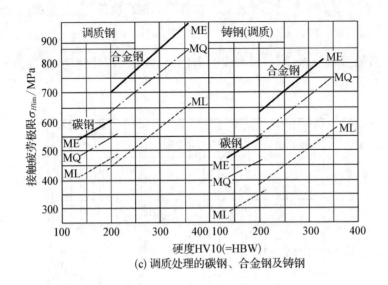

(c) 调质处理的碳钢、合金钢及铸钢

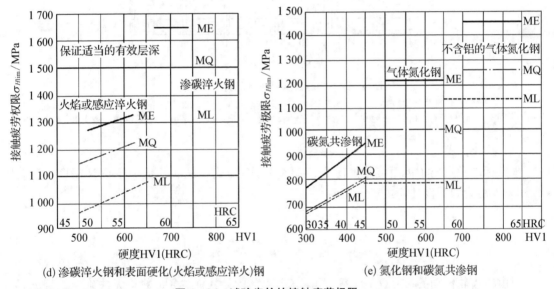

(d) 渗碳淬火钢和表面硬化(火焰或感应淬火)钢　　(e) 氮化钢和碳氮共渗钢

**图 4-26　试验齿轮的接触疲劳极限 $\sigma_{H\lim}$**

有关图 4-26 的说明:图中 ML 为齿轮材料质量和热处理质量达到最低要求时的疲劳极限值线;MQ 为齿轮材料质量和热处理质量达到中等要求时的疲劳极限值线,此要求是有经验的工业齿轮制造者以合理的生产成本才能达到的;ME 为齿轮材料质量和热处理质量达到很高要求时的疲劳极限值线,只有具备高可靠度的制造过程控制能力时才能达到。

**表 4-5　最小安全系数**

| 使用要求 | $S_{H\min}$ | $S_{F\min}$ |
| --- | --- | --- |
| 高可靠度(失效概率≤1/10 000) | 1.50~1.60 | 2.00 |
| 较高可靠度(失效概率≤1/1 000) | 1.25~1.30 | 1.60 |
| 一般可靠度(失效概率≤1/100) | 1.00~1.10 | 1.25 |

按图 4-27 查寿命系数 $Z_N$ 时,横坐标为工作压力循环次数 $N_L$。当载荷稳定时,有

$$N_L = 60\gamma n t_h \tag{4-23}$$

式中,$\gamma$ 为齿轮每转一周,同一侧齿面的啮合次数;$n$ 为齿轮转速,单位为 r/min;$t_h$ 为齿轮设计寿命,单位为 h。

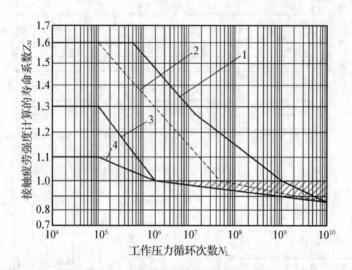

**图 4-27 接触疲劳强度计算的寿命系数**

1—结构钢、调质钢、珠光体、贝氏体球墨铸铁、珠光体黑色可锻铸铁、渗碳淬火钢(允许一定点蚀);2—材料同 1,不允许出现点蚀;3—灰铸铁、铁素体球墨铸铁、氮化的调质钢或氮化钢;4—碳氮共渗的调质钢。

(4) 设计公式

国家标准只提出了齿面接触疲劳强度验算公式,即式(4-20),但为了设计需要,可将式(4-20)改写为如下设计公式

$$d_1 \geqslant \sqrt[3]{\frac{2KT_1}{\psi_d} \cdot \frac{u \pm 1}{u} \cdot \left(\frac{Z_E Z_H Z_\varepsilon}{[\sigma_H]}\right)^2} \tag{4-24}$$

但由于齿轮传动的尺寸($b$,$d_1$ 等)均为未知数,上式中的许多系数均无法确定。因此,需要对该式进行简化。

若大、小齿轮均为钢制齿轮,由表 4-4 查得 $Z_E = 189.8$ MPa;对于标准直齿圆柱齿轮传动,由图 4-25 查得 $Z_H = 2.5$;设 $\varepsilon_a = 1$,由式(4-21)求得 $Z_\varepsilon = 1$;取载荷系数 $K = 1.2 \sim 2$,则式(4-24)可简化为

$$d_1 \geqslant A_d \sqrt[3]{\frac{T_1}{\psi_d [\sigma_H]^2} \cdot \frac{u \pm 1}{u}} \tag{4-25}$$

此式对于直齿或斜齿圆柱齿轮均适用,式中 $A_d$ 的值见表 4-6。若与其他材料配对时,应将 $A_d$ 乘以修正系数,其值见表 4-6。

**表 4 - 6  $A_d$ 值及其修正系数**

| 螺旋角 $\beta$ | $A_d$ 值 | $A_d$ 的修正系数 | | | | |
|---|---|---|---|---|---|---|
| | | 小齿轮材料 | 大齿轮材料 | | | |
| | | | 钢 | 铸钢 | 球墨铸铁 | 灰铸铁 |
| | | 钢 | 1 | 0.997 | 0.970 | 0.906 |
| 0° | 81.4～96.5 | 铸钢 | — | 0.994 | 0.967 | 0.898 |
| 8°～15° | 80.3～94.3 | 球墨铸铁 | — | — | 0.943 | 0.880 |
| 25°～35° | 74.3～89.3 | 灰铸铁 | — | — | — | 0.836 |

注:当载荷平稳、齿宽系数较小、对称布置、齿轮精度较高(6级以上)及螺旋角较大时,$A_d$ 取较小的值;反之取较大的值。

初步计算的许用应力 $[\sigma_H]$ 推荐取

$$[\sigma_H] \approx 0.9\sigma_{H\lim} \qquad (4-26)$$

**2. 齿根弯曲疲劳强度计算**

**(1) 校核公式**

在齿轮传动中,**轮齿可看作宽度为 $b$ 的悬臂梁**。齿根处为危险截面,可用 30°切法线确定(见图 4-28),具体方法为:**作与轮齿中线成 30°角并与齿根过渡曲线相切的切线,通过两切点且平行于齿轮轴线的截面,即为齿根危险截面。**

为简化计算,假设全部载荷作用于一对齿啮合时的齿顶上,另用重合度系数 $Y_\varepsilon$ 对齿根弯曲应力予以修正。

沿啮合线方向作用于齿顶上的法向力 $F_n$ 可分解为相互垂直的两个分力 $F_n\cos\alpha_F$ 和 $F_n\sin\alpha_F$。前者使齿根产生弯曲应力和切应力,后者使齿根产生压缩应力。其中,弯曲应力起主要作用,其余的应力影响较小,只在应力修正系数 $Y_\varepsilon$ 中考虑。

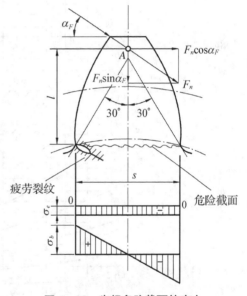

**图 4 - 28  齿根危险截面的应力**

轮齿长期工作后,受拉一侧先产生疲劳裂纹,因此,齿根弯曲疲劳强度计算应以受拉一侧为计算依据。由图 4-28 可知,齿根的最大弯矩为

$$M = F_n\cos\alpha_F \cdot l = \frac{F_t}{\cos\alpha}\cos\alpha_F \cdot l = \frac{2T}{d_1} \cdot \frac{l\cos\alpha_F}{\cos\alpha} \qquad (4-27)$$

计入载荷系数 $K$,应力修正系数 $Y_{Sa}$,重合度系数 $Y_\varepsilon$ 后,得到弯曲强度校核公式

$$\sigma_F \approx \sigma_b = \frac{M}{W}KY_{Sa}Y_\varepsilon = \frac{2KT_1}{d_1\dfrac{bs^2}{6}}\frac{l\cos\alpha_F}{\cos\alpha}Y_{Sa}Y_\varepsilon$$

$$= \frac{2KT_1}{bd_1 m}Y_{Fa}Y_{Sa}Y_\varepsilon = \frac{KF_t}{bm}Y_{Fa}Y_{Sa}Y_\varepsilon \leqslant [\sigma_F] \qquad (4-28)$$

应该注意:一对齿轮中,大、小齿轮的齿形系数 $Y_{Fa}$、应力修正系数 $Y_{Sa}$ 和许用弯曲应力 $[\sigma_F]$ 是不同的。因此,应对大、小齿轮的 $Y_{Fa}Y_{Sa}/[\sigma_F]$ 进行比较,并按两者中的较大值进行计算。模数应圆整为标准值。对于传递动力的齿轮,模数一般应大于 $1.5\sim2$ mm。

(2)公式中有关系数的确定

齿形系数 $Y_{Fa}$ 为

$$Y_{Fa}=\frac{6(l/m)\cos\alpha_F}{(s/m)^2\cos\alpha}\tag{4-29}$$

① 由于 $l$ 和 $s$ 均与模数成正比,故 $Y_{Fa}$ 只取决于轮齿的形状(随齿数 $Z$ 和变位系数 $x$ 而异),而与模数的大小无关。外齿轮的齿形系数 $Y_{Fa}$ 可由图 4-29 查得。

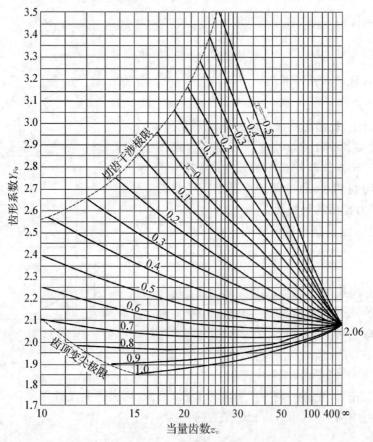

图 4-29 外齿轮齿形系数 $Y_{Fa}$

图 4-29 中 $\alpha_n=20°$,$h_{am}=1m_n$,$c_n=0.25m_n$,$\rho_f=0.38m_n$。

② 应力修正系数 $Y_{Sa}$ 用来考虑齿根过渡曲线处应力集中和除弯曲应力外,其他应力对齿根弯曲强度的影响,可由图 4-30 查得。

图 4-30 中,$\alpha_n=20°$,$h_{am}=1m_n$,$c_n=0.25m_n$,$\rho_f=0.38m_n$;对于内齿轮,可取 $Y_{Sa}=2.65$。

③ 重合度系数 $Y_\varepsilon$。重合度系数可按下式计算

$$Y_\varepsilon=0.25+\frac{0.75}{\varepsilon_\varepsilon}\tag{4-30}$$

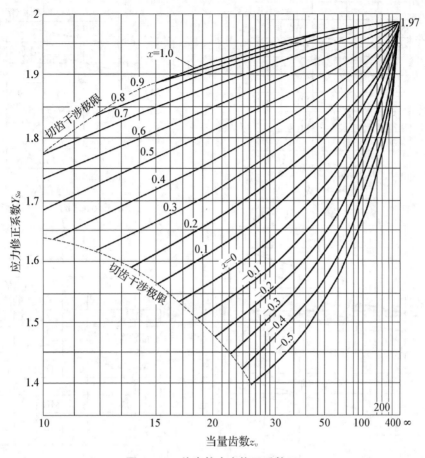

**图 4-30　外齿轮应力修正系数 $Y_{Sa}$**

（3）许用弯曲应力 $[\sigma_F]$

单向受载时，许用弯曲应力按式（4-31）计算，其表达式为

$$[\sigma_F] = \frac{\sigma_{F\lim} Y_N Y_X}{S_{F\min}}　\qquad(4\text{-}31)$$

式中，$\sigma_{F\lim}$——当失效概率为 $1\%$ 时，试验齿轮齿根的弯曲疲劳强度极限，查图 4-31 可知；

　　　$S_{F\min}$——弯曲疲劳强度的最小安全系数，参考表 4-5 选取；

　　　$Y_N$——弯曲疲劳强度计算的寿命系数，可由图 4-32 查出，图中横坐标为工作应力循环次数 $N_L$，由式（4-23）计算；

　　　$Y_X$——尺寸系数，可由图 4-33 查出。

（4）设计公式

国家标准只提出了齿根弯曲强度的校核公式（4-28），为了设计需要，在式（4-28）中，以 $b = \psi_d d_1$，$d_1 = m Z_1$ 代入，得设计公式

$$m \geqslant \sqrt[3]{\frac{2KT_1}{\psi_d Z_1^2 [\sigma_F]} Y_{Fa} Y_{Sa} Y_\varepsilon}　\qquad(4\text{-}32)$$

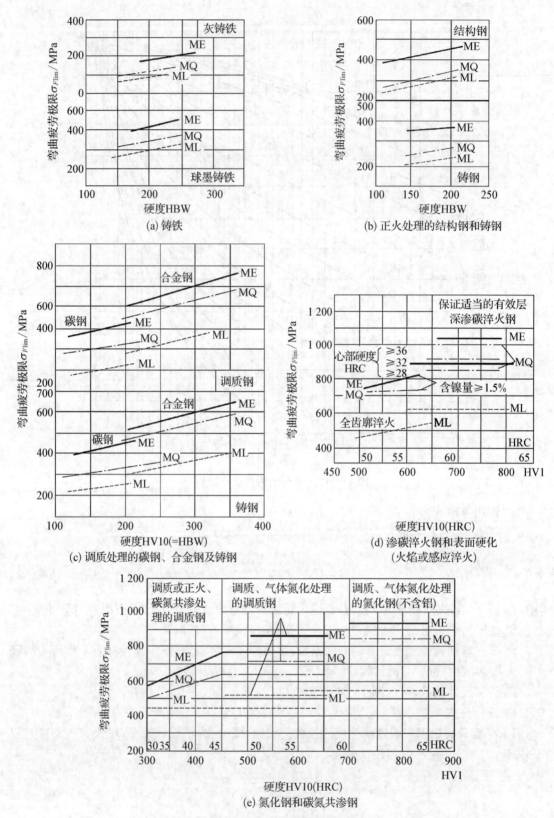

(a) 铸铁

(b) 正火处理的结构钢和铸钢

(c) 调质处理的碳钢、合金钢及铸钢

(d) 渗碳淬火钢和表面硬化
(火焰或感应淬火)

(e) 氮化钢和碳氮共渗钢

图 4-31　试验齿轮的弯曲疲劳极限 $\sigma_{F\lim}$

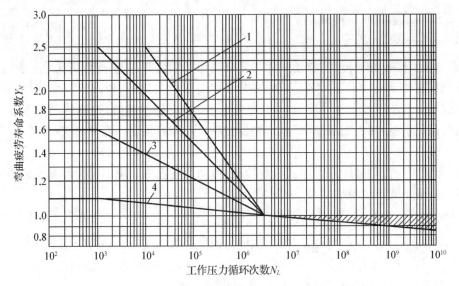

**图 4 - 32　弯曲疲劳寿命系数 $Y_N$**

1—调质钢、珠光体、贝氏体球墨铸铁、珠光体黑色可锻铸铁;2—渗碳淬火钢、火焰或感应淬火钢;
3—氮化的调质钢或氮化钢、铁素体球墨铸铁、结构钢、灰铸铁;4—碳氮共渗的调质钢。

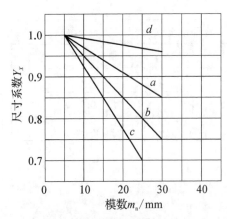

**图 4 - 33　弯曲强度计算的尺寸系数 $Y_X$**

$a$—结构钢、调质钢、球墨铸铁、珠光体可锻铸铁;$b$—表面硬化钢;$c$—灰铸铁;$d$—静强度(所有材料)。

由于齿轮的参数和尺寸未知,该式中的一些参数难以确定,故如同接触强度设计公式一样,也需要进行简化。设 $\varepsilon_a = 1$,由式(4 - 31)求得 $Y_\varepsilon = 1$,取载荷系数 $K = 1.2 \sim 2$,则式(4 - 32)可简化为

$$m \geqslant A_m \sqrt[3]{\frac{T_1}{\psi_d Z_1^2 [\sigma_F]} Y_{Fa} Y_{Sa}} \qquad (4 - 33)$$

此式对于直齿或斜齿圆柱齿轮均适用,式中 $A_m$ 值见表 4 - 7。

初步计算的许用弯曲应力 $[\sigma_F]$ 推荐取值如下。

当轮齿单向受力时,其计算式为

$$[\sigma_F] \approx 0.7\sigma_{F\lim} \qquad (4 - 34)$$

当轮齿双向受力或开式传动时,其计算式为

$$[\sigma_F] \approx 0.5\sigma_{F\lim} \qquad (4 - 35)$$

**表 4 - 7　$A_m$ 值**

| 螺旋角 $\beta$ | $0°$ | $8° \sim 15°$ | $25° \sim 35°$ |
|---|---|---|---|
| $A_m$ | $1.34 \sim 1.59$ | $1.32 \sim 1.56$ | $1.22 \sim 1.45$ |

注:当载荷平稳、齿宽系数较小、对称布置、轴的刚性较大、齿轮精度较高(6级以上)时,$A_m$ 取较小值,反之取较大值。

## 三、齿轮传动主要参数选择

### 1. 压力角 $\alpha$ 的选择

对于一般用途的齿轮传动,通常选用标准压力角 $\alpha = 20°$。对于特殊要求的齿轮传动,可

查阅有关文献,选取相应推荐值。

**2. 小齿轮齿数 $Z_1$ 的选择**

对于软齿面闭式齿轮传动,传动尺寸主要取决于接触疲劳强度,弯曲疲劳强度则往往比较富余。这时,在传动尺寸不变并满足弯曲疲劳强度要求的前提下,齿数宜取多些(模数相应减小)。齿数增多有利于增大重合度,提高传动平稳性;减小滑动系数,提高传动效率;减小毛坯外径、减轻齿轮重量;减少切削量(模数小则齿槽小),延长刀具使用寿命,减少加工工时。一般可取 $Z_1 = 20 \sim 40$。

对于开式齿轮传动和硬齿面闭式齿轮传动,传动尺寸主要取决于轮齿弯曲疲劳强度,故齿数不宜过多,但不能产生根切。

**3. 齿宽系数 $\psi_d$ 的选择**

齿宽 $b$ 和小齿轮分度圆直径 $d_1$ 的比值称为齿宽系数。在一定载荷作用下,增大齿宽系数可减小齿轮直径和传动中心距,从而降低圆周速度,但齿宽系数越大,齿向的载荷分布越不均匀。因此必须合理地选择齿宽系数,表 4-8 可供选择时参考。

为了方便装配和调整,小齿轮齿宽应比大齿轮齿宽大 $5 \sim 10$ mm,但计算时按大齿轮齿宽计算。

表 4-8　齿宽系数 $\psi_d$

| 齿轮相对于轴承的位置 | 齿面硬度 | |
| --- | --- | --- |
| | 软齿面 | 硬齿面 |
| 对称布置 | $0.8 \sim 1.4$ | $0.4 \sim 0.9$ |
| 非对称布置 | $0.2 \sim 1.2$ | $0.3 \sim 0.6$ |
| 悬臂布置 | $0.3 \sim 0.4$ | $0.2 \sim 0.25$ |

注:轴及其支撑刚度较大时取大值,反之取小值。

## 四、齿轮传动的精度及其选择

在渐开线圆柱齿轮和圆锥齿轮的国家标准中,规定了 13 个精度等级,按精度等级从高到低依次为 0~12 级。根据各类机器对齿轮传动运动准确性、传动平稳性和载荷分布均匀性这 3 项要求可能不同,影响这 3 项性能的各项公差又相应分成 3 个组:第Ⅰ公差组、第Ⅱ公差组和第Ⅲ公差组。3 组允许选择不同的精度等级。国家标准中还规定了齿坯公差、齿轮副侧隙、图纸标注等内容。

齿轮精度等级应根据传动的用途、使用条件、传动功率、圆周速度等因素来决定。表 4-9 列出了常用齿轮传动精度等级及其应用,供设计时参考。

表 4-9　常用齿轮传动精度等级及其应用

| 精度等级 | 圆周速度 $v/(m/s)$ | | | 应用场合 |
| --- | --- | --- | --- | --- |
| | 直齿圆柱齿轮 | 斜齿圆柱齿轮 | 直齿圆锥齿轮 | |
| 6 级 | $\leqslant 15$ | $\leqslant 30$ | $\leqslant 12$ | 高速重载的齿轮传动,如飞机、汽车和机床中的重要齿轮传动 |

续　表

| 精度等级 | 圆周速度 $v$/(m/s) | | | 应用场合 |
|---|---|---|---|---|
| | 直齿圆柱齿轮 | 斜齿圆柱齿轮 | 直齿圆锥齿轮 | |
| 7 级 | ≤10 | ≤15 | ≤8 | 高速中载或中速重载的齿轮传动，如汽车和机床中的齿轮传动 |
| 8 级 | ≤6 | ≤10 | ≤4 | 对精度无特殊要求的齿轮传动 |
| 9 级 | ≤2 | ≤4 | ≤1.5 | 低速及对精度要求低的齿轮传动 |

➢ 单选题

1. 对于齿面硬度 HBS≤350 的闭式齿轮传动,设计时一般(　　)。

A. 先按接触强度条件计算　　　　　　　B. 先按弯曲强度条件计算

C. 先按磨损条件计算　　　　　　　　　D. 先按胶合条件计算

2. 在机械传动中,理论上能保证瞬时传动比为常数的是(　　)。

A. 带传动　　　　　　　　　　　　　　B. 链传动

C. 齿轮传动　　　　　　　　　　　　　D. 摩擦轮传动

3. 一减速齿轮传动,主动轮 1 用 45 钢调质,从动轮 2 用 45 钢正火,则它们的齿面接触应力的关系是(　　)。

A. $\sigma_{H1} < \sigma_{H2}$　　　　　　B. $\sigma_{H1} = \sigma_{H2}$　　　　　　C. $\sigma_{H1} > \sigma_{H2}$

4. 有一标准直齿圆柱齿轮传动,齿轮 1 和齿轮 2 的齿数分别为 $Z_1$ 和 $Z_2$ 且 $Z_1 < Z_2$。 若两齿轮的许用接触应力和许用弯曲应力相同,则(　　)。

A. 两齿轮接触强度相等,齿轮 2 比齿轮 1 抗弯强度高

B. 两齿轮抗弯强强度相等,齿轮 2 比齿轮 1 接触强度高

C. 齿轮 1 和齿轮 2 的接触强度和抗弯强度均相等

D. 齿轮 1 和齿轮 2 的接触强度和抗弯强度都高

5. 为了有效地提高齿面接触强度,可(　　)。

A. 保持分度圆直径不变而增大模数

B. 增大分度圆直径

C. 保持分度圆直径不变而增加齿数

6. 有一传递动力的闭式直齿圆柱齿轮传动,现设计主、从动轮均为软齿面钢制齿轮,精度等级为 7 级。如欲在中心距和传动不变的条件下提高其接触强度,在下列措施中,最有效的是(　　)。

A. 增大模数　　　　　　　　　　　B. 提高主、从动轮的齿面硬度

C. 提高加工精度的等级　　　　　　D. 增大齿根圆角半径

7. 设计圆柱齿轮传动时,通常使小齿轮的宽度比大齿轮的宽一些,其目的是(　　)。

A. 使小齿轮和大齿轮的强度接近相等

B. 为了使传动更平稳

C. 为了补偿可能的安装误差以保证接触线长度

## ▐▶ 考点 23　齿轮的结构型式、精度等级、效率及润滑方式

### 一、齿轮的结构型式

齿轮结构取决于齿轮的尺寸、材料、制造方法以及齿轮与其他零件的连接方式。

当齿轮直径很小（$d_a < 2d_3$ 或 $\delta < 2.5m_n$）时，可将其与轴做成一个整体。此时，所用材料要同时满足轴的要求（见图 4-34）。

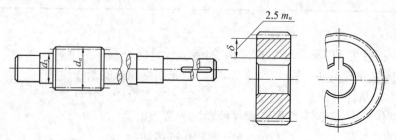

**图 4-34　齿轮轴与最小 $\delta$ 值**

当齿轮齿顶圆直径 $d_a < 500$ mm 时，除非由于特殊原因（如缺少相应的锻造设备），一般都用锻造齿轮，将轴与齿轮分成 2 件。锻造齿轮的轮毂与辐板的形式随齿轮尺寸而异。图 4-35 为其结构图，详细尺寸可参看有关机械设计手册。

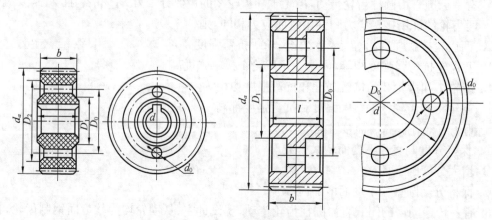

**图 4-35　锻造齿轮的结构**

当齿轮齿顶圆直径超过 500 mm 时，除去个别情况（如有大型压力机时），一般都用铸造齿轮。铸造齿轮的结构见图 4-36，$d_a < 500$ mm 的用单辐板，不必用加强肋板[如图 4-36(a)]；$d_a > 400$ mm，$b \leqslant 240$ mm 的要用加强肋板[如图 4-36(b)]；$d_a > 1\,000$ mm，$b > 240$ mm 的要用双辐板，并配以内加强肋板[如图 4-36(c)]。详细尺寸可参看有关机械设计手册。

对于大型齿轮（$d_a > 600$ mm），为了节约贵重材料，可将齿轮做成装配式结构，将用优质材料做的齿圈套装在铸钢或铸铁轮心上（见图 4-37）。对于单件或小批生产的大型齿轮，还可将其做成焊接结构（见图 4-38）。

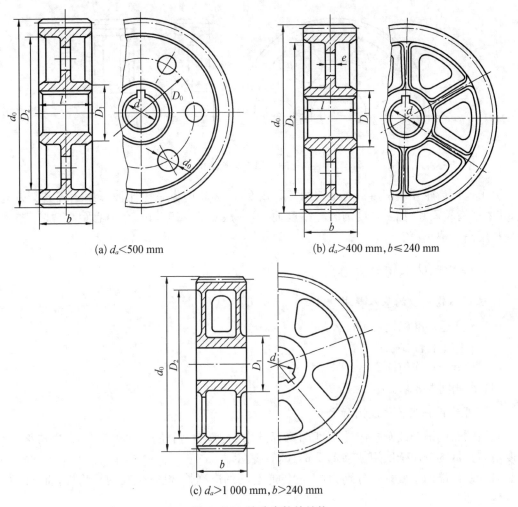

(a) $d_a < 500$ mm

(b) $d_a > 400$ mm, $b \leqslant 240$ mm

(c) $d_a > 1\,000$ mm, $b > 240$ mm

图 4-36　铸造齿轮的结构

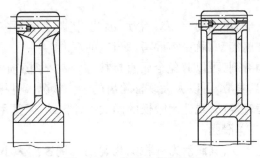

图 4-37　装配式齿轮结构

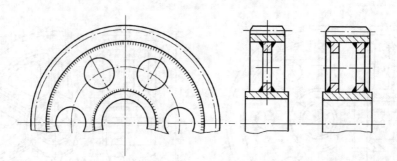

图 4-38　焊接齿轮结构

为了保证齿轮在装配后仍有足够的实际宽度,小齿轮的齿宽应比计算齿宽或名义齿宽稍宽,其值视齿轮尺寸、加工精度与装配精度而定,一般宽 5~15 mm,在中心距小、加工精度与装配精度高时取小值。

## 二、齿轮传动的精度等级

1. 选择齿轮精度的基本要求

(1) 传递运动准确性要求;

(2) 工作平稳性要求;

(3) 载荷分布均匀性要求;

(4) 齿侧间隙要求。

2. 渐开线圆柱齿轮精度国标简介

我国颁布的渐开线圆柱齿轮精度国家标准中对齿轮和齿轮传动规定了 12 个精度等级。精度由高到低的顺序依次用数字 1,2,3,…,12 表示。

对传动性能的主要影响分别为:Ⅰ—传递运动的准确性;Ⅱ—传动的平稳性;Ⅲ—载荷分布的均匀性。

**常用的精度等级是 5,6,7,8 级。**

## 三、齿轮传动的润滑

齿轮在传动时,相啮合的齿面间有相对滑动,因此,就要发生摩擦和磨损,增加动力消耗,降低传动效率。特别是高速传动,就更需要考虑齿轮的润滑。

轮齿啮合面间加注润滑剂,可以避免金属直接接触,减少摩擦损失,还可以散热、防锈蚀。因此,对齿轮传动进行适当润滑,可以大大改善轮齿的工作状况,确保运转正常及预期的寿命。

对于开式及半开式齿轮传动,或速度较低的闭式齿轮传动,通常用人工进行周期性加油润滑,所用润滑剂为润滑油或润滑脂。

对于通用的闭式齿轮传动,其润滑方式根据齿轮的圆周速度大小而定。当齿轮的圆周速度 $v<12$ m/s 时,常将大齿轮的轮齿浸入油池中进行浸油润滑(如图 4-39)。这样,齿轮在转动时,就把润滑油带到啮合的齿面上,同时也将油甩到箱壁上,借以散热。齿轮浸入油中的深度可视齿轮的圆周速度大小而定,对圆柱齿轮来说通常不宜超过一个齿高,但一般亦不应小于 10 mm;对圆锥齿轮来说应浸入全齿宽,至少应浸入齿宽的一半。在多级齿轮传动中,可借带油轮将油带到未浸入油池内的齿轮的齿面上(如图 4-40)。

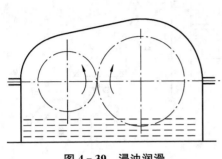

图 4‑39　浸油润滑

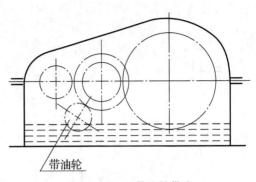

图 4‑40　用带油轮带油

带油轮

当齿轮的圆周速度 $v > 12$ m/s 时，应采用喷油润滑（如图 4‑41），即由油泵或中心供油站以一定的压力供油，借喷嘴将润滑油喷到轮齿的啮合面上。当 $v \leqslant 25$ m/s 时，喷嘴位于轮齿啮入边或啮出边均可；当 $v > 25$ m/s 时，喷嘴应位于轮齿啮出的一边，以便借润滑油及时冷却刚啮合过的轮齿，同时亦对轮齿进行润滑。

关于润滑剂，一般是根据齿轮的圆周速度来选择，具体选择方法可参考有关设计资料。

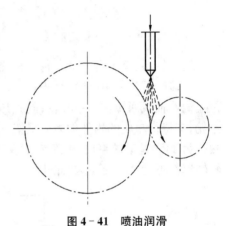

图 4‑41　喷油润滑

➤ 单选题

1. 选择齿轮的结构形式（实心式、辐板式、轮辐式）和毛坯获得的方法（棒料车削，锻造、模压和铸造等），与（　　）有关。

A. 齿圈宽度　　　　　　　　　B. 齿轮的直径
C. 齿轮在轴上的位置　　　　　D. 齿轮的精度

2. 选择齿轮毛坯的成型方法时（锻造、铸造、轧制圆钢等），除了考虑材料等因素外，主要依据（　　）。

A. 齿轮的几何尺寸　　　　　　B. 齿轮的精度
C. 齿轮的齿面粗糙度　　　　　D. 齿轮在轴承上的位置

3. 齿轮传动中，齿间载荷分配不均，除与轮齿变形有关外，还主要与（　　）有关。

A. 齿面粗糙度　　B. 润滑油黏度　　C. 齿轮制造精度

# 考点 24　定轴轮系及周转轮系的传动比计算

由一对齿轮组成的机构是齿轮传动的最简单形式。但在机械中，往往需要把多个齿轮组合在一起，形成一个传动装置，来满足传递运动和动力的要求。这种由一系列齿轮组成的传动系统称为齿轮系，简称轮系。

## 一、轮系的分类

**根据轴线位置是否固定，轮系可分为定轴轮系、周转轮系、复合轮系。**
定轴轮系（普通轮系）：指各齿轮轴线的位置都相对机架固定不动的齿轮传动系统。定轴轮系又可分为平面定轴轮系和空间定轴轮系,其示意图分别如图 4-42 和图 4-43 所示。

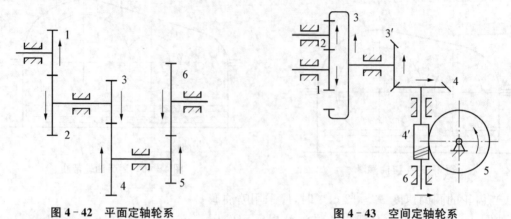

图 4-42 平面定轴轮系　　　　图 4-43 空间定轴轮系

周转轮系:至少有一个齿轮的轴线(位置不固定)绕另一齿轮的轴线转动的齿轮传动系统。

**周转轮系是由中心轮(太阳轮)、行星轮和行星架组成的。** 外齿轮、内齿轮(齿圈)位于中心位置绕着轴线回转称为中心轮;同时与中心轮和齿圈相啮合,既做自转又做公转的齿轮称为行星轮;支持行星轮的构件称为行星架。根据其自由度的数目,**周转轮系又可分为行星轮系(自由度为 1)和差动轮系(自由度为 2)两种,** 行星轮系有一个中心轮的转速为 0,差动轮系的中心轮转速都不为 0,其示意图如图 4-44 所示。

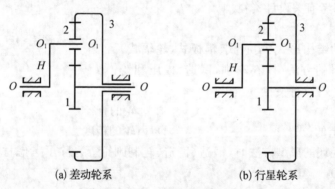

(a) 差动轮系　　　　(b) 行星轮系

图 4-44 单级周转轮系

复合轮系:既包含定轴轮系部分,又包含周转轮系部分;或是由几部分周转轮系组成的复杂的齿轮传动系统。复合轮系的示意图如图 4-45 所示。

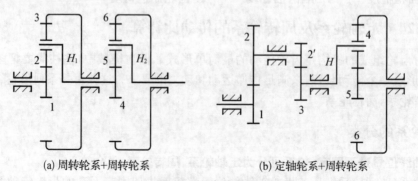

(a) 周转轮系+周转轮系　　　　(b) 定轴轮系+周转轮系

图 4-45 复合轮系

## 二、定轴轮系传动比的计算

如图 4-46 所示的定轴轮系，设各轮的齿数为 $z_1, z_2, \cdots$，各轮的转速为 $n_1, n_2, \cdots$，则该轮系的传动比 $i_{15}$ 可由各对啮合齿轮的传动比求出。

根据前面所述，该轮系中各对啮合齿轮的传动比分别为

$$i_{12} = n_1/n_2 = -z_2/z_1,\ i_{2'3} = n_{2'}/n_3 = z_3/z_{2'}$$
$$i_{3'4} = n_{3'}/n_4 = -z_4/z_{3'},\ i_{45} = n_4/n_5 = -z_5/z_4$$

将以上各等式两边连乘，并考虑到 $n_2 = n_{2'}, n_3 = n_{3'}$，可得

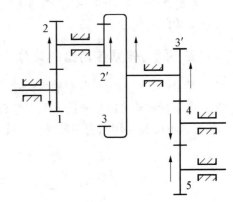

图 4-46 定轴轮系

$$i_{12} \cdot i_{2'3} \cdot i_{3'4} \cdot i_{45} = \frac{n_1 n_{2'} n_{3'} n_4}{n_2 n_3 n_4 n_5} = (-1)^3 \frac{z_2 z_3 z_4 z_5}{z_1 z_{2'} z_{3'} z_4}$$

$$i_{15} = n_1/n_5 = i_{12} \cdot i_{2'3} \cdot i_{3'4} \cdot i_{45} = (-1)^3 \frac{z_2 z_3 z_5}{z_1 z_{2'} z_{3'}} \tag{4-36}$$

上式表明，定轴轮系传动比的大小等于组成该轮系的各对啮合齿轮传动比的连乘积，也等于各对啮合齿轮中所有从动轮齿数的乘积与所有主动轮齿数乘积之比。

以上结论可推广到一般情况。设轮 $A$ 为计算时的起始主动轮，轮 $K$ 为计算时的最末从动轮，则定轴轮系始末两轮传动比计算的一般公式为

$$i_{AK} = \frac{n_A}{n_K} = (\pm) \frac{\text{各对啮合齿轮从动齿轮齿数的连乘积}}{\text{各对啮合齿轮主动齿轮齿数的连乘积}} \tag{4-37}$$

对于平面定轴轮系，始、末两轮的相对转向关系可以用传动比的正负号表示。$i_{AK}$ 为负号时，说明始、末两轮的转动方向相反；$i_{AK}$ 为正号时，说明始、末两轮的转动方向相同。正负号根据外啮合齿轮的对数确定：奇数为负，偶数为正。也可用画箭头的方法来表示始、末两轮的转向关系。

对于空间定轴轮系，若始、末两轮的轴线平行，先用画箭头的方法逐对标出转向，若始、末两轮的转向相同，等式右边取正号，否则取负号。正负号的含义同上。若始、末两轮的轴线不平行，只能用画箭头的方法判断两轮的转向，传动比取正号，但这个正号并不表示转向关系。

另外，在图 4-46 所示的轮系中，齿轮 4 同时和 2 个齿轮啮合，它既是前一级的从动轮，又是后一级的主动轮。其齿数 $z_4$ 在式(4-36)中的分子和分母上各出现 1 次，最后被消去，即齿轮 4 的齿数不影响传动比的大小。这种不影响传动比的大小，只起改变转向作用的齿轮称为惰轮或过轮。

**【例 4-1】** 如图 4-43 所示的空间定轴轮系，设 $z_1 = z_2 = z_{3'} = 20, z_3 = 80, z_4 = 40, z_{4'} = 20$(右旋)，$z_5 = 40, n_1 = 1\ 000$ r/min，求蜗轮 5 的转数 $n_5$ 及各轮的转向。

**解** 因为该轮系为空间定轴轮系，所以只能用式(4-37)计算其传动比的大小。

$$i_{15} = \frac{n_1}{n_5} = \frac{z_2 \cdot z_3 \cdot z_4 \cdot z_5}{z_1 \cdot z_2 \cdot z_{3'} \cdot z_{4'}} = \frac{20 \times 80 \times 40 \times 40}{20 \times 20 \times 20 \times 2} = 160$$

蜗轮 5 的转数为

$$n_5 = \frac{n_1}{i_{15}} = \frac{1\ 000\ \text{r/min}}{160} = 6.25\ \text{r/min}$$

各轮的转向如图 4-43 中箭头所示。该例中齿轮 2 为惰轮,它不改变传动比的大小,只改变从动轮的转向。

### 三、周转轮系传动比的计算

图 4-47 所示为一典型的周转轮系,齿轮 1 和 3 为中心轮,齿轮 2 为行星轮,构件 $H$ 为系杆。由于行星轮 2 既绕轴线 $O_1$—$O_1$ 转动,又随系杆 $H$ 绕 $O$—$O$ 转动,不是绕定轴的简单转动,所以不能直接用求定轴轮系传动比的公式来求周转轮系的传动比。

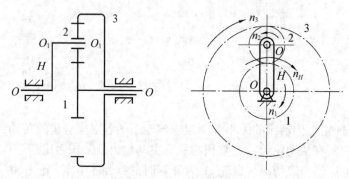

**图 4-47 周转轮系**

为了求出周转轮系的传动比,可以采用转化机构法,即假想给整个周转轮系加上一个与系杆的转速大小相等而方向相反的公共转速"$-n_H$",由相对运动原理可知,轮系中各构件之间的相对运动关系并不因之改变,但此时系杆变为相对静止不动,齿轮 2 的轴线 $O_1$—$O_1$ 也随之相对固定,周转轮系转化为假想的定轴轮系,即将图 4-47 转化为图 4-48。这个经转化后得到的假想定轴轮系称为该周转轮系的转化轮系。利用求解定轴轮系传动比的方法,借助于转化轮系就可以将周转轮系的传动比求出来。

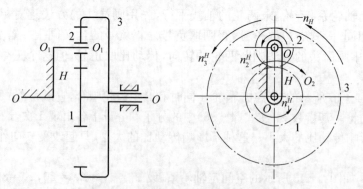

**图 4-48 转化机构(假想定轴轮系)**

现将各构件在转化前、后的转速列于表 4-10。

表 4-10 各构件在转化前、后的转速

| 构件 | 原来的转速 | 转化后的转速 |
|------|-----------|-------------|
| 齿轮 1 | $n_1$ | $n_1^H = n_1 - n_H$ |
| 齿轮 2 | $n_2$ | $n_2^H = n_2 - n_H$ |
| 齿轮 3 | $n_3$ | $n_3^H = n_3 - n_H$ |
| 系杆 $H$ | $n_H$ | $n_H^H = n_H - n_H = 0$ |

转化轮系中各构件的转速 $n_1^H, n_2^H, n_3^H, n_H^H$ 右上方加的角标 $H$，表示这些转速是各构件相对系杆 $H$ 的转速。

按求定轴轮系传动比的方法可得图 4-47 所示周转轮系的转化轮系传动比为

$$n_{13}^H = \frac{n_1^H}{n_3^H} = \frac{n_1 - n_H}{n_3 - n_H} = -\frac{z_3}{z_1} \tag{4-38}$$

在式(4-38)中，若已知各轮的齿数及 2 个转速，则可求得另一个转速。将式(4-38)推广到一般情况，设轮 $A$ 为计算时的起始主动轮，转速为 $n_A$，轮 $K$ 为计算时的最末从动轮，转速为 $n_K$，系杆 $H$ 的转速为 $n_H$，则有

$$i_{AK}^H = \frac{n_A^H}{n_K^H} = \frac{n_A - n_H}{n_B - n_H} = \pm \frac{\text{从动齿轮齿数的连乘积}}{\text{主动齿轮齿数的连乘积}} \tag{4-39}$$

应用式(4-39)时必须注意以下几点。

(1) 公式只适应于轮 $A$、轮 $K$ 和系杆 $H$ 的轴线相互平行或重合的情况。

(2) 等式右边的正负号，按转化轮系中轮 $A$、轮 $K$ 的转向关系，用定轴轮系传动比的转向判断方法确定。当轮 $A$、轮 $K$ 转向相同时，等式右边取正号，相反时取负号。需要强调说明的是：这里的正负号并不代表轮 $A$、轮 $K$ 的真正转向关系，只表示系杆相对静止不动时轮 $A$、轮 $K$ 的转向关系。

(3) 转速 $n_A, n_K$ 和 $n_H$ 是代数量，代入公式时必须带正负号。假定某一转向为正号，则与其同向的取正号，与其反向的取负号。待求构件的实际转向由计算结果的正负号确定。

【例 4-2】 图 4-49 所示为一个大传动比行星减速器。已知其中各轮的齿数为 $z_1 = 100, z_2 = 101, z_{2'} = 100, z_3 = 99$。试求传动比 $i_{H1}$。

**解** 在图 4-49 所示的周转轮系中，齿轮 1 为活动中心轮，齿轮 3 为固定中心轮。双联齿轮 2-2' 为行星轮，$H$ 为系杆。由式(4-39)得

$$\frac{n_1 - n_H}{n_3 - n_H} = (\pm) \frac{z_2 \cdot z_3}{z_1 \cdot z_2},$$

因为在转化轮系中，齿轮 1 至齿轮 3 之间外啮合圆柱齿轮的对数为 2，所以上式右端取正号（正号可以不标）。又因为 $n_3 = 0$，故

$$\frac{n_1 - n_H}{0 - n_H} = \frac{101 \times 99}{100 \times 100}$$

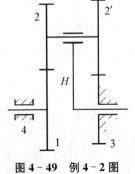

图 4-49 例 4-2 图

又

$$i_{1H} = \frac{n_1}{n_H} = 1 - \frac{101 \times 99}{100 \times 100} = \frac{1}{10\,000}$$

所以

$$i_{H1} = \frac{n_H}{n_1} = \frac{1}{i_{1H}} = 10\,000$$

即当系杆 $H$ 转 $10\,000$ 圈时,齿轮 $1$ 才转 $1$ 圈,且两构件转向相同。本例也说明,周转轮系用少数几个齿轮就能获得很大的传动比。

若将 $z_3$ 由 $99$ 改为 $100$,则

$$i_{1H} = \frac{n_1}{n_H} = 1 - \frac{101 \times 100}{100 \times 100} = -\frac{1}{100}$$

$$i_{H1} = \frac{n_H}{n_1} = -100$$

由此可见,同一种结构形式的周转轮系,由于某一齿轮的齿数略有变化(本例中仅差 $1$ 个齿),其传动比会发生很大的变化,同时转向也会改变,这与定轴轮系大不相同。

应当指出的是,这种类型的行星齿轮传动用于减速时,减速比越大,其机械效率越低。因此,它一般只适用于作辅助装置的传动机构,不宜传递大功率。若将它用作增速传动,当传动比较大时可能会发生自锁。

【例 $4$-$3$】 在图 $4$-$50$ 所示的差动轮系中,已知各轮的齿数分别为 $z_1 = 15$, $z_2 = 25$, $z_{2'} = 20$, $z_3 = 60$,转速为 $n_1 = 200$ r/min, $n_3 = 50$ r/min,转向如图 $4$-$50$ 所示。试求系杆 $H$ 的转速 $n_H$。

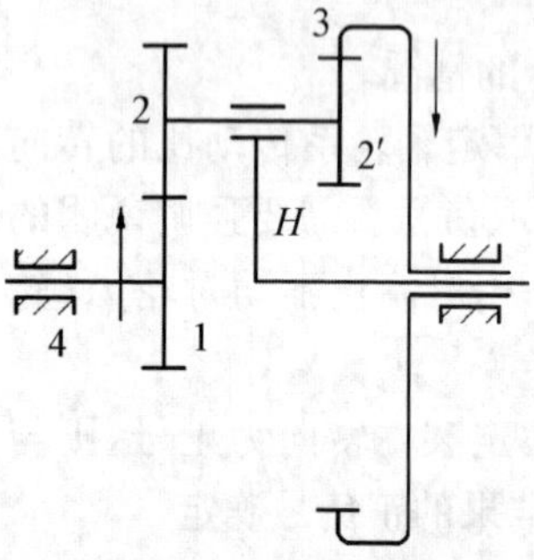

**解** 根据式($4$-$39$)可以得到

$$\frac{n_1 - n_H}{n_3 - n_H} = -\frac{z_2 \cdot z_3}{z_1 \cdot z_{2'}}$$

因为在转化轮系中,齿轮 $1$ 至齿轮 $3$ 之间外啮合圆柱齿轮的对数为 $1$,所以上式右端取负号。根据图中表示转向的箭头方向,齿轮 $1$ 和齿轮 $3$ 的转向相反,设齿轮 $1$ 的转速 $n_1$ 为正,则齿轮 $3$ 的转速 $n_3$ 为负,则有

图 $4$-$50$ 例 $4$-$3$ 图

$$\frac{200 - n_H}{-50 - n_H} = \frac{-25 \times 60}{15 \times 20} = -8.33 \text{ r/min}$$

解得 $n_H = -8.33$ r/min,其中负号表示系杆 $H$ 的转向与齿轮 $3$ 相同。

▷ 单选题

1. 轮系中必须有一个太阳轮固定不动的是(　　)轮系。

A. 行星　　　　　　　B. 周转　　　　　　　C. 差动

2. 轮系中的两个太阳轮都运动的是(　　)轮系。

A. 行星　　　　　　　B. 周转　　　　　　　C. 差动

3. 下列轮系中自由度为 $1$ 的是(　　)轮系。

A. 行星　　　　　　　B. 周转　　　　　　　C. 差动

4. 下列轮系中自由度为 2 或 1 的是( )轮系。

A.行星　　　　　　B. 周转　　　　　　C. 差动

▷ 填空题

对基本轮系,根据其运动时各轮轴线位置是否固定可将它分为( )、( )和( )三大类。

▷ 判断题

1. 平面定轴轮系中的各圆柱齿轮的轴线互相平行。

2. 行星轮系中的行星轮既有公转又有自转。

3. 平面定轴轮系的传动比有正负。

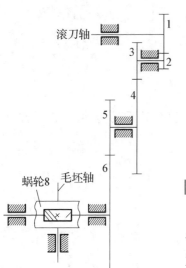

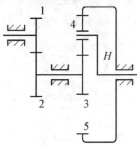

▷ 计算题

1. 图示为滚齿机滚刀与工件间的传动简图,已知各轮的齿数为: $Z_1=35$, $Z_2=10$, $Z_3=30$, $Z_4=70$, $Z_5=40$, $Z_6=90$, $Z_7=1$, $Z_8=84$。求毛坯回转一转时滚刀轴的转数。

2. 已知图示轮系中各齿轮的齿数分别为 $Z_1=20$, $Z_2=18$, $Z_3=56$。求传动比 $i_{1H}$。

## ▐▶ 考点 25　简单复合轮系的传动比计算

从前面可知,复合轮系一般是由定轴轮系与周转轮系或若干个周转轮系复合而构成的。对于复合轮系,既不能将其转化为单一的定轴轮系,也不能将其转化为单一的周转轮系,所以不能用 1 个公式来求解其传动比。**求解复合轮系传动比时必须首先将各个基本的周转轮系和定轴轮系部分划分开来,然后分别列出各部分传动比的计算公式,最后联立求解。**

划分轮系的关键是先找出周转轮系。根据行星轮轴线不固定的特点找出行星轮,再找出支承行星轮的系杆及与行星轮相啮合的中心轮,这些行星轮、系杆及中心轮就构成 1 个基本的周转轮系。同理,再找出其他的周转轮系,剩下的就是定轴轮系部分。

**【例 4-4】**　在图 4-51 所示的轮系中,已知各轮齿数 $z_1=20$, $z_2=30$, $z_3=20$, $z_4=30$, $z_5=80$, 齿轮 1 的转速 $n_1=300$ r/min。求系杆 $H$ 的转速 $n_H$。

**解**　首先划分轮系,由图可知,齿轮 4 的轴线不固定,所以是行星轮,支持它运动的构件 $H$ 就是系杆,与齿轮 4 相啮合的齿轮 3、5 为中心轮,因此,齿轮 3、4、5 及系杆 $H$ 组成了 1 个周转轮系,剩下的齿轮 1、2 是 1 个定轴轮系。两者合在一起便构成 1 个复合轮系。

图 4-51　例 4-4 图　　　　定轴轮系部分的传动比为

$$i_{12}=\frac{n_1}{n_2}=-\frac{z_2}{z_1}$$

周转轮系部分的传动比为

$$i_{35}^H = \frac{n_3 - n_H}{n_5 - n_H} = -\frac{z_4 z_5}{z_3 z_4}$$

又因为齿轮 2 及齿轮 3 为双联齿轮,所以有 $n_2 = n_3$。

将以上 3 式联立求解,可得

$$n_H = \frac{n_1}{\dfrac{z_2}{z_1}\left(1 + \dfrac{z_5}{z_3}\right)} = -\frac{300 \text{ r/min}}{\dfrac{30}{20}\left(1 + \dfrac{80}{20}\right)} = -40 \text{ r/min}$$

上式中 $n_H$ 为负值,表明系杆与齿轮 1 的转动方向相反。

▷ **填空题**

轮系中既有定轴轮系又有行星轮系的称为(　　　)。

▷ **判断题**

1. 惰轮不但能改变轮系齿轮传动方向,而且能改变传动比。

2. 计算复合轮系传动比的关键是区分轮系,一定要分别计算各轮系的传动比,再合并计算得到总的传动比。

# 第五章　连　接

## ▶▶ 考点 26　键连接和销连接的分类、特点、应用

### 一、键连接

键连接的种类较多,根据键的形状,可分为平键连接、半圆键连接、楔键连接等。

#### 1. 平键连接

**平键的两侧面是工作面,**上面与轮毂槽底之间有间隙,如图 5－1所示。**平键连接具有结构简单、装拆方便、轴与轴上零件对中性较好等优点,**应用较为广泛,但不能承受轴向力。常用平键有普通平键、导向平键和滑键 3 种。

普通平键用于轴、毂间无相对轴向移动的静连接。根据键的端部形状不同,普通平键可分为圆头(A 型)、方头(B 型)和单圆头(C 型)3 种,如图 5－2 所示。采用圆头或单圆头平键时,轴上的键槽用指状铣刀铣出,这种键槽的特点是键在槽中固定较好,但轴上键槽端部的应力集中较大;采用方头平键时,轴上的键槽用盘铣刀铣出,键在键槽中固定较差,但轴的应力集中较小;单圆头平键用于轴端与轮毂的连接。

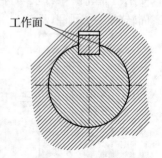

工作面

**图 5－1　平键连接**

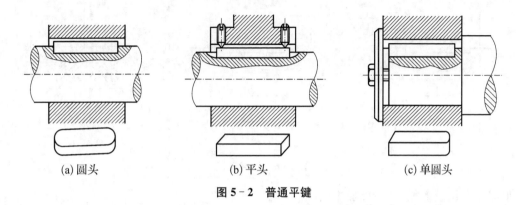

(a) 圆头　　　　　　　　(b) 平头　　　　　　　　(c) 单圆头

图 5‑2　普通平键

导向平键和滑键用于轮毂相对轴做轴向移动的动连接,如齿轮变速箱中的齿轮轴毂连接。导向平键适用于轴上零件轴向位移量不大的场合,如图 5‑3 所示,因导向平键较长,常用螺钉固定在槽中,为了便于装拆,在键上制出相应的螺纹孔。滑键用于轴上零件轴向位移量较大的场合,如图 5‑4 所示,滑键在轴上的键槽较长。

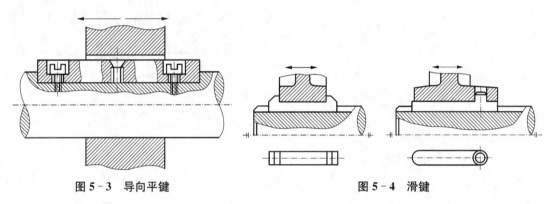

图 5‑3　导向平键　　　　　　　　　　图 5‑4　滑键

### 2. 半圆键连接

**半圆键也是以两侧面为工作面,定心较好,**如图 5‑5 所示。半圆键能在轴槽中摆动,以自动适应轮毂中键槽的斜度,装配较方便。半圆键连接的缺点是轴槽较深,对轴的强度削弱较大,主要用于轻载连接和锥形轴与轮毂的连接。

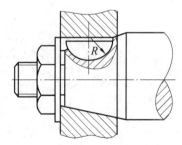

图 5‑5　半圆键连接

### 3. 楔键连接

楔键连接用于静连接。楔键以上下表面为工作面,如图 5‑6所示,其上表面具有 1∶100 的斜度。装配后,楔键紧压在轴毂之间;工作时,靠键、轴、毂之间的摩擦力和由于轴、毂间有相对转动的趋势而使键受到的偏压来传递转矩,也能传递单向的轴向力。

由于楔键打入时,将迫使轴和毂产生偏心距 $e$,因此,楔键仅适用于定心精度要求不高、载荷平稳和低速的场合。

### 4. 花键连接

**花键由轴和毂孔上的多个键齿组成,工作时依靠齿侧的挤压传递转矩。**因花键连接键齿多,所以承载能力大;由于齿槽浅,故应力集中小,对轴的强度削弱少,且对中性和导向性均较

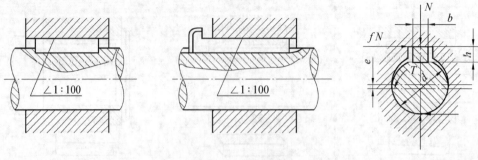

图 5-6　楔键连接

好,但需要专用设备加工,所以成本较高。

　　花键连接适用于载荷较大、定心精度要求较高的静连接或动连接中。花键连接的齿数、尺寸、配合等均应按标准选取。

　　根据齿形不同,花键连接分为矩形花键连接和渐开线花键连接两种,如图 5-7(b)(c)所示。

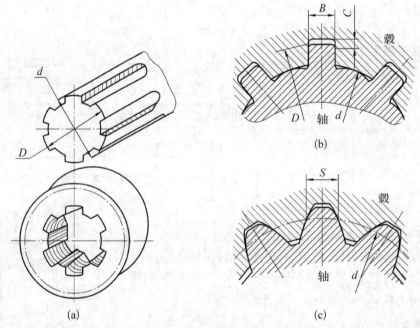

图 5-7　花键连接

　　(1)矩形花键

　　按齿高的不同,矩形花键的齿形尺寸在国家标准中规定了两个系列,即轻系列和中系列。轻系列的承载能力较小,多用于静连接或轻载连接;中系列用于中等载荷的连接。

　　矩形花键的定心方式为小径定心(亦称内径定心),如图 5-7(b)所示。外花键和内花键的小径为配合面,其特点是定心精度高,且定心稳定性好,能用磨削方法消除热处理引起的变形,故此种花键连接应用广泛。

　　(2)渐开线花键

　　渐开线花键的制造和齿轮轮齿的制造完全相同,压力角有 30° 和 45° 两种。齿根有平齿根和圆齿根两种。为便于加工,一般选用平齿根,但圆齿根有利于降低应力集中和减少产生淬火裂纹的可能性。渐开线花键连接具有承载能力大、使用寿命长、定心精度高等特点,宜用于载荷较大、尺寸也较大的连接。

渐开线花键的定心方式为齿形定心。当花键受载时,各齿上的径向力能起到自动定心的作用,有利于各齿均匀承载。

花键连接的强度计算与平键连接相似。根据使用条件和工作要求,首先选定花键的类型、尺寸及定心方式。其主要失效形式是工作面被压溃(静连接)或工作面过度磨损(动连接),故静连接通常按工作面上的挤压应力进行强度计算(挤压强度),动连接则按工作面上的压力进行强度计算(耐磨性)。

## 二、销连接

销主要用于固定零件之间的相对位置,称为定位销,如图 5-8 所示,它是组合加工和装配的重要辅助零件;销也可用于连接,称为连接销,如图 5-9 所示,可传递不大的载荷;销还可用作安全装置的过载剪断元件,称为安全销,如图 5-10 所示。

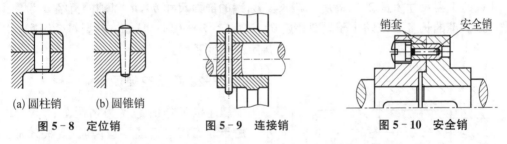

(a) 圆柱销　　(b) 圆锥销

图 5-8　定位销　　　　图 5-9　连接销　　　　图 5-10　安全销

圆柱销是利用微量过盈固定在销孔中的,若多次装拆则会降低其定位精度和可靠性。圆锥销有 1：50 的锥度,可自锁。其安装方便,定位精度高,可多次装拆。内螺纹圆锥销和螺尾圆锥销可用于盲孔或拆卸困难的场合,见图 5-11(a)、(b)。开尾圆锥销可保证销在冲击、振动或变载下不致松脱,如图 5-11(c)所示。

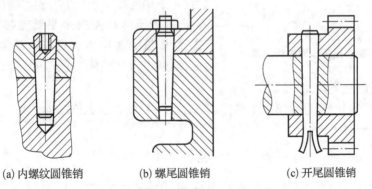

(a) 内螺纹圆锥销　　　　(b) 螺尾圆锥销　　　　(c) 开尾圆锥销

图 5-11　几种特殊结构的圆锥销

定位销通常不受载荷或只受很小的载荷,故不做强度校核计算,其尺寸由经验决定。同一面上的定位销至少要用两个。连接销的类型可根据工作要求选定,其尺寸可根据连接结构特点按经验或规范确定,必要时再进行强度校核,一般按剪切和挤压强度条件计算。

安全销的直径按过载时被剪断的条件确定。

> ➤ 单选题

1. 平键工作以( )为工作面。

A. 顶面      B. 侧面      C. 底面      D. 都不是

2. 半圆键工作以( )为工作面。

A. 顶面      B. 侧面      C. 底面      D. 都不是

3. ( )宜用于盲孔或拆卸困难的场合。

A. 圆柱销            B. 圆锥销

C. 带有外螺纹的圆锥销      D. 开尾圆锥销

> ➤ 填空题

键连接可分为( )连接、( )连接、( )连接、( )连接。

## ▐▶ 考点 27   普通平键连接的设计

### 一、平键的选择

平键的主要尺寸为宽度 $b$、高度 $h$ 与长度 $L$,键的剖面尺寸 $b×h$,以轴的直径 $d$ 为依据按标准选定。键的长度 $L$ 应略小于轮毂宽度 $B$,一般 $L=B-(5\sim10)$ mm,并要符合国家标准中规定的长度系列。

### 二、平键连接的强度设计

平键连接工作时的受力情况如图 5-12 所示。**用于静连接的普通平键,其主要失效形式是键、轴槽和轮毂槽三者中最弱的工作面被压溃;用于动连接的导向平键,其主要失效形式是工作面的过度磨损。**故对于采用常用材料和按标准选取尺寸的平键连接,通常只需按工作面上的挤压应力(对于动连接常按压力)进行条件性强度计算。

**因为压溃或磨损是平键连接的主要失效形式,所以键的材料要有足够的硬度。**根据标准规定,键采用强度极限不低于 600 MPa 的碳钢和精

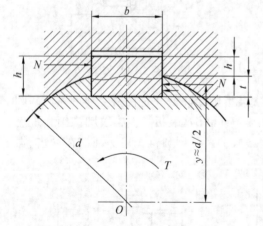

图 5-12   平键连接工作时的受力情况

拔钢制造,常用的材料为 45 号钢。

假设载荷均匀分布,可列出如下静连接(普通平键)的**抗压强度条件**,即

$$\sigma_p = \frac{4T}{dhl} \leqslant [\sigma_p] \tag{5-1}$$

对于动连接(导向平键),计算依据是磨损,应限制压强 $p$,即

$$p = \frac{4T}{dhl} \leqslant [p] \tag{5-2}$$

式中,$T$——传递的扭矩,单位为 N·mm;

       $d$——轴的直径,单位为 mm;

$h$——键的高度,单位为 mm;

$l$——键的工作长度(A 型 $l=L-b$;B 型 $l=L$;C 型 $l=L-b/2$);

$[\sigma_p]$——许用挤压应力、许用压强,见表 5-1。

表 5-1　键连接的许用挤压应力和许用压强　　　　　　　单位:MPa

| 许用值 | 轮毂材料 | 载荷性质 | | |
|---|---|---|---|---|
| | | 静载荷 | 轻微冲击 | 冲击 |
| $[\sigma_p]$ | 钢 | 125~150 | 100~120 | 60~90 |
| | 铸铁 | 70~80 | 50~60 | 30~45 |
| $[p]$ | 钢 | 50 | 40 | 30 |

当一个键不能满足要求时,可改用双键,两个键应相隔 **180°**布置。但由于两键的载荷分布不均匀,其承载能力只能按一个键的 **1.5** 倍计算。另外,两键槽对轴的强度削弱较大,使用时要将此点考虑在内。

【例 5-1】　试选择一个 8 级精度的直齿圆柱齿轮与轴静连接所用的键。已知轴与轮毂材料均为钢,装齿轮处的轴径 $d$ 为 60 mm,轮毂长 100 mm,转矩 $T$ 为 92×104 N·mm,载荷有轻微冲击。

**解**　8 级精度齿轮有一定的对中性要求,故选用普通平键(A 型)。从标准中查得,当 $d=$ 60 mm 时,键宽 $b=18$ mm,键高 $h=11$ mm,取键长 $L=90$ mm,则键的工作长度

$$l=L-b=(90-18)\text{mm}=72 \text{ mm}$$

由式(5-1)得

$$\sigma_p=\frac{4T}{dhl}=\frac{4\times 92\times 10^4 \text{ N}\cdot\text{mm}}{60 \text{ mm}\times 11 \text{ mm}\times 72 \text{ mm}}=77 \text{ MPa}$$

查表 5-1 得 $[\sigma_p]=100$ MPa,则 $\sigma_p<[\sigma_p]$,所选键满足要求。

➤ **单选题**

1. 普通平键的剖面尺寸通常根据(　　　)从标准中选取。

A. 传递的转矩　　　　　　　　　　　B. 传递的功率

C. 轮毂的长度　　　　　　　　　　　D. 轴的直径

2. 采用两个普通平键时,为使轴与轮毂对中良好,两键通常布置成(　　　)。

A. 相隔 180°　　　　　　　　　　　B. 相隔 120°~130°

C. 相隔 90°　　　　　　　　　　　　D. 在轴的同一母线上

3. 平键 B20×80 GB 1096—79 中,20×80 表示(　　　)。

A. 键宽×轴径　　　　　　　　　　　B. 键高×轴径

C. 键宽×键长　　　　　　　　　　　D. 键宽×键高

4. 普通平键连接工作时,键的主要失效形式为(　　　)。

A. 键受剪切破坏　　　　　　　　　　B. 键侧面受挤压破坏

C. 剪切和挤压同时产生　　　　　　　D. 磨损和键被剪断

## ▌▶ 考点 28　螺纹的分类和普通螺纹的主要参数含义

### 一、螺纹的分类

螺纹通常采用的分类方法如下。

（1）按其在母体所处位置，螺纹可分为外螺纹、内螺纹，几何参数相同的内、外螺纹共同组成螺旋副。

（2）按工作性质，螺纹可分为连接螺纹（可分为普通螺纹、管螺纹）、传动螺纹（如机床上的丝杆等）。

（3）按其截面形状（牙型），螺纹可分为三角形螺纹、矩形螺纹、梯形螺纹、锯齿形螺纹及其他特殊形状螺纹，如图 5 - 13 所示，三角形螺纹自锁性能好，主要用于连接，矩形、梯形和锯齿形螺纹主要用于传动。

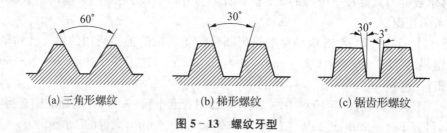

(a) 三角形螺纹　　　(b) 梯形螺纹　　　(c) 锯齿形螺纹

**图 5 - 13　螺纹牙型**

（4）按螺旋线方向，螺纹可分为左旋螺纹和右旋螺纹，一般采用右旋螺纹。

（5）按螺旋线的数量，螺纹可分为单线螺纹、双线螺纹及多线螺纹。用于连接时，一般采用单线；用于传动时，一般采用双线或多线。

（6）按牙的大小，螺纹可分为粗牙螺纹和细牙螺纹，连接一般多用粗牙螺纹；细牙螺纹的螺距小，升角小，自锁性能更好，常用于细小零件薄壁管中有振动或变载荷的连接，以及微调装置等。

螺纹已标准化，有米制（公制）和英制两种。除管螺纹采用英制外，其他螺纹都采用米制。

### 二、螺纹的基本参数

圆柱螺纹的主要几何参数如图 5 - 14 所示。

外径（大径）$d$：与外螺纹牙顶或内螺纹牙底相重合的假想圆柱体直径。**螺纹的公称直径即大径（除管螺纹以管子内径为公称直径外）。**

内径（小径）$d_1$：与外螺纹牙底或内螺纹牙顶相重合的假想圆柱体直径。**内径主要用于强度计算。**

中径 $d_2$：母线通过牙型上凸起和沟槽两者宽度相等的假想圆柱体直径。中径主要用于几何尺寸计算。

螺距 $P$：相邻牙在中径线上对应两点间的轴向距离。

线数 $n$：螺纹的螺旋线数目。单线螺纹自锁性好，多线螺纹效率高。

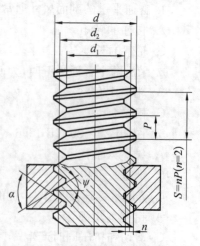

**图 5 - 14　圆柱螺纹的主要几何参数**

导程 $S$：同一螺旋线上相邻牙在中径线上对应两点间的轴向距离，也就是螺纹旋转一周移动的距离。$S$、$n$ 和 $P$ 之间的关系为：$S = nP$。

牙型角 $\alpha$：螺纹牙型上相邻两牙侧间的夹角。牙型角 $\alpha$ 大，则当量摩擦系数大，自锁性好。牙型侧边与螺纹轴线的垂线间的夹角称为牙侧角 $\beta$。 对于对称牙型，牙侧角为牙型角的 $1/2$，即 $\beta = \alpha/2$。

螺纹升角 $\psi$：中径圆柱上螺旋线的切线与垂直于螺纹轴线的平面之间的夹角。

$$\tan\psi = \frac{nP}{\pi d_2} \tag{5-3}$$

螺纹升角 $\psi$ 小，则自锁性好。自锁条件是螺纹升角 $\psi$ 小于或等于当量摩擦角 $\varphi_v$，即

$$\psi \leqslant \varphi_v \tag{5-4}$$

➤ 单选题

1. 用于连接的螺纹牙型为三角形，这是因为（  ）。

A. 牙根强度高，自锁性能好        B. 传动效率高

C. 防振性能好        D. 自锁性能差

2. 普通螺纹的牙型角为（  ）。

A. 30°      B. 33°      C. 60°      D. 55°

3. 用于薄壁零件连接的螺纹，应采用（  ）。

A. 三角形细牙螺纹        B. 梯形螺纹

C. 锯齿形螺纹        D. 多线的三角形粗牙螺纹

➤ 填空题

1. 普通螺纹的公称直径指的是螺纹的（  ），计算螺纹的摩擦力矩时使用的是螺纹的（  ），计算螺纹危险截面时使用的是螺纹的（  ）。

2. 常用的螺纹牙形有三角形、矩形、梯形、锯齿等几种，用于连接的螺纹为（  ）牙形，用于传动的为（  ）牙形。

➤ 判断题

1. 三角螺纹比梯形螺纹效率高，自锁性差。

2. 多线螺纹没有自锁性能。

3. 连接螺纹大多采用多线的梯形螺纹。

4. 同一直径的螺纹按螺旋线数不同，可分为粗牙和细牙两种。

## ▶▶ 考点 29   螺纹连接的主要类型、应用场合、预紧与防松

### 一、螺纹连接的基本类型

常用的螺纹连接件有螺栓、螺柱、螺钉和紧定螺钉等，多为标准件。螺纹连接就是采用这些标准件将被连接件结合在一起。

#### 1. 螺栓连接

采用螺栓连接时，不用在被连接件上切制螺纹，不受被连接件材料的限制，构造简单，装拆方便，常用于被连接件不太厚并可从两边进行装拆的场合，图 5-15 为螺栓连接的示意图。根

据传力方式的不同,螺栓连接可分为以下两种。

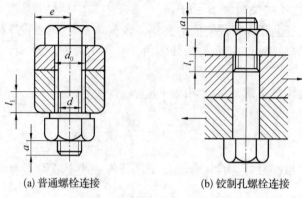

(a) 普通螺栓连接　　　　　　(b) 铰制孔螺栓连接

**图 5-15　螺栓连接的示意图**

（1）受拉螺栓连接（也称普通螺栓连接）——被连接件的通孔与螺栓之间有间隙,通孔的加工精度低、结构简单、装拆方便、应用广泛。

（2）受剪螺栓连接（也称铰制孔螺栓连接）——被连接件的通孔与螺栓常采用基孔制的过渡配合,通孔加工精度高,定位精确。

**2. 双头螺柱连接**

**双头螺柱一端旋紧在被连接件之一的螺孔中,用于因有一连接件较厚等原因不能用螺栓连接,并经常装拆的场合,**图 5-16 为双头螺柱连接的示意图。

**3. 螺钉连接**

**螺钉连接不使用螺母,比双头螺柱连接简单,用于因有一连接件较厚等原因不能用螺栓连接,且不经常装拆的场合,**图 5-17 为螺钉连接的示意图。

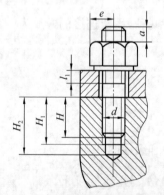

**图 5-16　双头螺柱连接的示意图**

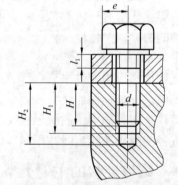

**图 5-17　螺钉连接的示意图**

**4. 紧定螺钉连接**

紧定螺钉旋入被连接件之一的螺纹孔中,其末端顶住另一被连接件,以固定两个零件的相互位置,并可传递不大的力或扭矩,图 5-18 为紧定螺钉连接的示意图。

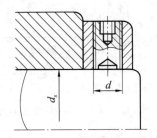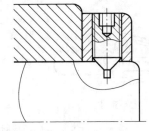

图 5-18　紧定螺钉连接的示意图

## 二、螺纹连接的预紧与防松

### 1. 螺纹连接的预紧

螺纹连接可分为紧连接和松连接,松连接应用很少。因此,绝大多数螺纹连接在装配时都必须拧紧,在承受工作载荷之前,就受到预紧力 $F'$ 的作用。

**拧紧的目的在于增强连接的可靠性、紧密性、刚性和防松能力。适当加大预紧力可以提高螺纹连接的可靠性和螺栓的疲劳强度,对于有紧密性要求的连接(如气缸盖、管路凸缘等)还可以提高气密性,但螺旋副拧紧力矩大的预紧力会增大连接的结构尺寸,螺栓容易损坏。因此,拧紧时既要保证连接有一定的预紧力,又不使螺纹紧固件过载。**

对于重要的连接,在装配时要控制预紧力的大小。这一点可以通过控制拧紧力矩等方法来实现。

拧紧螺母时,如图 5-19 所示,根据理论推导,拧紧力矩 $T$ 与预紧力 $F'$ 之间的关系为

$$T = T_1 + T_2 = k_t F' d \tag{5-5}$$

式中,$T_1$——螺纹副相对转动力矩;

$T_2$——螺母支承面上的摩擦阻力矩;

$k_t$——拧紧力矩系数,其值一般在 $0.1 \sim 0.3$,平均取 $k_t \approx 0.2$。

所以,式(5-5)可简化为

$$T = 0.2 F' d \tag{5-6}$$

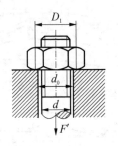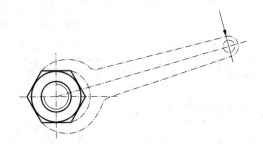

图 5-19　螺旋副拧紧力矩

控制预紧力有许多方法,较简便的方法是使用测力矩扳手或定力矩扳手测量,如图 5-20 所示,但这种方法的准确性较差。采用测量拧紧时螺栓伸长量的方法可获得高的控制精度。

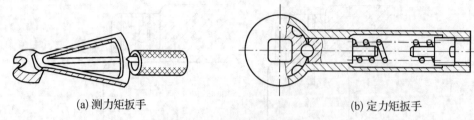

(a) 测力矩扳手　　　　　　　　　　(b) 定力矩扳手

**图 5‑20　控制拧紧力矩用的扳手**

由于摩擦因数不稳定和加在扳手上的力难于准确控制,可能因拧得过紧而使螺栓拧断。因此,对于重要的连接,不宜用小于 M12~M16 的螺栓,必须使用时,应严格控制其拧紧力矩。

2. 螺纹连接的防松

螺纹紧固件一般采用单线普通螺纹。在静载荷和温度变化不大的情况下,螺纹连接能满足自锁条件($\psi \leqslant \varphi_v$),而且,拧紧后螺母、螺栓头部承压面处的摩擦也有防松作用,因此,连接不会自行松脱。但在冲击、振动或变载荷作用下,螺旋副间的摩擦力可能减小或瞬间消失。若这种情况多次重复,连接就会松脱。在高温或温度变化较大的情况下,螺栓与被连接件的温度变形差或材料的蠕变也会导致连接松脱。

螺纹连接一旦出现松脱,将影响机器的正常运转,甚至发生严重事故。**所以,在设计螺纹连接时,必须考虑防松问题,其根本在于防止螺旋副的相对转动。**常见的防松装置和方法见表 5‑2。

**表 5‑2　常见的防松装置和方法**

| 防松原理 | 防松装置和方法 | | |
|---|---|---|---|
| 摩擦防松 | 对顶螺母 | 弹簧垫圈 | 金属锁紧螺母 |
| 机械防松 | 开口销与槽形螺母 | 止动垫片 | (a) 正确(钢丝受拉)<br>(b) 不正确(钢丝受压)<br>串联钢丝 |

续　表

| 防松原理 | 防松装置和方法 | | |
|---|---|---|---|
| 破坏螺旋副防松 | 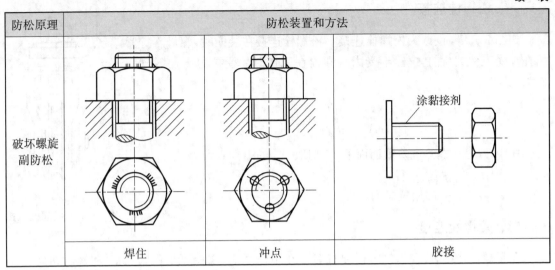 | | 涂黏接剂 |
| | 焊住 | 冲点 | 胶接 |

> **单选题**

1. 螺纹连接防松的根本问题在于(　　)。

A. 防止螺纹副的相对转动　　　　　　B. 增加螺纹连接的刚度

C. 增加螺纹连接的轴向力

2. 在螺栓连接中,有时在一个螺栓上采用双螺母,其目的是(　　)。

A. 提高强度　　　　　　　　　　　　B. 提高刚度

C. 防松　　　　　　　　　　　　　　D. 减小每圈螺纹牙上的受力

> **填空题**

螺纹连接防松的实质是(　　)。

> **判断题**

1. 弹簧垫圈和对顶螺母都属于机械防松。

2. 螺栓的标准尺寸为中径。

3. 螺旋传动中,螺杆一定是主动件。

> **简答题**

螺纹连接的基本形式有哪几种? 各适用于何种场合? 有何特点?

## ▸▸ 考点 30　单个螺栓连接的强度计算

螺栓连接通常选用标准紧固件,连接的计算主要是确定螺栓的直径或校核其危险截面的强度。螺栓其他部分和螺母、垫圈的尺寸,都是根据等强度条件及使用经验规定的,一般不需要进行强度计算,可按螺栓螺纹的公称直径从标准中选定。

螺栓的主要失效形式有:

① 在静载荷下,螺栓杆的断裂、压溃、剪断等;

② 在变载荷下,螺栓杆的疲劳断裂;

③ 如果连接经常装拆,可能会发生滑扣现象。

## 一、松螺栓连接

如图 5 - 21 所示,为松螺栓连接。松螺栓连接在装配时,螺母不拧紧。故在承受工作载荷前,螺栓不受力。螺栓在工作时才受拉力 $F$,其强度条件为

$$\sigma = \frac{F}{A} = \frac{F}{\pi d_1^2/4} \leqslant [\sigma] \tag{5-7}$$

式中,$A$——螺栓危险截面面积,近似取 $A = \pi d_1^2/4$;

    $d_1$——螺纹小径;

    $[\sigma]$——许用拉应力。

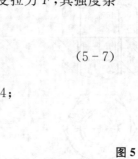

**图 5 - 21  松螺栓连接**

## 二、紧螺栓连接

在紧螺栓连接装配时,螺母需要拧紧。在工作之前,螺栓要受预紧力 $F'$ 和螺纹扭转力矩 $T_1$ 的作用,它们分别产生拉应力 $\sigma$ 和切应力 $\tau$,按第四强度理论,它们的当量应力 $\sigma_e$ 为

$$\sigma_e = \sqrt{\sigma^2 + 3\tau^2} \approx 1.3\sigma \tag{5-8}$$

根据上述公式可知,在紧螺栓连接情况下可仍按纯拉伸计算,但考虑扭转的影响,应按拉应力的 1.3 倍计算。

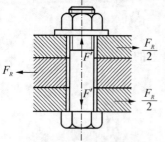

**图 5 - 22  普通螺栓连接**

### 1. 受横向载荷的螺栓连接

① 普通螺栓连接。图 5 - 22 所示为普通螺栓连接,横向载荷 $F_R$ 靠接合面间的摩擦力来传递。在横向载荷作用下若发生相对滑动,则认为连接失效。螺栓的轴向压力(即预紧力 $F'$)可按下式进行强度计算,即

$$\sigma = \frac{1.3F'}{A} = \frac{1.3F'}{\pi d_1^2/4} \leqslant [\sigma] \tag{5-9}$$

这种靠摩擦力传递横向载荷的受拉螺栓连接结构简单、装配方便,但为了产生足够的摩擦力,所需的预紧力较大。为了避免上述缺点,可用各种减载零件来承受横向载荷,如图 5 - 23 所示。其连接强度按减载零件的抗剪、抗压强度条件计算,而螺纹连接只是保证连接不再承受工作载荷,因此,预紧力不必很大。此外也可采用铰制孔用螺栓连接。

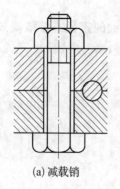

(a) 减载销

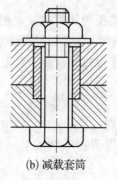

(b) 减载套筒

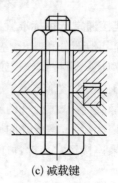

(c) 减载键

**图 5 - 23  承受横向载荷的减载零件**

② 铰制孔用螺栓连接。图 5-24 所示为铰制孔用螺栓连接,螺栓杆与孔壁之间无间隙。在横向工作载荷 $F_S$ 的作用下连接损坏的主要形式为螺栓杆被剪断、螺栓杆或孔壁被压溃。因此,应分别按抗剪及抗压强度条件计算。这种连接所需的预紧力很小,故可以不考虑预紧力、摩擦力和螺纹力矩的影响。

螺栓杆的抗剪强度条件为

$$\tau = \frac{F_S}{\pi d_0^2/4} \leqslant [\tau] \tag{5-10}$$

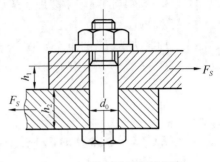

图 5-24 铰制孔用螺栓连接

式中,$[\tau]$——螺栓许用切应力,单位为 MPa;

    $d_0$——螺栓剪切面直径,单位为 mm。

计算时,假设螺栓杆与孔壁表面上的压力分布是均匀的,螺栓杆与孔壁的抗压强度条件为

$$\sigma_p = \frac{F_S}{h d_0} \leqslant [\sigma_p] \tag{5-11}$$

式中,$h$——计算对象的受压高度,取 $h = \min(h_1, h_2)$,单位为 mm;

    $[\sigma_p]$——螺栓或孔壁的许用挤压应力,单位为 MPa。

**2. 受轴向工作拉力的螺栓连接**

受轴向工作拉力的螺栓连接比较常见。如图 5-25 所示,这种连接拧紧后,螺栓受到预紧力 $F'$,工作时还受到轴向工作载荷即轴向工作拉力(以下简称工作拉力)$F$。需要注意的是,由于螺栓和被连接件的弹性变形,螺栓所受的总拉力 $F_0$ 并不等于预紧力 $F'$ 和工作拉力 $F$ 之和。当应变在弹性范围内时,可通过螺栓连接的受力与变形分析来确定。

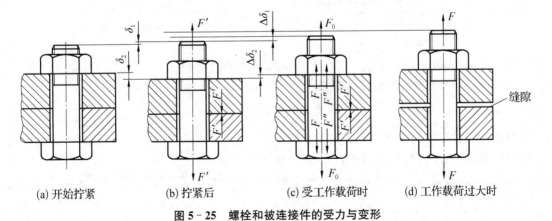

图 5-25 螺栓和被连接件的受力与变形

> **单选题**

1. 计算紧螺栓连接的拉伸强度时,考虑到拉伸与扭转的复合作用,应将拉伸载荷增加到原来的( )倍。

  A. 1.1          B. 1.25          C. 1.3          D. 1.4

2. 螺栓连接的强度主要取决于(　　)的强度。

A. 螺母　　　　　　　　B. 垫片　　　　　　　　C. 螺栓

3. 预紧力为 $F'$ 的单个紧螺栓连接,受到轴向工作载荷 $F$ 作用后,螺栓受到的总拉力 $F_\Sigma($　　$)F'+F$。

A. 大于　　　　　　　　　　　　　B. 等于

C. 小于　　　　　　　　　　　　　D. 大于或等于

# ▶▶ 考点31　提高螺栓连接强度的措施

**影响螺栓强度的因素很多,主要涉及螺纹牙受力分布、应力幅、应力集中、附加弯曲应力和制造工艺等方面。提高强度的措施有以下几点。**

*1. 改善螺纹牙受力分布*

即使是制造和装配精确的螺栓和螺母,传力时各旋合圈螺纹牙的受力也是不均匀的。如图 5 - 26(a)所示,当连接受载时,螺栓受拉,螺距增大;反之,螺母受压,螺距减小。这种螺距变化差主要靠各旋合圈螺纹牙的变形来补偿。由图 5 - 26(b)可知,从螺母支承面算起,第一圈螺纹变形最大,因而受力也最大,以后各圈递减。旋合圈数越多,受力不均匀程度越显著,到第8~10圈以后,螺纹牙几乎不受力。所以,采用圈数过多的加高螺母,并不能提高连接强度。

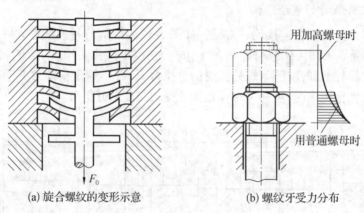

(a) 旋合螺纹的变形示意　　　　　　　(b) 螺纹牙受力分布

**图 5 - 26　螺纹牙的受力**

为改善螺纹牙受力分布,可采用悬置螺母结构[见图 5 - 27(a)],让螺母螺纹由受压变为与螺栓螺纹一样受拉,从而减小螺距变化差,可提高螺栓疲劳强度达 40%;内斜螺母[见图5 - 27(b)]使螺栓螺纹牙受力面自上而下逐渐外移,因此,螺栓旋合段下部螺纹牙(原受力较大)受力容易变形,从而把力向上转移到原受力较小的螺纹牙上,可提高螺栓疲劳强度达 20%;环槽螺母[见图 5 - 27(c)],螺母下部受拉且富于弹性,故可提高螺栓疲劳强度达 30%。这些结构特殊的螺母,由于制造成本高,所以只有在重要或大型的连接中才使用。

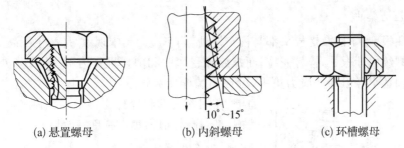

(a) 悬置螺母　　　(b) 内斜螺母　　　(c) 环槽螺母

图 5 - 27　使螺纹牙受力分布较均匀的螺母结构

**2. 降低应力幅**

在变载荷作用下,当螺栓最大应力一定时,应力幅越小,疲劳强度越高。在工作拉力 $F$ 和剩余预紧力 $F''$ 不变的情况下,减小螺栓刚度或增大被连接件刚度都能达到减小应力幅的目的,但预紧力应随之增大。

为了减小螺栓的刚度,可适当增大螺栓的长度或采用图 5 - 28 所示的腰状杆螺栓或空心螺栓。在螺母下安装弹性元件,如图 5 - 29 所示,可取得与腰状杆螺栓或空心螺栓相似的效果。

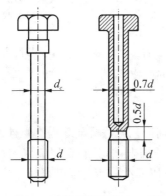

图 5 - 28　腰状杆螺栓与空心螺栓

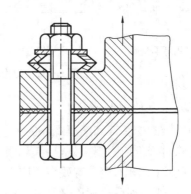

图 5 - 29　弹性元件

为了增大被连接件的刚度,不宜采用刚度小的垫片。比较图 5 - 30(a)、(b) 所示的两种紧密连接,显然以用密封环为佳。

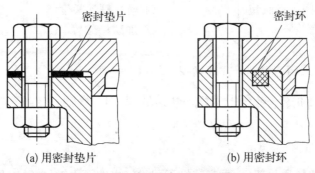

(a) 用密封垫片　　　　　　　(b) 用密封环

图 5 - 30　两种密封方案的比较

### 3. 减轻应力集中

螺纹的牙根、收尾以及螺栓头部与杆交接处,均有应力集中现象,是产生断裂的危险部位,尤其在旋合螺纹的牙根处,栓杆受拉,而螺纹牙受弯曲和剪切且受力不均,情况更加严重。适当增大牙根圆角半径以降低应力集中,可提高螺栓疲劳强度 20%～40%;在螺纹收尾处开退刀槽、在螺栓头部和栓杆交接处加大圆角半径或切制卸载槽,都对减轻应力集中有良好效果。

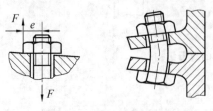

图 5-31　附加弯曲应力

### 4. 避免或减小附加弯曲应力

制造和装配存在误差或设计不当时,会使螺栓受到附加弯曲应力,如图 5-31 所示,这严重降低了螺栓强度,应设法避免。几种减小或避免附加弯曲应力的结构如图 5-32 所示。

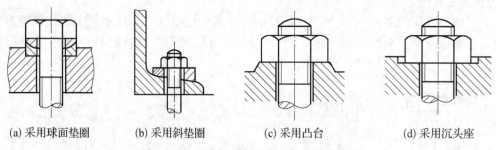

(a) 采用球面垫圈　　(b) 采用斜垫圈　　(c) 采用凸台　　(d) 采用沉头座

图 5-32　使栓杆减免弯曲应力的措施举例

### 5. 采用合理的制造工艺

采用冷镦螺栓头部和滚压螺纹的工艺方法,较之切削工艺方法可显著提高螺栓疲劳强度。这是因为除可降低应力集中外,冷镦和滚压工艺使材料纤维未被切断,金属流线走向合理,而且有冷作硬化的作用,表层有残余压应力。实践证明,滚压螺纹的疲劳强度可较车制螺纹提高 30%～40%;热处理后再滚压,效果更好。

氮化、氰化、喷丸等工艺都能提高螺栓疲劳强度。

> **单选题**

若要提高受轴向变载荷作用的紧螺栓的疲劳强度,可采用(　　)。

A. 在被连接件间加橡胶垫片　　　　B. 增大螺栓长度

C. 采用精制螺栓　　　　　　　　　D. 加防松装置

> **填空题**

在螺纹连接中,采用悬置螺母或环槽螺母的目的是(　　)。

## ▶▶ 考点 32　联轴器、离合器和制动器的功用、类型、特点、应用

### 一、联轴器

**联轴器是一种机械通用部件,用来连接不同机构中的两根轴(主动轴和从动轴),使之共同旋转以传递扭矩。**在高速重载的动力传动中,有些联轴器还有缓冲、减振和提高轴系动态性能的作用。联轴器由两半部分组成,分别与主动轴和从动轴连接。一般动力机大都借助于联轴

器与工作机相连接,是机械产品轴系传动最常用的连接部件。

1. 联轴器的类型

**联轴器分为刚性联轴器和挠性联轴器两大类。**

刚性联轴器不具有补偿被联两轴轴线相对偏移的能力,也不具有缓冲减振性能,但结构简单,价格便宜。只有在载荷平稳、转速稳定、能保证被联两轴轴线相对偏移极小的情况下,才可选用刚性联轴器。**常用的刚性联轴器有凸缘联轴器、套筒联轴器、夹壳联轴器等。**凸缘联轴器如图 5‐33 所示。

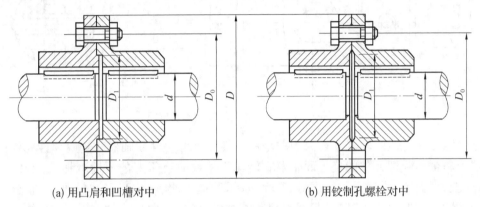

(a) 用凸肩和凹槽对中　　　　　　　(b) 用铰制孔螺栓对中

**图 5‐33　凸缘联轴器的示意图**

凸缘联轴器应用广泛,维护容易,对中精确可靠,但要求准确保持凸缘端面与轴线垂直。这种联轴器适用于载荷较平稳的两轴连接,如提高制造和安装精度,也可用于高速、重载场合。

挠性联轴器具有一定的补偿被联两轴轴线相对偏移的能力,最大补偿量随型号不同而异。挠性联轴器可进一步根据其结构中是否有弹性元件,是否具有缓冲减振性能,分为无弹性元件挠性联轴器和有弹性元件挠性联轴器。

无弹性元件挠性联轴器承载能力大,但不具有缓冲减振性能,在高速、转速不稳定或经常正、反转时,有冲击噪声,适用于低速、重载、转速平稳的场合。**常用的无弹性元件挠性联轴器有十字滑块联轴器、十字万向联轴器等。**

十字滑块联轴器的特点是结构简单,径向尺寸小,但工作面易磨损,一般适用于两轴平行但有较大径向位移、工作时无大的冲击和转速不高的场合。十字滑块联轴器如图 5‐34 所示。

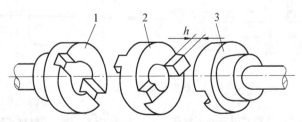

**图 5‐34　十字滑块联轴器的示意图**

1、3—半联轴器;2—中间盘。

十字万向联轴器是通过万向铰链结构来传递转矩和补偿轴线偏斜的。十字万向联轴器如图 5-35 所示。

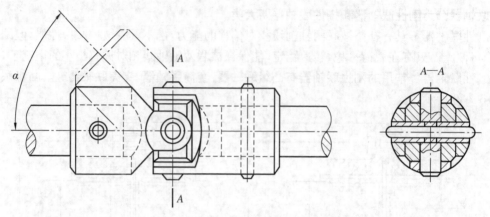

**图 5-35 十字万向联轴器的示意图**

有弹性元件挠性联轴器又可分为非金属弹性元件的挠性联轴器和金属弹性元件的挠性联轴器。非金属弹性元件的挠性联轴器在转速不平稳时有很好的缓冲减振性能,但由于非金属(橡胶、尼龙等)弹性元件强度低、寿命短、承载能力小、不耐高温和低温,故非金属弹性元件的挠性联轴器适用于高速、轻载和常温的场合;金属弹性元件的挠性联轴器除了具有较好的缓冲减振性能外,承载能力也较大,故其适用于速度和载荷变化较大及高温或低温场合。

弹性套柱销联轴器制造容易,装拆方便,成本较低,但易磨损,寿命较短。它适用于连接载荷平稳、需正反转或起动频繁的传递中小转矩的轴。弹性套柱销联轴器如图 5-36 所示。

弹性柱销联轴器较弹性套柱销联轴器结构简单,而且传递转矩的能力更大,也有一定的缓冲吸振能力,允许被联两轴有一定的轴向位移及少量的径向位移和偏角位移,适用于轴向窜动较大、正反转变化较多和起动频繁的场合。弹性柱销联轴器如图 5-37 所示。

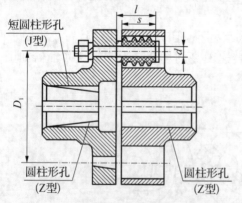

**图 5-36 弹性套柱销联轴器的示意图**

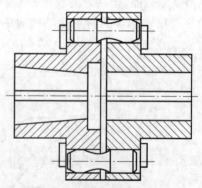

**图 5-37 弹性柱销联轴器的示意图**

梅花形弹性联轴器,是利用梅花形弹性元件置于两半联轴器凸爪之间实现连接的。弹性元件可根据使用要求选用不同硬度的聚氨酯、尼龙、橡胶等材料制造。梅花形弹性联轴器的特点是结构简单、费用较低,具有良好的补偿位移和减振能力。梅花形弹性联轴器如图 5-38 所示。

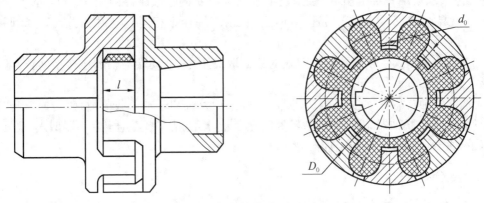

**图 5-38  梅花形弹性联轴器的示意图**

2. 联轴器的选用

联轴器大都已经标准化了,使用时可根据国家标准选用。

(1) 选择联轴器应考虑的因素

① 工作要求:功率大小、载荷类型、工作平稳性、传动精度、是否频繁起动等;功率是确定联轴器规格大小的主要依据之一,与联轴器的转矩成正比。

② 安装与维护:联轴器外形尺寸,即最大径向和轴向尺寸,必须在机器设备允许的安装空间以内。应选择装拆方便、不用维护、维护周期长或维护方便、更换易损件不用移动两轴、对中调整容易的联轴器。

③ 工作环境:联轴器与各种不同主机产品配套使用,周围的工作环境比较复杂,如温度、湿度、水、蒸汽、粉尘、油、酸、碱、腐蚀介质、盐水、辐射等状况是选择联轴器时必须考虑的重要因素。对于高温、低温,有油、酸、碱介质的工作环境,不宜选用以一般橡胶为弹性元件材料的挠性联轴器,应选择金属弹性元件挠性联轴器,如膜片联轴器、蛇形弹簧联轴器等。

(2) 联轴器选用

① 设计人员在选择联轴器时首先应在已经制定为国家标准、机械行业标准,以及获国家专利的联轴器中选择,只有在现有标准联轴器和专利联轴器不能满足设计需要时才自行设计联轴器。

② 选择联轴器品种、型式。了解联轴器(尤其是挠性联轴器)在传动系统中的综合功能,从传动系统总体设计考虑,选择联轴器品种、型式。根据原动机类别和工作载荷类别、工作转速、传动精度、两轴偏移状况、温度、湿度、工作环境等综合因素选择联轴器的品种。

③ 联轴器转矩计算。传动系统中动力机的功率应大于工作机所需功率。根据动力机的功率和转速,可计算得到与动力机相连接的高速端的理论转矩 $T$;根据工况系数 $K$ 及其他有关系数,可计算联轴器的计算转矩 $T_c$。联轴器的 $T$ 与 $n$ 成反比,因此低速端 $T$ 大于高速端 $T$。($T$ 代表名义转矩,$T_c$ 代表计算转矩,$n$ 为转速)

④ 初选联轴器型号。根据计算转矩 $T_c$,从标准系列中可选定相近似的公称转矩 $T_n$,选型时应满足 $T_n \geqslant T_c$。初步选定联轴器型号(规格),从国家标准中可查得联轴器的许用转速 $[n]$ 和最大径向尺寸 $D$、轴向尺寸 $L_0$,使选定的联轴器型号满足联轴器转速 $n \leqslant [n]$。

⑤ 根据轴径调整联轴器型号。初步选定的联轴器连接尺寸,即轴孔直径 $d$ 和轴孔长度 $L$,应符合主、从动端轴径的要求,否则还要根据轴径 $d$ 调整联轴器的型号。主、从动端轴径不相同的现象很常见,当转矩、转速相同,主、从动端轴径不相同时,应按大轴径选择联轴器型号。

⑥ 选择连接型式。联轴器连接型式的选择取决于主、从动端与轴的连接型式,一般采用键连接。

⑦ 选定联轴器品种、型式、规格(型号)。根据动力机和联轴器载荷类别、转速、工作环境等综合因素,选定联轴器品种;根据联轴器的配套、连接情况等因素选定联轴器型式;根据公称转矩、轴孔直径与轴孔长度选定规格(型号)。

## 二、离合器

离合器是一种常用的轴系部件,是用来实现机器工作时能随时使两轴接合或分离的装置。离合器种类较多,可以从不同的角度进行分类。根据实现离合动作的方式不同,离合器可分为操纵离合器和自动离合器两大类。操纵离合器的操纵方式有机械、电磁、气动和液动等,因此又可将其分为机械操纵离合器、电磁操纵离合器、气压操纵离合器和液压操纵离合器等;自动离合器不需要专门的操纵装置,它依靠一定的工作原理来实现自动离合,采用自动离合器可使机器操作过程简化,有利于减轻操作者体力劳动,并可以提高机器工作效率和安全程度。根据工作原理不同,离合器又分为离心离合器、超越离合器等。

按元件接合方式不同,离合器又可分为嵌合式离合器(见图 5-39)和摩擦式离合器(见图 5-40)。

图 5-39 嵌合式离合器

图 5-40 摩擦式离合器

嵌合式离合器的结构简单、传递转矩大、主/从动轴可同步转动、尺寸小,但啮合时有刚性冲击,只能在两轮静止或转速差不大时使用。

摩擦式离合器比较平稳,能在任意速度下接合,过载可自行打滑,但主、从动轴不能严格同步,接合时产生摩擦热,摩擦元件易磨损。摩擦式离合器又可分为单盘式摩擦式离合器、多盘式摩擦式离合器等,如图 5-41、图 5-42 所示。

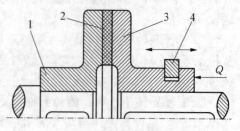

图 5-41 单盘式摩擦式离合器

1,3—摩擦盘;2—摩擦片;4—滑块。

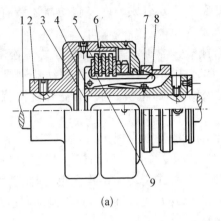

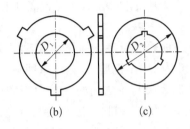

图 5-42 多盘式摩擦式离合器

1—主动轴；2—外鼓轮；3—从动轴；4—内套筒；
5—外摩擦片；6—内摩擦片；7—滑环；8—杠杆；9—压板。

图 5-43 所示为精密机械中常用的滚柱超越离合器。它由星轮 1、外环 2、滚柱 3 和弹簧顶杆 4 等组成。当星轮为原动件并顺时针回转时，滚柱被摩擦力带动而锲紧在槽的窄狭部分，从而带动外环一起旋转，离合器处于接合状态；当星轮反向旋转时，滚柱则滚到槽的宽敞部分，外环不再随星轮回转，离合器处于分离状态。

### 三、制动器

制动器是用来减小机械速度或迫使机械停止的装置。

常用的制动器多采用摩擦制动原理，即利用摩擦元件（如制动带、闸瓦、制动块和制动轮等）之间产生摩擦阻力矩来消耗机械运动部件的动能，以达到制动的目的。图 5-44 和图5-45 分别为盘式制动器和鼓式制动器。

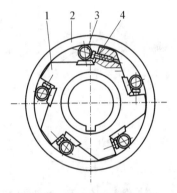

图 5-43 滚柱超越离合器

1—星轮；2—外环；
3—滚柱；4—弹簧顶杆。

图 5-44 盘式制动器

图 5-45 鼓式制动器

制动器主要由制动架、摩擦元件和驱动装置 3 部分组成。许多制动器还装有自动调整装置。

按照工作状态，制动器可分为常开式和常闭式。常开式制动器经常处于松闸状态，抱闸时需要外力，如汽车、自行车的制动器就是常开式制动器。常闭式制动器则是靠弹簧或重力使其经常处于抱闸状态，机械设备工作时松闸，如起重机、电梯的提升机构就属于常闭式制动器。

制动器的种类也很多，下面介绍几种常用制动器的基本原理。

图 5-46 为带式制动器的工作原理图。当驱动力 $Q$ 作用在制动杠杆 1 上时，制动带 2 便抱住制动轮 3，靠带与轮之间的摩擦力矩实现制动。带式制动器结构简单，但制动力矩不大，为了增加效果，制动带材料一般为在钢带上覆以石棉或夹铁砂帆布。这类制动器适合于中、小载荷的机械及人力操纵的场合。

图 5-47 所示为闸瓦制动器工作原理图。主弹簧 2 拉紧制动臂 1 与制动闸瓦 3 使制动器紧闸。当驱动装置的驱动力 $Q$ 向上推开制动臂 1 时，则使制动器松闸。

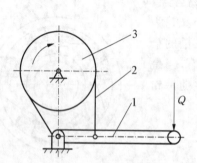

**图 5-46 带式制动器的工作原理**
1—制动杠杆；2—制动带；3—制动轮。

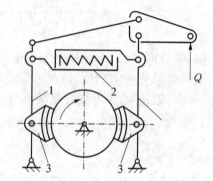

**图 5-47 闸瓦制动器的工作原理**
1—制动臂；2—主弹簧；3—制动闸瓦。

制动器通常应安装在机械的高速轴上，大型设备（如矿井提升机）的安全制动器则应安装在靠近设备工作部分的低速轴上。

➤ **单选题**

1. 联轴器与离合器的主要作用是（　　）。

　A. 缓冲、减振　　　　　　　　　　B. 传递运动和转矩

　C. 防止机器发生过载　　　　　　　D. 支承轴及轴上零件

2. 汽车变速箱输出轴和后桥之间采用的联轴器是（　　）。

　A. 凸缘联轴器　　　　　　　　　　B. 十字滑块联轴器

　C. 万向联轴器　　　　　　　　　　D. 弹性柱销联轴器

3. 用于两交叉轴之间的连接可选用（　　）。

　A. 套筒联轴器　　　　　　　　　　B. 十字滑块联轴器

　C. 万向联轴器　　　　　　　　　　D. 齿式联轴器

4. 能缓冲吸振，用于起动频繁的中小功率传动中的联轴器是（　　）。

　A. 弹性联轴器　　　　　　　　　　B. 凸缘式联轴器

　C. 齿式联轴器　　　　　　　　　　D. 套筒联轴器

> 填空题

1. 联轴器和离合器的功用区别是：(　　　)只能保持两轴的接合,而(　　　)却可在机器的工作中随时完成两轴的接合和分离。
2. 刚性凸缘联轴器的对中方法有(　　　)、(　　　)等两种。
3. 摩擦离合器是利用(　　　)来传递转矩的。

> 判断题

1. 联轴器连接的两轴可在机器运转过程中随时实现接合和分离。
2. 联轴器和离合器都是用来连接两轴且传递转矩的机械部件。
3. 确定联轴器的类型后,根据传递转矩、工作转速等确定其型号。
4. 离合器连接的两轴,只有经过拆卸后才能实现的分离。
5. 刚性联轴器不能补偿两轴之间的偏移和偏斜,只能用于两轴严格对中的场合。

# 第六章　带传动及链传动

## ▶ 考点 33　带传动的类型及应用特点

### 一、带传动的工作原理及类型

如图 6-1 所示,带传动由主动带轮 1、从动带轮 2 和张紧在两轮上的封闭环形带 3 组成。按照工作原理不同,带传动分为摩擦带传动和啮合带传动。

对于摩擦带传动,安装时将带张紧在带轮上,这时带所受的拉力称为初拉力,它使带与带轮互相压紧。当主动带轮转动时,依靠带与带轮接触弧面间的摩擦力拖动从动带轮一起回转,从而传动一定的运动和动力。

啮合带传动也称为同步带传动(见图 6-2),靠带上的齿和带轮上的齿相互啮合传递运动和动力,因而能够保证主动带轮和从动带轮的圆周速度始终相等,具有准确的传动比,但对制造与安装的精度要求较高,成本较高。

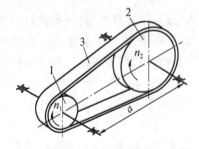

图 6-1　带传动简图
1—主动带轮;2—从动带轮;3—封闭环形带。

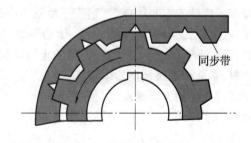

图 6-2　啮合带传动

对于摩擦带传动,按带的横截面形状可将其分为平带传动、V 带传动、圆带传动和多楔带传动等多种类型,如图 6-3 所示。

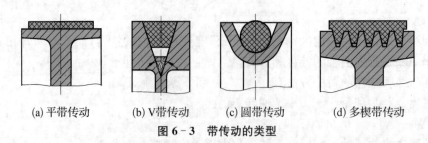

(a) 平带传动　　(b) V带传动　　(c) 圆带传动　　(d) 多楔带传动

图 6-3　带传动的类型

　　(1) 平带传动。平带由多层胶帆布构成,其横截面为扁平矩形,与带轮表面相接触的内侧面为其工作面。平带传动结构简单,适合于中心距较大的情况。平带传动的形式有:开口传动(见图 6-1)、交叉传动[见图 6-4(a)]和半交叉传动[见图 6-4(b)]。开口传动的两带轮轴线平行、转向相同;交叉传动的两带轮轴线平行、转向相反;半交叉传动的两带轮轴线在空间交错,交错角通常为 90°。

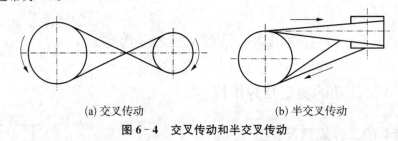

(a) 交叉传动　　　　　　　　　　　　(b) 半交叉传动

图 6-4　交叉传动和半交叉传动

　　(2) V 带传动。V 带的横截面为等腰梯形,与带轮轮槽相接触的两侧面为其工作面。带与轮槽槽底不接触。在其他条件相同的前提下,**V 带传动的承载能力比平带传动大得多,而且 V 带传动可以多根带并用**。所以,在传递相同功率时,V 带传动的结构要紧凑得多。与其他带传动相比,V 带传动应用最广泛,但只能用于开口传动。

　　(3) 圆带传动。圆带的横截面为圆形,仅用于轻载机械、仪表等装置中。

　　(4) 多楔带传动。多楔带是在平带基体下做出多根纵向楔体而形成的,楔体的侧面为带的工作面。这种带兼有平带和 V 带的特点,适用于传递动力大且要求结构紧凑的场合。

## 二、带传动的特点和应用

　　摩擦带传动的主要优点有:适应于两轴中心距较大的传动;带是挠性体,具有良好的弹性,可以缓冲、吸振,尤其 V 带没有接头,传动平稳,噪声小;由于普通带传动是靠摩擦力传动的,过载时,带在小带轮上会自动打滑,可防止损坏其他零件,对整个机器可以起到安全保护作用;结构简单,制造和安装精度要求较低。

　　摩擦带传动的主要缺点是:外廓尺寸较大,不紧凑;工作时带与带轮接触面间存在弹性滑动,不能保证准确的传动比;为了产生足够大的摩擦力,带需要以较大的张紧力紧套在带轮上,从而会使带轮轴受到较大的压力;传动效率较低,带的寿命较短,且不宜用于高温、易燃、易爆等场合;需要张紧装置。

　　通常,带传动用于中小功率电动机与工作机械之间的动力传递,多用于两轴中心距较大,传动比要求不严格的机械中。目前,V 带传动应用最广,一般情况下,V 带传动的传动比 $i \leqslant 7$,带速 $v = 5 \sim 25$ m/s,功率 $P \leqslant 100$ kW,传动效率 $\eta = 0.90 \sim 0.96$。近年来平带传动的应用已大为减少,但在多轴传动或高速情况下,平带传动仍然很有效。

▷ 单选题

1. 带传动中传动比较准确的是(　　　)。

A. 平带　　　　　　　B. V 带　　　　　　　C. 圆带　　　　　　　D. 同步带

2. 平带传动,是依靠(　　　)来传递运动的。

A. 主轴的动力　　　　　　　　　B. 主动轮的转矩

C. 带与轮之间的摩擦力　　　　　D. 以上均不是

3. 与齿轮传动和链传动相比,带传动的主要优点是(　　　)。

A. 工作平稳,无噪声　　　　　　　B. 传动的重量轻

C. 摩擦损失小,效率高　　　　　　D. 寿命较长

▷ 填空题

按传动原理带传动分为(　　　)和(　　　)。

# 考点 34  V 带的结构参数及其标准

## 一、V 带

V 带传动中所用的传动带均已标准化,有规定的型号系列、截面尺寸和长度系列,并制成无接头的环形。V 带有普通 V 带、窄 V 带、宽 V 带等多种类型,如图 6 - 5 所示。**普通 V 带有 Y、Z、A、B、C、D、E 七种型号。**

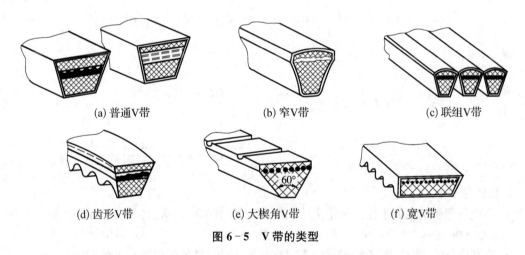

(a) 普通V带　　　　　　　　(b) 窄V带　　　　　　　　(c) 联组V带

(d) 齿形V带　　　　　　　(e) 大楔角V带　　　　　　(f) 宽V带

**图 6 - 5  V 带的类型**

当带弯曲时,其宽度保持不变的地方称为带的节面,节面宽度称为节宽,用 $b_p$ 表示。沿节面量得的带长称为带的基准长度 $L_d$,亦即带的计算长度。

## 二、普通 V 带轮的材料与结构

带传动一般安装在传动系统的最高级处,带轮的转速较高,故要求带轮要有足够的强度。带轮常用灰铸铁铸造,有时也采用铸钢、铝合金或非金属材料。当带轮圆周速度＜ 25 m/s 时,采用 HT150;当带轮圆周速度等于 25～30 m/s 时,采用 HT200;速度更高时,采用铸钢或钢板冲压后焊接。传递功率较小时,带轮材料可采用铝合金或工程塑料。

带轮的结构一般由轮缘、轮毂、轮辐等部分组成。轮缘是带轮具有轮槽的部分。轮槽的形

状和尺寸与相应型号的带截面尺寸相适应。**规定：梯形轮槽的槽角为 32°、34°、36°、38°四种，都小于 V 带两侧面的楔角 40°。**这是由于带在带轮上弯曲时，截面变形将使其楔角变小，以使胶带能紧贴轮槽两侧。

带传动主要用于开口传动。当带的张紧力为规定值时，两带轮轴线间的距离 $a$ 称为中心距。带被张紧时，带与带轮接触弧所对的中心角称为包角 $\alpha$。包角是带传动的一个重要参数。如图 6-6 所示，设 $d_1$、$d_2$ 分别为小带轮、大带轮的直径，$L$ 为带长，则带轮的包角为

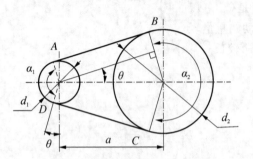

$$\alpha = \pi \pm 2\theta \tag{6-1}$$

因 $\theta$ 较小，以 $\theta = \dfrac{d_2 - d_1}{2a}$ 代入式(6-1)得

$$\alpha = \pi \pm \dfrac{d_2 - d_1}{a} \tag{6-2}$$

或

$$\alpha = 180° \pm \left(\dfrac{d_2 - d_1}{a} \times 57.3°\right) \tag{6-3}$$

**图 6-6  带传动开口传动的几何关系**

式中，"＋"号适用于大带轮包角 $\alpha_2$，"－"号适用于小带轮包角 $\alpha_1$。

带长的计算公式为

$$L = 2AB + BC + AD = 2a\cos\theta + d_1/2(\pi - 2\theta) + d_2/2(\pi + 2\theta) \tag{6-4}$$

将 $\cos\theta \approx 1 - \dfrac{1}{2}\theta^2$ 及 $\theta \approx \dfrac{d_2 - d_1}{2a}$ 代入式(6-4)得

$$L \approx 2a + \dfrac{\pi}{2}(d_1 + d_2) + \dfrac{(d_2 - d_1)^2}{4a} \tag{6-5}$$

$$a = \dfrac{2L - \pi(d_2 + d_1) + \sqrt{[2L - \pi(d_2 + d_1)]^2 - 8(d_2 - d_1)^2}}{8} \tag{6-6}$$

### ➤ 单选题

1. 为使三角带的两侧工作面与轮槽的工作面能紧密贴合，轮槽的夹角必须比 40°略（    ）。

A. 大一些　　　　　　B. 小一点　　　　　　C. 一样大　　　　　　D. 可以随便

2. 在其他条件相同的情况下，普通 V 带传动比平带传动能传递更大的功率，这是因为（    ）。

A. 带与带轮的材料组合具有较高的摩擦系数

B. 带的质量轻，离心力小

C. 带与带轮槽之间的摩擦是楔面摩擦

D. 带无接头

3. 中心距一定的带传动，小带轮上包角的大小主要由（    ）决定。

A. 小带轮直径　　　　　　　　　　　B. 大带轮直径

C. 两带轮直径之和　　　　　　　　　D. 两带轮直径之差

4. 普通 V 带的楔角为（    ）。

A. 36°　　　　　　　　B. 38°　　　　　　　　C. 40°

## ‖▶ 考点 35　V 带传动截面的应力特性

### 一、带传动中力的分析

安装带传动时,传动带需要以一定的预紧力 $F_0$ 紧套在两个带轮上,使带和带轮相互压紧,如图 6-7 所示。非工作状态时,带在带轮两边的拉力相等,均为 $F_0$;工作时,由于带和带轮工作面间的摩擦力 $F_f$ 使其一边的拉力由 $F_0$ 增大到 $F_1$,称为紧边拉力,另一边的拉力由 $F_0$ 减小到 $F_2$,称为松边拉力。工作时,紧边伸长,松边缩短,但可近似认为带的总长度保持不变(即伸长量等于缩短量,代数之和为 0)。这个关系反映在力的关系上即紧边拉力的增加量等于松边拉力的减少量,即

$$F_1 - F_0 = F_0 - F_2 \tag{6-7}$$

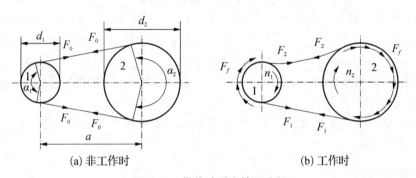

| (a) 非工作时 | (b) 工作时 |

**图 6-7　带传动受力情况分析**

带传动的有效拉力 $F_e$ 等于带与主(或从)动带轮接触面上总摩擦力 $F_f$,根据力矩平衡条件,并结合有效拉力 $F_e$ 与带传动所传递的功率 $P$ 的关系,得出

$$F_e = F_f = F_1 - F_2 = 1\ 000\ \frac{P}{v} \tag{6-8}$$

式中,$v$——带速,单位为 m/s;

$P$——名义传动功率,单位为 kW。

由式(6-7)和式(6-8)可得

$$F_1 = F_0 + F_e/2 \tag{6-9}$$

$$F_2 = F_0 - F_e/2 \tag{6-10}$$

在一定条件下,带与带轮之间的总摩擦力有一极限值 $F_{fc}$。如果工作阻力超过该极限值,带就在轮面上打滑,传动不能正常工作。当摩擦力达到极限值 $F_{fc}$ 时,$F_1$ 和 $F_2$ 均达到极限值。在忽略带的质量产生的离心力作用时,可推导出 $F_1$ 与 $F_2$ 之间的关系,即

$$F_1 = e^{fa} \tag{6-11}$$

式中,e——自然对数的底;

$f$——带与带轮间的当量摩擦因数;

$\alpha$——带与带轮的包角。

这时,带的有效拉力 $F_e$ 达到最大值 $F_{ec}$。设带是完全弹性体,工作前后带的总长不变,则带的紧边拉力的增加量应等于松边拉力的减少量,即

$$F_1 - F_0 = F_0 - F_2 \tag{6-12}$$

最大有效拉力 $F_{ec}$ 为

$$F_{ec} = F_1 - F_2 = F_{fc} \tag{6-13}$$

联解式(6-11)、式(6-12)、式(6-13)得

$$F_{ec} = 2F_0 \frac{e^{f\alpha} - 1}{e^{f\alpha} + 1} \tag{6-14}$$

显然,带正常工作时,其实际有效拉力 $F_e$ 应小于最大有效拉力 $F_{ec}$,即 $F_e \leqslant F_{ec}$。

由式(6-4)可知,**最大有效拉力的影响因素有以下几点。**

(1) 预紧力 $F_0$:最大有效拉力 $F_{ec}$ 与 $F_0$ 成正比。这是因为 $F_0$ 越大,带与带轮间的正压力越大,则传动时的摩擦力就越大。但当 $F_0$ 过大时,将使带的拉力增大,磨损加剧,带寿命缩短;当 $F_0$ 过小时,带传动的工作能力下降,易发生打滑。

(2) 包角 $\alpha$:最大有效拉力 $F_{ec}$ 与 $\alpha$ 成正比。因为 $\alpha$ 越大,带与带轮接触面上所产生的总摩擦力越大,传动能力越高。

(3) 摩擦因数 $f$:最大有效拉力 $F_{ec}$ 与 $f$ 成正比。摩擦因数 $f$ 与带及带轮的材料、表面状况和工作环境等有关。

## 二、带的应力

图6-8所示为带的应力分布。传动中,带的应力由以下3部分组成。

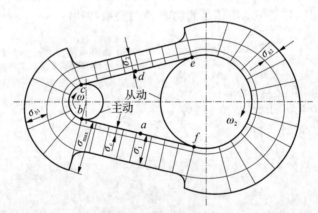

**图6-8 带的应力分布**

(1) 紧边应力 $\sigma_1$ 和松边应力 $\sigma_2$

紧边应力和松边应力的计算公式为

$$\left.\begin{array}{l} \sigma_1 = F_1/A \\ \sigma_2 = F_2/A \end{array}\right\} \tag{6-15}$$

式中,$A$——带的横截面积,单位为 mm。

（2）弯曲应力 $\sigma_b$

弯曲应力的计算公式为

$$\sigma_b = \frac{2\gamma E}{d} \qquad (6-16)$$

式中，$\gamma$——带的中性层到最外层的垂直距离，单位为 mm；

　　　$E$——带的弹性模量，单位为 MPa；

　　　$d$——带轮直径（对于 V 带轮来说为基准直径），单位为 mm。

（3）离心力引起的离心拉应力 $\sigma_c$

离心拉应力的计算公式为

$$\sigma_c = \frac{qv^2}{A} \qquad (6-17)$$

式中，$q$——带每米长度的质量，单位为 kg/m；

　　　$v$——带速，单位为 m/s。

由图 6-8 可知，带是在变应力状态下工作的。带每绕两带轮循环一周，完成一次应力循环。当应力循环次数达到一定值后，带将发生疲劳破坏。

带上最大应力发生在紧边开始绕上小带轮处，最大应力为：

$$\sigma_{\max} = \sigma_1 + \sigma_C + \sigma_{b1}$$

▶ **单选题**

1. 设计 V 带传动时，为了防止（　　　），应限制小带轮的最小直径。

A. 带内的弯曲应力过大　　　　　　　B. 小带轮上的包角过小

C. 带的离心力过大　　　　　　　　　D. 带的长度过长

2. 带传动在工作时，假定小带轮为主动轮，则带内应力的最大值发生在带（　　　）。

A. 进入大带轮处　　　　　　　　　　B. 紧边进入小带轮处

C. 离开大带轮处　　　　　　　　　　D. 离开小带轮处

▶ **填空题**

带传动工作时，带中将产生（　　　）、（　　　）和（　　　）三种应力，其中（　　　）应力对带的疲劳强度影响最大。

# ▶▶ 考点 36　摩擦带传动的弹性滑动及其打滑现象

## 一、带的弹性滑动和打滑

由于带是弹性体，受力不同时伸长量不等，会使带传动发生弹性滑动现象。弹性滑动会引起下列后果：从动轮的圆周速度低于主动轮；降低传动效率；引起带的磨损，使带的温度升高。

在带传动中，摩擦力会使带的两边发生不同程度的拉伸变形。既然摩擦力是这类传动所必需的，所以弹性滑动也是不能避免的。选用弹性模量大的带材料，可以降低弹性滑动。

一般说来，并不是全部接触弧上都发生弹性滑动。接触弧可分成有相对滑动（滑动弧）和无相对滑动（静弧）两部分，两段弧所对应的中心角分别称为滑动角（$\alpha'$）和静角（$\alpha$）。当滑动角 $\alpha'$ 增大到包角 $\alpha$ 时，达到极限状态，带传动的有效拉力达最大值，带就开始打滑。打滑将造成带的严重磨损并使带的运动处于不稳定状态。对于开口传动,带在大轮上的包角总是大于在小轮上的包角,故打滑总是先出现在小带轮上。

弹性滑动导致摩擦带传动的瞬时传动比不恒定,使传动效率降低,带的磨损加快。应当指出,带的弹性滑动和打滑是两个不同的概念。**弹性滑动是由带的弹性以及在工作时紧、松两边存在拉力差引起的,是带与带轮间的微量相对运动,是摩擦带传动不可避免的现象;而打滑则是由过载引起的带与带轮间全面、显著的相对运动,在带传动正常工作时应该加以避免。**

### 二、滑动率

由以上分析可得,从动轮的圆周速度低于主动轮,其相对降低率 $\varepsilon$ 称为滑动率,滑动率的计算公式为

$$\varepsilon = \frac{v_1 - v_2}{v_1} = \frac{d_1 n_1 - d_2 n_2}{d_1 n_1} \qquad (6-18)$$

由此得到带传动的传动比公式,即

$$i = \frac{n_1}{n_2} = \frac{d_2}{d_1(1-\varepsilon)} \qquad (6-19)$$

或从动轮的转速计算公式,即

$$n_2 = \frac{n_1 d_1 (1-\varepsilon)}{d_2} \qquad (6-20)$$

V 带传动的滑动率 $\varepsilon = 0.01 \sim 0.02$,在一般计算中可忽略不计。

➤ **单选题**

1. 带传动在工作中产生弹性滑动的原因是(　　)。

A. 带与带轮之间的摩擦系数较小

B. 带绕过带轮产生了离心力

C. 带的弹性与紧边和松边存在拉力差

D. 带传递的中心距大

2. (　　)是带传动中所固有的物理现象,是不可避免的。

A. 弹性滑动　　　　　　　　　　　B. 打滑

C. 松弛　　　　　　　　　　　　　D. 疲劳破坏

➤ **判断题**

1. 一般带传动包角越大,其所能传递的功率就越大。

2. 由于带工作时存在弹性滑动,从动带轮的实际圆周速度小于主动带轮的圆周速度。

3. 增加带的初拉力可以避免带传动工作时的弹性滑动。

4. 带传动由于工作中存在打滑,造成转速比不能保持准确。

## ▌▶ 考点 37　带传动的失效形式及设计准则

在带传动中,带每绕过带轮一次,应力就由小变大、又由大变小地变化一次。带绕过带轮

的次数越多、转速越高、带越短,应力变化就越频繁。因此,带传动的主要失效形式为打滑和疲劳破坏。带传动的设计准则就是:在保证不打滑的前提下,具有一定的疲劳寿命。

为了保证带传动不出现打滑又有一定的疲劳寿命,单根 V 带能传递的功率为

$$P_0 = ([\sigma] - \sigma_b - \sigma_c)\left(1 - \frac{1}{e^{f\alpha}}\right)\frac{Av}{1\,000} \qquad (6-21)$$

式中,$P_0$ 的单位是 kW。由于 V 带是标准件,在特定条件下(传动比 $i = 1$,包角 $\alpha_1 = \alpha_2 = 180°$,特定长度,载荷平稳等),部分型号的单根普通 V 带的基本额定功率 $P_0$ 值见表 6-1。

表 6-1  单根普通 V 带的基本额定功率 $P_0$(kW)

| 型号 | 小带轮基准直径 $d_1$/mm | 小带轮转速 $n_1$/(r/min) | | | | | |
|---|---|---|---|---|---|---|---|
| | | 200 | 400 | 800 | 950 | 1 200 | 1 450 |
| Z | 50 | 0.04 | 0.06 | 0.10 | 0.12 | 0.14 | 0.16 |
| | 56 | 0.04 | 0.06 | 0.12 | 0.14 | 0.17 | 0.19 |
| | 63 | 0.05 | 0.08 | 0.15 | 0.18 | 0.22 | 0.25 |
| | 71 | 0.06 | 0.09 | 0.20 | 0.23 | 0.27 | 0.30 |
| | 80 | 0.10 | 0.14 | 0.22 | 0.26 | 0.30 | 0.35 |
| | 90 | 0.10 | 0.14 | 0.24 | 0.28 | 0.33 | 0.36 |
| A | 75 | 0.15 | 0.26 | 0.45 | 0.51 | 0.60 | 0.68 |
| | 90 | 0.22 | 0.39 | 0.68 | 0.77 | 0.93 | 1.07 |
| | 100 | 0.26 | 0.47 | 0.83 | 0.95 | 1.14 | 1.32 |
| | 112 | 0.31 | 0.56 | 1.00 | 1.15 | 1.39 | 1.61 |
| | 125 | 0.37 | 0.67 | 1.19 | 1.37 | 1.66 | 1.92 |
| | 140 | 0.43 | 0.78 | 1.41 | 1.62 | 1.96 | 2.28 |
| | 160 | 0.51 | 0.94 | 1.69 | 1.95 | 2.36 | 2.73 |
| | 180 | 0.59 | 1.09 | 1.97 | 2.27 | 2.74 | 3.16 |
| B | 125 | 0.48 | 0.84 | 1.44 | 1.64 | 1.93 | 2.19 |
| | 140 | 0.59 | 1.05 | 1.82 | 2.08 | 2.47 | 2.82 |
| | 160 | 0.74 | 1.32 | 2.32 | 2.66 | 3.17 | 3.62 |
| | 180 | 0.88 | 1.59 | 2.81 | 3.22 | 3.85 | 4.39 |
| | 200 | 1.02 | 1.85 | 3.30 | 3.77 | 4.50 | 5.13 |
| | 224 | 1.19 | 2.17 | 3.86 | 4.42 | 5.26 | 5.97 |
| | 250 | 1.37 | 2.50 | 4.46 | 5.10 | 6.04 | 6.82 |
| | 280 | 1.58 | 2.89 | 5.13 | 5.85 | 6.90 | 7.76 |

| 型号 | 小带轮基准直径 $d_1$/mm | 小带轮转速 $n_1$/(r/min) | | | | | |
|---|---|---|---|---|---|---|---|
| | | 200 | 400 | 800 | 950 | 1 200 | 1 450 |
| C | 200 | 1.39 | 2.41 | 4.07 | 4.58 | 5.29 | 5.84 |
| | 224 | 1.70 | 2.99 | 5.12 | 5.78 | 6.71 | 7.45 |
| | 250 | 2.03 | 3.62 | 6.23 | 7.04 | 8.21 | 9.04 |
| | 280 | 2.42 | 4.32 | 7.52 | 8.49 | 9.81 | 10.72 |
| | 315 | 2.84 | 5.14 | 8.92 | 10.05 | 11.53 | 12.46 |
| | 355 | 3.36 | 6.05 | 10.46 | 11.73 | 13.31 | 14.12 |
| | 400 | 3.91 | 7.06 | 12.10 | 13.48 | 15.04 | 15.53 |
| | 450 | 4.51 | 8.20 | 13.80 | 15.23 | 16.59 | 16.47 |

根据实际工作条件与特定工作条件的不同,应对 $P_0$ 值加以修正。修正后即得实际工作条件下,单根 V 带所能传递的功率,称为许用功率 $[P_0]$,其修正公式为

$$[P_0] = (P_0 + \Delta P_0)K_\alpha K_L \tag{6-22}$$

式中,$\Delta P_0$ 为额定功率增量,为修正传动比 $i \neq 1$ 时,带在大带轮上的弯曲应力较小,故在寿命相同的条件下,额定功率增量越大,许用功率就越大,单根普通 V 带的 $\Delta P_0$ 见表 6-2;$K_\alpha$ 为包角修正系数,表示当修正包角 $\alpha_1 \neq 180°$ 时对传动能力的影响,其值见表 6-3;$K_L$ 为带长修正系数,表示当修正带长不为特定长度时对传动能力的影响。

表 6-2　单根普通 V 带的额定功率增量 $\Delta P_0$(kW)

| 型号 | 传动比 $i$ | 小带轮转速 $n_1$/(r/min) | | | | | | | |
|---|---|---|---|---|---|---|---|---|---|
| | | 400 | 730 | 800 | 980 | 1 200 | 1 460 | 1 600 | … |
| Z | 1.35~1.51 | 0.00 | 0.01 | 0.01 | 0.02 | 0.02 | 0.02 | 0.02 | |
| | 1.52~1.99 | 0.01 | 0.01 | 0.02 | 0.02 | 0.02 | 0.02 | 0.03 | |
| | ≥2 | 0.01 | 0.02 | 0.02 | 0.02 | 0.03 | 0.03 | 0.03 | |
| A | 1.35~1.51 | 0.04 | 0.07 | 0.08 | 0.08 | 0.11 | 0.13 | 0.15 | |
| | 1.52~1.99 | 0.04 | 0.08 | 0.09 | 0.10 | 0.13 | 0.15 | 0.17 | |
| | ≥2 | 0.05 | 0.09 | 0.10 | 0.11 | 0.15 | 0.17 | 0.19 | |
| B | 1.35~1.51 | 0.10 | 0.17 | 0.20 | 0.23 | 0.30 | 0.36 | 0.39 | |
| | 1.52~1.99 | 0.11 | 0.20 | 0.23 | 0.26 | 0.34 | 0.40 | 0.45 | |
| | ≥2 | 0.13 | 0.22 | 0.25 | 0.30 | 0.38 | 0.46 | 0.51 | |
| C | 1.35~1.51 | 0.27 | 0.48 | 0.55 | 0.65 | 0.82 | 0.99 | 1.10 | |
| | 1.52~1.99 | 0.31 | 0.55 | 0.63 | 0.74 | 0.94 | 1.14 | 1.25 | |
| | ≥2 | 0.35 | 0.62 | 0.71 | 0.83 | 1.06 | 1.27 | 1.41 | |

注:发生条件为包角 $\alpha = 180°$、特定基准长度、载荷平稳。

表 6-3　包角修正系数 $K_\alpha$

| 小带轮包角 $\alpha_1$ | $K_\alpha$ | 小带轮包角 $\alpha_1$ | $K_\alpha$ |
|---|---|---|---|
| 180° | 1 | 140° | 0.89 |
| 175° | 0.99 | 135° | 0.88 |
| 170° | 0.98 | 130° | 0.86 |
| 165° | 0.96 | 120° | 0.82 |
| 160° | 0.95 | 155° | 0.93 |
| 150° | 0.92 | 145° | 0.91 |

➤ **单选题**

当中心距增加时,小带轮的包角(　　)。传动比增加时,小带轮的包角(　　)。

A. 增大　　　　　　　B. 不变　　　　　　　C. 减小　　　　　　　D. 不一定怎样变化

➤ **填空题**

带传动的主要失效形式为(　　)和(　　)。

# ▌▶ 考点 38　V 带传动的设计过程

设计普通 V 带传动之前,需事先确定以下内容:传动的用途、工作情况及原动机的类型、起动方式;传递的功率 $P$;小带轮转速 $n_1$、大带轮转速 $n_2$(或者传动比 $i$)等。普通 V 带传动的一般设计步骤如下。

**1. 计算功率 $P_c$**

计算功率 $P_c$ 的计算公式为

$$P_c = K_A P \tag{6-23}$$

式中,$P$——名义功率(理论功率);

　　　$K_A$——工况系数,其值见表 6-4。

表 6-4　工况系数 $K_A$

| 工作机载荷性质 | 每天工作时间/h | | | | | |
|---|---|---|---|---|---|---|
| | 电动机(交流起动、三角起动、直流并励)、四缸以上内燃机 | | | 电动机(联机交流起动、直流复励或并励)、四缸以下内燃机 | | |
| | <10 | 10~16 | >16 | <10 | 10~16 | >16 |
| 工作平稳 | 1 | 1.1 | 1.2 | 1.1 | 1.2 | 1.3 |
| 载荷变动小 | 1.1 | 1.2 | 1.3 | 1.2 | 1.3 | 1.4 |
| 载荷变动较大 | 1.2 | 1.3 | 1.4 | 1.4 | 1.5 | 1.6 |
| 冲击载荷 | 1.4 | 1.5 | 1.6 | 1.5 | 1.6 | 1.8 |

**2. 确定 V 带型号**

V 带的型号可根据计算功率 $P_c$ 和小带轮转速 $n_1$ 在图 6-9 中确定。若以 $P_c$ 和 $n_1$ 为坐标确定的点靠近两种截型区域的交界处,可先按两种截型分别计算,最后对设计结果进行分析比较,决定取舍。

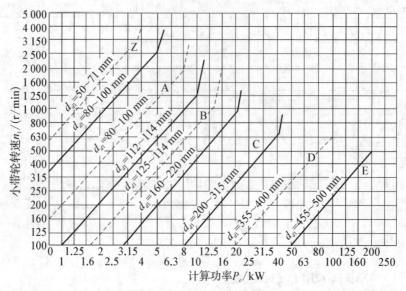

图 6-9  普通 V 带选型图

3. 确定带轮的基准直径 $d_1$ 和 $d_2$

带轮愈小,弯曲应力愈大,弯曲应力是引起带疲劳损坏的重要因素。因此,为减小带的弯曲应力,应尽可能选用较大的带轮直径,但会加大传动的外廓尺寸,故应根据实际情况选取适当的带轮直径。小带轮的直径 $d_1$ 应大于或等于表 6-5 所示的 $d_{\min}$。具体可参考相关设计手册。

表 6-5  普通 V 带带轮的最小直径 $d_{\min}$

| 型号 | Y | Z | A | B | C | D | E |
|---|---|---|---|---|---|---|---|
| $d_{\min}/\mathrm{mm}$ | 20 | 50 | 75 | 125 | 200 | 355 | 500 |

大带轮直径 $d_2$ 可由下式求得,即

$$d_2 = d_1 i(1-\varepsilon) \tag{6-24}$$

4. 验算带速 $v$

带速 $v$ 越大,则带传动的承载能力就越大。但是,若带速过高,离心力过大,将大大减小带与带轮之间的正压力及摩擦力,反而导致带传动承载能力下降。通常,要求带的工作速度在 $5 \sim 25(\mathrm{m/s})$。带速计算公式为

$$v = \frac{\pi d_1 n_1}{60 \times 1\,000} \tag{6-25}$$

式中,$d_1$ 的单位为 mm;$n_1$ 的单位为 r/min;$v$ 的单位为 m/s。

5. 计算中心距 $a$、V 带基准长度 $L_d$

带传动的中心距不宜过大,否则将由于载荷变化而引起带的颤动。中心距也不宜过小,有

两点原因:中心距愈小,则带的长度愈短,在一定速度下,单位时间内带的应力变化次数增多,会加速带的疲劳损坏;当传动比 $i$ 较大时,短的中心距将导致包角 $\alpha_1$ 过小。

对于 V 带传动,一般可按下式计算初定中心距 $a_0$,即

$$0.7(d_1+d_2) \leqslant a_0 \leqslant 2(d_1+d_2) \tag{6-26}$$

计算初定中心距 $a_0$ 后,可根据下式计算初定带长 $L_0$,即

$$L_0 = 2a_0 + \frac{\pi}{2}(d_1+d_2) + \frac{2(d_1+d_2)}{4a_0} \tag{6-27}$$

由表 6-1 选定相近的基准长度 $L_d$ 后,再根据下式近似计算实际中心距 $a$,即

$$a \approx a_0 + \frac{L_d - L_0}{2} \tag{6-28}$$

**6. 验算小带轮包角 $\alpha_1$**

**V 带传动的包角 $\alpha_1$ 一般不小于 120°**,可用下式验算小带轮包角 $\alpha_1$,即

$$\alpha_1 = 180° - \left(\frac{d_2-d_1}{a} \times 57.3°\right) \tag{6-29}$$

**7. 计算带的根数 $z$**

V 带的根数 $z$ 可由下式求得,即

$$z = \frac{P_c}{[P_0]} = \frac{P_c}{(P_0+\Delta P_0)K_\alpha K_L} \tag{6-30}$$

**8. 计算预紧力 $F_0$**

预紧力的大小是保证带传动正常工作的重要因素。预紧力过小,则摩擦力小,容易发生打滑;预紧力过大,则带的寿命低,轴和轴承承受的压力大。

对于 V 带传动,既能保证传动能力又不出现打滑的单根普通 V 带最适合的预紧力 $F_0$ 可由下式计算,即

$$F_0 = 500 \frac{P_c}{zv}\left(\frac{2.5}{K_\alpha} - 1\right) + qv^2 \tag{6-31}$$

式中,$q$——普通 V 带每米长度的质量,单位为 kg/m,其值见表 6-6。

表 6-6　普通 V 带每米长度的质量 $q$

| 带型 | Y | Z | A | B | C | D | E |
|---|---|---|---|---|---|---|---|
| $q/(\text{kg} \cdot \text{m}^{-1})$ | 0.04 | 0.06 | 0.10 | 0.17 | 0.30 | 0.60 | 0.87 |

**9. 计算作用在带轮轴上的载荷 $F_Q$**

作用在带轮轴上的载荷 $F_Q$ 可由下式求得,即

$$F_Q = 2zF_0\sin(\alpha_1/2) \tag{6-32}$$

10. 带轮结构设计

带轮的结构设计见本章第 5 节。

**【例 6 - 1】** 设计鼓风机用的普通 V 带传动(载荷变动小)。选用 Y 系列异步电动机驱动(交流起动),已知主动带轮转速 $n_1 = 1\,460$ r/min,鼓风机转速 $n_2 = 640$ r/min,名义功率 $P = 7.5$ kW,两班工作制。

**解**

(1) 选择 V 带型号。

① 求计算功率 $P_c$。

查表 6 - 4 得 $K_A = 1.2$,故

$$P_c = K_A P = 1.2 \times 7.5 \text{ kW} = 9 \text{ kW}$$

② 选择型号。

根据 $P_c = 9$ kW,$n_1 = 1\,460$ r/min,由图 6 - 9 查出此坐标点在 A 型区域,所以选择 A 型带。

(2) 确定大、小带轮直径 $d_1$ 和 $d_2$。

由表 6 - 5 可知,$d_1$ 应不小于 75 mm,现取 $d_1 = 112$ mm,由式(6 - 24)可得

$$d_2 = d_1 i(1 - \varepsilon) = 112 \times \frac{1\,460}{640} \times (1 - 0.02) = 250.39 \text{ mm}$$

取 $d_2 = 250$ mm(因误差在 5% 以内,为允许值)。

(3) 验算带速 $v$。

由式(6 - 25)得

$$v = \frac{\pi d_1 n_1}{60 \times 1\,000} = \frac{3.141\,59 \times 112 \text{ mm} \times 1\,460 \text{ r/min}}{60 \times 1\,000} = 8.56 \text{ m/s}$$

带速在 5~25 m/s 之间,符合要求。

(4) 确定传动中心距 $a$、带基准长度 $L_d$。

计算初定中心距为

$$a_0 = 1.5(d_1 + d_2) = 1.5 \times (112 \text{ mm} + 250 \text{ mm}) = 543 \text{ mm}$$

取 $a_0 = 550$ mm,符合 $0.7(d_1 + d_2) \leqslant a_0 \leqslant 2(d_1 + d_2)$ 的要求。由式(6 - 27)得

$$L_0 = 2a_0 + \frac{\pi}{2}(d_1 + d_2) + \frac{2(d_1 + d_2)}{4a_0}$$

$$= 2 \times 550 \text{ mm} + \frac{3.14}{2}(112 \text{ mm} + 250 \text{ mm}) + \frac{(250 \text{ mm} - 112 \text{ mm})}{4 \times 550 \text{ mm}}$$

$$= 1\,676.99 \text{ mm}$$

查相关表格,A 型带选取 $L_d = 1\,800$ mm,由式(6 - 28)可得

$$a \approx a_0 + \frac{L_d - L_0}{2} = 550 \text{ mm} + \frac{1\,800 \text{ mm} - 1\,677 \text{ mm}}{2} = 611 \text{ mm}$$

(5) 验算小带轮包角 $\alpha_1$。

由式(6 - 29)可得

$$\alpha_1 = 180° \left( \frac{d_2 - d_1}{a} \times 57.3° \right) = 180° - \frac{250\ mm - 112\ mm}{611\ mm} \times 57.3° = 167° > 120°$$

因此,小带轮包角符合要求。

(6) 计算带的根数 $z$。

由式(6-30)可知

$$z = \frac{P_c}{[P_0]} = \frac{P_c}{(P_0 + \Delta P_0)K_\alpha K_L}$$

根据 $n_1 = 1\,460$ r/min,$d_1 = 112$ mm,查表 6-1 得 $P_0 = 1.61$ kW;由传动比 $i = 2.3$,查表 6-2 得 $\Delta P_0 = 0.17$ kW;由 $\alpha_1 = 167°$,查表 6-3 得 $K_\alpha = 0.97$;查相关表格得 $K_L = 1.01$;由此得

$$z = \frac{9\ kW}{(1.61\ kW + 0.17\ kW) \times 0.97 \times 1.01} = 5.16$$

取带的根数 $z$ 为 6 根。

(7) 计算预紧力 $F_0$。

查表 6-6 得 $q = 0.1$ kg/m,故由式(6-31)可知单根 V 带的预紧力 $F_0$(初拉力)为

$$F_0 = 500 \frac{P_c}{zv} \left( \frac{2.5}{K_\alpha} - 1 \right) + qv^2$$
$$= 6 \times 8.56\ m/s \times \left( \frac{2.5}{0.97} - 1 \right) + 0.1\ kg/m \times (8.56\ m/s)^2 = 145.5\ N$$

(8) 计算作用在带轮轴上的载荷 $F_Q$。

由式(6-32)得

$$F_Q = 2zF_0 \sin(\alpha_1/2) = 2 \times 6 \times 145.5\ N \times \sin(167°/2) = 1\,734.8\ N$$

(9) 带轮结构设计(略)。

➤ 单选题

1. 中心距一定的带传动,小带轮上包角的大小主要由(　　)决定。

A. 小带轮直径　　　　　　　　B. 大带轮直径

C. 两带轮直径之和　　　　　　D. 两带轮直径之差

2. 设计 V 带传动时,为了防止(　　),应限制小带轮的最小直径。

A. 带内的弯曲应力过大　　　　B. 小带轮上的包角过小

C. 带的离心力过大　　　　　　D. 带的长度过长

➤ 判断题

中心距一定,带轮直径越小,包角越大。

## 考点 39　V 带传动参数的选择方法

(1) 确定设计功率。

(2) 选择带型。

(3) 确定带轮的基准直径 $d_{d1}$ 和 $d_{d2}$。

① 初选小带轮的基准直径 $d_{d1}$。

带轮直径越小,结构越紧凑,但弯曲应力增大,寿命降低,而且带的速度也降低,单根带的基本额定功率减小,所以小带轮的基准直径 $d_{d1}$ 不宜选得太小。

② 验算带的速度 $v$。

③ 计算从动轮的基准直径 $d_{d2}$。

（4）确定中心距 $a$ 和带的基准长度 $L_d$。

如果中心距未给出,可根据传动的结构需要按下式给定的范围初定中心距 $a_0$。

$$0.7(d_{d1}+d_{d2}) \leqslant a_0 \leqslant 2(d_{d1}+d_{d2})$$

$a_0$ 取定后,根据带传动的几何关系,按下式计算所需带的基准长度 $L_{d0}$

$$L_{d0}=2a_0+\frac{\pi}{2}(d_{d1}+d_{d2})+\frac{(d_{d2}+d_{d1})^2}{4a_0}$$

考虑到安装调整和张紧的需要,实际中心距的变动范围

$$a_{\min}=a-0.015L_d; \quad a_{\max}=a+0.03L_d$$

（5）验算小带轮包角 $\alpha_1$。

（6）确定带的根数 $z$。

（7）确定带的初拉力 $F_0$。

（8）计算对轴的压力 $F_Q$。

为了设计安装带传动的轴和轴承,必须确定带传动作用在轴上的径向压力 $F_Q$。

▷ 单选题

1. V 带型号的选取主要取决于（　　　）。

A. 带传递的功率和小带轮转速　　　　　B. 带的线速度

C. 带的紧边拉力　　　　　　　　　　　D. 带的松边拉力

2. 两带轮直径一定时,减小中心距将引起（　　　）。

A. 弹性滑动加剧　　　　　　　　　　　B. 传动效率降低

C. 工作噪声增大　　　　　　　　　　　D. 小带轮上的包角减小

## ▐▶ 考点 40　滚子链的结构参数及其选择方法

链传动是通过链条将具有特殊齿形的主动链轮的运动和动力传递到具有特殊齿形的从动链轮的一种传动方式,如图 6-10 所示。

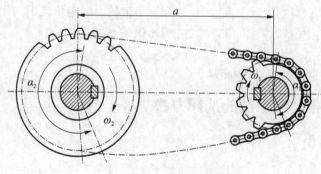

图 6-10　链传动

## 一、链传动的特点及应用

链传动是属于带有中间挠性件的啮合传动。与属于摩擦传动的带传动相比,链传动无弹性滑动和打滑现象,因而能保持准确的平均传动比,传动效率较高;又因链条不需要像带那样张得很紧,所以作用于轴上的径向压力较小;在同样的使用条件下,链传动结构较为紧凑;同时链传动能在高温及速度较低的情况下工作。与齿轮传动相比,链传动的制造与安装精度要求较低,成本低廉;在远距离传动(中心距最大可达十多米)时,其结构比齿轮传动简便得多。链传动的主要缺点是:在两根平行轴间只能用于同向回转的传动;运转时不能保持恒定的瞬时传动比,磨损后易发生跳齿;工作时有噪声,不宜在载荷变化很大和急速反向的传动中应用。

按用途不同,链可分为传动链、输送链和起重链。传动链又可分为滚子链、套筒链和齿形链等。在一般机械传动中,常用的传动链是滚子链。

链传动主要用在要求工作可靠,且两轴相距较远,以及其他不宜采用齿轮传动的场合。目前,链传动广泛用于农业机械、采矿机械、起重机械、石油机械等领域。

通常,链传动的传动比 $i<8$;中心距 $a<5\sim6$ m;传递功率 $P<100$ kW;圆周速率 $v<15$ m/s;传递效率为 $\eta=0.95\sim0.98$。

## 二、滚子链链条与链轮

### 1. 滚子链链条

滚子链的结构如图 6-11 所示,由内链板、外链板、销轴、套筒、滚子等组成。销轴与外链板、套筒与内链板分别用过盈配合连接,套筒与销轴之间、滚子与套筒之间为间隙配合。套筒链除没有滚子外,其他结构与滚子链相同。当链节屈伸时,套筒可在销轴上自由转动。

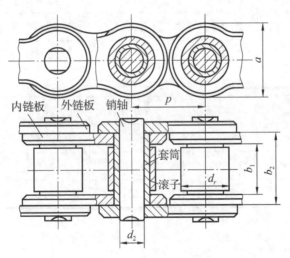

图 6-11 滚子链的结构

套筒链结构比较简单、重量较轻、价格较便宜,常在低速传动中应用。滚子链较套筒链贵,但使用寿命长,且有减低噪声的作用,故应用很广。

节距 $p$ 是链的基本特征参数。滚子链的节距是指链在拉直的情况下,相邻滚子外圆中心之间的距离。

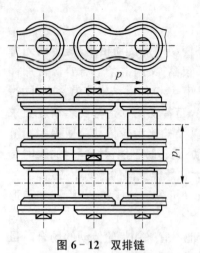

**图 6-12 双排链**

把一根以上的单列链并列,并用长销轴联结起来的链称为多排链,图 6-12 所示为双排链。排数愈多,愈难使各排受力均匀,故多排链一般不超过 3 或 4 排。当载荷大而要求排数多时,可采用两根或两根以上的双排链或三排链。

滚子链已标准化,有 A、B 两种系列。常用 A 系列滚子链,表 6-7 列出了 A 系列滚子链的主要参数。

链的标记方法为

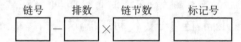

例如,A 系列、节距 19.05 mm、双排、80 节的滚子链标记为

12A—2×80  GB/T 1243—2006

**表 6-7  A 系列滚子链的主要参数(GB/T 1243—2006)**

| 链号 | 节距 $P$/mm | 排距 $p_t$/mm | 滚子外径 $d_1$/mm | 极限载荷 $Q$(单排)/N | 每米链长质量 $q$(单排)/(kg·m$^{-1}$) |
|---|---|---|---|---|---|
| 08A | 12.70 | 14.38 | 7.92 | 13 900 | 0.65 |
| 10A | 15.875 | 18.11 | 10.16 | 21 800 | 1.00 |
| 12A | 19.05 | 22.78 | 11.91 | 31 300 | 1.50 |
| 16A | 25.40 | 29.29 | 15.88 | 55 600 | 2.60 |
| 20A | 31.75 | 35.76 | 19.05 | 87 000 | 3.80 |
| 24A | 38.10 | 45.44 | 22.23 | 125 000 | 5.06 |
| 28A | 44.45 | 48.87 | 25.40 | 170 000 | 7.50 |
| 32A | 50.80 | 58.55 | 28.58 | 223 000 | 10.10 |
| 40A | 63.50 | 71.55 | 39.68 | 347 000 | 16.10 |
| 48A | 76.20 | 87.83 | 47.63 | 500 000 | 22.60 |

注:
1. 链号数字乘以 24.5/16 即为节距数值。
2. 使用过渡链节时,其极限载荷按表列数值的 80% 计算。

链的接头形式如图 6-13 所示。当一根链的链节数为偶数时采用连接链节,其形状与链节相同,仅连接链板与销轴,为间隙配合,再用弹簧卡片或钢丝锁销等止锁件将销轴与连接链板固定;当链节数为奇数时,则必须加一个过渡链节。由于过渡链节的链板受到附加弯矩,故最好不用奇数节链节,但在重载、冲击、反向等繁重条件下工作时,采用全部由过渡链节构成的链,柔性较好,能缓和冲击和振动。

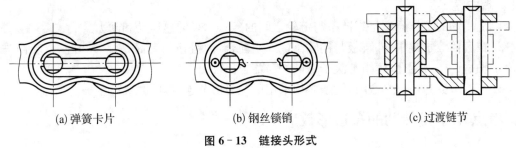

(a) 弹簧卡片        (b) 钢丝锁销        (c) 过渡链节

**图 6‑13 链接头形式**

**2. 滚子链链轮**

链轮轮齿的齿形应保证链节能自由地进入和退出啮合,在啮合时应保证良好的接触,同时它的形状应尽可能简单。

**(1) 滚子链链轮的几何尺寸**

国家标准只规定了链轮的最大齿槽形状和最小齿槽形状。实际的齿槽形状在最大、最小范围内都可用,因而链轮齿廓曲线的几何形状可以有很大的灵活性。常用的齿廓形状为三圆弧一直线齿形。因链轮齿形是用标准刀具加工的,故在链轮工作图中不必画出,只需在图上注明"齿形按 3RGB/T 1243—2006 规定制造"即可。滚子链链轮齿形如图 6‑14 所示。

**(2) 链和链轮的材料**

链轮的材料应能保证轮齿具有足够的耐磨性和强度。由于小链轮轮齿的啮合次数比大链轮轮齿的啮合次数多,所受冲击也较严重,故小链轮的材料应优于大链轮。常用的材料有碳素钢(如 Q235、45)、灰铸铁(如 HT200)等。

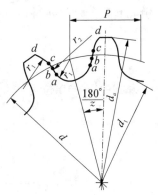

**图 6‑14 滚子链链轮齿形**

➤ **单选题**

1. 要求传动平稳性好、噪声和振动很小时,宜选用(     )。

A. 滚子链            B. 齿形链            C. 多排链

2. 两轴中心距大,且在低速、重载荷、高温等不良环境下工作,宜选用(     )。

A. 带传动            B. 链传动            C. 齿轮传动

3. 设计链传动时,链节数最好取(     )。

A. 偶数                              B. 奇数

C. 质数                              D. 链轮齿数的整数倍

4. 在链传动设计中,限制链的列数是为了(     )。

A. 减轻多边形效应

B. 避免制造困难

C. 防止各列受力不均

5. 限制链轮最大齿数的目的是(     )。

A. 保证链条强度                    B. 降低运动不均匀性

C. 限制传动比                      D. 防止脱链

➤ 填空题

1. 链传动的工作原理是靠链条与链轮之间的(    )来传递运动和动力。
2. 在套筒滚子链中,外链板与销轴是(    )配合,内链板与套筒是(    )配合,套筒与销轴是(    )配合,套筒与滚子是(    )配合。
3. 当链节数为(    )数时,链条必须采用(    )链节连接,此时会产生(    )。

# ▶▶ 考点 41 链传动的多边形效应

## 一、链速和传动比

链传动的运动情况和把带绕在正多边形轮子上的情况很相似,如图 6-15 所示,正多边形的边长相当于链节距 $p$,边数相当于链轮齿数 $z$。轮子每转 1 周,链转过的长度应为 $zp$,当两链轮转速分别为 $n_1$ 和 $n_2$ 时,链速 $v$ 为

$$v = \frac{z_1 p n_1}{60 \times 1\,000} = \frac{z_2 p n_2}{60 \times 1\,000} \tag{6-33}$$

式中,$v$ 的单位为 m/s。利用式(6-33),可求得链传动的平均传动比为

$$i = \frac{n_1}{n_2} = \frac{z_2}{z_1} \tag{6-34}$$

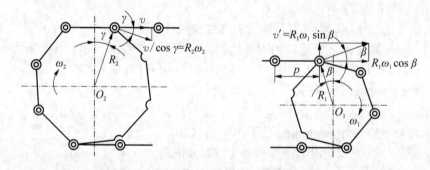

图 6-15  链传动的运动分析

## 二、链传动的运动特征

事实上,即使主动轮的角速度 $\omega_1$ 为常数,链速 $v$ 和从动轮角速度 $\omega_2$ 也都将是变化的,分析如下。

假设紧边在传动时总是处于水平位置,由于链速产生着周期性的变化,因而给链传动带来了速度的不均匀性。链轮齿数愈少,链速不均匀性也愈大。

链速变化在使水平方向上的速度产生周期性变化的同时,还使垂直方向上链条产生上下振动的现象($v' = R_1 \omega_1 \sin\beta$),所以给链传动带来了工作的不平稳性和有规律的振动。

从动链轮由于链速 $v \neq$ 常数和 $\gamma$ 角(见图 6-15)的不断变化,因而它的角速度 $\omega$ 也是变化的。这说明了链传动的瞬时传动比 $i$ 不是恒定值。只有当两链轮的齿数相等、中心距又恰为链节距的整数倍时,$\omega_1$ 和 $i$ 才能得到恒定值(因 $\gamma$ 角和 $\beta$ 角的变化随时相等)。这种现象称为链传动的多边形效应。

> **填空题**

由于多边形效应,链条沿前进方向和垂直于前进方向的速度呈周期性变化,链条节距越
(    ),链齿轮数越(    ),链速越(    ),变化越剧烈。

## 考点 42  带传动和链传动的布置张紧方法

### 一、带传动的张紧装置

带的张紧力对其传动能力、寿命和压轴力都有很大的影响,若张紧力过小,则装置传递载荷能力低,效率低;若张紧力过大,则带的寿命降低,轴和轴承上载荷大,轴承发热磨损。因此,带传动要求保证适当的张紧力。带是不完全的弹性体,带在工作一段时间后会发生塑性伸长而松弛,使张紧力减小,带传动需要有重新张紧的装置,以保证正常工作。常见的张紧装置分为中心距可调张紧装置和中心距不可调张紧装置。

1. 中心距可调张紧装置

图 6 - 16 所示为中心距可调张紧装置的应用实例。其中图 6 - 16(a)和图 6 - 16(b)所示为定期调整的张紧装置,当带需要张紧时,通过调整螺栓改变电动机的位置,加大传动中心距,使带获得所需的张紧力。图 6 - 16(a)所示装置适用于两轴中心连线水平或倾斜不大的传动,图 6 - 16(b)所示装置则适用于两轴中心连线铅垂或接近铅垂方向的传动。图 6 - 16(c)所示为自动张紧装置,电动机固定在摆架上,靠电动机与摆架的自重实现张紧。自动张紧装置常用于中、小功率传动。

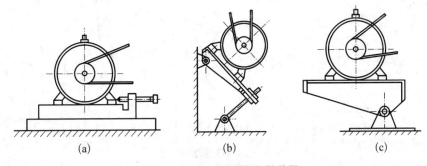

|     |     |     |
| :-: | :-: | :-: |
| (a) | (b) | (c) |

**图 6 - 16  中心距可调张紧装置**

2. 中心距不可调张紧装置

当中心距不能调节时,可采用张紧轮实现张紧。图 6 - 17(a)所示为定期调整的张紧装置,通过定期调整张紧轮达到使带张紧的目的。在这种张紧装置中,张紧轮压在带的松边内侧,避免了带的反向弯曲,有利于提高带的疲劳寿命。为了避免小带轮包角减小过多,张紧轮应尽量靠近大带轮。图 6 - 17(b)所示为自动张紧装置,重锤使张紧轮自动压在松边的外侧,为了增加小带轮包角,张紧轮应趋近小带轮。这种张紧装置使带反向弯曲,会降低带的疲劳寿命。

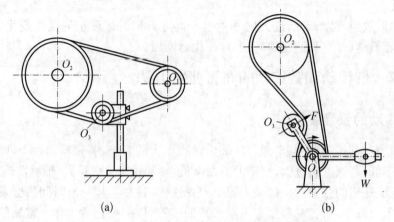

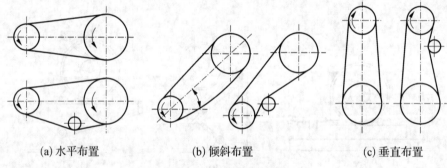

**图 6 - 17  采用张紧轮的中心距不可调张紧装置**

## 二、链传动的布置、张紧

1. 链传动的布置

链传动的布置按两轮中心连线的位置可分为:水平布置、倾斜布置和垂直布置 3 种,如图 6 - 18 所示。链传动一般应布置在铅垂平面内,尽可能避免布置在水平面或倾斜平面内;如确有需要,则应考虑增加托板或张紧轮等装置,并且设计较紧凑的中心距。

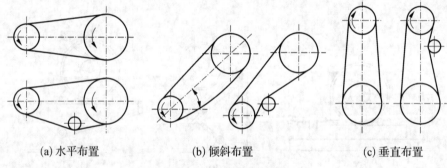

(a) 水平布置          (b) 倾斜布置          (c) 垂直布置

**图 6 - 18  链传动的布置**

链传动的布置应是链条紧边在上、松边在下,以免松边垂度过大使链与轮齿相干涉或紧、松边相碰;倾斜布置时,两轮中心线与水平面夹角 $\varphi$ 应尽量小于 **45°**;应尽量避免垂直布置,以防止下链轮啮合不良。

2. 张紧方法

链传动中如果松边垂度过大,将引起啮合不良和链条振动现象,所以链传动张紧的目的和带传动不同,张紧力并不决定链的工作能力,而只是决定垂度的大小。张紧装置如图 6 - 19 所示。

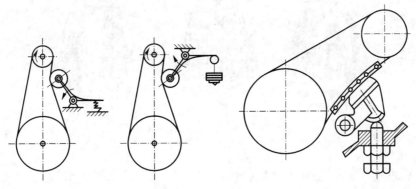

图 6-19  张紧装置

链传动工作时,合适的松边垂度一般为:$f=(0.01\sim0.02)a$,$a$ 为传动中心距。若垂度过大,将引起啮合不良或振动现象,所以必须张紧。最常见的张紧方法是调整中心距法。当中心距不可调整时,可采用拆去 1~2 个链节的方法进行张紧或设置张紧轮。张紧轮常位于松边,它可以是链轮也可以是滚轮,其直径与小链轮相近。

➤ 单选题

带传动工作中张紧的目的是(　　　)。

A. 减轻带的弹性滑动

B. 提高带的寿命

C. 改变带的运动方向

D. 使带具有一定的初拉力

➤ 填空题

1. 在水平放置的链传动中紧边应设置为(　　　),目的是(　　　)。

2. 链传动张紧目的是(　　　),带传动张紧的目的是(　　　)。

➤ 判断题

1. 水平安装的链传动中,紧边宜放在上面。

2. 张紧轮应设置在松边。

# 第七章　轴　承

## ⫸ 考点 43　滚动轴承的类型及其选择方法

### 一、滚动轴承的结构

滚动轴承是机械产品中标准部件之一,它是根据滚动摩擦原理进行工作的,具有摩擦因数小、起动灵活、运动性能好、效率高等优点,能在较大范围的载荷、速度和精度下工作,安装、维修较方便,价格便宜,因此在各种机器中得到广泛的应用。

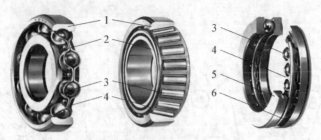

图 7 - 1　滚动轴承的基本构造

1—外圈;2—内圈;3—滚动体;4—保持架;5—座圈;6—轴圈。

　　滚动轴承的种类很多,但其结构大体相同,图 7 - 1 所示是滚动轴承的基本结构,**其通常是由内圈(或座圈)、外圈(或轴圈)、滚动体和保持架四部分组成**。在使用过程中,通常内圈和轴颈相配合安装,外圈装配在轴承座孔上,大多数情况下内圈随着轴颈做回转运动,外圈不动。滚动体是滚动轴承的核心元件,在套圈或垫圈之间做滚动运动,以实现相对运动表面间形成滚动摩擦并传递载荷。滚动体常见的种类有球、圆柱滚子、圆锥滚子、球面滚子、滚针等,如图 7 - 2 所示。保持架的主要作用是使滚动体均匀地隔开,避免滚动体间的摩擦、磨损。

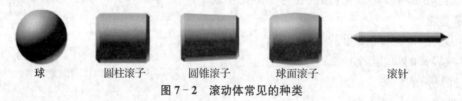

　　　球　　　　　圆柱滚子　　　　圆锥滚子　　　　球面滚子　　　　　　滚针

图 7 - 2　滚动体常见的种类

## 二、滚动轴承的分类

　　滚动轴承的类型很多,可以按照不同方法进行分类。

　　(1) **按滚动体的形状不同,滚动轴承可分为:球轴承和滚子轴承。**

　　(2) 如图 7 - 3 所示,按其所能承受的载荷方向不同,滚动轴承可分为:

　　① 向心轴承——主要用于承受径向载荷 $F_r$,如深沟球轴承;

　　② 推力轴承——主要用于承受轴向载荷 $F_a$,如推力球轴承;

　　③ 向心推力轴承——同时承受径向载荷 $F_r$ 和轴向载荷 $F_a$,如圆锥滚子轴承、角接触球轴承。

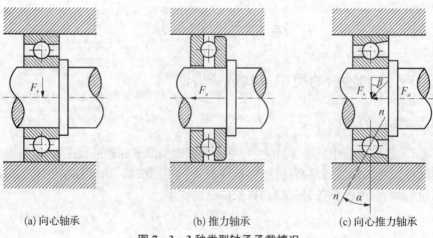

　　　(a)向心轴承　　　　　　　(b)推力轴承　　　　　　(c)向心推力轴承

图 7 - 3　3 种类型轴承承载情况

　　轴承的滚动体和外滚道接触处的公法线与轴承的径向平面间的夹角 $\alpha$ 称为轴承的公称接触角。公称接触角越大,轴承的轴向承载能力越大。向心轴承的公称接触角为 $0°$,推力轴承的公称接触角为 $90°$,向心推力轴承的公称接触角介于 $0°\sim90°$ 之间。

　　另外,滚动轴承按其能否调心可分为调心轴承、非调心轴承;按滚动体的列数可分为单列轴承、双列轴承、多列轴承;按其部件能否分离可分为可分离轴承、不可分离轴承等。

　　滚动轴承的类型很多,常用滚动轴承的类型、主要特性和应用见表 7 - 1。

表 7 - 1　常用滚动轴承的类型、主要特性和应用

| 类型代号 | 名称 | 结构简图、承载方向 | 极限转速 | 主要特性和应用 |
|---|---|---|---|---|
| 1 | 调心球轴承 | | 中 | 主要承受径向载荷,同时也能承受少量轴向载荷;由于外圈滚道表面是以轴承中点为中心的球面,故能调心 |
| 3 | 圆锥滚子轴承 | | 中 | 能同时承受较大的径向载荷和单向的轴向载荷;外圈可以分离,拆装方便;一般成对使用 |
| 5 | 推力球轴承 | | 低 | 只能承受轴向载荷,且载荷作用线必须与轴线相重合,不允许有角偏差;可用于轴向载荷大、转速不高之处。同时为了防止滚动体和滚道之间的滑动,工作时需施加一定的轴向载荷 |
| 6 | 深沟球轴承 | | 高 | 主要承受径向载荷,同时也能承受少量的轴向载荷;当转速很高而轴向载荷不大时,可代替推力球轴承承受纯轴向载荷;摩擦因数小,价格便宜,应用范围最广 |
| 7 | 角接触球轴承 | | 较高 | 能同时承受较大的径向载荷和单向的轴向载荷;公称接触角越大,轴向承载能力也越大,公称接触角 $\alpha$ 有 $15°$、$25°$、$40°$三种;通常成对使用 |

续　表

| 类型代号 | 名称 | 结构简图、承载方向 | 极限转速 | 主要特性和应用 |
|---|---|---|---|---|
| N | 圆柱滚子轴承 | | 高 | 只能承受较大的径向载荷,外圈(或内圈)可以分离,故不可承受轴向载荷;滚动体和滚道之间是线接触,故承载能力比同尺寸的球轴承大,能够承受冲击载荷 |
| NA | 滚针轴承 | | 低 | 只能承受较大的径向载荷,外圈(或内圈)可以分离,故不可承受轴向载荷;径向尺寸特小;一般无保持架,因而滚针间有摩擦,轴承极限转速低,不允许有角偏差 |

➤ **填空题**

1. 滚动轴承一般由(　　　)、(　　　)、(　　　)、(　　　)组成。

2. 载荷小而平稳、转速高的传动,采用(　　　)轴承较合适。

3. 向心轴承主要承受(　　　)载荷,推力轴承主要承受(　　　)载荷。

## ▐▶ 考点44　滚动轴承的代号含义

滚动轴承代号由三部分构成:基本代号、前置代号和后置代号,用字母和数字表示,其构成见表7-2。其中,**基本代号是轴承代号的核心**,前置代号和后置代号都是轴承代号的补充,当轴承的结构、形状、材料和公差等级等有特殊要求时才使用,一般情况下可以省略。

表7-2　滚动轴承代号的构成

| 前置代号 | 基本代号 | | | | | 后置代号 | | | | | | | |
|---|---|---|---|---|---|---|---|---|---|---|---|---|---|
| | 五 | 四 | 三 | 二 | 一 | | | | | | | | |
| 轴承分部件 | 类型代号 | 宽/高度系列代号 | 直径系列代号 | 内径代号 | | 内部结构代号 | 密封与防尘结构代号 | 保持架及其材料代号 | 轴承材料代号 | 公差等级代号 | 游隙代号 | 配置代号 | 其他代号 |

1. **基本代号**

基本代号由5位数构成,包括3项内容:类型代号、尺寸系列代号和内径代号。

(1) 类型代号

轴承基本代号中左起第一位数字(或字母)表示滚动轴承的类型,如表7-1所示。

（2）尺寸系列代号

轴承基本代号中右起第三、四位数字表示滚动轴承的尺寸系列代号。其中右起第三位代表直径系列代号，用数字7、8、9、0、1、2、3、4 和 5 表示，对应于相同内径轴承的外径宽度尺寸依次递增，部分直径系列代号之间的尺寸对比如图 7-4 所示。右起第四位数字代表宽度系列（向心轴承）或高度系列（推力轴承），用数字 8、0、1、2、3、4、5 和 6 表示，对应于相同内径轴承的宽度尺寸依次递增。当宽（高）度系列代号为 0 时，对于多数轴承在代号中可不标出代号 0，但对于调心滚子轴承和圆锥滚子轴承的宽度系列代号 0 应标出。

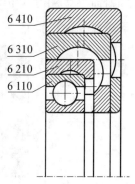

图 7-4　直径系列的对比

（3）内径代号

轴承基本代号中右起第一、二位数字表示滚动轴承的内径代号，表示轴承公称内径的大小。内径代号为 04～96 时，代号乘以 5 即为内径尺寸，即代表轴承内径 $d=20\sim480$ mm；轴承内径 $d=10\sim17$ mm 的代号，见表 7-3。

表 7-3　轴承内径代号

| 内径代号 | 00 | 01 | 02 | 03 | 04～96 |
|---|---|---|---|---|---|
| 轴承内径/mm | 10 | 12 | 15 | 17 | 20～480 |

注：内径大于或等于 500 mm 的轴承，其表示方法另有规定，可参看 GB/T 272—2017。

2. 前置代号和后置代号

轴承的前置、后置代号是轴承在结构形状、尺寸、游隙、公差和精度等方面有特殊技术要求时，在其基本代号前、后分别添加的补充代号。

轴承前置代号用于表示轴承的分部件，用字母表示。如用 L 表示可分离轴承的可分离内圈或外圈，K 表示轴承的滚动体与保持架组件，R 表示不带可分离内圈或外圈的轴承，WS、GS 分别表示推力圆柱滚子轴承的轴圈、座圈。

轴承后置代号是用字母和数字等表示轴承的结构、公差及材料等的特殊要求，共有 8 组，见表 7-2。下面仅介绍几种常用代号。

（1）内部结构代号：表示同一类轴承的不同内部结构，用紧跟着基本代号的字母来表示。例如，公称接触角为 15°、25°和 40°的角接触球轴承分别用 C、AC 和 B 表示。

（2）公差等级代号：轴承的公差等级分为 2 级、4 级、5 级、6 级、6X 级和 0 级，共有 6 个级别，依次由高级到低级，其代号分别为/P2、/P4、/P5、/P6、/P6X 和/P0。其中，6X 级仅适用于圆锥滚子轴承；0 级为普通级，是最常用的轴承公差等级，在轴承代号中可省略。

（3）游隙代号：轴承中的一个套圈规定不动时，另一个套圈沿径向（或轴向）的最大游动量，称为轴承的径向（或轴向）游隙。如图 7-5 所示，$G_r$ 为径向游隙，$G_a$ 为轴向游隙。游隙对轴承的寿命、温升和噪声都有很大影响。

轴承径向游隙系列分为 1 组、2 组、0 组、3 组、4 组和 5 组，共 6 个组别，径向游隙依次由小到大。0 组游隙是常用的游隙组别，在轴承代号中不标出，其余的游隙组别在轴承代号中分别用/C1、/C2、/C3、/C4、/C5 表示。

（4）配置代号：成对安装的轴承有背对背安装（反装）、

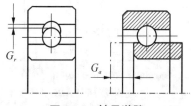

图 7-5　轴承游隙

面对面安装(正装)和串联安装 3 种配置方式,如图 7-6 所示,分别用代号/DB、/DF 和/DT 表示。

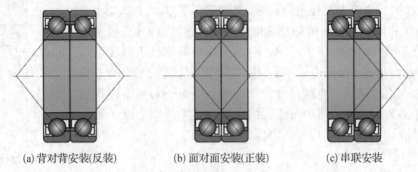

(a) 背对背安装(反装)　　　(b) 面对面安装(正装)　　　(c) 串联安装

图 7-6　成对轴承的配置安装

例如,试说明轴承代号 6318、N212 和 7410C/P4 的含义。

答:

6318 表示内径为 90 mm,尺寸系列为 03,深沟球轴承,正常结构,0 级公差,0 组游隙。

N2212 表示内径为 60 mm,尺寸系列为 22,圆柱滚子轴承,正常结构,0 级公差,0 组游隙。

7410C/P4 表示内径为 50 mm,尺寸系列为 04,角接触球轴承,接触角 $\alpha=15°$,4 级公差,0 组游隙。

➤ 填空题

滚动轴承代号 6208 中,6 指(　　),2 指(　　),08 指(　　)。

➤ 简答题

1. 说明滚动轴承代号 62203 的含义。

2. 说明滚动轴承代号 7312AC/P6 的含义。

3. 说明滚动轴承代号 32310B 的含义。

## ▮▮ 考点 45　滚动轴承额定寿命、额定载荷及当量动载荷的含义

### 一、基本额定寿命

**疲劳点蚀是轴承的主要失效形式**,就单个轴承而言,其寿命是指该轴承中任一元件首先出现疲劳点蚀前,轴承运转的总转数或工作小时数。滚动轴承是大量生产的,实践表明,由于制造精度、材料的均质程度等的差异,即使是同一批生产出来的轴承(材料、尺寸、热处理及制造方法等完全相同),它们的寿命也会不尽相同。从图 7-7 所示的滚动轴承寿命分布曲线可以看出,在同一批轴承中,单个轴承的寿命各不相同,轴承最长的工作寿命和轴承最短的工作寿命可以有几倍甚至几十倍的差异。

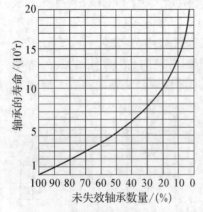

图 7-7　滚动轴承的寿命分布曲线

由于轴承寿命的离散性,为了兼顾轴承工作时的可靠性和经济性,**国家标准规定:同一批在相同条件下运转的轴承,将其可靠度为 90% 时的寿命作为标准寿命,即在一批相同型号的轴承中,10% 的轴承发生疲劳点蚀破坏,而 90% 的**

轴承未发生疲劳点蚀破坏时的总转数或工作小时数规定为轴承的寿命,并把这个寿命称为基本额定寿命,以 $L_{10}$(以 $10^6$ r 为单位)或 $L_h$(以 h 为单位)表示。

## 二、基本额定动载荷

滚动轴承的基本额定寿命与所受载荷大小有关,工作载荷越大,轴承的寿命越短。**轴承的基本额定动载荷,就是使轴承的基本额定寿命恰好为 $10^6$ r 时,轴承所能承受的载荷值,用字母 C 表示。**C 值大,表明该类轴承抗疲劳点蚀的能力强。对于向心轴承,它指的是纯径向载荷,并称为径向基本额定动载荷,用 $C_r$ 表示;对于推力轴承,它指的是纯轴向载荷,并称为轴向基本额定动载荷,用 $C_a$ 表示;对于向心推力轴承,它指的是使套圈间产生纯径向位移的载荷的径向分量。**轴承的基本额定动载荷是衡量轴承承载能力的主要性能指标。**在轴承样本中,对每个型号的轴承在一般温度(低于 120 ℃)下工作时,都给出了它的基本额定动载荷 C 的值,需要时可从中查取。在较高温度(高于 120 ℃)下工作的轴承,应该采用经过高温回火处理的高温轴承。高温轴承的基本额定动载荷 $C_t$ 需按下式修正,即

$$C_t = f_t C \tag{7-1}$$

式中,$C_t$——高温轴承的基本额定动载荷;

　　　$C$——轴承样本所列的同一型号轴承的基本额定动载荷;

　　　$f_t$——温度系数,见表 7-4。

**表 7-4　温度系数**

| 轴承工作温度/℃ | ≤120 | 125 | 150 | 175 | 200 | 225 | 250 | 300 | 350 |
|---|---|---|---|---|---|---|---|---|---|
| 温度系数 $f_t$ | 1.00 | 0.95 | 0.90 | 0.85 | 0.80 | 0.75 | 0.70 | 0.60 | 0.50 |

## 三、当量动载荷

滚动轴承的基本额定动载荷是在特定的运转条件下确定的,其载荷条件为:向心轴承仅承受纯径向载荷 $F_r$,推力轴承仅承受纯轴向载荷 $F_a$。实际上,滚动轴承的受载情况一般与确定基本额定动载荷时的特定条件不同。因此,**为了计算轴承寿命,应将实际载荷换算成当量动载荷(用字母 P 表示),此载荷为一个假定的载荷,在此载荷作用下的轴承寿命与实际载荷作用下的寿命相同。**

当量动载荷的一般计算公式为

$$P = XF_r + YF_a \tag{7-2}$$

式中,$F_r$——轴承所受的径向载荷,单位为 N;

　　　$F_a$——轴承所受的轴向载荷,单位为 N;

　　　$X$——径向动载荷系数;

　　　$Y$——轴向动载荷系数。

➤ **单选题**

1. 按额定动载荷通过计算选用的滚动轴承,在预定使用期限内,其工作可靠度为(　　)。

A. 50%　　　　　　　B. 90%　　　　　　　C. 95%　　　　　　　D. 99%

2. 一个滚动轴承的基本额定动载荷是指(　　)。

A. 该轴承的使用寿命为 $10^6$ 转时,所能承受的载荷

B. 该轴承使用寿命为 $10^6$ 小时时,所能承受的载荷

C. 该轴承平均寿命为 $10^6$ 转时,所能承受的载荷

D. 该轴承基本额定寿命为 $10^6$ 转时,所能承受的最大载荷

3. 基本额定动载荷和当量动载荷均相同的球轴承和滚子轴承的寿命(转数)(　　)相同。

A. 一定　　　　　　B. 一定不　　　　　　C. 不一定

## ▶▶ 考点 46　滚动轴承的失效形式及设计准则

### 一、滚动轴承的失效形式

滚动轴承工作时,各元件受变化的接触应力的作用。根据工作情况,滚动轴承的失效形式主要有以下几种。

**1. 疲劳点蚀**

在工作一定的时间后,滚动体和套圈接触表面上都可能发生接触疲劳磨损,出现疲劳点蚀。由于安装不当,轴承局部受载较大(即偏载),将促使疲劳点蚀提前发生。疲劳点蚀将导致轴承运转时产生噪声、振动及异常发热,直至丧失正常工作能力。

**2. 塑性变形**

对于工作转速很低或只做低速摆动的轴承,在过大的静载荷或冲击载荷作用下,当接触应力超过材料的屈服极限时,元件的工作表面将产生过大的塑性变形,形成压痕,导致轴承工作情况恶化,振动和噪声增大,运转精度降低,使轴承不能正常工作。

**3. 磨损**

在多尘条件下工作的滚动轴承,即使采用密封装置,滚动体和套圈仍有可能产生磨粒磨损,导致轴承各元件间的间隙增大,运转精度降低,直至轴承失效。圆锥滚子轴承的滚子大端与套圈挡边之间,推力球轴承中球与保持架、滚道之间都有可能发生滑动摩擦,若润滑不充分,也会发生黏着磨损,并引起表面发热、胶合,甚至使滚动体回火。轴承的速度越高,发热及黏着磨损将越严重。

### 二、滚动轴承的设计准则

对于选定类型的滚动轴承尺寸的选择,主要是确定滚动轴承的内径及尺寸系列(宽度系列和直径系列)。滚动轴承的内径尺寸由轴径确定;尺寸系列主要是针对轴承的工作条件和相应的失效形式进行必要的计算。其计算准则是:对于一般工作条件下运转的轴承,其主要失效形式是疲劳点蚀,应以疲劳强度计算为依据,进行轴承的寿命计算;对于转速很低($n \leqslant 10$ r/min)或只做低速摆动的轴承,要求控制其塑性变形,应进行轴承的静强度计算;对于高速轴承,由于发热而造成的黏着磨损、烧伤胶合是更为常见的失效形式,在进行寿命计算的同时,还需验算轴承的极限转速($N_0$)。

▷ **填空题**

滚动轴承的主要失效形式是(　　)和(　　)。

## 考点 47 角接触轴承及圆锥滚子轴承的派生轴向力

### 一、径向载荷

为了保证正常工作,轴承通常是成对使用的。对于向心推力轴承(角接触球轴承和圆锥滚子轴承),应注意轴承安装方式。图 7-8 所示为这类轴承常用的两种安装方式,即面对面安装(也称为正装)和背对背安装(也称为反装)。正装时轴承外圈窄边相对,反装时轴承外圈宽边相对。

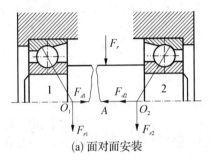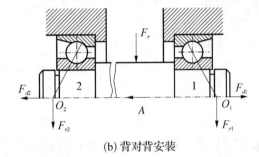

    (a) 面对面安装                  (b) 背对背安装

**图 7-8 角接触球轴承的安装方式**

如图 7-8 所示,轴承所受的径向载荷 $F_r$($F_{r1}$ 和 $F_{r2}$)是由作用在轴上的径向外载荷 $F_r$ 根据力平衡求得的,因此要确定轴承载荷作用中心 $O_1$ 点和 $O_2$ 点的位置,如图 7-9 所示。

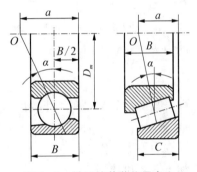

### 二、轴向载荷 $F_a$

由于向心推力轴承结构上存在公称接触角 $\alpha$。因此,即使在只承受径向载荷的情况下,也将产生派生轴向力(也称为附加轴向力)$F_d$,如图 7-8 所示。派生轴向力 $F_d$ 的大小可根据径向载荷 $F_r$ 由表 7-5 确定。而派生轴向力 $F_d$ 的方

**图 7-9 轴承的载荷作用中心**

向由轴承的安装方式确定,轴承正装时,派生轴向力相对;轴承反装时,派生轴向力相背。

**表 7-5 派生轴向力 $F_d$ 的计算公式**

| 圆锥滚子轴承 | 角接触球轴承 | | |
| --- | --- | --- | --- |
| | 70000C($\alpha=15°$) | 70000AC($\alpha=25°$) | 70000B($\alpha=40°$) |
| $F_d = F_r/(2Y)$ | $F_d = e \cdot F_r$ | $F_d = 0.68F_r$ | $F_d = 1.14F_r$ |

注:(1) 表中 $Y$ 值对应表相关表格中 $F_a/F_r > e$ 的 $Y$ 值;
    (2) $e$ 值由相关表查取。

最终计算轴承的轴向载荷 $F_a$ 时,要按照轴承安装的方式,综合考虑左右轴承派生轴向力的大小和方向以及外部作用在轴上的轴向力的大小和方向。现以图 7-10 所示的一对角接触球轴承为例进行受力分析,由于该对轴承的安装方式为正装,故派生轴向力 $F_{d1}$ 和 $F_{d2}$ 相对,设轴承径向载荷 $F_{r1}$ 和 $F_{r2}$ 及轴向工作载荷 $A$ 均为已知,就可根据轴的平衡关系分析轴承 1、2

所受的轴向力 $F_{a1}$ 和 $F_{a2}$。图 7-10(b)为图 7-10(a)简化的轴向受力分析图。

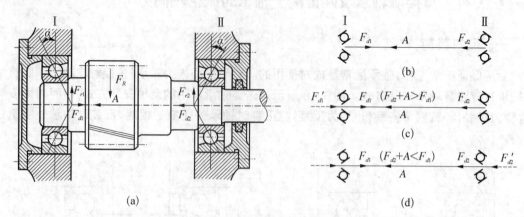

**图 7-10  角接触球轴承的受力分析**

当 $F_{d2}+A>F_{d1}$ 时,如图 7-10(c)所示,轴有向左移动的趋势,轴承 I 被"压紧",轴承 II 被"放松",左轴承端盖对轴承 I 产生向右的轴向约束反力 $F'_{d1}$ [如图 7-10(c)中虚线所示]。根据力平衡条件,$F'_{d1}=(F_{d2}+A)-F_{d1}$。被"压紧"的轴承 I 最终承受的轴向力 $F_{a1}$ 等于 $F_{d1}$ 和 $F'_{d1}$ 之和,即

$$F_{a1}=F_{d1}+F'_{d1}=F_{d1}+[(F_{d2}+A)-F_{d1}]=F_{d2}+A \tag{7-3}$$

由于轴承 II 被"放松",右轴承端盖无轴向约束力,其最终承受的轴向力仅为自身的派生轴向力 $F_{d2}$,即

$$F_{a2}=F_{d2} \tag{7-4}$$

当 $F_{d2}+A<F_{d1}$ 时,如图 7-10(d)所示,轴有向右移动的趋势,轴承 II 被"压紧",轴承 I 被"放松"。右轴承端盖对轴承 II 产生向左的轴向约束反力 $F'_{d2}$ [如图 7-10(d)中虚线所示]。根据力平衡条件,$F'_{d2}=F_{d1}-(F_{d2}+A)$。被"压紧"的轴承 II 最终承受的轴向力 $F_{a2}$ 等于 $F_{d2}$ 和 $F'_{d2}$ 之和,即

$$F_{a2}=F_{d2}+F'_{d2}=F_{d2}+[F_{d1}-(F_{d2}+A)]=F_{d1}-A \tag{7-5}$$

由于轴承 I 被"放松",左轴承端盖无轴向约束力,其最终承受的轴向力仅为自身的派生轴向力 $F_{d1}$,即

$$F_{a1}=F_{d1} \tag{7-6}$$

综上所述,计算向心推力轴承所受轴向力的方法可归纳为:

① 判明轴上全部轴向力[包括外加轴向力(轴向工作载荷)$A$ 和左右轴承的派生轴向力 $F_{d1}$、$F_{d2}$ ]的合力指向,确定轴的移动趋势,判定被"压紧"和被"放松"的轴承;

② "压紧"端轴承的轴向力等于除本身的派生轴向力外,其余轴向力的代数和;

③ "放松"端轴承的轴向力等于其本身的派生轴向力。

由式(7-2)求出的轴承当量动载荷是理论值。考虑到实际工作情况(如冲击力、不平衡作用力、惯性力、轴的挠曲或轴承座变形产生的附加力等的影响),还应引入载荷系数 $f_p$ 对当量动载荷进行修正,其值见表 7-6。故实际计算时,轴承的当量动载荷应为

$$P = f_p(XF_r + YF_a) \tag{7-7}$$

表 7-6　载荷系数 $f_p$

| 载荷性质 | 举例 | $f_p$ |
|---|---|---|
| 无冲击或轻微冲击 | 电动机、汽轮机、通风机、水泵等 | 1.0～1.2 |
| 中等冲击 | 车辆、机床、起重机、造纸机、卷扬机、减速器等 | 1.2～1.8 |
| 强大冲击 | 破碎机、轧钢机、振动筛等 | 1.8～3.0 |

➤ **单选题**

角接触球轴承承受轴向载荷的能力随着接触角的增大而(　　)。

A. 增大　　　　　　　　　　　　B. 减少

C. 不变　　　　　　　　　　　　D. 增大或减少随轴承型号而定

➤ **多选题**

下列四种轴承中,(　　)必须成对使用。

A. 深沟球轴承　　　B. 圆锥滚子轴承　　　C. 推力球轴承　　　D. 角接触球轴承

# ▶▶ 考点 48　3、6、7 类滚动轴承的寿命计算方法

滚动轴承的寿命与所受载荷的大小相关,载荷越大,产生的接触应力越大,轴承的寿命越短。由试验可知,滚动轴承寿命与载荷的关系曲线(疲劳曲线)如图 7-11 所示,其曲线方程为

$$P^\varepsilon L_h = 常数$$

式中,$P$——当量动载荷,单位为 kN;

$L_h$——滚动轴承的基本额定寿命,单位为 $10^6$ r;

$\varepsilon$——寿命指数,球轴承的 $\varepsilon = 3$;滚子轴承的 $\varepsilon = 10/3$。

当 $L_h = 1$ 百万转时,轴承的载荷恰为基本额定动载荷 $C$,对应疲劳曲线上的 $A(1, C)$ 点。

由此可得载荷 $P$ 作用下滚动轴承的寿命

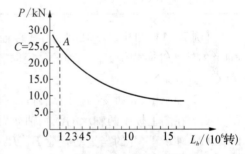

图 7-11　滚动轴承寿命与载荷的<br>关系曲线(疲劳曲线)

$$L_h = \left(\frac{C}{P}\right)^\varepsilon \tag{7-8}$$

在工程计算中,一般用小时数表示寿命比较方便。令 $n$ 代表轴承的转速(r/min),可得以小时数表示的轴承寿命,即

$$L_h = \frac{10^6}{60n}\left(\frac{C}{P}\right)^\varepsilon \tag{7-9}$$

若温度超过 120 ℃,考虑温度系数后轴承的寿命计算公式可表示为

$$L_h = \frac{10^6}{60n}\left(\frac{f_t C}{P}\right)^\varepsilon \tag{7-10}$$

当轴承的载荷 $P$ 和转速 $n$ 已知,其预期计算寿命 $L'_h$ 也已取定时,则根据式(7-11),可得出轴承应具有的基本额定动载荷,其表达式为

$$C' = \frac{P}{f_t}\sqrt[\varepsilon]{\frac{60nL'_h}{10^6}} \tag{7-11}$$

为满足轴承寿命要求,由式(7-11)算出的 $C'$ 值不能大于轴承手册中该种轴承的基本额定动载荷 $C$ 值,即 $C \geqslant C'$。 推荐的轴承预期计算寿命 $L'_h$ 见表 7-7。

表 7-7 推荐的轴承预期计算寿命 $L'_h$

| 机器类型 | 预期计算寿命 $L'_h$/h |
| --- | --- |
| 不经常使用的仪器或设备,如闸门开闭装置等 | 300~3 000 |
| 短期或间断使用的机械(中断使用不致引起严重后果),如手动机械等 | 3 000~8 000 |
| 间断使用的机械(中断使用后果严重),如发动机辅助设备、流水作业线自动传送装置、升降机、车间吊车、不常使用的机床等 | 8 000~12 000 |
| 每日工作 8 h 的机械(利用率不高),如一般的齿轮传动、某些固定电动机等 | 12 000~20 000 |
| 每日工作 8 h 的机械(利用率较高),如金属切削机床、连续使用的起重机、木材加工机械、印刷机械等 | 20 000~30 000 |
| 24 h 连续工作的机械,如矿山升降机、纺织机械、泵、电机等 | 40 000~60 000 |
| 24 h 连续工作的机械(中断使用后果严重),如纤维生产或造纸设备、发电站主电机、矿井水泵、船舶螺旋桨等 | 100 000~200 000 |

【例 7-1】 如图 7-12 所示,某转轴由一对 7208AC 轴承支承,轴的转速为 1 000 r/min,轴上的外加轴向载荷 $F_{ae} = 600$ N,径向载荷 $F_{re} = 2 000$ N,载荷系数 $f_p = 1.2$,基本额定动载荷 $C = 59.8$ kN。 试计算:

(1) 轴承 I、II 所受的径向载荷;

(2) 在图上标出两轴承的派生轴向力 $F_{d1}$、$F_{d2}$,并计算大小;

(3) 轴承 I、II 的当量动载荷 $P_1$、$P_2$;

(4) 轴承 I、II 中哪一个寿命较短? 其寿命为多少小时?

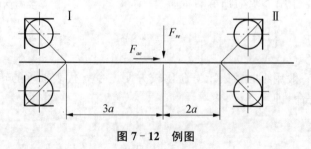

图 7-12 例图

解:

(1) 作两个轴承的径向力和派生轴向力的分析图,如图 7-13 所示。

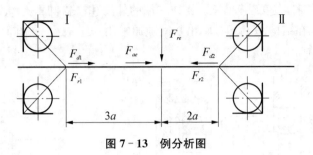

图 7-13　例分析图

(2) 求 I、II 支承的支反力，其计算式为

$$F_{r1} = \frac{2}{5} F_{re} = 800\ \text{N}, \quad F_{r2} = \frac{3}{5} F_{re} = 1\ 200\ \text{N}$$

由表 7-5 可求派生轴向力，其计算式为

$$F_{d1} = eF_{r1} = 544\ \text{N}, \quad F_{d2} = eF_{r2} = 816\ \text{N}$$

因为 $F_{ae} + F_{d1} = 1\ 144\ \text{N} > F_{d2}$，所以轴承 I 为"放松"端，轴承 II 为"压紧"端，则有轴向力为

$$F_{a1} = F_{d1} = 544\ \text{N}, \quad F_{a2} = 1\ 144\ \text{N}$$

当 $F_a / F_r > e$ 时，$X = 0.41$，$Y = 0.87$；当 $F_a / F_r \leqslant e$ 时，$X = 1$，$Y = 0$。
因为 $F_{a1} / F_{r1} = 0.68 \leqslant e$，$X_1 = 1$，$Y_1 = 0$，且 $F_{a2} / F_{r2} = 0.95 > e$，$X_2 = 0.41$，$Y_2 = 0.87$，所以

$$P_1 = f_p(X_1 F_{r1} + Y_1 F_{a1}) = 1.2 \times (1 \times 800\ \text{N}) = 960\ \text{N}$$

$$P_2 = f_p(X_2 F_{r2} + Y_2 F_{a2}) = 1.2 \times (0.41 \times 1\ 200\ \text{N} + 0.87 \times 1\ 144\ \text{N}) = 1\ 785\ \text{N}$$

(4) 因为 $P_2 > P_1$，所以轴承 II 的寿命较短，其寿命为

$$L_{h2} = \frac{10^6}{60n} \left( \frac{C}{P} \right)^\varepsilon = \frac{10^6}{60 \times 1\ 000\ \text{r/min}} \left( \frac{59\ 800\ \text{N}}{1\ 785\ \text{N}} \right) = 626\ 668\ \text{h}$$

➤ **单选题**

1. 设某个轴由一对角接触球轴承作"双支点单向固定"（即"两端固定"）支承，已知轴承 1 的当量动载荷 $P_{r1} = 4\ 000\ \text{N}$，轴承 2 的当量动载荷 $P_{r2} = 2\ 000\ \text{N}$；若轴承 1 的基本额定寿命 $L_{h1} = 1\ 000\ \text{h}$，则轴承 2 的基本额定寿命 $L_{h2} = (\quad)$。
   A. 2 000 h　　　　B. 4 000 h　　　　C. 8 000 h　　　　D. 不能确定

2. 某深沟球轴承，当转速为 480 r/min，当量动载荷为 8 000 N 时，使用寿命为 4 000 h。若转速改为 960 r/min，当量动载荷变成 4 000 N 时，则该轴承的使用寿命为(　　)。
   A. 2 000 h　　　　B. 4 000 h　　　　C. 8 000 h　　　　D. 16 000 h

## ▐▶ 考点 49　滚动轴承的组合设计

### 一、双支点单向固定(两端单向固定)

当轴的跨距较小 ($L \leqslant 400\ \text{mm}$) 且工作温度不高 ($t \leqslant 70\ ℃$) 时，常采用双支点单向固定的结构形式，即两端轴承各限制轴的一个方向的轴向移动，如图 7-14(a) 所示。为了补偿轴工

作时产生的少量热膨胀,在安装轴承时,要在一端的外圈和端盖间留有 0.25~4 mm 的轴向补偿间隙 $a$(间隙很小,在结构图上不必画出),间隙通常用一组垫片[见图 7 - 14(a)]或调整螺钉[见图 7 - 14(b)]来调节。

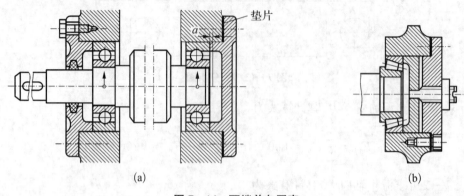

图 7 - 14　两端单向固定

## 二、单支点双向固定(一端固定,一端游动)

当轴的跨矩较大($L > 400\ \text{mm}$)或工作温度较高($t > 70\ ℃$)时,轴的热膨胀伸缩量大,宜采用一端双向固定,一端游动的结构形式,如图 7 - 15 所示。固定端由单个轴承或轴承组承受双向轴向力,游动端则保证轴能自由伸缩。为了避免松脱,游动轴承内圈应与轴作轴向固定(常用弹性挡圈)。用圆柱滚子轴承作游动支承时,轴承外圈应与机座作轴向固定,靠滚子与套圈间的游动来保证轴的自由伸缩。

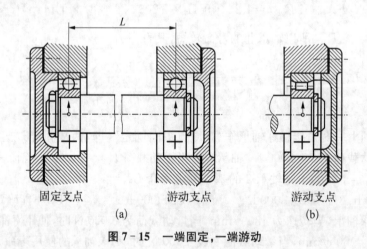

图 7 - 15　一端固定,一端游动

## 三、两端游动

当要求轴能够沿着轴向左右移动时,可采用两端游动的结构形式。如图 7 - 16 所示,对于安装一对人字齿轮的两根轴,由于一对人字齿轮本身有相互轴向限位的作用,且由于人字齿轮两端螺旋角的加工误差等原因,导致两端轴向力不完全相等。因此,它们的轴承组合结构应保证其中一根轴相对于机座有固定的轴向位置,而另一根轴必须能沿着轴向左右游动,以防止轮齿卡死或人字齿的两端受力不均匀。

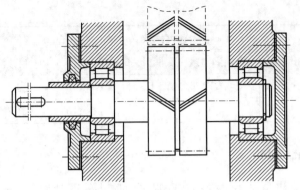

图 7 - 16  两端游动

> 单选题

在进行滚动轴承组合设计时,对支承跨距很长,工作温度变化很大的轴,为适应轴有较大的伸缩变形,应考虑(    )。

A. 将一端轴承设计成游动的
B. 采用内部间隙可调整的轴承
C. 采用内部间隙不可调整的轴承
D. 轴颈与轴承内圈采用很松的配合

> 填空题

滚动轴承轴系支点固定的典型结构形式有(    )、(    )和(    )。

## ▶ 考点 50  滚动轴承的润滑与密封方法

### 一、滚动轴承的润滑

润滑的主要作用是降低轴承的摩擦阻力和减轻磨损,还可以起到散热、吸振、减少接触应力、防锈和密封的作用。合理的润滑对提高轴承性能、延长轴承使用寿命具有重要意义。

滚动轴承常用的润滑方式有油润滑、脂润滑和固体润滑 3 类。一般高速时采用油润滑,低速时采用脂润滑,某些特殊环境如高温和真空条件下采用固体润滑。润滑油的流动性好,故其润滑和冷却效果均较好。如采用浸油润滑,油面高度不应高于最下方滚动体的中心。在闭式齿轮传动装置中,当齿轮的圆周速度 $v \geq 2$ m/s 时,常利用齿轮飞溅起来的油来润滑轴承。当轴承的速度很高时,常用喷油或油雾润滑。脂润滑方法简单,密封和维护方便,能承受较大载荷。润滑脂的装填量一般不超过轴承空间的 1/3～1/2,若装脂过多,则易于引起摩擦发热,导致润滑脂变质恶化或软化,影响轴承的正常工作。

滚动轴承的润滑方式可根据速度因数 $dn$ 值选取($d$ 为轴承内径,单位为 mm,$n$ 为轴颈转速,单位为 r/min),见表 7 - 8。

表 7 - 8  滚动轴承润滑方式的选择

| 轴承类型 | 速度因数 $dn/(\mathrm{mm} \cdot \mathrm{r} \cdot \mathrm{min}^{-1})$ | | | | |
| --- | --- | --- | --- | --- | --- |
| | 脂润滑 | 浸油润滑或飞溅润滑 | 滴油润滑 | 喷油润滑 | 油雾润滑 |
| 深沟球轴承角接触球轴承 | $\leq 1.6 \times 10^5$ | $\leq 2.5 \times 10^5$ | $\leq 4.0 \times 10^5$ | $\leq 6.0 \times 10^5$ | $> 6.0 \times 10^5$ |
| 圆柱滚子轴承 | $\leq 1.2 \times 10^5$ | | | | |

续　表

| 轴承类型 | 速度因数 $dn/(mm \cdot r \cdot min^{-1})$ | | | | |
|---|---|---|---|---|---|
| | 脂润滑 | 浸油润滑或飞溅润滑 | 滴油润滑 | 喷油润滑 | 油雾润滑 |
| 圆锥滚子轴承 | $\leqslant 1.0 \times 10^5$ | $\leqslant 1.6 \times 10^5$ | $\leqslant 2.3 \times 10^5$ | $\leqslant 3.0 \times 10^5$ | — |
| 推力球轴承 | $\leqslant 0.4 \times 10^5$ | $\leqslant 0.6 \times 10^5$ | $\leqslant 1.2 \times 10^5$ | $\leqslant 1.5 \times 10^5$ | — |

## 二、滚动轴承的密封

通常密封对轴承来讲是必不可少的。密封可以防止外部尘埃、水分、有害气体、其他杂质等进入轴承的内部,也可防止润滑剂流失和减少环境污染。轴承的密封装置可以设置在轴承的支承部位上,也可直接设置在轴承上。不论密封装置设置在哪一个部位,**按其结构形式都可划分为接触式密封和非接触式密封两大类。**

常用密封装置的结构、特点及应用见表 7-9。

表 7-9　常用密封装置的结构、特点及应用

| 接触式密封 | 非接触式密封 | | |
|---|---|---|---|
| 毡圈密封<br>($v<4\sim5$ m/s) | 迷宫式密封($v<30$ m/s) | | 立轴综合密封 |
| | 轴向曲路<br>(只用于剖分结构) | 径向曲路 | |
| | | | |
| 结构简单,压紧力不能调整,用于脂润滑 | 油润滑、脂润滑都有效,缝隙中填充润滑脂 | | 为防止立轴漏油,一般要采取两种以上的综合密封形式 |
| 唇形密封圈密封<br>($v<10\sim15$ m/s) | 隙缝密封<br>($v<5\sim6$ m/s) | 挡圈密封 | 甩油密封 |
| | | | |
| 使用方便,密封可靠。耐油橡胶和塑料密封圈有 O、J、U 等形式,有弹簧箍的密封性能更好 | 结构简单,沟槽内填充脂,用于脂润滑或低速油润滑。盖与轴的间隙为 0.1~0.3 mm,槽宽 3~4 mm,深 4~5 mm | 挡圈随轴回转,可利用离心力甩去油和杂物,最好与其他密封联合使用 | 甩油环靠离心力将油甩掉,再通过导油槽将油导回油箱 |

▷ **单选题**

1. 若轴颈的圆周速度为 1.8 m/s 时,采用脂润滑的滚动轴承可采用(　　)密封。

A. 毡圈　　　　　　　B. 迷宫式　　　　　　C. 隙缝式

2. 用润滑脂润滑的滚动轴承,合理的装填量应为(　　)。

A. 1/2 空间　　　　　　　　　　　B. 装满

C. 1/3 ～1/2 空间　　　　　　　　D. 1/3～2/3 空间

▷ **填空题**

滚动轴承的密封形式主要分为(　　)和(　　)。

# 考点 51　滑动轴承的功用及其结构

## 一、滑动轴承的功用

滑动轴承就是在滑动摩擦下工作的轴承,其接触面积大、回转精度高、承载能力大、抗冲击能力强、径向尺寸小,可制成剖分式结构;如果润滑保持良好,则其抗磨性能会很好,轴承寿命也会很长。因此,滑动轴承一般应用在以下场合:

① 高速、高精度的轴承,如精密磨床的主轴轴承;

② 重型机械上的大型轴承,如汽轮发电机上的轴承;

③ 重载、变载或冲击载荷条件下工作的轴承,如破碎机、锻压机上的轴承;

④ 要求径向尺寸小的轴承,如组合钻床上的轴承;

⑤ 要求采用剖分式结构的轴承,如内燃机的曲轴轴承,此外,低速、轻载、不重要的轴承也可采用滑动轴承。

## 二、滑动轴承的分类

按所承受载荷的方向,滑动轴承可分为:

① **径向(向心)滑动轴承**——承受径向载荷的滑动轴承;

② **轴向(推力)滑动轴承**——承受轴向载荷的滑动轴承。

按轴承工作表面间的摩擦状态,滑动轴承可分为:

① 非液体摩擦滑动轴承——滑动表面不能完全被油膜分开的轴承;

② 液体摩擦滑动轴承——滑动面完全被油膜分开,摩擦只在液体分子间产生的轴承,它按油膜形成方式不同,又可分为液体动压轴承和液体静压轴承。

另外,按润滑剂种类不同,滑动轴承可分为油润滑轴承、脂润滑轴承、水润滑轴承、气体润滑轴承、固体润滑轴承、磁流体轴承和电磁轴承等。

## 三、径向滑动轴承的结构

径向(向心)滑动轴承主要有整体式和剖分式两大类。

1. 整体式径向滑动轴承

图 7 - 17 所示为整体式径向滑动轴承的标准结构,它由轴承座和轴套等组成。轴承座通过螺纹连接与机座相连,其顶部有安装油杯用的螺纹孔及油孔,轴套的内表面有油沟。

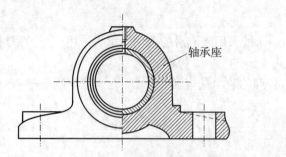
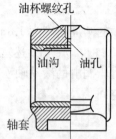

图 7-17　整体式径向滑动轴承

　　整体式径向滑动轴承的优点是结构简单、刚度较大、制造容易、成本低；其缺点是轴套磨损后轴承的径向间隙无法调整，轴颈只能从端部装入，故拆装不便。因此，它仅适用于低速、轻载或间歇工作的机械设备中。

　　2.剖分式径向滑动轴承

　　图 7-18 所示为剖分式径向滑动轴承的标准结构，它由轴承座、轴承盖、剖分轴瓦、双头螺栓等组成。轴承座通过螺纹连接与机座相连，轴承盖顶部开设有安装油杯用的螺纹孔，轴承座和轴承盖的剖分面常做成阶梯形，便于定位及安装，剖分轴瓦由上、下轴瓦组成，上轴瓦开设有油孔和油槽，便于润滑，常见的油槽和油孔如图 7-19 所示。

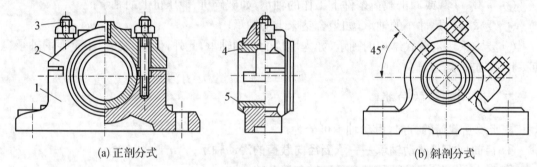

(a) 正剖分式　　　　　　　　　　　　　　　　　(b) 斜剖分式

图 7-18　剖分式径向滑动轴承的标准结构
1—轴承座；2—轴承盖；3—螺栓；4—上轴瓦；5—下轴瓦。

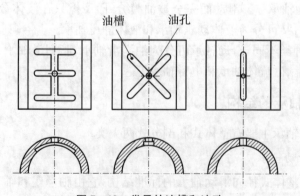

图 7-19　常见的油槽和油孔

➤ **单选题**

与滚动轴承相比较,下述各点中,(　　)不能作为滑动轴承的优点。

A. 径向尺寸小　　　　　　　　　　B. 启动容易

C. 运转平稳,噪声低　　　　　　　D. 可用于高速情况下

➤ **填空题**

1. 轴瓦有(　　)、(　　)式两种。

2. 按摩擦性质,轴承分为(　　)和(　　)两种。

## ▶▶ 考点 52　非液体润滑轴承的强度计算

大多数轴承实际处在边界润滑与液体润滑同时存在的状态,其可靠工作的条件是:维持边界油膜不受破坏,以减少发热和磨损(计算准则),并根据边界膜的机械强度和破裂温度来决定轴承的工作能力。但影响边界膜的因素很复杂,所以采用简化的条件性计算。

### 一、向心滑动轴承的计算

1. 限制平均比压 $p$

目的:避免在载荷作用下润滑油被完全挤出,导致轴承过度磨损。

$$p = \frac{F}{dB} \leqslant [p] \quad \text{MPa} \tag{7-12}$$

2. 限制轴承的 $pv$ 值

目的:限制 $pv$ 以控制轴承温升,避免边界膜的破裂。

$$pv = \frac{F}{dB} \times \frac{\pi dn}{60 \times 1\,000} \approx \frac{Fn}{19\,100B} \leqslant [pv] \quad \text{MPa} \cdot \text{m/s} \tag{7-13}$$

3. 限制滑动速度 $v$

目的:当 $p$ 较小时,避免由于 $v$ 过高而引起轴瓦加速磨损。

$$v = \frac{\pi dn}{60 \times 1\,000} \leqslant [v] \quad \text{m/s} \tag{7-14}$$

### 二、推力滑动轴承的计算

推力轴承实心端面由于跑合时中心与边缘磨损不均匀,愈近边缘部分磨损愈快,空心轴颈和环状轴颈可以克服此缺点。载荷很大时可以采用多环轴颈。

1. 限制轴承平均比压 $p$

$$p = \frac{F_a}{Z \frac{\pi}{4}(d^2 - d_0^2)\xi} \leqslant [p] \quad \text{MPa} \tag{7-15}$$

$F_a$——轴向载荷(N);

$d_0, d$——止推环内、外直径(mm);

$Z$——轴环数；

$\xi$——考虑油槽使支承面积减小的系数，通常取 $\xi = 0.85 \sim 0.95$；

$[p]$——许用比压 MPa。

2. 限制轴承的 $pv_m$ 值

$$pv_m = \frac{F_a}{Z\frac{\pi}{4}(d^2 - d_0^2)\xi} \times \frac{\pi d_m \cdot n}{60 \times 1\,000} \leqslant [p \cdot v] \quad \text{MPa} \cdot \text{m/s} \qquad (7-16)$$

动力润滑的滑动轴承，(初步计算时也要验算 $p$、$pv$、$v$)在起动和停车过程中往往处于混合润滑状态，因此，在设计液体动力润滑轴承时，常用以上条件性计算作为初步计算。

➤ 单选题

在非液体润滑滑动轴承中，限制 $p$ 值的主要目的是( )。

A. 防止出现过大的摩擦阻力矩  B. 防止轴承衬材料发生塑性变形

C. 防止轴承衬材料过度磨损  D. 防止轴承衬材料因压力过大而过度发热

# 第八章 轴

## ▶▶ 考点 53 轴的功用和类型

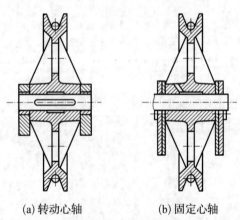

(a) 转动心轴  (b) 固定心轴

**图 8-1 心轴**

在机械中，轴、联轴器、滑动轴承和滚动轴承等统称为轴系零、部件。轴是机械中必不可少的重要零件，它用来支持做回转运动的零件，以传递运动及动力。

**根据承受载荷的不同，直轴可分为心轴、传动轴和转轴。**心轴是只承受弯矩不承受转矩的轴，它又可分为转动心轴[见图 8-1(a)]和固定心轴[见图 8-1(b)]；传动轴是主要承受转矩的轴(见图8-2)；转轴是同时承受弯矩和转矩的轴(见图8-3)，它是机械中最常见的轴。

按轴线形状不同，轴可分为直轴(见图 8-3)、曲轴(见图 8-4)和挠性轴。

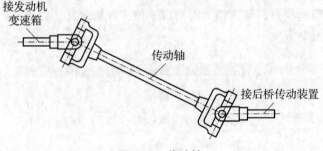

接发动机变速箱

传动轴

接后桥传动装置

**图 8-2 传动轴**

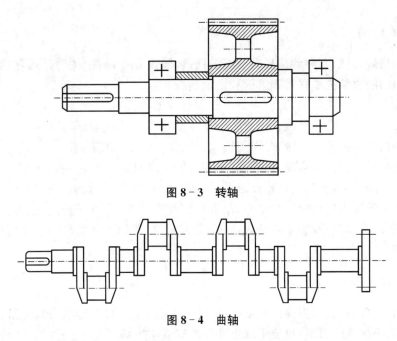

图 8-3　转轴

图 8-4　曲轴

按轴的形状不同,轴还可分为光轴(见图 8-1)和阶梯轴(见图 8-3)。

➤ 单选题

根据轴的承载情况,(　　　)的轴称为转轴。

A. 既承受弯矩又承受转矩　　　　　　B. 只承受弯矩不承受转矩

C. 不承受弯矩只承受转矩　　　　　　D. 承受较大的轴向载荷

➤ 填空题

1. 轴根据其受载情况可分为:(　　　)、(　　　)、(　　　)。

2. 主要承受弯矩,应选(　　　)轴;主要承受转矩,应选(　　　)轴;既承受弯矩,又承受转矩应选(　　　)轴。

# ▌▶ 考点 54　阶梯轴的结构设计要点

## 一、轴的设计过程

**轴的设计主要包括轴的材料选择、结构设计、强度计算及刚度计算等。**

设计轴时,主要解决的问题有两方面。一是轴的结构设计:为了保证安装在轴上的零件能正确定位、固定和满足轴自身的被支承条件,以及轴的加工装配要求,必须合理地定出轴各部分的形状和结构尺寸,亦即进行轴的结构设计。二是轴的强度计算等:为了保证轴具有足够的工作能力,一般需对轴进行强度计算;对于具有刚度要求的轴,如机床主轴,还要进行刚度计算;对于高速转动的轴,为了避免共振,还必须进行振动稳定性的计算。

在转轴的设计中,因为转轴工作时受弯矩和扭矩联合作用,而弯矩又与轴上载荷的大小及轴上零件的相互位置有关。当轴的结构尺寸未确定前,无法求出轴所受的弯矩。因此,设计转轴时,开始只能按扭转强度或经验公式估算轴的直径,然后进行轴的结构设计,最后进行轴的强度验算。

## 二、轴的材料

根据轴的失效方式,其材料应具有一定的强度、刚度及耐磨性;同时还应考虑工艺性和经济性等因素。轴的材料主要采用碳素钢和合金钢。

碳素钢比合金钢价格低廉,对应力集中的敏感性低,故应用较广,可以利用热处理提高其耐磨性和抗疲劳强度。常用的碳素钢有 35、40、45、50 等优质碳素钢,其中以 45 钢使用最广;对于受力较小的或不太重要的轴,可以使用 Q235、Q275 等普通碳素钢。

合金钢比碳素钢机械强度高,热处理性能好,但对应力集中敏感性高,价格也较高,对于要求强度较高、尺寸较小或有其他特殊要求的轴,可以采用合金钢材料。如 20Cr、20CrMnTi 等低碳合金钢经渗碳淬火后可提高耐磨性能;20Cr2MoV、38CrMoAl 等合金钢有良好的高温力学性能,常用于高温、高速及重载的场合;40Cr 钢经过调质处理后,综合力学性能很好,是轴最常用的合金钢。

## 三、轴的结构

轴由轴颈、轴头、轴身等主要部分组成,如图 8-5 所示。轴的形状通常为阶梯形,且中间粗两端细,符合等强度的原则,也便于轴上零件的安装与拆卸。

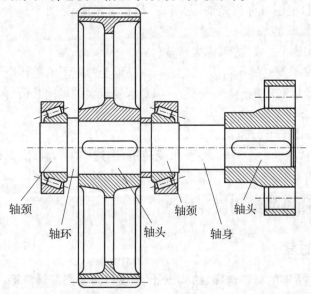

图 8-5 轴的组成

轴颈和轴头的直径应按规范圆整,取标准值,如装滚动轴承的轴颈直径必须按轴承的内径选取。轴身的形状和尺寸主要根据轴颈和轴头的结构和尺寸来设计。

所谓轴的结构设计,就是根据工作条件确定轴的外形、结构和全部尺寸。由于影响轴结构的因素很多,所以轴没有标准的结构形式,设计时要针对具体情况(如轴上零件的类型与数量等)设计出轴的合理结构。一般来说,设计出来的轴应满足下列要求:

① 装在轴上的零件有相对确定的位置;

② 轴受力合理,有利于提高强度和刚度;

③ 具有良好的工艺性;

④ 便于装拆和调整；

⑤ 节省材料,减轻重量。

现以图 8-6 来说明轴的结构设计方法。

凡有配合要求的轴段,如滚动轴承、齿轮等处,为了装拆方便和减少配合表面擦伤,零件装拆时所经过的各段轴径都要小于零件的孔径。在图 8-6 中,滚动轴承在装拆时所需经过的轴段直径均小于轴承的内径。定位滚动轴承处的轴肩高度应低于轴承内圈,以便拆卸轴承。对于非零件安装轴段,可根据定位、装配等确定轴径。

为了保证零件轴向定位可靠,联轴器、齿轮的轴段长度应比零件轮毂的长度短 2～3 mm,如图 8-6 中齿轮、联轴器配合的轴段长度。其他轴段长度可根据装配、结构等要求确定。

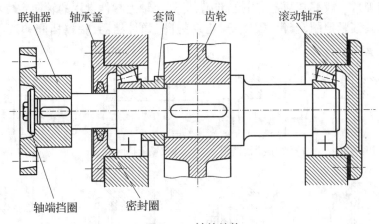

图 8-6  轴的结构

## 四、轴径初步估算

确定轴的直径时,往往不知道支反力的作用点,不能确定弯矩的大小和分布情况,因而还不能按轴所受的实际载荷来确定直径。这时,**通常先根据轴所传递的扭矩,按扭转强度来初步估算轴的直径**。设实心轴传递的功率为 $P$,其计算公式为

$$d \geqslant \sqrt[3]{\frac{9.55 \times 10^6 P}{0.2n[\tau_T]}} = C\sqrt[3]{\frac{P}{n}} \tag{8-1}$$

式中,$P$——轴所传递的功率,单位为 kW;

$d$——轴的直径,单位为 mm;

$[\tau_T]$——轴材料的许用扭转切应力,单位为 MPa;

$C$——材料系数,见表 8-1。

表 8-1  常用材料的 $[\tau_T]$ 值及 $C$ 值

| 轴的材料 | Q235、20 | 35 | 45 | 40Cr、35SiMn |
|---|---|---|---|---|
| $[\tau_T]$/MPa | 12～20 | 20～30 | 30～40 | 40～52 |
| $C$ | 160～135 | 135～118 | 118～107 | 107～98 |

注:当作用在轴上的弯矩比传递的转矩小或只传递转矩时,$C$ 取较小值;否则取较大值。

应该注意的是,这样求得的直径只能作为承受转矩轴段的最小直径,实际上就是整根轴的最小直径 $d_{min}$。

当轴段上开有键槽时,应适当增大轴径以补偿键槽对轴强度的削弱。一般有一个键槽时,轴径增大 $3\%$。

> **填空题**

一般的轴都需有足够的( ),合理的( )和良好的( ),这就是轴设计的要求。

## ▍▶ 考点 55　阶梯轴上零件的定位方法

为了防止轴上零件受力时发生沿轴向或周向的相对运动,轴上零件除了有特殊的结构外(如游动或空转等),一般都必须要求定位准确、可靠。**轴上零件常用的轴向定位和固定方法由轴头、轴肩、轴环、锁紧挡圈、套筒、圆螺母、止动垫圈、弹性挡圈、轴端挡圈和双螺母等组合实现**,如图 8 - 7 所示。

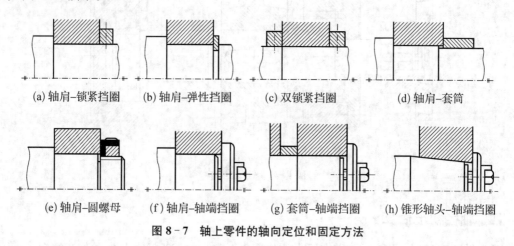

(a) 轴肩-锁紧挡圈　　(b) 轴肩-弹性挡圈　　(c) 双锁紧挡圈　　(d) 轴肩-套筒

(e) 轴肩-圆螺母　　(f) 轴肩-轴端挡圈　　(g) 套筒-轴端挡圈　　(h) 锥形轴头-轴端挡圈

图 8 - 7　轴上零件的轴向定位和固定方法

值得注意的是,只有在轴向定位和固定方法确定后,各轴段的直径和长度才能最后确定。当轴上零件以轴肩实现轴向定位时,轴肩高度 $h$ 通常取 $h = (0.07 \sim 0.1)d$($d$ 为轴的直径);非定位轴肩高度 $h$ 无严格规定,一般取 $h = 1 \sim 2$ mm。在实际设计中,轴的直径与长度亦可凭设计者的经验取定或参考同类机器用类比的方法确定。

**轴上零件的周向固定方法有键连接、花键连接、销连接、过盈连接和成型连接等。**

选取何种周向固定方法,应根据载荷的大小和性质、轮毂与轴的对中性要求和重要程度等因素来决定。例如,齿轮与轴的周向固定一般采用平键连接;在重载、冲击或振动情况下,可用过盈配合加平键连接;在传递较大转矩,且轴上零件需做轴向移动或对中性要求较高时,可采用花键连接;在轻载或不重要的情况下,可采用销连接或紧定螺钉连接等。

> **单选题**

机器中各运动单元称为( )。

A. 零件　　　　B. 部件　　　　C. 机件　　　　D. 构件

> **填空题**

1. 轴上零件的轴向定位和固定,常用的方法有( ),( ),( )和( )。

2. 轴上零件的周向固定常用的方法有( ),( ),( )和( )。

> ➤ **判断题**

轴常做成阶梯轴主要是实现轴上零件轴向定位和便于轴上零件的拆装。

> ➤ **简答题**

轴上零件的轴向定位有哪几种方法？各有何特点？

## ⅠⅠ▶ 考点 56　转轴的设计方法及过程

### 一、轴的简化

**轴的强度计算通常都是在初步完成结构设计后进行的校核计算,其计算准则是满足轴的强度或刚度要求,必要时还应校核轴的振动稳定性。**

进行轴的强度计算时,应根据轴的受载及应力的具体情况,采取相应的计算方法,选取相应的许用应力。**其计算准则是:对于既承受弯矩又承受转矩的轴(转轴),应按弯扭合成强度条件计算;对于仅(或主要)承受转矩的轴(传动轴),应按扭转强度条件计算;对于仅承受弯矩的轴(心轴),应按弯曲强度条件计算。**

对于仅(或主要)承受转矩的轴(传动轴),应按扭转强度条件计算。当进行轴的结构设计时,由于最小直径是按扭转强度条件设计的,所以轴的扭转强度是足够的。

对于只承受弯矩而不承受转矩的轴(心轴),按弯曲强度条件计算,可以直接应用弯扭合成强度条件的计算方法,取 $T=0$,亦即 $M_{ca}=M$。

转动心轴的弯矩在轴截面上所引起的应力是对称循环变应力;对于固定心轴,考虑启动、停车等的影响,弯矩在轴截面上所引起的应力可视为脉动循环变应力。

### 二、按弯扭组合强度校核计算

通过轴的结构设计,轴的主要结构尺寸、轴上零件的位置、外载荷和支反力的作用位置都已确定,轴上的弯矩和转矩可以求出,因而可按弯扭合成强度条件对轴进行校核计算。计算步骤如下。

① 绘制轴的计算简图,标出作用力的大小、方向及作用点的位置。
② 取坐标系,将作用在轴上的各力分解为水平分力和垂直分力,并求其支反力 $F_H$、$F_V$。
③ 绘制水平弯矩 $M_H$ 图及垂直弯矩 $M_V$ 图。
④ 计算合成弯矩 $M=\sqrt{M_H^2+M_V^2}$,并绘制合成弯矩图。
⑤ 绘制转矩 $T$ 图。
⑥ 根据已做出的合成弯矩图和扭矩图,绘制计算弯矩图,求出计算弯矩,即

$$M_{ca}=\sqrt{M^2+(\alpha T)^2} \tag{8-2}$$

⑦ 确定危险截面,校核轴的强度。
对于一般的钢制轴,可按第三强度理论求危险截面的计算应力,其计算式为

$$\sigma_{ca}=\frac{M_{ca}}{W}=\frac{\sqrt{M^2+(\alpha T)^2}}{W}\leqslant[\sigma_{-1b}] \tag{8-3}$$

式中,$W$——轴的抗弯截面系数,单位为 $mm^3$;

$\quad\quad[\sigma_{-1b}]$——轴的许用弯曲应力。

➢ **填空题**

轴的强度校核计算方法有(　　)和(　　)两种。

➢ **综合题**

1. 图示轴的结构 1、2、3 处有哪些不合理的地方? 用文字说明。

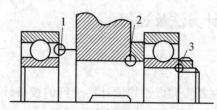

2. 图示为减速器输出轴,齿轮用油润滑,轴承用脂润滑。指出其中的结构错误,并说明原因。

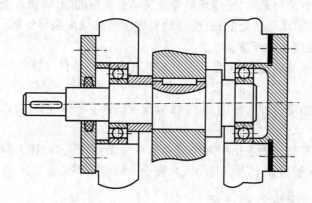

# 课程 D　金属材料及热处理

 **知识框架**

| 序号 | 考试内容 | |
|---|---|---|
| | 知识领域 | 知识点 |
| 1 | 金属材料基础知识 | （1）了解金属材料的分类 |
| | | （2）了解钢铁的生产方法和钢材的种类 |
| | | （3）理解金属材料的性能 |
| | | （4）熟悉金属材料的主要力学性能的测试方法及性能判据的意义和作用 |
| | | （5）掌握金属材料的强度、塑性计算方法 |
| | | （6）了解金属材料的晶体结构和结晶规律 |
| | | （7）理解金属材料的成分、组织与性能间的关系及变化规律 |
| | | （8）理解铁碳合金相图及其应用 |
| | | （9）熟悉铁碳合金成分、组织、性能、用途之间的关系及变化规律 |
| 2 | 常用金属材料的应用 | （10）了解钢中的杂质元素及其作用 |
| | | （11）掌握碳钢的种类、牌号、性能及用途 |
| | | （12）了解合金钢的分类方法及牌号表示方法 |
| | | （13）了解合金元素在钢中的作用 |
| | | （14）熟悉低合金钢的牌号、热处理、性能特点及其应用 |
| | | （15）掌握合金结构钢的牌号、热处理、性能特点及其应用 |
| | | （16）掌握合金工具钢的牌号、热处理、性能特点及其应用 |
| | | （17）熟悉不锈钢与耐热钢的牌号、热处理、性能特点及其应用 |
| | | （18）了解铸铁的分类 |
| | | （19）掌握铸铁的组织识别、性能差别、牌号表示和适用场合 |
| | | （20）熟悉铝和铝合金的种类、牌号（或代号）、性能及应用 |
| | | （21）熟悉铜和铜合金的种类、牌号（或代号）、性能及应用 |
| | | （22）熟悉滑动轴承合金的种类、牌号及性能 |
| | | （23）熟悉常用粉末冶金材料（硬质合金和含油轴承）的特点及应用 |
| 3 | 热处理 | （24）了解热处理方法的分类 |
| | | （25）理解钢的热处理原理 |
| | | （26）掌握钢的整体热处理的工艺特点及应用 |
| | | （27）熟悉钢的常用表面热处理和化学热处理工艺特点及应用 |
| | | （28）熟悉常规热处理工艺工序位置的安排 |

# 第一章　金属材料基础知识

## ▶ 考点1　金属材料的分类

金属材料分为含铁金属和非铁金属两类。含铁金属又分为工业纯铁、钢和铸铁三类。非铁金属包括铝和铝合金、铜和铜合金、锰和锰合金、钛和钛合金、镁和镁合金、锌和锌合金等。

金属材料的分类见图1-1：

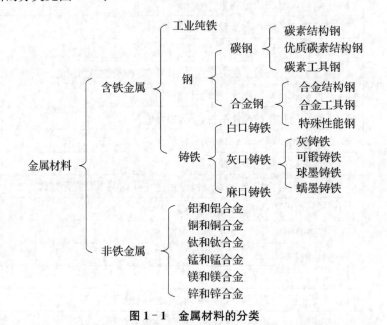

**图1-1　金属材料的分类**

> **填空题**

1. 含铁金属包括(　　)、(　　)和(　　)。
2. 碳钢包括(　　)、(　　)和(　　)。

> **单选题**

1. 非铁金属中,目前应用最广的是(　　)。
   A. 铝合金　　　　B. 铜合金　　　　　　C. 钛合金　　　　　　D. 锰合金
2. 在目前工程应用的金属中,密度最小的是(　　)。
   A. 铝　　　　　　B. 铜　　　　　　　　C. 钛　　　　　　　　D. 镁

## ▶ 考点2　钢铁的生产方法和钢材的种类

### 一、钢铁的生产方法

钢铁的生产流程:采矿→选矿→高炉炼铁→转炉或电炉炼钢→连铸(将钢水浇注成钢坯)→轧钢,如图1-2所示。钢铁的主要生产工艺是炼铁、炼钢和轧钢。

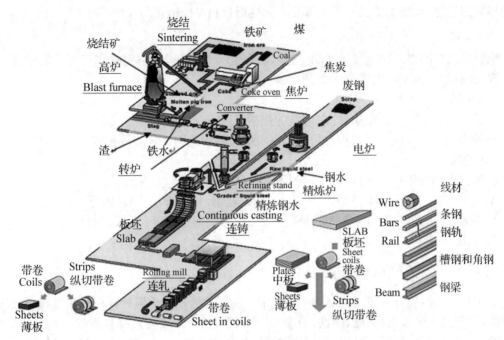

图 1-2　钢铁主要生产工艺

向炼铁高炉中装入一定量的矿石、焦炭和石灰石等,焦炭既是燃料又是还原剂,在高温下分解出一氧化碳气体,一氧化碳气体与矿石中的 $Fe_2O_3$ 发生化学反应,最终还原出 Fe,焦炭在高炉中同时还起到骨架作用,支承矿石,形成良好的炉况;石灰石则与矿石中的脉石发生化学反应,生成硅酸盐(炉渣)而被除去。

炼钢在氧气转炉或电炉内进行。在炼钢炉内形成一定的氧化气氛,以除去铁水中的杂质,降低铁水中的碳含量,加入合金元素形成合金钢。

轧钢采用各种轧钢机,在轧辊上设计有各种辊槽,在轧钢时,上下轧辊在转动过程中利用辊槽挤压金属材料,使之形成与辊槽截面形状尺寸相一致的截面形状的钢材。

## 二、钢材的种类

钢材的种类很多,一般可分为型钢、钢板、钢管和钢丝四大类。

### 1. 型钢类

型钢是一种具有一定截面形状和尺寸的实心长条钢材(轧制成材后,切割为一定定尺长度出售)。型钢品种很多,按其截面形状不同又分为简单和复杂截面两种,前者包括圆钢、方钢、扁钢、六角钢和角钢;后者包括钢轨、工字钢、槽钢、窗框钢和异形钢等。直径在 6.5～9.0 mm 的小圆钢称为线材,线材通常成卷出售。

### 2. 钢板类

钢板是一种宽厚比和表面积都很大的扁平钢材。按厚度不同分为薄板(厚度<4 mm)、中板(厚度 4～25 mm)和厚板(厚度>25 mm)三种。钢带包括在钢板类之内。

### 3. 钢管类

钢管是一种中空截面的长条钢材。按其截面形状不同可分为圆管、方形管、六角形管和各种异形截面钢管；按加工工艺不同又可分为无缝钢管和焊接钢管两大类。

### 4. 钢丝类

钢丝是线材的再一次冷加工产品。按形状不同分为圆钢丝、扁钢丝和三角形钢丝等。钢丝除直接使用外，还用于生产钢丝绳、钢纹线和其他制品。

> **填空题**

1. 铁矿石在（　　）中冶炼，完成炼铁的化学反应。

2. 铁水在（　　）或（　　）中冶炼，得到钢水，并经过连铸工艺得到钢坯。

> **单选题**

1. 连铸得到的钢坯，经过（　　）得到各种各样的钢材。

A. 炼铁　　　　　　B. 炼钢　　　　　　C. 轧钢　　　　　　D. 铸造

2. 在炼铁时，铁矿石中的 $Fe_2O_3$ 与 CO 发生化学反应得到 Fe，其反应是（　　）反应。

A. 氧化　　　　　　B. 还原　　　　　　C. 共析　　　　　　D. 共晶

## ▮▶ 考点3　金属材料的性能

金属材料的性能分为使用性能和工艺性能。使用性能是指金属材料在使用过程中应具备的性能，它包括力学性能（强度、塑性、硬度、冲击韧性、疲劳强度等）、物理性能（密度、熔点、热膨胀性、导热性、导电性等）和化学性能（耐蚀性、抗氧化性等）。工艺性能是金属材料从冶炼到成品的生产过程中，适应各种加工工艺（如：冶炼、铸造、冷热压力加工、焊接、切削加工、热处理等）应具备的性能。

金属材料的力学性能是指金属材料在载荷作用时所表现的性能。这些性能是机械设计、材料选择、工艺评定及材料检验的主要依据。

> **填空题**

1. 金属材料的性能包括（　　）和（　　）两类。

2. 金属材料从冶炼到成品的生产过程中，适应各种制造工艺的性能是（　　）。

> **单选题**

1. 属于金属材料化学性能的是（　　）。

A. 强度　　　　　　B. 硬度　　　　　　C. 密度　　　　　　D. 耐蚀性

2. 金属材料的物理性能、化学性能和力学性能都是（　　）。

A. 使用性能　　　　B. 工艺性能　　　　C. 加工性能　　　　D. 热处理性能

> **多选题**

属于金属材料物理性能的指标是（　　）。

A. 密度　　　　　　B. 燃点　　　　　　C. 抗氧化性　　　　D. 焊接性

## ▮▶ 考点4　金属材料的主要力学性能的测试方法及性能判据

### 一、强度

强度是指金属材料在载荷作用下，抵抗塑性变形和断裂的能力。金属材料的强度、塑性一般可以通过金属拉伸试验来测定。

### 1. 拉伸试样

拉伸试样的形状通常有圆柱形和板状两类。图1-3(a)所示为圆柱形拉伸试样。在圆柱

形拉伸试样中 $d_0$ 为试样直径,$l_0$ 为试样的标距长度,根据标距长度和直径之间的关系,试样可分为长试样($l_0=10d_0$)和短试样($l_0=5d_0$),长试样和短试样又分别称为十倍试样和五倍试样。

2. 拉伸曲线

试验时,将试样两端夹装在试验机的上下夹头上,随后缓慢地增加载荷,随着载荷的增加,试样逐步变形而伸长,直到被拉断为止。在试验过程中,试验机自动记录了每一瞬间负荷 $F$ 和变形量 $\Delta l$,并给出了它们之间的关系曲线,故称为拉伸曲线(或拉伸图)。拉伸曲线反映了材料在拉伸过程中的弹性变形、塑性变形和直到拉断时的力学特性。图 1-3(b)为低碳钢的拉伸曲线。

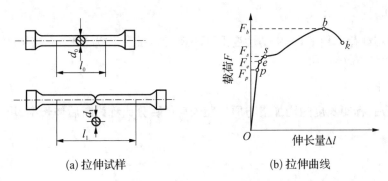

(a) 拉伸试样  (b) 拉伸曲线

**图 1-3  材料拉伸试样及拉伸曲线**

3. 弹性极限

金属材料在载荷作用下产生弹性变形时所能承受的最大应力称为弹性极限,用符号 $R_e$ 表示:

$$R_e=\frac{F_e}{A_0}$$

式中,$F_e$——试样产生弹性变形时所承受的最大载荷;
　　　$A_0$——试样原始横截面积。

4. 屈服强度极限

**金属材料开始明显塑性变形时的最低应力称为屈服强度极限,用符号 $R_{eL}$ 表示:**

$$R_{eL}=\frac{F_{eL}}{A_0}$$

式中,$F_{eL}$——试样屈服时的载荷;
　　　$A_0$——试样原始横截面积。

生产中使用的某些金属材料,在拉伸试验中不出现明显的屈服现象,无法确定其屈服点 $R_{eL}$。所以国标中规定,试样塑性变形量为试样标距长度的 $0.2\%$ 时,材料承受的应力称为"条件屈服强度",并以符号 $R_{r0.2}$ 表示。$R_{r0.2}$ 的确定方法如图 1-4 所示:在拉伸曲线横坐标上截取 $C$ 点,使 $OC=0.2\% l_0$,过 $C$ 点作

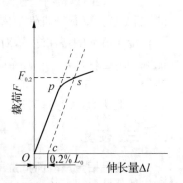

**图 1-4  条件屈服强度测定**

$OP$ 斜线的平行线,交曲线于 $S$ 点,则可找出相应的载荷 $F_{0.2}$,从而计算出 $R_{r0.2}$。

5. 抗拉强度极限

**金属材料在断裂前所能承受的最大应力称为抗拉强度,用符号 $R_m$ 表示:**

$$R_m = \frac{F_m}{A_0}$$

式中,$F_m$——试样在断裂前的最大载荷;

$A_0$——试样原始横截面积。

脆性材料没有屈服现象,则用 $R_m$ 作为设计依据。

## 二、塑性

金属材料在载荷作用下,产生塑性变形而不破坏的能力称为塑性。常用的塑性指标有断后伸长率 $A$ 和断面收缩率 $Z$。

1. 断后伸长率

**试样拉断后,标距长度的增加量与原标距长度的百分比称为断后伸长率,用 $A$ 表示:**

$$A = \frac{l_1 - l_0}{l_0} \times 100\%$$

式中,$l_0$——试样原标距长度(mm);

$l_1$——试样拉断后标距长度(mm)。

材料的断后伸长率随标距长度增加而减少。所以,同一材料短试样的伸长率 $A$ 大于长试样的伸长率 $A_{11.3}$。

2. 断面收缩率

**试样拉断后,标距横截面积的缩减量与原横截面积的百分比称为断面收缩率,用 $Z$ 表示:**

$$Z = \frac{S_0 - S_1}{S_0} \times 100\%$$

式中,$S_0$——试样原横截面积(mm);

$S_1$——试样拉断后最小横截面积(mm)。

$A$、$Z$ 是衡量材料塑性变形能力大小的指标,$A$、$Z$ 大,表示材料塑性好,既保证压力加工的顺利进行,又保证机件工作时的安全可靠。

金属材料的塑性好坏,对零件的加工和使用都具有重要的实际意义。塑性好的材料不仅能顺利地进行锻压、轧制等成型工艺,而且在使用时万一超载,由于塑性变形,能避免突然断裂。

一般认为,$A_{11.3} \geqslant 5\%$ 的为塑性材料,$A_{11.3} < 5\%$ 的为脆性材料。

## 三、硬度

**硬度是指金属表面抵抗局部塑性变形或破坏的能力**,它是衡量金属材料软硬程度的指标,是检验毛坯或成品件、热处理件的重要性能指标。目前生产上应用最广的静负荷压入法硬度试验有布氏硬度、洛氏硬度和维氏硬度,本教材仅介绍布氏硬度和洛氏硬度。

### 1. 布氏硬度

布氏硬度试验原理如图 1-5 所示。它是在布氏硬度试验机上用一定直径 $D$ 的硬质合金

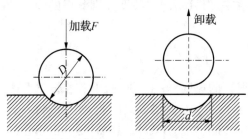

图 1-5　布氏硬度实验原理图

球,以相应的试验力压入试样表面,经规定的保持时间后,卸除试验力,用读数显微镜测量试样表面的压痕直径 $d$。布氏硬度值 HBW 是试验力 $F$ 除以压痕球形表面积所得的商,即:

$$HBW = F/A = 0.102 \times 2F/\pi D(D - \sqrt{D^2 - d^2})$$

式中,$F$——压入载荷(N);

$A$——压痕表面积($mm^2$);

$d$——压痕直径(mm);

$D$——硬质合金球直径(mm)。

布氏硬度值的单位为 MPa,一般情况下可不标出;符号 HBW 之前为硬度值,符号后面按以下顺序用数值表示试验条件:

① 球体直径;

② 试验力;

③ 试验力保持时间(10～15 s 不标注)。

例如:125HBW10/1000/30 表示用直径 10 mm 硬质合金球在 1 000×9.8 N 试验力作用下保持 30 s 测得的布氏硬度值为 125;500HBW5/750 表示用直径 5 mm 硬质合金球在 750×9.8 N 试验力作用下保持 10～15 s 测得的布氏硬度值为 500。

布氏硬度测量法适用于铸铁、非铁合金、各种退火及调质的钢材。

布氏硬度试验的优点是:测出的硬度值准确可靠,因压痕面积大,能消除因组织不均匀引起的测量误差。

布氏硬度试验的缺点是:不宜测定太硬材料的硬度值,布氏硬度值不宜超过 650 HBW;压痕大,不适宜测量成品件、薄件并不允许有较大压痕的试样或工件;测量速度慢,测得压痕直径后还需计算或查表。

### 2. 洛氏硬度

洛氏硬度实验采用三种试验力、三种压头,它们共有 9 种组合,对应于洛氏硬度的 9 个标尺。最常用的是 HRC。它是以顶角为 120°的金刚石圆锥体作压头,以规定的试验力使其压入试样表面,根据压痕的深度确定被测金属的硬度值。如图 1-6 所示,当载荷和压头一定时,所测得的压痕深度 $h(h_3 - h_1)$ 愈大,表示材料硬度愈低,一般来说人们习惯数值越大硬度越高。为此,用一个常数 $K$(对 HRC,$K$ 为 0.2;HRB,$K$ 为 0.26)减去 $h$,并规定每 0.002 mm 深为一个硬度单位,因此,洛氏硬度计算公式是:

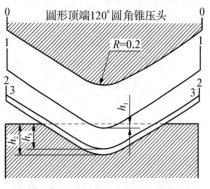

图 1-6　洛氏硬度实验原理图

$$HRC(HRA)=0.2-h=100-h/0.002$$
$$HRB=0.26-h=130-h/0.002$$

洛氏硬度试验操作简便、迅速,效率高,可以测定软、硬金属的硬度;压痕小,可用于成品检验。但压痕小,测量组织不均匀的金属硬度时,重复性差,而且不同的硬度级别测得的硬度值无法比较。

## 四、冲击韧性

生产中许多机器零件,都是在冲击载荷(载荷以很快的速度作用于机件)下工作。试验表明,载荷速度增加,材料的塑性、韧性下降,脆性增加,易发生突然性破断。因此,使用的材料就不能用静载荷下的性能来衡量,而必须用抵抗冲击载荷的作用而不破坏的能力,即冲击韧性来衡量。

目前应用最普遍的是一次摆锤弯曲冲击试验。将标准试样放在冲击试验机的两支座上,使试样缺口背向摆锤冲击方向,如图 1-7 所示,然后把质量为 $m$ 的摆锤提升到 $h_1$ 高度,摆锤由此高度下落时将试样冲断,并升到 $h_2$ 高度。因此,冲断试样所消耗的功为 $A_k=mg(h_1-h_2)$。金属的冲击韧性 $a_k$ 就是冲断试样时在缺口处单位面积所消耗的功,即:

$$a_k=A_k/A(\mathrm{J/cm^2})$$

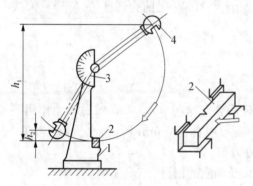

**图 1-7 冲击试验原理**

1—支座;2—试样;3—指针;4—摆锤。

式中,$a_k$——冲击韧性($\mathrm{J/cm^2}$);

$A$——试样缺口处原始截面积($\mathrm{cm^2}$);

$A_k$——冲断试样所消耗的功($\mathrm{J}$)。

冲击吸收功 $A_k$ 值可从试验机的刻度盘上直接读出。$A_k$ 值的大小,代表了材料的冲击韧性高低。材料的冲击韧性值除了取决于材料本身之外,还与环境温度及缺口的状况密切相关。所以,冲击韧性除了用来表征材料的韧性大小外,还用来测量金属材料随环境温度下降由塑性状态变为脆性状态的冷脆转变温度,也用来考查材料对于缺口的敏感性。

## 五、疲劳强度

许多机械零件是在交变应力作用下工作的,如轴类、弹簧、齿轮、滚动轴承等。虽然零件所承受的交变应力数值小于材料的屈服强度,但在长时间运转后也会发生断裂,这种现象叫疲劳断裂。它与静载荷下的断裂不同,断裂前无明显塑性变形,因此,具有更大的危险性。

交变应力大小和断裂循环次数之间的关系通常用疲劳曲线来描述(如图 1-8)。疲劳曲线表明,当应力低于某一值时,即使循环次数无穷多也不发生断裂,此应力值称为疲劳强度或疲劳极限。光滑试样的对称弯曲疲劳极限用 $\sigma_{-1}$ 表示。在疲劳强度的测定中,不可能把循环次数做到无穷大,

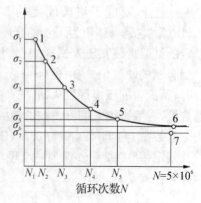

循环次数$N$

**图 1-8 钢的疲劳曲线**

而是规定一定的循环次数作为基数,超过这个基数就认为不再发生疲劳破坏。常用钢材的循环基数为 $10^7$,有色金属和某些超高强度钢的循环基数为 $10^8$。

疲劳破断常发生金属材料最薄弱的部位,如热处理产生的氧化、脱碳、过热、裂纹;钢中的非金属夹杂物、试样表面有气孔、划痕等缺陷均会产生应力集中,使疲劳强度下降。为了提高疲劳强度,加工时要减小零件的表面粗糙度值和进行表面强化处理,如表面淬火、渗碳、氮化、喷丸等,使零件表层产生残余压应力,以抵消零件工作时的一部分拉应力,从而使零件的疲劳强度提高。

> **填空题**

1. 一般来讲,某种金属材料的硬度越大,则其耐磨性才能越(　　　)。

2. 金属材料抵抗冲击载荷作用而不破坏的能力,即(　　　)。

> **单选题**

1. 强度是金属材料的(　　　)。

A. 动力学性能　　　　B. 物理性能　　　　C. 化学性能　　　　D. 力学性能

2. 下列属于强度指标的符号是(　　　)。

A. $R_m$　　　　　　B. HBW　　　　　　C. $A$　　　　　　D. $Z$

3. 最合适用 HRC 来表示其硬度值的材料是(　　　)。

A. 铝合金　　　　　B. 铜合金　　　　　C. 淬火钢　　　　　D. 调质钢

> **多选题**

经过金属材料的拉伸实验,能够获得金属的(　　　)指标。

A. 强度　　　　　　B. 硬度　　　　　　C. 塑性　　　　　　D. 冲击韧性

## ▶ 考点 5　金属材料的强度、塑性计算方法

### 一、强度指标的计算

1. 屈服强度的计算

$$R_{eL} = \frac{F_s}{S_0}$$

2. 抗拉强度的计算

$$R_m = \frac{F_m}{S_0}$$

### 二、塑性指标的计算方法

1. 断后伸长率的计算

$$A = \frac{\Delta l}{l_0} \times 100\% = \frac{l_1 - l_0}{l_0} \times 100\%$$

2. 断面收缩率的计算

$$Z = \frac{\Delta S}{S_0} \times 100\% = \frac{S_0 - S_1}{S_0} \times 100\%$$

➤ **填空题**

1. 两个重要的强度指标是( )和( )。

2. 两个重要的塑性指标是( )和( )。

➤ **单选题**

1. 硬度是金属材料的( )。

A. 动力学性能 B. 物理性能 C. 化学性能 D. 力学性能

2. 下列属于硬度指标的符号是( )。

A. $R_m$ B. HBW C. $A$ D. $Z$

3. 有一原长为 100 mm,原直径为 $\phi$10 mm 的低碳钢试样,在试验力为 21 000 N 时屈服,试样断裂前的最大试验力为 30 000 N,拉断后长度为 126 mm,断裂处最小直径为 $\phi$6 mm,则该材料的 $R_{eL}$、$R_m$、$A$、$Z$ 分别为( )。

A. $R_{eL}=268$ MPa,$R_m=382$ MPa,$A=26\%$,$Z=64\%$

B. $R_{eL}=268$ MPa,$R_m=268$ MPa,$A=26\%$,$Z=64\%$

C. $R_{eL}=268$ MPa,$R_m=382$ MPa,$A=64\%$,$Z=26\%$

D. $R_{eL}=382$ MPa,$R_m=268$ MPa,$A=26\%$,$Z=26\%$

➤ **多选题**

最合适用 HBW 来测试其硬度值的是( )。

A. 渗碳淬火后的成品件 B. 退火后的毛坯件

C. 表面淬火后的成品件 D. 调质钢毛坯件

➤ **计算题**

15 号钢,从钢厂出厂时,其力学性能指标应不低于数值:$R_m=375$ MPa、$R_{eL}=225$ MPa、$A_{5.65}=27\%$、$Z=55\%$。现将某厂购进的 15 号钢制成 $d_0=10$ mm 的圆形截面短试样($L_0=50$ mm),经过拉伸试验后,测得 $F_m=33.81$ kN、$F_{eL}=20.68$ kN、$L_u=65$ mm、$d_k=6$ mm。试问这批 15 钢的力学性能是否合格? 为什么?

## ▶▶ 考点6 金属材料的晶体结构和结晶规律

### 一、金属的晶体结构与结晶

**1. 晶体的基本概念**

(1) 晶体

自然界中的固态物质,虽然外形各异、种类繁多,但都是由原子或分子堆积而成的。根据内部原子堆积的情况,通常可以分为晶体和非晶体两大类。晶体中的原子或分子,在三维空间中是按照一定的几何规则做周期性的重复排列;非晶体中的这些质点,则是杂乱无章地堆积在一起无规则可循。这就是晶体和非晶体的根本区别。晶体有一定的熔点且性能呈各向异性,而非晶体与此相反。在自然界中,除普通玻璃、松香、石蜡等少数物质以外,包括金属和合金在内的绝大多数固体都是晶体。

(2) 晶格、晶胞、晶格常数

晶体中简单原子排列如图 1-9(a)所示。为了清楚地表明原子在空间的排列规则,可以把原子看成是一个几何质点,把原子之间的相互联系与作用假想为几何直线,这样一来晶体结构就可以直接用几何学来讨论了。这种用于描述原子在晶体中排列规则的三维空间几何点阵称为晶格。图 1-9(b) 是简单立方晶格的示意图。晶体中原子排列规律具有明显的周期性变化。因此,在晶格中就存在一个能够代表晶格特征的最小几何单元,称之为晶胞。图 1-9(c) 是一个简单立方晶格的晶胞示意图。晶胞在空间的重复排列就构成整个晶格。因此,晶胞的特征就可以反映出晶格和晶体的特征。在晶体学中,用来描述晶胞大小与形状的几何参数称为晶格常数。包括晶胞的三个棱边 $a$、$b$、$c$ 和三个棱边夹角 $\alpha$、$\beta$、$\gamma$ 共六个参数。

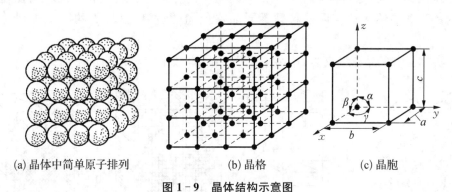

(a) 晶体中简单原子排列　　　　　(b) 晶格　　　　　(c) 晶胞

**图 1-9　晶体结构示意图**

2. 常见金属的晶体结构

(1) 体心立方晶格

体心立方晶胞如图 1-10(a)、(b) 所示。在晶胞的八个角上各有一个金属原子,构成立方体。在立方体的中心还有一个原子,所以叫作体心立方晶格。属于这类晶格的金属有铬、钒、钨、钼和 $\alpha$-铁等。

(2) 面心立方晶格

面心立方晶格如图 1-11(a)、(b) 所示。在晶胞的八个角上各有一个原子,构成立方体。在立方体的六个面的中心各有一个原子,所以叫作面心立方晶格。属于这类晶格的金属有铝、铜、镍、铅和 $\gamma$-铁等。

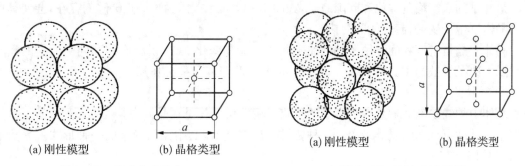

(a) 刚性模型　　　(b) 晶格类型　　　　　　(a) 刚性模型　　　(b) 晶格类型

**图 1-10　体心立方晶格**　　　　　**图 1-11　面心立方晶格**

(3) 密排六方晶格

密排六方晶格如图 1-12(a)、(b) 所示。在晶胞的十二个角上各有一个原子,构成六方柱体。上下底面中心各有一个原子。晶胞内部还有三个原子,所以叫作密排六方晶格。属于这类晶格的金属有铍、锌、$\alpha$-钛和 $\beta$-铬等。

3. 金属的实际晶体结构

(1) 单晶体与多晶体的概念

把晶体看成由原子按一定几何规律做周期性排列而成,即晶体内部的晶格位向是完全一致的,这种晶体称为单晶体,如图1-13(a)所示。在工业生产中,只有经过特殊制作才能获得单晶体,如半导体元件、磁性材料、高温合金材料等。而一般的金属材料,即使一块很小的金属中也含有许多颗粒状小晶体,每个小晶体内部的晶格位向是一致的,而每个小晶体彼此间位向却不同,这种外形不规则的颗粒状小晶体通常称为晶粒。晶粒与晶粒之间的界面称为晶界。显然为适应两晶粒间不同晶格位向的过渡,晶界处的原子排列总是不规则的。

这种实际上由多晶粒组成的晶体结构称为多晶体,如图1-13(b)所示。

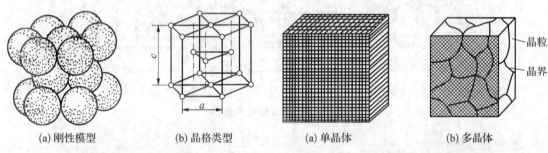

(a) 刚性模型    (b) 晶格类型          (a) 单晶体          (b) 多晶体

图1-12  密排六方晶格          图1-13  单晶体与多晶体示意图

单晶体在不同方向上的物理、化学和力学性能不相同,即为各向异性。而实际金属是多晶体结构,故宏观上看就显示出各向同性的性能。

(2) 晶体中的缺陷

晶体中原子完全为规则排列时,称为理想晶体。实际上金属由于多种原因的影响,内部存在着大量的缺陷。晶体缺陷的存在对金属的性能有着很大的影响。这些晶体缺陷分为点缺陷、线缺陷和面缺陷三大类。

① 点缺陷

最常见的点缺陷是空位和间隙原子,如图1-14所示。因为这些点缺陷的存在,会使其周围的晶格发生畸变,引起性能的变化。

晶体中晶格空位和间隙原子都处在不断地运动和变化之中,晶格空位和间隙原子的运动是金属中原子扩散的主要方式之一,这对热处理过程起着重要的作用。

② 线缺陷

晶体中的线缺陷通常是各种类型的位错。所谓位错就是在晶体中某处有一列或若干列原子发生了某种有规律的错排现象。这种错排有许多类型,其中比较简单的一种形式就是刃型位错,如图1-15所示。

位错密度愈大,塑性变形抗力愈大。因此,目前通过塑性变形,提高位错密度,是强化金属的有效途径之一。

③ 面缺陷

面缺陷即晶界和亚晶界。晶界实际上是不同位向晶粒之间原子无规则排列的过渡层,如图1-16所示。实验证明,晶粒内部的晶格位向也不是完全一致的,每个晶粒皆是由许多位向差很小的小晶块互相镶嵌而成的,这些小晶块称为亚组织。亚组织之间的边界称为亚晶界。亚晶界实际上是由一系列刃型位错所形成的小角度晶界,如图 1-17 所示。晶界和亚晶界处表现出有较高的强度和硬度。晶粒越细小晶界和亚晶界越多,它对塑性变形的阻碍作用就越大,金属的强度、硬度越高。晶界还有耐蚀性低、熔点低、原子扩散速度较快的特点。

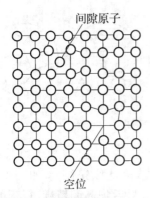

图 1-14　空位和间隙原子示意图

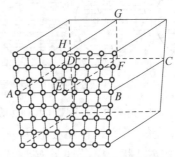

图 1-15　刃型位错立体模型

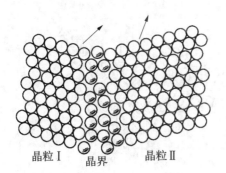

图 1-16　晶界的过渡结构示意图

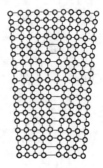

图 1-17　亚晶界结构示意图

### 4. 纯金属的结晶

(1) 纯金属的冷却曲线和冷却现象

金属由液态转变为固态晶体的过程叫作结晶。了解金属由液态转变为固态晶体的过程是十分必要的。现以纯金属为例说明如下:

纯金属由液态向固态的冷却过程,可用冷却过程中所测得的温度与时间的关系曲线——冷却转变曲线来表示,这种方法称热分析法。

所测得的结晶温度称为理论结晶温度($T_0$)。在实际生产中,纯金属自液态冷却时,有一定冷却速度,有时甚至很大,在这种情况下,纯金属的结晶过程是在 $T_1$ 温度进行的,如图 1-18 所示。$T_1$ 低于 $T_0$,这种现象称为"过冷"。理论结晶温度 $T_0$ 与实际结晶温度 $T_1$ 之差 $\Delta T(T_0-T_1)$ 称为**过冷度**。过冷度并不是一个恒定值,液体金属的冷却速度越大,实际结晶温度 $T_1$ 就越低,即过冷度 $\Delta T$ 就越大。

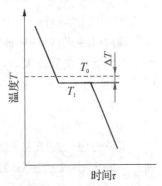

图 1-18　纯金属冷却曲线

实际金属总是在过冷情况下进行结晶的,所以过冷是金属结晶的一个必要条件。

（2）金属的结晶过程

液态纯金属在冷却到结晶温度时,其结晶过程是:先在液体中产生一批晶核,已形成的晶核不断长大,并继续产生新的晶核,直到全部液体转变成固体为止。最后形成由外形不规则的许多小晶体所组成的多晶体,如图1-19所示。

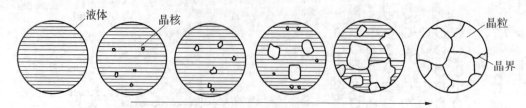

图1-19 金属的结晶过程示意图

在晶核开始长大的初期,因其内部原子规则排列的特点,其外形也是比较规则的。随着晶核长大和晶体棱角的形成,棱角处散热条件优于其他部位,因此优先长大,如图1-20所示。其生长方式,像树枝状一样,先长出枝干,然后再长出分枝,最后把晶间填满,得到的晶体称为树枝状晶体,简称为枝晶。

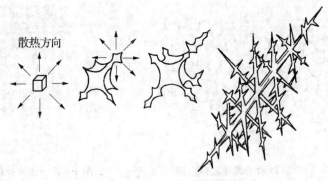

图1-20 晶核长大示意图

（3）晶粒大小与金属力学性能的关系

在常温下的细晶粒金属比粗晶粒金属具有更高的强度、硬度、塑性和韧性。

生产中,细化晶粒的方法如下:

① 增加过冷度

结晶时增加过冷度 $\Delta T$ 会使结晶后晶粒变细。

**增加过冷度**,就是要提高金属凝固的冷却转变速度。实际生产中常常是采用降低铸型温度和采用导热系数较大的金属铸型来提高冷却速度。但是,对大型铸件,很难获得大的过冷度,而且太大的冷却速度,又增加了铸件变形与开裂的倾向。因此,工业生产中多用变质处理方法细化晶粒。

② 变质处理

**变质处理**是在浇注前向液态金属中加入一些细小的难熔的物质(变质剂),在液相中起附加晶核的作用,使形核率增加,晶粒显著细化。如往钢液中加入钛、锆、铝等。

③ 附加振动

金属结晶时,利用机械振动、超声波振动、电磁振动等方法,既可使正在生长的枝晶熔断成碎晶而细化,又可使破碎的枝晶尖端起晶核作用,以增大形核率。

## 二、合金的晶体结构

合金是由两种或两种以上的金属元素或金属与非金属组成的具有金属特性的物质。例如碳钢是铁和碳组成的合金。

组成合金的最基本的、独立的物质称为组元,简称为元。一般地说,组元就是组成合金的元素。例如铜和锌就是黄铜的组元。有时稳定的化合物也可以看作组元,例如铁碳合金中的 $Fe_3C$ 就可以看作组元。通常,由两个组元组成的合金称为二元合金,由三个组元组成的合金称为三元合金。

相是指合金中成分、结构均相同的组成部分,相与相之间具有明显的界面。

通常把合金中相的晶体结构称为相结构,而把在金相显微镜下观察到的具有某种形态或形貌特征的组成部分总称为组织。所以合金中的各种相是组成合金的基本单元,而合金组织则是合金中各种相的综合体。

一种合金的力学性能不仅取决于它的化学成分,更取决于它的显微组织。通过对金属的热处理可以在不改变其化学成分的前提下改变其显微组织,从而达到调整金属材料力学性能的目的。

根据构成合金的各组元之间相互作用的不同,固态合金的相结构可分为固溶体和金属化合物两大类。

### 1. 固溶体

合金在固态下,组元间仍能互相溶解而形成的均匀相,称为**固溶体**。形成固溶体后,晶格保持不变的组元称溶剂,晶格消失的组元称溶质。固溶体的晶格类型与溶剂组元的相同。

根据溶质原子在溶剂晶格中所占据位置的不同,可将固溶体分为置换固溶体和间隙固溶体两种。

(1) 置换固溶体

溶质原子代替溶剂原子占据溶剂晶格中的某些结点位置而形成的固溶体,称为**置换固溶体**,如图 1-21(a)所示。

置换固溶体可分为有限固溶体和无限固溶体两类。

形成置换固溶体时,溶质原子在溶剂晶格中的溶解度主要取决于两者晶格类型、原子直径的差别和它们在周期表中的相对位置。

(2) 间隙固溶体

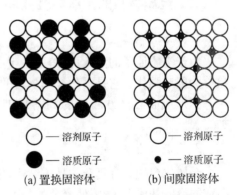

○ —溶剂原子　　　　○ —溶剂原子

● —溶质原子　　　　· —溶质原子

(a) 置换固溶体　　　(b) 间隙固溶体

**图 1-21　固溶体的两种类型**

溶质原子分布于溶剂的晶格间隙中所形成的固溶体称为**间隙固溶体**,如图 1-21(b)所示。

由于晶格间隙通常都很小,所以都是由原子半径较小的非金属元素(如碳、氮、氢、硼、氧等)溶入过渡族金属中,形成间隙固溶体。间隙固溶体对溶质溶解都是有限的,所以都是有限固溶体。

### 2. 金属化合物

金属化合物是合金组元间发生相互作用而生成的一种新相,其晶格类型和性能不同于其中任一组元,又因它具有一定的金属性质,故称金属化合物。如碳钢中的 $Fe_3C$、黄铜中的 $CuZn$ 等。

> **填空题**

金属由液态转变为固体的过程称为(  )。

> **单选题**

金属结晶时,冷却速度越快,其实际结晶温度将(  )。

A. 越低        B. 越高

C. 越接近理论结晶温度     D. 不受影响

> **多选题**

下列几种工艺措施中,能够使金属晶粒细化的是(  )。

A. 提高过冷度       B. 降低冷却速度

C. 结晶时加难溶金属粉末     D. 结晶时振动

## ▶▶ 考点7　金属材料的成分、组织与性能间的关系及变化规律

### 一、金属材料的成分与性能间的关系及变化规律

一般纯金属的塑性、韧性都比其合金好,而强度、硬度比相应的合金低。比如纯铁的塑性和韧性比铁碳合金的好,而强度和硬度低于铁碳合金。

合金中的各种合金元素,所起的改善金属材料性能的作用各不相同,将在有关章节中逐一加以分析。

### 二、金属材料的组织与性能间的关系及变化规律

#### 1. 固溶体的性能

由于溶质原子的溶入,固溶体发生晶格畸变,变形抗力增大,使金属的强度、硬度升高的现象称为**固溶强化**。它是强化金属材料的重要途径之一。

当形成面心立方晶格的固溶体时,将比体心立方晶格的固溶体塑性好,适宜于压力加工。

#### 2. 金属化合物的性能

金属化合物具有复杂的晶体结构,熔点较高,硬度高,而脆性大。当它呈细小颗粒均匀分布在固溶体基体上时,将使合金的强度、硬度及耐磨性明显提高,这一现象称为**弥散强化**。因此,金属化合物在合金中常作为强化相存在。它是许多合金钢、有色金属和硬质合金的重要组成相。

在其他条件相同时,金属材料结晶后的组织越细小,其强度、硬度越大,塑性、韧性也越好。

▷ **填空题**

使金属化合物呈细小颗粒均匀分布在固溶体基体上,称为(　　)。

▷ **单选题**

金属呈现(　　)时,其塑性最好。

A. 体心立方晶格　　　　　　　　B. 面心立方晶格

C. 密排六方晶格　　　　　　　　D. 复杂晶格

▷ **多选题**

下列工艺措施中,能够提高金属材料强度和硬度,并使塑性和韧性都有所提高的是(　　)。

A. 结晶时加以振动　　　　　　　B. 压力加工

C. 形成金属化合物　　　　　　　D. 形成固溶体

# ▌▶ 考点 8　铁碳合金相图及其应用

　　钢铁材料主要组成元素是铁和碳,因此,称为铁碳合金。理论和实践中采用铁碳合金相图来分析铁碳合金的组织和性能。铁碳合金相图采用热分析法经过描点做出。

　　1. 纯铁的结构与特点

　　纯铁的熔点为 1 538 ℃。纯铁的冷却转变曲线如图 1-22 所示。液态纯铁在 1 538 ℃时结晶为具有体心立方晶格的 $\delta$-Fe,继续冷却到 1 394 ℃由体心立方晶格的 $\delta$-Fe 转变为面心立方晶格的 $\gamma$-Fe,再冷却到 912 ℃又由面心立方晶格的 $\gamma$-Fe 转变为体心立方晶格的 $\alpha$-Fe,先后发生两次晶格类型的转变。金属在固态下由于温度的改变而发生晶格类型转变的现象,称为**同素异构转变**。同素异构转变有热效应产生,故在冷却曲线上,可看到在 1 394 ℃和 912 ℃处出现平台,即等温转变。

　　纯铁在 770 ℃时发生磁性转变。在 770 ℃以下的 $\alpha$-Fe 呈铁磁性,在 770 ℃以上 $\alpha$-Fe 的磁性消失。770 ℃称为居里点。

　　工业纯铁虽然塑性好,但强度低,所以很少用它制造机械零件。在工业上应用最广的是铁碳合金。

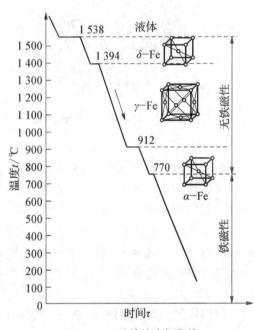

**图 1-22　纯铁的冷却曲线**

　　2. 铁碳合金基本相结构

　　铁碳合金在液态时铁和碳可以无限互溶;在固态时根据碳的质量分数不同,碳可以溶解在铁中形成固溶体,也可以与铁形成化合物,或者形成固溶体与化合物组成的机械混合物。因此,铁碳合金在固态下有以下几种基本相。

　　(1) 铁素体

　　碳溶于 $\alpha$-Fe 中形成的间隙固溶体称为**铁素体**,常用符号 F 表示。铁素体仍保持 $\alpha$-Fe 的体心立方晶格,碳溶于 $\alpha$-Fe 的晶格间隙中。由于体心立方晶格原子间的空隙较小,碳在

$\alpha$-Fe中的溶解度也较小,在727 ℃时,溶碳能力为最大 $\omega_c = 0.021\,8\%$,随着温度降低,$\alpha$-Fe中的碳的质量分数逐渐减少,在室温时降到 0.000 8%。

铁素体的力学性能与工业纯铁相似,即塑性、韧性较好,强度、硬度较低。图 1-23 为铁素体的显微组织。

(2) 奥氏体

碳溶于 $\gamma$-Fe 中形成的间隙固溶体称为**奥氏体**,用符号 A 表示。

奥氏体仍保持 $\gamma$-Fe 的面心立方晶格,如图 1-24 所示。由于面心立方晶格间隙较大,故奥氏体的溶碳能力较强。在 1 148 ℃时溶碳能力为最大 $\omega_c = 2.11\%$,随着温度下降,$\gamma$-Fe 中的碳的质量分数逐渐减少,在 727 ℃时碳的质量分数为 0.77%。奥氏体是一个硬度较低塑性较高的相,适用于锻造。绝大多数钢热成形都要求加热到奥氏体状态。

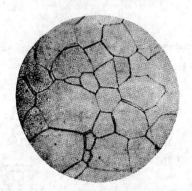

图 1-23 铁素体的显微组织

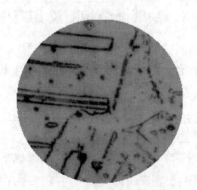

图 1-24 奥氏体的显微组织

(3) 渗碳体

铁与碳形成的金属化合物 $Fe_3C$ 称为**渗碳体**,用 $Fe_3C$ 表示。渗碳体中的 $\omega_c = 6.69\%$,熔点为 1 227 ℃,是一种具有复杂晶体结构的间隙化合物。渗碳体的硬度很高,但塑性和韧性几乎等于零。渗碳体是钢中主要强化相,在铁碳合金中存在形式有:粒状、球状、网状和细片状。其形状、数量、大小及分布对钢的性能有很大的影响。细片状渗碳体形貌如图1-25 所示。

**渗碳体是一种亚稳定相,在一定的条件下会分解,形成石墨状的自由碳和铁**:$Fe_3C \rightarrow 3Fe + C(石墨)$,这一过程对铸铁具有重要的意义。

图 1-25 渗碳体的显微组织

3. 铁碳合金相图分析

碳的质量分数>6.69%的铁碳合金脆性极大,没有使用价值。另外,$Fe_3C$ 中的碳的质量分数为 6.69%,是一个组元,因此,铁碳合金相图实际上是 $Fe-Fe_3C$ 相图,如图 1-26 所示。

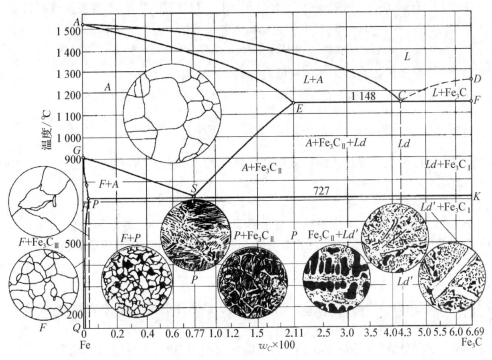

图 1-26 Fe-Fe₃C 相图

(1) 铁碳合金相图分析

相图中的 $AC$ 和 $CD$ 线为液相线（在该两线以上全部是液相），$AE$ 和 $ECF$ 线为固相线（在该两线以下全部是固相）。相图中有四个单相区：液相区($L$)、奥氏体区($A$)、铁素体区($F$)、渗碳体区($Fe_3C$)。

Fe-Fe₃C 相图主要特征点及含义见表 1-1 所示。

表 1-1　Fe-Fe₃C 相图中特征点

| 符号 | 温度/℃ | 碳的含量 $w_c \times 100$ | 说明 |
|------|--------|------------------------|------|
| $A$ | 1 538 | 0 | 纯铁的熔点 |
| $C$ | 1 148 | 4.3 | 共晶点 |
| $D$ | 1 227 | 6.69 | 渗碳体熔点 |
| $E$ | 1 148 | 2.11 | 碳在 $\gamma$-Fe 中的最大溶解度 |
| $F$ | 1 148 | 6.69 | 渗碳体的成分 |
| $G$ | 912 | 0 | $\alpha$-Fe、$\gamma$-Fe 同素异构转变点 |
| $K$ | 727 | 6.69 | 渗碳体的成分 |
| $P$ | 727 | 0.021 8 | 碳在 $\alpha$-Fe 中的最大溶解度 |
| $S$ | 727 | 0.77 | 共析点 |
| $Q$ | 室温 | 0.000 8 | 碳在 $\alpha$-Fe 中的溶解度 |

相图由共晶、共析转变组成：

① $\omega_c = (2.11 \sim 6.69)\%$ 的铁碳合金,缓冷至 1 148 ℃($ECF$ 共晶线)都发生共晶转变:

$$L_C \underset{W_C=4.3\%}{\overset{1148℃}{\Longleftrightarrow}} A_E + Fe_3C$$

转变的产物是奥氏体和渗碳体的机械混合物,称为莱氏体(Ld)。

② $\omega_c > 0.021\,8\%$ 的铁碳合金,缓冷至 727 ℃($PSK$ 共析线)都发生共析转变:

$$A_S \underset{W_C=0.77\%}{\overset{727℃}{\Longleftrightarrow}} F_P + Fe_3C$$

转变的产物是形貌为层片状的铁素体和渗碳体的机械混合物,称为珠光体($P$)。共析温度以 $A_1$ 表示。

铁碳合金中还有两条重要的特性线:

➢ $ES$ 线  它是碳在奥氏体中溶解度曲线。在 1 148 ℃时,奥氏体中碳的质量分数为 2.11%,而在 727 ℃时,奥氏体中碳的质量分数为 0.77%。故凡是碳的质量分数 >0.77% 的铁碳合金自 1148 ℃冷至 727 ℃时,都会从奥氏体中沿晶界析出渗碳体,称为二次渗碳体 $(Fe_3C_{Ⅱ})$。$ES$ 线又称 $A_{cm}$ 线。

➢ $GS$ 线  它是合金冷却时自奥氏体中开始析出铁素体的析出线,通常称为 $A_3$ 线。

(2) 铁碳合金的分类

按其碳的质量分数和显微组织的不同,铁碳合金相图中的合金可分成工业纯铁、钢和白口铸铁三大类。

① 工业纯铁:$\omega_c < 0.021\,8\%$。

② 钢:$0.021\,8\% < \omega_c < 2.11\%$。钢又分为:

➢ 亚共析钢:$0.021\,8\% < \omega_c < 0.77\%$;

➢ 共析钢:$\omega_c = 0.77\%$;

➢ 过共析钢:$0.77\% < \omega_c < 2.11\%$。

③ 白口铸铁:$2.11\% < \omega_c < 6.69\%$。白口铸铁又分为:

➢ 亚共晶白口铸铁:$2.11\% < \omega_c < 4.3\%$;

➢ 共晶白口铸铁:$\omega_c = 4.3\%$;

➢ 过共晶白口铸铁:$4.3\% < \omega_c < 6.69\%$。

4. 典型铁碳合金的结晶过程及其组织

下面以图 1-27~图 1-30 所示的几种典型的铁碳合金为例,分析其平衡结晶过程。

(1) 共析钢($\omega_c = 0.77\%$)

图 1-27 中合金Ⅰ,1 点温度以上为 $L$,在 1~2 点温度之间从 $L$ 中不断结晶出 $A$,缓冷至 2 点以下全部为 $A$,2~3 点之间为 $A$ 冷却,缓冷至 3 点时 $A$ 发生共析转变($As \rightarrow P$)生成 $P$。该合金的室温组织为 $P$,其冷却曲线和平衡结晶过程如图 1-27 所示,显微组织如图 1-28 所示。

(2) 亚共析钢($0.021\,8\% < \omega_c < 0.77\%$)

图 1-27 中合金Ⅱ,1 点温度以上为 $L$,在 1~2 点温度之间从 $L$ 中不断结晶出 $A$,冷至 2 点以下全部为 $A$,2~3 点之间为 $A$ 冷却,3~4 点之间 $A$ 不断转变成 $F$,缓冷至 4 点时,剩余的 $A$ 成分为 $\omega_c = 0.77\%$,发生共析反应($As \rightarrow P$)生成 $P$。该合金的室温平衡组织为 $F + P$,其冷却曲线和平衡结晶过程如图 1-27 所示,显微组织如图 1-29 所示。

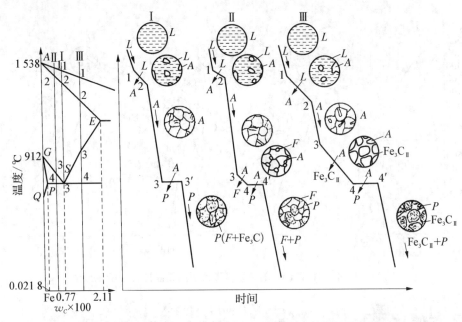

图 1-27　钢部分的典型铁碳合金的结晶过程分析示意图

图 1-28　共析钢的显微组织

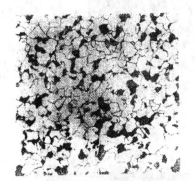

图 1-29　亚共析钢的显微组织

（3）过共析钢（$0.77\%<w_c<2.11\%$）

图 1-27 中合金Ⅲ，1 点温度以上为 $L$，在 1～2 点温度间从 $L$ 中不断结晶出 $A$，2～3 点为 $A$ 冷却，3～4 点间从 $A$ 中不断析出沿 $A$ 晶界分布，呈网状的 $Fe_3C_{II}$，缓冷至 4 时，剩余的 $A$ 成分为 $w_c=0.77\%$，发生共析转变（$As \rightarrow P$）生成 $P$。该合金室温平衡组织为 $P+Fe_3C_{II}$，其冷却曲线及平衡结晶过程如图 1-27 所示，显微组织如图 1-30 所示。

（4）共晶白口铸铁（$w_c=4.3\%$）

图 1-31 中合金Ⅳ，1 点温度以上为 $L$，缓冷至 1 点温度（1 148 ℃）和 2 点温度（727 ℃）时，分别经历共晶反应和共析反

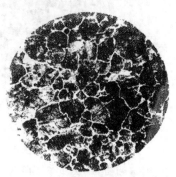

图 1-30　过共析钢的显微组织

应。该合金的室温平衡组织是由 $P$ 和 $Fe_3C$ 组成的共晶体，加少量 $Fe_3C_{II}$ 称为低温莱氏体或变态莱氏体（$L'd$）。其冷却曲线及平衡结晶过程如图 1-31 所示，显微组织如图 1-32 所示。

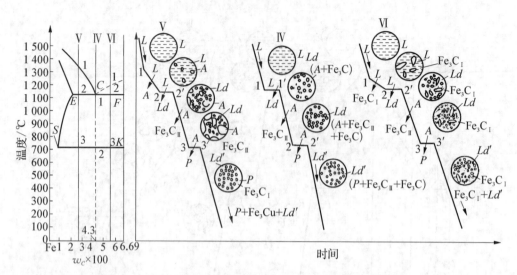

图 1-31　白口铸铁部分的典型铁碳合金的结晶过程分析示意图

图 1-32　共晶白口铸铁显微组织

（5）亚共晶白口铸铁（$2.11\% < \omega_c < 4.3\%$）

图 1-31 中合金 V，由液态缓冷至室温时的平衡组织为 $P + Fe_3C_{II} + L'd$，其冷却曲线及平衡结晶过程如图 1-31 所示，显微组织如图 1-33 所示。

（6）过共晶白口铸铁（$4.3\% < \omega_c < 6.69\%$）

图 1-31 中合金 VI，由液态缓冷至室温时的平衡组织为 $Fe_3C + L'd$。其冷却曲线及平衡结晶过程如图 1-31 所示，其显微组织如图 1-34 所示。

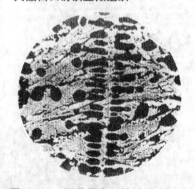

图 1-33　亚共晶白口铸铁显微组织

图 1-34　过共晶白口铸铁显微组织

➤ 填空题

1. 将纯铁加热至 912 ℃时，将发生由 $\alpha$-Fe 到 $\gamma$-Fe 的（　　），这种转变具有其结晶过程的特征，因此称为（　　）。

2. 铁碳合金相图中的相组成物有（　　）、（　　）和（　　）。

➤ 单选题

1. 亚共析钢的室温平衡组织是（　　）。

A. $F + P$　　　　　　B. $F + Fe_3C$　　　　　　C. $P + Fe_3C$　　　　　　D. $F + A$

2. 铁碳合金发生共析反应的条件是(　　　)。

A. 温度 1 148 ℃、含碳的平均质量分数 4.3%

B. 温度 727 ℃、含碳的平均质量分数 4.3%

C. 温度 1 148 ℃、含碳的平均质量分数 0.77%

D. 温度 727 ℃、含碳的平均质量分数 0.77%

▷ **多选题**

铁碳合金相图中的机械混合物有(　　　)。

A. 铁素体　　　　　B. 渗碳体　　　　　C. 珠光体　　　　　D. 莱氏体

# ▶ 考点 9　铁碳合金成分、组织、性能、用途之间的关系及变化规律

**1. 碳的质量分数对平衡组织的影响**

由 Fe–Fe₃C 相图可知,随着碳的质量分数的增加,铁碳合金显微组织发生如下变化:

$$F \rightarrow F + Fe_3C_{III} \rightarrow F + P \rightarrow P \rightarrow P + Fe_3C_{II} \rightarrow P + Fe_3C_{II} + L'd \rightarrow L'd \rightarrow L'd + Fe_3C$$

从图中看出,当碳的质量分数增加时,不仅组织中 Fe₃C 相对量增加,而且 Fe₃C 大小、形态和分布也随之发生变化,即由分布在 $F$ 晶界上(如 Fe₃C_{III})变为分布在 $F$ 的基体内(如 $P$),进而分布在原 $A$ 的晶界上(如 Fe₃C_{II}),最后形成 $L'd$ 时,Fe₃C 已作为基体出现,即碳的质量分数不同的铁碳合金具有不同的组织,因此它们具有不同的性能。

**2. 碳的质量分数对力学性能的影响**

碳的质量分数对钢的力学性能影响如图 1–35 所示。

由于硬度对组织形态不敏感,所以钢中碳的质量分数增加,高硬度的 Fe₃C 增加,低硬度的 $F$ 减少,**故钢的硬度呈直线增加,而塑性、韧性不断下降**。又由于强度对组织形态很敏感。在亚共析钢中,随着碳的质量分数增加,强度高的 $P$ 增加,强度低的 $F$ 减少,因此强度随碳的质量分数的增加而升高。当碳的质量分数为 0.77% 时,钢的组织全部为 $P$,$P$ 的组织越细密,则强度越高。但当碳的质量分数为 $0.77 < \omega_c < 0.9\%$ 时,由于强度很低的、少量的、一般未连成网状的 Fe₃C_{II} 沿晶界出现,所以合金的强度增加变慢;$\omega_c > 0.9\%$ 时,Fe₃C_{II} 数量增加且呈网状分布在晶界处,导致钢的强度明显下降。

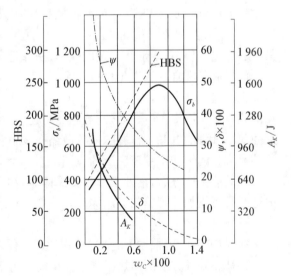

**图 1–35　碳的质量分数对力学性能的影响**

**3. 碳的质量分数对工艺性能的影响**

**(1) 切削加工性**

金属的切削加工性能是指其经切削加工成工件的难易程度。低碳钢中 $F$ 较多,塑性好,切削加工时产生切削热大,易粘刀,不易断屑,表面粗糙度差,故切削加工性差。高碳钢中 Fe₃C 多,刀具磨损严重,故切削加工性也差。中碳钢中 $F$ 和 Fe₃C 的比例适当,切削加工性较

好。在高碳钢 $Fe_3C$ 呈球状时,可改善切削加工性。

(2) 锻造性

金属锻造性是指金属压力加工时,能改变形状而不产生裂纹的性能。当钢加热到高温得到单相 $A$ 组织时,锻造性好。低碳钢中铁素体多锻造性好,随着碳的质量分数增加金属锻造性下降。白口铸铁无论在高温或低温,因组织是以硬而脆的 $Fe_3C$ 为基体,所以不能锻造。

(3) 铸造性能

合金的铸造性能取决于相图中液相线与固相线的水平距离和垂直距离。距离越大,合金的铸造性能越差。低碳钢的液相线与固相线距离很小,则有较好的铸造性能,但其液相线温度较高,使钢液过热度较小,流动性较差。随着碳的质量分数增加,钢的结晶温度间隔增大,铸造性能变差。共晶成分附近的铸铁,不仅液相线与固相线的距离最小,而且液相线温度也最低,其流动性好,铸造性能好。

(4) 焊接性能

随着钢中的碳的质量分数增加,钢的塑性下降,可焊性下降。所以为了保证获得优质焊接接头,应优先选用低碳钢(碳的质量分数<0.25%的钢)。

4. 铁碳合金相图的应用

(1) 选材料方面的应用

根据铁碳合金成分、组织、性能之间的变化规律,可以根据零件的服役条件来选择材料。

如要求有良好的焊接性能和冲压性能的机件,应选组织中铁素体较多、塑性好的低碳钢($\omega_c$<0.25%)制造,如冲压件、桥梁、船舶、压力容器和各种建筑结构;对于一些要求具有综合力学性能(强度、硬度和塑性、韧性都较高)的机器构件,如齿轮、传动轴等应选用中碳钢($\omega_c$=0.25%~0.6%)制造;高碳钢($\omega_c$>0.6%)主要用来制造弹性零件及要求高硬度、高耐磨性的工具、模具、量具等;对于形状复杂的箱体、机座等可选用铸造性能好的铸铁来制造。

(2) 制定热加工工艺方面的应用

在铸造生产方面,根据 $Fe-Fe_3C$ 相图可以确定铸钢和铸铁的浇注温度。浇注温度一般在液相以上 150 ℃左右。另外,从相图中还可看出接近共晶成分的铁碳合金,熔点低、结晶温度间隔小,因此它们的流动性好,分散缩孔少,可得到组织致密的铸件。所以,铸造生产中,接近共晶成分的铸铁得到较广泛的应用。

在锻造生产方面,钢处于单相奥氏体时,塑性好,变形抗力小,便于锻造成型。因此,热轧、锻造时要将钢加热到单相奥氏体区。一般碳钢的始锻温度为 1 250 ℃~1 150 ℃,而终锻温度在 800 ℃左右。

在焊接方面,可根据 $Fe-Fe_3C$ 相图分析低碳钢焊接接头的组织变化情况。

各种热处理方法的加热温度选择也需参考 $Fe-Fe_3C$ 相图,这将在后续章节详细讨论。

必须指出,铁碳合金相图不能说明快速加热和冷却时铁碳合金组织的变化规律。相图中各相的相变温度都是在所谓的平衡(即非常缓慢地加热和冷却)条件下得到的。另外,通常使用的铁碳合金中,除含铁、碳两元素外,尚有其他多种杂质或合金元素,这些元素对相图将有影响,应予以考虑。

▷ 填空题

1. 随着含碳的平均质量分数的增加,铁碳合金的硬度随之( )。

2. 一般来说,金属中的固溶体塑性较(　　　),而金属间化合物的硬度(　　　)。

3. 渗碳体的含碳平均质量分数为(　　　)％,它的力学性能特点是(　　　),不能单独使用。

▶ 单选题

1. 下列属于铁素体的力学性能特点的是(　　　)。

A. 强度高,塑性好,硬度低　　　　　　　B. 强度低,塑性差,硬度低

C. 强度低,塑性好,硬度低　　　　　　　D. 强度高,塑性好,硬度高

2. 在铁碳合金中,钢中含碳的平均质量分数对钢强度的影响是(　　　)。

A. 亚共析钢随着含碳量增多,其强度降低,过共析钢随着含碳量增多强度增大

B. 亚共析钢随着含碳量增多,其强度增大,过共析钢随着含碳量增多强度降低

C. 亚共析钢和过共析钢随着含碳量增多,其强度都会增大

D. 亚共析钢和过共析钢随着含碳量增多,其强度都会降低

3. 在低碳钢、中碳钢和高碳钢中,工艺性能是(　　　)。

A. 低碳钢的焊接性能和压力加工性能最好　B. 中碳钢的焊接性能和压力加工性能最好

C. 高碳钢的焊接性能和压力加工性能最好　D. 焊接性能和压力加工性能均比较好

▶ 多选题

1. 对于铁碳合金材料的选用,下列答案中正确的是(　　　)。

A. 捆扎物体一般用铁丝(镀锌的低碳钢丝)

B. 起重机起吊重物所用钢丝绳需要用含碳量较高的弹簧钢丝制成

C. 制造刀具一般要用含碳的平均质量分数 1.0％ 左右的铁碳合金

D. 为使车辆门窗具有足够的强度,要选用高碳钢制造

2. 下列说法中正确的是(　　　)。

A. 钢适宜于通过压力加工成形,而铸铁适宜于通过铸造成形

B. 铸钢的含碳量越大,两相区越大,铸造性能越好

C. 铸铁中,靠近共晶成分的铁碳合金铸造性能最好

D. 钢中,含碳量越低,压力加工性能越好

# 第二章　常用金属材料的应用

## ▶ 考点 10　钢中的杂质元素及其作用

### 一、钢中固体杂质元素及其影响

钢在冶炼过程中,由于受所用原料以及冶炼工艺方法等因素影响,不可避免地存在一些并非有意加入或保留的元素,如硅锰硫磷、非金属夹杂物以及某些气体,如氧、氮、氢等,一般将它们作为杂质看待,这些杂质元素的存在将对钢的质量和性能产生影响。

#### 1. 锰的影响

锰在碳素钢中的质量分数一般小于 0.8％。锰能溶于铁素体,使铁素体强化,也能形成合

金渗碳体,提高硬度。锰还能增加并细化珠光体,从而提高钢的强度和硬度。锰还可以与硫形成 MnS,以减少或消除硫对于钢性能的有害作用。因此,**锰在钢中是有益元素**。

### 2. 硅的影响

硅在碳素钢中的质量分数一般小于 0.37%。硅能溶于铁素体使之强化,从而使钢的强度、硬度、弹性都得到提高,特别是有硅存在时,钢的屈强比提高。因此,**硅在钢中也是有益元素**。

但是用作冲压件的非合金钢,常因硅对铁素体的强化作用,致使钢的弹性极限升高,而冲压性能变差,因此,冲压件常采用含硅量低的沸腾钢制造。

### 3. 硫的影响

硫是冶炼时由矿石和燃料中带入的有害杂质,炼钢时难以除尽。硫在固态铁中的溶解度很小,以 FeS(硫化亚铁)化合物形式存在于钢中。由于 FeS 塑性差,同时 FeS 与 Fe 形成熔点只有 985 ℃的低熔点的共晶体,分布在奥氏体的晶界上,当钢加热到 1 000 ℃~1 200 ℃以上进行锻压加工时,奥氏体晶界上低熔点共晶体早已熔化,晶粒间的结合受到破坏,使钢在压力加工时沿晶界开裂,所以**硫会使钢产生热脆性**。**钢中的锰,可以有效抑制硫对钢产生的热脆性**,锰与硫化合而成的 MnS,其熔点可达 1 620 ℃,而且 MnS 在高温时仍然具有塑性,因此可避免热脆现象。

在易切钢中,硫与锰形成的 MnS 易于断屑,有利于切削加工。因此,它作为有利的合金元素存在于易切钢中。

### 4. 磷的影响

磷是在冶炼时由矿石代入的有害杂质,炼钢时很难除尽。在一般情况下,磷能溶于铁素体中,使铁素体强度、硬度升高,但塑性、韧性显著下降。另外,磷在结晶过程中偏析倾向严重,使材料局部含磷量偏多,导致韧性—脆性转变温度升高,从而**发生冷脆现象**。冷脆对高寒地区和其他低温条件下服役的结构件具有严重的危害性。

但是磷可增大钢的脆性,因此,在易切钢中可适当提高其含量。另外,爆炸性武器的作战部分用钢需要具备较高的脆性,可含有较高的磷。

硫、磷是钢中常见的有害杂质。因此,常以钢中硫、磷含量的多少来评定冶金质量的好坏。

## 二、钢中气体杂质元素及其影响

钢在冶炼过程中要与空气接触,因而钢液中总会吸收一些气体,如氮气、氧气、氢气等。它们对钢的质量和性能都会产生不良影响,特别是影响力学性能中的韧性和耐疲劳性能。尤其氢对钢的危害最大,它使钢变脆,称为氢脆,也可使钢中产生微裂纹,称为白点,严重影响钢的力学性能,使钢易于脆断。

氮和氧含量高时易形成微气孔和非金属夹杂物,和氢一样会影响钢的韧性和耐疲劳性能,使钢易于发生疲劳断裂。

## 三、非金属夹杂物及其影响

在炼钢过程中,少量炉渣、耐火材料及冶金反应产物可能进入钢液,形成非金属夹杂物。例如,氧化物、硫化物、氮化物、硼化物、氢化物、硅酸盐等。它们都会降低钢的质量和性能,特别是降低钢的塑性、韧性及耐疲劳强度。严重时,还会使钢在热加工与热处理时产生裂纹,或在使用过程中突然脆断。非金属夹杂物也促使钢形成热加工纤维组织与带状组织,使材料具有各相异性。严重时,钢的横向塑性只为竖向塑性的一半,并使冲击韧性大为降低。故对于重要用途的钢,特别是要求抗疲劳性能的滚动轴承钢、弹簧钢等,要检查非金属夹杂物的含量、形状、大小与分布情况,并按相应的等级标准进行评级检验。

> **填空题**

1. 钢中常存的固体杂质包括(    )、(    )(    )和(    )。
2. 钢中的磷会使钢产生(    ),硫会使钢产生(    )。

> **单选题**

1. 钢中的(    )元素能够改善硫对钢性能的影响。

A. 硅                  B. 锰                  C. 磷                  D. 铬

2. 钢中的气体杂质中,对钢性能影响最大的是(    )。

A. 氧                  B. 氮                  C. 氢                  D. 氩

3. 在易切钢中,锰和硫化合成的 MnS,能使钢(    )。

A. 具有热脆性                          B. 具有冷脆性

C. 具有高温强度                        D. 机械加工时易于断屑

> **多选题**

1. 关于磷对钢的影响,下列说法正确的是(    )。

A. 磷使钢各部分成分均匀、组织均匀,但仍会使钢产生热脆性

B. 磷在结晶过程中偏析倾向严重,使钢产生热脆性

C. 磷在结晶过程中偏析倾向严重,使钢产生冷脆性

D. 在易切钢中,磷增大钢的脆性,使钢在加工时容易断屑

2. 钢中的非金属夹杂物会使钢的质量和性能下降,主要影响钢的(    )。

A. 塑性                                B. 硬度

C. 韧性                                D. 耐疲劳性能

# 考点 11  碳钢的种类、牌号、性能及用途

## 一、碳钢的分类

碳钢的分类方法很多,这里主要介绍三种,即按钢的含碳量、质量和用途来分。现分述如下。

1. 按钢的含碳量分类

根据钢的含碳量,可分为

(1) 低碳钢:含碳的平均质量分数 $\omega_C \leqslant 0.25\%$;

(2) 中碳钢:含碳的平均质量分数 $0.30\% \leqslant \omega_C \leqslant 0.55\%$;

(3) 高碳钢:含碳的平均质量分数 $\omega_C \leqslant 0.60\%$。

2. 按钢的质量分类

根据钢的质量,可分为

(1) 普通质量钢:$\omega_s \leqslant 0.050\%$,$\omega_P \leqslant 0.045\%$

(2) 优质钢:$\omega_s \leqslant 0.035\%$,$\omega_P \leqslant 0.035\%$

(3) 高级优质钢:$\omega_s \leqslant 0.025\%$,$\omega_P \leqslant 0.030\%$

（4）特高级质量钢：$\omega_s \leqslant 0.015\%$，$\omega_P \leqslant 0.025\%$。

### 3. 按钢的用途分类

按碳钢的用途不同，可分为碳素结构钢和碳素工具钢两大类。

（1）碳素结构钢：主要用于制造各种工程构件（如桥梁、船舶、建筑等的构件）和机器零件（如齿轮、轴、螺栓螺母、曲轴、连杆等）。这类钢通常属于低碳钢和中碳钢。

（2）碳素工具钢：主要用于制造各种刀具、量具和模具。这类钢含碳量较高，一般属于高碳钢。

## 二、碳钢的编号

### 1. 碳素结构钢

碳素结构钢牌号表示方法，由代表屈服点屈字的汉语拼音字母、屈服极限数值、质量等级符号及脱氧方法符号四个部分按顺序组成。牌号中 Q 表示"屈"；A、B、C、D 表示质量等级，它反映了碳素钢结构中有害杂质（S、P）质量分数的多少，C、D 级硫、磷质量分数最低、质量好，可作重要焊接结构件。例如 Q235AF，即表示屈服点为 235 MPa、A 等级质量的沸腾钢。F、b、Z、TZ 依次表示沸腾钢、半镇静钢、镇静钢、特殊镇静钢，一般情况下符号 Z 与 TZ 在牌号表示中可省略。

### 2. 优质碳素结构钢

其牌号用两位数字表示，两位数字表示钢中平均含碳质量分数的万倍。例如 45 钢，表示平均 $\omega_c = 0.45\%$；08 钢表示平均 $\omega_c = 0.08\%$。优质碳素结构钢按锰的质量分数不同，分为普通锰钢（$\omega_{Mn} = 0.25\% \sim 0.80\%$）与较高锰的钢（$\omega_{Mn} = 0.70\% \sim 1.20\%$）两组。较高锰的优质碳素结构钢牌号数字后加"Mn"，如 45Mn。

### 3. 碳素工具钢

其牌号冠以"T"（"T"为"碳"字的汉语拼音首位字母），后面的数字表示平均碳的质量分数的千倍。碳素工具钢分优质和高级优质两类。若为高级优质钢，则在数字后面加"A"字。例如 T8A 钢，表示平均 $\omega_c = 0.8\%$ 的高级优质碳素工具钢。对含较高锰的（$\omega_{Mn} = 0.40\% \sim 0.60\%$）碳素工具钢，则在数字后加"Mn"，如 T8Mn、T8MnA 等。

### 4. 铸造碳钢

其牌号用"铸钢"两字汉语拼音首位字母"ZG"开头，后面第一组数字为屈服强度（单位 MPa），第二组数字为抗拉强度（单位 MPa）。例如 ZG200—400，表示屈服强度 $\sigma_s$（或 $\sigma_{0.2}$）$\geqslant$ 200 MPa，抗拉强度 $\sigma_b \geqslant 400$ MPa 的铸造碳钢件。

## 三、碳钢的用途

### 1. 碳素结构钢

碳素结构钢的硫、磷含量较多，但由于冶炼容易，工艺性好，价格便宜，在力学性能上一般能满足普通机械零件及工程结构件的要求，因此，用量很大，约占钢材总量的 70%。表 2-1 为碳素结构钢的牌号、力学性能及应用。

表 2-1 碳素结构钢的牌号、力学性能及应用

| 牌号 | 等级 | 屈服极限 $R_{el}$/MPa | 断后伸长率 $A$/% | 冲击韧性 $a_k$/(J/cm²) | 用　　途 |
|------|------|------|------|------|------|
| Q195 | — | 195 | 33 | — | 载荷小的零件、冲压件 |
| Q215 | A、B | 215 | 31 | 27 | 垫圈、渗碳零件及焊接件 |
| Q235 | A、B、C、D | 235 | 26 | 27 | 金属结构件,薄板,心部强度低的渗碳零件、螺栓、螺母,不重要的轴、齿轮等,焊接件、冲压件等较为重要的零件 |
| Q275 | — | 275 | 22 | 27 | 建筑桥梁工程要求高的焊接件 |

注:表中所列机械性能,均以最小截面时的数值,当截面尺寸增大时,其力学性能将随之减低。

### 2. 优质碳素结构钢

优质碳素结构钢 S、P 含量较低,非金属夹杂物也较少,因此,机械性能比碳素结构钢优良,被广泛用于制造机械产品中较重要的结构钢零件,为了充分发挥其性能潜力,一般都是在热处理后使用。

优质碳素结构钢的牌号、化学成分、力学性能和用途见表 2-2。

表 2-2 优质碳素结构钢的牌号、力学性能及应用

| 牌号 | 含碳量(%) | $R_{eL}$ /MPa | $R_m$ | $A$ | $Z$ | $a_k$/(J/cm²) | HBW 热轧 | HBW 退火 | 用途举例 |
|------|------|------|------|------|------|------|------|------|------|
| | | 不小于 | | | | | 不小于 | | |
| 08 | 0.05～0.11 | 195 | 330 | 33 | 60 | — | 131 | — | 冲压件、焊接件及一般螺钉、铆钉、垫圈、渗碳件等 |
| 08F | 0.05～0.11 | 195 | 320 | 34 | 62 | — | 131 | — | |
| 10 | 0.07～0.13 | 205 | 335 | 31 | 55 | — | 137 | — | |
| 15 | 0.12～0.18 | 225 | 375 | 27 | 55 | — | 143 | — | |
| 20 | 0.17～0.23 | 245 | 410 | 25 | 55 | — | 156 | — | |
| 25 | 0.22～0.29 | 275 | 450 | 23 | 50 | 71 | 170 | — | 载荷较大零件,如连杆、曲轴、主轴、活塞杆、活塞销 |
| 30 | 0.27～0.34 | 295 | 490 | 21 | 50 | 63 | 179 | — | |
| 35 | 0.32～0.39 | 315 | 530 | 20 | 45 | 55 | 197 | — | |
| 40 | 0.37～0.44 | 335 | 570 | 19 | 45 | 47 | 187 | 187 | |
| 45 | 0.42～0.50 | 355 | 600 | 16 | 40 | 39 | 197 | 197 | |
| 50 | 0.47～0.55 | 375 | 630 | 14 | 40 | 31 | 207 | 207 | |
| 55 | 0.52～0.60 | 380 | 645 | 13 | 35 | — | 217 | 217 | |
| 60 | 0.57～0.65 | 400 | 675 | 12 | 35 | — | 229 | 229 | 弹性元件,如各种螺旋弹簧 |
| 65 | 0.62～0.70 | 410 | 695 | 10 | 30 | — | 255 | 229 | |
| 70 | 0.67～0.75 | 420 | 715 | 9 | 30 | — | 269 | 229 | |
| 80 | 0.72～0.80 | 930 | 1080 | 6 | 30 | — | 285 | 241 | |

续 表

| 牌号 | 含碳量(%) | $R_{eL}$ | $R_m$ | A | Z | $a_k/(J/cm^2)$ | HBW 热轧 | HBW 退火 | 用途举例 |
|---|---|---|---|---|---|---|---|---|---|
| | | /MPa | | % | | | | | |
| | | 不小于 | | | | | 不小于 | | |
| 15Mn | 0.12～0.18 | 245 | 410 | 26 | 55 | — | 163 | — | |
| 20Mn | 0.17～0.23 | 275 | 450 | 24 | 50 | — | 197 | — | |
| 30Mn | 0.27～0.34 | 315 | 540 | 20 | 45 | 63 | 217 | 187 | 渗碳零件、受磨损零件及较大尺寸的各种弹性元件等 |
| 40Mn | 0.37～0.44 | 355 | 590 | 17 | 45 | 47 | 229 | 207 | |
| 45Mn | 0.42～0.50 | 375 | 620 | 15 | 40 | 39 | 241 | 217 | |
| 50Mn | 0.48～0.56 | 390 | 645 | 13 | 40 | 31 | 255 | 217 | |
| 60Mn | 0.57～0.65 | 410 | 695 | 11 | 35 | — | 269 | 229 | |
| 65Mn | 0.62～0.70 | 430 | 735 | 9 | 30 | — | 285 | 229 | |

08F、10F 钢的碳的质量分数低,塑性好,焊接性能好,主要用于制造冲压件和焊接件。

15、20、25 钢属于渗碳钢,这类钢强度较低,但塑性和韧性较高,焊接性能及冷冲压性能较好,可以制造各种受力不大,但要求高韧性的零件;此外还可用作冷冲压件和焊接件。渗碳钢经渗碳、淬火＋低温回火后,表面硬度可达 60 HRC 以上,耐磨性好,而心部具有一定的强度和韧性,可用来制作要求表面耐磨并能承受冲击载荷的零件。

30、35、40、45、50、55 钢属于调质钢,经淬火＋高温回火后,具有良好的综合力学性能,主要用于要求强度、塑性和韧性都较高的机械零件,如轴类零件,

这类钢在机械制造中应用最广泛,其中以 45 钢更为突出。

60、65、70 钢属于弹簧钢,经淬火＋中温回火后可获得高的弹性极限、高的屈强比,主要用于制造弹簧等弹性零件及耐磨零件。

优质碳素结构钢中较高锰的一组牌号(15Mn～70Mn),其性能和用途与普通锰的一组对应牌号相同,但其淬透性略高。

3. 碳素工具钢

这类钢的碳的质量分数为 $\omega_c = 0.65\% \sim 1.35\%$,分优质碳素工具钢与高级优质碳素工具钢两类。牌号后加"A"的属高级优质($\omega_s \leqslant 0.020\%$,$\omega_p \leqslant 0.030\%$)。

这类钢的牌号、成分及用途列于表 2-3。

表 2-3  碳素工具钢的牌号、化学成分及用途

| 牌号 | 化学成分 $\omega_{Me} \times 100$ | | | 退火状态 HBW 不大于 | 试样淬火[①] HRC 不小于 | 用途举例 |
|---|---|---|---|---|---|---|
| | C | Si | Mn | | | |
| T7 T7A | 0.65～0.74 | ≤0.35 | ≤0.40 | 187 | 800 ℃～820 ℃ 水 62 | 承受冲击,韧性较好、硬度适当的工具,如扁铲、手钳、大锤、旋具、木工工具 |

| 牌号 | 化学成分 $\omega_{Me} \times 100$ | | | 退火状态 HBW 不大于 | 试样淬火[①] HRC 不小于 | 用　途　举　例 |
| --- | --- | --- | --- | --- | --- | --- |
| | C | Si | Mn | | | |
| T8 T8A | 0.75~0.84 | ≤0.35 | ≤0.40 | 187 | 780 ℃~800 ℃ 水 62 | 承受冲击,要求较高硬度的工具,如冲头、压缩空气工具、木工工具 |
| T8Mn T8MnA | 0.80~0.90 | ≤0.35 | 0.40~ 0.60 | 187 | 780 ℃~800 ℃ 水 62 | 同 T8,但淬透性较大,可制断面较大的工具 |
| T9 T9A | 0.85~0.94 | ≤0.35 | ≤0.40 | 192 | 760 ℃~780 ℃ 水 62 | 韧性中等,硬度高的工具,如冲头、木工工具、凿岩工具 |
| T10 T10A | 0.95~1.04 | ≤0.35 | ≤0.40 | 197 | 760 ℃~780 ℃ 水 62 | 不受剧烈冲击、高硬度耐磨的工具,如车刀、刨刀、冲头、丝锥、钻头、手锯条、小型冷冲模 |
| T11 T11A | 1.05~1.14 | ≤0.35 | ≤0.40 | 207 | 760 ℃~780 ℃ 水 62 | 不受剧烈冲击、高硬度耐磨的工具,如车刀、刨刀、冲头、丝锥、钻头、手锯条 |
| T12 T12A | 1.15~1.24 | ≤0.35 | ≤0.40 | 207 | 760 ℃~780 ℃ 水 62 | 不受冲击,要求高硬度高耐磨的工具,如锉刀、刮刀、精车刀、丝锥、量具 |
| T13 T13A | 1.25~1.35 | ≤0.35 | ≤0.40 | 217 | 760 ℃~780 ℃ 水 62 | 同 T12,要求更耐磨的工具,如刮刀、剃刀 |

①淬火后硬度不是指用途举例中各种工具的硬度,而是指碳素工具钢材料在淬火后的最低硬度。

此类钢在机械加工前一般进行球化退火,组织为铁素体基体+细小均匀分布的粒状渗碳体,硬度≤217 HBW。作为刃具,最终热处理为淬火+低温回火,组织为回火马氏体+粒状渗碳体+少量残余奥氏体。其硬度可达 60~65 HRC,耐磨性和加工性都较好,价格又便宜,生产上得到广泛应用。

碳素工具钢的缺点是耐热性差,当刃部温度高于 250 ℃时,其硬度和耐磨性会显著降低。此外,钢的淬透性也低,并容易产生淬火变形和开裂。因此,碳素工具钢大多用于制造刃部受热程度较低的手用工具和低速、小进给量的机用工具,亦可制作尺寸较小的模具和量具。

### 4. 铸造碳钢

铸造碳钢一般用于制造形状复杂、机械性能要求比铸铁高的零件,例如水压机横梁、轧钢机机架、重载大齿轮等,这种机件,用锻造方法难以生产,用铸铁又无法满足性能要求,只能用碳钢采用铸造方法生产。

铸造碳钢中碳的质量分数一般为 $\omega_c = 0.15\% \sim 0.60\%$。碳的质量分数过高则塑性差,易产生裂纹。一般工程用铸造碳钢件的牌号、成分和力学性能见表 2-4。

表 2-4　一般工程用铸造碳钢件的牌号、成分和力学性能

| 牌　号 | 主要化学成分 $\omega_{Me} \times 100$ | | | | | 室温力学性能≥ | | | | |
|---|---|---|---|---|---|---|---|---|---|---|
| | C | Si | Mn | P | S | $R_{eL}$ 或 $R_{r0.2}$/MPa | $R_m$/MPa | $A \times 100$ | $Z \times 100$ | $a_k$/(J/cm²) |
| ZG200-400 | 0.20 | 0.50 | 0.80 | 0.04 | | 200 | 400 | 25 | 40 | 47 |
| ZG230-450 | 0.30 | 0.50 | 0.90 | 0.04 | | 230 | 450 | 22 | 32 | 35 |
| ZG270-500 | 0.40 | 0.50 | 0.90 | 0.04 | | 270 | 500 | 18 | 25 | 27 |
| ZG310-570 | 0.50 | 0.60 | 0.90 | 0.04 | | 310 | 570 | 15 | 21 | 24 |
| ZG340-640 | 0.60 | 0.60 | 0.90 | 0.04 | | 340 | 640 | 10 | 18 | 16 |

铸造碳钢的特性及用途举例：

(1) ZG200-400　有良好的塑性、韧性和焊接性能。用于制作承受载荷不大,要求韧性的各种机械零件,如机座、变速箱壳等。

(2) ZG230-450　有一定的强度和较好的塑性、韧性,焊接性能良好,切削加工性尚可。用于制作承受载荷不大,要求有一定韧性的各种机械零件,如砧座、外壳、轴承盖、底板、阀体、犁柱等。

(3) ZG270-500　有较高的强度和较好的塑性,铸造性能良好,焊接性能尚好,切削加工性佳,用途广泛,用于制作轧钢机机架、轴承座、连杆、箱体、缸体等。

(4) ZG310-570　强度和切削加工性良好,塑性和韧性较低,用于制作承受载荷较高的各种机械零件,如大齿轮、缸体、制动轮、辊子等。

(5) ZG340-640　有高的强度、硬度和耐磨性,切削加工性中等,焊接性能较差,流动性好,裂纹敏感性较大,可用来制作齿轮、棘轮等。

> 填空题

1. 根据铁碳合金状态图,720 ℃时,共析转变后,65 钢的组织由 $F$ 和(　　)组成。

2. 钢是根据(　　)和(　　)两种元素在其中的含量决定其质量分类的。

3. 45 钢牌号中数值的含义是其含碳的平均质量分数为(　　)。

> 单选题

1. 一般机床主轴宜采用以下哪种材料(　　)。

A. W18Cr4V　　　　B. HT300　　　　　C. YG3　　　　　D. 40

2. 现需制造一汽车差速器齿轮,要求表面具有高的硬度、耐磨性和高的接触疲劳强度,心部具有良好韧性,应采用的材料是(　　),并进行渗碳＋淬火＋低温回火热处理。

A. T10 钢　　　　B. 45 钢　　　　　C. 20 钢　　　　　D. 65 钢

3. 硫和磷的含量达到优质级别或以上的碳钢是(　　)。

A. 碳素结构钢　　B. 易切钢　　　　　C. 碳素工具钢　　　D. 铸钢

> 多选题

1. 连接件紧固用的弹簧垫圈,应选用下列(　　)材料。

A. 20　　　　　　B. 60　　　　　　　C. 65Mn　　　　　D. T8

2. 钳工所用的手用锯条,应选用下列(　　)材料。

A. 45　　　　　　B. 60　　　　　　　C. T10A　　　　　D. T12

▶ **综合题**

如图 2-1 所示,图中轴要求表面有较高的硬度(>50 HRC)且心部有良好的韧性,该轴可选择何种材料(备选材料:45、HT200、65Mn)? 为保证其使用要求,轴在加工过程中可进行哪些热处理? 这种热处理后获得何种组织? 并获得何种力学性能?

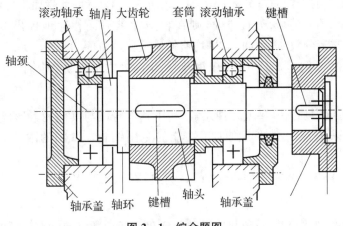

图 2-1　综合题图

# ▶ 考点 12　合金钢的分类方法及牌号表示方法

## 一、合金钢的分类方法

合金钢种类繁多,分类方法也有好几种。

按合金元素含量分:低合金钢(合金元素总量<5%)、中合金钢(5%≤合金元素总量<10%)、高合金钢(合金元素总量≥10%)。

按主要元素种类分:铬钢、锰钢、铬锰钢、铬镍钢、铬镍钼钢、硅锰钼钒钢等。

按正火后组织分铁素体钢、奥氏体钢、莱氏体钢等。

为了便于生产、选材、管理和研究,常按用途将合金钢分为三大类:

① 合金结构钢;② 合金工具钢;③ 特殊性能钢。

合金结构钢又可以分为低合金高强度结构钢、合金渗碳钢、合金调质钢、合金弹簧钢、滚动轴承钢。

合金工具钢又分为合金刃具钢(低合金刃具钢、高速钢)、合金量具钢、合金模具钢。

特殊性能钢又可分为不锈钢、耐磨钢、耐热钢。

## 二、合金钢牌号的表示方法

### 1. 合金结构钢牌号的表示方法

(1) 低合金高强度结构钢

低合金高强度结构钢又称为低合金工程结构用钢。

这类钢的牌号与碳素结构钢牌号相似,由代表屈服强度的"屈"字的汉语拼音第一个字母 Q+屈服强度数值+质量等级代号组成。质量等级代号有 A、B、C、D、E 五个级别,并由 A 到 E,钢中的 S、P 含量依次降低。如 Q460E,表示屈服强度 $R_{eL}$≥460 MPa,质量等级为 E 级的低合金高强度结构钢。

(2) 合金结构钢

其牌号由"两位数字＋元素符号＋数字"三部分组成。前面两位数字代表钢中平均碳质量分数的万倍,元素符号表示钢中所含的合金元素,元素符号后面数字表示该元素的平均质量分数的百倍。合金元素的平均质量分数 $\omega_{Me} < 1.5\%$ 时,一般只标明元素而不标明数值;当平均质量分数 $\geqslant 1.5\%$, $\geqslant 2.5\%$, $\geqslant 3.5\%$, …时,则在合金元素后面相应地标出 2,3,4,…。例如 40Cr,其平均碳的质量分数 $\omega_c = 0.4\%$,平均铬的质量分数 $\omega_{Cr} < 1.5\%$。如果是高级优质钢,则在牌号的末尾加"A"。例如 38CrMoAlA 钢,则属于高级优质合金结构钢。

2. 易切削钢

易切削钢是在钢中加入一种或几种元素,利用其本身或与其他元素形成一种对切削加工更有利的夹杂物,来改善钢材的切削加工性能的专用钢材。常用的附加元素有硫、铅、钙、磷等。

易切削钢的牌号是在最左边加字母"Y"。例如:Y12、Y20、Y40Mn 等。

3. 滚动轴承钢

在牌号前面加"G"("滚"字汉语拼音的首位字母),后面数字表示铬的质量分数的千倍,其碳的质量分数不标出。例如 GCr15 钢,就是平均铬的质量分数 $\omega_{Cr} = 1.5\%$ 的滚动轴承钢。铬轴承钢中若含有除铬外的其他合金元素时,这些元素的表示方法同一般的合金结构钢。滚动轴承钢都是高级优质钢,但牌号后不加"A"。

4. 合金工具钢

这类钢的编号方法与合金结构钢的区别仅在于:当 $\omega_c < 1\%$ 时,用一位数字表示碳的质量分数的千倍;当碳的质量分数 $\geqslant 1\%$ 时,则不予标出。例如 Cr12MoV 钢,其平均碳的质量分数为 $\omega_c = 1.45\% \sim 1.70\%$,所以不标出;Cr 的平均质量分数为 12%,Mo 和 V 的质量分数都是小于 1.5%。又如 9SiCr 钢,其平均 $\omega_c = 0.9\%$,平均 $\omega_{Cr} < 1.5\%$。不过高速工具钢例外,其平均碳的质量分数无论多少均不标出。因合金工具钢及高速工具钢都是高级优质钢,所以它的牌号后面也不必再标"A"。

5. 不锈钢与耐热钢

这类钢牌号前面数字表示碳质量分数的千倍。例如 3Cr13 钢,表示平均 $\omega_c = 0.3\%$,平均 $\omega_{Cr} = 13\%$。当碳的质量分数 $\omega_c \leqslant 0.03\%$ 及 $\omega_c \leqslant 0.08\%$ 时,则在牌号前面分别冠以"00"及"0"表示,例如 00Cr17Ni14Mo2,0Cr19Ni9 钢等。

➤ 填空题

1. 牌号 Q345D 表示屈服强度值为 345(　　　)、质量级别为 D 级的(　　　)结构钢。

2. 化学成分平均含为 $\omega_c = 0.6\%$, $\omega_{Si} = 2\%$, $\omega_{Mn} < 1.5\%$ 的材料是(　　　)。

3. 低合金刃具钢 9SiCr 和 CrWMn,其中含碳的平均质量分数较大的是(　　　)。

➤ 单选题

1. 下列合金中,铬元素含量最少的是(　　　)。

A. GCr15 　　　　　　　　　　　　B. Cr12MoV

C. 1Cr13 　　　　　　　　　　　　D. 1Cr18Ni9Ti

2. 下列合金中,锰元素含量最多的是(　　　)。

A. Q345　　　　　　　　　　　B. 35SiMn

C. 20Mn2　　　　　　　　　　　D. 20CrMnTi

3. 下列材料中,含硫、磷最少的是(　　　)。

A.Q235A　　　　　　　　　　　B. Q345B

C. Q420C　　　　　　　　　　　D. Q460E

➢**多选题**

1. 下列材料属于不锈钢的是(　　　)。

A. Cr12　　　　　　　　　　　　B. 18Cr2Ni4WA

C. 0Cr18Ni9Ti　　　　　　　　　D. 0Cr13

2. 制作内腔复杂的阀体零件,不经过热加工,应选用下列(　　　)材料。

A. 45　　　　　　B. Y40　　　　　　C. Y20　　　　　　D. 20CrMnTi

# ▶▶ 考点 13　合金元素在钢中的作用

在冶炼钢的过程中有目的地加入一些元素,这些元素称为合金元素。常用的合金元素有:锰($\omega_{Mn} > 1\%$)、硅($\omega_{Si} > 0.5\%$)、铬、镍、钼、钨、钒、钛、锆、铝、钴、硼、稀土(RE)等。

钢中加入合金元素改变钢的组织结构和力学性能,同时也改变钢的相变点和合金状态图。合金元素在钢中的作用十分复杂,本节主要分析合金元素对钢中基本相、铁碳合金相图和热处理的影响。

## 一、合金元素在钢中存在形式

### 1. 强化铁素体

绝大多数合金元素都可或多或少地溶于铁素体中,**形成合金铁素体**。

合金元素溶入铁素体后,引起铁素体晶格畸变,另外合金元素还易分布在晶体缺陷处,使位错移动困难,从而提高了钢的塑性变形抗力,产生固溶强化,使铁素体的强度、硬度提高,但塑性、韧性都有下降趋势。

硅、锰能显著提高铁素体强度、硬度,但当 $\omega_{Si} > 0.6\%$、$\omega_{Mn} > 1.5\%$ 时,将降低其韧性。而铬、镍这两个元素,在适量范围内($\omega_{Cr} \leqslant 2\%$,$\omega_{Ni} \leqslant 5\%$),不但可提高铁素体的硬度,而且能提高其韧性。为此,在合金结构钢中,为了获得良好强化效果,对铬、镍、硅和锰等合金元素要控制在一定含量范围内。

### 2. 形成合金碳化物

钒、铌、锆、钛为强碳化物形成元素;铬、钼、钨为中强碳化物形成元素;锰为弱碳化物形成元素。钢中形成的合金碳化物的类型主要有:合金渗碳体和特殊碳化物。

合金渗碳体较渗碳体略为稳定,硬度也较高,是一般低合金钢中碳化物的主要存在形式。特殊碳化物是与渗碳体晶格完全不同的合金碳化物。特殊碳化物特别是间隙相碳化物,比合金渗碳体具有更高的熔点、硬度与耐磨性,并且更为稳定,不易分解。

合金碳化物的种类、性能和在钢中分布状态会直接影响到钢的性能及热处理时的相变。

## 二、合金元素对 Fe－Fe3C 相图的影响

钢中加入合金元素后,对铁碳合金相图的相区、相变温度、共析成分等都有影响。

1. 改变了奥氏体区的范围

铜、锰、镍等这类合金元素使 A3、A1 温度下降，GS 线向左下方移动，随着锰、镍含量的增大，会使相图中奥氏体区一直延展到室温下。因此，它在室温的平衡组织是稳定的单相奥氏体，这种钢称奥氏体钢，如图 2-2(a)所示。

铝、铬、钼、钨、钒、硅、钛等，这类合金元素使 A3 和 A1 温度升高，GS 线向左上方移动，如图 2-2(b)所示。随着钢中这类元素含量的增大，可使相图中奥氏体区消失，此时，钢在室温下的平衡组织是单相的铁素体，这种钢称为铁素体钢。

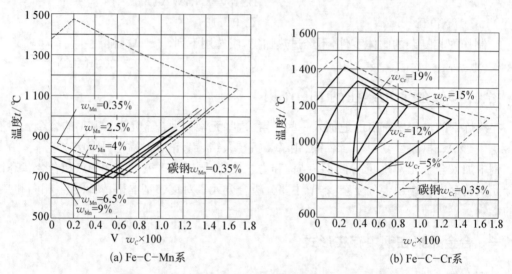

(a) Fe-C-Mn系　　　　(b) Fe-C-Cr系

**图 2-2　合金元素对 Fe-Fe3C 相图中奥氏体区的影响**

2. 改变 Fe-Fe3C 相图 $S$、$E$ 点位置

大多数合金元素均使 $S$ 点、$E$ 点左移。共析钢中碳的质量分数就不是 $\omega_c=0.77\%$，而是 $\omega_c<0.77\%$。出现共晶组织的最低碳的质量分数不再是 $\omega_c=2.11\%$，而是 $\omega_c<2.11\%$。

例如，含 $\omega_c=0.4\%$ 的碳钢原属亚共析钢，当加入 $\omega_{Cr}=12\%$ 后就成了共析钢。又如含 $\omega_c=0.7\%\sim0.8\%$ 的高速钢，由于大量合金元素的加入，在铸态组织中却出现合金莱氏体，这种钢称为莱氏体钢。

## 三、合金元素对钢的热处理影响

1. 合金元素对钢加热转变的影响

由于合金元素的扩散速度很缓慢，因此对于合金钢应采取较高的加热温度和较长的保温时间，以保证合金元素溶入奥氏体并使之均匀化，从而充分发挥合金元素的作用。

当合金元素形成碳化物，这些特殊碳化物在高温下比较稳定，不易溶于奥氏体，并以细小质点的形式弥散地分布在奥氏体晶界上，机械地阻碍奥氏体晶粒长大。因此，使得钢在高温下较长时间的加热仍能保持细晶粒组织，这是合金钢的一个重要特点。

2. 合金元素对钢冷却转变的影响

（1）合金元素对过冷奥氏体等温转变的影响

**除钴外，大多数合金元素溶入奥氏体后降低原子扩散速度，使奥氏体稳定性增加，从而使**

***C* 曲线右移**。含有这类元素的低合金钢,其 *C* 曲线形状与碳钢相似,只有一个鼻尖,如图 2-3(a)所示。当碳化物形成元素溶入奥氏体后,由于它们对推迟珠光体转变与贝氏体转变的作用不同,使 *C* 曲线出现两个鼻尖,曲线分解成珠光体和贝氏体两个转变区,而两区之间,过冷奥氏体有很大的稳定性,如图 2-3(b)所示。

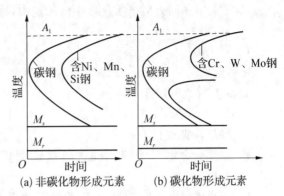

(a) 非碳化物形成元素　(b) 碳化物形成元素

图 2-3　合金元素对 *C* 曲线的影响

　　由于合金元素使 *C* 曲线右移,故降低了钢的马氏体临界冷却速度,提高了钢的淬透性。

　　(2) 合金元素对过冷奥氏体向马氏体转变的影响

　　除钴、铝外,大多数合金元素溶入奥氏体后,使马氏体转变温度 $M_s$ 和 $M_f$ 降低,其中铬、镍、锰作用较强。$M_s$ 越低,则淬火后钢中残余奥氏体的数量就越多。

　　(3) 合金元素对淬火钢回火转变的影响

　　钢在回火时抵抗硬度下降的能力,称**回火稳定性**。淬火时溶于马氏体的合金元素,回火时有阻碍马氏体分解和碳化物聚集长大的作用。使回火硬度降低过程变缓,从而提高钢的回火稳定性。由于合金钢的回火稳定性比碳钢高,若要得到相同的回火硬度时,则合金钢的回火温度就比同样碳的质量分数的碳钢要高,回火时间也长。而当回火温度相同时,合金钢的强度、硬度都比碳钢高。

　　一些含有钨、钼、钒的合金钢,经高温奥氏体充分均匀化并淬火后,在 500 ℃～600 ℃回火时会从马氏体中析出特殊碳化物,析出的碳化物高度弥散分布在马氏体基体上,使钢的硬度反而有所提高,这就形成了二次硬化。二次硬化实质是一种弥散硬化。另外,由于特殊碳化物的析出,使残余奥氏体中碳及合金元素浓度降低,提高了 $M_s$ 温度,故在随后冷却时就会有部分残余奥氏体转变为马氏体,这也是在回火时钢的硬度提高而产生二次硬化的原因。二次硬化现象对需要较高耐热性的工具钢(如高速钢)具有重要意义。

➤ 填空题

1. 合金元素溶入铁素体后,引起铁素体晶格(　　　),另外合金元素还易分布在晶体缺陷处,使位错移动困难,从而提高了钢的塑性变形抗力,产生(　　　),使铁素体的强度、硬度(　　　),但塑性、韧性都有(　　　)趋势。

2. 除(　　　)外,几乎所有的合金元素都能够提高钢的(　　　)性。

3. 除(　　　)和(　　　)外,大多数合金元素溶入奥氏体后,使淬火后的钢中残余奥氏体增多。

➤ 单选题

1. 大多数合金元素均能使 *S* 点、*E* 点左移,从而使铁碳合金相图中的亚共析钢区域(　　　)。

　　A. 减小　　　　　　B. 增大　　　　　　C. 消失　　　　　　D. 不变

2. 铜、锰、镍等这类合金元素使 $A_3$、$A_1$ 温度下降,GS 线向左下方移动,从而使奥氏体区域的温度(　　　)。

　　A. 减小　　　　　　B. 增大　　　　　　C. 消失　　　　　　D. 不变

3. 回火钢在回火时抵抗硬度下降的能力,称为( )。

A. 淬透性                      B. 淬硬性

C. 回火脆性                  D. 回火稳定性

➤ **多选题**

1. 钢在淬火时溶于马氏体的合金元素,回火时有阻碍马氏体分解和碳化物聚集长大的作用,从而使淬火钢的( )。

A. 硬度降低过程变缓

B. 要使合金钢得到与相同含碳量碳钢相等的回火硬度,则回火温度要高,回火时间也长

C. 当回火温度相同时,合金钢的强度、硬度都比碳钢高

D. 回火后的变形大

2. 钢中加入合金元素后,会( )。

A. 改变钢的含碳量             B. 改变钢的组织结构

C. 改变钢的相变点和合金状态图      D. 改变钢的使用性能

## ▮▶ 考点 14 低合金钢的牌号、热处理、性能特点及其应用

**低合金钢**即低合金高强度结构钢,它是在碳素结构钢的基础上,加入少量的合金元素而成的合金钢,也是结合我国资源条件发展起来的钢种,加入合金元素的总质量分数小于 5%,主要加入元素为 Mn。

### 一、低合金钢的牌号

我国低合金高强度钢的牌号按照 GB/T 1591—2018 国家标准,有 Q355、Q390、Q420、Q460、Q500、Q550、Q620、Q690。

需要说明的是,低合金高强度结构钢国家标准 21 世纪经过两次修订,2008 年版取消了 Q295 牌号,2018 年版取消了 Q345 牌号,取而代之的是 Q355(注意,Q355 与 Q345 两种钢在力学性能和化学成分上有区别),但目前 Q345 钢在更多场合以及书籍资料上仍被应用,因此,本教材下面内容中仍采用该钢号。

### 二、低合金钢的热处理

低合金高强度结构钢大多数属于低碳钢。由于**低合金钢通常用于制造大结构件,所以一般是在热轧、正火状态下使用,不经过热处理而直接使用**,其组织为铁素体+少量珠光体。对于 Q420、Q460 的 C、D、E 级钢也可先淬成低碳马氏体,然后进行高温回火以获得低碳回火索氏体组织,从而获得良好的力学性能。

也有少量用于制造零件,由于低合金结构钢的含碳的平均质量分数较少,大多数为 $\omega_c =$ 0.16%~0.20%,属于低碳钢,所以此时常采用渗碳、淬火+低温回火热处理。

### 三、低合金钢的性能特点

低合金钢中加入的合金元素虽少,但具有比相同含碳平均质量分数的碳素结构钢更高的强度,足够的塑性、韧性,良好的焊接工艺性能,较好的耐蚀性和低的冷脆转变温度。

合金元素的主要作用是:加入锰(为主加元素)、硅、铬、镍元素为强化铁素体;加入钒、铌、

钛、铝等元素为细化铁素体晶粒;合金元素使 S 点左移,增加珠光体数量;加入碳化物形成元素(钒、铌、钛)及氮化物形成元素(铝),使细小化合物从固溶体中析出,产生弥散强化作用。

### 四、低合金钢的应用

低合金钢主要用于制成承载大、自重轻、高强度的工程结构,主要用于房屋构架、桥梁隧道、船舶、车辆、铁道、高压容器、石油天然气管线、矿用工程等结构构件。大都经过塑性变形和焊接加工,有的长期暴露在一定的腐蚀介质中。

在各种牌号的低合金钢中,Q345 钢的应用最广泛。我国的许多高大建筑物、南京长江大桥(当时的钢号是 16Mn)、内燃机车机体、万吨巨轮及压力容器、载重汽车大梁等都采用 Q345 钢制造。

> **填空题**

1. 低合金钢的牌号以"(　　　　)"开头,后面所加的三位阿拉伯数字表示其(　　　　)强度极限值。
2. 对于 Q420、Q460 的 C、D、E 级钢也可先经过(　　　　)热处理得到低碳马氏体,然后进行(　　　　),以获得低碳回火索氏体组织,从而获得良好的力学性能。

> **单选题**

1. 低合金高强度结构钢大多数属于(　　　　)。
   A. 低碳钢　　　　　　　　　　　　B. 中碳钢
   C. 高碳钢　　　　　　　　　　　　D. 高碳低合金钢
2. 在低合金钢中加入锰(为主加元素)、硅、铬、镍元素能强化(　　　　),使钢的强度增大。
   A. 珠光体　　　　B. 铁素体　　　　C. 奥氏体　　　　D. 渗碳体
3. 在低合金钢中加入钒、铌、钛、铝等元素能细化(　　　　)晶粒。
   A. 铁素体　　　　B. 奥氏体　　　　C. 渗碳体　　　　D. 珠光体

> **多选题**

1. 下列牌号的钢中,属于低合金高强度钢的是(　　　　)。
   A. Q235　　　　B. Q275　　　　C. Q345　　　　D. Q500
2. 在下列场合,(　　　　)应选用低合金高强度结构钢。
   A. 长江大桥　　　　　　　　　　　B. 高压锅炉
   C. 减速机齿轮　　　　　　　　　　D. 发动机缸体

## ▶▶ 考点 15　合金结构钢的牌号、热处理、性能特点及其应用

工程上,凡是用于制造各种机器零件以及用于工程结构的钢都称为结构钢。

碳素结构钢的冶炼及加工工艺均比较简单,成本低,所以其生产量在全部结构钢中占有很大比重。但在形状复杂、截面尺寸较大、要求淬透性较好以及机械性能较高的情况下,就需要选用合金结构钢。

合金结构钢中用于工程结构用的低合金高强度结构钢已经在前面做了介绍,这里介绍用于制造机器零件的合金结构钢。它主要是在优质碳素结构钢的基础上加入一种或数种合金元素而形成的钢,加入的合金元素种类很多,其中有金属元素,也有非金属元素,例如 Mn、Si、Ni、Mo、W、V、Ti、B 等。

### 一、合金结构钢的牌号

#### 1. 大多数合金结构钢的牌号

**合金结构钢的牌号由"两位数字＋元素符号＋数字"三部分组成。**前面两位数字代表钢中平均碳质量分数的万倍,元素符号表示钢中所含的合金元素,元素符号后面数字表示该元素的平均质量分数的百倍。合金元素的平均质量分数 $\omega_{Me}<1.5\%$ 时,一般只标明元素而不标明数值;当平均质量分数 $\geqslant 1.5\%$,$\geqslant 2.5\%$,$\geqslant 3.5\%$,…时,则在合金元素后面相应地标出 2,3,4,…。例如 40Cr,其平均碳的质量分数 $\omega_c=0.4\%$,平均铬的质量分数 $\omega_{Cr}<1.5\%$。如果是高级优质钢,则在牌号的末尾加"A"。例如 38CrMoAlA 钢,则属于高级优质合金结构钢。

#### 2. 滚动轴承钢的牌号

滚动轴承钢是制造各种滚动轴承的滚珠、滚柱、滚针的专用钢,也可作其他用途,如形状复杂的工具、冷冲模具、精密量具以及要求硬度高、耐磨性高的结构零件。滚动轴承钢的牌号由 G 加阿拉伯数字(1 位或 2 位)组成,"G"是"滚"字汉语拼音的首位字母,**后面数字表示铬的质量分数的千倍,其碳的质量分数不标出。**例如 GCr15 钢,就是平均铬的质量分数 $\omega_{Cr}=1.5\%$ 的滚动轴承钢。铬轴承钢中若含有除铬外的其他合金元素时,这些元素的表示方法同一般的合金结构钢。**滚动轴承钢都是高级优质钢,但牌号后不加"A"。**

### 二、合金结构钢的热处理、性能特点及其应用

按照用途,合金结构钢可以分为合金渗碳钢、合金调质钢、合金弹簧钢和滚动轴承钢等四类。它们含碳的平均质量分数依次升高。

#### 1. 合金渗碳钢的热处理、性能特点及其应用

**合金渗碳钢主要用来制造工作中承受较强烈的冲击作用和磨损条件下的渗碳零件。**例如,制作承受动载荷和重载荷的汽车变速箱齿轮、汽车后桥齿轮和内燃机里的凸轮轴、活塞销等。

**这类钢经渗碳、淬火和低温回火后表面具有高的硬度和耐磨性,心部具有较高的强度和足够韧性的零件。**

合金渗碳钢中碳的质量分数一般在 $\omega_c=0.10\%\sim0.25\%$ 之间,以保证渗碳零件心部具有良好的塑性和韧性。碳素渗碳钢的淬透性低,热处理对心部的性能改变不大,加入合金元素可提高钢的淬透性,改善心部性能。常用的合金元素有铬、镍、锰和硼等,其中以镍的作用最好。为了细化晶粒,还加入少量阻止奥氏体晶粒长大的强碳化物形成元素,如钛、钒、钼等,它们形成的碳化物在高温渗碳时不溶解,有效地抑制渗碳时的过热现象。

为了保证渗碳零件表面得到高硬度和高耐磨性,大多数合金渗碳钢采用渗碳后淬火＋低温回火。

渗碳后的钢中,表层碳的质量分数为 $0.85\%\sim1.05\%$,经淬火和低温回火后,表层组织由合金渗碳体、回火马氏体及少量残余奥氏体组成,硬度可达 58～64 HRC,而心部的组织与钢的淬透性及零件的截面有关:当全部淬透时是低碳回火马氏体,硬度可达 40～48 HRC,未淬透的情况下是珠光体＋铁素体或低碳回火马氏体加少量铁素体的混合组织,硬度约为 25～40 HRC。

下面以 20CrMnTi 钢制造的汽车变速齿轮为例,说明其生产工艺路线和热处理工艺

方法。

热处理技术要求:渗碳层厚度 1.2 mm～1.6 mm,表层碳的质量分数为 $\omega_c = 1.0\%$,齿顶硬度 58～60 HRC,心部硬度 30～45 HRC。

合金渗碳钢可按淬透性分为低淬透性、中淬透性及高淬透性钢三类。常用牌号、热处理、力学性能和用途列于表 2-5。

表 2-5　常用合金渗碳钢的牌号、热处理、力学性能及其用途

| 牌号 | 热处理工艺 | | | 力学性能(不小于) | | | | 用途举例 |
|---|---|---|---|---|---|---|---|---|
| | 第一次淬火温度/℃ | 第二次淬火温度/℃ | 回火温度/℃ | 屈服强度/MPa | 抗拉强度/MPa | 断后伸长率/% | 冲击韧性/(J/cm²) | |
| 20Cr | 880、水、油 | 780～820水、油 | 200、水空气 | 540 | 835 | 10 | 47 | 截面 300 mm 以下形状复杂,心部要求较高强度、工作表面承受磨损的零件,如机床变速箱齿轮、凸轮、蜗杆、活塞销、爪形离合器 |
| 20Mn2 | 880、水、油 | | 200、水空气 | 590 | 785 | 10 | 47 | 替代 20 钢制作小型渗碳齿轮、轴、轻载活塞销、汽车挺杆、变速箱操纵杆等 |
| 20CrMnTi | 880、油 | 870、油 | 200、水空气 | 850 | 1 080 | 10 | 55 | 在汽车、拖拉机工业中用于截面在 30 mm 以下,承受高速、中或重载以及冲击、摩擦的重要渗碳件,如齿轮、轴、齿轮轴、爪形离合器、蜗杆等 |
| 20MnVB | 860、油 | | 200、水空气 | 885 | 1 080 | 10 | 55 | 模数较大,载荷较重的中小渗碳件,如重型机床上的齿轮、轴,汽车后桥主动、从动齿轮等 |
| 20MnTiB | 860、油 | | 200、水空气 | 930 | 1 130 | 10 | 55 | 20CrMnTi 的代用钢种,制作汽车、拖拉机上的小截面、中等载荷的齿轮 |
| 20Cr2Ni4 | 880、油 | 780、油 | 200、水空气 | 1 080 | 1 180 | 10 | 63 | 大截面、较大载荷、交变载荷下工作的重要渗碳件,如大型齿轮、轴等 |

2. 合金调质钢的热处理、性能特点及其应用

合金调质钢指适合于调质处理后使用的合金结构钢,其基本性能是**具有良好的综合力学性能**。合金调质钢广泛用于制造一些重要零件,如机床的主轴、汽车底盘的半轴、柴油机连杆螺栓等。

合金调质钢碳的质量分数一般在 $\omega_c = 0.25\% \sim 0.50\%$ 之间。如果碳的质量分数过低不易淬硬,回火后达不到所需要的强度;如果碳的质量分数过高,则零件韧性较差。

合金调质钢的主加元素有铬、镍、锰、硅、硼等,以增加淬透性、强化铁素体;钼、钨的主要作用是防止或减轻第二类回火脆性,并增加回火稳定性;钒、钛的作用是细化晶粒。

合金调质钢在锻造后为了改善切削加工性能应采用完全退火作为预先热处理。最终热处理采用淬火后进行 500℃~650℃ 的高温回火,以获得回火索氏体,使钢件具有高的综合力学性能。

合金调质钢常按淬透性大小分为三类,其常用牌号、热处理、力学性能和用途见表 2-6。

**表 2-6 常用合金调质钢的牌号、热处理、力学性能及其用途**

| 牌号 | 热处理工艺 | | 力学性能(不小于) | | | | 用途举例 |
|---|---|---|---|---|---|---|---|
| | 淬火温度/℃ | 回火温度/℃ | $R_{eL}/$ MPa | $R_m/$ MPa | $A_5/$ % | $A_k/$ (J·cm$^{-2}$) | |
| 40Cr | 850、油 | 520、水、油 | 785 | 980 | 9 | 60 | 制造承受中等载荷和中等速度工作下的零件,如汽车半轴、机床齿轮、轴、花键轴等 |
| 40MnB | 850、油 | 500、水、油 | 800 | 1 000 | 10 | 60 | 代替 40Cr |
| 40CrNi | 820、油 | 500、水、油 | 800 | 1 000 | 10 | 70 | 汽车、拖拉机、机床、柴油机的轴、齿轮、联轴器、离合器等重要调质件 |
| 30CrMnSi | 880、油 | 520、水、油 | 900 | 1 100 | 10 | 50 | 高强度钢、高速重载荷、砂轮轴、齿轮、轴、联轴器、离合器等重要调质件 |
| 35CrMo | 850、油 | 500、水、油 | 850 | 1 000 | 12 | 80 | 代替 40CrNi 制造大截面齿轮与轴、汽轮发电机转子、480℃以下的紧固件 |
| 38CrMoAlA | 940、水、油 | 640、水、油 | 850 | 1 000 | 15 | 90 | 高级氮化钢,制造 HV>900 的氮化件,如镗床镗杆、蜗杆、高压阀门 |
| 40CrNiMo | 850、油 | 600、水、油 | 850 | 1 000 | 12 | 100 | 受冲击载荷的高强度零件,如锻压机床的传动偏心轴、压力机曲轴等大断面重要零件 |
| 40CrMnMo | 850、油 | 600、水、油 | 800 | 1 000 | 10 | 80 | 代替 40CrNiMo |

3. 合金弹簧钢的热处理、性能特点及其应用

弹簧是机器、车辆和仪表及生活中的重要零件,主要在冲击、振动、周期性扭转和弯曲等交变应力下工作,弹簧工作时不允许产生塑性变形,因此,要求制造弹簧的材料具有较高的屈服强度和弹性极限。**弹簧钢的典型热处理是淬火+中温回火,获得回火托氏体组织,具有高的弹性极限和屈服强度极限。**

合金弹簧钢的碳的质量分数一般为 $\omega_c = 0.5\% \sim 0.7\%$,碳的质量分数过高时,塑性和韧性

差,疲劳强度下降。常加入以硅、锰为主的合金元素,提高钢的淬透性和强化铁素体。

根据弹簧尺寸的不同,成形与热处理方法也有不同。

弹簧丝直径或弹簧钢板厚度大于 $10\sim15$ mm 的螺旋弹簧或板弹簧,采用热态成形,成形后利用余热进行淬火,然后中温回火($350\ ℃\sim500\ ℃$)处理,得到回火屈氏体,具有高的弹性极限、高的屈强比,硬度一般为 $42\sim48$ HRC。

弹簧经热处理后,一般还要进行喷丸处理,使表面强化,并在表面产生残余应力,以提高其疲劳强度。

对于钢丝直径小于 10 mm 的弹簧,常用冷拉弹簧钢丝冷卷成形。钢丝在冷拔过程中,首先将盘条坯料加热至奥氏体组织后(Ac3 以上 $80\ ℃\sim100\ ℃$),再在 $500\ ℃\sim550\ ℃$ 的铅浴或盐浴中等温转变获得索氏体组织,然后经多次冷拔,得到均匀的所需直径和具有冷变形强化效果的钢丝。

冷拉钢丝在拉制过程中已被强化,所以在冷卷成型后,不必再做淬火处理,只需在 $200\ ℃\sim300\ ℃$ 进行一次去应力退火,以消除在冷拉、冷卷过程中产生的应力并稳定弹簧尺寸。常用合金弹簧钢的牌号 60Si2Mn、60Si2CrVA 和 50CrVA。合金弹簧钢主要用于制造各种弹性元件,如在汽车、拖拉机、坦克、机车车辆上制作减震板弹簧和螺旋弹簧、大炮的缓冲弹簧、钟表的发条等。常用合金弹簧钢的牌号、热处理、性能及其应用见表 2-7。

表 2-7　常用合金弹簧钢的牌号、热处理、性能及其应用

| 牌号 | 热处理工艺 | | 力学性能(不小于) | | | | 用途举例 |
|---|---|---|---|---|---|---|---|
| | 淬火温度/℃ | 回火温度/℃ | $R_{eL}$/MPa | $R_m$/MPa | $A_5$/% | $Z$/% | |
| 60Si2Mn | 870、油 | 480 | 1 200 | 1 300 | 5 | 25 | $\phi 25\sim30$ mm 的弹簧,工作温度低于 300 ℃ |
| 50CrVA | 850、油 | 500 | 1 150 | 1 300 | 10 | 40 | $\phi 30\sim50$ mm 的弹簧,工作温度低于 210 ℃ 的气阀弹簧 |
| 60Si2CrVA | 850、油 | 410 | 1 700 | 1 900 | 6 | 20 | $\phi<50$ mm 的弹簧,工作温度低于 250 ℃ |
| 55SiMnMoV | 880、油 | 550 | 1 300 | 1 400 | 6 | 30 | $\phi<75$ mm 的弹簧,重型汽车、越野汽车大截面板簧 |

4. 滚动轴承钢的牌号 、热处理、性能特点及其应用

滚动轴承钢是制造各种滚动轴承的滚珠、滚柱、滚针的专用钢,也可作其他用途,如形状复杂的工具、冷冲模具、精密量具以及要求硬度高、耐磨性高的结构零件。

一般的轴承用钢是高碳低铬钢,其碳的质量分数为 $\omega_c=0.95\%\sim1.15\%$,属于过共析钢,目的是保证轴承具有高的强度、硬度和足够碳化物,以提高耐磨性。铬的含量为 $\omega_{Cr}=0.4\%\sim1.65\%$,铬的作用主要是提高淬透性,使组织均匀,并增加回火稳定性。铬与碳作用形成的 $(Fe、Cr)_3C$ 合金渗碳体,能提高钢的硬度及耐磨性,铬还提高钢的回火稳定性。

滚动轴承钢的纯度要求极高,硫、磷含量限制极严($\omega_s<0.020\%$,$\omega_p<0.027\%$)。因硫、磷形成非金属夹杂物,降低接触疲劳抗力,故它是一种高级优质钢(但在牌号后不加"A")。

滚动轴承钢的热处理包括预先热处理(球化退火)和最终热处理(淬火＋低温回火)。

**球化退火目的是获得粒状珠光体组织**,以降低锻造后钢的硬度,有利于切削加工,并为淬火做好组织上准备。淬火与低温回火是决定轴承钢最终性能的重要热处理工序,淬火温度应严格控制在 840 ℃±10 ℃ 的范围内,回火温度一般为 150 ℃～160 ℃。

轴承钢淬火、回火后的组织为极细回火马氏体和分布均匀的细小碳化物以及少量的残余奥氏体,回火后硬度为 61～65 HRC。常用滚动轴承钢的牌号、热处理、性能及其应用见表 2-8。

表 2-8　常用滚动轴承钢的牌号、成分、热处理和主要用途

| 牌号 | 化学成分 $w_{Me} \times 100$ | | | | | | 热处理工艺 | | | 用途举例 |
|---|---|---|---|---|---|---|---|---|---|---|
| | C | Cr | Mn | Si | S | P | 淬火温度/℃ | 回火温度/℃ | 回火后硬度(HRC) | |
| GCr9 | 1.00～1.10 | 0.90～1.20 | 0.25～0.45 | 0.15～0.35 | ≤0.020 | ≤0.027 | 810～830 | 150～170 | 62～66 | 直径 10～20 mm 的滚珠、滚柱及滚针 |
| GCr15 | 0.95～1.05 | 1.40～1.65 | 0.25～0.45 | 0.15～0.35 | ≤0.020 | ≤0.027 | 825～845 | 150～170 | 62～66 | 壁厚＜12 mm、外径＜250 mm 的套圈,直径为 15～50 mm 的钢球 |
| GCr15 SiMn | 0.95～1.05 | 1.40～1.65 | 0.95～1.25 | 0.45～0.75 | ≤0.020 | ≤0.027 | 820～840 | 150～170 | ≥62 | 壁厚≥12 mm、外径＞250 mm 的套圈,直径＞50 mm 的钢球 |

对于精密轴承,由于低温回火不能完全消除残余应力和残余奥氏体。因此,为了稳定尺寸,可在淬火后立即**进行冷处理**(-60 ℃～-80 ℃),以减少残余奥氏体量,然后再进行低温回火和磨削加工,最后再进行一次稳定尺寸的稳定化处理(在 120 ℃～130 ℃保温 10～20 h)。

综上所述,铬轴承钢制造轴承生产工艺路线一般如下:

下料→锻造→球化退火→机械加工→淬火＋低温回火→磨削加工→成品

➢ 填空题

1. 合金结构钢牌号中的元素符号后面数字表示该元素的平均质量分数的(　　)。

2. (　　)目的是获得粒状珠光体组织,以降低锻造后钢的硬度,有利于切削加工,并为淬火做好组织准备。

3. 常加入以硅、锰为主的合金元素,提高钢的(　　)和强化(　　)。

➢ 单选题

1. (　　)主要用来制造工作中承受较强烈的冲击作用和磨损条件下的渗碳零件。

A. 低合金高强度结构钢　　　　　　　B. 合金渗碳钢

C. 合金调质钢　　　　　　　　　　　D. 合金弹簧钢

2. 合金调质钢指调质处理后具有(　　)。

A. 较高的硬度　　　　　　　　　　　B. 较高的强度和硬度

C. 良好的塑性和韧性　　　　　　　　D. 良好的综合力学性能

3. 合金弹簧钢的碳的质量分数一般为 $w_c$＝(　　),碳的质量分数过高时,塑性和韧性差,疲劳强度下降。

A. 0.15%～0.25%　　　　　　　　　B. 0.25%～0.5%

C. 0.5%～0.7%　　　　　　　　　　D. 0.95%～1.15%

> 多选题

1. 下列牌号的钢中，属于合金弹簧钢的是（　　）。

A. 20CrMnTi、40MnVB、38CrMoAlA　　B. 50CrVA、60Si2Mn、65Mn

C. 50CrVA、55SiMnMoVA、60Si2CrVA　D. 55Si2Mn、55SiMnMoV、55SiMnVB

2. 滚动轴承钢的性能有（　　）。

A. 高的硬度和耐磨性　　　　　　　B. 极高的纯净度

C. 严格限制硫、磷含量　　　　　　D. 极高的塑性

## ▶ 考点 16　合金工具钢的牌号、热处理、性能特点及其应用

合金工具钢按用途分为合金刃具钢、合金模具钢、合金量具钢。

### 一、合金刃具钢的牌号、热处理、性能特点及其应用

刃具钢是用来制造各种切削刀具的钢，如车刀、铣刀、钻头等，提出如下的性能要求：高的硬度、高耐磨性、高的耐热性（耐热性是指钢在高温下保持高硬度的能力）、一定的韧性和塑性。

#### 1. 低合金刃具钢

为了保证高硬度和耐磨性，低合金刃具钢的碳的质量分数为 $\omega_c=0.75\%\sim1.45\%$，加入的合金元素硅、铬、锰可提高钢的淬透性；硅、铬还可以提高钢的回火稳定性，使其一般在300 ℃以下回火后硬度仍保持 60 HRC 以上，从而保证一定的耐热性。钨在钢中可形成较稳定的特殊碳化物，基本上不溶于奥氏体，能使钢的奥氏体晶粒保持细小，增加淬火后钢的硬度，同时还提高钢的耐磨性及耐热性。

常用低合金刃具钢的牌号、成分、热处理及用途见表 2-9。

刃具毛坯经锻造后的预先热处理为球化退火，最终热处理采用淬火＋低温回火，组织为细回火马氏体＋粒状合金碳化物＋少量残余奥氏体，硬度一般为 60 HRC。

表 2-9　常用低合金刃具钢的牌号、成分、热处理及用途

| 牌号 | 化学成分 $w_{Me}\times100$ | | | | | 试样淬火 | | 退火状态 HBW（不小于） | 用途举例 |
| | C | Si | Mn | Cr | 其他 | 淬火温度/℃ | HBC 不小于 | | |
|---|---|---|---|---|---|---|---|---|---|
| Cr06 | 1.30～1.45 | ≤0.40 | ≤0.40 | 0.50～0.70 | — | 780～810 水 | 64 | 241～187 | 锉刀、刮刀、刻刀、刀片、剃刀、外科医疗刀具 |
| Cr2 | 0.95～1.10 | ≤0.40 | ≤0.40 | 1.30～1.65 | — | 830～860 油 | 62 | 229～179 | 车刀、插刀、铰刀、冷轧辊等 |
| 9SiCr | 0.85～0.95 | 1.20～1.60 | 0.30～0.60 | 0.95～1.25 | — | 830～860 油 | 62 | 241～197 | 丝锥、板牙、钻头、铰刀、齿轮铣刀、小型拉刀、冷冲模等 |
| 8MnSi | 0.75～0.85 | 0.30～1.60 | 0.80～1.10 | — | — | 800～820 油 | 60 | ≤229 | 多用作木工凿子、锯条或其他工具 |

| 牌号 | 化学成分 $w_{Me} \times 100$ | | | | | 试样淬火 | | 退火状态 HBW (不小于) | 用途举例 |
|------|------|------|------|------|------|------|------|------|------|
| | C | Si | Mn | Cr | 其他 | 淬火温度/℃ | HBC 不小于 | | |
| 9Cr2 | 0.85~0.95 | ≤0.40 | ≤0.40 | 1.30~1.70 | — | 820~850 油 | 62 | 217~179 | 尺寸较大的铰刀、车刀等刃具、冷轧辊、冷冲模与冲头、木工工具等 |
| W | 1.05~1.25 | ≤0.40 | ≤0.40 | 0.10~0.30 | W0.80~1.20 | 800~830 水 | 62 | 229~187 | 低速切削硬金属刃具,如麻花钻、车刀和特殊切削工具 |

### 2. 高速钢

高速钢是一个耐热性、耐磨性较高的高合金刃具钢,它的耐热性高达 600 ℃,可以进行高速切削,故称之高速钢。高速钢具有高的强度、硬度、耐磨性及淬透性。

**高速钢的成分特点是含有较高的碳和大量形成碳化物的元素钨、钼、铬、钒、钴、铝等**,碳的质量分数为 $\omega_c = 0.70\% \sim 1.60\%$,合金元素总量 $\omega_{Me} > 10\%$。

碳的质量分数高的原因在于通过碳与合金元素作用形成足够数量的合金碳化物,同时还能保证有一定数量的碳溶于高温奥氏体中,以使淬火后获得高碳马氏体,保证高硬度和高耐磨性以及良好的耐热性。

钨、钼是提高耐热性的主要元素。在高速钢退火状态下主要以各种特殊碳化物的形式存在。在淬火加热时,一部分碳化物溶入奥氏体,淬火后形成含有大量钨、钼的马氏体组织,这种合金马氏体组织具有很高的回火稳定性。在 560 ℃ 左右回火时,会析出弥散的特殊碳化物 $W_2C$、$Mo_2C$,造成二次硬化。未溶的碳化物则能阻止加热时奥氏体晶粒长大,使淬火后得到的马氏体晶粒非常细小(隐针马氏体)。

在淬火加热时,铬的碳化物几乎全部溶入奥氏体中,增加奥氏体的稳定性,从而明显提高钢的淬透性,使高速工具钢在空冷条件下也能形成马氏体组织。但铬的含量过高,会使 $M_s$ 点下降,残余奥氏体量增加,降低钢的硬度并增加回火次数,所以铬的含量在高速钢中为 $\omega_{Cr} \approx 4\%$。

由于高速钢含有大量合金元素,故铸态组织出现莱氏体,属于莱氏体钢。其中共晶碳化物呈鱼骨状且分布很不均匀,造成强度及韧性下降。这些**碳化物不能用热处理来消除**,必须通过高温轧制及反复锻造将其击碎,并使碳化物呈小块状均匀分布在基体上。因此,高速工具钢锻造的目的不仅仅在于成形,更重要的是打碎莱氏体中粗大的碳化物。

因高速钢的奥氏体稳定性很好,经锻造后空冷,也会发生马氏体转变。为了改善其切削加工性能,消除残余内应力,并为最终热处理做组织准备,必须进行退火。通常采用等温球化退火(即在 830 ℃~880 ℃ 范围内保温后,较快地冷却到 720 ℃~760 ℃ 范围内等温),退火后组织为索氏体及粒状碳化物,硬度为 207~255 HBS。

高速钢的耐热性主要取决于马氏体中合金元素的含量,即加热时溶入奥氏体中的合金元素量。对 W18Cr4V 钢,随着加热温度升高,溶入奥氏体中的合金元素量增加,为了使钨、钼、钒元素尽可能多地溶入奥氏体,提高钢的耐热性,其淬火温度应高(为 1 270 ℃~1 280 ℃)。但加热温度过高时,奥氏体晶粒粗大,剩余碳化物聚集,使钢性能变坏,故高速工具钢的淬火加热温度一般不超过 1 300 ℃。高速工具钢的淬火方法常用油淬空冷的双介质淬火法或马氏体分级淬火法。淬火后的组织是隐针马氏体、粒状碳化物及 20%～25% 的残余奥氏体。

为了消除淬火应力,减少残余奥氏体量,稳定组织,提高力学性能指标,则淬火后必须进行回火。在 560 ℃ 左右回火过程中,由马氏体中析出高度弥散的钨、钒的碳化物,使钢的硬度明显提高;同时残余奥氏体中也析出碳化物,使其碳和合金元素含量降低,$M_s$ 点上升,在回火冷却过程中残余奥氏体转变成马氏体使硬度提高到 64～66 HRC,形成"二次硬化"。

由于 W18Cr4V 钢在淬火状态约有 20%～25% 的残余奥氏体,一次回火难以全部消除,经三次回火后即可使残余奥氏体减至最低量(第一次回火 1 h 降到 10% 左右,第二次回火后降到 3%～5%,第三次回火后降到最低量 1%～2%)。

高速钢正常淬火、回火后组织为极细小的回火马氏体＋较多的粒状碳化物及少量残余奥氏体,其硬度为 63～66 HRC。

我国常用的高速钢有三类,见表 2-10。

表 2-10　常用高速钢的牌号、成分、热处理、硬度及耐热性

| 种类 | 牌号 | 化学成分 $w_{Me} \times 100$ | | | | | | 热处理 | | | 耐热性 HRC |
|---|---|---|---|---|---|---|---|---|---|---|---|
| | | C | Cr | W | Mo | V | 其他 | 淬火温度 /℃ | 回火温度 /℃ | 回火后硬度(HRC) | |
| 钨系 | W18Cr4V | 0.70～0.80 | 3.80～4.40 | 17.50～19.00 | ≤0.30 | 1.00～1.40 | | 1 270～1 285 | 550～570 | 63 | 61.5～62 |
| 钨钼系 | CW6Mo5Cr4V2 | 0.95～1.05 | 3.80～4.40 | 5.50～6.75 | 4.50～5.50 | 1.75～2.20 | | 1 190～1 210 | 540～560 | 65 | — |
| | W6Mo5Cr4V2 | 0.80～0.90 | 3.80～4.40 | 5.50～6.75 | 4.50～5.50 | 1.75～2.20 | | 1 210～1 230 | 540～560 | 64 | 60～61 |
| | W6Mo5Cr4V3 | 1.00～1.10 | 3.75～4.50 | 5.00～6.75 | 4.75～5.50 | 2.80～3.30 | | 1 200～1 240 | 540～560 | 64 | 64 |
| | W9Mo3Cr4V | 0.77～0.85 | 3.80～4.40 | 8.50～9.50 | 2.70～3.30 | 1.30～1.70 | | 1 210～1 230 | 540～560 | 64 | — |
| 超硬系 | W18Cr4V2Co8 | 0.75～0.85 | 3.75～5.00 | 17.50～19.00 | 0.50～1.25 | 1.80～2.40 | Co:7.00～9.50 | 1 270～1 290 | 540～560 | 65 | 64 |
| | W6Mo5Cr4V2Al | 1.05～1.20 | 3.80～4.40 | 5.50～6.75 | 4.50～5.50 | 1.75～2.20 | Al:0.80～1.20 | 1 230～1 240 | 540～560 | 65 | 65 |

W18Cr4V 是钨系高速钢,其热硬性较高,过热敏感性较小,磨削性好,但碳化物较粗大,热塑性差,热加工废品率较高。W18Cr4V 钢适用于制造一般的高速切削刃具,但不适合作薄刃的刃具。

## 二、模具钢的牌号、热处理、性能特点及其应用

模具钢主要用来制造使各种工程材料成形的工、模具,根据工作条件的不同,**模具钢又可分为冷作模具钢、热作模具钢、塑料模具钢和无磁模具钢等。**

1. 冷作模具钢的牌号、热处理、性能特点及其应用

冷作模具钢用于制造在室温下使金属变形的模具,如冷冲模、冷镦、拉丝、冷挤压模等。它们在工作时承受高的压力、摩擦与冲击,因此,冷作模具要求具有:高的硬度和耐磨性、较高强度、足够韧性和良好的工艺性。

常用来制作冷作模具的合金工具钢中有一部分为低合金工具钢。如 CrWMn、9CrWMn、9Mn2V 以及 9SiCr、Cr2、9Cr2 等。对尺寸比较大、工作载荷较重的冷作模应采用淬透性比较高的低合金工具钢制造。对于尺寸不很大但形状复杂的冷冲模,为减少变形也应使用此类钢制造。

对于要求热处理变形小的大型冷作模具采用高碳高铬模具钢(Cr12、Cr12MoV)。Cr12 型钢中主要的碳化物是 $(Cr、Fe)_7C_3$,这些碳化物在高温加热淬火时大量溶于奥氏体,增加钢的淬透性。Cr12 型钢缺点是碳化物多而且分布不均匀,残余奥氏体含量也高,强度、韧性大为降低。

在 Cr12 钢基础上加入钼、钒后,除了可以进一步提高钢的回火稳定性,增加淬透性外,还能细化晶粒,改善韧性,所以 Cr12MoV 钢性能优于 Cr12 钢。

含有钼、钒的高碳高铬钢在 500 ℃ 左右回火后产生二次硬化。因此,具有高的硬度和耐磨性。

按照国标 GB/T 1299—2014(《工模具钢》),冷作模具钢有 19 种钢号。常用冷作模具的牌号、化学成分、热处理及用途列于表 2-11。

表 2-11 常用冷作模具的牌号、化学成分、热处理及用途

| 牌号 | 主要化学成分($\omega_{Me}$%) | | | | | | | 热处理工艺 | | 用途举例 |
|---|---|---|---|---|---|---|---|---|---|---|
| | C | Cr | W | V | Mo | Nb | Mn | 淬火温度/℃ | 硬度 HRC | |
| Cr12MoV | 1.45~1.70 | 11.0~12.5 | — | 0.15~0.30 | 0.40~0.60 | | ≤0.40 | 950~1 000 | ≥58 | 大型复杂的冷切剪刀、切边模、拉丝模、量规等、高耐磨冲模、冲头 |
| CrWMn | 0.90~1.05 | 0.90~1.20 | 1.20~1.60 | | | | 0.80~1.10 | 800~830 | ≥62 | 板牙、量块、样板、样套、形状复杂的高精度冲模 |
| Cr5Mo1V | 0.95~1.05 | 4.75~5.50 | | 0.15~0.50 | 0.90~1.40 | | ≤1.0 | 950±6 | ≤60 | 五金冲模、钢球冷锻模、切刀等 |
| 6W6Mo5Cr4V | 0.55~0.65 | 3.70~4.30 | 6.0~7.0 | 0.70~1.0 | 4.50~5.50 | — | ≤0.60 | 1 180~1 200 | ≥60 | 冷挤凹模、上下冲头 |
| 6Cr4W3Mo2VNb | 0.60~0.70 | 3.80~4.40 | 2.50~3.50 | 0.80~1.20 | 1.80~2.50 | 0.20~0.35 | ≤0.40 | 1 100~1 160 | ≤60 | 冷挤压模具、冷锻模具 |

2. 热作模具钢的牌号、热处理、性能特点及其应用

热作模具钢是用来制作加热的固态金属或液态金属在压力下成形的模具。前者称为热锻模或热挤压模,后者称为压铸模。

由于模具承受载荷很大,要求强度高。模具在工作时往往还承受很大冲击,所以要求韧性好,既要求综合力学性能好,同时又要求有良好的淬透性和抗热疲劳性。

常用热作模具钢的牌号、化学成分、热处理及硬度见表 2－12。

表 2－12 常用热作模具钢的牌号、化学成分、热处理及硬度

| 牌号 | 化学成分 $\omega_{Me}\%$ | | | | | | | | 交货状态 HBS | 试样淬火 | |
| | C | Si | Mn | Cr | W | Mo | V | 其他 | | 淬火温度/℃,冷却介质 | 硬度 HRC |
|---|---|---|---|---|---|---|---|---|---|---|---|
| 5CrMnMo | 0.50~0.60 | 0.25~0.60 | 1.20~1.60 | 0.60~0.90 | — | 0.15~0.30 | — | — | 241~197 | 820~850 油 | 60 |
| 5CrNiMo | 0.50~0.60 | ≤0.40 | 0.50~0.80 | 0.50~0.80 | — | 0.15~0.30 | — | 1.40~1.80 | 241~197 | 830~860 油 | 60 |
| 3Cr2W8V | 0.30~0.40 | ≤0.40 | ≤0.40 | 2.20~2.70 | 7.50~9.00 | — | 0.20~0.50 | — | 255~207 | 1 075~1 125 油 | 60 |
| 5Cr4Mo3SiMnVAl | 0.47~0.57 | 0.80~1.10 | 0.80~1.10 | 3.80~4.30 | — | 2.80~3.40 | 0.80~1.20 | 0.30~0.70 | ≤255 | 1 090~1 120 油 | 60 |
| 4CrMnSiMoV | 0.35~0.45 | 0.80~1.10 | 0.80~1.10 | 1.30~1.50 | — | 0.40~0.60 | 0.20~0.40 | — | 241~197 | 870~930 油 | 60 |
| 4Cr5MoSiV | 0.33~0.43 | 0.80~1.20 | 0.20~0.50 | 4.75~5.50 | — | 1.10~1.60 | 0.30~0.60 | — | ≤235 | 790 预热,1 000(盐浴)或1 010(炉控气氛)加热,保温 5~15 min 空冷,550 回火 | |
| 4Cr5MoSiV1 | 0.32~0.45 | 0.80~1.20 | 0.20~0.50 | 4.75~5.50 | — | 1.10~1.75 | 0.80~1.20 | — | ≤235 | | |

(1) 热锻模具钢

包括锤锻模用钢以及热挤压、热镦模及精锻模用钢。一般碳的质量分数为 $\omega_c = 0.4\% \sim 0.6\%$,以保证淬火及中、高温回火后具有足够的强度与韧性。

热锻模经锻造后需进行退火,以消除锻造内应力,均匀组织,降低硬度,改善切削加工性能。加工后通过淬火、中温回火,得到主要是回火屈氏体的组织,硬度一般为 40~50 HRC 来满足使用要求。

常用的热锻模具钢牌号是 5CrNiMo、5CrMnMo。5CrNiMo 钢具有良好韧性、强度、耐磨性和淬透性。5CrNiMo 钢是世界通用的大型锤锻模用钢,适于制造形状复杂的、受冲击载荷

重的大型及特大型的锻模。5CrMnMo 钢以锰代镍,适于制造中型锻模。

热作模具钢中的 4CrMnSiMoV 钢具有良好的淬透性,故尺寸较大的模具空冷也可得到马氏体组织,并具有较好的回火稳定性和良好的力学性能,其抗热疲劳性及较高温度下的强度和韧性接近 5CrNiMo 钢,因此,在大型锤锻模和水压机锻造用模上,4CrMnSiMoV 钢可以代替 5CrNiMo 钢。

铬系热模具钢 4Cr5MoSiV、4Cr5MoSiV1,可用于制作尺寸不大的热锻模、热挤压模、高速精锻模、锻造压力机模具等。5Cr4Mo3SiMnVA1 为冷热兼用的模具钢,可用其制作压力机热压冲头及凹模,寿命较高。

(2) 压铸模钢  压铸模工作时与炽热金属接触时间较长,要求有较高的耐热疲劳性、较高的导热性、良好的耐磨性和必要的高温力学性能。此外,还需要具有抗高温金属液的腐蚀和冲刷能力。

常用压铸模钢是 3Cr2W8V 钢,具有高的热硬性、高的抗热疲劳性。这种钢在 600 ℃~650 ℃下强度可达 $R_m = 1\ 000 \sim 1\ 200\ \text{N/mm}^2$,淬透性也较好。

近些年来,铝镁合金压铸模用钢还可用铬系热模具钢 4Cr5MoSiV 及 4Cr5MoSiV1,其中用 4Cr5MoSiV1 钢制作的铝合金压铸模具,寿命要高于 3Cr2W8V 钢。

按照国标 GB/T 1299—2014(《工模具钢》),热作模具钢有 22 种钢号。

3. 塑料模具钢的牌号、热处理、性能特点及其应用

工业和生活中,塑料制品的发展对模具材料的要求趋向多样化。适合制作塑料制品用模具的钢种为塑料模具钢。由塑料模具的工作特点可知,其要求具有非常洁净和高光洁的表面、耐磨、耐蚀,具有一定的表面硬化层、足够的强度和韧性。塑料模具钢可分为以下几种:

(1) 中、小型且形状不复杂的塑料模具,可采用 T7A、T10A、9Mn2V、CrWMn、Cr2 等钢种,大型复杂的塑料模具采用 4Cr5MoSiV、Cr12MoV 等钢种。

(2) 复杂精密的塑料模具常采用 20CrMnTi、12CrNi3A 等渗碳钢,也可采用预硬钢种。

(3) 应用于腐蚀环境下的塑料模具,则采用耐蚀的马氏体不锈钢制造,如 20Cr13、30Cr13 等钢种。

部分塑料模具钢种的牌号、主要化学成分、热处理及用途见表 2-13。

表 2-13  部分塑料模具钢的牌号、主要化学成分、热处理及用途

| 牌号 | 主要化学成分($\omega_{Me}\%$) | | | | | | | | 热处理工艺 | | 用途举例 |
|---|---|---|---|---|---|---|---|---|---|---|---|
| | C | Cr | Ni | Mo | V | Mn | Ca | S | 淬火温度/℃ | 硬度 HRC | |
| S48C[①] | 0.45~0.51 | ≤0.12 | ≤0.20 | — | 0.50~0.80 | — | ≤0.40 | — | 810~860 | 20~27 | 标准注塑模架、模板 |
| 3Cr2WMo | 0.28~0.40 | 1.40~2.0 | — | 0.30~0.55 | — | 0.60~1.00 | — | — | 830~860 | 28~36 | 各种塑料模具及低熔点金属压铸模 |
| 5NiSCa | 0.50~0.60 | 0.30~2.0 | 0.9~1.3 | 0.10~1.0 | 0.10~0.80 | — | 0.002~0.02 | 0.06~0.15 | 880~890 | 30~45 | 各种精度、光洁度要求高的塑料模具 |

| 牌号 | 主要化学成分($\omega_{Me}\%$) | | | | | | | | 热处理工艺 | | 用途举例 |
|------|------|------|------|------|------|------|------|------|------|------|------|
| | C | Cr | Ni | Mo | V | Mn | Ca | S | 淬火温度/℃ | 硬度HRC | |
| 40CrMnNiMo | 0.40 | 2.00 | 1.1 | 0.20 | — | 1.50 | — | 4.59～5.5 | 830～870 | 48～52 | 大型电视机外壳、洗衣机面板、厚度大于400 mm的塑料模具 |
| Y55CrNiMnMoV[②] | 0.50～0.60 | 0.80～1.2 | 1.0～1.5 | 0.20～1.20 | 0.10～0.30 | 0.80～1.20 | — | 4.75～5.5 | 830～850 | 36～42 | 热塑性模具、线路板冲孔模、精密冲板导向板、热固性塑料模具 |

① S 表示塑料模具类。　② Y 表示预应态类。

## 三、合金量具钢

量具钢是用于制造游标卡尺、千分尺、量块、塞规等测量工件尺寸的工具用钢。

量具在使用过程中与工件接触,受到磨损与碰撞,因此,要求工作部分应有高硬度(58～64 HRC)、高耐磨性、高的尺寸稳定性和足够的韧性。

合金工具钢 9Mn2V、CrWMn 以及 GCr15 钢,由于淬透性好,用油淬造成的内应力比水淬的碳钢小,低温回火后残余内应力也较小;同时合金元素使马氏体分解温度提高,因而使组织稳定性提高,故在使用过程中尺寸变化倾向较碳素工具钢小。因此,要求高精度和形状复杂的量具,常用合金工具钢制造。

量具的最终热处理主要是淬火、低温回火,以获得高硬度和高耐磨性。对于高精度的量具,为保证尺寸稳定,在淬火与回火之间进行一次冷处理(−70 ℃～−80 ℃),以消除淬火后组织中的大部分残余奥氏体。对精度要求特别高的量具,在淬火、回火后还需进行时效处理。时效温度一般为 120 ℃～130 ℃,时效时间 24～36 h,以进一步稳定组织,消除内应力。量具在精磨后还要进行 8 h 左右的时效处理,以消除精磨中产生的内应力。

➢ 填空题

1. 为了保证高(　　)和耐磨性,低合金刃具钢的碳的质量分数为 $\omega_c=$(　　)。

2. 高速钢的成分特点是含有较高的(　　)和大量形成碳化物的元素钨、钼、铬、钒、钴、铝等,碳的质量分数为 $\omega_c=$(　　),合金元素总量 $\omega_{Me}>$(　　)。

3. 冷作模具要求具有:高的(　　)和(　　)性、较高(　　)、足够的(　　)性和良好的工艺性。

4. 量具钢工作部分需要具有高(　　)度、高(　　)性、高的(　　)性和足够的(　　)性。

➢ 单选题

1. 在低合金刃具钢中加入合金元素硅、铬、锰可提高钢的(　　),使其一般在 300 ℃ 以下回火后硬度仍保持 60 HRC 以上,从而保证一定的耐热性。

A. 强度                       B. 钢的淬透性和回火稳定性

C. 硬度                       D. 耐磨性

2. 刀具毛坯经锻造后的预先热处理为( )，最终热处理采用淬火＋低温回火。

A. 完全退火                 B. 不完全退火

C. 球化退火                 D. 去应力退火

3. 对精度要求特别高的量具,在淬火、回火后还需进行( )处理。时效温度一般为 120 ℃~130 ℃,时效时间 24~36 h,以进一步稳定组织,消除内应力。

A. 硬化        B. 固溶          C. 热             D. 时效

➢ **多选题**

1. 钨在低合金刃具钢中的作用是( )。

A. 可形成较稳定的特殊碳化物

B. 使钢保持足够的韧性

C. 基本上不溶于奥氏体,能使钢的奥氏体晶粒保持细小

D. 增加淬火后钢的硬度,同时还提高钢的耐磨性及耐热性

2. 高速钢的耐热性较高,可制造高速切削的机床刀具。其耐热性高的主要决定因素是( )。

A. 较高的含碳量

B. 马氏体中合金元素的含量

C. 加热时溶入奥氏体中的合金元素量

D. 热处理工艺

## ▌▶ 考点 17   不锈钢与耐热钢的牌号、热处理、性能特点及其应用

不锈钢、耐热钢和耐磨钢统称为特殊性能钢,是指具有特殊的物理、化学性能的钢。

### 一、不锈钢的牌号、热处理、性能特点及其应用

在腐蚀性介质中具有抗腐蚀能力的钢,一般称为不锈钢。

#### 1. 金属腐蚀

腐蚀通常可分为化学腐蚀和电化学腐蚀两种类型。化学腐蚀指金属与周围介质发生纯化学作用的腐蚀,在腐蚀过程中没有微电流产生。例如钢的高温氧化、脱碳等。电化学腐蚀指金属在大气、海水及酸、碱、盐类溶液中产生的腐蚀,在腐蚀过程中有微电流产生。在这两种腐蚀中,危害最大的是电化学腐蚀。

大部分金属的腐蚀都属于电化学腐蚀。

为了提高钢的抗电化学腐蚀能力,主要采取以下措施:

(1) **提高基体电极电位**。例如当 $\omega_{Cr} > 11.7\%$ 时,使绝大多数铬都溶于固溶体中,使基体电极电位由 $-0.56$ V 跃增为 $+0.20$ V,从而提高抗电化学腐蚀的能力。

(2) **减少原电池形成**的可能性。使金属在室温下只有均匀单相组织,例如铁素体钢、奥氏体钢。

(3) **形成钝化膜**。在钢中加入大量合金元素,使金属表面形成一层致密的氧化膜(如 $Cr_2O_3$ 等),使钢与周围介质隔绝,提高抗腐蚀能力。

## 2. 常用不锈钢

目前常用的不锈钢,按其组织状态主要分为**马氏体不锈钢**、**铁素体不锈钢**和**奥氏体不锈钢**三大类,其牌号、成分、热处理、力学性能及用途见表 2－14。

表 2－14 常用不锈钢的牌号、成分、热处理、力学性能及用途

| 类别 | 牌号 | | 主要化学成分 $\omega_{Me}\%$ | | 热处理 | | 力学性能 | | | | 用途举例 |
|---|---|---|---|---|---|---|---|---|---|---|---|
| | 新牌号 | 旧牌号 | C | Cr | 淬火温度℃ | 回火温度℃ | $R_{eL}/$ MPa | $R_m/$ MPa | A% | HBW | |
| 马氏体型 | 12Cr13 | 1Cr13 | 0.08~0.15 | 11.50~13.50 | 950~1 000 油 | 700~750 快冷 | ≥343 | ≥540 | ≥25 | ≥159 | 汽轮机叶片、水压机阀、螺栓、螺母等弱腐蚀介质下承受冲击的零件 |
| | 20Cr13 | 2Cr13 | 0.16~0.25 | 12.0~14.0 | 920~980 油 | 600~750 快冷 | ≥440 | ≥635 | ≥20 | ≥192 | 汽轮机叶片、水压机阀、螺栓、螺母等弱腐蚀介质下承受冲击的零件 |
| | 30Cr13 | 3Cr13 | 0.26~0.35 | 12.0~14.0 | 920~980 油 | 600~750 快冷 | ≥540 | ≥735 | ≥12 | ≥217 | 制作耐磨的零件,如热油泵轴、阀门、刃具等 |
| | 68Cr17 | 7Cr17 | 0.60~0.75 | 16.0~18.0 | 1 010~1 070 油 | 100~180 快冷 | ≥250 | ≥400 | ≥20 | ≥54 HRC | 制作轴承、刃具、阀门、量具等 |
| 铁素体型 | 06Cr13Al | 0Cr13Al | ≤0.08 | 11.50~14.50 | 780~830 空冷或缓冷 | — | ≥177 | ≥410 | ≥20 | ≤183 | 汽轮机材料、复合钢材、淬火用部件 |
| | 10Cr17 | 1Cr17 | ≤0.12 | 16.0~18.0 | 780~850 空冷或缓冷 | — | ≥205 | ≥450 | ≥22 | ≤183 | 通用钢种,建筑内装饰用、家庭用具等 |
| | 008Cr30Mo2 | 00Cr30Mo2 | ≤0.01 | 28.5~32.0 | 900~1 050 快冷 | — | ≥295 | ≥450 | ≥20 | ≤228 | C、N 含量极低,耐蚀性很好,制造氢氧化钠设备及有机酸设备 |
| 奥氏体型 | Y12Cr18Ni9 | Y1Cr18Ni9 | ≤0.15 | 17.0~19.0 | 固溶处理 1 050~1 150 快冷 | — | ≥205 | ≥520 | ≥40 | ≤187 | 提高可加工性,最适合于自动车床、制作螺栓、螺母等 |
| | 06Cr19Ni10 | 0Cr19Ni9 | ≤0.08 | 18.0~20.0 | 固溶处理 1 050~1 150 快冷 | — | ≥205 | ≥550 | ≥40 | ≤187 | 广泛作为不锈耐热钢使用。食用品设备、化工设备、核工业用 |
| | 06Cr18Ni11Ti | 0Cr18Ni10Ti | ≤0.08 | 17.0~19.0 | 固溶处理 920~1 150 快冷 | — | ≥205 | ≥520 | ≥40 | ≤187 | 制作焊芯、机械仪表、医疗器械、耐酸容器、输送管道 |

续　表

| 类别 | 牌号 | | 主要化学成分 $\omega_{Me}\%$ | | 热处理 | | 力学性能 | | | | 用途举例 |
|---|---|---|---|---|---|---|---|---|---|---|---|
| | 新牌号 | 旧牌号 | C | Cr | 淬火温度℃ | 回火温度℃ | $R_{eL}/$ MPa | $R_m/$ MPa | $A\%$ | HBW | |
| 铁素体-奥氏体型 | 14Cr18Ni11Si4AlTl | 1Cr18Ni11Si4AlTl | 0.10 ~ 0.18 | 17.5 ~ 19.5 | 固溶处理 950~1 100 快冷 | — | ≥ 440 | ≥ 715 | ≥25 | — | 可用于制作抗高温的零件和设备,如排酸阀门 |
| | 122Cr19Ni5Mo3Si2N | 0Cr18Ni5Mo3Si2 | ≤ 0.03 | 18.0 ~ 19.5 | 固溶处理 950~1 100 快冷 | — | ≥ 390 | ≥ 588 | ≥20 | ≤30 HRC | 制作石油化工等工业热交换设备或冷凝器等 |

（1）马氏体不锈钢

常用马氏体不锈钢碳的质量分数为 $\omega_c = 0.1\% \sim 0.4\%$，铬的含量为 $\omega_{Cr} = 11.50\% \sim 14.00\%$，属铬不锈钢,通常指 Cr13 型不锈钢。淬火后能得到马氏体,故称为马氏体不锈钢。它随着钢中碳的质量分数的增加,钢的强度、硬度、耐磨性提高,但耐蚀性下降。为了提高耐蚀性,不锈钢中碳的质量分数一般 $\omega_c \leq 0.4\%$。

碳的质量分数较低的 12Cr13 和 20Cr13 钢,具有良好的抗大气、海水、蒸汽等介质腐蚀的能力,塑性、韧性很好。适用于制造在腐蚀条件下工作、受冲击载荷的结构零件,如汽轮机叶片、各种阀、机泵等。这两种钢常用热处理方法为淬火后高温回火,得到回火索氏体组织。

碳的质量分数较高的 30Cr13、68Cr17 钢,经淬火后低温回火,得到回火马氏体和少量碳化物,硬度可达 50 HRC 左右。用于制造医疗手术工具、量具、弹簧、轴承及弱腐蚀条件下工作而要求高硬度的耐蚀零件。

（2）铁素体不锈钢

典型牌号有 10Cr17、10Cr17Mo 等。常用的铁素体不锈钢中, $\omega_c \leq 0.12\%$, $\omega_{Cr} = 12\% \sim 13\%$,这类钢从高温到室温,其组织均为单相铁素体组织,所以在退火和正火状态下使用,不能利用热处理来强化。其耐蚀性、塑性、焊接性均优于马氏体不锈钢,但强度比马氏体不锈钢低,主要用于制造耐蚀零件,广泛用于硝酸和氮肥工业中。

（3）奥氏体不锈钢

这类钢一般铬的含量为 $\omega_{Cr} = 17\% \sim 19\%$, $\omega_{Ni} = 8\% \sim 11\%$,故简称 18 - 8 型不锈钢。其典型牌号有 0Cr19Ni9、1Cr18Ni9、0Cr18Ni11Ti、00Cr17Ni14Mo2 钢等。这类钢中碳的质量分数不能过高,否则易在晶间析出碳化物 $(Cr,Fe)_{23}C_6$ 引起晶间腐蚀,使钢中铬量降低产生贫铬区,故其碳的质量分数一般控制在 $\omega_c = 0.10\%$ 左右,有时甚至控制在 0.03% 左右。有晶间腐蚀的钢,稍受力即沿晶界开裂或粉碎。

这类钢在退火状态下呈现奥氏体和少量碳化物组织,碳化物的存在,对钢的耐蚀性有很大损伤,故采用固溶处理方法来消除。固溶处理是把钢加热到 1 100 ℃ 左右,使碳化物溶解在高温下所得到的奥氏体中,然后水淬快冷至室温,即获得单相奥氏体组织,提高钢的耐蚀性。

由于铬镍不锈钢中铬、镍的含量高,且为单相组织,故其耐蚀性高。它不仅能抵抗大气、海水、燃气的腐蚀,而且能抗酸的腐蚀,抗氧化温度可达 850 ℃,具有一定的耐热性。铬镍不锈钢没有磁性,故用它制造电器、仪表零件,不受周围磁场及地球磁场的影响。又由于塑性很好,可以顺利进行冷、热压力加工。

### 二、耐热钢的牌号、热处理、性能特点及其应用

耐热钢是抗氧化钢和热强钢的总称。

钢的耐热性包括**高温抗氧化性**和**高温强度**两方面的综合性能。高温抗氧化性是指钢在高温下对氧化作用的抗力;而高温强度是指钢在高温下承受机械载荷的能力,即**热强性**。因此,耐热钢既要求高温抗氧化性能好,又要求高温强度高。

在钢中加入铬、硅、铝等合金元素,它们与氧亲和力大,优先被氧化,形成一层致密、完整、高熔点的氧化膜($Cr_2O_3$、$Fe_2SiO_4$、$Al_2O_3$),牢固覆盖于钢的表面,可将金属与外界的高温氧化性气体隔绝,从而避免进一步被氧化。

钢铁材料在高温下除氧化外其强度也大大下降,这是由于随温度升高,金属原子间结合力减弱,特别当工作温度接近材料再结晶温度时,也会缓慢地发生塑性变形,且变形量随时间的延长而增大,最后导致金属破坏,这种现象称为**蠕变**。

为了提高钢的高温强度,在钢中加入铬、钼、锰、铌等元素,可提高钢的再结晶温度。在钢中加入钛、铌、钒、钨、钼以及铝、硼、氮等元素,形成弥散相来提高高温强度。

常用耐热钢的牌号、化学成分、热处理及用途见表 2-15。

#### 表 2-15 常用耐热钢的牌号、化学成分、热处理及用途

| 类别 | 牌号 | | 化学成分 $\omega_{Me}/\%$ | | | | | | 热处理 | 用途举例 |
|---|---|---|---|---|---|---|---|---|---|---|
| | 新牌号 | 旧牌号 | C | Mn | Si | Ni | Cr | 其他 | | |
| 铁素体型 | 16Cr25N | 2Cr25 | ≤0.20 | ≤1.50 | ≤1.00 | — | 23.0~27.0 | N≤0.25 | 退火 780 ℃~880 ℃快冷 | 耐高温、耐蚀性强,1 082 ℃以下不产生易剥落氧化皮,用作 1 050 ℃以下炉用构件 |
| | 06Cr13Al | 0Cr13Al | ≤0.08 | ≤1.00 | ≤1.00 | — | 11.50~14.50 | Al≤0.10~1.30 | 退火 780 ℃~830 ℃空冷 | 最高使用温度为 900 ℃,制作各种承受应力不大的炉用构件,如喷嘴、退火炉罩等 |
| 奥氏体型 | 06Cr25Ni20 | 0Cr25Ni20 | ≤0.08 | ≤2.00 | ≤1.50 | 19.0~22.0 | 24.0~26.0 | — | 固溶处理 1 030 ℃~1 180 ℃快冷 | 可用作 1 035 ℃以下炉用构件 |
| | 12Cr16Ni35 | 1Cr16Ni35 | ≤1.50 | ≤2.00 | ≤1.50 | 33.0~37.0 | 14.0~17.0 | — | 固溶处理 1 030 ℃~1 180 ℃快冷 | 抗渗碳、抗渗氮性好,在 1 035 ℃以下可反复加热 |

| 类别 | 牌 号 | | 化学成分 $\omega_{Me}/\%$ | | | | | | 热 处 理 | 用途举例 |
|---|---|---|---|---|---|---|---|---|---|---|
| | 新牌号 | 旧牌号 | C | Mn | Si | Ni | Cr | 其他 | | |
| 马氏体型 | 12Cr13 | 1Cr13 | 0.08~0.15 | ≤1.00 | ≤1.00 | ≤0.60 | 11.50~13.50 | — | 950 ℃~1 000 ℃油淬火 650 ℃~750 ℃回火(快冷) | 用作 800 ℃以下的耐氧化部件 |
| | 14Cr11MoV | 1Cr11MoV | 0.11~0.18 | ≤0.60 | ≤0.50 | ≤0.60 | 10.0~11.50 | V0.25~0.40 | 1 050 ℃~1 100 ℃空淬或 720 ℃~740 ℃回火(空冷) | 有较高的热强性、良好的减振性及组织稳定性,用于涡轮机叶片及导向叶片 |
| 珠光体型 | 15CrMo[①] | | 0.12~0.18 | 0.40~0.70 | 0.17~0.37 | | 0.80~1.10 | — | 930 ℃~960 ℃正火 | 制作高压锅炉等 |
| | 35CrMoV[①] | | 0.35~0.38 | 0.40~0.70 | 0.17~0.37 | | 1.0~1.30 | V0.10~0.20 | 980 ℃~1 020 ℃正火或调质处理 | 高应力下工作的重要机件,如 520 ℃以下的汽轮机转子叶片、压缩机转子等 |

常用的耐热钢,按正火状态下的组织不同主要有珠光体钢、马氏体钢、奥氏体钢三类。

其中 15CrMo 钢是典型的锅炉用钢,可用于制造在 500 ℃以下长期工作的零件,此钢虽然耐热性不高,但其工艺性能(如焊接性、压力加工性和切削加工性等)和物理性能(如导热性和膨胀系数等)都较好。4Cr9Si2、4Cr10Si2Mo 钢适用于 650 ℃以下受动载荷的部件,如汽车发动机、柴油机的排气阀,故此两种钢又称为气阀钢。也可用作 900 ℃以下的加热炉构件,如料盘、炉底板等。1Cr13、0Cr18Ni11Ti 钢既是不锈钢,又是良好的热强钢。1Cr13 钢在 450 ℃左右和 0Cr18Ni11Ti 钢在 600 ℃左右都具有足够的热强性。0Cr18Ni11Ti 钢的抗氧化能力可达 850 ℃,是一种应用广泛的耐热钢,可用来制造高压锅炉的过热器、化工高压反应器等。

### 三、耐磨钢的牌号、热处理、性能特点及其应用

耐磨钢是指在冲击和磨损条件下使用的高锰钢。

高锰钢的主要成分是 $\omega_c = 0.9\% \sim 1.5\%$,$\omega_{Mn} = 11\% \sim 14\%$。经热处理后得到单相奥氏体组织,由于高锰钢极易冷变形强化,使切削加工困难,故基本上是铸造成形后使用。

高锰钢铸件的牌号,前面的"ZG"是代表"铸钢"二字汉语拼音字首,其后是化学元素符号"Mn",随后数字"13"表示平均锰的质量分数的百倍(即平均 $\omega_{Mn} = 13\%$),最后的一位数字1、2、3、4 表示顺序号。例如 ZGMn13 - 1,表示 1 号铸造高锰钢,其碳的质量分数最高($\omega_c = 1.00\% \sim 1.50\%$);而 4 号铸造高锰钢 ZGMn13 - 4,碳的质量分数低($\omega_c = 0.90\% \sim 1.20\%$)。高锰钢铸件的牌号、化学成分、力学性能及用途见表 2 - 16。

表 2-16　高锰钢铸件的牌号、化学成分、热处理、力学性能及用途

| 牌　号 | 化学成分 $\omega_{Me}$/% | | | | | 热处理<br>（水韧处理） | | 力学性能 | | | | 用途举例 |
| --- | --- | --- | --- | --- | --- | --- | --- | --- | --- | --- | --- | --- |
| | C | Si | Mn | S | P | 淬火温度/℃ | 冷却介质 | $\sigma_b$/(N·mm$^{-2}$) | $\delta_5 \times$ 100 | $A_K$/(J·cm$^{-2}$) | HBS | |
| | | | | | | | | 不　小　于 | | | 不大于 | |
| ZGMn13-1 | 1.00 ~ 1.50 | 0.30 ~ 1.00 | 11.00 ~ 14.00 | ≤ 0.050 | ≤ 0.090 | 1 060 ~ 1 100 | 水 | 637 | 20 | — | 229 | 用于结构简单、要求以耐磨为主的低冲击铸件，如衬板、齿板、辊套、铲齿等 |
| ZGMn13-2 | 1.00 ~ 1.40 | 0.30 ~ 1.00 | 11.00 ~ 14.00 | ≤ 0.050 | ≤ 0.090 | 1 060 ~ 1 100 | 水 | 637 | 20 | 118 | 229 | |
| ZGMn13-3 | 0.90 ~ 1.30 | 0.30 ~ 0.80 | 11.00 ~ 14.00 | ≤ 0.050 | ≤ 0.080 | 1 060 ~ 1 100 | 水 | 686 | 25 | 118 | 229 | 用于结构复杂、要求以韧性为主的高冲击铸件，如履带板等 |
| ZGMn13-4 | 0.90 ~ 1.20 | 0.30 ~ 0.80 | 11.00 ~ 14.00 | ≤ 0.050 | ≤ 0.070 | 1 060 ~ 1 100 | 水 | 735 | 35 | 118 | 229 | |

注：牌号、化学成分、热处理、力学性能摘自 GB/T 5860—2023《奥氏体锰钢铸件技术条件》。

高锰钢由于铸态组织是奥氏体＋碳化物，而碳化物的存在要沿奥氏体晶界析出，降低了钢的韧性与耐磨性，所以必须进行**水韧处理**。所谓"水韧处理"，是将高锰钢铸件加热到 1 000～1 100 ℃，使碳化物全部溶解到奥氏体中，然后在水中急冷，防止碳化物析出，**获得均匀的、单一的过饱和单相奥氏体组织**。这时其强度、硬度并不高，而塑性、韧性却很好（$R_m \geq 637$～735 MPa，$A_{5.65} \geq 20\%$～$35\%$，硬度 $\leq 229$ HBW，$A_k \geq 118$ J·cm$^{-2}$）。但是，当工作时受到强烈的冲击或较大压力时，则表面因塑性变形会产生强烈的冷变形强化，从而使表面层硬度提高到 500～550 HBW，因而获得高的耐磨性，而心部仍然保持着原来奥氏体所具有的高的塑性与韧性，能承受冲击。当表面磨损后，新露出的表面又可在冲击和磨损条件下获得新的硬化层。因此，这种钢具有很高耐磨性和抗冲击能力。但要指出，这种钢只有在强烈冲击和磨损下工作才显示出高的耐磨性，而在一般机器工作条件下高锰钢并不耐磨。

**高锰钢被用来制造在高压力，强冲击和剧烈摩擦条件下工作的抗磨零件，**如坦克和矿山拖拉机履带板、破碎机颚板、挖掘机铲齿、铁道道岔及球磨机衬板等。

➢ 填空题

1. 目前常用的不锈钢，按其组织状态主要分为（　　）不锈钢、（　　）不锈钢和（　　）不锈钢三大类。
2. 钢的耐热性包括（　　）和（　　）两方面的综合性能。
3. 耐磨钢是指在冲击和强烈磨损条件下使用的（　　）。

➢ 单选题

1. 不锈钢中，（　　）的含碳平均质量分数最大。
   A. 铁素体型　　　　　　　　　　　　B. 奥氏体型
   C. 马氏体型　　　　　　　　　　　　D. 三种均较高

2. 耐磨钢经过水韧处理后,获得均匀的、单一的过饱和单相(　　)组织。

A. 铁素体　　　　　　B. 渗碳体　　　　　　C. 奥氏体　　　　　　D. 珠光体

▷ 多选题

1. 为了提高钢的抗电化学腐蚀能力,主要采取以下措施(　　)。

A. 提高基体电极电位　　　　　　　　B. 使材料加工硬化

C. 减少原电池形成的可能性　　　　　D. 在工件表面形成钝化膜

2. 通常(　　)均采用耐磨钢制造。

A. 坦克和矿山拖拉机履带板　　　　　B. 铁道道岔及球磨机衬板

C. 热锻模具和锻锤　　　　　　　　　D. 破碎机颚板、挖掘机铲齿

▷ 综合题

指出下列牌号的钢属于哪类钢,并各举两个应用的实例。

(1) Q235 是(　　)钢,可制造(　　)等零件。

(2) Q345 是(　　)钢,可制造(　　)等构件。

(3) 20CrMnTi 是(　　)钢,可制造(　　)等零件。

(4) 42CrMo 是(　　)钢,可制造(　　)等零件。

(5) 60Si2Mn 是(　　)钢,可制造(　　)等零件。

(6) GCr9 是(　　)钢,可制造(　　)等零件。

(7) W18Cr4V 是(　　)钢,可制造(　　)等零件。

(8) Cr12MoV 是(　　)钢,可制造(　　)等零件。

(9) 12Cr13(1Cr13)是(　　)钢,可制造(　　)等零件。

(10) ZGMn13 是(　　)钢,可制造(　　)等零件。

# ▌▶ 考点 18　铸铁的分类

## 一、铸铁和铸铁的组织

从铁碳合金相图可知,含碳量大于 $\omega_c \geq 2.11\%$ 的铁碳合金称为**铸铁**。工程上常用铸铁的成分范围是:$(2.5 \sim 4.0)\%$ C,$(1.0 \sim 3.0)\%$ Si,$(0.5 \sim 1.4)\%$ Mn,$(0.01 \sim 0.5)\%$ P,$(0.02 \sim 0.5)\%$ S。除此之外,有时尚有一定量的其他合金元素,如 Cr、Mo、V、Cu、Al 等。可见,在成分上铸铁与钢的主要不同是:铸铁含碳和含硅量较高,杂质元素硫、磷较多。

铸铁具有优良的铸造性能、切削加工性、减摩性、消振性和低的缺口敏感性,而且熔炼铸铁的工艺与设备简单、成本低。目前,铸铁仍然是工业生产中最重要的工程材料之一。

在铁碳合金中,碳可能以两种形式存在,即化合态的渗碳体($Fe_3C$)和游离态的石墨(常用 G 表示)。石墨为简单六方晶格,其强度、塑性和韧性极低,接近于零。由热分析法缓慢冷却后得到的白口生铁中碳主要为渗碳体。而我们经常会碰到这样的现象,即将白口生铁在高温下进行长时间加热时,其中的渗碳体便会分解为铁和石墨。可见,渗碳体是一种亚稳定状态,而碳呈游离状态存在的石墨则是一种稳定的相。通常,在铁碳合金的结晶过程中,之所以自其液体或奥氏体中析出的是渗碳体而不是石墨,这主要是因为渗碳体的含碳量为 6.69%,较之石墨的含碳量($\approx 100\%$C)更接近合金成分的含碳量,析出渗碳体时所需的原子扩散量较小,渗碳体的晶核形成较容易。但在极其缓慢冷却(即提供足够的扩散时间)的条件下,或在合金中含有可促进石墨形成的元素(如 Si)时,在铁碳合金的结晶过程中,便会直接自液体或奥氏体中析

出稳定的石墨,而不是渗碳体。

影响石墨形成的化学元素有碳、硅、锰、硫和磷。其中碳和硅是强烈促进石墨形成的元素;锰是阻碍石墨形成的元素;硫是强烈阻碍石墨化的元素;磷促进石墨形成的能力很小。

## 二、铸铁的分类

根据铸铁在结晶过程中的石墨化程度不同,铸铁可分为如下三类:

1. 白口铸铁

白口铸铁是在石墨化过程中石墨完全被抑制,完全按照铁碳合金相图进行结晶而得到的铸铁。这类铸铁组织中的碳全部呈化合态,形成渗碳体,并具有莱氏体的组织,其断口白亮,性能硬脆,故工业上很少应用,主要用作炼钢原料。

2. 灰口铸铁

灰口铸铁中碳以石墨形式存在。即在石墨化过程中都得到充分石墨化的铸铁,其断口为暗灰色。工业上所用的铸铁几乎全部都属于这类铸铁。这类铸铁中按照石墨的形貌不同又可分为四类:当呈现片状石墨时,称为**灰口铸铁**(灰铸铁);当呈现团絮状石墨时,称为**可锻铸铁**;当呈现球状石墨时,称为**球墨铸铁**;当呈现蠕虫状石墨时,称为**蠕墨铸铁**。

3. 麻口铸铁

麻口铸铁是在石墨化过程中未得到充分石墨化的铸铁。其组织介于白口与灰口之间,含有不同程度的莱氏体,也具有较大的硬脆性,工业上很少应用。

> 填空题

1. 根据铸铁在结晶过程中的石墨化程度不同,铸铁可分为( )铸铁、( )铸铁和( )铸铁三类。
2. 工程上主要应用的是( )铸铁,它在结晶过程中,碳充分石墨化。

> 单选题

1. 在极其缓慢冷却的条件下,又有促进石墨形成元素时,铁碳合金的结晶产物是( )。
A. 铁素体　　　　　　B. 渗碳体　　　　　　C. 奥氏体　　　　　　D. 石墨
2. 可锻铸铁的石墨形态为( )。
A. 片状　　　　　　　B. 球状　　　　　　　C. 团絮状　　　　　　D. 蠕虫状

> 多选题

铸铁在结晶时,促进石墨形成的元素有( )。
A. 硫　　　　　　　　B. 碳　　　　　　　　C. 锰　　　　　　　　D. 硅

# ▶ 考点 19　铸铁的组织识别、性能差别、牌号表示和适用场合

这里要求的是灰口铸铁的组织、性能、牌号表示和使用场合,即灰铸铁、可锻铸铁、球墨铸铁和蠕墨铸铁。其牌号都按照最新国家标准 GB/T 5612—2008《铸铁牌号表示方法》的规定。

## 一、灰铸铁的组织识别、性能、牌号表示和适用场合

1. 灰铸铁的组织

灰口铸铁化学成分的一般范围是:$\omega_c = 2.5\% \sim 4.0\%$,$\omega_{Si} = 1.0\% \sim 2.2\%$,$\omega_{Mn} = 0.5\% \sim$

$1.3\%$,$\omega_s \leq 0.15\%$,$\omega_p \leq 0.3\%$。

灰铸铁由金属基体和片状石墨两部分组成的。其基体可分为珠光体、珠光体+铁素体、铁素体三种。

2. 灰铸铁的性能

(1) 优良的铸造性

灰铸铁具有优良的铸造性能,不仅表现在片状石墨具有较高的流动性,而且还因为铸铁在凝固过程中会析出比容较大的石墨,从而减小其收缩率。

(2) 良好的切削加工性

由于片状石墨具有割裂基体连续性的作用,从而使铸铁的切屑容易脆断,具有良好的切削加工性。

(3) 优良的减摩性

由于石墨本身具有良好的润滑作用,其片状的形态更具有显著的润滑特征,以及当它从铸件表面上脱落时遗留下的孔洞具有存油的作用,故灰铸铁又具有优良的减摩性。

(4) 良好的消振性

由于石墨组织松软,能够吸收振动,因而又具有良好的消振性,片状石墨的消振性更佳。

(5) 低的缺口敏感性

灰铸铁的片状石墨本身就相当于许多微缺口,故铸铁具有低的缺口敏感性。

(6) 力学性能

灰铸铁的力学性能主要取决于基体组织和石墨存在形式,灰铸铁中含有比钢更多的硅、锰等元素,这些元素可溶于铁素体而使基体强化,因此,其基体的强度与硬度不低于相应的钢。但由于片状石墨的强度、塑性、韧性几乎为零,所以**铸铁的抗拉强度、塑性、韧性比钢低**。石墨片越多,尺寸越粗大,分布越不均匀,铸铁的抗拉强度和塑性就越低。

灰铸铁的抗压强度、硬度与耐磨性,由于石墨存在对其影响不大,故**灰铸铁的抗压强度、硬度和耐磨性较好**。

为了提高灰铸铁的力学性能,生产上常采用孕育处理。它是在浇注前往铁液中加入少量孕育剂(硅铁或硅钙合金),使铁液在凝固时产生大量的人工晶核,从而获得细晶粒珠光体基体加上细小均匀分布的片状石墨的组织。经孕育处理后的铸铁称为**孕育铸铁**。

孕育铸铁具有较高的强度和硬度,具有断面缺口敏感性小的特点,因此,孕育铸铁常作为力学性能要求较高,且断面尺寸变化大的大型铸件。如机床床身等。

总而言之,**灰铸铁具有良好铸造性能、切削加工性、减摩性和消振性,铸铁对缺口的敏感性较低,抗压强度大,抗拉强度小,塑性和韧性差**。

3. 灰铸铁的牌号和应用

灰铸铁的牌号,以表示"灰铁"二字的汉语拼音的字首的 HT 开头,后面三位阿拉伯数字表示最小抗拉强度值,单位为 MPa。按照最新国家标准 GB/T 9439—2010,灰铸铁共有八种牌号:HT100、HT150、HT200、HT225、HT250、HT275、HT300、HT350。部分灰铸铁的牌号、力学性能及用途举例见表 2-17。

表 2-17　部分灰铸铁的牌号、力学性能及用途

| 牌号 | 铸件级别 | 铸件壁厚/mm | 铸件最小抗拉强度 $\sigma_b(\text{N} \cdot \text{mm}^{-2})$ | 适用场合及举例 |
|---|---|---|---|---|
| HT100 | 铁素体灰铸铁 | 2.5～10 | 130 | 低载荷和不重要的零件,如盖、外罩、手轮、支架、重锤等 |
| | | 10～20 | 100 | |
| | | 20～30 | 90 | |
| | | 30～50 | 80 | |
| HT150 | 珠光体＋铁素体灰铸铁 | 2.5～10 | 175 | 承受中等应力(抗弯应力小于 100 N/mm² )的零件,如支柱、底座、齿轮箱、工作台、刀架、端盖、阀体、管路附件及一般无工作条件要求的零件 |
| | | 10～20 | 145 | |
| | | 20～30 | 130 | |
| | | 30～50 | 120 | |
| HT200 | 珠光体灰铸铁 | 2.5～10 | 220 | 承受较大应力(抗弯应力小于 300 N/mm² )和较重要的零件,如气缸体、齿轮、机座、飞轮、床身、缸套、活塞、刹车轮、联轴器、齿轮箱、轴承座、液压缸等 |
| | | 10～20 | 195 | |
| | | 20～30 | 170 | |
| | | 30～50 | 160 | |
| HT250 | | 4.0～10 | 270 | |
| | | 10～20 | 240 | |
| | | 20～30 | 220 | |
| | | 30～50 | 200 | |
| HT300 | 孕育铸铁 | 10～20 | 290 | 承受高弯曲应力(小于 500 N/mm² )及抗拉应力的重要零件,如齿轮、凸轮、车床卡盘、剪床和压力机的机身、床身、高压油压缸、滑阀壳体等 |
| | | 20～30 | 250 | |
| | | 30～50 | 230 | |
| HT350 | | 10～20 | 340 | |
| | | 20～30 | 290 | |
| | | 30～50 | 260 | |

## 二、可锻铸铁的组织识别、性能、牌号表示和适用场合

可锻铸铁又俗称为马铁。**可锻铸铁实际上是不能锻造的。**

1. 可锻铸铁的组织

可锻铸铁是由白口铸铁在固态下经长时间石墨化退火而得到的具有团絮状石墨的一种铸铁,**其组织是钢的基体上分布着团絮状的石墨。**

按照最新国家标准 GB/T 9440—2010,因化学成分、热处理工艺而导致的性能和金相组织的不同,可锻铸铁分为两类,第一类:黑心可锻铸铁和珠光体可锻铸铁;第二类:白心可锻铸铁。

黑心可锻铸铁的金相组织主要是铁素体基体＋团絮状石墨。珠光体可锻铸铁的金相组织主要是珠光体基体＋团絮状石墨。

白心可锻铸铁的金相组织取决于断面尺寸。

2. 可锻铸铁的性能

可锻铸铁的铸造性和切削加工性比灰铸铁稍差，但优于球墨铸铁。力学性能优于灰口铸铁，并接近于同类基体的球墨铸铁。但与球墨铸铁相比，具有铁水处理简易、质量稳定、废品率低等优点。故生产中，常用可锻铸铁制作一些截面较薄而形状较复杂、工作时受振动而强度、韧性要求较高的零件，因为这些零件若用灰铸铁制造，则不能满足力学性能要求；若用铸钢制造，则因其铸造性能较差，质量不易保证。

3. 可锻铸铁的牌号和应用

可锻铸铁基本代号牌号以表示"可铁"二字的汉语拼音字首的 KT 开头，后边第一组数字表示最小抗拉强度值（单位为 MPa），第二组数字表示最小断后伸长率的百分数。当要表示其组织特征或特殊性能时，代表组织特征和特殊性能的汉语拼音字的第一个大写正体字母排列在基本代号的后面。

如"KTH300-06"表示黑心可锻铸铁，其抗拉强度最低值不小于 300 MPa，最小断后伸长率大于等于 6%。"KTZ500-05"表示珠光体可锻铸铁，其抗拉强度最低值不小于 500 MPa，最小断后伸长率大于等于 5%。

我国常用可锻铸铁的牌号、性能及用途举例见表 2-18。

表 2-18 可锻铸铁的牌号、力学性能及用途

| 种类 | 牌号 | 试样直径/mm | 力学性能 | | | | 用途举例 |
| | | | $R_m(\text{N}\cdot\text{mm}^{-2})$ | $R_{0.2}(\text{N}\cdot\text{mm}^{-2})$ | $A/\%$ | HBW | |
| | | | 不小于 | | | | |
| 黑心可锻铸铁 | KTH300-06 | 12 或 15 | 300 | — | 6 | 不大于 150 | 弯头、三通管件、中低压阀门等 |
| | KTH330-08 | | 330 | | 8 | | 扳手、犁刀、犁柱、车轮壳等 |
| | KTH350-10 | | 350 | 200 | 10 | | 汽车、拖拉机前后轮壳、减速器壳、转向节壳、制动器及铁道零件等 |
| | KTH370-12 | | 370 | | 12 | | |
| 珠光体可锻铸铁 | KTZ450-06 | 12 或 15 | 450 | 270 | 6 | 150～200 | 载荷较高和耐磨损零件，如曲轴、凸轮轴、连杆、齿轮、活塞环、轴套、耙片、万向接头、棘轮、扳手、传动链条等 |
| | KTZ550-04 | | 550 | 340 | 4 | 180～230 | |
| | KTZ650-02 | | 650 | 430 | 2 | 210～260 | |
| | KTZ700-02 | | 700 | 530 | 2 | 240～290 | |

## 三、球墨铸铁的组织识别、性能、牌号表示和适用场合

1. 球墨铸铁的组织

球墨铸铁的化学成分与灰铸铁相比，其特点是碳、硅的质量分数高，而锰的质量分数较低，对硫和磷的限制较严，并含有一定量的稀土镁。一般 $\omega_c=3.6\%\sim4.0\%$，$\omega_{Si}=2.0\%\sim3.2\%$。

锰有去硫、脱氧的作用,并可稳定和细化珠光体。对珠光体基体时 $\omega_{Mn}=0.5\%\sim0.7\%$,对铁素体基体时 $\omega_{Mn}<0.6\%$。硫、磷都是有害元素,一般 $\omega_s<0.07\%$,$\omega_p\leqslant0.1\%$。

　　球墨铸铁的组织是在钢的基体上分布着球状石墨。球墨铸铁在铸态下,其基体是有不同数量铁素体、珠光体,甚至有渗碳体同时存在的混合组织,故生产中需经不同热处理以获得不同的组织。生产中常有铁素体球墨铸铁、珠光体+铁素体球墨铸铁、珠光体球墨铸铁和下贝氏体球墨铸铁。

　　2. 球墨铸铁的性能

　　由于球墨铸铁中石墨呈球状,对金属基体的割裂作用较小,使球墨铸铁的抗拉强度、塑性和韧性、疲劳强度高于其他铸铁,球墨铸铁有一个突出优点是其屈强比较高,因此,对于承受静载荷的零件,可用球墨铸铁代替铸钢。

　　球墨铸铁的力学性能比灰口铸铁高,而成本却接近于灰口铸铁,并保留了灰口铸铁的优良铸造性能、切削加工性、减摩性和缺口不敏感等性能。因此,它可代替部分钢作较重要的零件,对实现以铁代钢,以铸代锻起重要的作用,具有较大的经济效益。

　　3. 球墨铸铁的牌号和应用

　　我国国家标准中列了八个球墨铸铁的牌号见表 2-19。牌号由 QT 与两组数字组成,其中 QT 表示"球铁"二字汉语音的字首,第一组数字代表最低抗拉强度值,第二组数字代表最低断后伸长率。

表 2-19　球墨铸铁的牌号、力学性能及用途(摘自 GB 1348—2009)

| 牌号 | 基体组织 | 力学性能 | | | | 用途举例 |
|---|---|---|---|---|---|---|
| | | $R_m$ (N·mm$^{-2}$) | $R_{0.2}$ (N·mm$^{-2}$) | A/% | HBw | |
| | | 不小于 | | | | |
| QT400-18 | 铁素体 | 400 | 250 | 18 | 130~180 | 承受冲击、振动的零件,如汽车、拖拉机的轮毂、驱动桥壳、减速器壳、拨叉、农机具零件,中低压阀门,上、下水及输气管道,压缩机上高低压气缸,电机机壳,齿轮箱,飞轮壳等 |
| QT400-15 | 铁素体 | 400 | 250 | 15 | 130~180 | |
| QT400-10 | 铁素体 | 450 | 310 | 10 | 160~210 | |
| QT500-07 | 铁素体+珠光体 | 500 | 320 | 7 | 170~230 | 机器座架、传动轴、飞轮、电动机架、内燃机的机油泵齿轮、铁路机车车辆轴瓦等 |

| 牌号 | 基体组织 | 力学性能 | | | | 用途举例 |
|------|---------|---------|---------|------|-----|---------|
| | | $R_m$ (N·mm$^{-2}$) | $R_{0.2}$ (N·mm$^{-2}$) | A/% | HBw | |
| | | 不小于 | | | | |
| QT600-03 | 珠光体+铁素体 | 600 | 370 | 3 | 190～270 | 载荷大、受力复杂的零件,如汽车、拖拉机的曲轴、连杆、凸轮轴、气缸套,部分磨床、铣床、车床的主轴、轧钢机轧辊、大齿轮,小型水轮机主轴,气缸体,桥式起重机,大小滚轮等 |
| QT700-02 | 珠光体 | 700 | 420 | 2 | 225～305 | |
| QT800-02 | 珠光体或回火组织 | 800 | 480 | 2 | 245～335 | |
| QT900-02 | 贝氏体或回火马氏体 | 900 | 600 | 2 | 280～360 | 高强度齿轮,如汽车后桥螺旋锥齿轮、大减速器齿轮、内燃机曲轴、凸轮轴等 |

## 四、蠕墨铸铁的组织识别、性能、牌号表示和适用场合

### 1. 蠕墨铸铁的组织

蠕墨铸铁是 20 世纪 70 年代发展起来的一种新型铸铁,因其石墨很像蠕虫而命名。

蠕墨铸铁是将蠕化剂(稀土镁钛合金、稀土镁钙合金、镁钙合金等),置于浇包内的一侧。另一侧冲入铁液,蠕化剂熔化而成的。

### 2. 蠕墨铸铁的性能

蠕墨铸铁的铸造性能、减振能力、导热性、切削加工性均优于球墨铸铁,与灰铸铁相近。其力学性能介于相同基体组织的灰铸铁和球墨铸铁之间,它的抗拉强度、屈服点、伸长率、疲劳强度均优于灰铸铁,接近于铁素体球墨铸铁。

### 3. 蠕墨铸铁的牌号

蠕墨铸铁的牌号由 RuT 与一组数字表示。其中 RuT 表示"蠕铁"二字汉语拼音的字首,后面三位数字表示其最小抗拉强度值(单位为 MPa)。

蠕墨铸铁主要用于制造气缸盖、气缸套、钢锭模、液压件等零件。部分蠕墨铸铁的牌号、性能和应用举例,见表 2-20。

表 2－20　蠕墨铸铁的牌号、力学性能和应用

| 牌号 | 力学性能 | | | | 用途举例 |
|------|------|------|------|------|----------|
| | $R_m$ /(MPa) | $R_{0.2}$ /(MPa) | A/% | HBW | |
| | 不小于 | | | | |
| RuT260 | 260 | 195 | 3 | 121～195 | 增压器废气进气壳体、汽车底盘零件等 |
| RuT300 | 300 | 240 | 1.5 | 140～217 | 排气管、变速箱体、气缸盖、液压件、纺织机零件、钢锭模等 |
| RuT340 | 340 | 270 | 1.0 | 170～249 | 重型机床件、大型齿轮箱体、盖、座、飞轮、起重机卷筒等 |
| RuT380 | 380 | 300 | 0.75 | 193～274 | 活塞环、气缸套、制动盘、钢珠研磨盘、吸淤泵体等 |
| RuT420 | 420 | 335 | 0.75 | 200～280 | |

➤ 填空题

1. 灰铸铁的力学性能主要取决于（　　　）和（　　　）的存在形式。

2. 可锻铸铁基本代号牌号以（　　　）开头，后边第一组数字表示最小（　　　）值（单位为 MPa），第二组数字表示最小（　　　）的百分数。

➤ 单选题

1. 球墨铸铁的化学成分与灰铸铁相比，其特点是（　　　），并含有一定量的稀土镁。

A. 碳、硅的质量分数低，而锰的质量分数较高，对硫和磷的限制较严

B. 碳、硅的质量分数高，而锰的质量分数较低，对硫和磷的限制较严

C. 碳、硅的质量分数高，而锰的质量分数较低，对硫和磷的限制较低

D. 碳、硅的质量分数低，而锰的质量分数较高，对硫和磷的限制较低

2. 蠕墨铸铁的组织是在钢的基体上分布着（　　　）状石墨。

A. 片　　　　　　　　B. 团絮　　　　　　　　C. 球　　　　　　　　D. 蠕虫

➤ 多选题

1. 制造发动机曲轴，通常可以选用（　　　）。

A. 灰铸铁　　　　　B. 可锻铸铁　　　　　C. 球墨铸铁　　　　　D. 蠕墨铸铁

2. 可以锻造成形的材料是（　　　）。

A. 灰铸铁　　　　　　　　　　　　　　B. 可锻铸铁

C. 低碳钢　　　　　　　　　　　　　　D. 高合金钢

➤ 综合题

指出下列牌号的材料属于哪一类型铸铁，并各举两个应用的实例。

(1) HT200 是（　　　）铸铁，适合于制造（　　　）等。

(2) KTH300－06 是（　　　）铸铁，适合于制造（　　　）等。

(3) QT400－18 是（　　　）铸铁，适合于制造（　　　）等。

(4) RuT260 是（　　　）铸铁，适合于制造（　　　）等。

## ▶▶ 考点 20　铝和铝合金的种类、牌号(或代号)、性能及应用

钢铁材料以外的金属材料通常称为**非铁金属材料**,也称为**有色金属**。非铁金属材料在工程上应用较多的主要有铝、铜、钛、镁、锌等及其各自的合金,以及轴承合金。与钢铁材料相比,非铁金属材料具有许多钢铁材料所没有的特殊的物理、化学和力学性能,因而成为现代工业尤其是许多高科技产业不可缺少的材料。在上述几种非铁金属材料中,铝是目前工程上用量最大的非铁金属材料,也是应用量第二大金属材料。

### 一、铝及铝合金的种类

1. 纯铝

纯铝为面心立方晶格,**无同素异构转变**,呈银白色。塑性好($Z \approx 80\%$)、强度低($R_m = 80 \sim 100$ MPa),**一般不能作为结构材料使用,可经冷塑性变形使其强化**。铝的密度较小(约 $2.7 \times 10^3$ kg/m³),仅为铜的三分之一;熔点 660 ℃;磁化率低,接近非磁材料;导电导热性好,仅次于银、铜、金而居第四位。铝在大气中其表面易生成一层致密的 $Al_2O_2$ 薄膜而阻止进一步的氧化,故抗大气腐蚀能力较强。

根据上述特点,纯铝主要用于制作电线、电缆,配制各种铝合金以及制作要求质轻、导热或耐大气腐蚀但强度要求不高的器具。

纯铝中含有铁、硅等杂质,随着杂质含量的增加,其导电性、导热性、抗大气腐蚀性及塑性将下降。

工业纯铝分未经压力加工产品(铝锭)和压力加工产品(铝材)两种。按 GB/T 1196—2017 规定,铝锭的牌号有 A199.7、A199.6、A199.5、A199、A198 五种。铝的质量分数不低于 99.0% 的铝材为纯铝,按 GB/T 16474—2011 规定,铝材的牌号有 1070A、1060、1050A、1035、1200 等(即化学成分近似于旧牌号 L1、L2、L3、L4、L5)。牌号中数字越大,表示杂质的含量越高。

2. 铝合金的种类

由于纯铝的强度低,向铝中加入硅、铜、镁、锌、锰等合金元素制成铝合金,具有较高的强度,并且还可用变形或热处理方法,进一步提高其强度。故铝合金可作为结构材料制造承受一定载荷的结构零件。

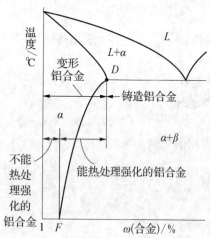

图 2-4　二元铝合金相图的一般类型

根据铝合金的成分及工艺特点,可分为**变形铝合金和铸造铝合金两类**。二元铝合金相图的一般类型如图 2-4 所示,凡位于 D 左边的合金,在加热时能形成单相固溶体组织,这类合金塑性较高,适于压力加工,故称为**变形铝合金**。合金成分位于 D 以右的合金,都具有低熔点共晶组织,流动性好,塑性低,适于铸造而不适于压力加工,故称为**铸造铝合金**。对于变形铝合金来说,位于 F 点左边的合金,其固溶体的成分不随温度的变化而变化,故不能用热处理强化,称为不能热处理强化的铝合金。成分在 F 与 D 点之间的合金,其固溶体成分随温度的变化而改变,可用热处理来强化,故称为能热处理强化的铝合金。

### 3. 铝合金的热处理

当铝合金加热到 $\alpha$ 相区,保温后在水中快速冷却,其强度和硬度并没有明显升高,而塑性却得到改善,这种热处理称为**固溶热处理**。由于固溶热处理后获得的过饱和固溶体是不稳定的,有分解出强化相过渡到稳定状态的倾向。如在室温放置相当长的时间,强度和硬度会明显升高,而塑性明显下降。

固溶处理后铝合金的强度和硬度随时间而发生显著提高的现象,**称为时效强化或沉淀硬化**。在室温下进行的时效为**自然时效**,在加热条件下进行的时效为**人工时效**。

在不同温度下进行人工时效时,其效果也不同,时效温度愈高,时效速度愈快,但其强化效果愈低。

铝合金之所以产生时效强化,是由于铝合金在淬火时抑制了过饱和固溶体的分解过程。这种过饱和固溶体极不稳定,必然要分解。在室温与加热条件下都可以分解,只是加热条件下的分解进行得更快而已。

## 二、变形铝合金牌号(或代号)、性能及应用

常用变形铝合金的牌号、成分、力学性能见表 2-21。

**表 2-21 常用变形铝合金的牌号、成分、力学性能**

| 类别 | 新牌号 | 旧牌号 | 化学成分 $\omega_{Me}\times100$ | | | | | 直径及板厚 mm | 供应状态 | 试样状态 | 力学性能 | |
| | | | Cu | Mg | Mn | Zn | 其他 | | | | $\sigma_b/$ $(\mathrm{N\cdot mm^{-2}})$ | $\delta_{10}\times100$ |
|---|---|---|---|---|---|---|---|---|---|---|---|---|
| 防锈铝合金 | 5A05 | LF5 | 0.10 | 4.8 ~ 5.5 | 0.30 ~ 0.60 | 0.20 | — | $\phi\leqslant200$ | B,R | B,R | 265 | 15 |
| | 3A21 | LF21 | 0.20 | — | 1.0 ~ 1.6 | | — | 所有 | B,R | B,R | <167 | 20 |
| 硬铝合金 | 2A01 | LY1 | 2.2 ~ 3.0 | 0.20 ~ 0.50 | | 0.20 | Ti0.15 | — | | BM, B,CZ | — | — |
| | 2A11 | LY11 | 3.8 ~ 4.8 | 0.40 ~ 0.80 | 0.40 ~ 0.80 | 0.30 | Ti0.15 | >2.5~ 4.0 | Y | M, CZ | <235 373 | 12 15 |
| | 2A12 | LY12 | 3.8 ~ 4.9 | 1.2 ~ 1.8 | 0.30 ~ 0.90 | 0.30 | Ti0.15 | >2.5~ 4.0 | Y | M, CZ | $\leqslant216$ 456 | 14 8 |
| 超硬铝合金 | 7A04 | LC4 | 1.4 ~ 2.0 | 1.8 ~ 2.8 | 0.20 ~ 0.60 | 5.0~ 7.0 | Cr0.10 ~0.25 | 0.50~4.0 | Y | M | 245 | 10 |
| | | | | | | | | >2.5~4.0 | Y | CS | 490 | 7 |
| | | | | | | | | $\phi20\sim100$ | B,R | B,CS | 549 | 6 |

| 类别 | 新牌号 | 旧牌号 | 化学成分 $\omega_{Me} \times 100$ | | | | | 直径及板厚 mm | 供应状态 | 试样状态 | 力学性能 | |
|---|---|---|---|---|---|---|---|---|---|---|---|---|
| | | | Cu | Mg | Mn | Zn | 其他 | | | | $\sigma_b / (\text{N} \cdot \text{mm}^{-2})$ | $\delta_{10} \times 100$ |
| 锻铝合金 | 2A12 | LD2 | 0.20~0.6 | 0.45~0.90 | 或Cr0.15~0.35 | — | Si0.5~1.2 Ti0.15 | $\phi$20~150 | R, B, CZ | B, CS | 304 | 8 |
| | 2A50 | LD5 | 1.8~2.6 | 0.40~0.8 | 0.40~0.80 | 0.30 | Si0.7~1.2 Ti0.15 | $\phi$20~150 | R, B, CZ | B, CS | 382 | 10 |

变形铝合金按其主要性能特点可分为**防锈铝、硬铝、超硬铝与锻铝**等。通常加工成各种规格的型材(板、带、线、管等)产品供应。

1. 变形铝合的牌号(代号)

变形铝合的牌号用(GB/T 16474—2013 规定)2×××~8×××系列表示。牌号第一位数字表示组别,按铜、锰、硅、镁、镁和硅、锌,其他元素的顺序来确定合金组别;牌号第二位的字母表示原始合金的改型情况,如果牌号第二位的字母是 A,表示为原始合金,如果是 B~Y 的其他字母,则表示为原始合金的改型合金;牌号的最后两位数字没有特殊意义,仅用来区分同一组中不同的铝合金。

2. 防锈铝合金的性能及应用

防锈铝合金属于热处理不能强化的铝合金,常采用冷变形方法提高其强度。主要有A1-Mn、A1-Mg 合金。这类铝合金具有适中的强度、优良的塑性和良好的焊接性,并具有很好的抗蚀性,故称为防锈铝合金,常用于制造油罐、各式容器、防锈蒙皮等。常用牌号 5A05 等。

3. 硬铝合金和超硬铝合金的性能及应用

**硬铝合金和超硬铝合金都属于能热处理强化的铝合金,其中硬铝属于 A1-Cu-Mg 系,超硬铝属于 Al-Cu-Mg-Zn 系**。硬铝合金和超硬铝合金在固溶处理后,可进行人工时效或自然时效,时效后强度很高,其中超硬铝的强化作用最为强烈。这两类铝合金的耐蚀性较差,为了提高铝合金的耐蚀性,常采用包铝法(即包一层纯铝)。牌号 2A01 硬铝有很好的塑性,大量用于制造铆钉。飞机上常用铆钉的硬铝牌号为 2A10。它比 2A01 铜的含量稍高,镁的含量低,塑性好,且孕育期长,又有较高的抗剪强度。牌号 2A11 硬铝既有相当高的硬度又有足够的塑性,在仪器、仪表及飞机制造中获得广泛的应用。牌号为 7A04 超硬铝,多用于制造飞机上受力大的结构零件,如起落架、大梁等。

4. 锻铝合金的性能及应用

锻铝合金大多是 A1-Mg-Si-Cu 系,含合金元素较少,有良好的热塑性和耐蚀性,适于用压力加工来制造各种零件,有较高的机械性能。一般锻造后再经固溶处理和时效处理。常用牌号 2A50、2A70 等。

### 三、铸造铝合金牌号(或代号)、性能及应用

铸造铝合金中有一定数量的共晶组织,故具有良好的铸造性能,但塑性差,常采用变质处理和热处理的办法提高其机械性能。铸造铝合金可分为 A1-Si 系、A1-Cu 系、A1-Mg 系和A1-Zn 系四大类,其牌号、成分、机械性能及用途见表 2-22。

表 2-22　部分常用铸造铝合金的牌号(代号)、化学成分、力学性能及用途

| 类型 | 牌号(代号) | 化学成分(质量分数/%) | | | | | 铸造方法 | 热处理 | 力学性能 | | | 用途举例 |
|---|---|---|---|---|---|---|---|---|---|---|---|---|
| | | Si | Cu | Mg | Mn | 其他 | | | $R_m/$ MPa | $A/\%$ | HBW | |
| 铝硅合金 | ZAlSi7Mg (ZL101) | 6.0~ 7.5 | — | 0.25~ 0.45 | — | — | S、 J、 R、 K | F | 155 | 2 | 50 | 形状复杂的零件,如飞机、仪表零件,抽水机壳体,工作温度不超过 185 ℃ 的汽化器等 |
| | ZAlSi12 (ZL102) | 10.0~ 13.0 | — | — | — | — | J | T6 | 145 | 3 | 50 | 形状复杂的零件,如仪表、抽水机壳体,工作温度在 200 ℃ 以下,要求气密性承受低载荷的零件 |
| | ZAlSi5CuMg (ZL105) | 4.5~ 5.5 | 1.0~ 1.5 | 0.4~ 0.6 | — | — | S、 R、 K | T5 | 215 | 1 | 70 | 形状复杂,在 225 ℃ 以下工作的零件,如风冷发动机的气缸套、机匣、液压泵壳体等 |
| | ZAlSi12 CuMg1 (ZL108) | 11.0~ 13.0 | 1.0~ 2.0 | 0.4~ 1.0 | 0.3~ 0.9 | — | J、 T1 | T1 | 195 | — | 85 | 高温高强度及低膨胀系数的高速内燃机活塞及其他耐热零件 |
| | ZAlSi9Cu2Mg (ZL111) | 8.0~ 10.0 | 1.3~ 1.8 | 0.4~ 0.6 | 0.1~ 0.35 | Ti: 0.1~ 0.35 | J | F | 205 | 1.5 | 80 | 250 ℃ 以下工作的承受重载的气密零件,如大马力柴油机气缸体、活塞 |

续　表

| 类型 | 牌号(代号) | 化学成分(质量分数/%) | | | | | 铸造方法 | 热处理 | 力学性能 | | | 用途举例 |
|------|------------|------|------|------|------|------|----------|--------|------------|------|------|----------|
| | | Si | Cu | Mg | Mn | 其他 | | | $R_m/$MPa | A/% | HBW | |
| 铝铜合金 | ZAlCu5Mg (ZL201) | — | 4.5～5.3 | — | 0.6～1.0 | Ti: 0.15～0.35 | S | T7 | 315 | 2 | 80 | 在175℃～300℃以下工作的零件,如支臂、挂架梁、内燃机气缸套、活塞等 |
| | ZAlCu4 (ZL203) | — | 4.0～5.0 | — | — | — | J | T4 | 205 | 6 | 60 | 中等载荷、形状较简单的零件,如托架和工作温度不超过200℃并要求切削加工性能好的小零件 |
| 铝镁合金 | ZAlMg10 (ZL301) | — | — | 9.5～11.0 | — | — | S、J、R | T4 | 280 | 9 | 60 | 在大气或海水中的零件,承受大振动载荷、工作温度不超过150℃的零件 |
| | ZAlMg5Si (303) | 0.8～1.3 | — | 4.5～5.5 | 0.1～0.4 | — | S、J、R、K | F | 143 | 1 | 55 | 腐蚀介质作用下的中等载荷零件,在严寒大气中以及工作温度不超过200℃的零件,如海轮配件和各种壳体 |
| | ZAlZn11Si7 (401) | 6.0～8.0 | — | 0.1～0.3 | — | Zn: 9.0～13.0 | S、R、K | T1 | 195 | 2 | 80 | 工作温度不超过200℃、结构形状复杂的汽车、飞机零件,也可制作日用品 |

注:1. 铸造方法:S——砂型铸造;J——金属型铸造;B——变质处理;K——壳型铸造;R——熔模铸造。

2. 热处理状态:T1——人工时效;T2——退火;T4——固溶处理+自然时效;T5——固溶处理+不完全人工时效;T6——固溶处理+完全人工时效;F——铸态。

3. 本表中所列的铸造方法和热处理方法都摘自国家标准,具体各种铸造和热处理下的数值,可见 GB/T 1173—2013。

1. 铸造铝合金的牌号(代号)

铸造铝合金代号用"ZL"(铸铝)及三位数字表示。第一位数字表示合金类别(如 1 表示铝-硅系,2 表示铝-铜系,3 表示铝-镁系,4 表示铝-锌系等);后两位数字为顺序号,顺序号不同,化学成分不同。

2. Al-Si 系合金的性能及应用

Al-Si 系铸造铝合金又称硅铝明,是铸造铝合金中应用最广泛的一类。这种合金流动性好,熔点低,热裂倾向小,耐蚀性和耐热性好,易气焊,但粗大的硅晶体严重降低合金的机械性能。因此,生产中常采用"变质处理"提高合金的机械性能,即在浇注前往合金溶液中加入 2/3NaF+1/3NaCl 混合物的变质剂(加入量为合金重量的 2%～3%),变质剂中钠能促进硅形核,并阻碍其晶体长大。因此,合金的性能显著提高。ZL102 经变质处理,其机械性能由 $R_{eL}=140\,\mathrm{MPa}$ 提高到 $R_m=180\,\mathrm{MPa}$, $A=3\%$提高到 $A=8\%$。

为提高硅铝明的强度,常加入能产生时效强化的 Cu、Mg、Mn 等合金元素制成特殊硅铝明,这类合金除变质处理外,还可固溶时效处理,进一步强化合金。

### 3. 其他铸造铝合金的性能及应用

Al-Cu 铸造铝合金耐热性好,但由于其铸造性能不好,有热裂和疏松倾向,耐蚀性差,比强度低于一般优质硅铝明,故有被其他铸造铝合金取代的趋势。常用牌号有 ZL201、ZL202。

Al-Mg 铸造铝合金耐蚀性好,强度高,密度小(为 $2.55\times10^3\,\mathrm{kg/m^3}$),但其铸造性能差,耐热性低,熔铸工艺复杂,时效强化效果差,常用牌号有 ZL301、ZL302。

Al-Zn 铸造铝合金铸造性能好,铸态下可自然时效,是一种铸态下高强度合金,价格是铝合金中最便宜的,但耐蚀性差,热裂倾向大,有应力腐蚀断裂倾向,密度大。常用牌号有 ZL401、ZL402。

➤ 填空题

当铝合金加热到 $\alpha$ 相区,保温后在水中快速冷却,其强度和硬度并没有明显升高,而塑性却得到改善,这种热处理称为(　　)热处理。

➤ 单选题

1. 固溶处理后铝合金的强度和硬度随时间而发生显著提高的现象,称为(　　)。

A. 固溶　　　　　　　　　　　B. 时效强化或沉淀硬化

C. 加工硬化　　　　　　　　　D. 弥散强化

2. 汽车发动机铝活塞通常选用(　　)铝合金制作。

A. 防锈　　　　　B. 硬　　　　　C. 锻　　　　　D. 铸造

➤ 多选题

在图 2-4 中,不能通过热处理强化的是(　　)铝和铝合金。

A. $F$ 以左的　　　B. $F\sim D$ 之间的　　　C. $D$ 点以右的　　　D. 纯

# 考点 21　铜和铜合金的种类、牌号(或代号)、性能及应用

## 一、铜及铜合金的种类

### 1. 纯铜

铜是贵重有色金属,是人类应用最早的一种有色金属,其全世界产量仅次于钢和铝。

(1)工业纯铜的性能

纯铜通常指工业纯铜,又称紫铜,密度为 $8.96\times10^3\,\mathrm{kg/m^3}$,熔点为 1 083 ℃。纯铜具有良好的导电、导热性,其晶体结构为面心立方晶格,因而塑性好,容易进行冷热加工。同时纯铜有较高的耐蚀性,在大气、海水中及不少酸类中皆能耐蚀。但其强度低,强度经冷变形后可以提高,但塑性显著下降。

(2)工业纯铜的分类

工业纯铜分为纯铜、无氧纯铜、磷脱氧铜等。

（3）工业纯铜的牌号（或代号）

纯铜代号用"T"开头，按杂质含量工业纯铜可分为 $T_1$、$T_2$、$T_3$ 三种代号。"T"为铜的汉语拼音字头，其数字越大，纯度越低。$T_1$ 的牌号为 T10900，$\omega_{Cu}=99.95\%$；$T_2$ 的牌号为 T11050，$\omega_{Cu}=99.90\%$；$T_3$ 的牌号为 11090，$\omega_{Cu}=99.70\%$。

无氧纯铜含氧量极低，不大于 0.003%，其代号为 TU1、TU2，"U"表示"无"字汉语拼音字首。

磷脱氧铜代号前用"TP"开头。

纯铜一般不作结构材料使用，主要用于制造电线、电缆、导热零件及配制铜合金。

2. 铜合金的种类

铜合金根据主加元素的种类分为黄铜、白铜和青铜三类。

黄铜是以锌为主要合金元素的铜锌合金。按化学成分分为普通黄铜和特殊黄铜，按照生产方式分为加工黄铜和铸造黄铜。

白铜是以镍为主要合金元素的铜镍合金。按照化学成分不同白铜分为普通白铜（铁白铜）、铝白铜、锌白铜和锰白铜等。

青铜原先是指人类最早应用的一种铜锡合金。现在工业上将除黄铜和白铜外的铜合金均称为青铜。含锡的青铜称为锡青铜，不含锡的青铜称为特殊青铜或无锡青铜，常用的青铜有锡青铜、铝青铜、铅青铜和铍青铜等。按照生产方式分为加工青铜和铸造青铜。

## 二、铜合金的牌号（或代号）

1. 黄铜的牌号（或代号）

黄铜的牌号用"H"（"黄"字的汉语拼音字首）+数字表示，数字表示铜的平均质量分数。如 H68 表示 $\omega_{Cu}=68\%$，其余为锌的普通黄铜，其代号为 T26300。铸造黄铜的牌号依次由"Z"（"铸"字的汉语拼音字首）、铜、合金元素符号及该元素含量的百分数组成。如 ZCuZn38，为 $\omega_{Zn}=38\%$，其余为铜的铸造合金。

特殊黄铜的代号是在"H"之后标以主加元素的化学符号，并在其后标以铜及合金元素的质量分数。例如 HPb59-1 表示 $\omega_{Cu}=59\%$（Cu57.0%～60.0%）、$\omega_{Pb}=1\%$（Pb0.8%～1.9%），余量为 $\omega_{Zn}$ 的铝黄铜，其代号为 T38100。

2. 青铜的牌号（或代号）

青铜的牌号为"Q"（"青"字的汉语拼音字首）+主加元素符号及其平均质量百分数+其他元素符号及平均质量百分数。例如 QSn4-3 表示 $\omega_{Sn}=4\%$（Sn3.5%～4.5%），其他合金元素 $\omega_{Zn}=3\%$（Zn2.7%～3.3%），其余为铜的锡青铜，其代号为 T50800，属于加工青铜类。

铸造青铜则在牌号前加"ZCu"。例如 ZCuSn10P1 表示 $\omega_{Cu}=59\%$，$\omega_{Sn}=10\%$（Sn9.0%～11.5%），$\omega_P=1\%$（P0.5%～1.0%），余量为 $\omega_{Zn}$ 的铸造锡青铜。QAl7 表示 $\omega_{Al}=7\%$（Al6.0%～8.5%），余量为 $\omega_{Cu}$ 的特殊青铜，其代号为 C561000。

3. 白铜的牌号（代号）

白铜的牌号为"B"（"白"字的汉语拼音字首）+镍含量的平均百分数。例如 B30 表示 $\omega_{Ni}=30\%$ 的白铜。

三元或以上的白铜牌号为"B"+第二个主加元素符号及除基元素铜外的成分数字组表示。例如 BMn3-12 表示含 Mn 为 3%，含 Ni 为 12% 的锰白铜。

### 三、铜合金的性能及应用

1. 黄铜的性能及应用

当 $\omega_{Cu}<32\%$ 时为**单相黄铜**,单相黄铜塑性好,**适宜于冷、热压力加工**。例如珠宝、艺术品、餐具、乐器和弹药筒。典型的加工普通黄铜 H68(T26300)即为单相黄铜,强度较高、塑性好,冷、热变形能力好,适宜于用冲压和深冲法加工各种形状复杂的工件,如弹壳、散热器外壳、波纹管、导管、轴套、垫片等零件,**故有"弹壳黄铜"之称**。

当 $\omega_{Cu}\geqslant32\%$ 后,组成**双相黄铜**,**适宜于热压力加工**。例如热交换器、电容器等。另一典型的加工普通黄铜 H62(T27600)为双相黄铜,具有较高的强度与耐蚀性,且价格便宜,适宜于热变形加工成形。主要用于热轧、热压零件,例如销钉、铆钉、螺钉、螺母、垫圈、弹簧、夹线板、散热器外壳等。

为改善黄铜的某些性能,常加入少量 A1、Mn、Sn、Si、Pb、Ni 等合金元素,形成特殊黄铜。常用的有锡黄铜、锰黄铜、硅黄铜和铅黄铜等。合金元素加入黄铜后,除强化作用外,锡、锰、铝、硅、镍等还可以提高耐蚀性及减少黄铜应力腐蚀破裂倾向;硅、铅可提高耐磨性,并分别改善铸造和切削加工性。特殊黄铜也分为压力加工用和铸造用两种,前者合金元素的加入量较少,使之能溶于固溶体中,以保证有足够的变形能力。后者因不要求有很高的塑性,为了提高强度和铸造性能,可加入较多的合金元素。

锡黄铜用于与海水接触的船舶零件,又**称为海军黄铜**。锰黄铜用于海轮制造业和弱电用件。铅黄铜用于制造销钉、螺钉、螺母、轴套等切削加工零件。有的特殊黄铜用于海轮上在 300 ℃ 下工作的管配件、螺旋桨等大型铸件和要求强度及耐蚀性的零件,如压紧螺母、重型蜗杆、轴承、衬套等。

2. 白铜的性能及应用

白铜的特点是抗蚀性强,弹性大,中等以上强度,具有较强的可塑性,切削加工性能和焊接性能好。在铜中添加镍(通常为 $2\%\sim30\%$)可使金属高度耐腐蚀,并具有出色的导电性能。

铜镍合金在 $40\%\sim50\%$ 镍时**几乎没有热膨胀系数**,**电阻也最大**,因此含镍 $45\%$ 的 Cu‑Ni 合金常用于温度变化较大的电气设备。

耐腐蚀的白铜含大约 $30\%$ 的镍,以及少量的铁和锰,它们在盐水中的性质特别稳定。因此,白铜可制作抗海水腐蚀和化工设备的零部件,如压缩机阀体、泵壳、叶片、弯管、船舶结构零件、玻璃模具、食品加工设备零件、乐器和装饰结构零件等。

3. 青铜的性能及应用

青铜原指人类历史上应用最早的一种 Cu‑Sn 合金。但逐渐地把除锌以外的其他元素的铜基合金,也称为青铜,所以**青铜包含有锡青铜、铝青铜、铍青铜、硅青铜和铅青铜**等。

(1) 锡青铜

以 Sn 为主加入元素的铜合金,我国古代遗留下来的钟、鼎、镜、剑等就是用这种合金制成的,至今已有几千年的历史,仍完好无损。

锡在铜中可形成固溶体,也可形成金属化合物。因此,锡的含量不同,锡青铜的组织及性能也不同。当 $\omega_{Sn}<8\%$ 时,锡青铜的组织中形成 α 固溶体,塑性好,**适宜于压力加工**;当 $\omega_{Sn}>8\%$ 时,组织中出现硬脆相 δ,强度继续提高,但塑性急剧下降,**适宜于铸造成形**;当 $\omega_{Sn}>20\%$

以上时,因 $\delta$ 相过多,合金的塑性和强度显著下降,所以工业用锡青铜中锡的平均质量分数一般为 $\omega_{Sn}=3\%\sim14\%$。

锡青铜铸造时,流动性差,易产生分散缩孔及铸件致密性不高等缺陷,但它在凝固时体积收缩小,不会在铸件某处形成集中缩孔,故适用于铸造对外形尺寸要求较严格的零件。

**锡青铜的耐蚀性比纯铜和黄铜都高**,特别是在大气、海水等环境中。抗磨性能也高,多用于制造轴瓦、轴套等耐磨零件。

常用锡青铜牌号有 QSn4-3(代号 T50800)、QSn6.5-0.1(代号为 T51510)、ZCuSn10P1。锡青铜常用于制成弹簧、垫圈、硬币、工艺品、泵零件、耐压铸件、轴承等。

(2)铝青铜

铝青铜是以铝为主加元素的铜合金,它不仅价格低廉,且强度、耐磨性、耐蚀性及耐热性比黄铜和锡青铜都高,还可进行热处理(淬火、回火)强化。当含 Al 量小于 5% 时,强度很低,塑性高;当含 Al 量达到 12% 时,塑性已很差,加工困难。故实际应用的铝青铜的 $\omega_{Al}$ 一般在 5%~10% 之间。当 $\omega_{Al}=5\%\sim7\%$ 时,塑性最好,适于冷变形加工。当 $\omega_{Al}=10\%$ 左右时,常用于铸造。常用铝青铜牌号为 QAl7。

**铝青铜在大气、海水、碳酸及大多数有机酸中具有比黄铜和锡青铜更高的抗蚀性。**因此,铝青铜是无锡青铜中应用最广的一种,也是锡青铜的重要代用品,缺点是其焊接性能较差。铸造铝青铜常用来制造强度及耐磨性要求较高的摩擦零件,如齿轮、轴套、蜗轮等。

(3)铍青铜

铍青铜的含 Be 量很低,约 $\omega_{Be}=1.7\%\sim2.5\%$,Be 在 Cu 中的溶解度随温度变化,故它是唯一可以固溶时效强化的铜合金,经固溶处理及人工时效后,其性能可达 $R_m=1\ 200$ MPa,$A=2\%\sim4\%$,330~400 HBW。

**铍青铜还有较高的耐蚀性和导电、导热性,无磁性。**此外,有良好的工艺性,可进行冷、热加工及铸造成型。通常制作弹性元件及钟表、仪表、罗盘仪器中的零件,电焊机电极等。

▷ **填空题**

1. 黄铜是以(　　)为主要合金元素的铜合金。按化学成分分为(　　)黄铜和(　　)黄铜;按照生产方式分为(　　)黄铜和(　　)黄铜。

2. 白铜是以(　　)为主要合金元素的铜合金。按照化学成分不同白铜分为普通白铜(铁白铜)、(　　)白铜、(　　)白铜和(　　)白铜等。

▷ **单选题**

1. 单相黄铜和双相黄铜均有较好的成形性能,通常(　　)。

A. 单相黄铜采用热变形加工成形,双相黄铜采用冷或热变形加工成形

B. 单相黄铜采用冷或热变形加工成形,双相黄铜采用热变形加工成形

C. 单相黄铜和双相黄铜均采用热变形加工成形

D. 单相黄铜和双相黄铜均采用冷或热变形加工成形

2. 一般不作结构材料使用,主要用于制造电线、电缆、导热零件的是(　　)。

A. 紫铜　　　　　　　B. 黄铜　　　　　　　C. 白铜　　　　　　　D. 青铜

▷ **多选题**

下列铜合金中,属于普通黄铜的是(　　)。

A. HSn62-1　　　　　B. H62　　　　　　　C. H68　　　　　　　D. QSn4-3

## ▶▶ 考点 22　滑动轴承合金的种类、牌号及性能

### 一、对滑动轴承合金的要求

1. 对滑动轴承合金的性能要求

轴承合金是指制造滑动轴承中的轴瓦及内衬的合金。当轴承支撑着轴进行工作时,由于轴的旋转,使轴和轴瓦之间产生强烈的摩擦,因轴价格较贵,更换困难,为了减少轴承对轴颈的磨损,确保机器的正常运转,轴承合金应具有以下性能:

① 具有足够的强度和硬度,以承受较高的周期性载荷;

② 塑性和韧性好,以保证轴承与轴的配合良好,并耐冲击和振动;

③ 与轴之间有良好的磨合能力及较小的摩擦系数,并能保留润滑油,减少磨损;

④ 有良好的导热性和抗蚀性;

⑤ 有良好的工艺性,容易制造且价格低廉。

2. 滑动轴承合金结构特点

为了满足上述要求,轴承合金的组织应该是在软的基体上分布着硬的质点,当轴工作时,软的基体很快磨凹下去,而硬的质点凸出于基体上,支撑着轴所施加的压力,减小轴与轴瓦的接触面,且凹下去的基体可以储存润滑油,从而减小轴与轴颈间的摩擦系数,同时偶然进入外来硬物也被压入软基体中,不至于擦伤轴。软的基体还能承受冲击与振动并使轴与轴瓦很好地磨合。属于这类组织的有锡基和铅基轴承合金。

**对高转速、大载荷轴承,强度是首要问题,轴承合金可以采取硬基体**(其硬度低于轴颈硬度)**上分布软质点的组织,来提高单位面积上的承载能力**,属于这类组织的轴承合金有**铜基**及**铝基**轴承合金。这种组织具有较大的承载能力,但磨合能力差。

### 二、滑动轴承合金的种类及牌号

常用的滑动轴承合金分为软基体硬质点的轴承合金和硬基体软质点的轴承合金两大类。前者包括锡基和铅基轴承合金,后者有铜基和铝基轴承合金。

1. 锡基轴承合金的牌号

锡基轴承合金的牌号为:"Z+Sn+主加元素及含量+辅加元素及含量。"其中"Z"为"铸"字汉语拼音字首。例如 ZSnSb11Cu6 为铸造锡基轴承合金,基体元素为锡,主加元素为锑,辅加元素为 Cu,其中 $\omega_{Sb}=11\%$,$\omega_{Cu}=6\%$,其余为 $\omega_{Sn}$,其代号为 ZChSnSb11-6。

2. 铅基轴承合金的牌号

铅基轴承合金的牌号为:"Z+Pb+主加元素及含量+辅加元素及含量。"其中"Z"为"铸"字汉语拼音字首。例如 ZPbSb16Sn16Cu2 为铸造铅基轴承合金,基体元素为铅,主加元素为锑和锡,辅加元素为 Cu,其中 $\omega_{Sb}=16\%$,$\omega_{Sn}=16\%$,$\omega_{Cu}=2\%$,其代号为 ZChPb16-16-2。

最常用的轴承合金是锡基或铅基轴承合金,亦称"巴氏合金"。其牌号、成分、机械性能及用途见表 2-23。

表 2-23　滑动轴承合金牌号、化学成分、力学性能及用途举例

| 类别 | 牌号 | 化学成分 $\omega_{Me} \times 100$ | | | | | 硬度 HBS（不小于） | 用途举例 |
|---|---|---|---|---|---|---|---|---|
| | | Sb | Cu | Pb | Sn | 杂质 | | |
| 锡基轴承合金 | ZSnSb12Pb10Cu4 | 11.0~13.0 | 2.5~5.0 | 9.0~11.0 | 余量 | 0.55 | 29 | 一般发动机的主轴承,但不适于高温工作 |
| | ZSnSb11Cu6 | 10.0~12.0 | 5.5~6.5 | — | 余量 | 0.55 | 27 | 1 500 kW 以上蒸汽机、370 kW 涡轮压缩机、涡轮泵及高速内燃机轴承 |
| | ZSnSb8Cu4 | 7.0~8.0 | 3.0~4.0 | | 余量 | 0.55 | 24 | 一般大机器轴承及高载荷汽车发动机的双金属轴承 |
| | ZSnSb4Cu4 | 4.0~5.0 | 4.0~5.0 | | 余量 | 0.50 | 20 | 涡轮内燃机的高速轴承及轴承衬 |
| 铅基轴承合金 | ZPbSb16Sn16Cu2 | 15.0~17.0 | 1.5~2.0 | 余量 | 15.0~17.0 | 0.6 | 30 | 110~880 kW 蒸汽涡轮机,150~750 kW 电动机和小于 1 500 kW 起重机及重载荷推力轴承 |
| | ZPbSb15Sn5Cu3Cd2 | 14.0~16.0 | 2.5~3.0 | Cd1.75~2.25As0.6~1.0 余量 Pb | 5.0~6.0 | 0.4 | 32 | 船舶机械、小于 250 kW 电动机、抽水机轴承 |
| | ZPbSb15Sn10 | 14.0~16.0 | — | 余量 | 9.0~11.0 | 0.5 | 24 | 中等压力的机械,也适用于高温轴承 |
| | ZPbSb15Sn5 | 14.0~15.5 | 0.5~1.0 | | 4.0~5.5 | 0.75 | 20 | 低速、轻压力机械轴承 |
| | ZPbSb10Sn6 | 9.0~11.0 | | | 5.0~7.0 | 0.75 | 18 | 重载荷、耐蚀、耐磨轴承 |

## 三、滑动轴承合金的性能及应用

### 1. 锡基轴承合金的性能及应用

锡基轴承合金膨胀系数小,减摩性好,并具有良好的导热性、塑性和耐蚀性,适于制造汽车、拖拉机、汽轮机等高速轴瓦,但其疲劳强度差。**锡是稀缺元素,应尽量少用**。

为了提高锡基轴承合金的强度和寿命,可以把它用离心浇注法镶铸在钢质轴瓦上,形成薄而均匀的一层内衬,这步工艺称为"挂衬"。

### 2. 铅基轴承合金的性能及应用

铅基轴承合金的硬度、强度和韧性比锡基轴承合金低,但由于价格便宜,铸造性能好,常作低速、低负荷的轴承使用。如汽车、拖拉机的曲轴轴承及电动机轴承等。

### 3. 铜基轴承合金的性能及应用

铜基轴承合金有铅青铜(如 ZCuPb30)、锡青铜(如 ZCuSn10Pb1)。

铅青铜 ZCuPb30 具有高的疲劳强度和承载能力,优良的耐磨性、导热性和低的摩擦系数,能在较高温度(250 ℃)下正常工作,因此,可以制造承受高载荷、高速度的重要轴承,如航空发动机、高速柴油机等的轴承。铅青铜的强度较低,因此,也需在钢瓦上挂衬,制成双金属轴承。

锡青铜 ZCuSn10Pb1 能承受较大的载荷,广泛用于中等速度及受较大的固定载荷的轴承,如电动机、泵、金属切削机床的轴承。

#### 4. 铝基轴承合金

铝基轴承合金是一种新型减摩材料,具有密度小,导热性好,疲劳强度高和耐蚀性好等优点,并且原料丰富,价格低廉。但其膨胀系数大,运转时容易与轴咬合。常用的铝基轴承合金有如下两类。

(1) 铝锑镁轴承合金

该合金与 08 钢板一起热轧成双金属轴承,生产工艺简单,成本低廉,并具有良好的疲劳强度和耐磨性,但承载能力不大。

(2) 铝锡轴承合金

这种合金也以 08 钢为衬背、轧制成双合金带。它具有较高的疲劳强度和较好的耐热性、耐磨性及耐蚀性。生产工艺简单,成本低。目前用它代替其他轴承合金,广泛应用于汽车、拖拉机和内燃机车等。

➢ **填空题**

1. 常用的滑动轴承合金分为软基体硬质点的轴承合金和硬基体软质点的轴承合金两大类。前者包括(　　)基和(　　)基轴承合金,后者有(　　)基和(　　)基轴承合金。

2. 铝基轴承合金是一种新型减摩材料,具有(　　)小,(　　)性好,(　　)强度高和(　　)性好等优点,并且原料丰富,价格低廉。

➢ **单选题**

1. 轴承合金的组织特点是(　　)。

A. 软基体上分布硬质点或硬基体上分布软质点

B. 软基体上分布硬质点或硬基体上分布硬质点

C. 软基体上分布软质点或硬基体上分布软质点

D. 软基体上分布软质点或硬基体上分布硬质点

2. (　　)是稀缺元素,应尽量少用。

A. 铜　　　　　　　　B. 铅　　　　　　　　C. 铝　　　　　　　　D. 锡

➢ **多选题**

铜基轴承合金通常有(　　)两种材质。

A. 铅青铜　　　　　　B. 锡青铜　　　　　　C. 锡黄铜　　　　　　D. 锰黄铜

## ▶▶ 考点 23　常用粉末冶金材料(硬质合金和含油轴承)的特点及应用

### 一、粉末冶金工艺

粉末冶金是用金属粉末或金属与非金属粉末的混合物作原料,经压制成形后烧结,以获得金属零件和金属材料的方法。它是一种不经熔炼生产材料或零件的方法,其零件的生产过程是一种精密的无切屑或少切屑的加工方法。粉末冶金可生产其他工艺方法无法制造或难以制造的零件和材料。如高熔点材料、复合材料、多孔材料等。

## 二、常用粉末冶金材料的特点及应用

### 1. 硬质合金的牌号、特点及应用

硬质合金是采用高硬度、高熔点的碳化物粉末和粘结剂混合、加压成形、烧结而成的一种粉末冶金材料。硬质合金的硬度,在常温下可达 86～93HRA(相当于 69～81 HRC),耐热性可达 900～1 000 ℃。因此,其切削速度比高速钢可提高 4～7倍,刀具寿命可提高 5～80 倍。由于**硬质合金的硬度高,脆性大,一般不能进行机械加工,故常将其制成一定形状的刀片,镶焊在刀体上使用**。图 2-5 所示为硬质合金刀片。

图 2-5　硬质合金刀片

常用硬质合金按成分与性能的特点可分为三类,其类别、牌号、主要成分及性能见表2-24。

表 2-24　常用硬质合金的牌号、化学成分、力学性能

| 类别 | ISO代号 | 牌号 | 化学成分 $\omega_B$(%) | | | | 物理、力学性能 | | |
| | | | WC | TiC | TaC | Co | 密度 $\rho$ (g/cm³) | HBA | $\sigma_b$ (MPa) |
| | | | | | | | | 不小于 | |
| 钨钴类硬质合金 | K 红色 K01 | YG3X | 96.5 | — | <0.5 | 3 | 15.0～15.3 | 91.5 | 1 079 |
| | K20 | YG6 | 90.0 | — | — | 6 | 14.6～15.0 | 89.5 | 1 422 |
| | K10 | YG6X | 93.5 | — | <0.5 | 6 | 14.6～15.0 | 91.0 | 1 373 |
| | K30 | YG8 | 92.0 | — | — | 8 | 14.5～14.9 | 89.0 | 1 471 |
| | | YG8N | 91.0 | — | 1 | 8 | 14.5～14.9 | 89.5 | 1 471 |
| | — | YG11C | 89.0 | | | 11 | 14.0～14.4 | 86.5 | 2 060 |
| | — | YG15 | 85.0 | | | 15 | 13.0～14.2 | 87 | 2 060 |
| | — | YG4C | 96.0 | | | 4 | 14.9～15.2 | 89.5 | 1 422 |
| | — | YG6A | 92.0 | | 2 | 6 | 14.6～15.0 | 91.5 | 1 373 |
| | — | YG8C | 92.0 | | | 8 | 14.5～14.9 | 88.0 | 1 716 |
| 钨钛钴类硬质合金 | P 蓝色 P30 | YT5 | 85.0 | 5 | | 10 | 12.5～13.2 | 89.5 | 1 373 |
| | P10 | YT15 | 79.0 | 15 | | 6 | 11.0～11.7 | 91.0 | 1 150 |
| | P01 | YT30 | 66.0 | 30 | — | 4 | 9.3～9.7 | 92.5 | 883 |
| 通用硬质合金 | M 黄色 M10 | YW1 | 84～85 | 6 | 3～4 | 6 | 12.6～13.5 | 91.5 | 1 177 |
| | M20 | YW2 | 82～83 | 6 | 3～4 | 8 | 12.4～13.5 | 90.5 | 1 324 |

(1) 钨钴类硬质合金

它的主要化学成分为碳化钨及钴。其牌号用"硬"、"钴"两字的汉语拼音的字首"YG"加数字。数字表示钴的质量分数。钴含量越高,合金的强度、韧性越好;钴含量越低,合金的硬度越

高、耐热性越好。例如 YG6 表示钨钴类硬质合金 $\omega_{Co}=6\%$，余量为碳化钨。这类合金也可以用代号"K"来表示，并采用红色标记。

**钨钴类硬质合金刀具，适合于切削加工脆性材料、短切屑材料(铸铁)、非铁金属材料和非金属材料。**

(2) 钨钛钴类硬质合金

它的主要成分为碳化钨、碳化钛和钴。其牌号用"硬"、"钛"两字的汉语拼音的字首"YT"加数字。数字表示碳化钛的质量分数。例如 YT15 表示碳化钛硬质合金 $\omega_{TiC}=15\%$，余量为碳化钨和钴。这类合金也可用代号"P"表示，并采用蓝色标记。

YT 类硬度合金由于碳化钛加入，具有较高的硬度与耐磨性。同时，由于这类合金表面会形成一层氧化钛薄膜，切削时不易粘刀，故有较高的耐热性，但强度和韧性比 YG 类硬质合金低。因此，YG 类硬质合金适于加工脆性材料(如铸铁等)，而 YT 类硬质合金适宜于加工塑性材料(如钢等)。同一类硬质合金中，钴的含量较高的适宜于制造粗加工的刀具；反之，则适宜于制造精加工的刀具。

**钨钛钴类硬质合金刀具适合于切削加工塑性材料、长切屑材料，如各种钢。**

(3) 通用硬质合金

它是以碳化钽(TaC)或碳化铌(NbC)取代 YT 类硬质合金的一部 TiC。通用硬质合金兼有上述两类合金的优点，应用广泛，因此，通用硬质合金又称"万能硬质合金"。其牌号用"硬"、"万"两字的汉语拼音的字首"YW"加数字表示，其中数字无特殊意义，仅表示该合金的序号。它也可以用代号"M"表示，并采用黄色标记。

通用硬质合金既可以加工各种短切屑的脆性材料、非铁金属和非金属材料，也适合加工各类塑性材料、长切屑材料。

(4) 钢结硬质合金

近些年来，用粉末冶金法又生产了一种新型硬质合金——钢结硬质合金。它是以一种或几种碳化物(如 TiC 和 WC)为硬化相，以碳钢或合金钢(高速钢或铬相钢)粉末为黏结剂(基体)，经配料、混合、压制、烧结而成粉末冶金材料。钢结硬质合金坯料与钢一样，可以锻造、热处理、切削加工、焊接。它在淬火与低温回火后硬度可相当于 70 HRC，具有高耐磨性、抗氧化、耐腐蚀等优点。

用作刀具时，钢结硬质合金的寿命与 YG 类硬质合金差不多，大大超过合金工具钢。由于它可以切削加工，故适宜于制造各种形状复杂的刀具、模具和耐磨零件。

2. 烧结减摩材料特点及应用

(1) 含油轴承

含油轴承也是由粉末冶金工艺制造的。机械行业广泛使用的含油轴承有铁基的(98%铁粉＋2%石墨粉)和铜基的(99%锡青铜粉＋1%石墨粉)两种。前者可以取代部分铜合金，价格便宜；后者的减摩性好。图 2-6 所示为含油轴承。

含油轴承具有较高减摩性。这种材料压制成轴承后再浸入润滑油中一定时间，因组分中含有石墨，它本身具有一定的孔隙度，在毛细现象作用下可吸附大量润滑油，故称为多孔轴承。含油轴承有自动润滑作用，当机器设备运转时，孔隙中的

**图 2-6　含油轴承**

润滑油会因载荷作用而被挤出润滑轴颈,当机器设备停止运转时,润滑油又会渗入到孔隙之中。含油轴承一般用作中速、轻载荷的轴承,特别适宜用于不便于经常加油的轴承。含油轴承使用时还能消除因润滑油的漏落而造成产品的污染。

在家用电器、电子器械、精密机械及仪表工业中得到广泛应用。

(2) 金属塑料减摩材料

用烧结好的多孔铜合金作骨架,在真空下浸渍聚四氟乙烯乳液,使聚四氟乙烯浸入其孔隙中,就能获得金属与塑料成为一体的金属塑料减摩材料。

**聚四氟乙烯具有一定的减摩性**,耐蚀性及较宽的工作温度范围($-26\ ℃\sim+250\ ℃$)。铜合金骨架具有较高的强度和较好的导热性。

3. 烧结铁基结构材料

烧结铁基结构零件的材料,又称**烧结钢**。用粉末冶金方法生产结构零件的最大特点是发挥了冶金工艺无切削或少切削加工,使零件精度高及表面光洁(径向精度 2~4 级、表面粗糙度 $R_a\ 1.60\sim R_a\ 0.20\ \mu m$),零件还可通过热处理强化提高耐磨性。

用碳钢粉末烧结的合金,其碳含量较低的,可制造承受载荷小的零件、渗碳件及焊接件;其碳含量较高的,淬火后可制造要求一定强度或耐磨性的零件。用合金钢粉末烧制的合金,其中常有铜、镍、钼、硼、锰、铬、硅、磷等合金元素,它们可强化基体,提高淬透性,加入铜还可提高耐蚀性。合金钢粉末冶金淬火后 $\sigma_b$ 可达 $500\sim800\ N/mm^2$,硬度为 $40\sim45\ HRC$,可制造承受载荷较大的烧结结构件,如油泵齿轮、汽车差速齿轮等。

➤ 填空题

1. 由于(　　)的硬度高,脆性大,一般不能进行(　　　),故常将其制成一定形状的刀片,(　　)在刀体上使用。

2. 硬质合金分为(　　)、(　　)、(　　)和(　　)等四种类型。

3. (　　)一般在中速和轻载场合下使用,特别适用于不便于经常加油的轴承。

➤ 单选题

作为金属切削刀具的常用材料,硬质合金比高速钢具有(　　)的性能。

A. 更高硬度和耐磨性,但耐热性差

B. 更高的硬度和耐磨性、更好的耐热性,但脆性大

C. 更好的塑性和韧性,不容易崩刃

D. 更加适合于制造整体刀具,如麻花钻、铰刀等

➤ 多选题

1. 车削加工用 HT200 铸造的工件时,应选用(　　)刀具。

A. 钨钴类硬质合金　　　　　　　　　　B. 钨钛钴类硬质合金

C. 通用硬质合金　　　　　　　　　　　D. 高速钢

2. 下列(　　)适宜选用含油轴承。

A. 高速重载的轧钢机　　　　　　　　　B. 电脑

C. 电风扇　　　　　　　　　　　　　　D. 洗衣机

➤ 综合题

在题给轴承类型中选出合适用于下列各种机械设备的轴承。

(① 含油轴承;② 滚动轴承;③ 铅青铜基滑动轴承;④ 锡基滑动轴承)

(1) 中心距为 500 mm 的单级减速机(　　)。

(2) 蒸汽机、涡轮压缩机(　　)。

(3) 电唱机(　　)。

(4) 航空发动机(　　)。

# 第三章　热处理

## ▌▶ 考点 24　热处理方法的分类

机械制造中的很多材料都需要经过热处理,但钢的热处理具有更加突出的效果和价值,因此,这里主要研究钢的热处理工艺方法。

### 一、钢的热处理

1. 钢的热处理的定义

钢的热处理是指将钢在固态下进行**加热、保温和冷却**,以**改变其内部组织**,从而**获得所需要性能**的一种工艺方法。

2. 钢的热处理的目的

热处理的目的是发挥钢材的潜力,显著**提高钢的力学性能和寿命**,还可以消除毛坯(如铸件、锻件等)中的缺陷,**改善其工艺性能**,为后续工序做组织准备。随着工业和科学技术的发展,热处理在改善和强化金属材料、提高产品质量、节省材料和提高经济效益等方面将发挥更大的作用。

### 二、热处理方法的分类

钢的热处理种类很多,根据加热和冷却方法不同,大致分类如下:

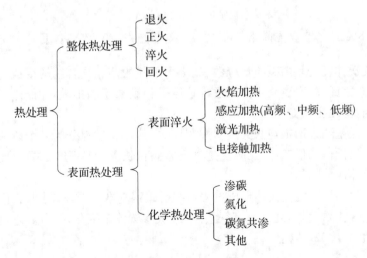

对于不同类型的热处理工艺仍可分为不同的种类,这将在下一部分进行分析研究。

> **填空题**

1. 钢的热处理是指将钢在固态下进行( )、( )和( ),以改变其内部组织,从而获得所需要性能的一种工艺方法。

2. 热处理的目的是发挥钢材的潜力,显著提高钢的( )和寿命,还可以作为消除毛坯(如铸件、锻件等)中缺陷,改善其( ),为后续工序做组织准备。

## ▶▶ 考点 25  钢的热处理原理

### 一、钢在加热时的组织转变

在 Fe - Fe₃C 相图中,共析钢加热超过 PSK 线($A_1$)时,其组织完全转变为奥氏

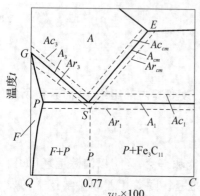

图 3 - 1  加热(冷却)时 Fe - Fe₃C 相图中各临界点的位置

体。亚共析钢和过共析钢必须加热到 GS 线($A_3$)和 ES 线($Ac_{cm}$)以上才能全部转变为奥氏体。**相图中的平衡临界点 $A_1$、$A_3$、$A_{cm}$是碳钢在极缓慢地加热或冷却情况下测定的。**但在实际生产中,加热和冷却并不是极其缓慢的。加热转变在平衡临界点以上进行,冷却转变在平衡临界点以下进行。加热和冷却速度越大,其偏离平衡临界点也越大。为了区别于平衡临界点,通常**将实际加热时各临界点标为 $Ac_1$、$Ac_3$、$Ac_{cm}$**;实际冷却时各临界点标为 $Ar_1$、$Ar_3$、$Ar_{cm}$,如图 3 - 1 所示。

由 Fe - Fe₃C 相图可知,任何成分的碳钢加热到相变点 $Ac_1$ 以上都会发生珠光体向奥氏体转变,通常把这种转变过程称为**奥氏体化**。

**1. 奥氏体的形成**

共析钢加热到 $Ac_1$ 以上由珠光体全部转变为奥氏体,这一转变可表示为:

$$P(F+Fe_3C) \rightarrow A$$

0.021 8%$\omega_c$体心立方晶格  6.69%$\omega_c$复杂晶格  0.77 %$\omega_c$面心立方晶格

珠光体向奥氏体转变是由碳质量分数、晶格均不同的两相混合物转变成为另一种晶格单相固溶体的过程,因此,**转变过程中必须进行碳原子和铁原子的扩散**,才能进行碳的重新分布和铁的晶格改组,即**发生相变**。

奥氏体的形成是通过**形核与长大**过程来实现的,其转变过程分为四个阶段,如图 3 - 2 所示。第一阶段是奥氏体的形核,第二阶段是奥氏体晶粒长大,第三阶段是剩余渗碳体的溶解,第四阶段是奥氏体成分均匀化。

亚共析钢和过共析钢的奥氏体形成过程与共析碳钢基本相同,不同处在于亚共析碳钢、过共析碳钢在 $Ac_1$ 稍上温度时,还分别有铁素体、二次渗碳体未变化。所以,它们的完全奥氏体化温度应分别为 $Ac_3$、$Ac_{cm}$ 以上。

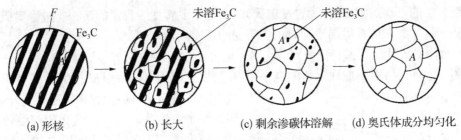

(a) 形核    (b) 长大    (c) 剩余渗碳体溶解    (d) 奥氏体成分均匀化

**图 3 - 2   珠光体向奥氏体转变过程示意图**

### 2. 奥氏体晶粒的长大及影响因素

钢在加热时,奥氏体的晶粒大小直接影响到热处理后钢的性能。加热时奥氏体晶粒细小,冷却后组织也细小;反之,组织则粗大。钢材晶粒细化,即能有效地提高强度,又能明显提高塑性和韧性,这是其他强化方法所不及的。因此,在选用材料和热处理工艺上,如何获得细的奥氏体晶粒,对工件使用性能和质量都具有重要意义。

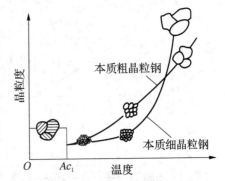

**图 3 - 3   奥氏体晶粒长大倾向示意图**

(1) 奥氏体晶粒度

晶粒度是表示晶粒大小的一种量度。图 3 - 3 表示这两种钢随温度升高时,奥氏体晶粒长大倾向示意图。由图可见,细晶粒钢在 930 ℃~950 ℃以下加热,晶粒长大倾向小,便于热处理。

(2) 影响奥氏体晶粒度的因素

① 加热温度和保温时间

在加热转变中,珠光体刚转变为奥氏体时的晶粒度,称为奥氏体起始晶粒度。奥氏体起始晶粒是很细小的,随加热温度升高,奥氏体晶粒逐渐长大,晶界总面积减少而系统的能量降低。所以,在高温下保温时间越长,越有利于晶界总面积减少而导致晶粒粗大。

② 钢的成分

对于亚共析钢随奥氏体中碳的质量分数增加时,奥氏体晶粒的长大倾向也增大。但对于过共析钢部分碳以渗碳体的形式存在,当奥氏体晶界上存在未溶的剩余渗碳体时,有阻碍晶粒长大的作用。

钢中加入能形成稳定碳化物元素,如钨、钛、钒、铌等时,钢中能形成高熔点化合物,并存在于奥氏体晶界上,有阻碍奥氏体晶粒长大的作用,故在一定温度下晶粒不易长大。只有当温度超过一定值时,高熔点化合物溶入奥氏体后,奥氏体才突然长大。

锰和磷是促进奥氏体晶粒长大的元素,必须严格控制热处理时加热温度,以免晶粒长大而导致工件的性能下降。

## 二、钢在冷却时的组织转变

冷却过程是热处理的关键工序,它决定着钢热处理后的组织与性能。在实际生产中,钢在热处理时采用的冷却方式通常是两种。一种是等温冷却,另一种是连续冷却。

### 1. 过冷奥氏体的等温转变

奥氏体在临界温度以上是一稳定相,能够长期存在而不转变。一旦冷却到临界温度以下,则处于热力学的不稳定状态,称为**过冷奥氏体**,它总是要转变为稳定的新相。过冷奥氏体等温转变反映了过冷奥氏体在等温冷却时组织转变的规律。

(1) 过冷奥氏体的等温转变曲线

从图 3 - 4 可见:由于曲线形状颇似字母"C",故也称为"C 曲线图"。由过冷奥氏体开始转变点连接起来的曲线称为等温转变开始线;由转变终了点连接起来的曲线称为等温转变终了线。图中 $A_1$ 以下转变开始以左的区域是过冷奥氏体区;$A_1$ 以下,转变终了线以右和 $M_s$ 点以上的区域为转变产物区;在转变开始线与转变终了线之间的区域为过冷奥氏体和转变产物共存区。$M_s$ 线和 $M_f$ 线是马氏体转变开始线和终了线。

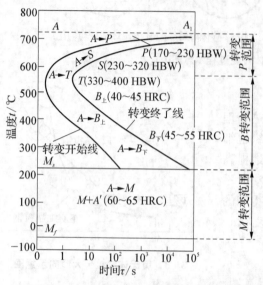

过冷奥氏体在各个温度下的等温转变并非瞬间就开始的,而是经过一段"孕育期"(即转变开始线与纵坐标的水平距离)。孕育期的长短反映了过冷奥氏体稳定性的大小,孕育期最短处,过冷奥氏体最不稳定,转变最快,这里被称为 C 曲线图的"鼻端"。在靠近 $A_1$ 和 $M_s$ 线的温度,孕育期较长,过冷奥氏体稳定性较大,转变速度也较慢。

**图 3 - 4 共析碳钢 C 曲线及转变产物**

共析碳钢的奥氏体在 $A_1$ 温度以下不同温度范围内会发生三种不同类型的转变,即珠光体转变、贝氏体转变和马氏体转变。

(2) 过冷奥氏体等温转变产物的组织与性能

① 珠光体转变——高温转变$[(A_1 \sim 550)℃]$

在$(A_1 \sim 550)℃$温度区间,过冷奥氏体的转变产物为珠光体型组织,都是由铁素体和渗碳体的层片组成的机械混合物。奥氏体向珠光体转变是一种扩散型相变,它通过铁、碳原子的扩散和晶格改组来实现。

高温转变区虽然转变产物都是珠光体,但由于过冷度不同,铁素体和渗碳体的片层间距也不同。转变温度越低,即过冷度越大,片间距越小,其塑性变形抗力越大,强度、硬度越高。**根据片间距的大小,将珠光体分为以下三种:**

➢ **珠光体**

过冷奥氏体在$(A_1 \sim 650)℃$之间等温转变,形成粗片状(片间距 $d > 0.4 \mu m$)珠光体,一般在光学显微镜下放大 500 倍才能分辨出片层状特征,其硬度大约在 170~230 HBW 左右,以符号"P"表示。

➢ **索氏体**

过冷奥氏体在$(650 \sim 600)℃$之间等温转变为细片状($d = 0.2 \sim 0.4 \mu m$)珠光体,**称为索氏体,以符号"S"表示**。它要在高倍(1 000 倍以上)显微镜下才能分辨出片层状特征,硬度大约$(25 \sim 35)$HRC 左右。

➢ **屈氏体**

过冷奥氏体在$(600 \sim 550)℃$之间等温转变为极细片状($d < 0.2 \mu m$)珠光体,**称为屈氏体(也称为托氏体),以符号"T"表示**。它只能在电子显微镜下放大 2 000 倍以上才能分辨出片层

状结构,硬度为(35~40)HRC 左右。

上述珠光体、索氏体、屈氏体三种组织,在形态上只有厚薄片之分,并无本质区别,统称为**珠光体型组织**。

② 贝氏体转变——中温转变(550 ℃~$M_s$)

共析成分的奥氏体过冷到 C 曲线"鼻端"到 $M_s$ 线的区域,即(550~230)℃的温度范围,将发生奥氏体向贝氏体转变。**贝氏体以符号 B 表示。贝氏体是由过饱和碳的铁素体与碳化物组成的两相机械混合物。**奥氏体向贝氏体转变时,由于转变温度低,即过冷度较大,此时铁原子已不能扩散,碳原子也只能进行短距离扩散,结果一部分碳以渗碳体或碳化物的形式析出,一部分仍留在铁素体中,形成**过饱和铁素体**,即得到贝氏体。贝氏体转变属于半扩散型转变,**又称中温转变**。

常见的贝氏体组织形态有以下两种:

➤ 上贝氏体($B_上$)

过冷奥氏体在(550~350)℃范围内的转变产物,在显微镜下呈羽毛状,称为上贝氏体($B_上$)。它由过饱和铁素体和渗碳体组成。其硬度约为(40~45)HRC,但强度低、塑性差、脆性大,生产上很少采用。

➤ 下贝氏体($B_下$)

过冷奥氏体在 350 ℃~$M_s$ 温度范围内的转变产物为下贝氏体,在显微镜下呈暗黑色针状或**竹叶状,称为下贝氏体($B_下$)。**它由过饱和铁素体和碳化物组成。下贝氏体具有高的强度和硬度(45~55)HRC,好的塑性、韧性。生产中常采用**等温淬火**获得高强韧性的下贝氏体组织。

③ 马氏体转变——低温转变($<M_s$)

**奥氏体被迅速冷却至 $M_s$ 温度以下便发生马氏体转变。马氏体以符号 M 表示。**应指出,马氏体转变不属于等温转变,而是在极快的连续冷却过程中形成。详细内容将在过冷奥氏体连续冷却转变中介绍。

(3) 亚共析碳钢与过共析碳钢的过冷奥氏体的等温转变

亚共析碳钢在过冷奥氏体转变为珠光体之前,首先析出先共析相铁素体,所以在 C 曲线上还有一条铁素体析出线,如图 3-5 所示。

过共析碳钢在过冷奥氏体转变为珠光体之前,首先析出先共析相二次渗碳体,所以 C 曲线上还有一条二次渗碳体析出线,如图 3-6 所示。

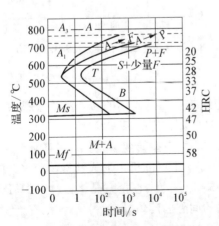

图 3-5 亚共析碳钢等温转变曲线

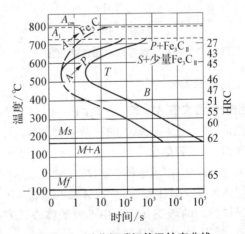

图 3-6 过共析碳钢等温转变曲线

2. 过冷奥氏体的连续冷却转变

(1) 连续冷却转变曲线

在实际生产中,过冷奥氏体大多是在连续冷却中转变的,这就需要测定和利用过冷奥氏体连续转变曲线,图 3-7 即为共析碳钢连续冷却转变曲线,没有出现贝氏体转变区,即共析碳钢连续冷却时得不到贝氏体组织。连续冷却转变的组织和性能取决于冷却速度。采用炉冷或空冷时,转变可以在高温区完成,得到的组织为珠光体和索氏体。采用油冷时,过冷奥氏体在高温下只有一部分转变为屈氏体,另一部分却要冷却到 $M_s$ 点以下转变为马氏体组织,即可得到屈氏体和马氏体的混合组织。采用水冷时,因冷却速度很快,冷却曲线不能与转变开始线相交,不形成珠光体组织,过冷到 $M_s$ 点以下转变成为马氏体组织。$v_K$ 是奥氏体全部过冷到 $M_s$ 点以下转变为马氏体的最小冷却速度,通常叫作**临界淬火冷却速度**。

(2) 过冷奥氏体等温转变曲线在连续冷却中的应用

过冷奥氏体连续冷却转变曲线测定困难,目前生产中,还常应用过冷奥氏体等温转变曲线来近似地分析过冷奥氏体在连续冷却中的转变。图 3-8 是在共析碳钢的等温转变曲线上估计连续冷却时组织转变的情况。$v_1$ 冷却速度相当于炉冷,与等温冷却 C 曲线约交于 700 ℃~650 ℃附近,可以判断是发生珠光体转变,最终组织为珠光体,其硬度 170~230 HBS;$v_2$ 冷却速度相当于空冷,大约在 650 ℃~600 ℃发生组织转变,可判断其转变产物是索氏体,25~35 HRC 硬度;$v_3$ 冷却速度相当于油中淬火,一部分奥氏体转变为屈氏体,其余奥氏体在 $M_s$ 点以下转变为马氏体,最终产物为屈氏体和马氏体,其硬度为 45~47 HRC 左右;$v_4$ 冷却速度相当于水中淬火,冷却至 $M_s$ 点以下转变为马氏体,其硬度为 60~65 HRC。

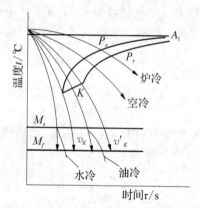

**图 3-7　共析碳钢连续冷却转变曲线**

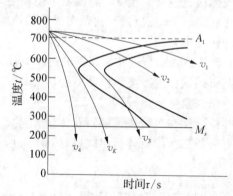

**图 3-8　等温转变曲线在连续冷却中的应用**

3. 马氏体转变

**当转变温度在 $M_s$ 和 $M_f$ 之间时,即有马氏体组织转变**。马氏体的转变过冷度极大,转变温度很低,铁原子和碳原子的扩散被抑制,奥氏体向马氏体转变时只有发生 $\gamma$-Fe 向 $\alpha$-Fe 的**晶格改组,而没有碳原子的扩散**。因此,这种转变也称非扩散型转变。马氏体的碳质量分数就是转变前奥氏体中的碳质量分数。如前所述,这种转变中不可能析出形成铁素体而多余的碳,被截留碳使晶格发生畸变,形成体心正方晶格(一种畸变了的体心立方晶格)。所以**马氏体实质上是过饱和的碳在 $\alpha$-Fe 中形成的体心正方晶格的间隙固溶体**。

(1) 马氏体的组织形态

马氏体的组织形态因其碳的质量分数不同而异。通常有两种基本形态即片状马氏体与板条状马氏体。当奥氏体中 $\omega_c<0.2\%$，则形成板条状马氏体（低碳马氏体）。当 $\omega_c>1.0\%$，则为片（针）状马氏体（高碳马氏体）。

（2）马氏体的性能

马氏体的强度与硬度主要取决于马氏体中碳的质量分数。随着马氏体中碳的质量分数增加，其强度与硬度也随之增加。马氏体强化的主要原因是由于过饱和碳原子引起的晶格畸变，即固溶强化。马氏体的塑性与韧性随碳的质量分数增高而急剧降低。板条马氏体塑性、韧性相当好，是一种强韧性优良的组织。

一般钢中，马氏体转变是在不断降温中（$M_s\sim M_f$）进行的，而且转变具有不完全性特点，转变后总有部分残余奥氏体存在。钢的碳的质量分数越高，$M_s$、$M_f$ 温度越低，淬火后残余奥氏体（$A_R$）越多。随着碳的质量分数或合金元素（除 Co 外）增加，马氏体转变点不断降低，碳的质量分数大于 0.5％ 的碳钢和许多合金钢的 $M_f$ 都在室温以下。如果将淬火工件冷到室温后，又随即放到零下温度的冷却介质中冷却（如干冰＋酒精、液态氧等），残余奥氏体将继续向马氏体转变，这种热处理工艺称冷处理。冷处理可达到增加硬度、耐磨性与稳定工件尺寸的目的。

➤ 填空题

1. 任何成分的碳钢加热到相变点 $A_{c1}$ 以上都会发生珠光体向奥氏体转变，通常把这种转变过程称为（　　）。

2. 共析碳钢的奥氏体在 $A_1$ 温度以下不同温度范围内会发生（　　）、（　　）和马氏体转变三种不同类型的转变。

3. 马氏体实质上是（　　）的碳在（　　）中形成的（　　）晶格的间隙固溶体。

➤ 单选题

1. 一般钢中，马氏体转变是在不断降温中（$M_s\sim M_f$）进行的，而且转变具有不完全性特点，转变后总有部分残余（　　）存在。

A. 铁素体　　　　　B. 奥氏体　　　　　C. 渗碳体　　　　　D. 珠光体

2. 当共析钢过冷奥氏体冷却速度小于临界冷却速度时，钢中将可能（　　）组织。

A. 形成完全的马氏体　　　　　B. 形成大量的马氏体

C. 形成较少的马氏体　　　　　D. 不会形成马氏体

➤ 多选题

1. 共析钢奥氏体在 $A_{c1}$ 线以下发生珠光体转变，根据转变温度不同，过冷度不同，会形成铁素体和渗碳体的片层间距也不同的（　　）组织。

A. 珠光体　　　　　B. 索氏体　　　　　C. 托氏体　　　　　D. 贝氏体

2. 马氏体的性能，（　　）。

A. 随着马氏体中碳的质量分数增加，其强度与硬度也增加

B. 马氏体的塑性与韧性随碳的质量分数增大而急剧降低

C. 马氏体的塑性与韧性随碳的质量分数增大而升高

D. 低碳板条马氏体塑性、韧性相当好，是一种强韧性优良的组织

# 考点 26　钢的整体热处理的工艺特点及应用

## 一、钢的退火

退火是将钢加热到适当温度并保温一定时间后，缓慢地冷却下来的一种热处理工艺方法。

1. 退火的目的

（1）降低硬度，改善切削加工性。

（2）消除残余内应力，稳定尺寸，减小变形与开裂倾向。

（3）细化晶粒，改善组织，消除组织缺陷，为最终热处理做好组织准备。

2. 退火的种类、工艺特点及应用

根据钢的成分、退火工艺与目的不同，退火常分为**完全退火、球化退火、等温退火、均匀化退火、去应力退火和再结晶退火**等。

（1）完全退火

完全退火首先是把亚共析钢加热到 $Ac_3$ 以上（$30\sim50$）℃，保温一段时间，随炉缓慢冷却（随炉或埋入干砂、石灰中），以获得接近平衡组织（$F+P$）的热处理工艺。

**完全退火主要用于亚共析碳钢和合金钢的铸件、锻件、焊接件**等。其目的是细化晶粒，消除内应力，降低硬度，改善切削加工性能等。

（2）球化退火

**球化退火是把过共析钢加热到 $Ac_1$ 以上 20 ℃～30 ℃，保温一定时间后缓慢冷却到 600 ℃以下出炉空冷的一种热处理工艺**，是使钢中碳化物球状化而进行的退火工艺。

**球化退火主要用于过共析成分的碳钢和合金工具钢**。加热温度只使部分渗碳体溶解到奥氏体中，在随后的缓慢冷却过程中形成在铁素体基体上分布球状渗碳体的组织，这种组织称为球化体（球状珠光体）。球化退火的目的是使二次渗碳体及珠光体中片状渗碳体球状化，从而降低硬度，改善切削加工性，并为淬火做好组织准备。

**若钢原始组织中存在严重网状二次渗碳体时，应采用正火将其消除后再进行球化退火。**

（3）去应力退火

去应力退火将工件缓慢加热到 $Ac_1$ 以下 100 ℃～200 ℃，保温一定时间后随炉慢冷至 200 ℃，再出炉冷却。去应力退火是一种无相变的退火。

去应力退火是为了**去除锻件、焊件、铸件及机加工工件中内存的残余应力**而进行的退火。

（4）等温退火

等温退火是将钢件奥氏体化后快冷至 $A_{r1}$ 以下某一温度进行等温转变成珠光体组织，然后空冷到室温的热处理工艺。

对于奥氏体比较稳定的钢，完全退火全过程所需的时间较长，有的长达数十小时，为缩短整个退火周期可采用等温退火。其目的与完全退火、球化退火相同。但等温退火能得到更均匀的组织与硬度，而且显著缩短生产周期。

等温退火主要用于高碳钢、合金工具钢和高合金钢。

（5）均匀化退火

均匀化退火是把合金钢铸锭或铸件加热到 $Ac_3$ 以上 150 ℃～200 ℃，保温 10～15 h 后缓慢冷却的热处理工艺。

合金铸锭在结晶过程中，往往易于形成较严重的枝晶偏析。为了消除铸造结晶过程中产生的枝晶偏析，使成分均匀化，改善性能，需要进行均匀化退火。

由于均匀化退火加热温度高、时间长，会引起奥氏体晶粒的严重粗化。因此，均匀化退火后的钢件，一般还需要进行一次完全退火或正火。

## 二、钢的正火

### 1. 正火的定义

将钢材或钢件加热到 $Ac_3$ 或 $Ac_{cm}$ 以上 30 ℃～50 ℃，保温一定的时间，出炉后在空气中冷却的热处理工艺称为正火。

### 2. 正火与退火的主要区别

正火的冷却速度较快，过冷度较大，因此，正火后所获得的组织比较细，强度和硬度比退火高一些。

### 3. 正火的应用

正火是成本较低和生产率较高的热处理工艺。在生产中应用如下：

（1）对于要求不高的结构零件，可做最终热处理

正火可细化晶粒，正火后组织的力学性能较高。而大型或复杂零件淬火时，可能有开裂危险，所以正火可作为普通结构零件或大型、复杂零件的最终热处理。

（2）改善低碳钢的切削加工性

正火能减少低碳钢中先共析相铁素体，提高珠光体的量和细化晶粒。所以能提高低碳钢的硬度，改善其切削加工性。

（3）作为中碳结构钢的较重要工件的预先热处理

对于性能要求较高的中碳结构钢，正火可消除由于热加工造成的组织缺陷，且硬度还在 160～230 HBW 范围内，具有良好切削加工性，并能减少工件在淬火时的变形与开裂，提高工件质量。为此，正火常作为较重要工件的预先热处理。

（4）消除过共析钢中的网状二次渗碳体

正火可消除过共析钢中二次渗碳体网，为球化退火做组织准备。

图 3-9 为各种退火与正火温度的工艺示意图，图 3-9(a) 为各种退火与正火的加热温度范围，图 3-9(b) 为各种退火与正火的工艺曲线示意图。

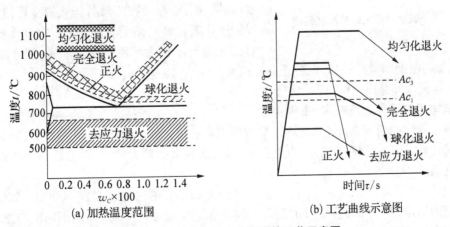

图 3-9　各种退火与正火温度的工艺示意图

### 三、钢的淬火

**1. 淬火的定义**

淬火是将钢件加热到 $Ac_3$ 或 $Ac_1$ 以上 $(30\sim50)$ ℃,保温一定时间,然后以大于淬火临界冷却速度冷却获得马氏体或贝氏体组织的热处理工艺。

**2. 淬火的目的**

**淬火是为了得到马氏体组织**。再经回火后,使工件获得良好的力学性能,以充分发挥材料的潜力。

**3. 钢的淬火工艺**

**(1) 淬火加热温度的选择**

碳素钢的淬火加热温度由 $Fe\text{-}Fe_3C$ 相图来确定,如图 $3\text{-}10$ 所示。

**亚共析钢淬火加热温度为 $Ac_3$ 以上 30 ℃~50 ℃**,因为在这一温度范围内可获得全部细小的奥氏体晶粒,淬火后得到均匀细小的马氏体。若淬火温度高,则引起奥氏体晶粒粗大。淬火后将得到粗大的马氏体组织,会降低钢的性能。若淬火加热温度过低,则淬火组织中有铁素体出现,使钢出现软点,使淬火硬度不足。

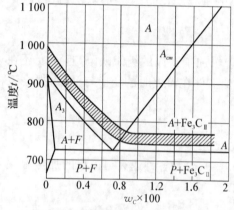

**图 3-10 碳钢的淬火加热温度范围**

**共析钢和过共析钢淬火加热温度为 $Ac_1$ 以上 30 ℃~50 ℃**,此时的组织为奥氏体或奥氏体加渗碳体颗粒,淬火后获得细小马氏体和球状渗碳体,由于有高硬度的渗碳体和马氏体存在,能保证得到最高的硬度和耐磨性。如果加热温度超过 $Ac_{cm}$,将导致渗碳体消失,奥氏体晶粒粗大,淬火后残余奥氏体量增加,硬度和耐磨性都会降低,同时还会引起严重的淬火变形,甚至开裂。

对含有阻碍奥氏体晶粒长大的强碳化物形成元素(如钛、铌、锆等)的合金钢,淬火温度可以高一些,以加速其碳化物的溶解,获得较好的淬火效果。而对促进奥氏体长大元素(如锰等)含量较高的合金钢,淬火加热温度则应低一些,以防止晶粒粗大。

**(2) 淬火冷却介质**

**目前常用的淬火介质有水、油和盐浴。**

水是最便宜的而且在 650 ℃~550 ℃范围内具有很大的冷却能力,但在 300 ℃~200 ℃时也能很快冷却,所以容易引起工件的变形与开裂,这是水的最大缺点,但目前仍是碳钢最常用的淬火介质。

油也是最常用的淬火介质,生产上多用各种矿物油。油的优点是在 300 ℃~200 ℃范围内冷却能力低,这有利于减少工件的变形。其缺点是在 650 ℃~550 ℃范围内冷却能力也低,不适用于碳钢,所以**油一般只用作合金钢的淬火介质**。

为了减少工件淬火时变形,可采用盐浴作为淬火介质,如熔化的 $NaNO_3$,$KNO_3$ 等。主要用于贝氏体等温淬火、马氏体分级淬火。其特点是沸点高,盐水的淬冷能力比水更强,尤其在 650 ℃~550 ℃的范围内具有很大的冷却能力($>600$ ℃/s),这对于保证工件特别是碳钢件的淬硬来说非常有利。当工件用盐水淬火时,由于食盐晶体在工件表面的析出和爆裂,不仅有效地破坏包围在工件表面的蒸汽膜,使冷却速度加快,而且能破坏在淬火加热时所形成的附在工件表面上的氧化铁皮,使它剥落下来。因而应用盐水淬火的工件,容易得到高的硬度和光洁的表面,不易产生淬不硬的软点。这是清水淬火所不及的。可是盐水仍然具有清水的缺点,即在 300 ℃～200 ℃以下温度范围,盐水的冷却能力仍然像清水一样大,这将使工件变形严重,甚至发生开裂。盐水适用于形状简单、硬度要求高而均匀、表面要求光洁的碳钢零件,如螺钉、销子、垫圈、盖等。

为了寻求较理想的淬火介质,已发展新型淬火介质有聚醚水溶液、聚乙烯醇水溶液等。

4. 淬火方法

常用淬火方法有:

(1) 单介质淬火

将淬火加热后钢件在一种冷却介质中冷却,如图 3-11 曲线①所示。例如碳钢在水中淬火;合金钢或尺寸很小的碳钢工件在油中淬火。

单介质淬火操作简单,易实现机械化、自动化,应用广泛。缺点是:水淬容易变形或开裂;油淬大型零件容易产生硬度不足现象。

(2) 双介质淬火

将淬火加热后钢件先淬入一种冷却能力较强的介质中,在钢件还未到达该淬火介质温度前即取出,马上再淬入另一种冷却能力较弱介质中冷却。例如先水后油的双介质淬火法,如图 3-11 曲线②所示。

双介质淬火法的目的是使过冷奥氏体在缓慢冷却条件下转变成马氏体,减少热应力与相变应力,从而减少变形、防止开裂。这种工艺的缺点是不易掌握从一种淬火介质转入另一种淬火介质的时间,要求有熟练的操作技艺。它主要用于形状中等复杂的高碳钢和尺寸较大的合金钢工件。

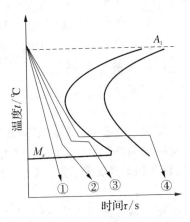

图 3-11　常用淬火方法示意图
①—单介质淬火　②—双介质淬火
③—马氏体分级淬火　④—贝氏体等温淬火

(3) 马氏体分级淬火

将钢件加热至淬火温度并保温后,迅速淬入温度稍高或稍低于 $M_s$ 点的硝盐浴或碱浴中冷却,在介质中短时间停留,待钢中内外层达到介质温度后取出空冷,以获得马氏体组织。这种工艺特点是在钢件内外温度基本一致时,使过冷奥氏体在缓冷条件下转变成马氏体,从而减少变形,如图 3-11 曲线③所示。这种工艺的缺点是由于钢在盐浴和碱浴中冷却能力不足,只适用尺寸较小的零件。

(4) 贝氏体等温淬火

将钢件加热至淬火温度并保温后,迅速淬入温度稍高于 $M_s$ 点的硝盐浴或碱浴中,保持足够长时间,直至过冷奥氏体完全转变为下贝氏体,然后在空气中冷却,如图 3-11 曲线④所示。下贝氏体的硬度略低于马氏体,但综合力学性能较好,因此,在生产中被广泛应用,如一般弹簧、螺栓、小齿轮、轴、丝锥等的热处理。

(5) 局部淬火

对于有些工件,如果只是局部要求高硬度,可将工件整体加热后进行局部淬火。为了避免工件其他部分产生变形和开裂,也可局部进行加热淬火冷却。

### 四、钢的回火

1. 回火的定义

将淬火钢重新加热到 $Ac_1$ 点以下的某一温度,保温一定时间后冷却到室温的热处理工艺称为回火。一般淬火件必须经过回火才能使用。

2. 回火的目的

(1) 获得工件所要求的力学性能

工件淬火后得到马氏体组织硬度高、脆性大,为了满足各种工件的性能要求,可以通过回火调整硬度、强度、塑性和韧性。

(2) 稳定工件尺寸

淬火马氏体和残余奥氏体都是不稳定组织,它们具有自发地向稳定组织转变的趋势,因而将引起工件的形状与尺寸的改变。通过回火使淬火组织转变为稳定组织,从而保证在使用过程中不再发生形状与尺寸的改变。

(3) 降低脆性,消除或减少内应力

工件在淬火后存在很大内应力,如不及时通过回火消除,会引起工件进一步的变形与开裂。

3. 回火种类与应用

根据对工件力学性能要求不同,按其回火温度范围,可将回火分为三种。

(1) 低温回火

**淬火钢件在 250 ℃ 以下回火称低温回火**。回火后**组织为回火马氏体**,基本上保持淬火钢的高硬度和高耐磨性,淬火内应力有所降低。主要用于要求高硬度、高耐磨性的刃具、冷作模具、量具和滚动轴承,渗碳、碳氮共渗和表面淬火的零件。回火后硬度为 58~64 HRC。

(2) 中温回火

**淬火钢件在 350 ℃~500 ℃ 之间回火称为中温回火**。回火后**组织为回火屈氏体**。具有高的屈强比,高的弹性极限和一定的韧性,淬火内应力基本消除。常用于**各种弹簧**和热作模具的热处理,回火后硬度一般为 35~50 HRC。

(3) 高温回火

**淬火钢件在 500 ℃~650 ℃ 回火称为高温回火**。回火后**组织为回火索氏体**,具有强度、硬度、塑性和韧性都较好的综合力学性能。因此,广泛用于**汽车、拖拉机、机床**等承受较大载荷的**结构零件**,如连杆、齿轮、轴类、高强度螺栓等。回火后硬度一般为 200~330 HBW。

生产中常把淬火+高温回火热处理工艺称为**调质处理**。调质处理后的力学性能(强度、韧性)比相同硬度的正火好,这是因为前者的渗碳体呈粒状,后者为片状。

除了以上三种常用回火方法外,某些精密的工件,为了保持淬火后的硬度及尺寸的稳定性,常进行低温(100 ℃~150 ℃)长时间(10 h~50 h)保温的回火,称为**时效处理**。

### 五、钢的热处理工艺性能

钢对于某种热处理工艺的适应性,称为钢的热处理工艺性能。主要包括钢的淬透性、钢的淬硬性、回火脆性和回火稳定性等。

1. 钢的淬透性

钢的淬透性是指在规定条件下淬火后,获得淬硬层深度和硬度分布的特性。淬透性越好,淬硬层越深。

（1）淬透性对钢性能的影响

淬透性对钢的力学性能影响很大。淬透性好的钢，在淬火后力学性能沿截面均匀分布，而淬透性差的钢，心部的力学性能低，尤其是冲击韧性低。

淬透性好的钢，在淬火后的疲劳强度越好。

淬透性好的钢，淬火后的屈强比越大，对于不允许出现塑性变形的零件，一般都需要屈强比大，以尽量提高材料强度的利用率。

淬透性好的钢，可选用钢件淬火应力小的淬火剂，以减少变形和开裂。

当工件截面尺寸很大时，淬透性对钢的力学性能影响尤其显著。

（2）影响钢的淬透性的因素

影响钢的淬透性的决定性因素是钢在淬火时的临界冷却速度（$v_k$）。临界冷却速度越小，钢的淬透性就越好。临界冷却速度是得到全部马氏体的最小冷却速度。它的大小主要受到钢的化学成分、冷却介质、工件尺寸、加热温度和保温时间的影响。

化学成分的影响如下：

➤ 碳的影响

亚共析钢中随着含碳量的增加，$C$ 曲线右移，过冷奥氏体稳定性增加，则 $v_k$ 减小；过共析钢中随着含碳量的增加，$C$ 曲线左移，过冷奥氏体稳定性减小，则 $v_k$ 反而增大，在含碳量大于 1.2%～1.3% 时尤为显著。所以一般说来，对于亚共析碳钢，随着含碳量的增加，淬透性有所增大，而对于过共析碳钢，含碳量超过 1.2%～1.3% 时，淬透性将明显降低。

➤ 合金元素中，除 Co 以外的所有合金元素，都增大过冷奥氏体稳定性，使 $C$ 曲线右移，则 $v_k$ 减小，增大钢的淬透性。例如 45 钢和 40Cr 钢，其含碳量差不多，但由于前者不含 Cr 元素，后者含有 1% 左右 Cr 元素，在同等淬火条件下，它们的淬透性不同，45 钢只能淬透 3.5～9.5 mm，而 40Cr 可淬透 25～32 mm。

➤ 加热温度和保温时间的影响：提高奥氏体化温度或延长保温时间，奥氏体充分均匀化和奥氏体晶粒长大，晶界面积减少，这些因素都不利于奥氏体分解，因而提高了过冷奥氏体的稳定性，使 $C$ 曲线右移。从而使临界冷却速度减小。

➤ 冷却介质的影响：盐水的冷却能力大于水，水的冷却速度大于油。在冷却速度大的介质中淬火，钢的淬透性就增大，反之就减小。比如 45 钢在水中冷却和在油中冷却，其淬透性就不同。在水中冷却时，可淬透 11～20 mm；若在油中冷却时，淬透层深度只为 3.5～9.5 mm。

➤ 工件尺寸的影响：一定尺寸的工件在某介质中淬火，其淬透层的深度与工件截面各点的冷却速度有关。如果工件截面中心的冷速高于 $v_k$，工件就会淬透。然而工件淬火时表面冷速最大，心部冷速最小，由表面至心部冷速逐渐降低。只有冷速大于 $v_k$ 的工件外层部分才能得到马氏体。因此，$v_k$ 越小，钢的淬透层越深，淬透性越好。

2. 钢的淬硬性

钢的淬硬性是指钢在正常淬火条件下进行淬火硬化时所能达到最高硬度的能力。

**钢的淬硬性主要取决于加热时固溶于奥氏体中的碳质量分数，碳质量分数越高，钢的淬硬性就越好，淬火后的硬度值就越高。**随着含碳量增加，钢的淬硬性增大。其他合金元素对于淬硬性的影响很小。

特别要注意的是，**淬透性与淬硬性是两个不同的概念，没有必然的联系。**也就是说，**淬透性好的钢不一定淬硬性好。**

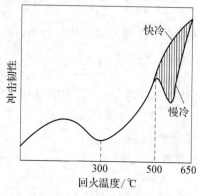

**图 3-12 冲击韧性与温度的关系**

**3. 钢的回火脆性**

**回火脆性**指淬火钢在某些温度区间回火或从回火温度缓慢冷却通过该温度区间的脆化现象。回火脆性可分为第一类回火脆性和第二类回火脆性。**第一类回火脆性**主要发生在回火温度为 250 ℃~350 ℃时,钢内部呈晶间型断裂特征,且不能用重新加热的方法消除,故又称为**不可逆回火脆性**。第二类回火脆性发生的温度在 500 ℃~650 ℃,可以通过高于脆性回火温度的再次回火后快速冷却的方法消除,所以又称**可逆回火脆性**。第二类回火脆性主要发生在含 Cr、Ni、Si、Mn 等合金元素的钢中。钢在不同温度下回火时,冲击韧性与温度的关系,如图3-12所示。

**4. 钢的回火稳定性**

钢在回火时抵抗硬度下降的能力,**称回火稳定性**。

通常情况下,钢在回火时会导致马氏体的分解,随着回火的温度不同,分别形成回火马氏体、回火屈氏体、回火索氏体。这些回火组织比马氏体硬度要低。因此,回火后硬度强度会下降。

淬火时溶于马氏体的合金元素,回火时有阻碍马氏体分解和碳化物聚集长大的作用,使回火硬度降低过程变缓,从而提高钢的回火稳定性。因此,与碳钢相比,在相同的回火温度下,合金钢比相同含碳量的碳钢具有更高的硬度和强度。在强度要求相同的条件下,合金钢可在更高的温度下回火,以充分消除内应力,使其韧性更好。

➤ **填空题**

1. 退火钢含碳量越高,组成相中的渗碳体相对量越高,其( )越高,塑性、韧性越低。

2. ( )退火主要用于亚共析碳钢和合金钢的铸件、锻件、焊接件等。( )退火主要用于过共析钢,( )退火则可用于各种钢。

3. 淬火是为了得到( )组织,再经( )后,使工件获得良好的使用性能,以充分发挥材料的潜力。

➤ **单选题**

1. 对于 40Cr 钢的淬火,应采用的冷却介质是( )。

A. 清水　　　　　 B. 盐水　　　　　 C. 油　　　　　　 D. 空气

2. 整体车刀,要求表面高硬度、高耐磨性和高的耐热性,足够的强度和韧性,应选用( )。

A. 20CrMnTi 钢、渗碳淬火+低温回火　　 B. W18Cr4V、分级淬火+三次回火

C. 40Cr 钢、淬火+高温回火　　　　　　 D. T12A、淬火+低温回火

3. 钢的淬硬性的大小主要取决于钢在淬火时( )。

A. 加热方式　　　　 B. 加热温度　　　　 C. 含碳量大小　　　 D. 合金元素多少

➤ **多选题**

1. 提高钢淬透性的因素主要有( )。

A. 含碳量　　　　　　　　　　 B. 合金元素

C. 加热温度和保温时间　　　　 D. 钢中未溶第二相

2. 下列材料适合调质处理的有( )。

A. 20CrMnTi　　　　 B. 35MnB　　　　 C. 40Cr　　　　　 D. HT200

# 考点 27 钢的常用表面热处理和化学热处理工艺特点及应用

## 一、钢的表面淬火

表面淬火是通过快速加热使钢表层奥氏体化,而不等热量传至中心,立即进行淬火冷却,仅使表面层获得硬而耐磨的马氏体组织,而心部仍保持原来塑性、韧性较好的退火、正火或调质状态的组织。

### 1. 表面淬火的目的

表面淬火不改变零件表面化学成分,只是通过表面快速加热淬火,改变表层的组织来达到强化表面的目的。

许多机械零件,如轴、齿轮、凸轮等,要求表面硬而耐磨,有高的疲劳强度,而心部要求有足够的塑性、韧性,采用表面淬火,使钢表面得到强化,能满足上述要求。

### 2. 表面淬火的应用范围

碳的质量分数在 $0.4\%\sim0.5\%$ 的优质碳素结构钢是最适宜于表面淬火。这是由于中碳钢经过预先热处理(正火或调质)以后再进行表面淬火处理,既可以保持心部原有良好的综合力学性能,又可使表面具有高硬度和耐磨性。

表面淬火后,一般需进行低温回火,以减少淬火应力和降低脆性。

表面淬火方法很多,目前生产中应用最广泛的是感应加热表面淬火,其次是火焰加热表面淬火。

### 3. 感应加热表面淬火

感应加热表面淬火是利用感应电流通过工件表面所产生的热效应,使表面加热并进行快速冷却的淬火工艺。

感应表面加热淬火法的原理,如图 3-13 所示。当感应圈中通入交变电流时,产生交变磁场,于是在工件中便产生同频率的感应电流。由于钢本身具有电阻,因而集中于工件表面的电流,可使表层迅速加热到淬火温度,而心部温度仍接近室温,随后立即喷水(合金钢浸油)快速冷却,使工件表面淬硬。

所用电流频率主要有三种:一种是高频感应加

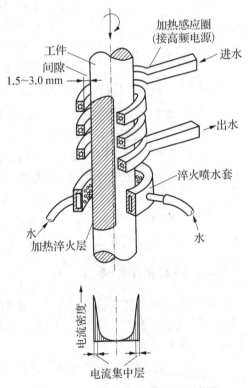

图 3-13 感应加热表面淬火示意图

热,常用频率为 $200\sim300$ kHz,淬硬层为 $0.5\sim2$ mm,适用于中、小模数齿轮及中、小尺寸的轴类零件。第二种是中频感应加热,常用频率为 $2\,500\sim3\,000$ Hz,淬硬层深度为 $2\sim10$ mm,适用于较大尺寸的轴和大、中模数的齿轮等。第三种是工频感应加热,电流频率为 50 Hz,硬化层深度可达 $10\sim20$ mm,适用于大尺寸的零件,如轧辊、火车车轮等。此外还有超音频感应加热,它是 20 世纪 60 年代后发展起来的,频率为 $30\sim40$ kHz,适用于硬化层略深于高频,且要求硬化层沿表面均匀分布的零件,例如中、小模数齿轮、链轮、轴、机床导轨等。

感应加热速度极快,加热淬火有如下特点:第一,表面性能好,硬度比普通淬火高2 HRC~3 HRC,疲劳强度较高,一般工件可提高20%~30%;第二,工件表面质量高,不易氧化脱碳,淬火变形小;第三;淬硬层深度易于控制,操作易于实现机械化、自动化,生产率高。

### 4. 火焰加热表面淬火

火焰加热表面淬火是以高温火焰作为加热源的一种表面淬火方法。常用火焰为乙炔-氧火焰(最高温度为3 200 ℃)或煤气-氧火焰(最高温度为2 400 ℃)。高温火焰将钢件表面迅速加热到淬火温度,随即喷水快冷使表面淬硬。火焰加热表面淬硬层通常为2~8 mm。

火焰加热表面淬火设备简单,方法易行,但火焰加热温度不易控制,零件表面易过热,淬火质量不够稳定。火焰淬火尤其适宜处理特大或特小件、异型工件等,如大齿轮、轧辊、顶尖、凹槽、小孔等。

### 5. 电接触加热表面淬火

电接触加热的原理如图3-14所示,当工业电流经调压器降压后,电流通过压紧在工件表面的滚轮与工件形成回路,利用滚轮与工件之间的高接触电阻实现快速加热,滚轮移去后,由于基体金属吸热,表面自激冷淬火。

电接触表面淬火可显著提高工件表面的耐磨性和抗擦伤能力。设备及工艺简单易行,硬化层薄,一般为0.15~0.35 mm。适用于表面形状简单的零件,目前广泛用于机床导轨、气缸套等表面淬火。

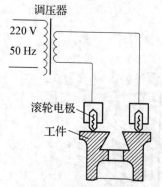

**图3-14 电接触加热的原理**

### 6. 激光加热表面淬火

激光加热表面淬火是用激光束扫描工件表面,使工件表面迅速加热到钢的临界点以上,而当激光束离开工件表面时,由于基体金属的大量吸热,使表面获得急速冷却而自淬火,故无需冷却介质。

激光淬火硬化层深度与宽度一般为:深度<0.75 mm,宽度小于1.2 mm。激光淬火后表层可获得极细的马氏体组织,硬度高且耐磨性好。激光淬火适用于形状复杂,特别是某些部位用其他表面淬火方法极难处理的(如拐角、沟槽、盲孔底部或深孔)工件。

## 二、钢的化学热处理

化学热处理是将金属或合金工件置于一定温度的活性介质中加热和保温,使介质中一种或几种活性原子渗入工件表面,以改变表面层的化学成分和组织,使表面层具有不同于心部的性能的一种热处理工艺。

化学热处理的种类和方法很多,最常见的有渗碳、氮化、碳氮共渗等。

### 1. 钢的渗碳

将钢件在渗碳介质中加热并保温使碳原子渗入表层的化学热处理工艺,称为渗碳。渗碳的目的是提高工件表面的硬度和耐磨性,同时保持心部的良好韧性。

常用渗碳材料是碳的质量分数一般为$\omega_c=0.1\%\sim0.25\%$的**低碳钢和低碳合金钢**,经过渗碳后,再进行**淬火与低温回火**,可在**零件的表层和心部分别得到高碳和低碳的组织**。一些重要零件如汽车、拖拉机的变速箱齿轮、活塞销、摩擦片等,它们都是在循环载荷、冲击载荷、很大接触应力和严重磨损条件下工作的。因此,要求此类零件表面具有高的硬度、耐磨性及疲劳强度;心部具有较高的强度和韧性。

常用渗碳温度为 900 ℃～950 ℃,渗碳层厚度一般为 0.5～2.5 mm。

低碳钢零件渗碳后,表面层碳的质量分数 $\omega_c=0.85\%～1.05\%$。低碳钢渗碳缓冷后的组织,表层为珠光体＋网状二次渗碳体,心部为铁素体＋少量珠光体,两者之间为过渡区,愈靠近表面层铁素体愈少。

工件经渗碳后都应进行淬火＋低温回火。最终表面为细小片状回火马氏体及少量渗碳体,硬度可达 58～64 HRC,耐磨性很好;心部的组织取决于钢的淬透性,普遍低碳钢如 15、20 钢,心部组织为铁素体和珠光体,低碳合金钢如 20CrMnTi 心部组织为回火低碳马氏体(淬透件),具有较高强度和韧性。

渗碳采用的渗碳剂有气体、固体和液体三类,常用前两种,尤其是气体渗碳最为广泛。图 3－15 为气体渗碳示意图。

2. 钢的氮化

氮化是在一定温度(一般在 $Ac_1$ 以下),使活性氮原子渗入工件表面的化学热处理工艺,也称渗氮。氮化的目的是提高工件表面的硬度、耐磨性、疲劳强度及耐蚀性。

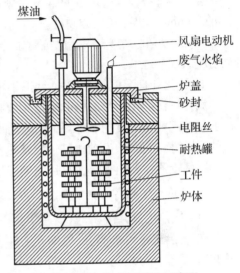

煤油

风扇电动机
废气火焰
炉盖
砂封
电阻丝
耐热罐
工件
炉体

图 3－15　气体渗碳法示意图

(1) 气体氮化

气体氮化是向密闭的渗氮炉中通入氨气,利用氨气受热分解来提供活性氮原子。氮化温度一般为 550 ℃～570 ℃,因此,氮化件变形很小,比渗碳件变形小得多,同样也比表面淬火件变形小。

应用最广泛的氮化用钢是 38CrMoAl 钢,钢中 Cr、Mo、Al 等合金元素在氮化过程中形成高度弥散、硬度极高的稳定化合物,如 CrN、MoN、AlN 等。

气体氮化的主要缺点是生产周期长,例如要得到 0.3～0.5 mm 的渗层,需要 20～50 小时,因此成本高。此外氮化层较脆,不能承受冲击,在使用上受到一定限制。目前国内外针对上述缺点,发展了新的氮化工艺,如离子氮化等。

(2) 离子氮化

离子氮化是放工件在低于一个大气压的真空容器内,通入氨气或氮、氢混合气体,以真空容器为阳极,工件为阴极,在两极间加直流高压电,迫使电离后的氮正离子高速冲击工件(阴极),使其渗入工件表面,并向内扩散形成氮化层。

离子氮化的优点是氮化时间短,仅为气体氮化的 1/2～1/3,易于控制操作,氮化层质量好,脆性低些,此外,省电、省气、无公害。缺点是工件形状复杂或截面相差悬殊时,由于温度均匀性不够,很难达到同一硬度和渗层深度。

(3) 氮化处理的特点

① 氮化往往是工件加工工艺路线中最后一道工序,氮化后的工件至多再进行精磨或研磨。为保证氮化工件心部具有良好的综合机械性能,在氮化前需先进行调质处理,获得回火索氏体组织,以提高心部的性能,同时也为了减少氮化中的变形。

② 钢在氮化后,氮化后工件表面硬度可高达 950～1 200 HV(相当于 68～72 HRC),具有

很高的耐磨性,因此,钢氮化后,不需要进行淬火处理。这是由于氮化层表面形成了一层坚硬的氮化物所致。

③ 氮化后显著提高了钢的疲劳强度。这是因为氮化层内具有较大的残余压应力,它能部分地抵消在疲劳载荷下产生的拉应力,延缓疲劳破坏的过程。

④ 与渗碳相比,氮化后的钢不仅硬度和耐磨性均更高,且氮化层具有高的耐热性,即在600 ℃～650 ℃仍有较好的硬度。

⑤ 氮化后的钢具有很高的抗腐蚀能力。这是由于氮化层表面是由连续分布的致密的氮化物所组成的缘故。

⑥ 氮化处理温度低,故工件变形很小,与渗碳及感应加热表面淬火相比,变形要小得多。

氮化广泛应用于耐磨性和精度均要求很高的零件,如镗床主轴、精密传动齿轮;在循环载荷下要求高疲劳强度的零件,如高速柴油机曲轴;以及要求变形很小和具有一定抗热、耐蚀能力的耐磨件,如阀门、发动机气缸以及热作模具等。

工件上不需要氮化部分可用镀铜或镀锡等保护。

3. 钢的碳氮共渗与氮碳共渗

(1)气体碳氮共渗

在一定温度下同时将碳氮渗入工件表层奥氏体中,并以渗碳为主的化学热处理工艺称碳氮共渗。

由于共渗温度(850 ℃～880 ℃)较高,它是以渗碳为主的碳氮共渗过程,因此,处理后要进行淬火和低温回火处理。共渗深度一般为 0.3～0.8 mm,共渗层表面组织由细片状回火马氏体、适量的粒状碳氮化合物,以及少量的残余奥氏体组成。表面硬度可达 58～64 HRC。

气体碳氮共渗所用的钢,大多为低碳钢或中碳钢和合金钢,如:20CrMnTi、40Cr 等。

气体碳氮共渗与渗碳相比,处理温度低且便于直接淬火,故变形小,具有共渗速度快、时间短、生产效率高,耐磨性高等优点。主要用于汽车和机床齿轮、蜗轮、蜗杆和轴类等零件的热处理。

(2)气体氮碳共渗(软氮化)

工件表面渗入氮和碳,并以渗氮为主的化学热处理,称为氮碳共渗。常用的共渗温度为560 ℃～570 ℃,由于共渗温度较低,共渗 1～3 小时,渗层可达 0.01～0.02 mm,又称低温碳氮共渗。与气体氮化相比,渗层硬度较低,脆性较低,故又称软氮化。

氮碳共渗具有处理温度低,时间短,工件变形小的特点,而且不受钢种限制;碳钢、合金钢及粉末冶金材料均可进行氮碳共渗处理,达到提高耐磨性、抗咬合、疲劳强度和耐蚀性的目的。由于共渗层很薄、不宜在重载下工作,目前软氮化广泛应用于模具、量具、刀具以及耐磨、承受弯曲疲劳的结构件。

▷ 填空题

1. 表面淬火后,一般需进行(    ),以减少淬火(    )和降低(    )。

2. 感应表面加热淬火的电流频率越大,淬硬层深度越(    )。

3. 工件经渗碳后都应进行(    )+(    ),最终表面为细小片状(    )及少量渗碳体,心部的组织取决于钢的淬透性。

▷ 单选题

1. 汽车、拖拉机齿轮要求表面高耐磨性,心部有良好的强韧性,应选用(    )。

A. 20CrMnTi 钢渗碳淬火+低温回火       B. 40Cr 钢淬火+高温回火

C. 55 钢渗碳＋淬火　　　　　　　　　D. T12A 淬火＋低温回火

2. 应用最广泛的氮化用钢是(　　)钢,钢中 Cr、Mo、A1 等合金元素在氮化过程中形成高度弥散、硬度极高的稳定化合物。

A. 20CrMnTi　　　　B. 40Cr　　　　　　C. 38CrMoAlA　　　D. W6Mo5Cr4V2

➤ 多选题

1. 常用的表面淬火工艺方法是(　　)表面淬火。

A. 火焰加热　　　　B. 激光加热　　　　C. 电接触加热　　　D. 感应加热

2. 下列材料适合渗碳处理的有(　　)。

A. 20　　　　　　　B. 20CrMnTi　　　　C. 40Cr　　　　　　D. HT200

➤ 综合题

试在下题中相应的空白处填写合适的内容。

| 材料牌号及工件种类 | 材料类型 | 典型热处理工艺方法 | 热处理目的 | 最终组织 |
|---|---|---|---|---|
| Q235、低压阀体 | | | | |
| 20Cr、汽车齿轮 | | | | |
| 40Cr 钢、减速机主动轴 | | | | |
| 60Si2Mn、板弹簧 | | | | |
| GCr15、滚动轴承内外圈、滚动体 | | | | |
| 5CrMnMo、热作模具 | | | | |

# ▶▶ 考点 28　常规热处理工艺工序位置的安排

根据常规热处理工艺工序的安排,热处理工艺可分为三类:预先热处理、中间热处理和最终热处理。

## 一、预先热处理

预先热处理能消除坯料、半成品中的某些缺陷,为后续的冷加工和最终热处理做组织准备。

退火与正火主要用于钢的预先热处理,其目的是消除和改善前一道工序(铸、锻、焊)所造成的某些组织缺陷及内应力,也为随后的切削加工及热处理做好组织和性能做好准备。

退火与正火除经常作预先热处理工序外,对一般铸件、焊接件以及一些性能要求不高的工件,也可做最终热处理。

## 二、中间热处理

对于调质钢,通常在预先热处理后,机械加工工序中间穿插安排调质热处理。弹簧钢制零件则会安排淬火＋中温回火作为中间热处理。中间热处理常安排在粗加工或半精加工之后、精加工前进行。

调质一般作为重要零件的中间热处理。目的是激发钢件的综合力学性能,即获得良好的强度和韧性,也作为表面淬火和化学热处理的预先热处理。调质后的硬度不高,便于切削加工,并能获得较小的表面粗糙度值。弹簧的淬火+中温回火中间热处理,目的是提高其弹性极限和屈服极限。

对于一般要求的中碳钢零件,可以在预先热处理阶段经过正火后,不再进行中间热处理。

### 三、最终热处理

很多零件都要安排最终热处理,即最后一次热处理。最终热处理是使工件获得所要求的性能。

淬火+低温回火,常作为工具、量具、模具的最终热处理。更多的是将表面淬火、渗碳淬火+低温回火或渗氮等作为最终热处理。

最终热处理不一定是整体热处理,比如表面淬火和化学热处理,常常是在钢件的某些局部进行。比如齿轮的齿面感应加热表面淬火,轴类零件的轴颈部分的渗碳、渗氮等热处理,还有阀门在阀芯的阀面上淬火,拨叉在工作面上淬火等,均在局部进行。

最终热处理一般均在精加工或光整加工前进行。

➤ 填空题

1. 常见的预先热处理工艺方法是(　　　)和(　　　)。

2. 调质处理经常安排在(　　　)加工或(　　　)加工之后进行。

➤ 单选题

1. 弹簧经常要安排(　　　)热处理作为中间热处理。

A. 正火　　　　　　　　　　　　　　B. 淬火+中温回火

C. 调质　　　　　　　　　　　　　　D. 淬火+低温回火

2. 汽车、拖拉机齿轮要求表面高耐磨性,心部有良好的强韧性,应选用渗碳钢制造,并安排渗碳、淬火+低温回火作为(　　　)热处理。

A. 预先　　　　　　　　　　　　　　B. 中间

C. 最终　　　　　　　　　　　　　　D. 消除毛坯制造中内应力的

➤ 多选题

1. 渗氮热处理工艺的特点有(　　　)。

A. 渗氮能提高钢件的耐磨性、抗腐蚀性和疲劳强度

B. 渗氮后的钢件,需要进行淬火+低温回火

C. 加热温度低,钢件变形小

D. 渗氮前,钢件要经过调质处理

2. 通常,作为最终热处理的工艺方法是(　　　)。

A. 淬火+低温回火　　　　　　　　　B. 渗氮

C. 渗碳、淬火+低温回火　　　　　　D. 退火

➤ 综合题

用45钢制成减速机传动齿轮,要求具有综合力学性能和齿面硬度达到50 HRC,其加工工艺过程如下:

锻造→热处理→机械加工→热处理→机械加工→热处理→热处理→磨齿→检验。

试填写各热处理的名称,并解释其目的。

苏天教育组织编写

# 江苏"专转本"
# 机械工程专业大类
# 考试必读

## 综合操作技能分册

主　编　沈仙法
副主编　陈本德　王海巧　刘　洋

扫码可见本册答案与解析

南京大学出版社

# 目　录

## 技能一　机械图样绘制与识读技能

# 技能二　机械CAD软件绘图技能

# 技能三　机械零件加工技能

# 技能四　机械零部件装配技能

# 技能五　零件测量与公差配合应用技能

# 技能一　机械图样绘制与识读技能

 **知识框架**

| 序号 | 主要内容 | 技能要求 |
|---|---|---|
| 1 | 绘制平面图形 | 能按国家标准绘制图框、图线及尺寸标注；<br>能进行圆弧连接的作图；<br>能绘制常见的正多边形；<br>能按要求作斜度及锥度；<br>能对平面图形进行尺寸标注。 |
| 2 | 绘制与识读基本体和组合体 | 能正确用视图表达基本几何体；<br>能正确进行基本几何体的尺寸标注；<br>能利用形体分析法识读组合体的三视图；<br>能进行组合体的尺寸标注。 |
| 3 | 绘制与识读标准件与常用件 | 能正确绘制和标注内外螺纹、螺纹连接；<br>能正确绘制紧固件连接（螺栓连接、螺柱连接及螺钉连接）；<br>能正确绘制滚动轴承；<br>能正确绘制齿轮。 |
| 4 | 绘制与识读零件图 | 能识读与标注零件图上表面粗糙度、尺寸公差、形位公差等；<br>能识读与绘制轴套类、盘盖类、叉架类、箱体类等典型零件的零件图。 |
| 5 | 绘制与识读简单装配图 | 能合理选用装配图的表达方案，并绘制简单装配图；<br>能读懂明细栏内容与技术要求；<br>能识读简单的装配图。 |
| 6 | 职业素养 | 遵守国家标准、技术规范；<br>严谨的工作态度、精益求精的职业素养。 |

# 第一章　绘制平面图形

## ▌▶ 考点 1　按国家标准绘制图框、图线及尺寸标注

### 一、图纸幅面及格式

(参见综合基础理论分册机械制图考点 10)

### 二、图线类型及应用

1. 图线

国家标准(GB/T 17450—1998)规定了各种线型的名称、形式及其画法。国家标准(GB/T 4457.4—2002)对该部分内容加以补充。常见图线的名称、线型、宽度及其在图样上的应用场合如表 1-1 所示,各种图线及其应用举例如图 1-1 所示。

表 1-1　图线型式及应用

| 图线名称 | 线型 | 宽度 | 主要应用举例 |
|---|---|---|---|
| 粗实线 | —————— | $d$ | 可见轮廓线 |
| 细实线 | ——————— | $0.5d$ | 尺寸线及尺寸界线<br>剖面线<br>重合断面的轮廓线<br>辅助作图线 |
| 波浪线 | ～～～～ | $0.5d$ | 断裂处的边界线<br>视图和剖视的分界线 |
| 双折线 | ——⌁—— | $0.5d$ | 断裂处的边界线 |
| 虚线 | — — — — — | $0.5d$ | 不可见轮廓线 |
| 细点划线 | —·—·—·— | $0.5d$ | 轴线<br>对称中心线<br>分度圆(线)<br>孔系分布的中心线 |
| 双点划线 | —··—··— | $0.5d$ | 相邻辅助零件的轮廓线<br>极限位置的轮廓线<br>轨迹线 |

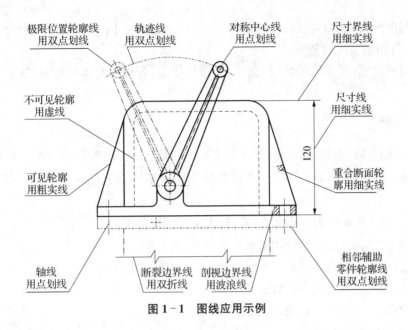

**图 1-1 图线应用示例**

图中标注：
- 极限位置轮廓线用双点划线
- 轨迹线用双点划线
- 对称中心线用点划线
- 尺寸界线用细实线
- 不可见轮廓用虚线
- 尺寸线用细实线
- 可见轮廓用粗实线
- 重合断面轮廓用细实线
- 轴线用点划线
- 断裂边界线用双折线
- 剖视边界线用波浪线
- 相邻辅助零件轮廓线用双点划线
- 120

### 2. 图线的宽度

机械图样中的图线分为粗、细两种，粗线的宽度为 $b$，细线的宽度约为 $b/2$。粗线的宽度 $b$ 应根据图形的大小和复杂程度的不同，在 $0.5 \sim 2$ mm 之间选择。为保证图样清晰易读，尽量避免出现宽度小于 $0.18$ mm 的图线，图线宽度和图线组别见表 1-2。

**表 1-2 图线宽度和组别** （mm）

| 图线组别 | 0.25 | 0.35 | 0.5 | 0.7 | 1 | 1.4 | 2 |
|---|---|---|---|---|---|---|---|
| 粗线宽度 | 0.25 | 0.35 | 0.5 | 0.7 | 1 | 1.4 | 2 |
| 细线宽度 | 0.13 | 0.18 | 0.25 | 0.35 | 0.5 | 0.7 | 1 |

### 3. 图线的画法

(1) 同一张图样中，同类图线的宽度应一致，虚线、细点划线及双点划线的线段长度和间隔也应一致。

(2) 两条平行线之间的最小间隙不得小于 $0.7$ mm。

(3) 点划线和双点划线的首末两端应是长画而不是点，如图 1-2 所示。

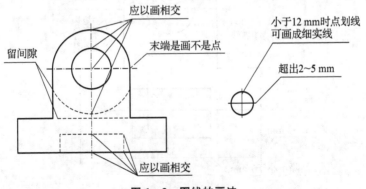

图中标注：
- 应以画相交
- 末端是画不是点
- 小于12 mm时点划线可画成细实线
- 留间隙
- 超出2~5 mm
- 应以画相交

**图 1-2 图线的画法**

（4）绘制圆的对称中心线时,应超出圆外 2～5 mm;在较小的图形上绘制点划线或双点划线有困难时,可用细实线代替。

（5）虚线与虚线(或其他图线)相交时,应线段相交;若虚线是实线的延长线时,在连接处要分开。

## 三、尺寸标注

图样仅表达物体的形状,其大小由所标注的尺寸确定。尺寸是图样中的重要内容,是制造机件的直接依据。因此,在标注尺寸时,必须严格遵从国家标注中的有关规范(GB/T 4458.4—2003)。

1. 零件中标注尺寸的基本要求是:正确、完整、清晰、合理

（1）正确:尺寸标注要符合国家标注的有关规定。

（2）完整:标注出制造零件所需的全部尺寸,不遗漏,不重复。

（3）清晰:尺寸布置要整齐、清晰,便于看图。

（4）合理:标注尺寸要符合设计要求和工艺要求。

2. 尺寸标注的基本规则

（1）图样上所标注的尺寸数值为机件的真实大小,与图形的大小和绘图的准确度无关。

（2）图样中的尺寸以毫米为单位时,不需标注计量单位的代号(或名称)。如采用其他单位时,则必须注明相应的计量单位(或名称)。

（3）图样中标注的尺寸,为该图样所示的机件的最后完工尺寸,否则应另加以说明。

（4）机件的每一尺寸,一般只标注一次,并应标注在表示该结构最清晰的图形上。

（5）尽量避免在不可见轮廓线上标注尺寸。

3. 尺寸的组成

一个完整的尺寸由尺寸界线、尺寸线(含尺寸线终端的箭头或斜线)和尺寸数字三部分组成。

（1）尺寸界线用以表示所标注尺寸的界限,用细实线绘制,并从轮廓线、轴线或对称中心线引出,也可用轮廓线、轴线或对称中心线替代。尺寸界线一般应与尺寸线垂直,必要时才允许倾斜,参看图 1-3 有关图例。

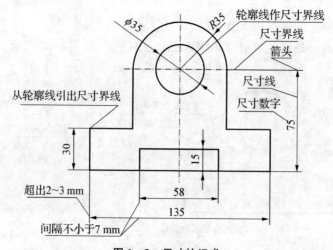

图 1-3 尺寸的组成

（2）尺寸线和终端形式尺寸线用以表示尺寸的范围，即起点和终点，一般用细实线绘制，不能用其他图线代替，也不能与其他图线重合或画在其延长线上，如图1-3所示。线性尺寸的尺寸线必须与所标注的线段平行，小尺寸在里，大尺寸在外。尺寸线与轮廓线的距离，以及相互平行的尺寸线之间的距离，在图中应尽量一致。

尺寸线终端有两种形式：箭头和斜线。箭头的形式和画法如图1-4(a)所示，箭头的尖端与尺寸界线接触，在同一张图样上，箭头大小要一致。斜线一般用粗实线绘制，其方向和画法如图1-4(b)所示，当尺寸线终端采用斜线时，尺寸线与尺寸界线必须互相垂直。

机械工程制图中多采用箭头形式，而建筑制图中多采用斜线形式。注意：同一张图样中，尺寸界线及终端形式一般应采用同一种形式。

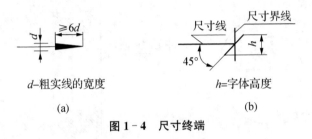

图1-4 尺寸终端

（3）尺寸数字一般应注写在尺寸线的上方中间处，允许标注在尺寸线的中断处。线性尺寸数字的方向，一般应按图1-5(a)所示的方向标注，并尽量避免在图示30°范围内标注尺寸，当无法避免时可采用图1-5(b)所示的引出标注样式。

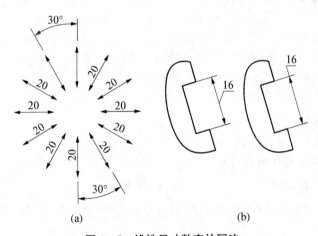

图1-5 线性尺寸数字的写法

尺寸数字不可被任何图线穿过，否则必须将图线断开，如图1-6所示。国标中还规定了一组表示特定含义的符号，作为对数字标注的补充说明，表1-3给出了一些常用的符号。标注尺寸时，应尽可能使用符号和缩写词。

表1-3 尺寸标注用符号及缩写词

| 名称 | 符号或缩写词 | 名称 | 符号或缩写词 |
|------|------------|------|------------|
| 直径 | $\phi$ | 斜度 | ∠ |
| 半径 | $R$ | 正方形 | □ |

续表

| 名称 | 符号或缩写词 | 名称 | 符号或缩写词 |
|------|------------|------|------------|
| 球 | $S$ | 深度 | ↓ |
| 厚度 | $t$ | 沉孔或锪平 | ⊔ |
| 45°倒角 | $C$ | 埋头孔 | ∨ |
| 均布 | $EQS$ | 弧长 | ⌒ |

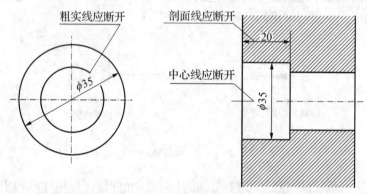

图 1-6　尺寸数字不能被任何图线通过

## ▶▶ 考点 2　圆弧连接的作图

绘制零件的轮廓时，常遇到一条线（直线或曲线）光滑地过渡到另一条线的情况，称为连接。用已知半径的圆弧光滑地连接两条已知线段（直线或曲线）的方法，称为圆弧连接。要做到光滑连接，必须准确地求出连接圆弧的圆心和连接点（切点）。作图步骤可概括为如下：

第一步　求连接圆弧的圆心。

第二步　求连接点。

第三步　连接并擦去多余部分。

圆弧连接的基本作图方法有以下几种：

### 1. 作圆弧与两直线连接

如图 1-7 所示，作圆弧与两直线连接，两直线可成钝角、锐角和直角，作图步骤如下：

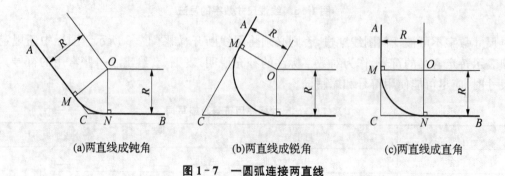

(a)两直线成钝角　　　(b)两直线成锐角　　　(c)两直线成直角

图 1-7　一圆弧连接两直线

第一步 分别作与直线距离为 $R$ 的平行线,相交于 $O$ 点。

第二步 过 $O$ 分别作直线垂线,垂足为 $M$、$N$。

第三步 以 $O$ 为圆心,$R$ 为半径画弧,使圆弧通过 $M$、$N$ 两点,擦去多余部分,完成作图。

### 2. 作圆弧与一直线和一圆弧连接

如图 1-8 所示,作圆弧与一直线和一圆弧连接,作图步骤如下:

第一步 与已知直线距离为 $R$ 的平行线,以 $O_1$ 为圆心,$R+R_1$ 为半径画弧,交平行线于 $O$ 点,如图 1-8(a)所示。

第二步 过 $O$ 作已知直线的垂线,垂足为 $K_1$;连接 $O$、$O_1$,交已知圆弧于 $K_2$ 点,如图 1-8(b)所示。

第三步 以 $O$ 为圆心,$R$ 为半径画弧,使圆弧通过 $K_1$、$K_2$ 两点,擦去多余部分,完成作图,如图 1-8(c)所示。

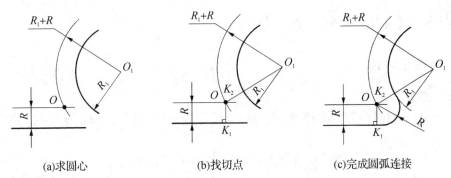

(a)求圆心　　　　　　(b)找切点　　　　　　(c)完成圆弧连接

**图 1-8 圆弧连接一直线与另一圆弧**

### 3. 作圆弧与两已知圆弧外切连接

如图 1-9 所示,作圆弧与两已知圆弧外切连接,作图步骤如下:

第一步 分别以 $O_1$、$O_2$ 为圆心,以 $R_1+R_3$、$R_2+R_3$ 为半径画弧,相交于 $O_3$ 点;连接 $O_3$、$O_1$,交圆弧 $O_1$ 于 $K_1$ 点;连接 $O_3$、$O_2$,交圆弧 $O_2$ 于 $K_2$ 点,如图 1-9(a)所示。

第二步 以 $O_3$ 为圆心,$R$ 为半径画弧,使圆弧通过 $K_1$、$K_2$ 两点,擦去多余部分,完成作图,如图 1-9(b)所示。

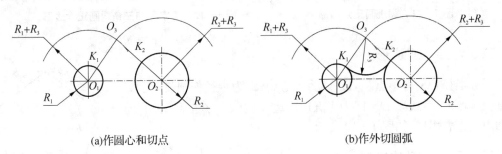

(a)作圆心和切点　　　　　　　　(b)作外切圆弧

**图 1-9 圆弧与已知两圆弧外切连接**

### 4. 作圆弧与两已知圆弧内切连接

如图 1-10 所示,作圆弧与两已知圆弧内切连接,作图步骤如下:

第一步 分别以 $O_1$、$O_2$ 为圆心,以 $R_4-R_1$、$R_4-R_2$ 为半径画弧,相交于 $O_4$ 点;连接

$O_4$、$O_1$,交圆弧 $O_1$ 于 $K_1$ 点;连接 $O_4$、$O_2$,交圆弧 $O_2$ 于 $K_2$ 点,如图 1-10(a)所示。

第二步 以 $O$ 为圆心,$R_4$ 为半径画弧,$K_1$、$K_2$ 两点,擦去多余部分,完成作图,如图 1-10(b)所示。

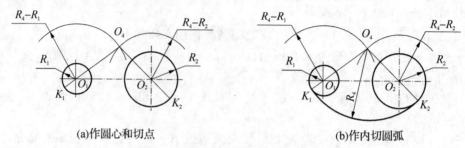

(a)作圆心和切点      (b)作内切圆弧

**图 1-10 圆弧与已知两圆弧外切连接**

## 考点3 绘制常见的正多边形

### 一、内接正六边形

作图步骤如下:

(1)方法一:利用外接圆半径 $R$,用圆的半径等分圆周,将等分点依次连接,如图 1-11 所示。

(2)方法二:用丁字尺和三角板画正六边形,如图 1-12 所示。

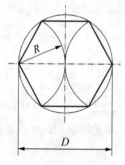

**图 1-11 圆规画正六边形**

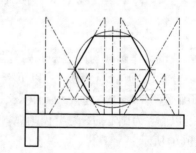

**图 1-12 丁字尺和三角板画正六边形**

### 二、内接正五边形

平分半径 $OA$ 得中点 $M$,以 $M$ 为圆心,$MD$ 为半径作圆弧,交水平直径于点 $E$,直线段 $DE$ 即为正五边形边长,以 $D$ 为起点,即可作出圆内接正五边形,如图 1-13 所示。

### 三、正 $n$ 边形的绘制

任意边数的正多边形的近似作图,以正七边形为例,如图 1-14 所示,作图步骤如下:

第一步 由已知条件作正七边形的外接圆,并把直径 $AH$ 七

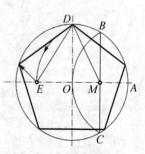

**图 1-13 正五边形的作图方法**

等分。

第二步　以 $A$ 为圆心，$AH$ 为半径画圆弧交水平直径延长线于点 M。

第三步　延长 $M2$、$M4$、$M6$ 与外接圆分别交于 $B$、$C$、$D$（选间隔点）。

第四步　分别过点 $B$、$C$、$D$ 作水平线与外接圆交于点 $G$、$F$、$E$。

第五步　顺次连接点 $A$、$B$、$C$、$D$、$G$、$F$、$E$，完成作图。

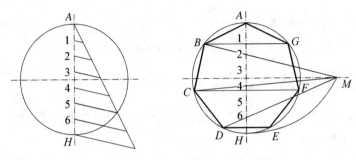

图 1-14　圆的内接正七边形

## ▐▌▶ 考点 4　斜度及锥度

### 一、斜度

斜度表示一直线（或平面）对另一直线（或平面）的倾斜程度，用两条直线（或两面）之间夹角的正切来表示，并在图样中以 $1:n$ 的形式标注，图 1-15 为斜度的作图方法。

$$斜度 = \tan\alpha = H:L = (H-h):l = 1:n$$

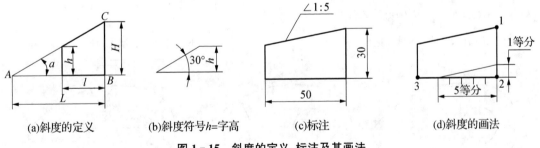

(a)斜度的定义　　(b)斜度符号$h$=字高　　(c)标注　　(d)斜度的画法

图 1-15　斜度的定义、标注及其画法

### 二、锥度

锥度表示正圆锥的底圆直径与圆锥高度之比，若是锥台，则为上下底面两圆直径之差与锥台高度之比，在图样中以 $1:n$ 的形式标注，图 1-16 所示为锥度的作图方法。

$$锥度 = \frac{D}{L} = \frac{D-d}{l} = 2\tan\alpha = 1:n$$

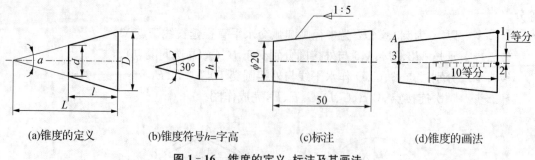

(a)锥度的定义　　(b)锥度符号h=字高　　(c)标注　　(d)锥度的画法

**图1-16　锥度的定义、标注及其画法**

## ▶▶ 考点5　平面图形尺寸标注

平面图形中标注的尺寸,必须能唯一地确定图形的形状和大小。尺寸标注的基本要求是:

(1) 尺寸完全,不遗漏,不重复;

(2) 尺寸注写要符合国家标准《机械制图》尺寸注法(GB 4458.4—1984;GB/T 16675.2—1996)的规定;

(3) 尺寸注写要清晰,便于阅读。

标注尺寸的方法和步骤如下:(见图1-17)

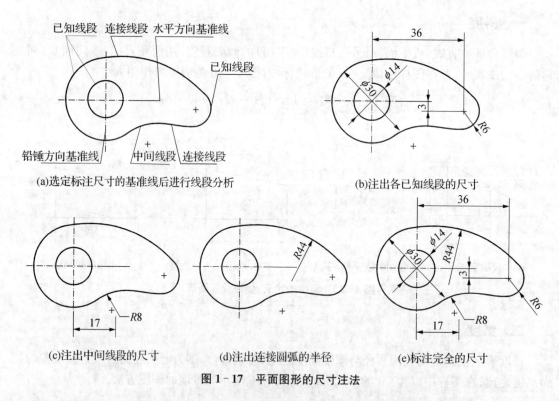

(a)选定标注尺寸的基准线后进行线段分析　　　　(b)注出各已知线段的尺寸

(c)注出中间线段的尺寸　　(d)注出连接圆弧的半径　　(e)标注完全的尺寸

**图1-17　平面图形的尺寸注法**

第一步　分析平面图形的形状和结构,确定长度方向和高度方向的尺寸基准线。一般选用图形中的主要中心线和轮廓线作为基准线。

第二步　分析并确定图形的线段性质,即哪些是已知线段,哪些是中间线段,哪些是连接线段。

第三步　按已知线段、中间线段、连接线段的次序逐个标注尺寸,对称尺寸应对称标注。

▶ 单选题

1. 一张图纸的绘图比例是 1∶5,这种比例称为(　　　)。(本书中所有答案与解析可扫前言二维码观看)

A. 放大比例　　　　　B. 缩小比例　　　　　C. 原值比例　　　　　D. 不确定

2. 绘制图样时,对不可见轮廓线用(　　)绘制。

A. 粗虚线　　　　　　B. 细点划线　　　　　C. 细实线　　　　　　D. 细虚线

3. 机械图样中不需要标注的尺寸单位是(　　　)。

A. 毫米　　　　　　　B. 厘米　　　　　　　C. 分米　　　　　　　D. 米

4. 绘制图样时,可动零件的极限位置的轮廓线,应采用(　　)线绘制。

A. 细虚线　　　　　　B. 细点划线　　　　　C. 细实线　　　　　　D. 细双点划线

5. 圆锥台高 100 mm,上底圆半径 20 mm,下底圆半径 30 mm,该圆锥台锥度为(　　)。

A. 1∶10　　　　　　B. 10∶1　　　　　　C. 1∶5　　　　　　　D. 5∶1

6. 下列尺寸标注正确的是(　　　)。

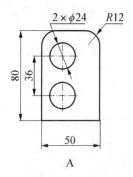
A

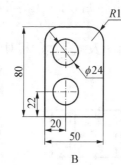
B

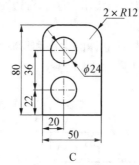
C

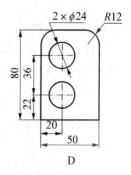
D

▶ 判断题

1. 标题栏用于填写绘图者签名、图名、图号、零件材料、绘图比例等有关图纸的信息。

2. 当虚线成为粗实线的延长线时,应留有间隙,以表示两种不同线型的分界。

3. 机件的真实大小应以图样上所标注的尺寸数值为依据,与图形的大小及绘图的准确度无关。

4. 尺寸界线用细实线绘制,不能用其他图线代替。

5. 运动零件的极限位置,常采用细点划线绘制。

6. 徒手画草图就是潦草图。

# 第二章　绘制与识读基本体和组合体

## ▶▶ 考点6　用视图表达基本几何体

任何工程形体都可看作由基本立体通过叠加、切割而构成的,掌握基本立体的投影特性和作图方法是绘制和阅读工程图的基础。

基本立体是由其表面所围成的。表面均为平面的立体称为平面立体,表面为曲面或平面与曲面的立体称为曲面立体。在投影图上表示立体,就是把这些平面和曲面表达出来,然后根据可见性原理判别线条的可见性,把其投影分别画成实线或虚线,即得立体的投影图。

平面立体主要有棱柱、棱锥等。在投影图上表示平面立体,就是把围成立体的平面及其棱线表示出来,然后判别其可见性,把其看得见的棱线投影画成实线,看不见的棱线画成虚线,即得立体的投影图。

曲面立体的表面是曲面或曲面与平面。工程中常见的曲面立体是回转体,主要有圆柱、圆锥、圆球、圆环等。在投影面上表示回转体,就是把组成回转体的回转面或平面表示出来,并判别可见性。

## ▶▶ 考点7　基本几何体的尺寸标注

组合体是由基本几何体构成的形体,为了给组合体标注尺寸,首先要掌握基本几何体的尺寸标注方法。标注基本体尺寸时,一般要注出长、宽、高三个方向的尺寸。

当基本几何体由于结构特性导致两个或三个方向的尺寸有关联时(尺寸相等或尺寸有公式联系)应省略一个或两个尺寸,当圆柱体标注了直径尺寸后,表示给出了两个方向的尺寸,所以省略一个尺寸;正六棱柱当给出六边形对边距离尺寸后,对角距离可以计算得到,所以省略一个尺寸。

带截交线的立体应标注立体的大小和形状尺寸以及截平面的相对位置尺寸,绝不能标注截交线的尺寸,如图2-1所示。

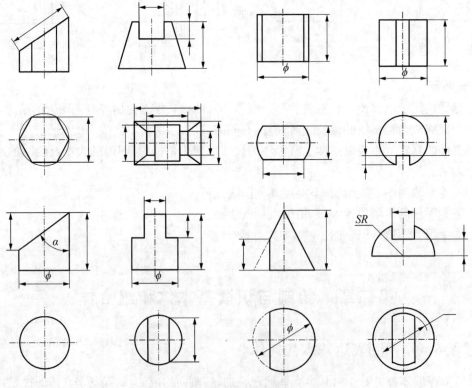

图2-1　带截交线的立体的尺寸标注

　　带相贯线的立体应标注立体的大小和形状尺寸以及相贯体间的相对位置尺寸,绝不能标注相贯线的尺寸,如图2-2所示。

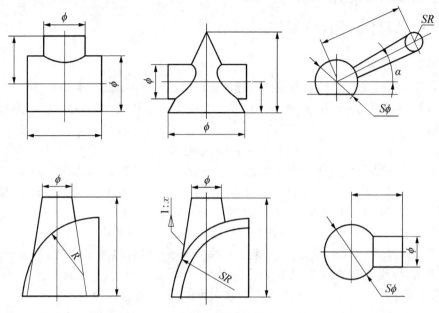

图2-2　带相贯线的立体的尺寸标注

　　常见不同形状的底板、凸缘等,其形体多为柱体,这些零件的尺寸标注如图2-3所示。

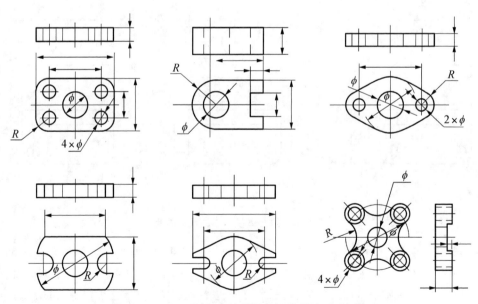

图2-3　常见底板、凸缘等柱体及薄片的尺寸标注

## ▶▶ 考点8 利用形体分析法识读组合体的三视图

(参见综合基础理论分册机械制图考点15)

## ▶▶ 考点9 组合体的尺寸标注

**1. 组合体标注要完整**

组合体尺寸标注的完整性是指图中所标注的尺寸正好能够确定组合体各部分的大小及其相对位置,没有遗漏,也没有重复、多余的尺寸。图样中标注的尺寸分为三类:定形尺寸、定位尺寸和总体尺寸。

(1) 定形尺寸——确定组合体各部分形体大小的尺寸。

如图2-4(a)所示,组合体分解为上、下两部分基本实体,32、18、4 为底板在长、宽、高3个方向的定形尺寸;$R4$、$2\times\phi4$ 为底板上挖切结构圆角、圆孔的定形尺寸;20、5、15 为竖板在长、宽、高三个方向的定形尺寸,$\phi9$ 为其上挖切结构圆孔的定形尺寸。

(2) 定位尺寸——确定组合体各部分形体之间相对位置的尺寸。

每个定位尺寸,都要有度量起点,即定位尺寸的基准。组合体沿着长、宽、高三个方向都要选择尺寸基准,以便从基准出发,确定形体在各个方向的相对位置。通常选择组合体的对称面、大形体的端面、底面、过主要回转体轴线的平面作为尺寸基准。

如图2-4(b)所示,组合体的左右对称面为长度方向尺寸基准,底板与竖板平齐的后端面为宽度方向尺寸基准,组合体的底面为高度方向尺寸基准。24、14 为底板上左右对称两圆孔沿长度和宽度方向的定位尺寸,12 为竖板上圆孔高度方向的定位尺寸。

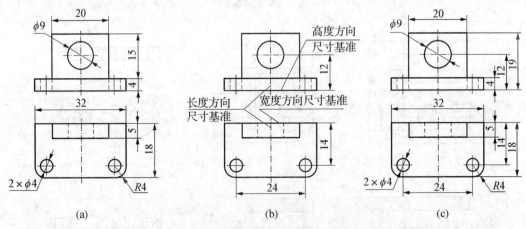

图2-4 组合体视图中的尺寸类型

一般来说,每个形体在长、宽、高三个方向都要有定位尺寸,但当基本体位于基准面上时,定位尺寸不需要标注,如底板位于组合体的宽度和高度基准面上,底板在这两个方向没有标注定位尺寸。而两个形体之间沿长、宽、高三个方向也要有定位尺寸(这种尺寸可能没有直接标注,而是通过计算得到)。但在下面情况下不需要定位尺寸:当两个形体之间为简单叠加时。当两个形体具有公共对称面时,如竖板和底板的上下叠加,它们之间不需要高度定位尺寸;竖板、底板有公共对称面,它们之间长度方向也不需要定位尺寸。

(3) 总体尺寸—确定组合体外形的总长、总宽、总高尺寸。

如图 2-4(c)所示。该组合体的总体尺寸为总长 32、总宽 18、总高 19。标注总体尺寸时应注意如下问题：

① 当组合体标注了所有的定形、定位尺寸后,尺寸标注就完整了,若再加总体尺寸,则必须对已标注的相关定形、定位尺寸进行调整,不然就会出现多余尺寸。如:标注总高尺寸 19 后,将竖板上的高度定形尺寸 15 去掉了。

② 当图中已标注的定形或定位尺寸就是组合体上某个方向的总体尺寸时,不必再另外标注该方向的总体尺寸,否则会出现重复尺寸。如底板的长度定形尺寸 32,也是组合体的总长尺寸,因而不再另外标注总长尺寸。

③ 当组合体端部不是平面结构而是回转面时,该方向一般不直接标注总体尺寸,其总体尺寸由标到回转面轴线的定位尺寸与回转面半径相加得到。如图 2-5 所示,总长尺寸为50(30+10+10)、总高尺寸为 27(16+11),如果直接标注总长 50、总高 27 则是错误的。

**2. 尺寸标注要清晰**

所谓清晰,就是要求尺寸标注既要符合国标的规定,又要求所标注的尺寸排列适当,便于看图。为此,标注尺寸时应注意以下几个方面。

(1) 尺寸应标注在形体特征明显的视图上

直径 $\phi$、半径 $R$ 应标注在投影为圆或圆弧的视图上(实体圆柱直径尺寸例外,通常标注在非圆的视图上),如图 2-5(a)所示。孔、槽的尺寸应标注在反映结构真形的视图上。如图2-6 所示,梯形槽和方孔的定形尺寸都标注在反映真形的主视图上。

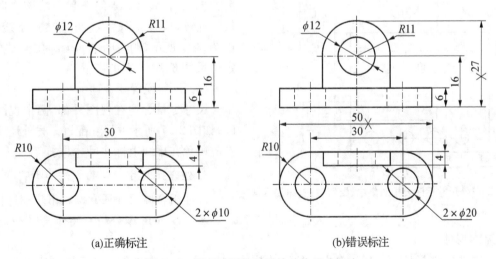

(a)正确标注　　　　　　　　　(b)错误标注

**图 2-5　端部为回转面时的总体尺寸标注**

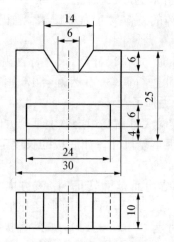

图 2-6　尺寸标注在反映结构真形的视图上

（2）同一形体的相关尺寸集中标注

为了便于看图，表示同一形体的尺寸应尽量集中在一起。如图 2-7 所示，底板的尺寸较集中地标注在俯视图上，竖板的尺寸较集中地标注在主视图上。

（3）尺寸布置要整齐

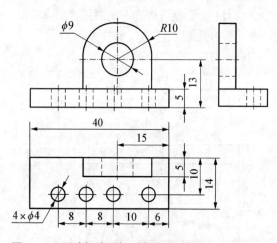

图 2-7　尺寸标注要相对集中、配置整齐、布局合理

同一方向上的大小尺寸，应遵循"内小外大"的原则，呈阶梯状排列，避免尺寸线与尺寸界线相交，如图 2-7 所示，俯视图中宽度方向尺寸 5、10、14 的布置。若该方向上尺寸连续，应保证尺寸线布置在一条线上，如图 2-7 所示，俯视图中四个圆孔长度方向定位尺寸 6、10、8、8 的布置。

（4）尺寸配置要合理

尺寸尽量标注在视图外部，两个视图之间，如图 2-7 所示的尺寸配置。另外还要注意应避免在虚线上标注尺寸。

3. 组合体尺寸标注的方法和步骤

标注组合体尺寸通常按以下步骤进行：

第一步　形体分析。将组合体分解为若干基本形体。

第二步　选择长、宽、高三个方向的尺寸基准，逐一注出各基本形体之间相对位置的定位尺寸。

第三步　逐个标注出各基本形体的定形尺寸。

第四步　标注总体尺寸，并检查、调整。

如图 2-8 所示，以轴承座为例，说明组合体的尺寸标注的方法和步骤。

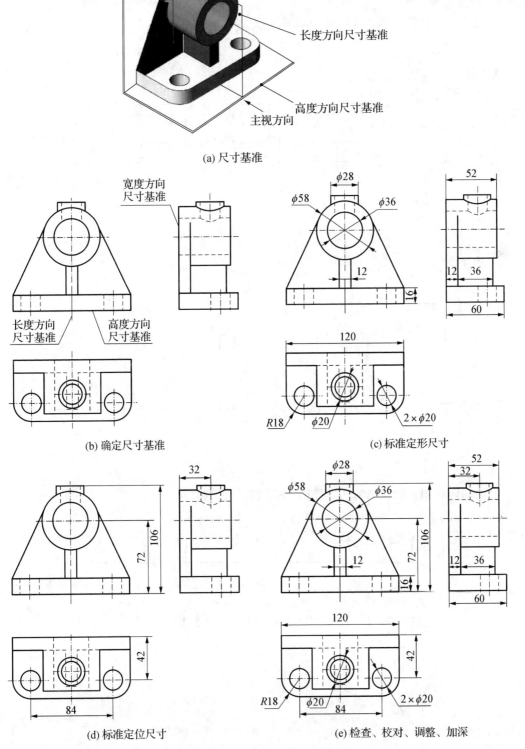

(a) 尺寸基准

(b) 确定尺寸基准

(c) 标准定形尺寸

(d) 标准定位尺寸

(e) 检查、校对、调整、加深

**图 2-8 组合体的尺寸标注示例**

➤ **单选题**

1. 圆柱体在其轴线所垂直的投影面上的投影为圆,则另两个投影是(　　)。

A. 均为圆　　　　　　　　　　　　　B. 均为矩形

C. 均为直线　　　　　　　　　　　　D. 一个为圆,一个为矩形

2. 已知被截切棱柱的主视图和俯视图,请选择正确的左视图(　　)。

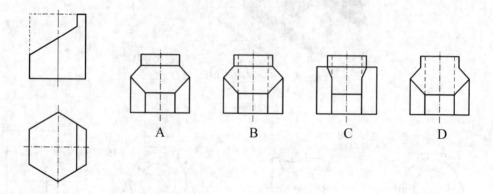

3. 选择正确的左视图(　　)。

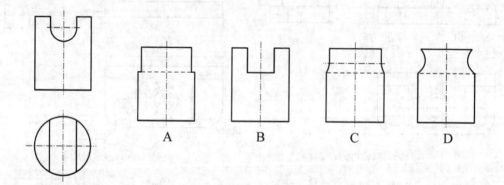

4. 已知带有圆孔的球体的四组投影,正确的一组是(　　)。

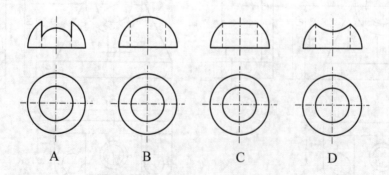

5. 已知物体的主、俯视图,正确的左视图是(    )。

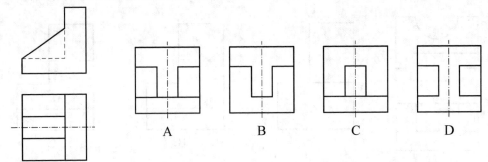

6. 下列图形的尺寸标注,正确的是(    )。

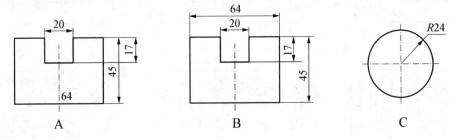

7. 选择正确的俯视图。(    )

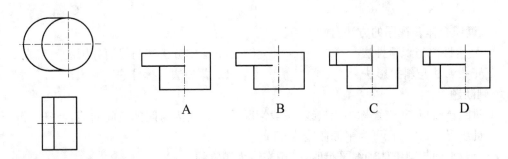

8. 选择正确的左视图。(    )

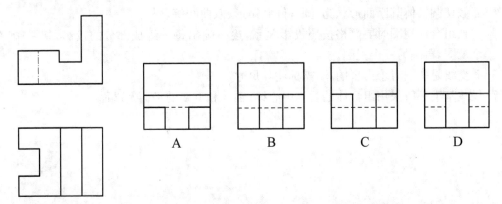

9. 根据组合体的主视图、俯视图,判断正确的左视图是(　　)。

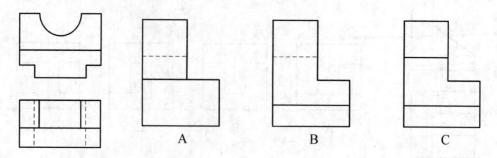

A　　　　　B　　　　　C

10. 下列底板的尺寸标注,正确的是(　　)。

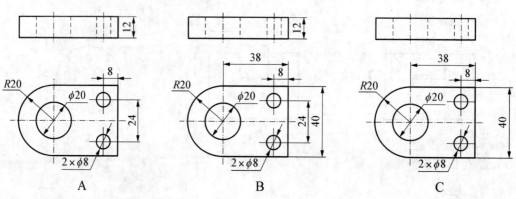

A　　　　　B　　　　　C

11. 读组合体三视图的方法有(　　)。

A. 显实性法与积聚性法　　　　　B. 形体分析法与线面分析法

C. 正投影法与斜投影法　　　　　D. 叠加法与拆分法

> **判断题**

1. 两回转面相交,交线称为相贯线,一般情况下相贯线为封闭的空间曲线,特殊情况下相贯线可不封闭,也可为平面曲线或直线。

2. 当截平面与圆锥体轴线平行时,其截交线为抛物线。

3. 立体按表面特征分平面立体、曲面立体两种。

4. 面截切圆锥体其断面形状为:圆、椭圆、矩形、双曲线等。

5. 在画组合体视图时要严格按照投影关系,逐一画出每一组成部分的投影,切忌画完一个视图,再画另一个视图。

6. 截交线是作图时求出来的,不需标注其尺寸。

7. 尺寸基准一般采用组合体的对称中心线、轴线和重要的平面及端面。

# 第三章　绘制与识读标准件与常用件

## ▶ 考点 10　绘制和标注内外螺纹、螺纹连接

（参见综合基础理论分册机械制图考点 24）

## ▶ 考点 11　绘制紧固件连接(螺栓连接、螺柱连接及螺钉连接)

（参见综合基础理论分册机械制图考点 26）

## ▶ 考点 12　绘制滚动轴承

（参见综合基础理论分册机械制图考点 30）

## ▶ 考点 13　绘制齿轮

1. 单个齿轮的画法(如图 3-1)

国家标准对齿轮轮齿部分的画法做了规定,其余结构按齿轮轮廓的真实投影绘制。规定齿轮轮齿部分的画法具体如下:

(1) 分度圆、分度线用细点划线绘制,分度线应超出轮廓线 2~3 mm。

(2) 齿顶圆和齿顶线用粗实线绘制。

(3) 齿根圆用细实线绘制,也可省略不画。齿根线不剖切时用细实线绘制,也可省略不画。剖视图中,齿根线用粗实线绘制。

(4) 若是斜齿轮或是人字齿轮,需要表示齿轮特征时,可用三条平行的细实线表示齿向和倾角。

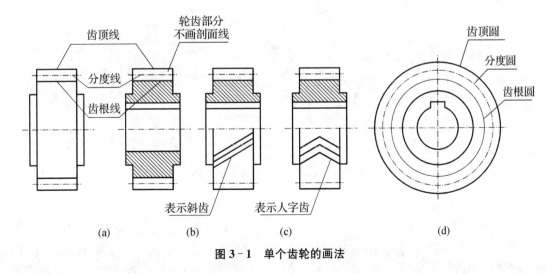

图 3-1　单个齿轮的画法

## 2. 直齿圆柱齿轮的啮合画法

相互啮合的两个齿轮的分度圆相切,其中心距 $a = m(z_1 + z_2)/2$,如图 3-2 所示。啮合区以外的部分按照单个齿轮绘制,啮合区按照如下规定绘制:

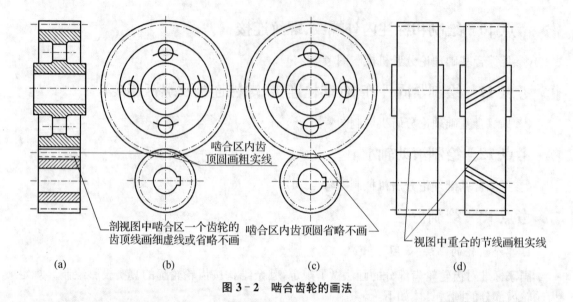

图 3-2  啮合齿轮的画法

(1) 在投影为圆的视图上,两分度圆画成相切,用点划线绘制;啮合区内的齿顶圆用粗实线绘制(允许省略)。

(2) 当剖切平面通过两啮合齿轮的轴线时,两啮合齿轮的分度圆(节线)重合,用细点划线绘制。一个齿轮(常为主动轮)的齿顶线用粗实线绘制,另一个齿轮的齿顶线被遮挡住的部分用虚线绘制或省略不画。在非圆的视图上,啮合区内的齿顶线和齿根线不必画出,分度线用粗实线画出。

如果两齿轮齿宽不等,啮合区的画法如图 3-3 所示。

图 3-3  齿宽不同时啮合区的画法

## 3. 直齿圆柱齿轮零件图

图 3-4 所示为直齿圆柱齿轮的零件图(图中省略了部分内容)。在齿轮零件图中,除具有一般零件图的内容外,齿顶圆直径、分度圆直径必须直接注出,齿根圆直径规定不注(因加工时该尺寸由其他参数控制),并在图样右上角的参数栏中注写模数、齿数、齿形角等基本参数。

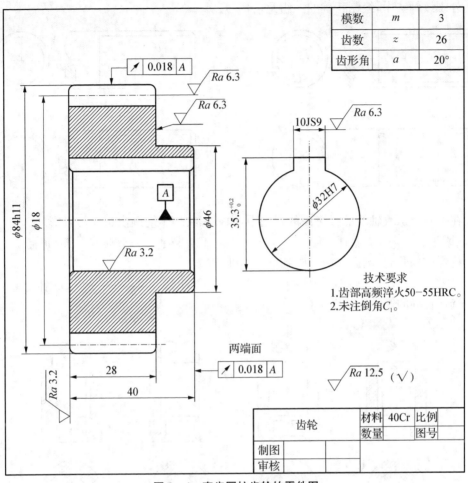

| 模数 | $m$ | 3 |
|------|-----|---|
| 齿数 | $z$ | 26 |
| 齿形角 | $a$ | 20° |

**图 3-4 直齿圆柱齿轮的零件图**

> ➤ **单选题**

1. 选择正确的螺纹画法。（ ）

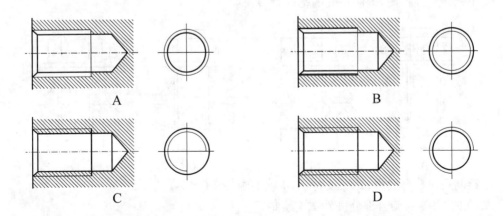

2. 外螺纹画法中,绘制正确的一组是( )。

A

B

C

D

3. 在垂直于螺纹轴线的投影面的视图中,内外螺纹均不应画出( )投影。

A. 倒角　　　　　　　B. 大径　　　　　　　C. 小径　　　　　　　D. 顶径

4. 将螺纹剖开时,剖面线应该画到( )处。

A. 大径　　　　　　　B. 粗实线　　　　　　C. 小径　　　　　　　D. 细实线

5. 选择正确的螺纹连接图。( )

A

B

C

D

6. 下列螺栓连接图,画法正确的是( )。

A

B

C

D

7. 绘制一对旋合的内、外螺纹时,不正确的画法是( )。

A. 在内、外螺纹旋合部分按外螺纹绘制

B. 应注意将内螺纹的大径线与外螺纹的大径线、内螺纹的小径线与外螺纹的小径线分别对齐

C. 在内、外螺纹旋合部分按内螺纹绘制

D. 一般以剖视图表示

8. 螺纹标记 M12×1.25－6 g 中的"1.25"表示(　　)。

A. 直径　　　　　　　B. 螺距　　　　　　　C. 导程　　　　　　　D. 线数

> **多选题**

下列螺柱连接、螺钉连接绘制正确的是(　　)。

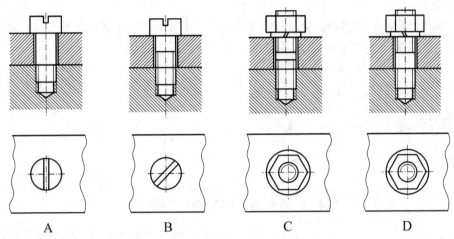

A　　　　　　　　B　　　　　　　　C　　　　　　　　D

> **单选题**

下列齿轮轮齿画法中正确的是(　　)。

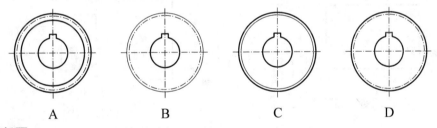

A　　　　　　　　B　　　　　　　　C　　　　　　　　D

> **判断题**

1. 绘制不通内螺纹孔时,钻孔底部的锥孔为 $90°$。

2. 在剖切平面通过螺杆的轴线时,对于螺栓、螺母均按剖切绘制;而螺柱、垫圈、螺钉均按未剖绘制。

# 第四章　绘制与识读零件图

**▶▶ 考点 14　零件图上表面粗糙度、尺寸公差、形位公差**

## 一、表面粗糙度

(参见综合基础理论分册机械制图考点 34)

## 二、尺寸公差的标注

(参见综合基础理论分册机械制图考点 34)

## 三、形位公差的标注方法

(1) 在图样上,几何公差一般采用代号标注,无法采用代号标注时,也允许在技术要求中用文字说明。

(2) 基准要素或被测要素为轮廓线或表面时,基准符号应靠近该基准要素,箭头应指向相应被测要素的轮廓线或引出线,并应明显地与尺寸线错开,如图 4-1 所示。

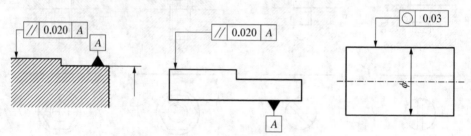

**图 4-1 基准、被测要素为表面要素的标注**

(3) 当基准要素或被测要素为轴线、球心或中心平面等中心要素时,基准符号连线或框格指引线箭头应与相应要素的尺寸线对齐,如图 4-2 所示。

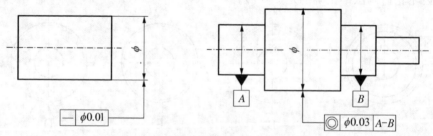

**图 4-2 基准、被测要素为中心要素的标注**

(4) 同一要素有多项几何公差要求或多个被测要素有相同几何公差要求时,可按图 4-3 所示标注。

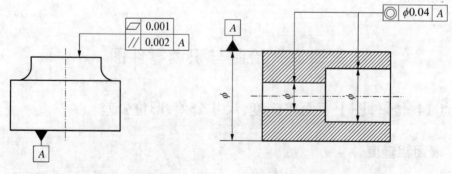

(a)同一被测要素有多项公差要求      (b)多个被测要素有相同公差要求

**图 4-3 多项要求的几何公差标注**

（5）当被测或基准范围仅为局部表面时，用尺寸和尺寸线把此段长度和其余部分区分开来，如图 4 - 4 所示。

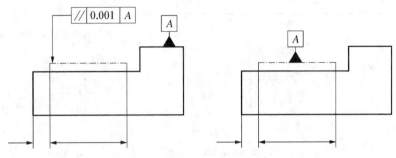

图 4 - 4　限定某个范围为被测或基准的标注示例

## 四、几何公差标注示例

图 4 - 5 所示为一轴套类零件图中所标注的几何公差，各处几何公差的含义如下。

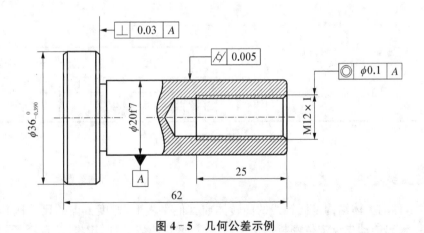

图 4 - 5　几何公差示例

（1）$\boxed{\perp\ |\ 0.03\ |\ A}$：表示 $\phi36$ 圆柱右端面对 $\phi20f7$ 圆柱轴线的垂直度误差不超过 0.03。

（2）$\boxed{\diagup\ |\ 0.005}$：表示 $\phi20f7$ 圆柱的圆柱度误差不超过 0.005 mm。

（3）$\boxed{\odot\ |\ \phi0.1\ |\ A}$：表示 M12×1 螺纹孔轴线相对于 $\phi20f7$ 圆柱轴线的同轴度误差不超过 $\phi0.1$ mm。

## ▶▶ 考点 15　轴套类、盘盖类、叉架类、箱体类等典型零件的零件图

### 一、轴套类零件

轴套类零件的基本形状是同轴回转体，一般起支承传动件和传递动力的作用，沿轴线方向通常有轴肩、倒角、螺纹、退刀槽、键槽等结构要素。

此类零件主要在车床或磨床上加工。选择主视图时,零件的安放位置按加工位置原则,轴线水平放置。键槽、退刀槽、螺纹、倒角等结构,可采用移出断面图、局部放大图、局部视图、局部剖视图等方法表达,以便于表示形状和标注尺寸。轴套类零件示例如图4-6所示。

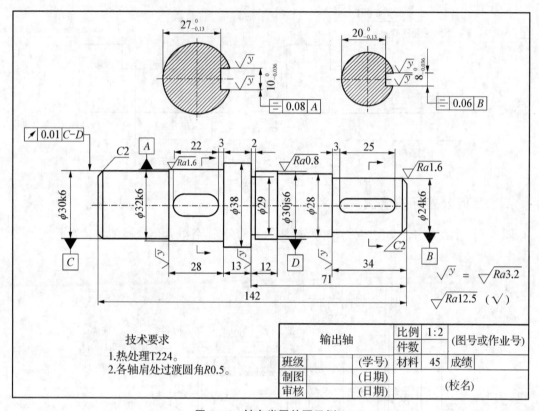

图4-6 轴套类零件图示例1

## 二、盘盖类零件

盘盖类零件的主体结构是同轴线的回转体或其他平板形,厚度方向的尺寸比其他两个方向尺寸小,一般起传动支承定位密封等作用,其上一般设有安装孔、键槽、凸台、肋等结构,如图4-7所示。

图4-7 盘盖类零件示例

盘盖类零件主要在车床上加工成形,选择主视图时多按加工位置将其轴线水平放置,并用剖视图表示内部结构及其相对位置。零件上的其他外形结构一般采用其他基本视图,如左视图、右视图或局部视图来表达,如图4-8所示。

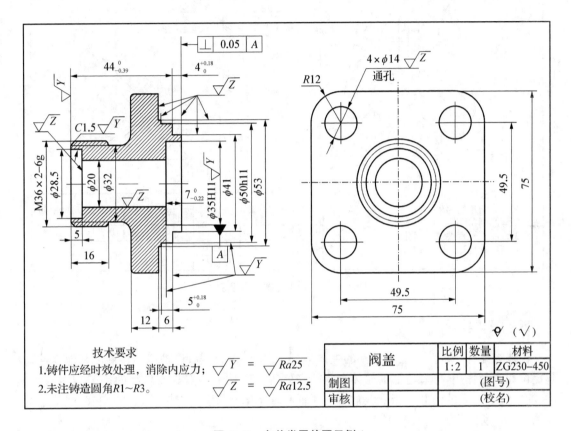

技术要求

1.铸件应经时效处理,消除内应力; $\sqrt{Y} = \sqrt{Ra25}$

2.未注铸造圆角$R1\sim R3$。 $\sqrt{Z} = \sqrt{Ra12.5}$

| 阀盖 | | 比例 | 数量 | 材料 |
|---|---|---|---|---|
| | | 1:2 | 1 | ZG230-450 |
| 制图 | | | | (图号) |
| 审核 | | | | (校名) |

**图4-8 盘盖类零件图示例1**

## 三、叉架类零件

叉架类零件主要起支撑和连接作用,其结构形状一般比较复杂,并常有倾斜、弯曲的结构,包括各种用途的连杆、摇杆、拨叉、支架等。常用铸造和锻压的方法制成毛坯,然后进行切削加工。

这类零件由于加工位置多变,在选择主视图时,主要考虑工作位置和形状特征,主视图投射方向选择最能反映其形状特征的方向。由于叉架类零件形状一般不规则,倾斜结构较多,除需要必要的基本视图以外,还需要采用斜视图、局部视图、断面图等表达方法表达零件的细部结构,如图4-9所示。

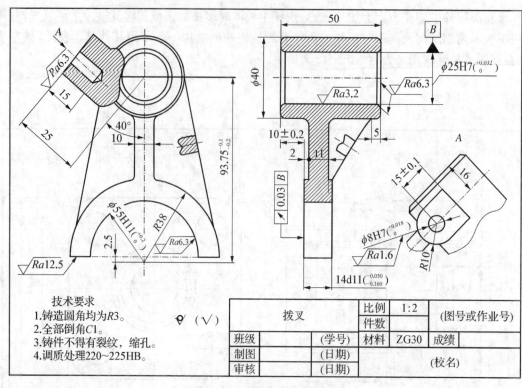

技术要求
1. 铸造圆角均为R3。
2. 全部倒角C1。
3. 铸件不得有裂纹，缩孔。
4. 调质处理220~225HB。

| 拨叉 | | 比例 | 1:2 | (图号或作业号) |
|---|---|---|---|---|
| | | 件数 | | |
| 班级 | (学号) | 材料 | ZG30 | 成绩 |
| 制图 | (日期) | | | (校名) |
| 审核 | (日期) | | | |

图4-9　叉架类零件图示例

## 四、箱体类零件

箱体类零件一般为机器或部件的主体部分，用来支撑、包容、保护运动零件或其他零件，也起定位和密封作用，如减速器的箱体和蜗轮壳体等。结构上一般具有较大的用于容纳有关零件、油和气等介质的空腔。箱壁上常有支撑轴和轴承的孔，用于安装地板、凸台和凹坑等结构。如图4-10所示为减速器箱体。

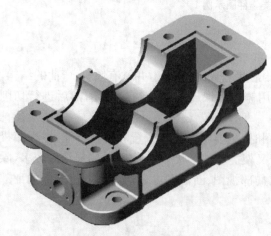

图4-10　减速器箱体

箱体类零件的结构形状和加工情况比较复杂，一般需要三个以上视图，并根据需要选择合适的视图、剖视图、断面图来表达其复杂的外部和内部结构。主视图的安放位置主要考虑零件的工作位置，投射方向选择最能反映其形状特征的方向。

图4-11所示为减速器箱体零件图，共用了三个基本视图。主视图既符合工作位置，又与零件主要加工工序位置一致，便于加工时看图。主视图采用局部剖视图，既反映出箱体左、右底部的壁厚，又表达清楚了各安装孔的形状。俯视图表达了箱体结合面的形状特征和安装孔的分布。左视图采用了半剖视图，反映了箱体前、后的内外结构。

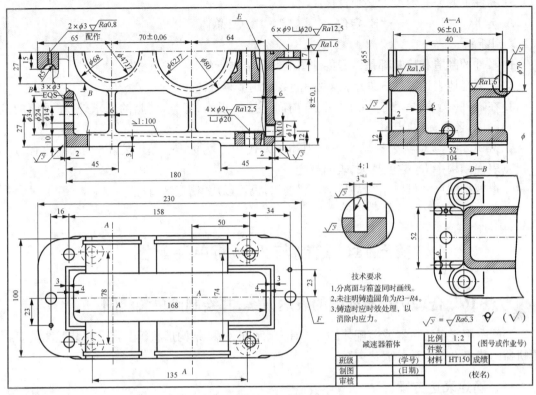

**图 4-11 减速器箱体零件图**

> **单选题**

1. "⊘"符号表示（　　）获得表面。

A. 去除材料方法　　　　　　　　　　B. 不去除材料方法

C. 车削　　　　　　　　　　　　　　D. 铣削

2. （　　）是制造和检验零件的依据。

A. 零件图　　　　　B. 装配图　　　　　C. 轴测图　　　　　D. 三视图

3. （　　）表示零件的结构形状、大小和有关技术要求。

A. 零件图　　　　　B. 装配图　　　　　C. 展开图　　　　　D. 轴测图

4. （　　）是一组图形的核心，画图和看图都是从该图开始的。

A. 主视图　　　　　B. 俯视图　　　　　C. 左视图　　　　　D. 右视图

5. "√"符号表示（　　）获得表面。

A. 去除材料方法　　　　　　　　　　B. 不去除材料方法

C. 铸造　　　　　　　　　　　　　　D. 锻造

6. 一张作为加工和检验依据的零件图应包括以下基本内容：（　　）、尺寸、技术要求和标题栏。

A. 图框　　　　　　　　　　　　　　B. 文字

C. 图纸幅面　　　　　　　　　　　　D. 图形

7. ⊥ φ0.05 A 表示的形位公差项目是（　　）。

A. 平行度　　　　　B. 垂直度　　　　　C. 同轴度　　　　　D. 倾斜度

8.零件上的( )尺寸必须直接注出。

A. 定形　　　　　　　B. 定位　　　　　　　C. 总体　　　　　　　D. 重要

> **判断题**

1. 零件的制造和检验都是依据零件图上的要求进行的。

2. 要清楚地表达零件内外结构,视图的数量越多越好。

3. 在零件图上标注尺寸,除了要符合前面所述的正确、完整、清晰的要求外,在可能的范围内,还要标注合理。

4. $\phi 30F8$ 中,$\phi 30$ 为公称尺寸,F 为基本偏差代号,8 为标准公差等级,F8 为公差带代号。

5. 表面结构中 $R_a$ 数值越大,表面越光滑。

6. 退刀槽的尺寸可以用"槽宽×槽深"表示,也可以用"槽宽×直径"。

# 第五章　绘制与识读简单装配图

## ▶▶ 考点 16　合理选用装配图的表达方案,并绘制简单装配图

装配图用于表达机器或装配体的工作原理、装配关系、结构形状等。在绘制装配图前要根据机器的特点选择合适的表达方案。

### 一、确定表达方案

1. 装配图的主视图选择

(1) 一般将机器或装配体按工作位置或习惯位置放置,并使装配体的主要轴线、主要安装面等呈水平或铅垂位置。

(2) 主视图选择应能尽量反映出装配体的结构特征。即装配图应以工作位置和清楚反映主要装配关系、工作原理、主要零件的形状的那个方向作为主视图方向。

(3) 在机器或装配体中,一般将装配关系密切,能实现某一局部功能的一些零件称为装配干线。完成主要功能或含有较多零件的干线称为主要装配干线,完成辅助功能的称为次要装配干线。机器或装配体就是由一些主要和次要装配干线组成的。为了清楚表达机器或装配体,常通过装配干线的轴线将装配体剖开,画出剖视图作为装配图的主视图。

2. 其他视图的选择

其他视图主要是补充主视图的不足,进一步表达装配关系和主要零件的结构形状。其他视图的选择考虑以下几点:

(1) 分析还有哪些装配关系、工作原理及零件的主要结构形状没有表达清楚,从而选择适当的视图及相应的表达方法。

(2) 尽量用基本视图和在基本视图上作剖视来表达有关内容。

(3) 合理布置视图,使图形清晰,便于看图。

## 二、画装配图的方法

画装配图时,有两种常用的方法:

(1) 由外向内从机器或装配体的机体出发,先画最外层的零件,如起包容、支承作用的箱体类、支架类零件,然后逐次向内画出各个零件。其画图过程类似于零件的装配过程,本节手压阀的装配图主要采用这种画法。

(2) 由内向外从主要的装配干线的核心零件出发,按照装配关系由内向外、逐次扩展画出各个零件。

两种方法各有特点,应根据实际情况灵活选用和综合运用。

在绘制装配图时,还应注意以下问题:

(1) 要注意视图间的投影关系,各零件、结构要素都必须满足投影关系。

(2) 要注意相邻零件间的相互关系,面与面之间是接触、配合还是应该留有间隙。

(3) 先画起定位作用的零件,再画其他零件。

(4) 先画装配体的主要结构形状,再画次要结构形状。

## 三、画装配图的步骤

(1) 选择表达方法。

如图 5-2 所示,主视图按照工作位置放置,沿着主要装配干线进行全剖,反映手压阀的主要工作原理以及主要零件之间的装配关系和连接关系;左视图使用了 A-A 局部剖视图,表达了压杆与泵体之间的连接方式,同时反映了手压阀的外形;俯视图为基本视图,进一步表达手压阀的外形。

(2) 确定绘图比例和图幅。

根据装配体的大小、视图数量,选取适当的画图比例,确定图幅的大小。然后画出图框,留出标题栏、明细栏和填写技术要求的位置。

(3) 固定图纸,合理布图。

将图纸固定在绘图板上,绘制图框、标题栏和明细栏。画各视图的主要轴线、中心线和定位基准线,并注意各视图之间留有适当间隔,以便标注尺寸和进行零件编号。

(4) 绘制底稿。

从装配干线出发,先画出阀体的轮廓,然后依次画出(装入)阀杆、压盖、螺母、弹簧、压杆。绘图时从主视图入手,几个视图配合进行,如图 5-1 所示。也可先完成某一视图,再完成其他视图。

(5) 完成装配图。

校核底稿,进行图线加深,画剖面线、尺寸界线、尺寸线和箭头;编注零件序号,注写尺寸数字,填写标题栏和技术要求,完成装配图的全部内容,如图 5-2 所示。

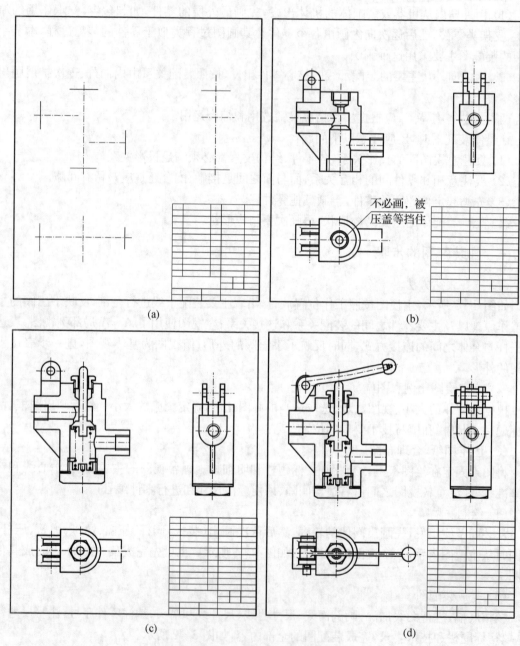

不必画，被压盖等挡住

(a)　　　　　　　　(b)

(c)　　　　　　　　(d)

图 5-1　手压阀的画图步骤

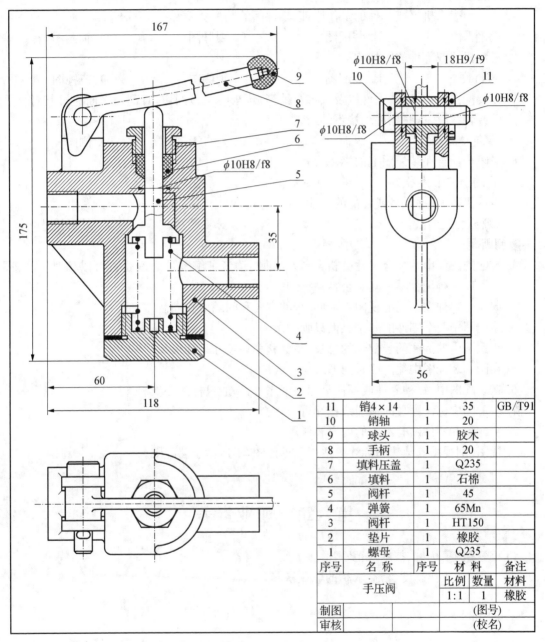

| 11 | 销4×14 | 1 | 35 | GB/T91 |
|---|---|---|---|---|
| 10 | 销轴 | 1 | 20 | |
| 9 | 球头 | 1 | 胶木 | |
| 8 | 手柄 | 1 | 20 | |
| 7 | 填料压盖 | 1 | Q235 | |
| 6 | 填料 | 1 | 石棉 | |
| 5 | 阀杆 | 1 | 45 | |
| 4 | 弹簧 | 1 | 65Mn | |
| 3 | 阀杆 | 1 | HT150 | |
| 2 | 垫片 | 1 | 橡胶 | |
| 1 | 螺母 | 1 | Q235 | |
| 序号 | 名 称 | 序号 | 材 料 | 备注 |

| 手压阀 | 比例 | 数量 | 材料 |
|---|---|---|---|
| | 1:1 | 1 | 橡胶 |
| 制图 | | (图号) | |
| 审核 | | (校名) | |

图 5 - 2  手压阀的装配图

## ▶ 考点17　明细栏内容与技术要求

（参见综合基础理论分册机械制图考点 38）

## ▌▶ 考点 18　识读简单的装配图

(参见综合基础理论分册机械制图考点 38)

➤ **单选题**

1. (　　)表示机器或部件的工作原理、零件间的装配关系和技术要求。

A. 零件图　　　　　　B. 装配图　　　　　　C. 展开图　　　　　　D. 轴测图

2. 表示机器或部件的图样称为(　　)。

A. 零件图　　　　　　B. 装配图　　　　　　C. 轴侧图　　　　　　D. 三视图

3. 在装配图中,对于紧固件以及轴、键、销等,若按(　　)剖切,且剖切平面通过其对称平面或轴线时,这些零件均按不剖绘制。

A. 横向　　　　　　B. 纵向　　　　　　C. 垂直于轴线方向　　D. 侧向

4. 极限与配合在装配图上的标注形式中,分子为(　　)。

A. 孔的公差带代号　B. 轴的公差带代号　C. 孔的实际尺寸

5. 表示机器、部件规格或性能的尺寸是(　　)。

A. 规格(性能)尺寸　B. 装配尺寸　　　　C. 安装尺寸　　　　D. 外形尺寸

➤ **判断题**

1. 装配图阅读中的配合尺寸分析,可以帮助阅读者了解零件之间是否可以相对运动;同时可以了解配合零件间是否容易拆卸。

2. 同一个零件在不同的视图中,剖面线的方向和间隔应相同。

3. 装配图中两个零件的非接触面只画一条线。

4. 装配图中的标注的装配体的总长、总宽和总高尺寸是外形尺寸。

5. 在同一装配图中编注序号的形式应一致。

6. 在装配图中,每种零件或部件只编一个序号,一般只标注一次。

7. 装配图中标注序号的指引线相互可以相交。

8. 装配图和零件图有不同的内容和作用。

9. 视图、剖视图等画法和标注只适用于零件图,不适用于装配图。

# 第六章　职业素养

(1) 遵守国家标准、技术规范;

(2) 严谨的工作态度、精益求精的职业素养。

# 技能二　机械 CAD 软件绘图技能

 知识框架

| 序号 | 主要内容 | 技能要求 |
|---|---|---|
| 1 | 设置绘图环境 | 能够按照要求设置图形单位、图形界限和绘图窗口颜色；<br>能够按照要求设置图层、线型、线宽和图线颜色；<br>能够按照要求设置文字样式、标注样式。 |
| 2 | 创建样板文件 | 能够根据要求绘制图框、创建带属性块标题栏；<br>能够根据要求正确地进行文件管理并完成样板文件的创建。 |
| 3 | 绘制平面图形 | 能正确应用直线、矩形、圆弧、圆、多边形和点等绘图命令绘制平面图形；<br>能正确使用复制、偏移、镜像、旋转、移动、阵列缩放、拉伸、修剪倒角、倒圆等编辑命令，提高绘图效率；<br>能正确对图形中的文本进行样式设置、文本标注；<br>能正确对图形中的基本尺寸进行标注；<br>会正确对图形中的各类公差进行标注。 |
| 4 | 绘制零件图和装配图并输出打印 | 能按照三视图投影规律，使用正确的视图表达方法，绘制零件图；<br>能对绘制好的零件图进行技术标注、填写标题栏；<br>会用零件图块插入法绘制装配图；<br>能对绘制好的装配图进行技术标注、填写标题栏；<br>能够根据机械制图线宽、线型要求打印输出电子图纸。 |

# 第一章　设置绘图环境

## ▌▶考点 1　设置图形单位、图形界限和绘图窗口颜色

### 一、设置绘图单位(Units)

绘图单位命令指定用户所需的测量单位的类型,AutoCAD 提供了适合任何专业绘图的各种绘图单位(如英寸、英尺、毫米),而且精度范围选择很大。

命令调用方法:① 键入"Units"并回车;② ▲ /"图形实用工具"/"单位";③ "格式(O)"菜单/"单位(U)…"。

执行命令后,在打开的"图形单位"对话框中设置所需的长度类型、角度类型及其精度。

### 二、设置绘图界限

绘图界限是 AutoCAD 绘图空间中的一个假想区域,相当于用户选择的图纸图幅的大小。利用图形界限命令"Limits"设置绘图范围。

命令调用方法:① 键入"Limits"并回车;② "格式(O)"菜单/"图形界限(I)"。

【例 1-1】　设置"A2"绘图界限。

操作步骤如下:

命令:limits(键入 limits 并回车)

重新设置模型空间界限:

指定左下角点或 [开(ON)/关(OFF)] <0.0000,0.0000>:

指定右上角点 <420.0000,297.0000>:594,420(键入图纸右上角坐标)

命令:(回车)

LIMITS

重新设置模型空间界限:

指定左下角点或 [开(ON)/关(OFF)] <0.0000,0.0000>:on(键入 on 并回车)

以上虽然设置了新的绘图区,但屏幕上显示的仍然是原来的绘图区的大小,此时还要用缩放命令(Zoom)观察全图。操作步骤如下:

命令:z(键入 z 并回车)

ZOOM

指定窗口的角点,输入比例因子 (nX 或 nXP),或者

[全部(A)/中心(C)/动态(D)/范围(E)/上一个(P)/比例(S)/窗口(W)/对象(O)] <实时>:a

正在重生成模型。

单击状态栏上栅格图标 ▦ ,打开栅格显示,至此,一张 A2 图幅的界限就建立了。

### 三、更改绘图窗口背景

在图 1-1 所示对话框中设置绘图窗口背景颜色。打开对话框的方法:① "应用程序"按

钮 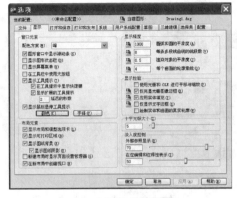/"选项";②"工具(<u>V</u>)"菜单/"选项(<u>N</u>)…"。

窗口背景的设置方法:【选项】对话框/"显示"选项卡/"颜色"按钮/【图形窗口颜色】对话框/"二维模型空间"/"统一背景"/"黑"或其他,如图 1-1 所示。

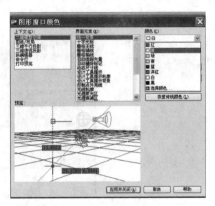

(a)"选项"对话框　　　　　　　　　(b)"选择背景颜色"对话框

**图 1-1　绘图窗口背景设置**

## ▶▶ 考点 2　设置图层、线型、线宽和图线颜色

### 1. 创建新图层

默认情况下,AutoCAD 自动创建一个图层名为"0"的图层。要新建图层,其命令操作如下:

命令:Layer;下拉菜单:格式→图层

发出该命令则打开"图层特性管理器"对话框,单击"新建"按钮图标,这时在图层列表中将出现一个名称为"图层 1"的新图层。用户可以为其输入新的图层名(如中心线),以表示将要绘制的图形元素的特征,如图 1-2 所示。

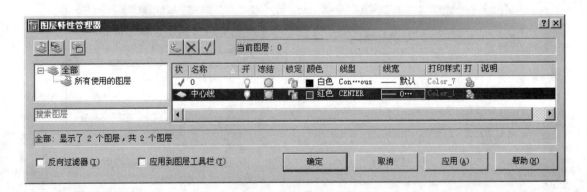

**图 1-2　图层特性管理器**

**2. 设置图层颜色**

为便于区分图形中的元素,要为新建图层设置颜色。为此,可直接在"图层特性管理器"对话框中单击图层列表中该图层所在行的颜色块,此时系统将打开"选择颜色"对话框,如图1-3所示。单击所要选择的颜色如"红色",再 确定 即可。

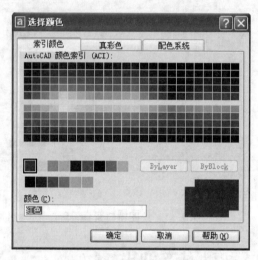

图 1-3　选择颜色对话框

**3. 设置图层线型**

线型也用于区分图形中不同元素,例如点划线、虚线等。默认情况下,图层的线型为Continuous(连续线型)。

要改变线型,可在图层列表中单击相应的线型名,如"Continuous",在弹出的"选择线型"对话框中选中要选择的线型如"CENTER"即可选择中心线,如图1-4所示。

如果"已加载的线型"列表中没有满意的线型,可单击 加载 按钮,打开"加载或重载线型"对话框,从当前线型库中选择需要加载的线型(如 DASHED),如图1-5所示。单击 确定 按钮,则该线型即被加载到选择线型对话框中再进行选择。

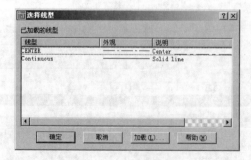

图 1-4　选择线型

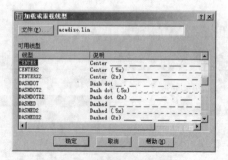

图 1-5　加载或重载线型

4. 设置图层线宽

线宽通过点击图层特性管理器中的线宽或[格式][线宽]打开对话框,如图 1-6 和 1-7 所示。

图 1-6 "线宽"对话框

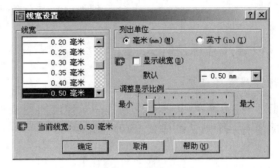

图 1-7 设置线宽

# ▶▶ 考点 3　设置文字样式、标注样式

## 一、设置文字样式

要创建新文字样式,可按如下步骤进行操作。

第一步　输入命令,下拉菜单:[格式][文字样式]打开"文字样式"对话框,如图 1-8 所示。

第二步　默认情况下,文字样式名为 Standard,字体为 txt.shx,高度为 0,宽度比例为 1。如要生成新文字样式,可在该对话框中单击 新建 按钮,打开"新建文字样式"对话框,在"样式名"编辑框中输入文字样式名称,如图 1-9 所示。

第三步　单击 确定 按钮,返回"文字样式"对话框。

第四步　在"字体"设置区中,设置字体名、字体样式和高度,如图 1-8 所示。

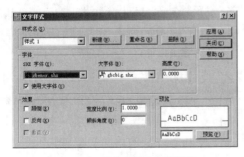

图 1-8 "文字样式"对话框

图 1-9 新建文字样式

第五步　"效果"设置区设置字体的效果,如颠倒、反向、垂直和倾斜等,如图 1-10 所示。

第六步　单击 应用 按钮,将对文字样式进行的调整应用于当前图形。

第七步　单击 关闭 按钮,保存样式设置。

图1-10为各种字体效果。

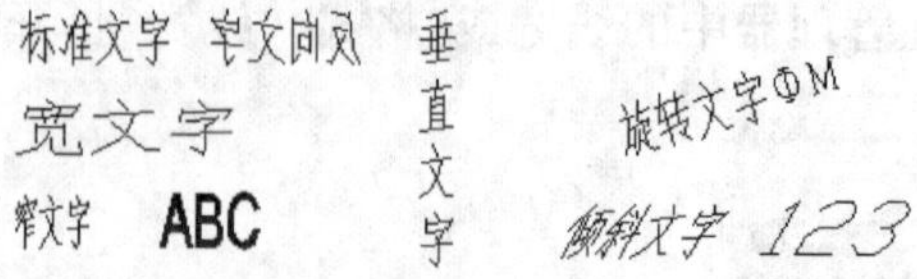

图 1-10　字体效果

## 二、设置尺寸标注样式

### 1. 标注样式管理器

点击"下拉菜单:格式→标注样式…",弹出如图 1-11 所示的"标注样式管理器"对话框,在样式框中有一个默认的样式 ISO-25。

### 2. 新建标注样式

一般情况下,默认的样式能够满足大部分的尺寸标注的需要,用户可以不进行任何标注设置。但是,对不符合我们国家标准的设置则需要修改,可以通过标注样式管理器新建一个标注样式。其具体设置步骤如下:

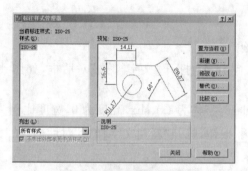

图 1-11　标注样式管理器

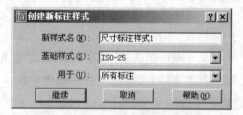

图 1-12　创建新标注样式

第一步　在"标注样式管理器"对话框中,单击 新建 按钮,如图 1-11 所示。打开"创建新标注样式"对话框。在"新样式名"编辑框中输入新的样式名称"尺寸标注样式 1";在"基础样式"下拉列表框中选择新样式的副本,在新样式中包含了副本的所有设置,默认基础样式为 ISO-25;在"用于"下拉列表框中选择应用新样式的尺寸类型,如图 1-12 所示。

第二步　单击 继续 按钮,打开"新建标注样式:尺寸标注样式 1"对话框,如图 1-13 所示。其中共有"直线和箭头"、"文字"、"调整"、"主单位"、"换算单位"和"公差"等 6 个选项卡可以定义标注样式的所有内容。其主要含义为:

➢ "直线与箭头"用于设置尺寸线、尺寸界线、箭头和圆心标记的格式和位置。

➢ "文字"用于设置标注文字的外观、位置和对齐方式。

➢ "调整"用来设置文字与尺寸线的管理规则以及标注特征比例。

➢ "主单位"用于设置线性尺寸和角度标注单位的格式和精度等。

➢ "换算单位"用于设置换算单位的格式。

➢ "公差"选项卡用来设置公差值的格式和精度。

第三步　设置完毕,单击 确定 按钮,这时将得到一个新的尺寸标注样式。

第四步　在"标注样式管理器"对话框的"样式"列表中选择新创建的样式"尺寸标注样式1",单击 置为当前 按钮,将其设置为当前样式。

有关"尺寸标注样式1"的设置参数样例,见图1-13、图1-14、图1-15、图1-16。

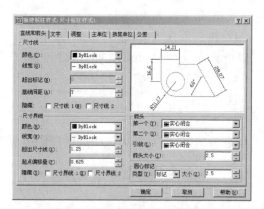

图1-13　直线与箭头选项设置

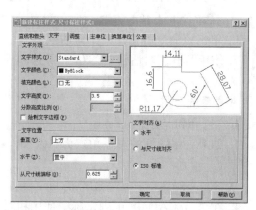

图1-14　文字选项设置

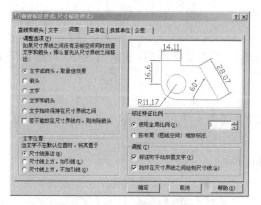

图1-15　调整选项设置

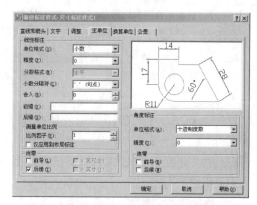

图1-16　主单位选项设置

> **单选题**

1. CAD的英文全称是什么?(　　　)

A. Computer Aided Drawing
B. Computer Aided Design
C. Computer Aided Graphics
D. Computer Aided Plan

2. 切换"清除屏幕"操作对应的默认快捷键是?(　　　)

A. CTRL+9
B. CTRL+2
C. CTRL+0
D. CTRL+8

3. "选项"命令是在下面哪个下拉菜单中?(　　　)

A. "文件"下拉菜单
B. "视图"下拉菜单
C. "窗口"下拉菜单
D. "工具"下拉菜单

4. 当前图形有五个层:0,A1,A2,A3,A4,如果A3为当前层,同时0,A1,A2,A3,A4都处于打开(ON)状态并且都没有冻结(Freeze),下面哪句话是正确的?(　　　)

A. 除了 0 层外,其他所有层都可以冻结　　　　B. 除了 A3 层外,其他所有层都可以冻结

C. 可以同时冻结五个　　　　　　　　　　　　D. 一次只能冻结一个层

5. 在 AutoCAD 中,下面哪个层的名称不能被修改或删除?(　　　)

A. 未命名的层　　　　B. 标准层　　　　　C. 0 层　　　　　　D. 缺省的层

6. 在 AutoCAD 的菜单中,如果菜单命令后跟有 ▶ 符号,表示(　　　)。

A. 在命令下还有子命令　　　　　　　　　　B. 该命令具有快捷键

C. 单击该命令可打开一个对话框　　　　　　D. 该命令在当前状态下不可使用

7. 使用"选项"对话框中的(　　　)选项卡,可以设置中文版 AutoCAD 的窗口元素、布局元素。

A. "系统"　　　　　　　　　　　　　　　　B. "显示"

C. "打开和保存"　　　　　　　　　　　　　D. "草图"

8. 如果一张图纸的左下角点为(10,10),右上角点为(100,80),那么该图纸的图限范围为(　　　)。

A. 100×80　　　　　B. 70×90　　　　　　C. 90×70　　　　　D. 10×10

9. 在 AutoCAD 中,下列坐标中使用相对极坐标的是(　　　)。

A. (31,44)　　　　　B. (31<44)　　　　　C. (@31<44)　　　　D. (@31,44)

10. 在 AutoCAD 中,要打开或关闭栅格,可按(　　　)键。

A. F7　　　　　　　　B. F9　　　　　　　C. F2　　　　　　　D. F12

11. 在(　　　)模式下,显示光标的绝对坐标,该值是动态更新的,默认情况下,该显示方式下是打开的。

A. 关　　　　　　　　B. 绝对　　　　　　C. 相对　　　　　　D. 开

12. AutoCAD 中设置图层颜色是在"索引颜色"选项卡中可以使用(　　　)种标准颜色。

A. 6　　　　　　　　　B. 9　　　　　　　C. 240　　　　　　D. 255

13. 在中文版 AutoCAD 中,要设置线型,可选择(　　　)命令。

A. "格式"/"图层"　　　　　　　　　　　　B. "格式"/"颜色"

C. "格式"/"线型"　　　　　　　　　　　　D. "格式"/"线宽"

14. 下列选项中,不属于图层特性的是(　　　)。

A. 颜色　　　　　　　B. 线宽　　　　　　C. 打印样式　　　　D. 锁定

▶ **判断题**

1. 处在同一图层上的所有实体,其颜色、线型等特性都必须相同。

2. 尺寸标注中的基线标注只能在已经标注了一个尺寸后才能使用。

3. 极轴追踪功能迫使直线沿着设定的角度绘出,只能画水平线或垂直线。

4. 被关闭的图层与被冻结的图层在图形重新生成时没有区别。

5. 状态栏的设置仅对激活的图形有效,不同的图形文件可采用不同的设置。

6. 用 Zoom 命令可将屏幕上显示的图形以大于或小于图形原尺寸进行显示,而图形的实际尺寸保持不变。

7. 新建的图层的名称可以含有通配符(如" * "和"?")。

8. AutoCAD 软件中,标注尺寸时,若需要调整箭头大小、数字大小、数字放置位置等,可通过设置"标注样式管理器"对话框实现。

9. 在 AutoCAD 的菜单中,如果菜单项右面跟有一个实心的小黑三角,则表明该菜单项不可选。

10. 打开状态栏的某项设置需用鼠标左键双击它。

# 第二章 创建样板文件

## ▶▶ 考点 4 绘制图框、创建带属性块标题栏

### 一、绘制图框

第一步 首先在绘图区域把图框的框线及标题栏的线画出来。

第二步 然后用写块的命令把整个图框转换为块。转换为块了以后,选择它点击鼠标右键,在弹出的快捷菜单中选择"块编辑器"。这样就进入到块编辑器的界面。

第三步 进入界面后就开始编辑标题栏里的文字。(字体、文字样式按照自己的需求进行设置)

第四步 文字都编辑好了之后,选择"保存块定义"工具进行保存,然后关闭该块编辑器(不是关闭图形)。把该界面上的图框删掉,再用"插入块"工具把刚才保存的"图框块"调进来即可。

### 二、创建带属性块

图块是一个或多个图形对象的集合,可以是绘制在几个图层上的不同颜色、线型和线宽特征的对象组合。多个图形对象组成的块在编辑操作中如同一个图形对象,并可多次以不同的比例和旋转角度插入到图形指定的位置上,因此,简化了绘图过程。

例如,用户可以使用块,建立常用符号(如机械图样中表面粗糙度代号、基准符号)、零部件及标准件的图库。可以将同样的块多次插入到图形中,而不必每次都重新创建图形元素。编辑图形时,将零件图以块的形式进行插入,可以完成机器或其部件的装配图。

1. 定义块

功能:用已经绘制出的图形对象创建图块。

操作步骤:

命令:Block;下拉菜单:绘图→块→创建(弹出"块定义"对话框,如图 2-1 所示)

第一步 定义图块名称,如在"名称"框中输入"螺母"。

第二步 确定图块插入时基点,单击"拾取点"按钮选择螺母左端面与轴线的交点 A 作为插入块时的参考点。

第三步 选择定义块对象,单击"选择对象"按钮选择要作为块的全体图形。

第四步 单击 确定 按钮,完成"螺母"的块定义,它将保存在当前图形文件中。

操作提示:

第一步 保留 被选图形建成块后,该图形仍然保留原来的性质,不是块。

第二步 转换为块 被选图形建成块后该图形随之也变成了块。

第三步　删除　被选图形建成块后该图形随屏幕上删除。

第四步　拖放单位　用于块插入时以什么单位进行缩放。

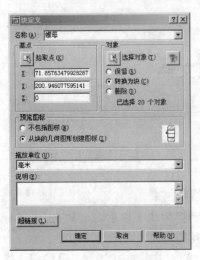

图2-1　"块定义"对话框

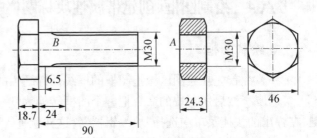

图2-2　螺栓、螺母原图

**注意:** 用 Block 命令定义的块称为"内部块",它只保存在当前图形中,所以只能在当前图形中用块插入命令引用,其他图形文件则不能引用插入。块可以嵌套,即块包含块插入。

**2. 插入块**

功能:将块或另一图形文件按指定位置插入到当前图样中。

命令:下拉菜单:插入→块(弹出"插入"对话框,见图2-3)

操作步骤:(以图2-4为例)

第一步　在"名称"下拉列表框,调用"螺母"图块。这时,光标自动挂在基点 $A$ 处。

第二步　如果"缩放比例"或"旋转"栏中的"在屏幕上指定"复选框被勾选,则在插入块时命令行会出现相应的提示:

命令:insert

指定插入点或[比例(S)/X/Y/Z/旋转(R)/预览比例/(PS)/PX/PY/PZ/预览旋转

(PR)]:

拾取被插入的图形中一点,如图2-2螺栓中的 $B$ 点,则 $B$ 点即为与图块基点 $A$ 相对接的插入定位点。插入的结果见图2-4。

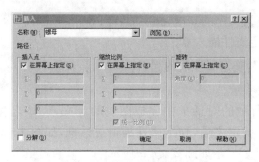

图 2-3 "插入"图块对话框

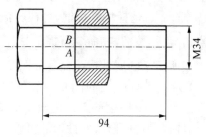

图 2-4 块的插入

**3. 定义属性**

图块的属性是附属于块的非图形信息,是块的组成部分,通常是包含在图块中的文字对象,用于图块在插入过程中进行自动注释。在机械图样上进行表面粗糙度标注时,可先将表面粗糙度符号画出,之后,将 $R_a$ 或 $R_z$ 值定义属性,并一起定义为块,而且在插入值时是可以改变的。其操作过程如下:

(1) 按给定尺寸画出表面粗糙度符号,如图 2-5(a)所示。

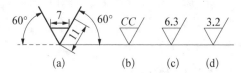

图 2-5 定义表面粗糙度符号块

(2) 定义属性

发出命令:下拉菜单:绘图→块→定义属性,通过"属性定义"对话框(见图 2-6)创建属性定义。

① 模式区:

该选项区域用于设置属性的模式。按默认,一般不作选择。

② 属性区:用于设置属性标记、提示等。

➢ 在"标记"文本框中键入标记名字(CC)。

➢ 在"提示"文本框键入提示值(Ra)。

➢ 在"值"文本框中键入属性值(6.3)。

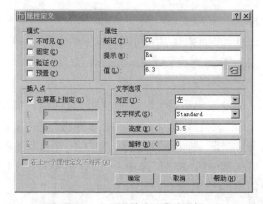

图 2-6 "属性定义"对话框

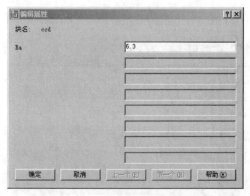

图 2-7 "编辑属性"对话框

③ 文字选项区：选择对齐方式、文字的样式、文字的高度、文字的转向等。

④ 插入点：选择该复选框，可在屏幕上指定属性插入点。

点击 确定 按钮，在命令行提示"指定起点"，确定属性值的起点。

上述所定义的属性标记显示如图 2-5(b)所示。

(3) 定义带有属性的图块。在图 2-1 所示的对话框中完成图块的定义，设块名称为"ccd"；将图 2-5(b)全部选为构成块的对象。确定之后，弹出属性编辑对话框，如图 2-7 所示，在属性提示栏可修改属性值。再确定，其结果显示如图 2-5(c)所示。

继续标注表面粗糙度，插入"ccd"块，在命令行会出现输入属性值的提示，输入新的属性值如"3.2"回车确定，其结果显示见图 2-5(d)。

### 4. 保存图块

功能：将当前图形中的块以文件的形式写入一个图形文件中，使得块在其他图形文件中得以共享。

存盘后的块又称为"外部块"，相当于一个图形文件。

操作提示：

命令：Wblock

输入命令后，屏幕上将弹出"写块"对话框。

## 考点 5　文件管理并完成样板文件的创建

### 一、图形文件的管理

AutoCAD 图形文件是描述图形信息并存储在磁盘中的文件。其后缀为".dwg"。图形文件的管理是指创建新的图形文件、打开已有的图形文件、关闭以及保存图形文件等操作。

### 1. 创建新图形文件

命令：New；　　　下拉菜单：文件→新建

图 2-8　"选择样板"对话框

功能：创建新的图形文件以开始一个新的绘图过程。

提示与操作：

命令发出后，弹出"选择样板"对话框。如图 2-8 在"文件类型"栏选择"图形样板"；在"文件名"栏选择一样板图形名称，如"GB_a3…"；选择布局标签中的"模型"选项卡，即会出现与 A3 图幅相当的绘图窗口。用户还可以通过"文件类型"栏选择"图形"或"标准"创建一个新图。

### 2. 打开图形文件

命令：Open；　　下拉菜单：文件→打开

功能：打开已存在磁盘中的图形文件。

提示与操作：

执行后弹出"选择文件"对话框，如图2-9。搜索文件路径，选择打开的文件名称，即把该文件调出，以便修改和编辑。若选择DXF文件类型，则还可以打开其他绘图软件包绘制的用DXF格式存盘的图形文件。

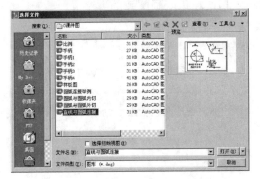

图2-9　"选择文件"对话框

图2-10　"图形另存为"对话框

### 3. 保存图形样板文件

命令：Qsave；　　下拉菜单：文件→保存→文件类型→选择"＊.dwt"

功能：保存当前绘制的图形信息。

提示与操作：

调用快速保存命令后，则当前绘制的已命名的图形文件直接以原文件名及路径被保存。如果图形文件未命名，则会弹出"图形另存为"对话框，如图2-10所示。选择保存文件路径、命名文件、确定所保存的图形文件类型后，单击 保存 按钮。

➤ 单选题

1. AutoCAD软件的图形文件格式为（　　）。

A. ＊.DWG　　　　　B. ＊.LSP　　　　　C. ＊.MAP　　　　　D. ♯.LIN

2. 下列命令中跟图块有关的命令有（　　）。

A. BREAK　　　　　B. BLOCK　　　　　C. CHAMFER　　　　　D. ARRAY

➤ 判断题

AutoCAD样板文件的扩展名为DWT。

# 第三章　绘制平面图形

## ▶▶ 考点6　直线、矩形、圆弧、圆、多边形和点等绘图命令

**【绘图实例3-1】**　绘制圆弧和多边形。

(1) 作图分析　该图共有四个图形元素、两个完整的圆可以容易画出,而270°的圆弧和正六边形则要用到新命令。

(2) 绘制圆弧　其方式较多见图3-1,可根据实际需要加以选用对应的方式。其作图也有其相似之处,这里以图3-2为例仅介绍给定圆心、起点和角度画圆弧的方法。

> 命令:Arc✓;下拉菜单→圆弧→圆心、起点、角度
> arc 指定圆弧的起点或[圆心(C)]:指定圆弧的圆心:**鼠标拾取圆心点(十字中心)**

> 指定圆弧的起点:@0,-18✓
> 指定圆弧的端点或[角度(A)/玄长(L)]:A✓
> 指定包含角:270✓

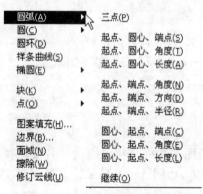

图3-1　绘制圆弧的命令方式

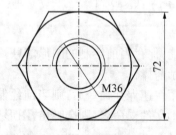

图3-2　绘制六角螺母

(3) 绘制正六边形　图3-2中六角螺母,要用到画正多边形的命令。其方式有圆内接多边形(I)和圆外切多边形(C)。画法操作如下:

> 命令:polygon✓;下拉菜单:绘图→正多边形
> 输入边的数目<4>:6✓(指定多边形的边数)
> 指定多边形的中心点或[边(E)]:**鼠标单击确定中心点**(捕捉圆心)
> 输入选项[内切于圆(I)/外切于圆(C)]〈I〉:C✓(选择外切(C)绘制方式)
> 指定圆的半径:36　(给出半径,正六边形被画出。至此,全图被完成)

**【绘图实例 3－2】**　用多段线绘制如图 3－3 所示的长圆形。

（1）多段线命令功能　用以绘制由多个起点和终点等宽的或不等宽的直线段或圆弧段组成的图形。该命令一次所绘制出的多个首尾相接对象实为一个实体对象。

操作提示：

> 命令:pline ;下拉菜单:绘图→多段线
>
> 指定起点:
>
> 当前线宽为:0.0000
>
> 指定下一点或[圆弧(A)/闭合(C)/半宽(H)/长度(L)/放弃(U)/宽度(W)]:

（2）选项说明

➢ (C):从当前点画直线段到起点,画成闭合多边形,结束命令。

➢ (U):放弃刚画出的一段直线,回退到上一点,继续画直线。

➢ (L):确定直线段长度,从绘圆弧转换为绘直线提示。

➢ (A):转换为画圆弧提示。

➢ (W):定义线段的宽度。

（3）操作步骤

分析　该图形是由圆弧和直线组成的,所以绘图时需要从绘直线转换为绘圆弧,再从绘圆弧转换为绘直线。打开正交、极轴、对象追踪开关,以备应用。

> 命令:_pline
>
> 指定起点:**拾击 P 点**
>
> 当前线宽为:0.0000
>
> 指定下一点或:w↙
>
> 指定起点宽度<0.0000>:2↙
>
> 指定端点宽度<2>:↙
>
> 指定下一点或:100↙（光标向右边移动出现 0°极轴追踪线时键入,画直线段）
>
> 指定下一点或:A↙（转换为画圆弧）
>
> 指定圆弧的端点:40↙（光标下移出现 90°极轴追踪线时键入,画出右半圆）
>
> 指定圆弧的端点或:L↙（转换为画直线）
>
> 指定下一点或:100↙（光标向左边移动出现 180°极轴追踪线时键入,画直线段）
>
> 指定下一点或:A↙（转换为画圆弧）
>
> 指定下一点或:CL↙（将多段线以圆弧闭合）

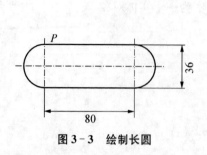

图 3-3 绘制长圆

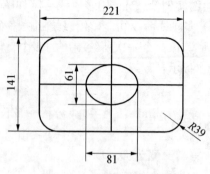

图 3-4 绘制矩形和椭圆

【绘图实例 3-3】 绘制矩形和椭圆。

绘图任务及分析:所画平面图形,如图 3-4 所示,由矩形、椭圆及直线构成。要用相应的绘图命令绘制。

绘图步骤:

第一步 绘制带圆角的矩形。

发出命令后 AutoCAD 提示:

---

命令:rectang;下拉菜单:绘图→矩形

指定第一个角点或[倒角(C)/标高(E)/圆角(F)/厚度(T)/宽度(W)]:

F↙ (选带圆角的矩形)

指定矩形的圆角半径<0.0000>:30↙ (输入圆角半径)

指定第一个角点或[倒角(C)/标高(E)/圆角(F)/厚度(T)/宽度(W)]:**拾取左下角点**

指定另一个角点或[尺寸(D)]:**@220,140**↙ (输入右上角相对于左下角的相对坐标)

---

第二步 绘制两条直线。

利用绘制直线命令及中点捕捉功能,绘制两条直线。

第三步 绘制椭圆。

---

命令:ellipse↙;下拉菜单:绘图→椭圆

---

AutoCAD 提示:

---

指定椭圆的轴端点或[圆弧(A)/中心点(C)]:**C**↙ (选择椭圆中心项)

指定椭圆的中心点:**捕捉直线的中点**。 (直线的中点即为椭圆的中心点)

指定轴的端点: 40↙ (向左或右移动光标,极轴追踪输入椭圆长半轴的长度值)

指定另一条半轴长度或[旋转(R)]:30↙ (上下移动光标,输入椭圆短半轴的长度值)

---

图形绘制完成,如图3-4所示。

**【绘图实例3-4】** 样条曲线绘制与图案填充。

绘图任务及分析:所画平面图形(尺寸暂不注),如图3-5(b)所示,由粗、细直线,中心线及波浪线,剖面线构成。绘图时,要注意分图层;除波浪线、剖面线以外,其他的图形元素用前面的知识都可以解决,而波浪线和剖面线则需用"样条曲线"和"图案填充"命令绘制。

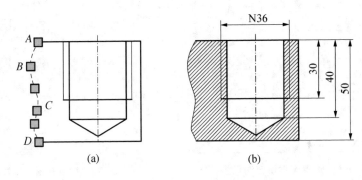

图3-5 样条曲线与图案填充

绘图步骤:

第一步 绘制外框及 M36 螺纹。

第二步 绘制样条曲线。

命令格式

命令 spline; 下拉菜单:绘图→样条曲线

指定第一个点或[对象(O)]:**指定曲线起点 A**

指定下一点:**指定曲线上 B,C,…点**

指定下一点或[闭合(C)/拟合公差(F)]<起点切向>:**指定曲线上终点 D**

指定下一点或[闭合(C)/拟合公差(F)]<起点切向>:**回车结束**

指定起点切向:**确定起点的切线方向**

指定端点切向:**确定终点的切线方向**

第三步 绘制剖面线。

在绘制剖视图时,需要在指定的区域内填入剖面符号。AutoCAD 为此设计了较为完善的图案填充功能。现简介如下:

命令:hatch;下拉菜单:绘图→图案填充

功能:用指定图案填充一个指定的区域。

操作步骤:调用图案填充命令,AutoCAD弹出如图3-6所示的"边界图案填充"对话框。

该对话框用于设置图案填充时的图案特性、填充边界以及填充方式等。对话框中有"图案填充"、"高级"和"渐变色"三个选项卡,其中,"图案填充"是主要操作对象。现介绍如下:

① 类型　设置填充的图案的类型。用户可通过下拉列表框在"预定义"、"用户定义"和"自定义"之间选择。

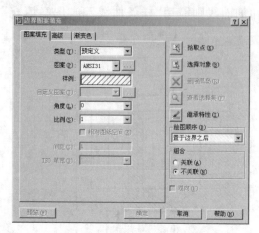

图3-6　边界图案填充对话框

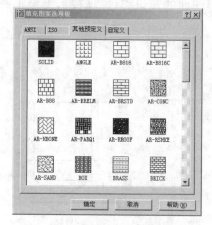

图3-7　填充图案选项板

② 图案　当"类型"设置为"预定义"时,"图案"列表框可用于设置填充的图案。用户可以从"图案"下拉列表框中根据图案名来选择图案,也可单击右边的方按钮,从弹出的如图3-7所示的"图案填充选项板"对话框中选择图案。

该对话框中共有四个选项卡,分别对应四种类型的图案类型。图3-7是选择"其他预定义"选项卡所对应的各种图案。

③ 样例　该框用于显示当前选中的图案的样例。

④ 角度　设置填充的图案的旋转角度。每种图案在定义时的旋转角为零,用户可以直接在"角度"文本框内输入旋转角度,也可以从相应的下拉列表框中选择。

⑤ 比例　设置图案填充时的比例值。每种图案在定义时的初始比例为1。用户可以根据需要放大或缩小。比例因子可以直接在"比例"文本框中输入,也可以从相应的下拉列表框中选择。

说明:当图案类型采用"用户定义"类型时,该选项不可用。

⑥ 间距　当填充类型采用"用户定义"类型时,该选项可用。该选项用于设置填充平行线之间的距离。用户在"间距"文本框输入值即可。

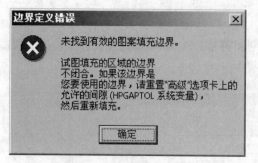

图3-8　边界定义错误提示

⑦ 拾取点　该按钮提供用户以拾取点的形式来指定填充区域的边界。单击该按钮,AutoCAD切换到绘图窗口,并在命令行窗口中连续提示:

选择内部点:

需要用户在准备填充的区域内指定任意一点,AutoCAD会自动计算出包围该点的封闭填充边界,同时亮显这些边界。如果在拾取点后AutoCAD不能形成封闭的填充边界(有断点),会给出如图3-8所示的提示信息。

现在,我们再回到图3-5(a)。在图3-6边界图案填充对话框中,选择各参数项,单击"拾取"按钮;在"拾取内部点"的提示下,在要填充的封闭区域内拾取一点。若要填充的区域不止一个,应再连续拾取。之后回车结束,返回图案填充对话框再 预览 、确定 。其结果如图3-5(b)所示。

**【绘图实例3-5】** 绘制点。(point)

(1) 命令功能

① 绘制具有多种点样式的单点或多点。

② 绘制定数等分点。

③ 绘制定距等分点。

(2) 操作步骤

第一步　设置点样式　在绘制点以前,要先设置所需要的点样式(默认样式为圆点"·")。单击下拉菜单:格式→点样式…,弹出"点样式"对话框(见图3-10)。

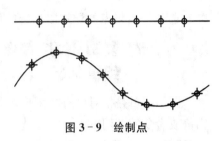

图3-9　绘制点

单击选择一种点样式,再点 确定 按钮。

第二步　定数等分直线　在指定直线段(也可在圆、样条曲线)上,按给出的等分段数,设置等分点。

命令:下拉菜单:绘图→点→定数等分　(见图3-11)
选择要定数等分的对象:**单击要等分的线段 AB**
输入线段数目或[块(B)]:**8**↙

绘制结果如图3-9中 AB 线段。

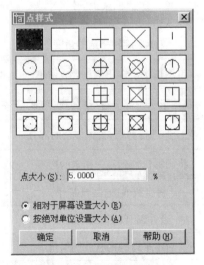

图3-10　点样式对话框

图3-11　绘制点的下拉菜单

第三步　定距等分样条曲线　在指定样条曲线上按给出的分段长度设置测量点。

> 命令:下拉菜单:绘图→点→定距等分
>
> 选择要定距等分的对象:**单击曲线的左边**(从左边开始等分)
>
> 指定线段长度或[块(B)]:20✓ (输入等分距离),

结果如图 3-9 所示。

选项(B):将点的样式以指定的块代替插入。

## ▶ 考点 7 复制、偏移、镜像、旋转、移动、阵列缩放、拉伸、修剪倒角、倒圆等编辑命令

图形编辑是指对已有的图形对象进行删除、复制、移动、旋转、缩放、修剪、延伸等操作。编辑修改命令的调用方法:① 功能区/"常用"选项卡/"修改"面板;②"修改"工具栏;③"修改(M)"菜单;④ 键入命令。表 3-1 中列出了常用编辑修改命令及其功能。

表 3-1 常用编辑命令

| 图标 | 命令/快捷键 | 功能 |
|---|---|---|
|  | Erase/ E | 删除画好的图形或全部图形 |
| | Copy/ CO/CP | 复制选定的图形 |
| | Mirror/ MI | 画出与原图形相对称的图形 |
| | Offset/ O | 绘制与原图形平行的图形 |
| | Array/ AR | 将图形复制成矩形或环形阵列 |
| | Move/ M | 将选定图形位移 |
| | Rotate/ RO | 将图形旋转一定的角度 |
| | Scale/ SC | 将图形按给定比例放大或缩小 |
| | Stretch/ S | 将图形选定部分进行拉伸或变形 |
| | Trim/ TR | 对图形进行剪切,去掉多余的部分 |
| | Extend/ EX | 将图形延伸到某一指定的边界 |
| | Break/ BR | 将直线或圆、圆弧断开 |
| | Join/ J | 合并断开的直线或圆弧 |
| | Chamfer/ CHA | 对不平行的两直线倒斜角 |
| | Fillet/ F | 按给定半径对图形倒圆角 |
| | Explode/ X | 将复杂实体分解成单一实体 |

1. 删除命令（Erase）

执行"Erase"命令，按照命令行"选择对象"提示，选择要删除的图形并回车，则被选中的图形被删除。

若先选择对象，后执行"Erase"命令，或按"Delete"键，也可删除被选中的图形。

2. 复制命令（Copy）

使用"Copy"命令可以把选定的图形作一次或多次复制。

【例 3 - 1】 如图 3 - 12 所示，用"Copy"命令在图 3 - 12(a)的基础上，按顺序完成图 3 - 12(c)。

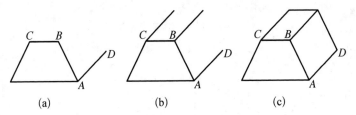

图 3 - 12 复制对象

操作步骤如下：

(1) 绘制图 3 - 12(b)。

```
命令：_copy
选择对象：找到 1 个(拾取 AD 直线)
选择对象：(回车)
当前设置： 复制模式＝多个
指定基点或 [位移(D)/模式(O)] ＜位移＞：(捕捉 A 点作为基点)
指定第二个点或 ＜使用第一个点作为位移＞：(捕捉 B 点作为目标点)
指定第二个点或 [退出(E)/放弃(U)] ＜退出＞：(捕捉 C 点作为目标点)
指定第二个点或 [退出(E)/放弃(U)] ＜退出＞：(回车退出)
```

(2) 绘制图 3 - 12(c)。

```
命令：COPY(回车，重复执行命令)
选择对象：找到 1 个(拾取 AB 直线)
选择对象：找到 1 个，总计 2 个(拾取 BC 直线)
选择对象：(回车)
当前设置： 复制模式＝多个
指定基点或 [位移(D)/模式(O)] ＜位移＞：(捕捉 A 点作为基点)
指定第二个点或 ＜使用第一个点作为位移＞：(捕捉 D 点作为目标点)
指定第二个点或 [退出(E)/放弃(U)] ＜退出＞：(回车退出)
```

### 3. 镜像命令(Mirror)

使用"Mirror"命令可以把所选对象作镜像复制,即生成与原对象对称的图形,原对象可保留也可删除。

【例3-2】 用"Mirror"命令在图3-13(a)的基础上,完成图3-13(b)。

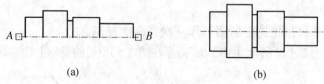

| (a) | (b) |

图3-13 镜像复制对象

操作步骤如下:

> 命令:_mirror
>
> 选择对象:指定对角点:找到 11 个(窗口交叉选择 11 个对象)
>
> 选择对象:
>
> 指定镜像线的第一点:＜打开对象捕捉＞(捕捉对称线的端点 A)
>
> 指定镜像线的第二点: (捕捉对称线的端点 B)
>
> 要删除源对象吗?[是(Y)/否(N)]＜N＞:(回车退出)

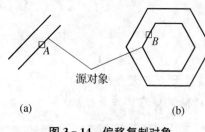

源对象

| (a) | (b) |

图3-14 偏移复制对象

### 4. 偏移命令(Offset)

使用"Offset"命令可以绘制与原对象平行的对象,若偏移的对象为封闭图形,则偏移后的图形被放大或缩小。

【例3-3】 将图3-14(a)中的直线 A 向左上偏移5,图3-14(b)中的六边形 B 向外偏移5。

操作步骤如下:

> 命令:_offset
>
> 当前设置:删除源=否 图层=源 OFFSETGAPTYPE=0
>
> 指定偏移距离或[通过(T)/删除(E)/图层(L)]＜5.00＞:5(键入偏移距离5)
>
> 选择要偏移的对象,或[退出(E)/放弃(U)]＜退出＞:(拾取直线 A)
>
> 指定要偏移的那一侧上的点,或[退出(E)/多个(M)/放弃(U)]＜退出＞:(在直线 A 的左上方拾取一点)
>
> 选择要偏移的对象,或[退出(E)/放弃(U)]＜退出＞:(拾取六边形 B)
>
> 指定要偏移的那一侧上的点,或[退出(E)/多个(M)/放弃(U)]＜退出＞:(在六边形外拾取一点)
>
> 选择要偏移的对象,或[退出(E)/放弃(U)]＜退出＞: (回车退出)

5. 阵列命令(Array)

使用"Array"命令可以将所选对象按矩形阵列或环形阵列作多重复制,阵列操作对话框如图 3-16 所示。

【例 3-4】 将图 3-15(a)复制成图 3-15(b)。

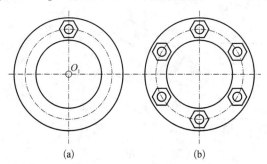

图 3-15 阵列复制对象

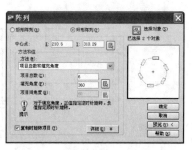

图 3-16 阵列操作对话框

操作步骤如下:

> 命令:_array(选择环形阵列,输入参数)
>
> 指定阵列中心点:_cen(捕捉大圆圆心 O₁ 作为中心点)
>
> 选择对象:找到 1 个(拾取小圆)
>
> 选择对象:找到 1 个,总计 2 个(拾取六边形)
>
> 选择对象:(回车确定)

6. 移动命令(Move)

使用"Move"命令可以将所选对象从当前位置移到一个新的指定位置。

【例 3-5】 将图 3-17(a)中的两个同心小方框自 A 点移动到 B 点,如图 3-17(b)所示。

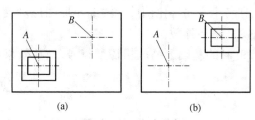

图 3-17 移动对象

操作步骤如下:

> 命令:_move
>
> 选择对象:指定对角点:找到 2 个(窗口交叉方式选择两个小方框)
>
> 选择对象:(回车)
>
> 指定基点或 [位移(D)] <位移>: _int 于(捕捉 A 点作为基点)
>
> 指定第二个点或 <使用第一个点作为位移>:(捕捉 B 点作为目标点)

## 7. 旋转命令(Rotate)

使用"Rotate"命令可以使图形对象绕某一基准点旋转,改变其方向。

【例 3-6】 将图 3-18(a)中的图形逆时针旋转 30°,如图 3-18(c)所示。

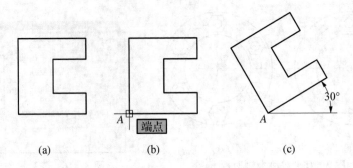

(a)    (b)    (c)

**图 3-18 旋转对象**

操作步骤如下:

> 命令:_rotate
>
> UCS 当前的正角方向: ANGDIR=逆时针 ANGBASE=0
>
> 选择对象:指定对角点:找到 9 个(窗口交叉方式选择对象)
>
> 选择对象:(回车)
>
> 指定基点:(捕捉 A 点作为基点,如图 3-18(b))
>
> 指定旋转角度,或 [复制(C)/参照(R)] <300>:30 (键入 30)

## 8. 缩放命令(Scale)

使用"Scale"命令可以在各个方向等比例放大或缩小原图形对象。可以采用"指定比例因子"和选择"参照(R)"两种方式进行缩放。

【例 3-7】 在图 3-19(a)的基础上缩放粗糙度符号,缩放效果分别如图 3-19(b)和图 3-19(c)所示。

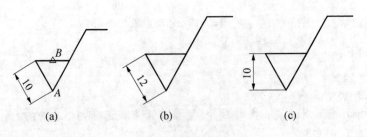

(a)    (b)    (c)

**图 3-19 缩放对象**

缩放至图 3-19(b)的操作步骤如下:

命令：_scale 选择对象：

指定对角点：找到 5 个(窗口交叉方式选择全部对象)

选择对象：(回车)

指定基点：(捕捉基点 A)

指定比例因子或〔复制(C)/参照(R)〕：1.2(键入比例因子 1.2)

缩放至图 3-19(c)操作步骤如下：

命令：_scale

选择对象：指定对角点：找到 5 个(窗口交叉方式选择全部对象)

选择对象：(回车)

指定基点：(捕捉基点 A)

指定比例因子或〔复制(C)/参照(R)〕：r(选择"参照"方式)

指定参照长度 <1.00>：　指定第二点：(捕捉交点 A 和中点 B,A、B 两点的距离即参照长度)

指定新的长度或〔点(P)〕<1.00>：　10 (键入 A 点和 B 点距离新长度 10)

### 9. 拉伸命令(Stretch)

使用"Stretch"命令可以将选定的对象进行拉伸或压缩。使用"Stretch"命令时,必须用"窗口交叉"方式来选择对象,与窗口相交的对象被拉伸,包含在窗口内的对象则被移动。

【例 3-8】　在图 3-20(a)的基础上进行拉伸操作,使轴的总长由 30 拉伸至 40,如图 3-20(c)所示。

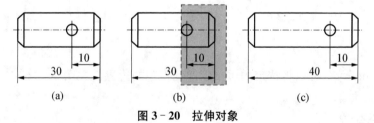

(a)　　　　　　　　　(b)　　　　　　　　　(c)

**图 3-20　拉伸对象**

操作步骤如下：

命令：_stretch 以交叉窗口或交叉多边形选择要拉伸的对象

选择对象：指定对角点：找到 12 个(以窗口交叉方式选择对象,将尺寸 10 包含在窗口内,如图 3-20(b)所示)

选择对象：(回车)

指定基点或〔位移(D)〕<位移>：(任取一点作为基点)

指定第二个点或 <使用第一个点作为位移>：<正交 开> 10(打开正交模式,沿 x 轴正向移动鼠标,输入伸长量 10,回车)

10. 修剪命令(Trim)

使用"Trim"命令,以指定的剪切边为界修剪选定的图形对象。

【例3-9】 在图3-21(a)的基础上进行修剪操作,完成键槽的图形,如图3-21(b)所示。操作步骤如下:

命令:_trim
当前设置:投影=UCS,边=无
选择剪切边……
选择对象或<全部选择>: 找到1个(拾取A)
选择对象:找到1个,总计2个(拾取B)
选择对象:(回车)
选择要修剪的对象,或按住 Shift 键选择要延伸的对象,或[栏选(F)/窗交(C)/投影(P)/边(E)/删除(R)/放弃(U)]:(拾取C)
选择要修剪的对象,或按住 Shift 键选择要延伸的对象,或[栏选(F)/窗交(C)/投影(P)/边(E)/删除(R)/放弃(U)]:(拾取D)
选择要修剪的对象,或按住 Shift 键选择要延伸的对象,或[栏选(F)/窗交(C)/投影(P)/边(E)/删除(R)/放弃(U)]:(回车)

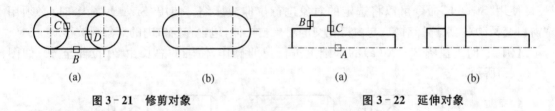

(a)　　　　　　(b)　　　　　　　(a)　　　　　　(b)

图3-21　修剪对象　　　　　　图3-22　延伸对象

11. 延伸命令(Extend)

使用"Extend"命令可以将选定的对象延伸到指定的边界。在图3-22(a)中,$A$ 为边界,$B$ 和 $C$ 为要延伸的对象。

12. 打断命令(Break)

使用"Break"命令可以删除对象的一部分或将所选对象分解成两部分。

【例3-10】 如图3-23所示,将直线打断成两部分。操作步骤如下:

命令:_break
选择对象:(拾取A点)
指定第二个打断点 或[第一点(F)]:(拾取B点)

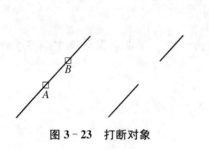

图 3－23　打断对象

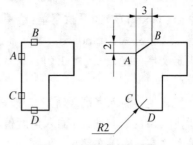

图 3－24　倒角与倒圆角

**13. 倒角命令(Chamfer)**

使用"Chamfer"命令可以对两直线或多义线作出有斜度的倒角。

**【例 3－11】**　作出如图 3－24 所示的 AB 倒角。

操作步骤如下：

> 命令：_chamfer
>
> ("修剪"模式) 当前倒角距离 1＝2.00,距离 2＝2.00
>
> 选择第一条直线或［放弃(U)/多段线(P)/距离(D)/角度(A)/修剪(T)/方式(E)/多个(M)]:d(键入 d 并回车)
>
> 指定 第一个倒角距离 ＜2.00＞:(回车)
>
> 指定 第二个倒角距离 ＜2.00＞:3(键入 3)
>
> 选择第一条直线或［放弃(U)/多段线(P)/距离(D)/角度(A)/修剪(T)/方式(E)/多个(M)]:(拾取 A)
>
> 选择第二条直线,或按住 Shift 键选择要应用角点的直线:(拾取 B)

**14. 圆角命令(Fillet)**

使用"Fillet"命令可以在直线、圆弧或圆间按指定半径作圆角,也可以对多段线倒圆角。绘制图 3－24 所示的 CD 圆角,需先定义圆角半径 2,然后拾取 C、D 两直线作出圆角。

## ▶ 考点8　对图形中的文本进行样式设置、文本标注

文字在工程图样中是不可缺少的对象。例如机械工程图样中的技术要求、标题栏的注写等。为此,AutoCAD 提供了非常方便、快捷的文字注写功能。在图中可以输入单行文字,也可以输入多行文字。同时,用户还可以根据需要创建多种文字样式。

### 一、输入和编辑单行文字

**1. 输入单行文字**

功能:单行文字常用于注标文字、标题栏文字等内容。

操作提示:

命令:Text(DT)↙ 下拉菜单:绘图→文字→单行文字

当前文字样式:Standard  文字高度:2.5

指定文字的起点或[对正(J)/样式(S)]:**单击一点**  (在绘图区域中确定文字的起点)

指定高度:**输入字高**(确定文字高度)

指定文字的旋转角度:**输入角度值**(确定文字旋转的角度)

输入文字:**输入文字**(注写文字内容)

按↙键换行。如果希望结束文字输入,可再次按↙键。

2. 设置单行文字的对齐方式

在创建单行文字时,系统将提示用户:

指定文字的起点或[对正(J)/样式(S)]: **J**↙(设置文字对齐方式)

输入选项[对齐(A)/调整(F)/中心(C)/中间(M)/右(R)/左上(TL)/中上(TC)/右上(TR)/左中(ML)/正中(MC)/右中(MR)/左下(BL)/中下(BC)/右下(BR)]:

↙ **TL**↙(键入选项关键字 TL,选择左上对齐方式)

指定文字左上点:**单击一点**   指定一点作为文字行顶线的起点

依前述再依次输入字高、输入旋转角度并输入相应文字内容即可。

图 3 - 25 所示为几种常用的对齐方式。

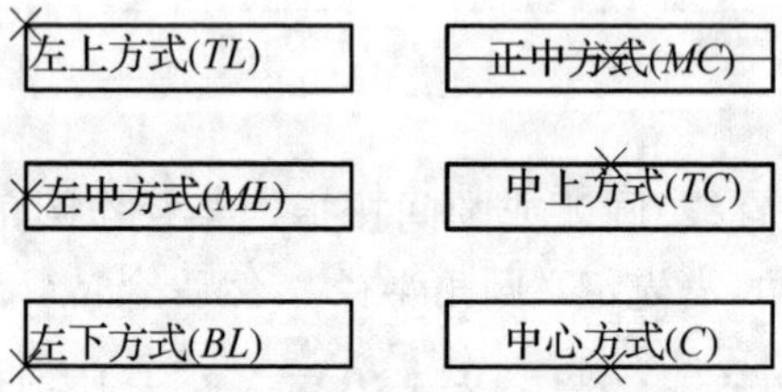

图 3 - 25  文字对齐方式

左上(TL):文字对齐在第一个字符的文字单元的左上角。

左中(ML):文字对齐在第一个文字单元左侧的垂直中点。

左下(BL):文字对齐在第一个文字单元的左下角点。

正中(MC):文字对齐在文字行的垂直中点和水平中点。

中上(TC):文字的起点在文字行的顶线的中间,文字向中间对齐。

中心(C):文字的起点在文字行基准底线的中点,文字向中间对齐。

另外,文字对齐默认的选项是"左上方式"。其余各选项的释义留给读者,不再详述。

**3. 编辑单行文字**

对单行文字的编辑主要包括两个方面:修改文字特性和修改文字内容。要修改文字内容,可直接双击文字,此时打开如图 3 - 26 所示的"编辑文字"对话框即可对要修改的文字内容进行编辑修改。

**图 3 - 26 "编辑文字"对话框**

**4. 输入特殊符号**

在输入文字时,用户除了要输入汉字、英文字符外,还可能经常需要输入诸如"φ、±、°"等特殊符号。可以在输入这些符号时,分别对应键入"%%c"、"%%p"、"%%d"。

## 二、输入多行文字

在 AutoCAD 中,多行文字是通过多行文字编辑器来完成的。多行文字编辑器包括一个"文字"格式工具栏和一个快捷菜单。

(1)输入多行文字

> 命令:MTEXT(T 或 MT);下拉菜单:绘图→文字→多行文字
> 当前文字样式:Standard 文字高度:2.5
> 指定第一角点:**单击一点**(在绘图区域中注写文字处指定第一角点)
> 指定对角点或[高度(H)/对正(J)/行距(L)/旋转(R)/样式(S)/宽度(W)]:
> **拾取另一角点**(确定文字注写区域,并打开"文字格式"对话框及文字输入、编辑框,如图 3 - 27 所示)

(2)选用文字格式 在"文字格式"对话框中,可选择"文字样式"、"字体"、"字高"等进行设置。

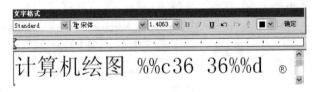

**图 3 - 27 多行文字编辑器**

(3)文字输入、编辑框中使用 Windows 文字输入法输入文字内容。

(4)各选项操作可参照单行文字标注。也可右击文字编辑框内任意点,在随后出现的快捷菜单上选择相应的编辑命令进行操作。

**【绘图实例3-6】** 画标题栏与文字标注。

**绘图任务分析:** 绘制标题栏,填写标题栏内文字。如图3-28所示,其中零件名"轴承座"用7号字,其余用5号字,字体:长仿宋体,对齐方式为:中间对齐。

通过实例学习掌握单行、多行文字的输入与编辑;直线、偏移、图层命令的使用。

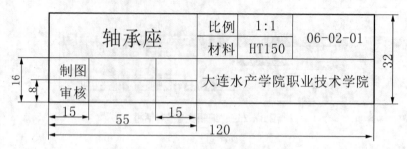

图3-28 文字标注实例

绘图步骤:

第一步 创建图层。

> 命令:下拉菜单:格式→图层

在"图层管理器"中创建"粗实线层"颜色为默认色,线宽为0.5 mm,其他不变;再新建一细实线层,颜色、线宽为默认不变。

第二步 作标题栏各水平、垂直线。

① 画标题栏矩形外框。

② 利用偏移命令作出分格线,如图3-29所示。

图3-29 用偏移作出分格线图

第三步 修剪各多余线条,如图3-30所示。

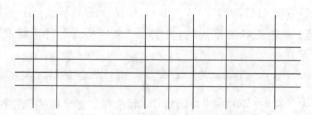

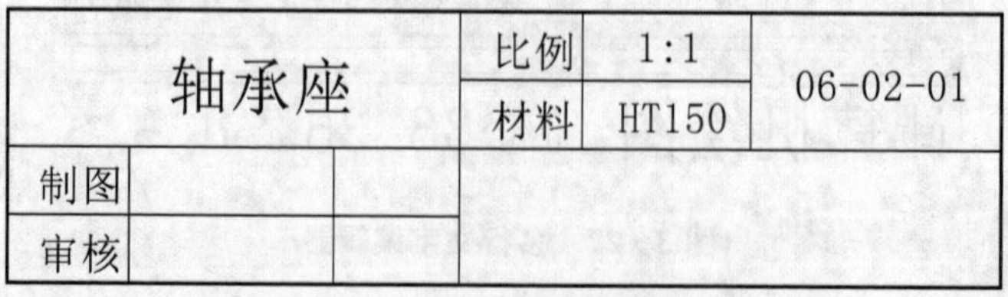

图3-30 完成的标题栏及文字填写

第四步 标注文字。

① 设置文字样式。

发出命令：下拉菜单：[格式][文字样式]；

在弹出的"文字样式"对话框中，单击"新建"，建立文字标注"样式 1"字体设置"gbenor.shx"；选择"使用大字体"，大字体样式为"gbcbig.shx"，高度为"0"；设置宽度比例为 1。

② 设置文字对齐方式。

发出命令：下拉菜单：[绘图][文字][单行文字]；

指定文字的起点或[对正(J)/样式(S)]：　J↙　；　　M↙（选择中间对正方式）

③ 选择文字样式。

指定文字的起点或[对正(J)/样式(S)]：　S↙（选择"样式 1"）

④ 输入文字。

指定文字的起点或[对正(J)/样式(S)]：**单击一点**　　（确定文字的起点）

指定文字高度＜2.5＞：**7**↙　　（确定文字的高度，在＜＞中的为默认高度值）

指定文字的旋转角度＜0＞：↙（确定文字的旋转角度，默认角度为 0°）

## ▌▶ 考点 9　对图形中的基本尺寸进行标注

**1. 线性标注**

功能：　用于标注与当前 X 坐标 Y 坐标平行的线段距离的测量值，可以指定点或选择一个对象，见图 3 - 31。

操作步骤：

命令：下拉菜单：标注→线性

指定第一条尺寸界线原点或 ＜选择对象＞：**捕捉交点**（右下角点）

指定第二条尺寸界线原点：**捕捉 φ30 圆心**

指定尺寸线位置或[多行文字(M)/文字(T)/角度(A)/水平(H)/垂直(V)/旋转(R)]：（显示中心高尺寸自动测量值 60，并可拖动确定尺寸线的位置）

若执行＜选择对象＞，则提示：

指定第一条尺寸界线原点或 ＜选择对象＞：↙（执行＜选择对象＞选项）

选择标注对象：**选择底边 80 的水平直线**

指定尺寸线位置或[多行文字(M)/文字(T)…　（下面的操作与前述相同）

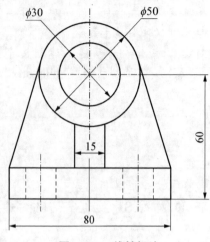

图 3 - 31　线性标注

选项提示:

➤ 多行文字(M):输入 M,可打开"多行文字编辑器"对话框。其中,尖括号"＜＞"表示在标注输出时显示系统自动测量生成的标注文字,用户可以将其删除再输入新的文字,也可以在尖括号前后输入其他内容,如图 3 - 32 所示。通常情况下,当需要在标注尺寸中添加其他文字或符号时,需要选择此选项。如在尺寸前加 φ 等。

图 3 - 32　使用多行文字编辑器修改添加文字

➤ 文字(T):输入 T,可直接在命令提示行输入新的标注文字。此时可修改尺寸值或添加新的文字内容。

➤ 角度(A):输入 A,可指定标注文字(60)的角度。

➤ 旋转(R):输入 R,可使整个尺寸标注旋转一指定的角度(见尺寸 62 旋转了 10°)。

图 3 - 33 为指定文字角度和整个尺寸标注角度的尺寸标注示例。

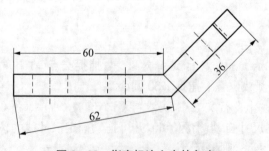

图 3 - 33　指定标注文字的角度

2. 对齐标注

功能:用于标注与当前 X 坐标 Y 坐标不平行的线段距离的测量值,如图 3 - 33 中的倾斜尺寸 36。

操作步骤：

> 命令：下拉菜单：标注→对齐

指定第一条尺寸界线原点或＜选择对象＞：（其操作与线性尺寸同）

3. 角度标注

功能：使用角度标注可以测量圆和圆弧的角度、两条直线间的角度。

操作步骤：

> 命令：下拉菜单：标注→角度
>
> 选择圆弧、圆、直线或＜指定顶点＞：**选择一条边**
>
> 选择第二条直线：**选择另一边**
>
> 指定标注弧线位置或［多行文字（M）/文字（T）/角度（A）］：**单击一点**　（确定标注位置）

提示：

➢ 输入选项 T，允许修改角度值。在输入修改数值后应紧接着输入"％％d"方可输出符号"°"。

➢ 在机械制图国家标准中，要求角度的数字一律写成水平方向，注在尺寸线中断处、外边或在尺寸线上方，也可以引出标注，如图 3‐34 所示。

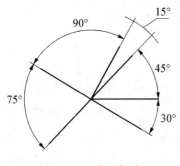

图 3‐34　角度标注

图 3‐35　创建新标注样式对话框

为了满足国标要求，在使用 AutoCAD 设置标注样式时，用户可以用下面的方法创建角度尺寸样式，步骤如下：

➢ 命令：下拉菜单：标注→样式，打开"标注样式管理器"对话框，如图 3‐35 所示。

➢ 单击 新建 按钮，打开"创建新标注样式"对话框，在"用于"下拉列表框中选择"角度标注"选项，如图 3‐35 所示。

➢ 单击 继续 按钮，打开"新建标注样式"对话框，如图 3‐35 所示。在"文字"选项卡的"文字对齐"设置区中，选择"水平"单选项。

➤ 单击 确定 按钮，回到"标注样式管理器"对话框。将新建立的样式 置为当前 并 关闭 ，这时就可以使用该角度标注样式簇来标注角度尺寸了。

4. 圆和圆弧的标注

功能：在 AutoCAD 中，使用半径或直径标注，可以标注圆和圆弧的半径或直径，标注圆和圆弧的半径或直径时，AutoCAD 可以在标注文字前自动添加符号 $R$（半径）或 $\phi$（直径），步骤如下：

> 命令：下拉菜单：标注→半径；标注→直径
> 选择圆弧或圆：**单击要标注的圆和圆弧**
> 指定尺寸线位置或［多行文字(M)/文字(T)/角度(A)］：**在合适位置处单击一点**

结果如图 3-36 所示。

操作提示：通过文字"T"选项修改直径数值时，应键入"％％c"来输出直径符号"$\phi$"。

5. 基线标注

功能：使用基线标注可以创建一系列由相同的标注原点测量出来的标注。主要标注相互平行的并联尺寸。

要创建基线标注，必须先创建（或选择）一个线性或角度标注作为基准标注。如在图3-37A 向视图中，先用对齐标注注出线段 AB 的长度尺寸 20，AutoCAD 将从基准标注的第 1 个尺寸界线 A 处进行基线标注。

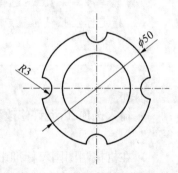

**图 3-36 半径标注和直径标注**

操作步骤：

> 命令：下拉菜单：标注→基线
> 指定第二条尺寸界线原点或［放弃(U)/选择(S)］＜选择＞：**单击原点 C**

至此注出尺寸 27，同理注出尺寸 35，按 Enter 键结束标注。

6. 连续标注

功能：连续标注用于多段尺寸串联、尺寸线在一条直线放置的标注。要创建连续标注，必须先选择一个线性或角度标注作为基准标注。每个连续标注都从前一个标注的第 2 个尺寸界线处开始。仍以图 3-37 中的俯视图的标注为例，在注出第一个线性尺寸 15 后，其后面则采用连续标注。

操作步骤：

命令:下拉菜单:标注→连续

指定第二条尺寸界线原点或 [放弃(U)/选择(S)] ＜选择＞:**单击点 3**(注出 30 尺寸段)

指定第二条尺寸界线原点或 [放弃(U)/选择(S)] ＜选择＞:**继续或 Enter 结束操作**

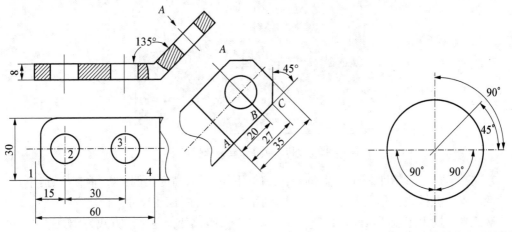

图 3-37　建立基线标注和连续标注　　　　图 3-38　角度的基线和连续标注

提示:在创建连续标注时,系统默认自动追踪最后一次线性标注的第二条尺寸界线作为测量基准作连续标注,如果"选择(S)",则允许用户任选尺寸界线作为测量基准连续标注。

角度的基线标注和连续标注与线性标注相同,其示例见图 3-38。

## ▶ 考点 10　对图形中的各类公差进行标注

### 1. 尺寸公差标注

功能:尺寸公差是有效控制零件的加工精度,许多零件图上需要标注极限偏差或公差带代号,它的标注形式是通过标注样式中的公差格式来设置的。

操作步骤:

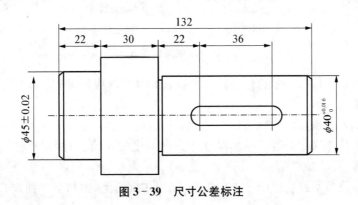

图 3-39　尺寸公差标注

以图 3 - 39 为例说明尺寸公差的设置步骤。标注完长度尺寸以后,要标注带有公差的直径尺寸时,需要通过改变公差格式的设置来完成。

第一步 单击下拉菜单:格式→标注样式,在弹出的"新建标注样式"对话框中创建新的样式:"ISO 25公差1",如图 3 - 40 所示。打开"公差"选项卡,在公差格式区设置:

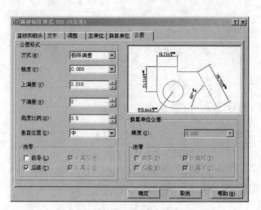

**图 3 - 40 新建公差标注样式**

方式:极限偏差;精度:0.000;上偏差:0.016;下偏差:0;高度比例:0.5;垂直位置:中。

第二步 在样式工具栏中选中该样式,利用"线性标注"标注尺寸 $\phi40_0^{+0.016}$。

第三步 同上述步骤,建立"ISO - 25 公差 2"样式,改变公差标注方式为"对称"。

标注 $\phi45\pm0.02$。

操作提示:

➤ 方式:用于设置公差的方式,如对称、极限偏差、极限尺寸和基本尺寸等,其标注式样如图 3 - 41 所示。

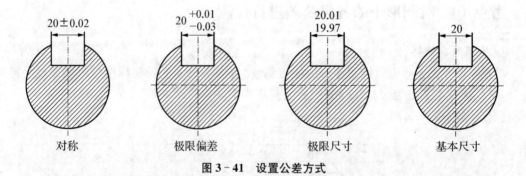

**图 3 - 41 设置公差方式**

➤ 精度:设置公差值的小数位数。按公差标注标准要求应设置成"0.000"。

➤ 上偏差:输入上偏差的界限值,在对称公差中也可使用该值。

➤ 下偏差:输入下偏差的界限值。

➤ 高度比例:公差文字高度与基本尺寸主文字高度的比值。对与"对称"偏差该值应设为1;而对"极限偏差"则设成 0.5。

➤ 垂直位置:设置对称和极限公差的垂直位置,主要有上、中和下 3 种方式,此项一般应设成"中"。

**2. 引线标注**

功能:在图形标注中经常需要对一些部分对象进行注释,需要绘制一些引线。引线标注通常由带箭头的直线或样条组成,引线不能测量距离,注释文字写在引线末端。

操作步骤:以图3-42为例,说明创建引线标注的步骤如下。

> 命令:下拉菜单:标注→引线
>
> 指定第一个引线点或[设置(S)]<设置>:S√(改变引线格式)

之后,弹出"引线设置"对话框。图3-43为 注释 选项卡所表示的"注释类型"等参数设置项。

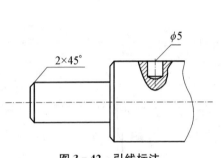

图3-42 引线标注

图3-43 引线设置"注释"

图3-44为 引线和箭头 选项卡所表示的各参数设置项,可对"引线"、"箭头"的形式等进行选择设置。图3-45为附着选项卡所表示的各参数设置项。用于多行文字相对于引线终点的位置,用户可以分别设置文字在引线的左边或是右边时的位置。继续上面的操作:

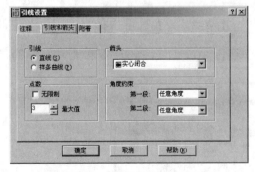

图3-44 引线设置"引线和箭头"

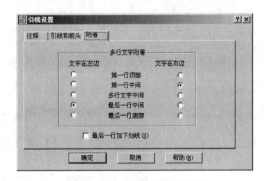

图3-45 引线设置"附着"

指定第一个引线点或［设置(S)］＜设置＞:**捕捉并单击第一点**　（选择第一引线点）

指定下一点:**单击第二点**　（选择放置引线第二点）

指定文字宽度＜0＞:↙　（设置文字宽度）

输入注释文字的第一行＜多行文字(M)＞:**％％c8**↙　**（输入注写的文字 $\phi8$）**

输入注释文字的下一行:↙（可继续输入文字,回车后,则显示所注释的文字）

### 3. 形位公差标注

形位公差在机械制图中也是常见的标注内容。形位公差标注常和引线标注结合使用,参照图 3-46 中 $\phi45\pm0.02$ 圆柱面的圆跳动公差,其操作步骤如下:

命令:下拉菜单:标注→引线;

指定第一个引线点或［设置(S)］＜设置＞:S↙

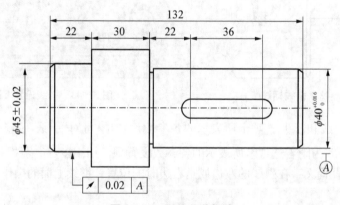

图 3-46　形位公差标注

➤ 打开"引线设置"对话框,在 注释 选项卡的"注释类型"设置区中选择"公差"单选钮,然后单击 确定 按钮,在图形中创建引线(其提示同引线标注),这时将自动打开"形位公差"对话框,如图 3-47 所示。

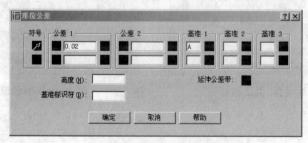

图 3-47　形位公差对话框

➤ 单击"符号"下框中■框,弹出如图 3-48 中所示符号列表框。选择 ↗ 项。

➤ 在公差 1 框中填写形位公差值 0.02,在基准 1 填写 A,若有包容条件可参照图 3-49 选择包容条件。单击图中箭头所指的■框,在弹出的附加符号框中选择包容项目符号。

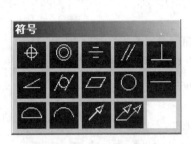

图 3-48 公差特征符号

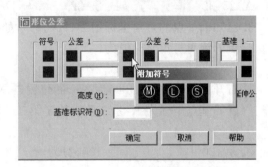

图 3-49 选择包容条件

➤ 单击 确定 ,则标注结果如图 3-46 所示。

提示:若通过"下拉菜单:标注→公差"先发出公差命令,则可先标注出形位公差后,再用"引线"命令标注出指引线。

4. 标注的更新

通常情况下,尺寸标注和样式是相关联的,当标注样式修改后,使用"更新标注"命令(Dimstyle)可以快速更新图形中与标注样式不一致的尺寸标注。

例如,要使用"更新标注"命令将如图 3-50(a)所示 $\phi 20$、$R5$ 的文字标注形式改为图 3-50(b)的水平方式,可按如下步骤进行操作。

➤ 下拉菜单:格式→标注样式(打开"标注样式管理器"对话框)

➤ 单击"替代"按钮,在打开的"替代当前样式"对话框中选择"文字"选项卡。

➤ 在"文字对齐"设置区中选择"水平"单选钮,然后单击 确定 按钮。

➤ 在"标注样式管理器"对话框中单击 关闭 按钮。

➤ 在图形中选择需要修改其标注的尺寸,如圆角的尺寸标注 $\phi 20$、$R5$。

➤ 按 Enter 键,结束对象选择,则更新后的标注如图 3-50(b)所示。

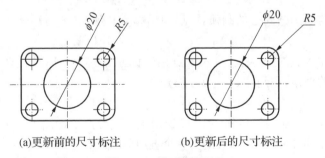

(a)更新前的尺寸标注      (b)更新后的尺寸标注

图 3-50 标注的更新

➤ 单选题

1. 以下哪些工具按钮都是在"绘图"工具栏中?(　　　)

A. 直线、点、复制、多行文字　　　　　　　　B. 直线、图案填充、偏移、多行文字

C. 创建块、点、复制、样条曲线　　　　　　　D. 直线、点、表格、矩形

2. 下面四种点的坐标表示方法中,哪一种是绝对直角坐标的正确表示?(　　　)

A. 25;32　　　　　　B. 25 32　　　　　　C. @25,32　　　　　　D. 25,32

3. 已知前一点的直角坐标值为(120,55),如果在输入点的提示后输入:@100,-35,则该
点的绝对直角坐标值为(　　　)。

A. 220,20　　　　　　B. 220,90　　　　　　C. 20,50　　　　　　D. 100,85

4. 打开 DYN,A(70,190)为图形的位置点,在对该图形对象进行移动操作时,选择图形位
置的基点坐标为 A,系统要求给定第二点时输入坐标(30,20),那么图形对象上 A 点现
在的位置是(　　　)。

A. 30,20　　　　　　B. 100,210　　　　　　C. 70,190　　　　　　D. 40,170

5. 在系统提示"指定下一点:"时,输入"@50<35",输入点的坐标为(　　　)。

A. 绝对直角坐标　　　B. 相对直角坐标　　　C. 绝对极坐标　　　D. 相对极坐标

6. 如题图所示,在 AutoCAD 软件中,已经绘制了一条直线,再绘制两
个相切于该直线中点并分别过直线端点的圆的命令是(　　　)。

A. 圆→圆心,半径　　　　　　　　　　　　B. 圆→圆心,直径

C. 圆→三点　　　　　　　　　　　　　　　D. 圆→两点

附图

7. 一组同心圆可由一个画好的圆用(　　　)命令来实现。

A. STRETCH

B. MOVE

C. EXTEND

D. OFFSET

8. 用 RECTANGLE 命令画成一个矩形,它包含(　　　)图元。

A. 一个　　　　　　B. 两个　　　　　　C. 不确定　　　　　　D. 四个

9. 用矩形命令不能绘制(　　　)图形。

A. 圆角矩形　　　　　　　　　　　　　　　B. 斜角矩形

C. 带线宽矩形　　　　　　　　　　　　　　D. 一侧圆角另一侧直角的矩形

10. Pline(多段线)命令可直接绘制的图形,叙述错误的是(　　　)。

A. 直线　　　　　　B. 圆弧　　　　　　C. 圆　　　　　　D. 箭头

11. 创建一个与已知圆同心的圆弧,可以使用哪个命令?(　　　)

A. ARRAY　　　　　　B. COPY　　　　　　C. OFFSET　　　　　　D. MIRROR

12. 用极坐标输入点的坐标值:输入该点距坐标原点的距离以及这两点之间的连线与 X
轴正方向的夹角,中间用(　　　)号隔开。

A. =　　　　　　B. <　　　　　　C. >　　　　　　D. *

13. 如题图所示,在 AutoCAD 软件中,已经用正多边形命令绘制了一个
五边形,快速绘制等距 10 mm 的另一个五边形的命令是(　　　)。

A. 复制

B. 正多边形

C. 偏移

D. 镜像

附图

14. 如附图(a)所示,圆与两直线相切,在 AutoCAD 软件中,由该图画
的附图(b)所示图线采用的命令是(　　　)。

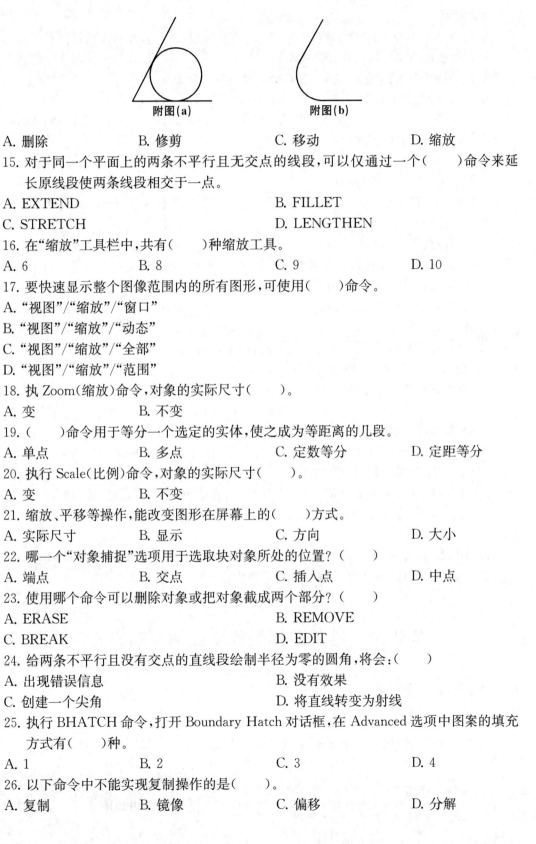

附图(a)　　　　　　　　　　附图(b)

A. 删除　　　　　　　B. 修剪　　　　　　　C. 移动　　　　　　D. 缩放

15. 对于同一个平面上的两条不平行且无交点的线段,可以仅通过一个(　　)命令来延长原线段使两条线段相交于一点。

A. EXTEND　　　　　　　　　　　B. FILLET

C. STRETCH　　　　　　　　　　D. LENGTHEN

16. 在"缩放"工具栏中,共有(　　)种缩放工具。

A. 6　　　　　　　B. 8　　　　　　　C. 9　　　　　　D. 10

17. 要快速显示整个图像范围内的所有图形,可使用(　　)命令。

A. "视图"/"缩放"/"窗口"

B. "视图"/"缩放"/"动态"

C. "视图"/"缩放"/"全部"

D. "视图"/"缩放"/"范围"

18. 执 Zoom(缩放)命令,对象的实际尺寸(　　)。

A. 变　　　　　　B. 不变

19. (　　)命令用于等分一个选定的实体,使之成为等距离的几段。

A. 单点　　　　　　B. 多点　　　　　　C. 定数等分　　　　D. 定距等分

20. 执行 Scale(比例)命令,对象的实际尺寸(　　)。

A. 变　　　　　　B. 不变

21. 缩放、平移等操作,能改变图形在屏幕上的(　　)方式。

A. 实际尺寸　　　　B. 显示　　　　　　C. 方向　　　　　　D. 大小

22. 哪一个"对象捕捉"选项用于选取块对象所处的位置?(　　)

A. 端点　　　　　　B. 交点　　　　　　C. 插入点　　　　　D. 中点

23. 使用哪个命令可以删除对象或把对象截成两个部分?(　　)

A. ERASE　　　　　　　　　　　B. REMOVE

C. BREAK　　　　　　　　　　　D. EDIT

24. 给两条不平行且没有交点的直线段绘制半径为零的圆角,将会:(　　)

A. 出现错误信息　　　　　　　　B. 没有效果

C. 创建一个尖角　　　　　　　　D. 将直线转变为射线

25. 执行 BHATCH 命令,打开 Boundary Hatch 对话框,在 Advanced 选项中图案的填充方式有(　　)种。

A. 1　　　　　　　B. 2　　　　　　　C. 3　　　　　　D. 4

26. 以下命令中不能实现复制操作的是(　　)。

A. 复制　　　　　　B. 镜像　　　　　　C. 偏移　　　　　　D. 分解

➤**判断题**

1. 在 AutoCAD 中,过两点能唯一地绘制一个圆,这两点可以是圆上的任意点。

2. 二维多段线中各段的线宽必须相等。

3. 在 AutoCAD 中,移动实体时基点必须设定在实体上。

4. 用 LINE(直线)命令绘制折线段或闭合多边形时,其中每一线段均为一个单独的对象。

5. 指定圆弧的起始点、终止点和圆弧的半径来绘制圆弧,如果半径值为正,则从起始点到终止点按顺时针方向绘制圆弧。

6. 用 Zoom(缩放)命令可将屏幕上显示的图形以大于或小于图形的原尺寸进行显示,而图形的实际尺寸保持不变。

7. 执行 LINE 命令后在"起始点"提示下,选择"C"选项,将会封闭前面的线段。

8. 多线中的元素,可有不同的颜色。

9. 二维阵列只有矩形方式。

10. 使用 RECTANGLE 命令创建的矩形,其边将总是水平或垂直方向。

11. Pline 命令只能画直线,不能画圆弧。

12. 如果在当前图形文件中尚未进行尺寸标注,也可使用基线标注或连续标注进行尺寸标注。

13. 尺寸标注中的对齐标注只能标注倾斜尺寸,不能标注水平或垂直尺寸。

14. 在 AutoCAD 中,空格键相当于回车键。

15. 在输入点的坐标数值时,@36,75 表示点的绝对直角坐标。

16. 擦除一个实体或一个实体的一部分应使用 Erase 命令。

17. 在镜像时,镜像线是一条临时的参照线,镜像后并不保留。

18. 使用 Offset(偏移)命令做等距复制时,距离值只能为正,不能为负。

19. 正交模式和极轴追踪不可以同时打开。

20. 使用 Array(阵列)命令时,矩形阵列的行间距和列间距都可以设置为负数。

21. 使用 Trim(修剪)命令时,剪切边本身也可以被修剪。

22. Trim(修剪)命令可用于延伸线段。

23. 用 Hatch 命令画剖面线时,被填充的区域边界可以是不封闭的任意图形。

24. 使用 Offset(偏移)命令,偏移距离可以为零。

# 第四章　绘制零件图和装配图并输出打印

## ▌▶ 考点 11　绘制零件图

【绘图实例 4-1】　绘制如图 4-1 所示的轴承座零件图。

任务分析:绘制轴承座三视图并要标注尺寸及公差、表面粗糙度标注和形位公差。

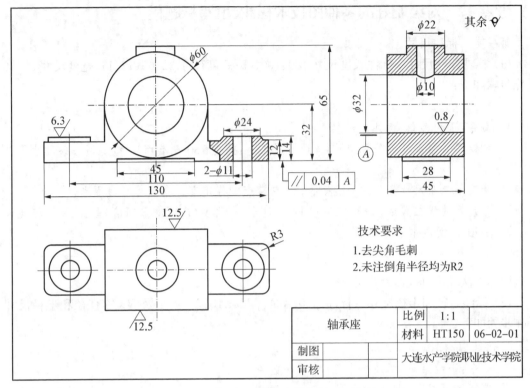

图 4-1 轴承座零件图

绘图步骤：

第一步 设置绘图参数。

➤ 设置图形界限 按"下拉菜单→图形界限"的命令提示进行操作。一般按 1∶1 的比例，确定图形界限。

➤ 设置线型比例 通过 Ltscal 命令设置，按图形界限大小确定比例系数。系统默认的线型比例为 0.3，适于较小的 A4、A3 图幅，对于较大的 A0 以上图幅，则可设为 10～25。

➤ 设置图形单位 通过下拉菜单：格式→单位…，其常用的设置参数可参考图 4-2。

➤ 建立图层 分别建立中心线层、细实线层、粗实线层、尺寸线层、剖面线层，并设定各层线型、颜色等。

第二步 绘制图形。

➤ 绘定位线、各圆。

➤ 利用画直线、偏移、捕捉工具等绘制其他各水平、垂直线。

➤ 利用修剪、圆角命令作各圆弧过渡。完成图形大部分轮廓的绘制。

➤ 添加剖面线，完成图形绘制。参见图 4-1。

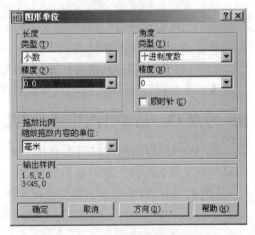

图 4-2 图形单位设置对话框

## 考点 12　对绘制好的零件图技术标注、填写标题栏

第一步　标注尺寸。

（1）标注线性尺寸　标注长度尺寸 130、100、45；高度尺寸 32、65、12、14；宽度尺寸 28、45。操作步骤如下：

> 命令：下拉菜单：标注→线性
> 指定第一条尺寸界线原点或＜选择对象＞：**捕捉 130 左端点**　指定第一条尺寸界线原点。
> 指定第二条尺寸界线原点：**捕捉 130 右端点**　指定第二条尺寸界线原点。
> 指定尺寸线位置或［多行文字（M）/文字（T）/角度（A）/水平（H）/垂直（V）/旋转（R）］：**H**↙　创建水平标注

同样方法注出其他线性尺寸。

（2）标注直径和半径尺寸　标注 $\phi60$、$\phi24$、$\phi22$、$\phi10$、$2-\phi11$ 及 $R3$ 等直径和半径尺寸。操作步骤如下：

> 命令：下拉菜单：标注→半径；标注→直径
> 选择圆弧或圆：**选择 $\phi60$ 圆**
> 指定尺寸线位置或［多行文字（M）/文字（T）/角度（A）］：**拖动确定尺寸线位置**

其他直径和半径尺寸的标注方法相同。

第二步　标注尺寸公差。

建立一新的公差样式，如 ISO-25 公差，将上偏差设为 0.025，下偏差设为 0。标注 $\phi32_0^{+0.025}$。

第三步　标注形位公差。

利用引线标注设置"注释"为"公差"形式标注形位公差。

第四步　标注表面粗糙度。

另外，对于剖切符号、基准代号等均可利用图块来完成。

第五步　进行文字标注，填写标题栏等，完成作图。

## 考点 13　用零件图块插入法绘制装配图

用 AutoCAD 绘制装配图主要有三种方法：① 直接绘制法；② 块插入法；③ 直接由三维模型生成二维装配图。此处通过介绍"块插入法"绘制装配图。

【例 4-1】　由千斤顶的零件图画出图 4-3 所示的装配图。

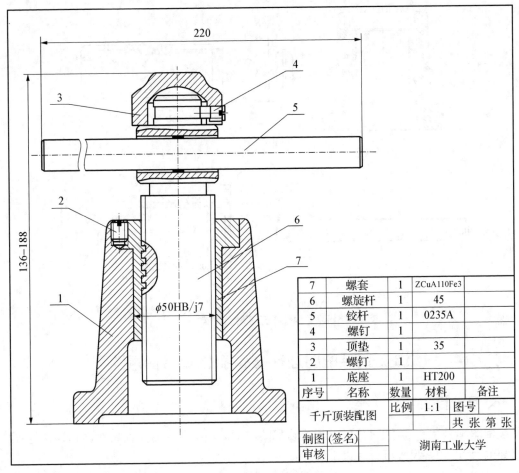

| 7 | 螺套 | 1 | ZCuA110Fe3 | |
|---|---|---|---|---|
| 6 | 螺旋杆 | 1 | 45 | |
| 5 | 铰杆 | 1 | 0235A | |
| 4 | 螺钉 | 1 | | |
| 3 | 顶垫 | 1 | 35 | |
| 2 | 螺钉 | 1 | | |
| 1 | 底座 | 1 | HT200 | |
| 序号 | 名称 | 数量 | 材料 | 备注 |

| 千斤顶装配图 | 比例 | 1:1 | 图号 | |
|---|---|---|---|---|
| | | | 共 张 第 张 | |
| 制图(签名) | 湖南工业大学 | | | |
| 审核 | | | | |

图 4-3 千斤顶装配图

作图步骤如下：

第一步 建立零件图形库。

建立零件库的方法：打开底座零件图，关闭尺寸和文字所在图层，执行写块命令（Wblock），仅选择底座的主视图创建块，并命名"底座"。用同样的方法建立"螺套"、"螺旋杆"、"铰杆"、"顶垫"等图块文件，如图 4-4 所示。图中"×"表示基点。

第二步 建立装配图文件，命名为"千斤顶装配图"。

第三步 用插入块命令（Insert），按顺序插入"底座"、"螺套"、"螺旋杆"、"铰杆"、"顶垫"等图块文件。

第四步 修改、编辑图形，标注尺寸、零件序号，注写技术要求。

第五步 添加标题栏和明细表。

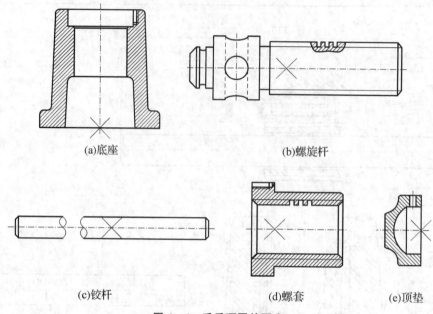

(a)底座　　　　　　　　　　　　　(b)螺旋杆

(c)铰杆　　　　　　　　　(d)螺套　　　　(e)顶垫

图 4-4　千斤顶零件图库

## ▶▶ 考点 14　对绘制好的装配图进行技术标注、填写标题栏

### 一、尺寸标注

装配图不是制造零件的直接依据,故装配图中不需注出零件的全部尺寸,而只需标注出一些必要的尺寸,这些尺寸可分为以下五类:

1. 性能(规格)尺寸

规格性能尺寸是表示机器或部件性能或规格的重要尺寸,是设计和使用的重要参数。

2. 装配尺寸

装配尺寸是用来保证机器或部件的工作性能和安装精度的尺寸。包括以下两类:

(1) 配合尺寸;

(2) 相对位置尺寸。

3. 外形尺寸

表示机器或部件外形轮廓的尺寸,即总长、总宽、总高,它是进行包装、运输、安装设计的依据。

4. 安装尺寸

机器或部件安装在地基上或与其他机器或部件相连接时所需要的尺寸。

5. 其他重要尺寸

在设计中经过计算确定或选定的尺寸,以及其他必须保证的尺寸,但又未包括在上述四类尺寸中,这种尺寸在拆画零件图时不能改变。

以上五类尺寸并非在一张装配图上都要全部标注,得看具体要求而定。同时,这几类尺寸有可能相互关联,一个尺寸可能具有多种含义,分属于几类尺寸。

## 二、技术要求

在装配图样的下方空白处,用文字或符号说明机器或部件装配时所必须遵守的技术要求。一般注写以下几个方面:

(1) 性能要求:机器或部件的规格、参数、性能指标等。

(2) 装配要求:装配过程中的注意事项和装配后应满足的要求。

(3) 检验、实验的条件和要求:机器或部件装配后对基本性能的检验、试验方法及技术指标等要求与说明。

(4) 其他要求:包括产品的维护、保养、包装、运输及使用时的注意事项和涂装要求等。

## 三、明细栏

装配图中一般应有明细栏,它是装配图中全部零件和部件的详细目录,包括零部件的序号、代号、名称、数量、材料、重量、备注等内容。绘制和填写明细栏应注意以下几点:

(1) 明细栏一般配置在标题栏的上方,与标题栏相接。当位置不够时,明细栏也可分段画在栏题栏的左方。

(2) 在明细栏中,序号应自下而上从小到大依次填写,以便在漏编或增加零件时继续向上画。

(3) 标准件应将其规定标记填写在零件名称一栏,也可以将标准件注写在视图中的适当位置。

(4) 当装配图中不能在标题栏上方配置明细栏时,按 A4 幅面作为装配图的续页单独给出,其编写顺序为自上而下,但应在明细栏的下方配置标题栏,并在标题栏中填写与装配图相一致的名称和代号。

在实际绘制装配图时,为了避免遗漏或重复编号,一般先画出指引线,待检查无重复及遗漏后,再依次编号,最后填写明细栏。

# ▶▶ 考点 15　根据机械制图线宽、线型要求打印输出电子图纸

## 一、绘图输出概述

图形的输出是绘图的最后环节,绘制好的图形通常打印在图纸或其他文件上,用于生产和交流。AutoCAD 向用户提供了两种绘图环境:即模型空间(Model space)和图纸空间(Paper space)。用户通常在模型空间中创建图形,而当准备绘图输出时,在图纸空间设置图纸的布局。

### 1. 模型空间

模型空间是指用户建立模型(如机械模型、建筑模型等)所处的环境,它是 AutoCAD 系统默认的绘图环境,在这样的环境下可以完成从图形绘制、图形编辑,到尺寸标注等全部制图工作。用户在模型空间中通常按实际尺寸(即原值比例 1∶1)绘制图形,而不必考虑最后绘图输出时图样的尺寸和布局。

### 2. 图纸空间

图纸空间是 AutoCAD 专为规划图形布局而提供的一种绘图环境。作为一种工具,图纸

空间用于在绘图输出之前设计模型在图样上的布局。

3. 图纸的布局

布局是用于模拟真实图样的图纸空间环境,在这里用户可以创建浮动视口,对对象进行编辑修改并插入标题栏块和其他几何实体,布局设置完成后即可配置打印机输出图样。

在图形窗口的底部设有"模型"与"布局"标签,如图 4-5 所示。单击"模型"标签与"布局"标签可随时在模型空间和布局空间切换。通过单击状态栏 模型 按钮也可实现。

$$ |◀ \quad ◀ \quad ▶ \quad ▶| \quad \text{模型} \quad \text{布局1} \quad \text{布局2} $$

图 4-5 "模型"与"布局"标签

## 二、图样的打印输出

图形输出之前,应先做好以下准备工作:

① 将图形输出设备与计算机用信号线连接起来,并插上电源,使其处于联机状态,装好打印纸;

② 安装打印设备的驱动程序或利用系统默认的打印输出设备;

③ 进行相关的参数设置。

1. 模型空间图形输出

在"模型"选项卡中完成图形之后,可以通过下拉菜单:文件打印(P)…发出打印指令,弹出"打印-模型"对话框,如图 4-6 所示。

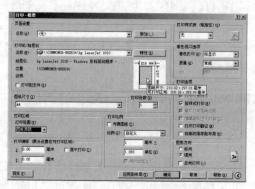

图 4-6 打印-模型对话框

(1) 打印机/绘图仪　从该栏中选择打印机。

(2) 图纸尺寸　从该选择框中选择图纸幅面尺寸。

(3) 打印区域　用于指定打印范围。有按图形界限、窗口、显示和按范围等打印形式供选择,并在"打印机/绘图仪"设置区中有相应的窗口显示。

(4) 打印偏移　用于设置打印图形的左右(X 方向)或上下(Y 方向)的移动。选择"居中打印",则将图形打印在图纸中间。

(5) 打印比例　在这里可以选择打印比例,若选"布满图纸"项,即将打印范围内的图形在选定的幅面上满幅打印。

(6) 打印样式　选择图形输出的样式条件。

(7) 图形方向　用于确定图形输出方向。

(8) 上述设置完成后,单击 预览 ,可查看打印输出效果。若无误则 确定 打印。

2. 布局打印

(1) 单击布局 1(或布局 2)标签,则系统自动将模型空间的图形转换到图纸空间,按默认的布局进行打印。

(2) 右击布局 1(或布局 2)标签,在弹出的快捷菜单中,可选择有多种与打印相关的选项。若先前没画出图样格式,可选择"来自样板(T)…"项。从弹出的"从文件选择样板"对话框中选择样板图(一般带有标题栏和图框格式),并自动插入到打印的图形中,经调整合适后即可打印输出。

➤ **单选题**

1. AutoCAD 中重复命令使用(　　)键。

A. Esc　　　　　　　B. F1　　　　　　　C. 回车　　　　　　　D. Shift

2. 在 AutoCAD 中创建文字时,圆的直径的表示方法是(　　)。

A. ％％D　　　　　　B. ％％P　　　　　　C. ％％C　　　　　　D. ％％R

3. 要在文本字符串中插入±符号,应输入:(　　)。

A. ％％d　　　　　　B. ％％p　　　　　　C. ％％c　　　　　　D. ％％D

4. 一个块最多可被插入到图形中多少次?(　　)。

A. 1　　　　　　　　B. 2　　　　　　　　C. 25　　　　　　　　D. 无限制

5. 当插入图块时,AutoCAD 通过属性提示要求用户输入(　　)。

A. 标记　　　　　　B. 属性值　　　　　　C. 名称　　　　　　　D. 文本

6. 用于编辑尺寸注释的命令是(　　)。

A. DTEXT　　　　　B. QTEXT　　　　　C. DDEDIT　　　　　D. STYLE

➤ **判断题**

1. 使用 WBLOCK 命令创建的块,可以用于任何图形中。

2. AutoCAD 软件中,设置带属性块时,应该先定义属性再创建块。

3. 任何已存盘的 DWG 图形文件都可作为外部图块调用。

4. 要在文本字符串中插入直径符号,应输入％％D。

➤ **综合分析题**

用 AutoCAD 软件绘制题图所示传动轴零件图时,应正确采用相关命令,回答下列问题。

(1) 设置 420 mm×297 mm 的绘图区域,采用的命令是(　　)。

(2) 传动轴的主视图上下基本对称,上半部分已经画出,采用(　　)命令可快速得到下半部分图线。

(3) 绘制尺寸为 C1 的图线时,采用"倒角"命令,输入的距离均为(　　)。

(4) 在标题栏中输入"1∶2",并且上下、左右居中放置,采用的命令是(　　)。

(5) 图形绘制完成后,若需要将其放在绘图区域的合适位置,采用的命令是(　　)。

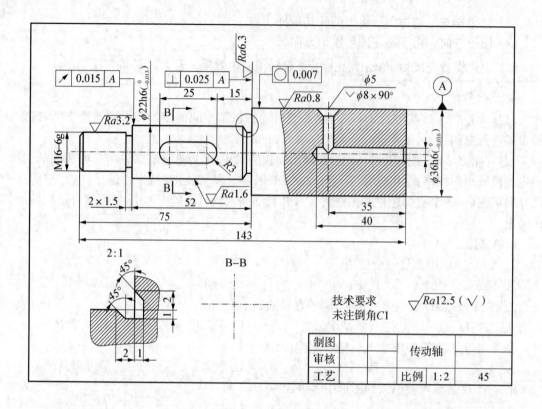

2:1

45°
45°
45°

B–B

技术要求
未注倒角C1

$\sqrt{Ra12.5}$ ( $\sqrt{}$ )

| 制图 | | 传动轴 | |
|---|---|---|---|
| 审核 | | | |
| 工艺 | | 比例 1:2 | 45 |

# 技能三　机械零件加工技能

 **知识框架**

| 序号 | 主要内容 | 技能要求 |
|------|---------|---------|
| 1 | 作业环境准备和安全检查 | 能对作业环境进行选择和整理；<br>能对常用设备、工具进行安全检查；<br>能正确使用劳动保护用品。 |
| 2 | 作业前准备 | 能读懂钳工常见的零件图；<br>能读懂简单工艺文件及相关技术标准；<br>能正确选用钳工设备；<br>能正确选择工具、夹具、量具及附具。 |
| 3 | 零件的划线、加工、精整、测量 | 能按生产图样要求合理使用划线工具在工件毛坯上正确划线；<br>能根据工件材料及形状合理使用锯条进行锯削加工，锯削动作自然协调，锯缝平直无明显弯曲、直线度较好；<br>能根据工件精度及锉削表面形状合理使用锉刀进行锉削加工；锉削平面，并达到平面度公差、尺寸公差、表面粗糙度等要求；<br>能操作台式钻床或立式钻床进行钻孔、扩孔、锪孔、铰孔作业；钻削能达到位置度公差的要求；铰削达到尺寸公差、表面粗糙度要求；<br>能根据不同材料确定攻螺纹、套螺纹前的底孔直径和圆杆直径，并能使用丝锥、板牙等刃具攻、套内、外螺纹；<br>能制作燕尾块、半燕尾块及多角样板等，并按图样进行检测及精整；<br>能按使用说明书，规范使用量具检测零件精度，常用量具包括游标卡尺、千分尺、内径百分表、万能游标角度尺等。 |
| 4 | 职业素养 | 遵守安全操作规范；<br>能正确规范使用工具、夹具和量具；<br>能正确使用工具、钳工常用刀具；<br>能保证工作场地清洁、整齐、有序，注重环境保护；<br>严谨的工作态度、精益求精的职业素养。 |

# 第一章  作业环境准备和安全检查

**▌▶考点1  对作业环境进行选择和整理**

**▌▶考点2  对常用设备、工具进行安全检查**

**▌▶考点3  正确使用劳动保护用品**

### 一、工量具的摆放

工作时,钳工工具一般都放置在台虎钳的右侧,量具则放置在台虎钳的正前方。
① 工具均平行摆放,并留有一定间隙。
② 工作时,量具均平放在量具盒上方。
③ 量具数量较多时,可放在台虎钳的左侧。

### 二、注意点

① 工具和量具不得混放。
② 摆放时,工具的柄部均不得超出钳工台面,以免被碰落砸伤人员和工具。

▶ **单选题**

1. 不爱护工、卡、刀、量具的做法是(      )。
A. 按规定维护工、卡、刀、量具
B. 工、卡、刀、量具要放在工作台上
C. 正确使用 工、卡、刀、量具
D. 工、卡、刀、量具要放在指定地点

2. 钳工操作(      )戴手套进行。
A. 可以                                B. 不可以
C. 必须                                D. 随意

▶ **判断题**

工作时,钳工工具一般都放置在台虎钳的左侧,量具则放置在台虎钳的正前方。

# 第二章  作业前准备

**▌▶考点4  读懂钳工常用的零件图**

如图2-1所示,为三角形凸凹件配合的零件图。能读懂两部分的结构、尺寸、精度、表面粗糙度、形状位置公差标注的内容(找准被测要素和基准要素)以及其他标注或说明。

## ▶ 考点5 读懂简单工艺文件及相关技术标准

能读懂任务书、工艺规程和技术标准。

## ▶ 考点6 正确选用钳工设备

机械零件加工场地中钳工使用的主要设备有台钻砂轮机、划线平板和钳工台等。

## ▶ 考点7 正确选择工具、夹具、量具及附具

钳工工具种类很多,主要的有手锤、锯弓、锉刀等。

夹具主要有平口钳、台虎钳等。

常用量具主要有游标卡尺、千分尺、内径百分表、万能游标角度尺、刀口角尺、塞尺等。

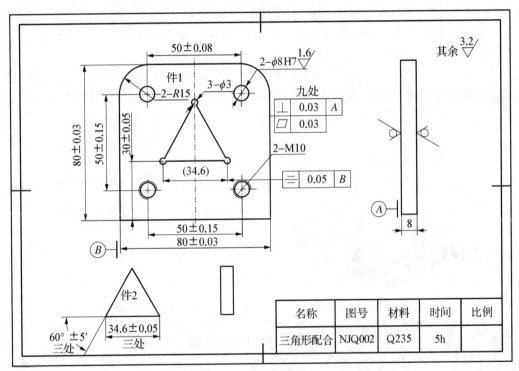

图 2-1 三角形配合零件图

▷ **单选题**

1. 下列量具中,既可以检测垂直度又可以检测平面度的是(    )。

A. 游标卡尺                  B. 千分尺

C. 内径百分表              D. 刀口角尺

2. 下列不属于钳工常用手动工具的是(    )。

A. 螺钉旋具       B. 锉刀            C. 刮刀            D. 模具

▷ **判断题**

图 2-1 中垂直度的最高精度为 $30\ \mu m$。

# 第三章 零件的划线、加工、精整、测量

## ▐▶考点8 工件划线

能按生产图样要求合理使用划线工具在工件毛坯上正确划线。

钳工划线根据图样要求,用划线工具在毛坯或半成品工件上划出加工图形或加工界线的操作叫作划线。

1. 划线工具

划线工具有:平板、划针、划线盘、V形铁、方箱、划规、划卡、样冲等。

(1)钳工划线平板一般采用二级或三级平板,由灰铸铁(HT200、HT250、HT300)制成,经过退火和时效处理,其上平面是划线的基准平面,要求非常平直和光洁。平板长期不用时,应涂油防锈,并加盖保护罩,如图3-1所示。

(2)划针是用直径3~4 mm的弹簧钢丝制成,或是用碳钢钢丝在端部焊上硬质合金磨尖而成。如图3-2所示,(a)图为直头划针,(b)图为弯头划针。划线时划针针尖应紧贴钢尺移动。

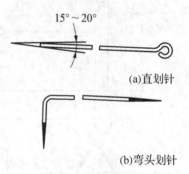

15°~20°

(a)直划针

(b)弯头划针

图3-1 划线平板　　　　　图3-2 划针图

(3)划线盘是立体划线和校正工件位置时用的工具,如图3-3所示。

(4)螺旋千斤顶是在平板上支承较大及不规则工件时使用的支承件,其高度可以调整。通常用三个千斤顶支承工件。图3-4所示为螺旋千斤顶及其应用。

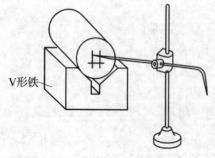

V形铁

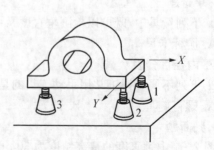

X

Y

3

2

1

图3-3 划针盘和V形铁的应用　　　　图3-4 螺旋千斤顶及其应用

（5）V 形铁也是支承件。它主要用于支承圆柱形工件，使工件轴线与平板平行，便于找出中心和划出中心线。较长的工件可放在两个等高的 V 形铁上。

（6）方箱是铸铁制成的空心立方体，各相邻的两个面均互相垂直。方箱用于夹持支承尺寸较小而加工面较多的工件。通过翻转方箱，便可在工件的表面上划出互相垂直的线条。图3－5 所示为方箱及其应用。

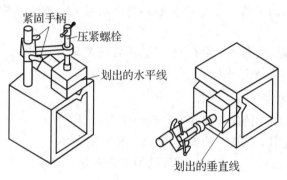

**图3－5　方箱及其应用**

（7）划规、划卡。划规用于划圆或弧线、等分线段及量取尺寸等。划卡或称单脚划规，主要用于确定轴和孔的中心位置。图3－6 为划规。图3－7 为划卡及其应用。

**图3－6　划规**

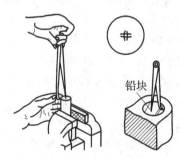

**图3－7　划卡及其应用**

（8）样冲是在划出的线条上打出样冲眼的工具。

2. 划线的作用

（1）明确地表示出加工余量、加工位置或划出加工位置的找正线，作为加工工件或装夹工件的依据。

（2）通过划线来检查毛坯的形状和尺寸是否合乎要求，避免不合格的毛坯投入机械加工而造成浪费。

（3）通过划线使加工余量合理分配（又称借料），保证加工时不出或少出废品。

3. 划线的种类

平面划线和立体划线。平面划线是在工件的一个平面上划线，能明确表示加工界限，它与平面作图法类似。立体划线是在工件的几个相互成不同角度的表面（通常是相互垂直的表面）上划线，即在长、宽、高三个方向上划线。

4. 划线步骤和注意事项

第一步　对照图纸，检查毛坯及半成品尺寸和质量，剔除不合格件，并了解工件上需要划线的部位和后续加工的工艺。

第二步 毛坯在划线前要去除残留型砂及氧化皮、毛刺、飞边等。

第三步 确定划线基准。如以孔为基准,则用木块或铅块堵孔,以便找出孔的圆心。确定基准时,尽量考虑让划线基准与设计基准一致。

第四步 划线表面涂上一层薄而均匀的涂料。

第五步 选用合适的工具和放妥工件位置,并尽可能在一次支承中把需要划的平行线划全。工件支承要牢固。

第六步 划线完成后应对照图纸检查一遍,不要有疏漏。

第七步 在所有划线条上打上样冲眼。

5. 划线涂料

(1) 石灰水。一般用于铸件及锻件毛坯表面划线时涂色。

(2) 锌钡粉。一般用于较重要的铸件、锻件毛坯表面涂色。

(3) 品紫(龙胆紫)溶液。一般用于零件已加工表面划线时涂色,多用于铜、铝材料制成的零件。

(4) 无水涂料。一般用于精密件划线时涂色。

(5) 硫酸铜(蓝矾)溶液。一般用于磨削加工过的工件划线时涂色。

(6) 品绿(孔雀绿)溶液。一般用于精加工工件划线时涂色。

**▶ 单选题**

1. 划线时,都应从( )开始。

A. 中心线　　　　　B. 基准面　　　　　C. 划线基准　　　　　D. 设计基准

2. 用于精密工件表面划线的涂料是( )。

A. 石灰水　　　　　B. 锌钡　　　　　C. 品紫　　　　　D. 无水涂料

**▶ 判断题**

1. 划线时,锌钡粉通常用于较重要铸件、锻件毛坯表面的涂色。

2. 平面划线只需选择一个划线基准,立体划线则要选择两个划线基准。

## ▌▶ 考点9　锯削加工

### 1. 锯削的概念

锯削是利用锯条锯断金属材料或在工件上进行切槽的操作,又称为锯割。

锯削的工艺特点:虽然现在自动化、机械化的切割设备已广泛运用,但毛锯切割还是常用的,它具有方便、简单和灵活的特点,在单件小批生产、在临时工地以及切割异形工件、开槽、修整等场合应用较广。因此,手工锯割是钳工需要掌握的级别操作之一。

### 2. 锯割常用工具

(1) 钳工工作台(简称钳台)。它常用硬质木板或钢材制成,要求坚实、平稳,台面高度约800～900 mm,台面上装虎钳和防护网。

(2) 台虎钳是用来夹持工件。其规格以钳口的宽度来表示,常用的有 100、125、150 mm等。虎钳有固定式和回转式两种。如图 3-8(a)所示为固定式台虎钳,图 3-8(b)所示为回转式台虎钳。

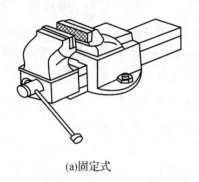

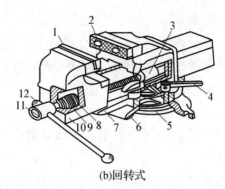

(a)固定式        (b)回转式

1–活动钳口；2–固定钳口；3–螺母；4–夹紧手柄；5–夹紧盘；
6–转盘座；7–回转座；8–挡圈；9–弹簧；10–活动钳口座；
11–螺杆；12–手柄。

**图3-8 台虎钳**

（3）手锯。手锯由锯弓和锯条组成。锯弓用低碳钢制成。分为固定式（如图3-9(a)图）和可调式（如图3-9(b)图）两种，固定式锯弓可安装300 mm的锯条，可调式锯弓可安装200 mm、250 mm和300 mm三种锯条。锯条均采用碳素工具钢制成，通常用T10A、T12A、T10或T12钢制，并经过热处理，获得高的硬度和耐磨性。

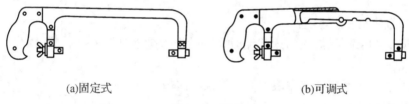

(a)固定式        (b)可调式

**图3-9 锯弓**

锯条的切削部分由许多锯齿组成，每个齿相当于一把錾子，起切割作用。常用锯条的前角 $\gamma=0°$、后角 $\alpha=45°\sim50°$。

锯条锯齿的排列形式有交错状和波浪形两种。使锯缝宽度大于锯条厚度，**形成适当的锯路**，以减小摩擦，锯削省力，排屑容易，从而能起到有效的切削作用，提高切削效率。

锯齿的粗细是按锯条上每25 mm长度内齿数表示的。14～18齿的为粗齿，24齿的为中齿，32齿的为细齿。

锯齿的粗细也可按齿距 $t$ 的大小来划分：粗齿的齿距 $t=1.6$ mm，中齿的齿距 $t=1.2$ mm，细齿的齿距 $t=0.8$ mm。

3. 锯条粗细的选择

锯条的粗细应根据加工材料的硬度、厚薄来选择。

（1）锯割软的材料（如铜、铝合金等）或厚材料时，应选用粗齿锯条，因为锯屑较多，要求较大的容屑空间。

（2）锯割硬材料（如高碳钢等）或薄板、薄管时，应选用细齿锯条，因为材料硬，锯齿不易切入，锯屑量少，不需要大的容屑空间。

（3）锯薄材料时，锯齿易被工件勾住而绷断，需要同时工作的齿数多，使锯齿承受的力减小。

（4）锯割中等硬度材料（如普通钢、铸铁等）和中等厚度材料时，应选用中齿锯条。

**4. 锯条的安装**

因手锯是向前推时进行切削,而在向后返回时不起切削作用,因此,安装锯条时一定要**保证齿尖的方向朝前**。锯条安装**不得过紧过松**,否则都会造成锯削操作中锯条折断。

**5. 工件的装夹**

**工件应夹在虎钳的左边**,以便于操作;同时工件伸出钳口的部分不要太长,以免在锯削时引起工件的抖动;工件夹持应该牢固,防止工件松动或使锯条折断。

**6. 起锯操作**

起锯有远起锯与近起锯两种,如图 3-10(a)所示为远起锯,图 3-10(b)所示为近起锯。

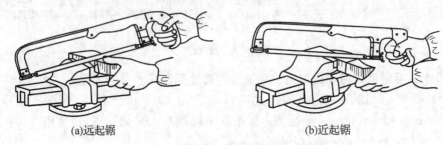

(a)远起锯        (b)近起锯

图 3-10 起锯操作

**起锯操作方法及注意事项:**

(1) **一般多采用远起锯**,因为远起锯时锯条的锯齿是逐步切入材料的,锯齿不易被卡住,起锯也较方便。

(2) 起锯时,用左手拇指指甲表面靠住锯条导向。

(3) 起锯角应以<15°为宜。

(4) 起锯时,行程要短,压力要小,速度要慢。

(5) 当锯到槽深 2~3 mm,锯弓才可逐渐水平,正常锯割。

**7. 正常锯割**

锯割时,手握锯弓要舒展自然,右手握住手柄向前施加压力,左手轻扶在弓架前端,稍加压力。人体重量均布在两腿上。锯割时速度不宜过快,以每分钟 30~60 次为宜,并应用锯条全长的三分之二工作,以免锯条中间部分迅速磨钝。

推锯时,锯弓运动方式有两种:一种是直线运动,适用于锯缝底面要求平直的槽和薄壁工件的锯割;另一种锯弓上下摆动,这样操作自然,两手不易疲劳。

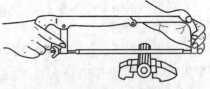

图 3-11 锯割时锯弓的握持方法

**锯割到材料快断时,用力要轻**,以防碰伤手臂或折断锯条。

锯割管件,如按一个方向锯到断,则锯至管子中部时切削的齿数变少容易崩齿,应该在每当锯到内壁时,使管子顺切削方向转过一定的角度。

**8. 锯削操作注意事项**

(1) 锯削前要检查锯条安装方向和松紧程度。

(2) 锯割时压力不可过大,速度不宜过快,以免锯条折断。

（3）锯削快完成时，用力不可太大，并需用左手扶住被锯下的部分，以免被该部分落下时砸脚。

➤ **单选题**

锯削时，工件应夹持在虎钳钳口的（　　），同时工件伸出钳口的部分不要太长。

A. 右侧　　　　　　　　B. 中间　　　　　　　　C. 左侧　　　　　　　　D. 均可

➤ **判断题**

锯削起锯，一般采用近起锯。

## 考点 10　锉削加工

**能根据工件精度及锉削表面形状合理使用锉刀进行锉削加工；锉削平面，并达到平面度公差、尺寸公差、表面粗糙度等要求。**

1. 锉削的概念

用锉刀对工件表面进行切削加工，使工件达到零件图纸要求的形状、尺寸和表面粗糙度要求，这种加工方法称为锉削。

锉削的工艺特点：锉削加工简便，工作范围广，多用于錾削、锯削之后，锉削可对工件上的平面、曲面、内外圆弧、沟槽以及其他复杂表面进行加工。即使在现代工业生产的条件下，仍有许多零件需要采用手工锉削来完成。

锉削的最高精度可达 IT7—IT8 级，表面粗糙度可达 $R_a 1.6 \sim 0.8\ \mu m$。

可用于成形样板、模具型腔以及部件的加工，机器装配时的工件修整，是钳工主要操作方法之一。

2. 锉刀

（1）锉刀的材料及构造

锉刀常用碳素工具钢 T10、T12 制成，并经热处理淬硬到 62～67HRC。

如图 3-12 所示，锉刀由锉刀面、锉刀边、锉刀舌、锉刀尾、木柄等部分组成。

锉刀的大小以锉刀面的工作长度（锉身长度）来表示。

锉刀的锉齿是在剁锉机上剁出来的。

（2）锉刀的类型

锉刀按用途不同分为：普通锉（或称钳工锉）、特种锉和整形锉（或称什锦锉）三类。其中普通锉使用最多。

普通锉按截面形状不同分为：平锉、方锉、圆锉、半圆锉和三角锉五种，如图 3-13（a）所示。普通锉刀普通钳工锉，用于一般的锉削加工，也是钳工操作中通常采用的锉刀，是机械制造的手用主要锉削工具。特种锉如图 3-13（b）所示，专用于加工特殊表面。整形锉又称什锦锉，主要用于修整工件细小结构的表面，如图 3-13（c）所示。

按其长度分为：100、150、200、250、300、350、400 mm 等七种。

按齿纹可分为：单齿纹、双齿纹（大多用双齿纹）。

按其齿纹疏密可分为：粗齿、细齿和油光锉等。锉刀的粗细以每 10 mm 长度的齿面上的锉齿齿数来表示，粗锉为 4～12 齿，细锉为 13～24 齿，油光锉为 30～36 齿。

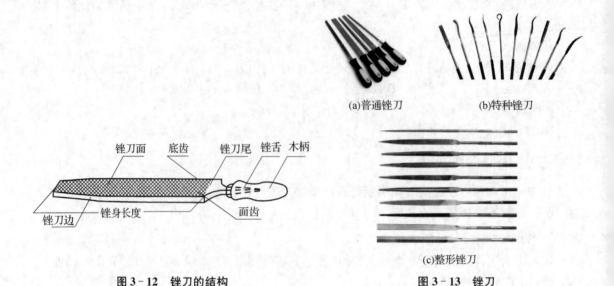

(a)普通锉刀　　　　　(b)特种锉刀

(c)整形锉刀

图3-12　锉刀的结构　　　　　　　图3-13　锉刀

（3）锉刀的选用

合理选用锉刀,对保证加工质量、提高工作效率和延长锉刀使用寿命有很大影响。选择锉刀的一般原则是:

① 锉刀断面形状的选用。

锉刀的断面形状应根据被锉削零件的形状来选择,使两者的形状相适应。锉削内圆弧面时,要选择半圆锉或圆锉(小直径的工件);锉削内角表面时,要选择三角锉;锉削内直角表面时,可以选用扁锉或方锉等。选用扁锉锉削内直角表面时,要注意使锉刀没有齿的窄面(光边)靠近内直角的一个面,以免碰伤该直角表面。

② 锉刀尺寸规格的选用。

锉刀尺寸规格应根据被加工工件的尺寸和加工余量来选用。加工尺寸大、余量大时,要选用大尺寸规格的锉刀,反之要选用小尺寸规格的锉刀。

③ 锉刀齿粗细的选择

锉刀齿的粗细要根据加工工件的余量大小、加工精度、材料性质来选择。粗齿锉刀适用于加工大余量、尺寸精度低、形位公差大、表面粗糙度数值大、材料软的工件;反之应选择细齿锉刀。

④ 锉刀齿纹的选用

锉刀齿纹要根据被锉削工件材料的性质来选用。锉削铝、铜、软钢等软材料工件时,选用单齿纹(铣齿)锉刀。单齿纹锉刀前角大,楔角小,容屑槽大,切屑不易堵塞,切削刃锋利。

根据加工材料软硬、加工余量大小、精度和表面粗糙度的要求选择锉刀的粗细。

锉刀的齿距大,不易堵塞,适宜于粗加工及铜、铝等塑性较好金属的锉削。

3. 锉削操作

（1）工件的装夹

① 工件应夹持在虎钳钳口的中部,必须夹持牢固可靠,但不能使工件变形。

② 需锉削的表面略高于钳口,不能高得太多,以免锉削时产生振动。

③ 夹持表面形状不规则的工件时,要在钳口与工件之间加衬垫。

④ 夹持已加工表面时,应在钳口与工件之间垫以铜片或铝片,以免夹伤工件。

(2) 锉刀的握法

正确握持锉刀有助于提高锉削质量。

① 大锉刀的握法

右手心抵住锉刀木柄的端头,大拇指放在锉刀木柄的上面,其余四指弯在步木柄的小面,配合大拇指捏住锉刀木柄,左手则根据锉刀的大小和用力轻重,可有多种姿势,如图 3-14(a)。

(a)大锉刀的握法　　　(b)中锉刀的握法　　　(c)小锉刀的握法　　　(d)整形锉刀的握法

**图 3-14　锉刀的握法**

② 中锉刀的握法:右手握法大致与大锉刀握法相同,左手用大拇指和食指捏住锉刀的前端,如图 3-14(b)。

③ 小锉刀的握法:右手食指伸直,拇指放在锉刀木柄上面,食指靠在锉刀的刀边,左手几个手指压在锉刀中部,如图 3-14(c)。

④ 整形锉的握法:一般只用右手拿着锉刀,食指放在锉刀的上面,拇指放在锉刀的左侧,如图 3-14(d)。

(3) 锉削的姿势

正确的锉削姿势,能够减轻疲劳,提高锉削质量和效率。

① 站立姿势。如图 3-15 所示。站立在虎钳轴线左侧,与虎钳的举例按手臂略伸平,手指尖能搭上钳口即可,然后迈出左脚,左脚跟距离右脚尖约为锉刀长。左脚与虎钳中线约 30°角,右脚掌心在锉削轴线上,右脚掌长度方向与轴线成 75°角。两脚跟之间距离因人而异,通常为操作者的肩宽。身体平面与轴线成 45°角。身体重心大部分落在左脚,左膝呈弯曲状态,并随锉刀往复运动做相应屈伸,右膝伸直。

② 锉削运锉时的姿势。

➤ 开始时,身体前倾 10°左右,右肘尽量向后收缩,如图 3-16(a)所示。

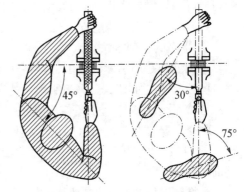

**图 3-15　锉削站立的姿势**

➤ 锉刀长度向前推进 1/3 行程时,身体前倾 15°角左右,左膝弯曲度稍增,如图 3-16(b)所示。

➤ 锉刀长度向前推进 2/3 行程时,身体前倾 18°角左右,左膝弯曲度稍增,如图 3-16(c)所示。

➤ 锉刀推进最后 1/3 行程时,右肘继续推进锉刀,同时利用推进锉刀的反作用力,身体退回到 15°角左右,如图 3-16(d)所示。

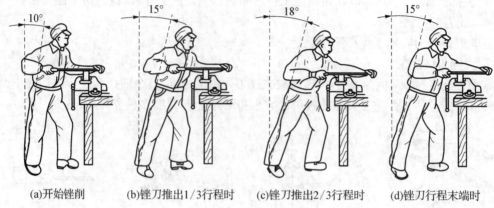

|(a)开始锉削|(b)锉刀推出1/3行程时|(c)锉刀推出2/3行程时|(d)锉刀行程末端时|

图 3 - 16　锉削运锉时的姿势

（4）锉削力和锉削速度

① 锉削力

锉削时,左、右手的用力要随锉刀的前行动态改变。推动主要由右手控制,其大小必须大于锉削阻力,才能锉去切屑,压力是由两个手控制的,其作用是使锉齿深入金属表面。由于锉刀两端伸出的长度随时都在变化,因此,两手压力大小必须随着变化,使两手的压力对工件的力矩相等,这是保证锉刀平直运动的关键。锉刀运动不平直,工件中间就会凸起或产生鼓形表面。

右手的压力要随锉刀的前行逐步增加,同时左手的压力要逐步减小。

当行程达到一半时,两手压力应相等。在锉削过程中锉刀应始终处于水平状态,回程时不加压力,以减少锉齿的磨损。

② 锉削速度

锉削时锉削速度一般应控制在每分钟 30～60 次（40 次/min 左右）。太快,操作者容易疲劳,且锉齿易磨钝;太慢,切削效率低。回程时稍快。动作要自然,要协调一致。

（5）典型表面的锉削方法

① 平面的锉削方法

**平面锉削是最基本的锉削,常用顺向锉法、交叉锉法和推锉法**三种方式锉削。

➤ **顺向锉法**如图 3 - 17(a)所示。锉刀沿着工件表面横向或纵向移动,锉削平面可得到正直的锉痕,比较美观。**适用于工件锉光、锉平或锉顺锉纹。**

➤ **交叉锉法**如图 3 - 17(b)所示。是以交叉的两个方向顺序对工件进行锉削。由于锉痕是交叉的,容易判断锉削表面的不平程度,因此,也容易把表面锉平,交叉锉法去屑较快,**适用于平面的粗锉。**

➤ **推锉法**如图 3 - 17(c)所示。两手对称握住锉刀,用两大拇指推锉刀进行锉削。这种方式适用于较窄表面且已锉平、加工余量较小的情况,修正和减小表面粗糙度。

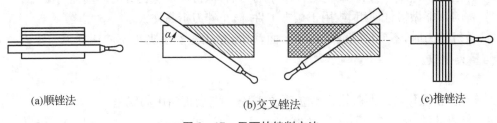

(a)顺锉法　　　　　　　　(b)交叉锉法　　　　　　　　(c)推锉法

图 3－17　平面的锉削方法

② 外圆弧面的锉削方法

**锉削外圆弧面所用的锉刀都为扁锉**,锉削时锉刀要同时完成两个运动:直线运动和锉刀绕工件圆弧中心的转动。其方法有两种:

➤ 顺着圆弧面锉。锉削时,锉刀向前,右手下压,左手随着上提。这种方法能使圆弧面锉削光洁、圆滑,但锉削位置不易掌握且效率不高,故适用于精锉圆弧面。

➤ 对着圆弧面锉:锉削时,锉刀做直线运动,并不断随圆弧面摆动。这种方法锉削便于按划线锉近似弧线,即只能锉成近似圆弧面的多棱形面,故适用于圆弧面的粗加工。

③ 锉削内圆弧面或圆孔的锉削方法

**内圆弧面或圆孔的锉削一般选用半圆锉或圆锉**,并且其断面形状应与要加工的内圆弧的曲率(简单理解成圆弧半径)有关。锉削曲率较大的内圆弧面时,选择圆锉刀,锉削曲率较小的内圆弧面时,选择半圆锉刀。

内圆弧面或圆孔的锉削方法有如下三种。

➤ 锉刀要同时完成三个运动,即锉刀的推进运动沿着内圆弧面的左、右摆动和绕锉刀中心线的转动。三个运动要协调配合。这种方法要求技术水平较高,适用于精加工。

➤ 横着内圆弧面做顺向锉削,锉削时,锉刀只做直线运动。这种方法的优缺点同外圆弧面的同一种方法。

➤ 推锉法。这种锉削方法适用于加工较狭窄的内圆弧面。加工时,双手握在锉刀的两端,将锉刀平放在工件上,双手推动锉刀沿着工件表面做曲线运动,在工件的整个加工面上锉削去一层极薄的金属。这种方法,锉刀在工件上容易平衡,切削力量小,操作省力,容易获得较光滑、精准的加工面,所以比较适用于精加工。

（6）锉削质量检查

① 检查平面的直线度和平面度。用钢尺和直角尺以透光法检查,要多检查几个部位并进行对角线检查。

② 检查垂直度。用直角尺采用透光法检查,应选择基准面,然后对其他表面进行检查。

③ 检查尺寸。根据尺寸精度用钢尺和游标尺在不同尺寸位置上多测量几次。

④ 检查表面粗糙度。一般用眼睛观察即可,也可用表面粗糙度样板进行对照检查。

（7）锉削操作的注意事项

① 锉刀必须装柄使用,以免刺伤手腕。松动的锉刀柄应装紧后再用。

② 不得用嘴吹锉屑,也不要用手清除锉屑。当锉刀堵塞后,应用钢丝刷顺着锉纹方向刷去锉屑。

③ 对铸件上的硬皮或粘砂、锻件上的飞边或毛刺等,应先用砂轮磨去,然后锉削。

④ 锉削时,不得用手摸锉过的表面,因手指有油污,使继续锉削时打滑。

⑤ 锉削时,要经常用钢丝刷清楚锉纹中的切屑,保持锉纹有良好的切削能力。

⑥ 锉刀不能做撬杠使用,或用于敲击工件,防止锉刀折断伤人。

⑦ 放置锉刀时,不要使其露出工作台面,以防锉刀跌落伤脚,也不能用锉刀与锉刀叠放或锉刀与量具叠放。

➤ **单选题**

1. 锉削时,操作者的两脚错开站立,左右脚分别与台虎钳中心线呈( )。

A. 30°和15°　　　　　B. 15°和30°　　　　　C. 30°和45°　　　　　D. 30°和75°

2. 锉削平面时,交叉锉法适用于( )。

A. 工件锉光、锉平或锉顺锉纹　　　　　B. 平面的粗锉

C. 较窄表面且已锉平、加工余量较小的情况　　D. 修正和减小表面粗糙度

➤ **判断题**

当锉削铜材、铝材工件,或精锉钢制工件表面时,应当选用细齿锉刀。

## ▐▶ 考点 11　孔加工

能操作台式钻床或立式钻床进行钻孔、扩孔、锪孔、铰孔作业,钻削能达到位置度公差的要求;铰削达到尺寸公差、表面粗糙度要求。

各种零件的孔加工,除去一部分由车、镗、铣等机床完成外,很大一部分是由钳工利用钻床和钻孔工具(钻头、扩孔钻、铰刀等)完成的。钳工加工孔的方法一般指钻孔、扩孔和铰孔。

1. 钻孔

**钻孔是指用钻头在实体材料上加工出孔的操作。**

(1) 钻头的结构。钻头又称麻花钻,是用于钻孔的刀具,常用高速钢制造,工作部分经热处理后硬度一般为 $62\sim65$ HRC。麻花钻由工具厂专业生产,其常备规格为 $\phi0.1\sim\phi80$ mm。麻花钻的结构主要由柄部、颈部及工作部分组成。$\phi12$ mm 以下为直柄,大于 $\phi12$ mm 常用有莫氏锥度的锥柄。

如图 3-18 所示,麻花钻结构较复杂,它有两个前刀面、两个后刀面、两个副后刀面;有两条主切削刃、两条副切削刃,还有横刃(阻碍切削)。同时钻头切削部分具有前角、后角、主偏角、副偏角、刃倾角等角度。

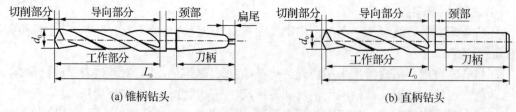

图 3-18　钻头的结构

钻头前角的特点:沿主切削刃从刀尖向横刃方向有 $+30°\sim-55°$ 变化,所以刀尖很锋利,但强度和耐磨较差,容易磨损。为了恢复磨损后麻花钻的切削功能,需要经常刃磨麻花钻。

(2) 钻床

钻床是常用的孔加工机床。其主运动为主轴带动刀具的旋转,辅助运动是刀具向工件靠近的直线运动。主要用于单件或成批生产中完成钻削、扩孔、铰孔加工。

钻床由小到大分为台式钻床、立式钻床和摇臂钻床三种类型。钳工常用的是台式钻床。如图 3-19(a)所示。台式钻床小巧灵活,使用方便,结构简单,主要用于加工小型工件上的各种小孔。它在仪表制造、钳工和装配中应用十分普遍。

立式钻床的刚度和精度都比台式钻床好,因此,可以加工精度高的孔系。立式钻床如图 3-19(b)图所示。摇臂钻床是最大的,也是刚度和精度最高的钻床,而且它的横梁可以绕立柱旋转,可以增大加工范围,通常用于加工复杂的孔系。摇臂钻床如图 3-19(c)所示。

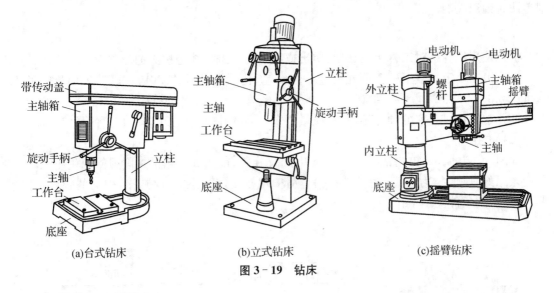

(a)台式钻床　　　　(b)立式钻床　　　　(c)摇臂钻床

图 3-19　钻床

(3) 钻孔加工的特点

① 麻花钻的直径受孔径的限制,螺旋槽使钻芯更细,钻头刚度低;仅有两条棱带导向,孔的轴线容易偏斜;横刃使定心困难,轴向抗力增大,钻头容易摆动。因此,钻出孔的形位误差较大。

② 麻花钻的前刀面和后刀面都是曲面,沿主切削刃各点的前角、后角各不相同,横刃的前角达-55°。切削条件很差,切削速度沿切削刃的分配不合理,前角最大的刀尖处强度最低,切削速度最大,所以最易磨损。因此,加工的孔精度低。

③ 钻头主切削刃全刃参加切削,刃上各点的切削速度又不相等,容易形成螺旋形切屑,排屑困难。因此,切屑与孔壁挤压摩擦,常常划伤孔壁,加工后的表面粗糙度很低。

(4) 钻孔加工的工艺特点

① 钻头容易偏斜。由于横刃的影响定心不准,切入时钻头容易引偏,且钻头的刚性和导向作用较差,切削时钻头容易弯曲,难以保证钻孔的位置度。

② 孔径容易扩大。钻削时钻头两切削刃径向力不等或两切削刃长度不等时,将引起孔径扩大。

③ 孔的表面质量较差。钻削切屑较宽,在孔内被迫卷为螺旋状,流出时与孔壁发生摩擦而刮伤已加工表面。

④ 钻削时轴向力大,钻孔时容易折断钻头。

因而为保证钻孔后的质量,要注意采用正确的操作方法。

(5) 钻孔操作

① 钻孔前一般先划线,确定孔的中心,在孔中心先用冲头(样冲)冲出较大样冲眼。

② 钻孔时应先钻一个浅坑,以判断是否对中。

③ 在钻削过程中,特别钻深孔时,要经常退出钻头以排出切屑和进行冷却,否则可能使切

屑堵塞或钻头过热磨损甚至折断,并影响加工质量。

④ 钻通孔时,当孔将被钻通时,进刀量要减小,避免钻头在钻穿时的瞬间抖动,出现"啃刀"现象,影响加工质量,损伤钻头,甚至发生事故。

⑤ 钻削大于 $\phi30$ mm 的孔时,应分两次钻,第一次先钻一个直径较小的孔(为加工孔径的 $0.5\sim0.7$),第二次用钻头将孔扩大到所要求的直径。

⑥ 钻削时的冷却润滑:钻削钢件时常用机油或乳化液,钻削铝件时常用乳化液或煤油,钻削铸铁时则用煤油。

2. 扩孔

**扩孔是用扩孔钻对工件上已钻出、铸出或锻出的孔进行孔径扩大的加工。**

扩孔可在一定程度上校正原孔轴线的偏斜,扩孔的精度可达 IT10~IT9,表面粗糙的 $R_a$ 值可达 $6.3\sim3.2$ $\mu$m,属于半精加工。

扩孔常用作铰孔前的预加工,对于质量要求不高的孔,扩孔也可作孔加工的最终工序。

(1) 扩孔钻

如图 3-20 所示,扩孔钻有 3 到 4 个刃带,无横刃,前角和后角沿切削刃的变化小,加工时导向效果好,轴向抗力小,又由于扩孔钻容屑槽比较浅,钻心部分材料多,刀具的强度和刚度好,所以切削条件优于钻孔。

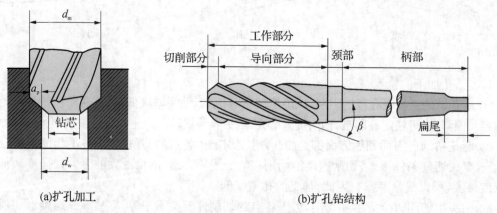

(a)扩孔加工　　　　　　　　　　　(b)扩孔钻结构

**图 3-20　扩孔钻的结构**

(2) 扩孔加工的工艺特点

① 扩孔加工因是在原有孔的基础上扩孔,所以切削量较少,且导向性好。

② 切削速度较钻孔加工小,但可以增大进给量和改善加工质量。

③ 排屑容易,加工表面质量好。

④ 扩孔加工属于半精加工,且能够部分修正原有孔轴线的偏斜。

3. 锪孔

**锪孔是指用锪孔钻对工件孔口进行各种成形的加工,也就是用锪孔钻在孔口表面加工出一定形状的孔或表面,如图 3-21 所示。**

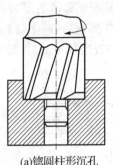 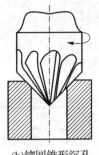 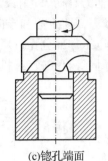

(a)锪圆柱形沉孔 　　(b)锪圆锥形沉孔 　　(c)锪孔端面

图 3-21　锪孔加工

锪孔的主要作用,是在工件的连接孔端锪出柱形或锥形沉头孔,把沉头螺钉埋入孔内将有关零件连接起来,使外观整齐,装配位置紧凑、稳定、牢固。

(1) 柱形锪孔钻。用于锪圆柱形沉孔,有整体式和套装式两种,因为一般直径都比较小,所以钳工一般用的锪孔钻是整体式,如图 3-22(a)所示。

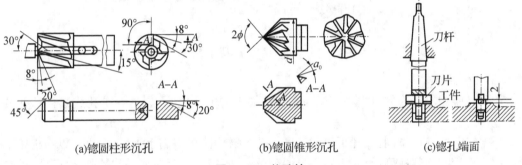

(a)锪圆柱形沉孔 　　　　(b)锪圆锥形沉孔 　　　　(c)锪孔端面

图 3-22　锪孔钻

(2) 锥形锪孔钻

如图 3-22(b)所示,锥形锪孔钻用于锪圆锥形孔。

主要有 60°、75°、90°和 120°四种,其中 90°用得最多,齿数为 4～12 个。

(3) 端面锪孔钻

如图 3-22(c)所示,端面锪孔钻用来锪平孔口端面。端面刀齿为切削刃,前端导柱用来导向定心,以保证孔端面与孔中心线垂直度。

4. 铰孔

**用铰刀从被加工孔的孔壁上切除薄层金属,使孔的精度和表面质量得到提高的加工方法,称为铰孔。**

(1) 铰刀

铰刀一般采用高速钢制成,铰刀是多刃切削刀具,有 6～12 个切削刃和较小顶角。经过热处理后具有很高的硬度(58～62HRC)和耐磨性、耐热性。

铰孔时导向性好,铰刀刀齿的齿槽很宽,铰刀的横截面大,因此刚性好。铰孔时因为余量很小,每个切削刃上的负荷小于扩孔钻,且切削刃的前角 $\gamma_o=0°$,所以铰削过程实际上是修刮过程。

铰刀分为手用铰刀[如图 3-23(a)]和机铰铰刀[如图 3-23(b)]两种,手用铰刀的顶角较机用铰刀小,其柄为直柄,机用铰刀多为锥柄。铰刀的工作部分有切削部分和修光部分所组成。由于手用铰刀需要定心和导向,所以前面有较长的导向部分,另外手铰时速度低,切削力由人工控制,所以工作部分比机用铰刀的长。为了避免铰刀校准部分的后部摩擦,故在校准部分磨出倒锥。而同等直径铰刀,机用的倒锥量大。

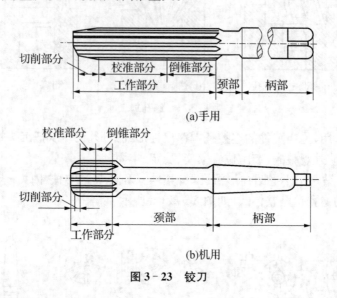

图 3-23 铰刀

(2) 铰孔操作

铰孔是应用较普遍的对中小直径孔进行精加工的方法之一,它是在扩孔或半精镗孔的基础上进行的。

根据铰刀的结构不同,铰孔可以加工圆柱孔、圆锥孔;可以用手铰操作,也可以在机床上进行。由于手铰时切削速度低、铰刀定心导向部分长,不容易产生积屑瘤和鳞刺等,因此,手铰比机铰精度高,加工出的孔的表面粗糙度值小。

铰孔后孔的精度可达 IT9~IT7,表面粗糙度 $R_a$ 值达 1.6~0.4 $\mu m$。

铰孔生产率高,容易保证孔的精度和表面粗糙度,但铰刀是定值刀具,一种规格的铰刀只能加工一种尺寸和精度的孔,且不宜铰削非标准孔、台阶孔和盲孔。

对于中等尺寸以下较精密的孔,钻—扩—铰是生产中经常采用的典型工艺方案。

(3) 铰孔的要点

① 工件要夹正、夹牢。

② 手铰时,双手用力要平衡,旋转铰杠速度要均匀,铰刀不得摇摆,避免在孔口处出现喇叭口或将孔径扩大。

③ 手铰时,要变换每次停歇的位置,以消除振痕。

④ 铰孔时,**无论进刀还是退刀均不能反转**。因为铰刀反转会卡在孔壁和切削刃之间,而使孔壁划伤或切削刃崩裂。

⑤ 铰削过程中,若铰刀被卡住,不能用力硬扳转铰刀,以免损坏刀具。而应取出铰刀,清除切屑,检查铰刀,加注切削液。进给要缓慢,以防再次卡住。

⑥ 铰孔时常用适当的冷却液来降低刀具和工件的温度,防止产生积屑瘤,并减少切屑细末黏附在铰刀和孔壁上,从而提高孔的质量。

▶ 单选题

1. 扩孔加工的特点是（　　）。

A. 扩孔钻无导向部分，导向性差 　　B. 扩孔切削速度小，但进给量大

C. 由于扩孔钻刀齿多，所以排屑不利 　　D. 扩孔加工质量比钻孔好，属于精加工

2. 下列关于铰削加工的相关说法不正确的是（　　）。

A. 铰刀刀刃一般 6～12 个 　　B. 铰刀刀刃数量多为偶数

C. 铰孔时铰刀可以倒转 　　D. 铰刀修光部分不可以全露出孔外

▶ 判断题

钻孔、扩孔和铰孔时，为帮助排屑，都需要适当倒转刀具。

▶ 应用题

加工 $\phi50$ 孔的工艺过程为：（1）钻 $\phi18$ mm 的孔；（2）扩孔至 $\phi40$ mm；（3）扩孔至 $\phi50$ mm。试比较各加工步骤中 $a_p$ 的大小。

## ▐▶ 考点 12　螺纹加工

能根据不同材料确定攻螺纹、套螺纹前的底孔直径和圆杆直径，并能使用丝锥、板牙等刃具攻、套内、外螺纹。

攻螺纹和套螺纹都是用简单刀具由手工进行内外螺纹加工的工艺方法。攻螺纹是用丝锥在已有的孔（底孔）上加工内螺纹，套螺纹是用板牙在圆杆上加工外螺纹。

1. 攻螺纹

（1）丝锥和铰杠

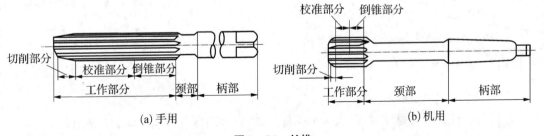

图 3-24　丝锥

丝锥是用来加工较小直径内螺纹的成形刀具，一般选用合金工具钢 9SiCr 或 CrWMn 等低合金刀具钢制成，并经热处理获得较高的硬度和耐磨性，如图 3-24 所示。丝锥包括工作部分和柄部两部分，工作部分有切削部分和校准部分组成，两部分均设有相关的切削角度，以完成切削和校准。通常 M6～M24 的丝锥一套为两支，称头锥、二锥；M6 以下和 M24 以上一套有三支，即头锥、二锥和三锥。它们的外径、中径和内径均相等，只是切削部分的长短和锥角不同。头锥较长，锥角较小，约有 5～7 个不完整的齿，以便切入；二锥短些，锥角大些，不完整的齿约为 2 个。丝锥柄部设有方榫，用于在铰杠上的安装。

铰杠的外形如图 3-25 所示。铰杠是用来夹持丝锥的工具，常用的是可调式铰杠。旋转手柄即可调节方孔的大小，以便夹持不同尺寸的丝锥。铰杠长度应根据丝锥尺寸大小进行选择，以便控制攻螺纹时的扭矩，防止丝锥因施力不当而被扭断。

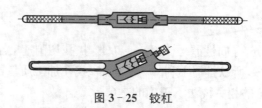

图 3-25 铰杠

（2）攻螺纹前螺纹底孔直径、孔深和孔口倒角的确定

攻螺纹是在已有孔上进行的，事先钻好的孔称为螺纹底孔。螺纹底孔的直径要根据螺纹大径来确定。

① 底孔直径的确定：攻螺纹前螺纹底孔直径的计算方法见表 3-1。可见在塑性大的材料上攻螺纹时，螺纹底孔直径 $D_0$ 小于螺纹大径 $D$，大于螺纹小径。

> **注意**：加工时，如果底孔直径与螺纹小径相同，则螺纹牙顶会嵌入丝锥刀齿的根部，使加工无法正常进行。

说明：攻螺纹时，由于丝锥对工件材料产生挤压，螺纹底孔表面材料会向孔中心方向塑性变形，因此，底孔直径要大于螺纹小径。

表 3-1　加工普通螺纹底孔直径计算公式

| 被加工材料和扩张量 | 底孔直径计算公式 |
|---|---|
| 钢和其他塑性大的材料，扩张量中等 | $D_0 = D - P$ |
| 铸铁和其他塑性小的材料，扩张量较小 | $D_0 = D - (1.05 - 1.1)P$ |

注意：$D_0$—攻螺纹前底孔直径；$D$—螺纹公称直径；$P$—螺距。

② 底孔钻孔深度的确定：

攻盲孔（不通孔）的螺纹时，因丝锥不能攻到底，盲孔的深度可按下面的公式计算：

$$H = h + D$$

式中，$H$——孔的深度；

　　　$h$——要求的螺纹长度；

　　　$D$——螺纹外径。

③ 底孔孔口倒角：攻螺纹前，要在钻孔的孔口进行倒角，以利于丝锥的定位和切入。倒角的深度大于螺纹的螺距。

（3）攻螺纹的操作步骤

第一步　工件安装。将加工好底孔的工件夹持在台虎钳的钳口板间，孔的端面应保持水平。

第二步　倒角。在孔口部倒角，以利于丝锥切入，并防止螺纹崩裂。

第三步　丝锥的选择和安装。根据工件上螺纹孔的规格，正确选择丝锥，先头锥后二锥，不可颠倒使用。

第四步　攻螺纹。起攻时应使用头锥。用手掌按住铰杠中部,沿丝锥轴线方向加压用力,另一手配合做顺时针旋转(若攻左旋螺纹则相反),如图 3-26 所示。或两手握住铰杠两端均匀用力,并将丝锥顺时针旋进。一定要保证丝锥中心线与底孔中心线重合,不能歪斜,可用直角尺检测,如图 3-27 所示。当丝锥切削部分全部进入工件时,不要再施加压力,只需靠丝锥自然旋进切削。

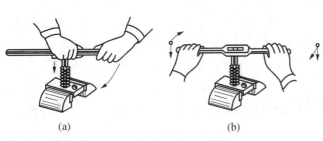

| (a) | (b) | |
|---|---|---|
| 图 3-26　起攻时的操作 | | 图 3-27　用角尺检测垂直度 |

(4) 攻螺纹操作的要点及注意事项

① 根据工件上螺纹孔的规格,正确选择丝锥先头锥后二锥,不可颠倒使用。

② 工件装夹时,要使孔中心垂直于钳口,防止螺纹攻歪。

③ 用头锥攻螺纹时,先旋入 1~2 圈后,要检查丝锥是否与孔的端面垂直(可目测或用直角尺在互相垂直的两个方向检查)。当切削部分已切入工件后,每转 1~2 圈,应反转 1/4 圈,以便切屑断落。同时不能再施加压力(即只转动不加压),以免丝锥崩牙或攻出的螺纹齿较瘦。

④ 攻钢件上的内螺纹,要加机油润滑,可使螺纹光洁、省力和延长丝锥使用寿命;攻铸铁的内螺纹可不加润滑油,或者加煤油;攻铝合金、紫铜上的内螺纹,可加乳化液。

⑤ 不要用嘴直接吹切屑,以防切屑飞入眼睛内。

⑥ 将丝锥轻轻倒转,退出丝锥,注意退出丝锥时不能让丝锥掉下。

2. 套螺纹

(1) 板牙和板牙架

如图 3-28 所示,套螺纹的工具是板牙和板牙架。板牙是加工外螺纹的刀具,用 9SiCr、CrWMn 等低合金刃具钢制成,并经热处理淬硬。其外形像一个圆螺母,只是上面钻有 3~4 个排屑孔,并形成刀刃。

调整板牙螺钉
拧紧板牙螺钉
紧固板牙螺钉

| (a) 板牙 | (b) 板牙架 |
|---|---|

图 3-28　套螺纹工具

板牙由切削部分、定位部分和排屑孔组成。圆板牙螺孔的两端有 40° 的锥度部分,是板牙的外圆,有一条深槽和四个锥坑,锥坑用于定位和紧固板牙。

（2）套螺纹前圆杆直径的确定

① 圆杆直径的确定

与攻螺纹相同，用圆板牙在钢料上套螺纹时有切削作用，也有挤压金属的作用，也就是说，螺孔牙尖也要被挤高一些。故套螺纹前必须检查圆杆直径。圆杆直径应稍小于螺纹的公称直径（大径），圆杆直径可查表或按以下经验公式计算：

$$d_0 = d - (0.13 \sim 0.2)p$$

式中，$d_0$——圆杆直径，mm；

$\quad\quad d$——螺纹大径，mm；

$\quad\quad p$——螺距，mm。

② 圆杆端部的倒角

套螺纹前圆杆端部应倒角，使板牙容易对准工件中心，同时也容易切入。倒角长度应大于一个螺距，斜角为 $15° \sim 30°$。

（3）套螺纹的操作步骤

第一步　工件安装。套螺纹时圆杆一般夹持在虎钳钳口上，保持与钳口板垂直。

第二步　倒角。圆杆端部应倒角，并且倒角锥面的小端直径应略小于螺纹小径，以便于板牙正确地切入工件，而且可以避免切出的螺纹端部出现锋口和卷边。

第三步　选择和安装板牙。根据标准螺纹选择合适的板牙，并将其安装在板牙架内，用拧紧螺钉固紧。

第四步　板牙。起套方法与攻螺纹的起攻一样，用一只手掌按住板牙架中部，沿圆杆轴线方向加压用力，另一手配合做顺时针旋转，动作要慢，压力要大，同时保证板牙端面与圆杆轴线垂直。

（4）套螺纹操作的要点和注意事项

① 每次套螺纹前应将板牙排屑槽内及螺纹内的切屑清除干净。

② 套螺纹前要检查圆杆直径大小和端部倒角。

③ 套螺纹时切削扭矩很大，易损坏圆杆的已加工表面，所以应使用硬木制的 V 型槽衬垫或用厚铜板做保护片来夹持工件。工件伸出钳口的长度，在不影响螺纹要求长度的前提下，应尽量短。

④ 套螺纹时，板牙端面应与圆杆垂直，操作时用力要均匀。开始转动板牙时，要稍加压力，套入 $3 \sim 4$ 牙后，可只转动不加压，并经常反转，以便断屑。

⑤ 在钢制圆杆上套螺纹时要加机油润滑。

➤ **单选题**

套螺纹过程中应经常反向旋转板牙架，以防（　　　）。

A. 螺纹歪斜　　　　B. 螺纹乱扣　　　　C. 螺纹牙深不够　　　　D. 切屑断碎

➤ **判断题**

攻螺纹起攻时一定要保证丝锥中心线与底孔中心线平行，不能歪斜，可用直角尺检测。

## 考点 13　检测及精整

能制作燕尾块及多角样板等，并按图样进行检测及精整。

燕尾块及多角样板的制作包含锯削、精确锉削、钻削加工基本技能，基准的选择、控制和利用,特别是利用基准控制形状和位置公差的方法和技巧,是机械零件加工(钳工)技能的基础。下面以凸圆燕尾镶嵌中的凸件制作实例来进行分析。

凸圆燕尾镶嵌配合件见图 3-29。凸件和凹件的零件图如图 3-30 所示。

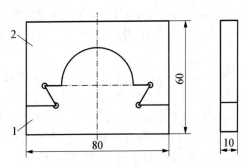

图 3-29 凸圆燕尾镶嵌配合件

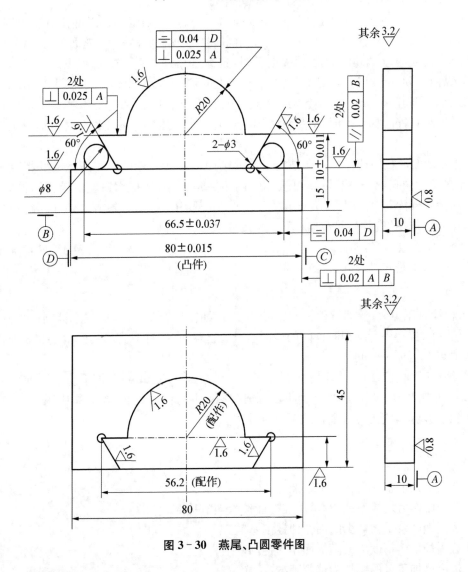

图 3-30 燕尾、凸圆零件图

锯削下料一般按图进行,各表面保留 1.0～2.0 mm 锉削余量。锯削过程分析略。

1. 制作操作准备

(1) 合理选用锉刀

合理选用锉刀对于保证锉削质量及锉削效率都会带来重要影响。其中包括下列四点:

① 锉刀锉齿粗细的选择。锉刀粗、中、细齿的选择,取决于加工余量、加工精度和表面粗糙度。

在加工余量大、加工精度较高时,用粗锉进行大余量的加工后,在什么时候更换细锉是一关键,过早更换细锉会造成加工时间长,效率低;反之,过迟更换细锉也将造成表面粗糙度达不到要求。在实际工作中每个人所留的细锉加工余量是不同的。主要取决于粗锉加工后工件表面平整情况和加工者掌握锉刀操作技巧水平的高低。工件表面粗糙、个人技巧低、细锉加工余量要多留;反之,加工余量要少留。在操作者经验丰富、技术水平高且余量均匀的情况下,一般当余量在 0.2 mm 左右时要采用细齿锉刀进行锉削。

② 锉刀规格的选择。主要是按工件锉削面的大小、长短确定。在工件接近精度时,工件的锉削面大,选大规格的锉刀。面大锉刀小,锉削时锉刀左右平移量大,锉面不易锉平;面小锉刀大,易造成锉面塌边、塌角。锉削面纵向长时,选大规格锉刀;反之,选小规格的锉刀。一般工件锉面纵向长 50 mm 以上,可选用 300 mm 以上的锉刀,30～50 mm 可选用 250 mm 锉刀,30 mm 以下,可选用 200 mm 以下锉刀。在考虑锉面纵向长度选锉刀规格时,应同时考虑锉面的宽度,特别是在锉阶梯台面时,应尽量使用接近阶梯台宽度的锉刀。以防过宽造成工件锉面塌边现象。

③ 锉刀断面形状的选择。主要是按工件锉削面的形状及锉削时锉刀运动的特点进行确定。对于多角形内孔锉削,粗锉时,可按相邻两边夹角大小,选择相适应的锉刀。例如,小于90°的,可选用三角锉、刀口锉等,大于或等于 90°的可选用方锉或板锉等。但在精锉多角形内平面时,尽可能选用细板锉,并根据相邻面角度修磨板锉两侧。

④ 锉刀面质量不好,如锉刀面中凹、波浪形、扭曲、锉齿不均等,均会影响工件被加工面的平整、光洁。特别是在细锉时,这点更为重要。

2. 锉削中注意的问题

(1) 粗锉时压力大,锉刀行程长,在锉到接近留细锉加工余量时,应减小锉削压力及行程,用细锉的方法,得到用于细锉时良好的表面质量。这样,在细锉时容易达到精度及表面粗糙度要求,同时可缩短加工时间。

(2) 细锉时细锉刀的行程不宜拉得太长,一般为 20～60 mm,太长不易控制前后力的平衡,造成锉面中凸。锉刀要紧贴锉面,压力减小,要有手感作用,感到锉刀是吸附在工件上的,同时注意压力均匀,使工件表面锉纹深浅一致。

3. 锉削加工过程

(1) 锉削基准的确定

① 选用最大平整的面作锉削基准。

② 选用已作为划线基准、测量基准的面作为锉削基准。

③ 选用锉削余量为最少的面作为锉削基准。

④ 选用加工面精度为最高的面作为锉削基准。

⑤ 选用已加工过的面作为锉削基准。

（2）锉削基准面

对基准面锉削，在必须达到精度及表面粗糙度要求的前提下，应尽量减少锉削量，将大部分锉削量放在基准面的对面。

（3）按基准面进行划线

锉削中的划线，是作为粗锉时的依据，有了明确的锉削界限线，粗锉时就能大胆地进行锉削。但对于细锉来说，所划的线就不能看成是依据，只能参考，细锉时是否达到精度要求，主要靠量具测量来保证。

（4）锉削步骤

锉削步骤主要根据工件结构特点来定。从图 3-31 所示燕尾样板分析说明如下：

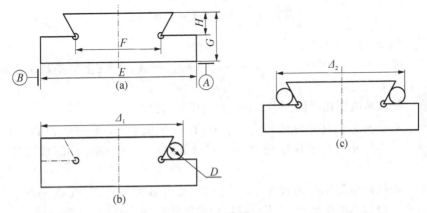

图 3-31  燕尾样板

尺寸 $F$ 对称于 $E$，就必须考虑加工步骤便于测量及控制，锉削前先锯出燕尾一边，并锉到要求尺寸 $\Delta_1$，再加工另一边燕尾，并锉到要求尺寸 $\Delta_2$。如果同时锯出两边燕尾，则对称度在加工过程中，就难以测量控制。如果尺寸 $F$ 没有对称度要求，就可同时锯出两边燕尾，直接控制尺寸 $\Delta_2$ 的精度要求。

一般可按下列几个方面来考虑加工步骤：

第一步  先锉基准面 $C$ 面（$C$ 面见图 3-31），再锉与基准面相对应要求的面。

第二步  先锉余量最少的面，以保证工件在加工余量少时能加工持形状与尺寸，达到精度要求。

第三步  先锉精度要求高的面，后锉精度要求低的面。

第四步  先锉平行面，后锉垂直面。

第五步  先锉大面后锉小面，先锉平面后锉曲面。

第六步  从测量方便来考虑加工的先后。

（5）实训操作步骤

凸件加工

第一步  按图纸检查坯件尺寸（见图 3-32）。

第二步  加工零件 1 基面 $B$，注意掌握直线度及与 $A$ 面的垂直度。

第三步  加工基准面 $C$，注意直线度，并掌握与 $A$、$B$ 两面的垂直度。

第四步  从两基准面出发进行划线。

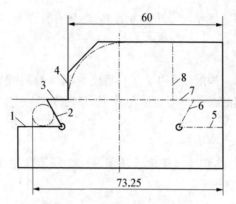

**图 3 - 32　燕尾、凸圆锉配步骤图**

第五步　钻 $2-\phi3$ mm 工艺孔。

第六步　锉基准面 $C$ 相对面。注意掌握尺寸 80 mm 并控制在上偏差 80.015 mm,同时与 $C$ 面平行,与 $A$ 面垂直。

第七步　锯去基准面相对面的多余部分(见图 3 - 32)。

第八步　锉小斜面 1,注意保证尺寸 15 mm,并与 $B$ 面平行,与 $A$ 面垂直。

第九步　锉小斜面 2,注意保证角度 60°,与 $A$ 面垂直,并掌握用小圆柱测量得到基面 $C$ 尺寸。

第十步　锉凸台小面 3,注意尺寸 $10^{+0.011}_{-0.011}$ mm 及与 $B$ 面平行,与 $A$ 面垂直。

第十一步　锉与凸圆相切面 4,注意到基面的尺寸 60 mm,并与 $A$ 面垂直。

第十二步　锯去 $C$ 面多余部分。

第十三步　锉小面 5,注意尺寸 15 mm 及与相对处保持一致,与 $B$ 面平行,与 $A$ 面垂直。

第十四步　锉小斜面 6,注意角度 60°,用两 $\phi8$ mm 圆柱修整尺寸 $66.5^{+0.037}_{-0.037}$ mm,与 $A$ 面垂直。

第十五步　锉凸台面 7。注意尺寸 $10^{+0.011}_{-0.011}$ mm 及与对应处保持一致,与 $B$ 面平行,与 $A$ 面垂直。

第十六步　锉凸圆相切面 8,注意与 $A$ 面的垂直,与面 4 的距离为 40 mm。

第十七步　修锉圆弧,注意与 $A$ 面的垂直,最好用样板修整。

第十八步　检查对称度并做微量修整。

➤ **单选题**

锯削软材料或厚工件时,应选用的锯条齿形为(　　　)。

A. 粗齿　　　　　　　　　　　　　　B. 中齿

C. 细齿　　　　　　　　　　　　　　D. 从中齿变为细齿

➤ **判断题**

锉削燕尾和多角度样板时,应从基准开始。

## ▶▶ 考点 14　量具使用

能按使用说明书,规范使用量具检测零件精度,常用量具包括游标卡尺、千分尺、内径百分表、万能游标角度尺等。

钳工常用量具包括钢直尺、游标卡尺、高度游标卡尺(杠杆百分表)、千分尺、内径百分表(百分表和千分表)等。

1. 游标卡尺

(1) 游标卡尺的主要用途

外尺寸用外两爪测量外径、长度、宽度。

内尺寸用内量爪测量内径、孔距和槽宽。

深度或高度用测深尺。

(2) 游标卡尺的主要结构

游标卡尺的读数准确度有 0.1 mm、0.05 mm 和 0.02 mm 三种,测量范围有 0~125 mm、0~200 mm、0~300 mm 等。

如图 3-33 游标卡尺由主尺、游标尺(副尺)、外量爪、内量爪(刀口形)、紧固螺钉、测深尺、微调装置所组成。

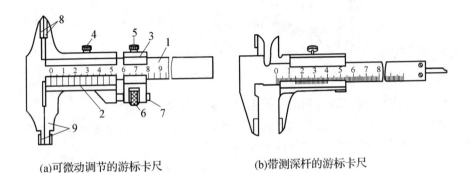

(a)可微动调节的游标卡尺　　　　(b)带测深杆的游标卡尺

**图 3-33　游标卡尺**

1—主尺;2—游标(副尺);3—辅助游标;4—锁紧螺钉;
5—螺钉;6—微调螺母;7—螺杆;8—外测量爪;9—内测量爪。

(3) 游标卡尺的读数步骤

第一步　读出游标上零线左面尺身的毫米整数;

第二步　读出游标上哪一条刻线与尺身刻线对齐;

第三步　把尺身和游标上的尺寸相加即为测得尺寸,见图 3-34 所示。

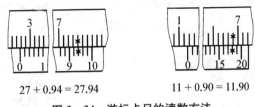

27 + 0.94 = 27.94　　　　11 + 0.90 = 11.90

**图 3-34　游标卡尺的读数方法**

说明:

① 游标上 1 小格的读数一般有 0.02(1/50)mm 和 0.05(1/20)mm 两种。

② 0.02 游标上的所写的数字为小数点后第一位读数。

③ 0.05 游标上的所写的数字为当前的格数,读数时需要用格数乘以 0.05 mm。

**问题：**

游标卡尺的测量精度是指什么？你知道的游标卡尺测量精度有哪几种？

答：游标卡尺的测量精度是指该游标卡尺的最小示数，也是游标(副尺)上1小格的读数。常用的游标卡尺测量精度有±0.05 mm和±0.02 mm两种。

**2. 千分尺**

千分尺又叫作螺旋测微仪，工厂里常称为分厘卡。它是一种精密量具，测量精度比游标卡尺高。对于加工精度要求较高的工件尺寸，用千分尺测量。千分尺的结构如图3-35所示。

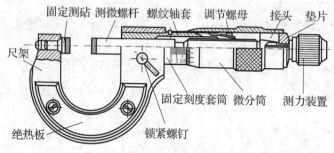

图3-35 千分尺的结构

**(1) 千分尺的读数步骤**

第一步 读出微分筒边缘在固定套筒主尺的毫米数和半毫米数；

第二步 看微分筒上哪一格与固定套筒上基准线对齐，并读出不足半毫米的数；

第三步 把两个读数相加即为测得尺寸，见图3-36。

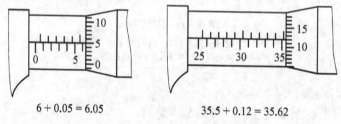

$6 + 0.05 = 6.05$          $35.5 + 0.12 = 35.62$

图3-36 千分尺的读数方法

**(2) 杠杆千分尺**

杠杆千分尺又称指示千分尺，它是由外径千分尺的微分筒部分和杠杆卡规中指示机构组合而成的一种精密量具，如图3-37所示。

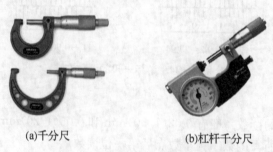

(a)千分尺          (b)杠杆千分尺

图3-37 千分尺和杠杆千分尺

杠杆千分尺既可以进行相对测量,也可以像千分尺那样做绝对测量。其分度值有0.001 mm和0.002 mm两种。

它不仅读数精度高,而且因弓形架的刚度较大,测量力由小弹簧产生,比普通千分尺的棘轮装置产生的测量力稳定,测量精度高。

> **注意:**
> ① 当千分尺的半毫米线紧贴微分筒边缘时,读数易错。如微分筒上读数为"0"以上的较小数字,应判断为半毫米线能读出;如微分筒上读数为"0"以下的较大数字,表示半毫米线不能被读出。
> ② 游标卡尺与千分尺由于精度、读数效率等方面的差异,一般分别作为半精加工和精加工用的量具。

**问题:**千分尺的测量的测量精度是指什么? 其数值是多少?

答:千分尺的测量精度是指该千分尺的最小示数,也是微分筒上1小格的读数。千分尺的测量精度为±0.01 mm。

### 3. 内径百分表

内径百分表是将测头的直线位移变为指针的角位移的计量器具。用比较测量法完成测量,用于不同孔径的尺寸及其形状误差的测量。内径百分表的结构如图3-38所示。

(a)整体外形　　　　　　　　　　　(b)结构

**图3-38　内径百分表**

内径百分表活动测头的移动量,小尺寸的只有0～1 mm,大尺寸的有0～3 mm。它的测量范围是由更换或调整可换测头的长度来达到的。因此,每个内径百分表都附有成套的可换测头。国产内径百分表的读数值为0.01 mm,测量范围有10～18 mm、18～35 mm、35～50 mm、50～100 mm、100～160 mm、160～250 mm、250～450 mm。

(1) 使用前的检查。检查表头的相互作用和稳定性。检查活动侧头和可换侧头表面光洁,连接稳固。

(2) 读数方法

测量孔径,孔轴向最小尺寸为其直径。测量平面间的尺寸任意方向内均最小的尺寸为平面间的测量尺寸。百分表测量读数加上零件尺寸即为测量数据。

(3) 正确使用

① 把百分表插入量表直管轴孔中,压缩百分表一圈,紧固。

② 选取并安装可换侧头,紧固。

③ 测量时手握隔热装置。

④ 根据被测尺寸调整零位。

⑤ 用已知尺寸的环规或平行平面(千分尺)调整零位,以孔轴向的最小尺寸或两平面间任意方向内均最小的尺寸对零位,然后反复测量同一位置 2～3 次后检查指针是否仍与零线对齐,若不对齐,则重调。为读数方便,可用整数来定零位。

⑥ 测量时,摆动内径百分表,找到轴向平面的最小尺寸(转折点)来读数。

⑦ 测杆、测头、百分表等配套使用,不要与其他表混用。

(4) 怎样装夹与调零:不同测量范围的内径量表有不同的测头。

第一步　根据被测尺寸公差的情况,先选择一个千分尺。(普通的分度值为 0.01 mm,指示的是 0.002 mm)

第二步　把千分尺调整到被测值名义尺寸并锁紧。

第三步　一手握内径百分表,一手握千分尺,将表的测头放在千分尺内进行校准,注意要使百分表的测杆尽量垂直于千分尺。

第四步　调整百分表使压表量在 0.2～0.3 mm 左右,并将表针置零,按被测尺寸公差调整表圈上的误差指示拨片。

4. 万能角度尺

(1) 结构

万能角度尺又称为万能游标角度尺,是用来测量精密零件内外角度或进行角度划线的角度量具。它的结构如图 3-39 所示,主要结构除了主尺、游标(旋转形式)外,还有直角尺和刀口尺两个组合件。

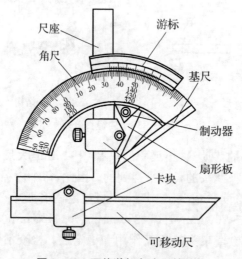

图 3-39　万能游标角度尺的结构

(2) 读数原理

读数机构由刻有基本尺度刻线的尺座和固定在扇形板上的游标组成。扇形板可在尺座上回转移动(有制动器),形成了和游标卡尺相似的游标读数机构。

(3) 读数方法

万能角度尺座上的刻度线每格 1°,由于游标上刻有 30 格,所占的总角度为 29°,因此,两者每格刻线的读数差是：$1° - \dfrac{29°}{30} = \dfrac{1°}{30} = 2'$，即万能角度尺的精度为 $2'$。

（4）测量范围

在万能角度上，基座是固定在尺座上的，角尺是用卡块固定在扇形板上，可移动尺用卡块固定在角尺上。若把角尺拆下，也可把直尺固定在扇形板上。由于角尺和直尺可以移动和拆换，使万能角度尺可以测量 $0° \sim 320°$ 的任何角度。各角度范围的测量方法如图 3-40 所示。

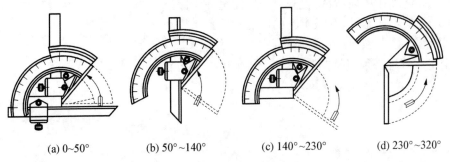

| (a) 0~50° | (b) 50°~140° | (c) 140°~230° | (d) 230°~320° |

**图 3-40 万能角度尺的应用**

由图 3-40 可见，角尺和直尺全装上时，可测量 $0° \sim 50°$ 的外角度；仅装上直尺时，可测量 $50° \sim 140°$ 的角度；仅装上角尺时，可测量 $140° \sim 230°$ 的角度；把角尺和直尺全拆下时，可测量 $230° \sim 320°$ 的角度（即可测量 $40° \sim 130°$ 的内角度）。

万能角度尺的尺座上，基本角度的刻线只有 $0° \sim 90°$，如果测量的零件角度大于 $90°$，则在读数时，应加上一个基数（$90°$、$180°$、$270°$）。当零件角度：为 $>90° \sim 180°$，被测角度 $= 90° +$ 量角尺读数；为 $>180° \sim 270°$，被测角度 $= 180° +$ 量角尺读数；为 $>270° \sim 320°$，被测角度 $= 270° +$ 量角尺读数。

用万能角度尺测量零件角度时，应使基尺与零件角度的母线方向一致，且零件应与量角尺的两个测量面的全长上接触良好，以免产生测量误差。

万能角度尺也经常在调整好角度后，当作样板测量角度。

➢ **单选题**

1. 测量直径为 $\phi25 \pm 0.015$ 的轴颈，应选用的量具是（　　）。

A. 游标卡尺　　　　　　　　　　　　　B. 杠杆表分表

C. 内径千分尺　　　　　　　　　　　　D. 外径千分尺

2. 杠杆千分尺是一种精密测量器具，刻度盘上的刻度值或为 $0.001\,\text{mm}$，或为（　　）mm。

A. 0.003　　　　　B. 0.002　　　　　C. 0.001 5　　　　　D. 0.02

➢ **判断题**

万能角度尺适用于机械加工中内外角度的测量，可测角度为 $0° \sim 360°$。

# 第四章　职业素养

(1) 遵守安全操作规范。

(2) 能正确规范使用工具、夹具和量具。

(3) 能正确使用钳工常用刀具。

(4) 能保证工作场地清洁、整齐、有序,注重环境保护。

(5) 严谨的工作态度、精益求精的职业素养。

➢ **判断题**

安全生产管理必须坚持"安全第一、预防为主"的方针。

# 技能四　机械零部件装配技能

 知识框架

| 序号 | 主要内容 | 技能要求 |
|------|----------|----------|
| 1 | 作业环境准备和安全检查 | 能对作业环境进行选择和整理；<br>能对常用设备、工具进行安全检查；<br>能正确使用劳动保护用品。 |
| 2 | 作业前准备 | 能读懂装配图,分析零部件间的装配关系；<br>能正确选择装配工具、量具；<br>能查阅标准、规范、手册、图册等技术资料。 |
| 3 | 机械零部件装配 | 能按键、销与螺纹等固定连接的装配技术规程,合理使用工具,规范完成普通平键、半圆键、销与螺纹等装配作业,能描述键、销与螺纹等固定连接的装配要点；<br>能按带传动机构装配技术规程,合理使用工具,规范完成带传动机构的装配作业,能描述带传动机构的装配调整工艺要点及注意事项；<br>能按链传动机构装配技术规程,合理使用工具,规范完成链传动机构的装配作业,能描述链传动机构的装配技术要求；<br>能按齿轮传动机构装配技术规程,合理使用工具、设备,规范完成齿轮传动机构的装配调整作业,并能描述齿轮传动机构的装配调整工艺要点；<br>能按滑动轴承拆装技术规程,合理使用工具、设备,规范完成滑动轴承拆装作业,能描述滑动轴承拆装调整技术要求；<br>能按滚动轴承的拆装技术规程,合理使用工具、设备,规范完成常见滚动轴承的拆装,能准确描述常见滚动轴承的分类,典型常见滚动轴承的结构、特点及应用,常见滚动轴承代号,预紧及游隙调整方法。 |
| 4 | 职业素养 | 遵守安全操作规范；<br>能正确规范使用工具、夹具和量具；<br>能保证工作场地清洁、整齐、有序,注重环境保护；<br>严谨的工作态度、精益求精的职业素养。 |

# 第一章　作业环境准备和安全检查

▌▶**考点1　对作业环境进行选择和整理**

▌▶**考点2　对常用设备、工具进行安全检查**

▌▶**考点3　正确使用劳动保护用品**

## 一、装配作业操作注意事项

① 进入现场,检查周围环境是否符合要求,装配设备和工量具摆放是否整齐有序。

② 工作前应先检查劳动保护用品状态是否完好,并正确使用。

③ 检查设备、工具和用具是否完好。

④ 装配要按照装配工艺流程要求进行。对组装前的零部件进行清点和复核。

▷**单选题**

采用锤击法装配机器时,通常应当(　　　)。

A. 用铁锤敲击装配件

B. 用钢棒敲击装配件

C. 用铁锤敲击垫在装配件上的钢制垫块

D. 用铁锤敲击垫在装配件上的铜棒

▷**判断题**

从事装配作业的现场操作人员,进入现场应当穿皮鞋。

# 第二章　作业前准备

▌▶**考点4　读懂装配图,分析零部件间装配关系、装配精度和装配要求**

▌▶**考点5　正确合理选择装配工具、量具和设备**

▌▶**考点6　查阅标准、规范、手册、图册等技术资料**

## 一、装配技术文件的种类

根据不同的装配结构、不同的装配精度要求等,企业应用的装配技术文件的种类较多。现举例说明。

① 装配工艺流程图。如图2-1所示,为某摆线针轮减速机装配工艺流程图。由图可以分析各零部件的装配顺序。

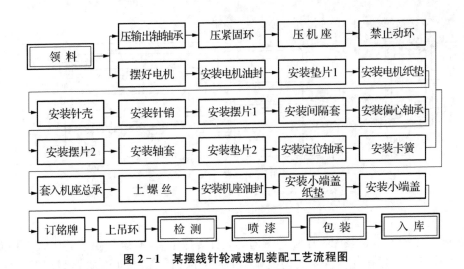

**图 2-1　某摆线针轮减速机装配工艺流程图**

② 装配工艺系统图。如图 2-2 所示,为某车床床身装配工艺系统图。图中用框格形式不仅标注了各零部件的名称,还标注了各零部件的编号和件数,装配的准备阶段可按此图安放各零部件,在装配作业中能够按照零部件的"定置"迅速完成装配生产。图 2-3 为该机床床身装配的简图。

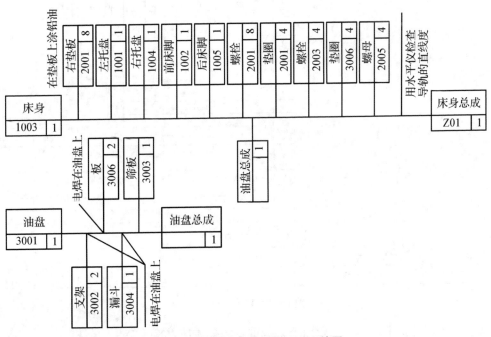

**图 2-2　某机床床身装配工艺系统图**

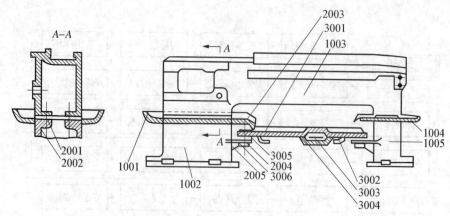

图 2-3  某机床床身装配简图

③ 装配工序综合卡。装配工序综合卡简称装配工序卡,没有统一要求的格式。功能是记述装配过程中各道工序操作将涉及的装配体中的零部件和工量具的名称、数量以及装配方法、装配技术要求、质量检验等内容。如图 2-4 所示,为某真空箱总装的装配工序卡,其左侧空白处是绘制装配工序简图的位置。

| 装 配 工 序 卡 片 | | | | | 产品型号 | | | 零部件图号 | | 第 1 页 | 共 2 页 |
|---|---|---|---|---|---|---|---|---|---|---|---|
| | | | | | 产品名称 | | | 零部件名称 | | | |
| 工序号 | 17 | 工序名称 | 真空箱总装6 | 车间 | 生产五部 | 组号 | | 工序工时 | | | |
| | | | | | 序号 | 代    号 | 名称/规格 | 数量 | 工艺要求: | | |
| | | | | | 1 | | 机架 | 1 | 1.紧固件安装牢固; | | |
| | | | | | 2 | | 前封板 | 1 | 2.紧固件无漏装、错装。 | | |
| | | | | | 3 | | 顶封板 | 1 | | | |
| | | | | | 4 | | 侧封板1 | 2 | | | |
| | | | | | 5 | | 后封板 | 1 | | | |
| | | | | | 6 | | 侧封板2 | 1 | | | |
| | | | | | 7 | | 侧开门 | 2 | | | |
| | | | | | 8 | | 40铝合金型材1 | 4 | | | |
| | | | | | 9 | | 40铝合金型材2 | 4 | | | |
| | | | | | 10 | | 40铝合金型材3 | 4 | | | |
| | | | | | 11 | | | | | | |
| | | | | | 工步号 | 工 步 内 容 | | | 工艺装备 | 辅助材料 | |
| | | | | | 1 | 将所有40铝合金型材与机架的相应位置连接,紧固件安装牢固且有防松措施; | | | 套筒扳手 | | |
| | | | | | 2 | 将所有封板与40铝合金型材的相应位置连接,紧固件安装牢固且有防松措施; | | | 套筒扳手 | | |
| | | | | | 3 | 安装完成附图所示。 | | | | | |
| | | | | | | | | | | | |
| | | | | | | | | | | | |
| | | | | | | | 编  制 | | 审  核 | | |
| 标记 | 处数 | 更改文件号 | 签 字 | 日 期 | 标记 | 处数 | 更改文件号 | 签 字 | 日 期 | 标准化 | 会 签 |
| | | | | | | | | | | | |

图 2-4  装配工序卡

④ 装配工序分析卡(表)。主要用于某些重要装配体质量检验结果的分析。

➤ **单选题**

用于描述装配体中的零部件和工量具的名称、数量以及装配方法、装配技术要求、质量检验等内容的装配文件是(    )。

A. 装配工艺流程卡        B. 装配工艺系统图

C. 装配工序综合卡        D. 装配工艺分析卡

**▷ 判断题**

装配工艺流程图通常只描述装配工艺过程中各道工序的名称及顺序。

# 第三章　机械零部件装配

## ▮▷ 考点7　键、销与螺纹等固定连接

### 一、键连接的装配

1. 松键连接特点

松键连接包括普通平键连接［如图3-1(a)］和半圆键连接［如图3-1(b)］。

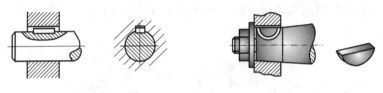

(a)普通平键连接　　　　　　　　(b)半圆键连接

**图3-1　松键连接**

　　靠键的侧面来传递转矩,具有较好的对中性,只能对轴上的零件作圆周方向固定,不能轴向固定,不能承受轴向力。如果需要做轴向固定,需附加定位卡簧、定位环等定位零件。

　　应用最广泛的是平键连接。半圆键连接除具有普通平键连接的特点外,还可在轴上键槽中摆动,以适应轮毂上键槽斜度,适用于锥形轴与轮毂的连接,槽对轴的强度削弱较大,只适用于轻载连接。

　　2. 键连接的装配要点

　　① 清理键和键槽的锐边,把口部稍微倒角,以防装配时造成过大的过盈量。

　　② 用键头与轴上的键槽试配松紧,并修配到能使键紧紧嵌入轴键槽中。

　　③ 锉配键长、键头,使其与轴键槽间留有0.1 mm左右的间隙。

　　④ 将键涂上机油后压装在轴键槽中,使键底平面与槽底紧贴,压装时可用铜棒敲击或用虎钳垫上铜皮后夹紧。

　　⑤ 试配并安装套件,键与键槽的非配合面应留有间隙,以求轴与套件达到同心装配后的套件在轴上不能摇动,否则容易引起冲击和振动。

　　3. 键连接装配注意事项

　　① 键装配时注意:键与轴的松紧调整,清理、清洁零件,装配过程中要使用铜棒敲击零件和键,防止其表面出现损伤。

　　② 分清各种键连接装配要点。

4. 安全文明生产

① 使用敲击工具时防止伤手。

② 使用机床时注意操作规程。

➤ 单选题

1. 松键连接保证轴与轴上零件有较高的(　　)要求。

A. 平行度　　　　　　　B. 对称度　　　　　　C. 同轴度　　　　　　D. 圆柱度

2. 装配键时,第一道工序通常是(　　)。

A. 键与轴的键槽试配　　　　　　　　　　B. 键与轮孔的键槽试配

C. 键直接打入轴的键槽内　　　　　　　　D. 轴与轮孔试配

➤ 判断题

松键连接在键槽宽度方向上的装配精度要求高,沿轴向装配精度要求低。

## 二、销连接的装配

1. 销连接的分类与特点

销连接的主要作用是固定零件之间的相对位置,并可传递不大的载荷。

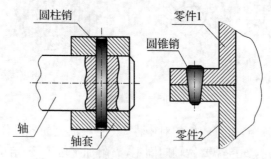

图 3－2　销连接

按用途分,销连接可分为定位销、连接销、安全销等;按形状分,又可分为圆柱销、圆锥销、槽销、销轴、开口销等。通常,销选用 35、40、45 钢制成。

2. 销连接的装配要点

① 销连接时,对销孔尺寸、形状、表面粗糙度要求较高,故销孔在装配前需经铰削。

② 一般被连接件的两孔应同时钻、铰,并使孔壁表面粗糙度值不高于 $R_a$ 1.6 $\mu m$,以保证连接质量。

③ 圆柱销的装配:在大多数场合圆柱销与销孔之间的配合具有少量的过盈,以保证连接和定位的紧固性和准确性。装入时应在销上涂油后用铜棒打入销孔中。

④ 圆柱销不宜多次装拆,否则会降低定位精度和连接的紧固程度。

3. 圆锥销的装配

① 圆锥销用小头直径和长度表示规格。钻孔时按圆锥销小头直径选用钻头。

② 标准圆锥销具有 1∶50 的锥度。锥孔经铰制,铰削时应用销子试配,以手推入 80%～85% 的销长度即可。

③ 用手锤敲入锥销,紧实后,销的大端应露出平面(一般稍大于倒角尺寸)。

4. 开口销的装配

开口销打入孔后,将小端开口扳出,防止振动时脱出。

▷ **单选题**

装配锥销时,应采用(　　　)锥角铰刀配作(同时钻铰)两零件上的销孔。

A. 1∶60　　　　　　B. 1∶50　　　　　　C. 1∶40　　　　　　D. 60

▷ **判断题**

用锤击法安装销子时,为了放松,不得在销上涂油。

## 三、螺纹连接件的装配

1. 螺纹连接装配要点

① 螺纹连接的装配,不仅要使用合适的工具、设备,还要按技术文件的规定施加适当的拧紧力矩。

② 用扳手拧紧螺柱时,应视其直径的大小来确定是否需要用套管加长扳手,尤其是螺柱直径在 20 mm 以内时要注意用力的大小,以免损坏螺纹。

③ 重要的螺纹连接件都有规定的拧紧力矩,安装时必须用指针式扭力扳手按规定拧紧螺柱。对成组螺纹联接件的装配,施力要均匀,按一定次序轮流拧紧,如有定位装置(销)时,应先从定位装置(销)附近开始。

2. 螺纹连接装配注意事项

① 单独螺栓、螺钉、螺母的装配,首先零件装配处的平面应经过加工。装配前,要将螺栓、螺钉、螺母和零件的表面擦净,螺孔内的污物应清理干净。

② 检查零件与螺母的配合面应平整光洁,否则螺纹易松动。为了提高连接质量,可加垫圈。

③ 螺纹配合应做到手能自由旋入,过紧会咬坏螺纹,过松则受力后螺纹容易断裂或使连接失效。

④ 螺母端面应与螺纹轴线垂直,以受力均匀。

⑤ 装配成组螺钉螺母对时,为了装配牢固,应采用对角线拧紧法,从中间向两边对称地依次进行,即按照如图 3-3 所示的顺序。为保证零件的贴合面受力均匀,应按一定顺序分两次或三次旋紧。

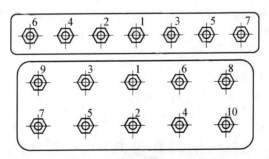

**图 3-3　螺栓组装配拧紧的顺序**

⑥ 螺纹连接中还应考虑防松问题。如果螺纹连接一旦出现松脱,轻者会影响机械设备的

正常运转,重者会造成严重的事故。因此,装配后采取有效的防松措施,才能防止螺纹连接松脱,保证螺纹连接安全可靠。

3. 螺纹连接的防松方法

按照其工作原理可分为摩擦防松、机械防松、铆冲防松等。

① 摩擦防松常用的方法有两个对顶螺母紧固防松、弹簧垫圈紧固防松、自锁螺母防松等。

② 机械防松常用的方法有开口销与槽形螺母、止动垫圈、串联钢丝等。

③ 铆冲防松常用的方法有端铆、冲点等方法。

➤ 单选题

直线分布的成组螺母,将螺母分别拧至贴紧零件的表面后,正确的拧紧顺序为(　　　)。

A. 从中间向两边对称地依次进行　　　　B. 从两边向中间对称地依次进行

C. 从一端开始依次进行　　　　D. 不需要按顺序,随机进行

➤ 判断题

攻螺纹前的底孔直径应略大于螺纹小径。

## ▶▶ 考点8　三角带传动的装配

三角带传动由主动带轮、从动带轮和皮带组成,另外有张紧装置、防护罩等。

1. 带轮的装配

圆锥轴配合的带轮的装配,首先将键装在轴上的键槽内,然后将带轮孔的键槽对准轴上的键套入,拧紧轴向固定螺钉即可。

对圆柱形轴配合的皮带轮,装配时将键装入轴上的键槽内,带轮从轴上渐渐压入。压装带轮时,最好用专用工具或用木锤敲打装配。

2. 带传动的装配要点

① 根据带轮的结构选择合适的皮带安装,三角带的型号应与带轮的槽形一致,切忌搞错。检查带和带轮是否符合设计要求,皮带质量是否完好,接头处是否有缺陷裂纹等。带轮上的带槽、键槽等处是否有毛刺需要清除。

② 再调整张紧装置,获得适当的张紧力。对于两轮中心距不能调整的情况,安装带时先将三角带套上一个带轮的轮槽,再转动另一个皮带轮,将三角带缓缓装上,用同样的方法将一组三角带都装上。

③ 调整张紧装置,获得适当的皮带张紧力,张紧力的检查方法是用一根食指在皮带与两轮的切点的中点处且垂直于皮带方向施加 2 kg 左右的垂直压力,下沉量 20～30 mm 为宜,不合适时要及时进行调整。

④ 新旧三角带不可混用,并要求每组胶带的松紧一致。双根或三根以上三角带需要更换时,要选用规定型号的胶带更换。不能减少带的根数。

3. 带传动的装配注意事项

① 用专用工具装配和调整,不得用手直接拉皮带。

② 两带轮端面一定要在同一平面内。

③ 根据带轮的结构选择合适的皮带安装,松开张紧装置,套上皮带。

④ 不可采用不松张紧装置,硬套硬撬的强装皮带,这样会造成皮带局部损伤。

⑤ 在装皮带时,可使用专用工具调整,不可用手直接拉皮带,以免手被卷入皮带,发生事故。

⑥ 带传动要有一定的张紧力,保证传递一定的功率。但张紧力不宜过大,否则会使V带过早疲劳损坏。

▶ **单选题**

V带传动机构中,皮带的装配应采用(　　)的方法。

A. 松开张紧装置,套上皮带,再调整张紧装置,获得适当的皮带张紧力

B. 为节省作业时间,不松开张紧装置,采用盘动小带轮的转动,逐渐将皮带套上

C. 为节省作业时间,不松开张紧装置,采用盘动大带轮的转动,逐渐将皮带套上

D. 为节省作业时间,不松开张紧装置,采用撬杠或其他工具将皮带撬入皮带轮的槽内

▶ **判断题**

在采用人工锤击法将带轮装入轴颈时,一般可用手锤直接敲击工件表面完成。

# 考点9　链传动的装配

链传动主要由主动链轮、从动链轮、链条组成,如图3-4所示,另外还有封闭装置、润滑系统和张紧装置等。

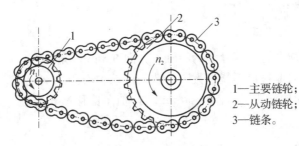

1—主要链轮;
2—从动链轮;
3—链条。

图3-4　链传动

1. 链轮的装配

① 清理:清除链轮孔、链轮轴及键槽表面的污物和毛刺。

② 清洗涂油:将各配合表面清洗干净后,涂上润滑油。

③ 压入:用锤击法或压入法将链轮压入轴的固定位置,拧紧紧定螺钉。

④ 检查链轮装配后两链轮轴线的平行度和轴向偏移量。

⑤ 检查链轮装配后的径向圆跳动和端面圆跳动。

2. 链条的装配

链条自然套入两链轮的齿形上,较大的链条可借助工具拉紧,以便装配链条接头,如图3-5所示。

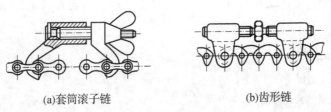

(a)套筒滚子链　　　　　(b)齿形链

图3-5　链的拉紧装置

**3. 圆柱销组件的安装**

用尖嘴钳夹持,将接头零件中的圆柱销组件、挡板装上,如图3-6所示。

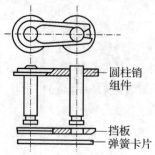

圆柱销组件

挡板
弹簧卡片

图3-6 链接头的装配

**4. 弹簧卡片的安装**

按照正确的方向装上弹簧卡片。**弹簧卡片的开口方向和链条的运动方向相反。**

**5. 调整下垂度**

调节张紧轮调整链条的下垂度。

**6. 链传动的装配的技术要求**

① 两链轮轴线必须平行。其允差为沿轴长方向 0.5 mm/m。

② 两链轮之间轴向偏移量不能过大。一般当两轮中心距 $A$ 小于 500 mm,轴向偏移量 $b$ 应在 1 mm 以下。两轮中心距 $A$ 大于 500 mm 时,轴向偏移量 $b$ 应在 2 mm 以下,如图 3-7 所示。

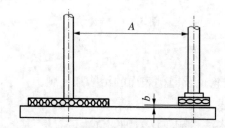

图3-7 链轮轴线平行度及偏移量的检查方法

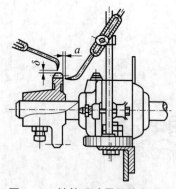

③ 链轮的径向和端面跳动量必须符合要求。方法如图 3-8 所示。旋转链轮一周,用塞尺测量链轮在端面轮缘处的尺寸 $a$。$a$ 的最大尺寸与最小尺寸之差即为链轮端面的圆跳动误差。塞尺在圆柱面上的最大尺寸与最小尺寸之差即为链轮的径向圆跳动误差。链轮允许的圆跳动量值见表 3-1 所示。

图3-8 链轮跳动量的检查方法

表 3-1 链轮允许的圆跳动量

| 链轮直径/mm | 套筒滚子链的链轮圆跳动量/mm | | 链轮直径/mm | 套筒滚子链的链轮圆跳动量/mm | |
|---|---|---|---|---|---|
| | 径向 | 端面 | | 径向 | 端面 |
| 100 以下 | 0.25 | 0.3 | 300~400 | 1.0 | 1.0 |
| 100~200 | 0.5 | 0.5 | 400 以下 | 1.2 | 1.5 |
| 200~300 | 0.75 | 0.8 | | | |

④ 链条下垂度适当。如果链传动机构为水平或稍微倾斜(45°以内),下垂度应不小于2% $L$($L$ 为两链轮中心距),倾斜度增大时,就要减小下垂度。检查链条下垂度的方法如图3-9 所示。链垂直放置时,应小于等于 0.2%$L$(中心距),过紧会增加负载,过松容易产生振动或脱链。对于使用中的链传动,链条因拉伸和销轴磨损,长度增加 3%左右时就要更换链条。

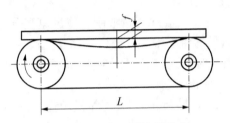

图 3-9 链条下垂度的检查

> 单选题

链传动中,链和链轮磨损较严重,用( )方法修理。

A. 修轮          B. 修链          C. 链、轮全修          D. 更换链、轮

> 判断题

装配链传动机构时,如采用弹簧卡固定活动销轴,弹簧卡开口端方向必须与链条速度方向相同。

# 考点 10 齿轮传动机构的装配

齿轮传动机构是机械传动装置中的重要部件,具有传动准确可靠、结构紧凑、体积小、效率高等特点。它不但传递运动和转矩,改变转速大小和方向,还可以改变运动方式。齿轮传动机构应用十分广泛。

1. 齿轮传动机构装配的技术要求

① 齿轮孔与轴的配合要适当,满足使用要求。

> 空套齿轮在轴上不得有晃动现象;

> 滑移齿轮不应有咬死或阻滞现象;

> 固定齿轮不得有偏心或歪斜现象。

② 保证齿轮有准确的安装中心距和适当的齿侧间隙。

> 齿侧间隙指齿轮副非工作表面法线方向的距离;

> 间隙过小,齿轮转动不灵活,热胀时易卡齿,加剧磨损;

➤ 侧隙过大,则易产生冲击振动。

③ 保证齿面有一定的接触面积和正确的接触位置。接触位置不准确,同时反映了两啮合齿轮相互位置的误差。

④ 进行必要的平衡试验。对于转速高、直径大的齿轮,装配前应进行动平衡试验,以免工作时产生过大的振动。

**2. 圆柱齿轮传动机构的装配工艺**

齿轮的装配方法与带轮的装配相似,但齿轮与轴一般采用过渡配合或过盈配合,一般采用压装,在安装过盈量较大的齿轮和轴的连接时,若有必要,同样可采用热装或冷装。

热装法是在装配时将齿轮置于200 ℃左右的油液中加热,保温适当时间后,使齿轮孔膨胀后取出装配于轴颈上。冷装法是将轴置于液氮中或工业冰箱内使其冷缩,然后取出安装齿轮。

(1) 齿轮与轴的装配。

① 在轴上空套或滑移的齿轮,一般与轴为间隙配合。装配的精度主要取决于零件本身的加工精度。这类齿轮装配比较方便。

② 在轴上固定的齿轮,与轴的配合多为过渡配合或过盈配合,且用平键连接。装配时,先检查键的型号是否符合要求,然后将平键装入键槽,再装配齿轮。

③ 齿轮与轴的过盈量较小时,用手工工具(手锤、紫铜棒等)敲击装入,过盈量较大时,可用压力机压装或用液压套合的装配方法。

(2) 齿轮的装配精度检测。压装齿轮时,要尽量避免齿轮偏心、歪斜或端面未紧贴轴肩等误差,如图 3-10 所示。

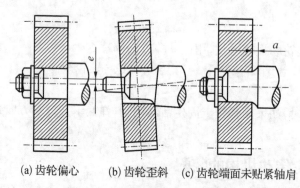

(a) 齿轮偏心　　(b) 齿轮歪斜　　(c) 齿轮端面未贴紧轴肩

**图 3-10　齿轮在轴上的安装误差**

对于精度要求高的齿轮传动机构,压装后应检查径向跳动量和端面跳动量。

① 检查径向跳动的方法如图 3-11 所示。盘动齿轮,在其旋转一圈中百分表最大读数与最小读数之差即为齿轮的径向跳动量。

② 检查端面圆跳动误差的方法如图 3-12 所示。用顶尖将轴顶起,将百分表的测头抵在齿轮的端面上,转动轴,即可测出齿轮端面圆跳动误差。

③ 齿轮啮合齿侧间隙检测。齿轮副的侧隙常用压铅丝法[如图 3-13(a)]或百分表法[如图 3-13(b)]检测。

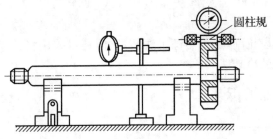

图 3－11　齿轮径向圆跳动误差的检查

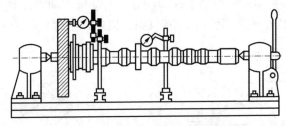

图 3－12　齿轮端面圆跳动误差的检查

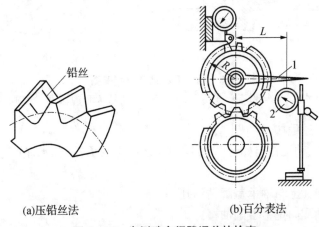

(a)压铅丝法　　　　　　　　(b)百分表法

图 3－13　齿侧啮合间隙误差的检查

压铅丝法是在齿宽的齿面上,平行放置 2～4 根细铅丝,铅丝直径不宜超过最小间隙的 4 倍,转动齿轮挤压铅丝,铅丝被挤压后最薄处的厚度尺寸即为齿侧间隙值。百分表法测量时,将一个齿轮固定,在另一个齿轮上装上夹紧杆,测量装有夹紧杆的齿轮的摆动角度,在百分表上得到读数值 $j$ ,齿侧间隙 $j_n$ 为:

$$j_n = j\frac{R}{L}$$

式中,$R$——装夹齿轮的分度圆半径(mm);

　　　$L$——百分表触头至齿轮回转轴线的距离(mm)。

➢ **单选题**

渐开线圆柱齿轮啮合齿侧间隙质量检查常采用(　　)检测。

A. 涂色法　　　　　　B. 压铅丝法　　　　　C. 回转法　　　　　D. 堵塞法

➢ **判断题**

对于过盈量较大的齿轮副,除采用锤击法装配外,还可采用将齿轮置于工业冰箱内冷却,然后取出装配于轴颈上的冷装法。

## ▶▶ 考点 11　滑动轴承拆装

### 1. 滑动轴承座装配

滑动轴承座结构如图 3-14 所示,由上轴瓦、下轴瓦、轴承盖、轴承座、双头螺柱、螺母和垫片等组成。图 3-14(a)整体式滑动轴承、(b)剖分式滑动轴承两滑动轴承结构不同,但轴承座连接方法相同,轴承座和轴承盖都采用了双头螺柱连接,双头螺柱与轴承座配合紧固。

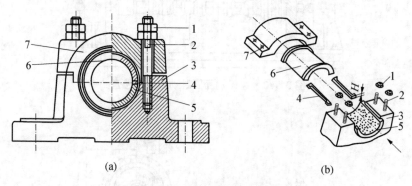

**图 3-14　滑动轴承座装配图**

1—螺母;2—双头螺柱;3—轴承座;4—垫片;5—下轴瓦;6—上轴瓦;7—轴承盖。

滑动轴承座装配过程如下:

第一步　将上、下轴瓦作出标记,背部着色,分别与轴承盖、轴承座配合接触,接触点在 6 点/25 mm² 以上。

第二步　在上轴瓦上与轴承盖配钻油孔。

第三步　在上轴瓦内壁上錾削油槽。

第四步　在轴承座上钻铰下轴瓦定位孔,并装入定位销,定位销露出长度应比下轴瓦厚度小 3 mm。

第五步　在定位销上端面涂红丹油,将下轴瓦装入轴承座,使定位销的红丹油拓印在下轴瓦瓦背上。根据拓印,在下轴瓦背面钻定位孔。

第六步　将下轴瓦装入轴承座内,再将 4 个双头螺柱装在轴承座上,垫好调整垫片,并装好上轴瓦与轴承盖。然后利用工艺轴反复进行刮研,使接触点斑点达 6 点/25 mm² 以上。工艺轴在轴承中旋转没有阻滞现象。

第七步　装上要装配的轴,调整好调整垫片,装配轴承盖,稍稍拧紧螺母,用木锤在轴承盖顶部均匀敲击几下,使轴承盖更好定位,拧紧所有螺母,拧紧力矩要大小一致。经过反复刮研,轴在轴瓦中应能轻松自如地转动,无明显间隙,接触点在 12 点/25 mm² 以上时为合格。

### 2. 滑动轴承座的拆卸

拆卸滑动轴承座的过程与其装配过程相反,用梅花扳手旋松轴承座连接螺母、螺柱,卸下轴承座盖,拆卸上瓦和下瓦。

拆卸整体式滑动轴承的轴瓦或剖分式轴承的上下轴瓦时,要用紫铜棒轻轻磕动轴瓦侧面,使其松动后方可拆卸。不可用手锤等利器直接敲击轴瓦。

➤ **单选题**

1. 剖分式滑动轴承上、下轴瓦与轴承座盖装配时应使(　　)与座孔接触良好。

A. 轴瓦背　　　　　　B. 轴颈　　　　　　C. 轴瓦　　　　　　D. 轴瓦面

2. 滑动轴承瓦背与轴承座的接触面应不小于(　　)。

A. 30%　　　　　　B. 50%　　　　　　C. 75%　　　　　　D. 90%

➤ **判断题**

拆卸滑动轴承瓦盖和上下瓦时,要用紫铜棒轻轻敲击轴瓦背面,用力不得过大,不得使用手锤直接敲击,以免损坏轴瓦。

## ▌▶ 考点 12　滚动轴承装配

*1. 滚动轴承的结构*

如图 3-15 所示,滚动轴承由外圈、内圈、滚动体和保持架组成。一般情况下,滚动轴承内圈的作用是与轴相配合并与轴一起旋转;外圈作用是与轴承座相配合,起支撑作用;滚动体是借助于保持架均匀地分布在内圈和外圈之间,其形状大小和数量直接影响着滚动轴承的使用性能和寿命;保持架能使滚动体相互分隔,引导滚动体在确定位置上工作,不至脱落。

**图 3-15　滚动轴承的结构**

滚动轴承广泛应用于要求径向尺寸小、结构要求紧凑的场合。

*2. 滚动轴承装配前的清洗*

(1) 将轴承中的防锈油及润滑脂挖出,然后放在热机油中使残油熔化。

① 用煤油冲洗,再用汽油洗净,并用干净的布擦干。

② 也可用其他清洗剂清洗,并将轴承擦干。

(2) 滚动轴承的检查

① 轴承本体内、外是否清洗干净。

② 轴承内、外座圈、滚动体和隔离圈(保持架)是否有生锈、毛刺、裂纹、碰伤等问题,外形尺寸和外观是否正常。

③ 轴承的内座圈是否与轴肩紧密相接触。

④ 轴承的间隙是否合乎要求。

⑤ 转动轴承是否轻快自如，有无难以转动或突然卡阻现象。

⑥ 轴承的附件是否齐全。

⑦ 检查过程中所发现的缺陷，必须加以消除，否则必须更换新轴承。

3. 滚动轴承的装配及注意事项

（1）压入装配。轴承内圈与轴为较紧配合，外圈与轴承座孔是较松配合时，可用压力机将轴承先压装在轴上（见图 3-16），然后将轴连同轴承一起装入轴承座孔内，压装时在轴承内圈端面上，垫一软金属材料做的装配套管（铜、铝或软钢）。如图 3-17 所示，为用锤击法装配滚动轴承，要垫套管或铜棒等软质材料。如图 3-18 所示，为锤击法装配轴承时正确与错误装配方法的比较。

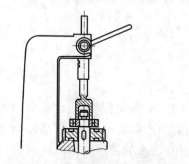 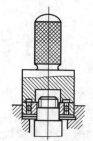 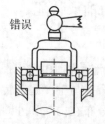 

图 3-16　手压床安装轴承　　图 3-17　垫棒敲击安装轴承　　图 3-18　压装轴承内圈的方法比较

轴承外圈与轴承座孔紧配合，内圈与轴为较松配合时，可将轴承先压入轴承座孔内，这时装配套管的外径应略小于座孔的直径。

如果轴承套圈与轴及外圈与座孔都是紧配合时，安装时内圈和外圈要同时压入轴和座孔，装配套管的结构应能同时压紧轴承内圈和外圈的端面。

（2）加热装配。如图 3-19 所示，通过加热轴承或轴承座，利用热膨胀将紧配合转变为松配合的安装方法是一种常用和省力的安装方法。此法适于过盈量较大的轴承的安装，热装前把轴承或可分离型轴承的套圈放入油箱中均匀加热 80 ℃～100 ℃，然后从油中取出尽快装到轴上，为防止冷却后内圈端面和轴肩贴合不紧，轴承冷却后可以再进行轴向紧固。轴承外圈与轻金属制的轴承座紧配合时，采用加热轴承座的热装方法，可以避免配合面受到擦伤。

用油箱加热轴承时，在距箱底一定距离处应有一网栅，如图 3-19（a）所示，或者用钩子吊着轴承，如图 3-19（b）所示，轴承不能放到箱底上，以防箱底沉淀的杂质进入轴承内或不均匀的加热，油箱中必须有温度计，严格控制油温不得超过 100 ℃，以防止发生回火效应，使套圈的硬度降低。

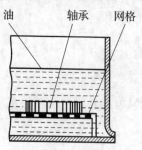 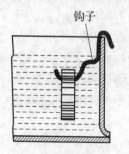

(a)用网栅加热滚动轴承　　　　(b)用吊钩加热滚动轴承

图 3-19　加热装配轴承

（3）冷却装配

冷装法一般用于外圈装入座孔或配合直径较小的零件，冷却外圈或轴件，轴温不得低于－80 ℃。一般采用干冰（固体 $CO_2$）或将轴承或轴件放入工业冰箱中，在－40 ℃～－50 ℃，冷却 10～15 分钟，取出后迅速装入轴承座孔或轴承内孔。

（4）推力轴承的安装

推力轴承的内圈与轴的配合一般为过渡配合，座圈与轴承座孔的配合一般为间隙配合，因此，这种轴承较易安装，双向推力轴承的中轴圈应在轴上固定，以防止相对于轴转动。

**4. 装配和拆卸的注意事项**

（1）拆卸时的注意事项

① 机器拆卸工作应按其结构的不同，预先考虑程序，以免先后倒置。

② 拆卸的顺序如果与装配的顺序相反，一般应先拆外部附件，然后按总成—部件的顺序进行拆卸。在拆卸部件或组件时，应按外部到内部的顺序，依次拆卸。

③ 拆卸时，使用的工具必须保证对合格零件不会造成损伤，应尽量使用专门工具，如各种顶拔器、整体扳手等，严禁用手锤直接在零件的工作面上敲击。

④ 拆卸时，螺纹零件的旋松方向（左、右螺旋）必须辨别清楚。

（2）装配时的注意事项

① 装配时应检查零件是否合格，零件有无变形、损坏，零件的型号尺寸是否与装配图要求一致。

② 固定连接的零部件不得有间隙，活动连接在正常间隙下应保证灵活均匀，按规定方向运动。

③ 各运动表面润滑充分，油路必须畅通。

④ 密封部件装配后不得有渗漏现象。

⑤ 试车前，应检查各部件连接可靠性、灵活性，试车时由低速到高速，根据试车情况进行调整，达到要求。

**5. 滚动轴承的预紧**

在多数运转状态下，滚动轴承带有适当的游隙。根据目的不同，也有在安装轴承时，预先使轴承产生内部应力，以便轴承在负游隙下使用，这种使用方法称作预紧。大多如角接触球轴承与圆锥滚子轴承一样，适用于两套对置、游隙可调的轴承。

如果预紧力超过所需限度，将会导致异常发热，摩擦力矩增大，疲劳寿命下降等等。所以要根据工况、预紧目的来决定预紧力。

（1）滚动轴承预紧目的

① 在轴的径向及轴向精确定位的同时，抑制轴的跳动。用于机床主轴轴承、测量仪器轴承等。

② 提高轴承的刚度。用于机床主轴轴承、汽车差速器用轴承。

③ 防止轴向振动及共振引起的异响。用于小型电机轴承等。

④ 抑制滚动体的自旋滑动、公转滑动及自转滑动。用于高速角接触球轴承、推力球轴承等。

⑤ 保持滚动体相对套圈的正确位置。用于推力球轴承、推力调心滚子轴承等，用在水平轴时。

（2）定位预紧

定位预紧是一种保证对置轴承在使用中不改变轴向相对位置的预紧方法。其方法如下：

① 为了实施预紧将事先调整过宽度差或轴向游隙的组合轴承紧固后使用。

② 使用调整过尺寸的隔圈、填隙片，对轴承施加预紧。

③ 紧固可以调整轴向游隙的螺杆、螺母。在这种场合，为了得到合适的预紧量，要一边测定启动摩擦力矩一边调整游隙。

（3）定压预紧

定压预紧是一种利用螺旋弹簧、碟形弹簧等对轴承施加预紧的方法。在使用中即使轴承相对位置发生变化，预紧力也可大致保持不变。

紧固可以调整轴向游隙的螺杆、螺母。在这种场合，为了得到合适的预紧量，要一边测定启动摩擦力矩一边调整游隙。

6. 滚动轴承游隙调整

滚动轴承装配时，其游隙不能太大，也不能太小。游隙太大，会造成同时承受载荷的滚动体的数量减少，使单个滚动体的载荷增大，从而降低轴承的旋转精度，减少使用寿命，游隙太小，会使摩擦力增大，产生的热量增加，加剧磨损，同样能使轴承的使用寿命减少。因此，许多轴承在装配时都要严格控制和调整游隙。

调整滚动轴承间隙的方法主要有三种：垫片调整法、螺钉调整法和止推环调整法。

（1）垫片调整法

在轴承端盖与轴承座端面之间填放一组软材料(软钢片或弹性纸)垫片；调整时，先不放垫片装上轴承端盖，一面均匀地拧紧轴承端盖上的螺钉，一面用手转动轴，直到轴承滚动体与外圈接触而轴内部没有间隙为止；这时测量轴承端盖与轴承座端面之间的间隙，再加上轴承在正常工作时所需要的轴向间隙；这就是所需填放垫片的总厚度，然后把准备好的垫片填放在轴承端盖与轴承座端面之间，最后拧紧螺钉，如图 3-20(a)所示。

垫片要准备几种不同厚度的，当需要基层垫片叠起来用时，其总厚度应以端盖上紧后所测量出的厚度为准，而不能未经压紧时的多层垫片叠加厚度计算。

（2）螺钉调整法

把压圈压在轴承的外圈上，用调整螺栓加压；在加压调整之前，首先要测量调整螺栓的螺距，把调整螺栓慢慢旋紧，直到轴承内部没有间隙为止，然后算出调整螺栓相应的旋转角，如图 3-20(b)所示。

例如螺距为 1.5 mm，轴承正常运转所需要的间隙，那么调整螺栓所需要旋转角为 $3\,600 \times 0.15/1.5 = 360$；这时把调整螺栓反转 360°，轴承就获得 0.5 mm 的轴向间隙，然后用止动垫片加以固定即可。

（3）止推环调整法

用止推环调整时，先旋拧具有外螺纹的内推环，使其推动轴承外圈轴向移动直到轴转动发紧时为止。然后根据要求的轴向间隙大小把止推环倒转到一定的位置，再用止动片予以固定，如图 3-20(c)所示。

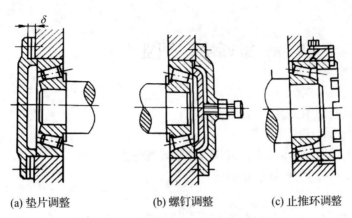

(a) 垫片调整　　　　(b) 螺钉调整　　　　(c) 止推环调整

**图 3 - 20　滚动轴承的间隙调整**

滚动轴承装配后的游隙,见表 3 - 3。

**表 3 - 3　滚动轴承游隙标准**

| 轴承公称直径 (mm) | | 单列向心球 轴承(mm) | | 单列向心短圆柱 滚子轴承(mm) | | 双列球面滚子 轴承(mm) | | 测量时施加径 向负荷(MPa) | 使用后磨损 允许值(mm) |
|---|---|---|---|---|---|---|---|---|---|
| 超过 | 到 | 最小 | 最大 | 最小 | 最大 | 最小 | 最大 | | |
| 18 | 24 | 10 | 24 | | | | | 0.5 | 100 |
| 24 | 30 | 10 | 24 | | | | | 0.5 | |
| 30 | 40 | 12 | 26 | | | | | 1.0 | 200 |
| 40 | 50 | 12 | 29 | 20 | 55 | | | 1.0 | |
| 50 | 65 | 13 | 33 | 25 | 65 | | | 1.0 | 20 |
| 65 | 80 | 14 | 34 | 30 | 70 | 50 | | 1.0 | |
| 80 | 100 | 16 | 40 | 35 | 80 | 60 | | 1.0 | |
| 100 | 120 | 20 | 46 | 40 | 90 | | | 1.5 | |
| 120 | 140 | 23 | 53 | 45 | 100 | | | 1.5 | 300 |

▷ **单选题**

下列滚动轴承轴向预紧方法中,能随时补偿轴承的磨损和轴向热胀伸长的影响,并使预紧力基本保持不变的是(　　)。

A. 修磨垫圈厚度法

B. 调节内外隔圈厚度法

C. 弹簧预紧法

D. 磨窄成对使用的轴承内圈和外圈法

▷ **判断题**

安装滚动轴承时,应将刻有轴承型号和标记的一面朝外,便于查看。

# 第四章　职业素养

(1) 遵守安全操作规范。

(2) 能正确规范使用工具、夹具和量具。

(3) 能正确使用钳工常用刀具。

(4) 能保证工作场地清洁、整齐、有序,注重环境保护。

(5) 严谨的工作态度、精益求精的职业素养。

**➤ 单选题**

直线分布的成组螺母,将螺母分别拧至贴紧零件的表面后,正确的拧紧顺序为(　　)。

A. 从中间向两边对称地依次进行　　　　　B. 从两边向中间对称地依次进行

C. 从一端开始依次进行　　　　　　　　　D. 不需要按顺序,随机进行

 **知识框架**

| 序号 | 主要内容 | 技能要求 |
|---|---|---|
| 1 | 作业环境准备和安全检查 | 能对作业环境进行选择和整理；<br>能对常用设备、量具、量仪进行安全检查；<br>能正确使用劳动保护用品；<br>能查阅标准、规范、手册、图册等相关技术资料。 |
| 2 | 标准件及常用件公差配合选用 | 能采用类比法选用常用尺寸公差与配合；<br>能合理使用量具、量仪，规范完成粗糙度、形状误差、位置误差等检测作业，能规范标注粗糙度、形状误差、位置误差；<br>能合理使用量具、量仪，规范完成角度和锥度的检测作业，能描述圆锥配合的主要参数；<br>能利用类比法选择平键、花键联结配合公差；<br>能识读螺纹配合公差，规范标注螺纹配合公差；<br>能利用类比法选用滚动轴承与轴、外壳配合公差；<br>能正确确定直齿圆柱齿轮精度等级，能规范标注齿轮图样。 |
| 3 | 技术测量 | 能按使用说明书，规范操作量具量仪进行技术测量；<br>能对测量误差进行数据处理；<br>能按使用说明书要求对量具、量仪进行保养。 |
| 4 | 职业素养 | 遵守安全操作规范；<br>能正确规范使用工具、夹具和量具；<br>能保证工作场地清洁、整齐、有序，注重环境保护；<br>尊重数据、诚实守信的职业素养。 |

# 第一章 作业环境准备和安全检查

## ▐▶ 考点1 对作业环境进行选择和整理

## ▐▶ 考点2 对常用设备、量具、量仪进行安全检查

## ▐▶ 考点3 正确使用劳动保护用品

## ▐▶ 考点4 查阅标准、规范、手册、图册等相关技术资料

### ➤ 单选题
现场测量零件绘制零件草图,除( )外,其他各要素与规范的零件工作图相同。
A. 不画标题栏
B. 不用尺规及其他绘图工具、目测比例
C. 采用简单绘图工具、目测比例
D. 草图上标注尺寸不考虑比例

### ➤ 判断题
进行测量作业时,量具一般放置在工作台任意位置,随用随拿。

# 第二章 标准件及常用公差配合选用

## ▐▶ 考点5 采用类比法选用常用尺寸公差等级

1. 轴类零件的尺寸公差等级

工程实际中常用的传动轴根据具体情况各段精度大致如下:

① 与齿轮孔配合的轴颈,一般为 IT6～IT8。

② 与滚动轴承孔相配合的轴颈,一般为 IT5～IT7。

③ 安装带轮、链轮或联轴器的轴颈,一般为 IT7～IT9。

④ 其余各段,一般为 IT9～IT12。

2. 齿轮轮齿精度等级(见表2-1)

表2-1 各类机械中的齿轮精度等级

| 应用范围 | 精度等级 | 应用范围 | 精度等级 |
|---|---|---|---|
| 测量齿轮 | 2～5 | 载重汽车 | 6～9 |
| 透平齿轮 | 3～5 | 一般减速器 | 6～8 |
| 精密切削机床 | 3～7 | 拖拉机 | 6～10 |
| 航空发动机 | 4～7 | 起重机械 | 7～9 |
| 一般切削机床 | 5～8 | 轧钢机 | 9～10 |

续　表

| 应用范围 | 精度等级 | 应用范围 | 精度等级 |
| --- | --- | --- | --- |
| 内燃和电气机车 | 5～8 | 地质矿山绞车 | 7～10 |
| 轻型机车 | 5～8 | 农业机械 | 8～11 |

3. 齿轮轴孔的尺寸公差等级

齿轮上与轴颈配合的孔,一般与轴颈为过渡配合或过盈配合,尺寸公差等级为 IT6～IT9,常用 IT7～IT8。

4. 表面粗糙度值的类比

一定的尺寸公差要有相应的表面粗糙度。

实验研究表明:

零件尺寸大于 50 mm 时,推荐:$R_a=(0.1\sim0.15)\mathrm{T}$

零件尺寸在 18～50 mm 时,推荐:$R_a=(0.15\sim0.20)\mathrm{T}$

零件尺寸小于 18 mm 时,推荐:$R_a=(0.20\sim0.25)\mathrm{T}$

▷ **单选题**

中心距为 500 mm 的二级直齿圆柱齿轮减速机上,输入轴安装大齿轮的轴颈的标准公差等级和表面粗糙度大约为(　　)。

A. IT5、$R_a6.3$　　　　B. IT9、$R_a3.2$　　　　C. IT12、$R_a0.8$　　　　D. IT7、$R_a0.8$

▷ **应用题**

试识读图 2－1 中所示的齿轮零件图,回答下列问题。

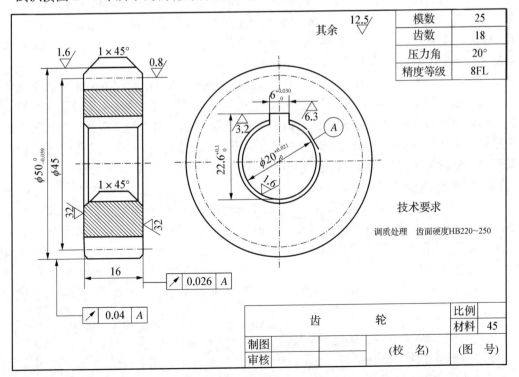

**图 2－1　圆柱齿轮零件图**

(1) 该齿轮的材料是_____。

(2) 图上尺寸 $\phi 20_0^{+0.021}$ mm 的标准公差等级大约是_____。

(3) 图中键槽深度的最大极限尺寸值是_____,公差值是_____。

(4) 若测得图中齿顶圆的实际尺寸是 $\phi 49.975$ mm,则该实际尺寸_____。(填"合格"或"不合格")。

(5) 图中标注的齿面表面粗糙度上限值是_____。

## ▌▶ 考点 6  技术要求检测

合理使用量具、量仪、规范完成表面粗糙度、形状误差、位置误差等检测作业,能规范标注粗糙度、形状误差、位置误差。

1. 表面粗糙度的测量方法及测量仪器

① 比较法。对于中等或较粗糙表面的粗糙度测量,可用比较法进行。方法是将被测量表面与标有一定数值的**粗糙度样板**(样板是一套具有平面或圆柱表面的金属块,表面经磨、车、镗、铣、刨等切削加工,电铸或其他铸造工艺等加工而具有不同的表面粗糙度)比较来确定被测表面粗糙度数值的方法。比较法测量简便,常应用于车间现场测量。比较时可以采用的方法:$R_a > 1.6\ \mu m$ 时用目测,$R_a$ 为 $1.6 \sim 0.4\ \mu m$ 时用放大镜,$R_a < 0.4\ \mu m$ 时用**比较显微镜**。测量仪器有**粗糙度样板**、**比较显微镜**等。

② 触针法。利用针尖曲率半径为 2 微米左右的**金刚石触针**沿被测表面缓慢滑行,金刚石触针的上下位移量由电学式长度传感器转换为电信号,经放大、滤波、计算后由显示仪表指示出表面粗糙度数值,也可用记录器记录被测截面轮廓曲线。一般将仅能显示表面粗糙度数值的测量工具称为**表面粗糙度测量仪**,同时能记录表面轮廓曲线的称为**表面粗糙度轮廓仪**(简称轮廓仪),这两种测量工具都有电子计算电路或电子计算机,它能自动计算出轮廓算术平均偏差 $R_a$、轮廓高度 $R_z$ 和其他多种评定参数,测量效率高,适用于测量 $R_a$ 为 $0.025 \sim 6.3\ \mu m$ 的表面粗糙度。测量仪器有**表面粗糙度测量仪**、**表面粗糙度轮廓仪**等。

③ 光切法。光线通过狭缝后形成的光带投射到被测表面上,以它与被测表面的交线所形成的轮廓曲线来测量表面粗糙度。由光源射出的光经聚光镜、狭缝、物镜 1 后,以 45°的倾斜角将狭缝投影到被测表面,形成被测表面的截面轮廓图形,然后通过物镜 2 将此图形放大后投射到分划板上。利用测微目镜和读数鼓轮,先读出 $h$ 值,计算后得到 $H$ 值。应用此法的表面粗糙度测量工具称为**光切显微镜**。它适用于测量 $R_z$ 为 $0.8 \sim 100\ \mu m$ 的表面粗糙度,需要人工取点,测量效率低。测量仪器有**光切显微镜**等。

④ 干涉法。利用光波干涉原理(见平晶、激光测长技术)将被测表面的形状误差以干涉条纹图形显示出来,并利用放大倍数高(可达 500 倍)的显微镜将这些干涉条纹的微观部分放大后进行测量,以得出被测表面粗糙度。应用此法的表面粗糙度测量工具称为**干涉显微镜**。这种方法适用于测量 $R_z$ 为 $0.025 \sim 0.8\ \mu m$ 的表面粗糙度。仪器有**光波干涉仪**等。

除上述四种常用方法外,还有激光反射法、三维几何表面测量等方法。

2. 形状误差、位置误差的测量

(1) 直线度误差的测量方法及测量仪器

① 指示器测量法。百分表等。

② 刀口尺法。刀口尺、塞尺等。

③ 钢丝法。显微镜、专用钢丝等。

④ 水平仪法。水平仪、桥板等。

（2）平面度误差的测量方法及测量仪器

① 指示器表测量法。百分表等。

② 平晶测量法。测量高精度的小平面、平晶等。

③ 水平仪测量法。自准直仪和反射镜等。

（3）圆度和圆柱度误差的测量方法及测量仪器

① 圆度仪测量法。圆度仪等。

② 指示器测量法。百分表等。

（4）线轮廓度和面轮廓度误差的测量方法及测量仪器

① 比较法。轮廓样板等。

② 极坐标法。坐标测量仪等。

（5）平行度误差的测量方法及测量仪器

指示器测量法。常用平板、心轴或 V 形块来模拟平面、孔或轴，作为基准，用百分表等进行测量。百分表等。

（6）垂直度误差的测量方法及测量仪器

通常采用转换为平行度误差的方法进行测量。

（7）倾斜度误差的测量方法及测量仪器

转换为平行度误差的方法测量。利用定角座调整被测件位置，使被测表面的读数差为最小值，取指示器的最大与最小读数之差作为该零件的倾斜度误差。测量仪器有百分表、定角座或用定角套（或定角套、正弦尺、精密转台代替）等。

（8）同轴度误差的测量方法及测量仪器

指示器测量法。可用 V 形架支承被测件，以两基准圆柱面中部的中心点连线作为公共基准轴线。即将被测零件放置在两个等高的刃口状 V 形架上，将两指示器分别在铅垂轴截面调零。

① 在轴向测量，取指示器在垂直基准轴线的正截面上测得各对应点的读数差值，作为在该截面上的同轴度误差。

② 转动被测零件，按上述方法测量若干个截面，取各截面测得的读数差中最大值（绝对值）作为该零件同轴度误差。

测量仪器有百分表等。

（9）对称度误差的测量及测量仪器

通常是用测长量仪堆成的两平面或圆柱面的两边素线，各自到基准平面或圆柱的两边素线的距离之差。测量时用平板或定位块模拟基准滑块或槽面的中心平面。

将被测量件放置在平板上，测量被测表面与平板之间的距离。将被测件翻转后，测量另一被测表面与平板之间的距离，取测量截面内对应两点的最大差值作为对称度误差。

测量仪器有百分表等。

（10）位置度误差的测量方法及测量仪器

① 用测长量仪测量要素的实际位置尺寸，与理论正确尺寸比较，以最大差的两倍作为位置度误差。特备适宜于放在坐标测量仪上测量孔的坐标。测量仪器有测长量仪等。

② 用位置量规测量要素的合格性。测量仪器有位置量规等。

（11）圆跳动误差的测量方法及测量仪器

① 径向圆跳动误差的测量。基准轴线由 V 形架模拟，被测零件支承在 V 形架上，并在轴向定位。

➤ 在被测零件回转一周过程中指示器读数最大差值即为单个测量平面上的径向跳动。

➤ 按上述方法测量若干个截面，取各截面上测得的跳动量中的最大值，作为该零件的径向跳动。

测量仪器有百分表等。

② 端面跳动误差的测量及测量仪器。将被测件安装在 V 形块上，并在轴向定位。

➤ 在被测件回转一周过程中，指示器读数最大差值即为单个测量圆柱面上的端面跳动。

➤ 按上述方法测量若干个圆柱面，取各测量圆柱上测得的跳动量中的最大值，作为该零件的端面跳动。

➤ **单选题**

下列（　　）为形状公差项目符号。

A. ◎和∥　　　　　　B. ⌒和○　　　　　　C. ∠和○　　　　　　D. ⊥和↗

➤ **判断题**

对于垂直度和倾斜度误差的测量，可以转换为平行度误差来测量。

➤ **应用题**

识读图 2-2 所示某孔形位误差的标注，试回答下列问题：

(1) 图中几何公差"∠"表示的公差项目是_____。

(2) 图中公差数值"$\phi0.05$"中"$\phi$"表示_____。

(3) 图中基准属于_____类型。

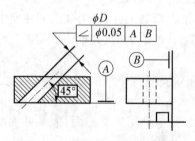

图 2-2　某孔形位误差的标注

## ▌▶ 考点 7　角度和锥度检测

合理使用量具、量仪，规范完成角度和锥度的检测作业，能描述圆锥配合的主要参数。

圆锥配合的主要参数有：极限初始位置、实际初始位置、终止位置、极限轴向位移、轴向位移公差。

**1. 角度和锥度的测量方法分类**

（1）按获得结果的方式不同分为直接测量和间接测量。

① 直接测量：用测量角度的量具或量仪直接测量，被测的锥度或角度的数值可在量具或量仪上直接读出。如对于精度不高的工件上的角度，常用万能角度尺进行测量。

被测角与标准角度相比较，直接测得其实际角度相对于标准角度偏差的方法。如：

➢ 在万能工具显微镜上用测角目镜、圆分度台、圆分度头直接测角度——通用仪器;

➢ 测角仪、光学分度头——专用仪器;

➢ 角度规——量具;

➢ 角度量规、样板——比较法(光楔法、研合法、通止规)。

② 间接测量:通过测量与该角度有关的长度量(线值),再利用其相互函数关系式计算求得被测角度或锥角。因线值测量可达到很高的精度,故在角度测量中间接测量方法比直接测量方法精度(同等条件下)要高。

(2) 按比较方式不同分为绝对测量法和相对测量法。

**2. 角度和锥度测量实例**

(1) 比较法测量

比较测量法又称为相对测量法,是直接测量锥度或角度的方法。它是将角度量具与被测角度比较,用光隙法或涂色检验的方法估计被测锥度及角度的误差测量。其常用的量具有圆锥量规和锥度样板等。

① 与标准角度量块(或样板)相比较,如图 2-3 所示。

② 与极限样板相比较。用通端检验零件时,小端接触;若止端检验零件时,大端接触,则表示零件合格,如图 2-4 所示。

(2) 平台测量

指利用一般的通用量具、量仪、长度基准和其他辅助量具来测量零件的尺寸和角度的方法。一般在作为测量基准的平板上进行。

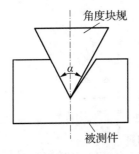

图 2-3　与标准角度量块(或样板)比较测量角度

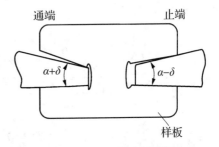

图 2-4　与极限样板比较测量角度

平台测量方法具有的特点是器具较易获得,环境要求不高,适合现场测量;若器具精度足够并使用合理,可保证相当高的精度;对某些大型复杂零件,是最佳选择;多为间接测量,费时间,计算复杂,误差因素多。

① 用标准量棒测量两内表面的夹角和内锥角的测量。

测量方法如图 2-5 所示。计算结果为 $\alpha = \arcsin \dfrac{t}{d}$。

量具为量块、量棒、标准量棒、标准钢球等。

② V 形块的测量。测量方法如图 2-6 所示。量具为量块、量棒、刀口尺。

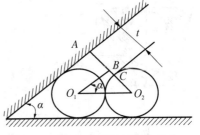

图 2-5　用标准量棒测量内角度

三圆柱法:若 V 形块是对称的,则 V 形块角度按下式计算。$\alpha = \arcsin \dfrac{t+d}{2d}$

若 V 形块不对称,则用下述两式分别计算 V 形块的左右半角。

$$\cos \frac{\alpha}{2}(左) = \frac{h_2 - h_1}{d}, \quad \cos \frac{\alpha}{2}(右) = \frac{h_3 - h_1}{d}$$

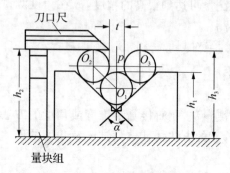

图 2-6  V 形块角度的测量

③ 燕尾槽的测量。测量方法如图 2-7 所示。

量具:角度规、角度块、标准量棒。

燕尾槽的角度 $\alpha$ 为:$L = m_1 - d\left(1 + \cot\dfrac{\beta}{2}\right)$,$L = m_2 - 2d\left(1 + \cot\dfrac{\beta}{2}\right)$,联立求解得 $\beta =$

$2\mathrm{arccot}\left(\dfrac{m_1 - m_2}{d} - 1\right)$

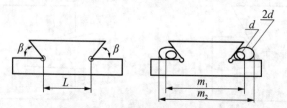

图 2-7  燕尾槽角度的测量

④ 内锥角的测量。测量方法如图 2-8 所示。

量具:钢球、测深器具。

$$\alpha = \arcsin \frac{d_2 - d_1}{2l}, 式中:l = b - a - \frac{d_2 - d_1}{2}$$

⑤ 用正弦尺(规)测量。

测量时,根据被测圆锥角 $2\alpha$ 的大小,按下式组合量块尺寸 $h$,若正弦尺两圆柱中心距为 $L$,则:$h = L\sin 2\alpha$

由指示表读出 $a$、$b$ 两点的差值 $\Delta h$,当 $a$、$b$ 两点间的距离为 $l$ 时,可按下式算出锥度误差 $\Delta(\mathrm{rad})$:

$$\Delta = \frac{\Delta h}{l}$$

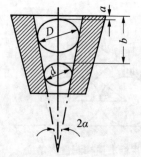

图 2-8  内锥角度的测量

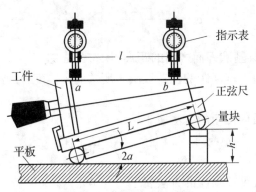

图 2-9　内锥角度的测量

⑥ 用三坐标测量仪测内锥角。

在三坐标测量仪上测量内锥零件的锥角,如图 2-10 所示。在通过锥孔轴心线的 $x$-$z$ 平面,以 $x$-$y$ 平面为基准,在通过锥孔轴心线的 $x$-$z$ 平面内测出 $x_1$、$x_2$ 和 $z_1$、$z_2$,由下式得

$$\alpha = 2\arctan\frac{x_2 - x_1}{2(z_2 - z_1)}$$

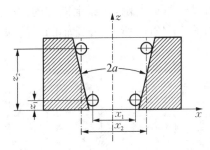

图 2-10　内锥角度的测量

坐标法测量也多属于间接测量,其测量精度可按函数误差求法来获得。

3. 圆锥配合的主要参数

① 圆锥角:在通过圆锥轴线的截面内,两条素线之间的夹角,用符号 $\alpha$ 表示。

② 圆锥素线角:圆锥素线与其轴线之间的夹角,它等于圆锥角之半。

③ 圆锥直径:与圆锥轴线垂直的截面内的直径,有内、外圆锥的最大直径,内、外圆锥的最小直径,给定截面处圆锥直径。

④ 圆锥长度:圆锥的最大直径截面与最小直径截面之间的轴向距离。圆锥长度用 $l$ 表示,外圆锥长度为 $l_e$,内圆锥长度为 $l_i$。

⑤ 圆锥配合长度:内外圆锥配合面的轴向距离,用符号 $h$ 表示。

⑥ 锥度:两个垂直圆锥轴线截面的圆锥直径之差与该两截面之间的轴向距离之比,用符号 $c$ 表示。

如圆锥最大直径 $d_{max}$ 和圆锥最小直径 $d_{min}$ 之差与圆锥长度 $l$ 之比即为锥度 $c$。

锥度常用比例或分数表示,如 $c=1:20$ 或 $c=1/20$

$$c = \frac{d_{\max} - d_{\min}}{l} = 2\tan\frac{\alpha}{2}$$

⑦ 锥面距:内、外圆锥基准平面之间的距离,用符号 $a$ 表示。基面距用于确定内、外圆锥之间最终的轴向相对位置。基面距的位置取决于所选的圆锥配合的级别直径。

▶ **单选题**

用三坐标测量仪测量内锥角的方法属于( )。

A. 直接       B. 绝对       C. 间接       D. 相对

▶ **多选题**

用比较测量法测量锥度或角度的方法属于( )。

A. 直接       B. 绝对       C. 间接       D. 相对

▶ **判断题**

在工厂内常采用万能角度尺测量一些精度要求不高的工件角度。

## ▌▶ 考点8 平键、花键联接配合公差

利用类比法选择平键、花键联接配合公差。

(1) 平键和花键键槽的标注示例。

平键轴上键槽的标注如图 2-11(a)所示,轮毂上键槽的标注如图 2-11(b)所示。

花键轮毂上键槽的标注如图 2-12(a)所示,花键轴的标注如图 2-12(b)所示。

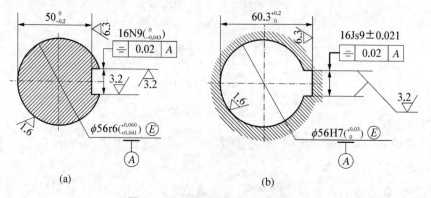

图 2-11 平键公差配合标注示例

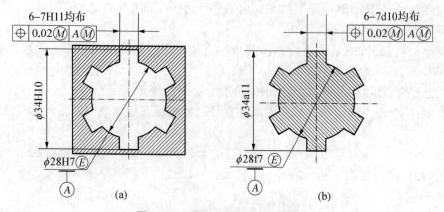

图 2-12 花键公差配合标注示例

（2）平键连接的配合及应用见表 2-2。

表 2-2　平键连接的三种配合及应用

| 配合种类 | 固定连接 | | | 应用 |
|---|---|---|---|---|
| | 键 | 轴键槽 | 轮毂键槽 | |
| 较松联接 | | H9 | D9 | 用于导向平键，轮毂可在轴上移动 |
| 一般联接 | h8 | N9 | Js9 | 键在轴键槽中均轴向固定，用于载荷不大的场合 |
| 较紧联接 | | P9 | P9 | 键在轴键槽中和轮毂键槽中均牢固地固定，用于载荷较大、有冲击和双向转矩的场合 |

（3）花键连接的配合及应用见表 2-3。

表 2-3　花键的配合应用的推荐

| 应用 | 固定连接 | | 滑动连接 | |
|---|---|---|---|---|
| | 配合 | 特征及应用 | 配合 | 特征及应用 |
| 精密传动 | H5/h5 | 紧固程度较高，可传递大转矩 | H5/g5 | 滑动程度较低，定心精度高，传递转矩大 |
| | H6/h6 | 传递中等转扭矩 | H6/f6 | 滑动程度中等，定心精度较高，传递中等转矩 |
| 一般用 | H7/h7 | 紧固程度较低，传递转矩较小，可经常拆卸 | H7/f7 | 移动频率高，移动长度大，定心精度要求不高 |

（4）平键和花键轴键槽和轮毂键槽的位置公差。

平键轴键槽和轮毂键槽的位置公差项目主要是键槽相对于轴线的对称度公差，花键轴键槽和轮毂键槽的位置公差项目主要是位置度公差。公差带大小一般为 0.01～0.02 mm。

▷ 单选题

某用于带式输送机的中心距为 300 mm 的单级直齿圆柱齿轮减速机，其输出轴上安装齿轮的平键与轴键槽间的配合应选为（　　　）。

A. N9/h8　　　　　B. D9/h8　　　　　C. H9/h8　　　　　D. Js9/h8

▷ 判断题

平键连接，轴键槽和轮毂键槽的对称度公差值一般都为 0.02 mm。

## ▶ 考点9 螺纹配合公差

识读螺纹配合公差,规范标注螺纹配合公差。

完整的螺纹标记由螺纹特征代号(牙型)、尺寸代号、螺距、公差带代号及其他有必要做进一步说明的个别信息组成。如旋向(左旋螺纹标记"LH",右旋螺纹不加标记)等。

普通螺纹的特征代号(牙型代号)用"M"标记。

**1. 螺纹尺寸代号的标记**

单线螺纹的尺寸代号为"公称直径×螺距",以螺纹大径尺寸的阿拉伯数字作为公称直径。公称直径和螺距数值单位为毫米。

示例1:M8×1

公称直径为 8 mm、螺距为 1 mm 的单线细牙螺纹。对粗牙螺纹,可以省略标注其螺距项。

示例2:M8

公称直径为 8 mm、螺距为 1.25 mm 的单线粗牙螺纹。

**2. 螺纹配合公差的标记**

(1) 螺纹公差带代号标记的规则

螺纹公差带代号包含中径公差带代号和顶径公差带代号。中径公差带代号在前,顶径公差带代号在后。各直径的公差带代号由表示公差等级的数值和表示公差带位置的字母(内螺纹用大写字母;外螺纹用小写字母)组成。

如果中径公差带代号与顶径(内螺纹小径或外螺纹大径)公差带代号相同,只标注一个公差带代号。螺纹尺寸代号与公差带代号间用"—"号分开。

(2) 螺纹公差带标注示例

① 单个螺纹公差带代号的标记示例

示例3:

外螺纹:

M10×1—5g6g

表示公称直径为 10 mm、螺距为 1 mm、中径公差带为 5 g、顶径公差带为 6g 的细牙外螺纹。

内螺纹:

M10—6H

表示公称直径为 10 mm、螺距为 1.5 mm、中径公差带和顶径公差带为 6H 的粗牙内螺纹。

② 内外螺纹配合时公差带代号标记示例

表示螺纹配合时,内螺纹公差带代号在前,外螺纹公差带代号在后,中间用斜线"/"分开。

示例4:

M20×2—6H/5g6g

表示公称尺寸为 20 mm、螺距为 2 mm、螺纹公差带代号为 6H 的内螺纹与公差带为 5g6g 的外螺纹组成配合。

③ 螺纹公差带代号可以省略的情况

在下列情况下,中等公差等级螺纹的公差带代号可以省略:

➤ 内螺纹:

5H——公称直径小于或等于 1.4 mm 时;

6H——公称直径大于或等于 1.6 mm 时。

注:对螺距为 0.2 mm 的螺纹,其公差等级为 4 级。

➤ 外螺纹:

6h——公称直径小于或等于 1.4 mm 时;

6g——公称直径大于或等于 1.6 mm 时。

示例 5:M10

中径公差带和顶径公差带为 6g,中等公差精度的粗牙外螺纹,或中径公差带和顶径公差带为 6H,中等公差精度的粗牙内螺纹。

3. 标记内有必要说明的其他信息

标记内有必要说明的其他信息,包括螺纹的旋合长度组别和旋向。

(1) 螺纹旋合长度组

对旋合长度为短组合长组螺纹,宜在公差带代号后分别标注"S"和"L"代号。公差带与旋合长度组别代号间用"－"号分开。对旋合长度为中等组螺纹,不标注其旋合长度组代号(N)。

示例 6:

M20×2－5H－S

短旋合长度组的内螺纹。

M6－7H/7g6g－L

长旋合长度组的内、外螺纹。

M6

中等旋合长度组的螺纹。

(2) 螺纹旋向

螺纹具有左旋和右旋两种,对左旋螺纹应在螺纹标记的最后标注代号"LH",与前面用"－"分开。右旋螺纹不标注旋向代号。

示例 7:M8×1－6H/5 g－L－LH

表示公称直径为 8 mm、螺距为 1 mm、长旋合长度、旋向为左旋的内螺纹中径和顶径公差带代号为 6H 与中径公差带和顶径公差带代号为 6g 的外螺纹组成配合。

➤ 单选题

下列关于一组内外螺纹配合公差等级标写正确的是(　　　)。

A. 6H/5g6g　　　　　B. 5g6g/6H　　　　　C. H6/g5g6　　　　　D. 5H/g6

➤ 判断题

当螺纹的大径、中径和小径公差带代号均相等时,只需要标注一个公差带代号。

# ▐▌▶ 考点 10　滚动轴承与轴、孔配合公差

利用类比法选用滚动轴承与轴、孔配合公差。

1. 滚动轴承的精度等级及其应用

(1) 滚动轴承的精度等级

根据 GB/T 307.1—2017,轴承公差等级依次由低到高排列为:

向心轴承(圆锥滚子轴承除外)分为普通级、6、5、4、3、2 六级。

圆锥滚子轴承分为普通级、6X、5、4、2 五级。

推力轴承分为普通级、6、5、4 四级。

(2) 滚动轴承精度等级的应用

普通级轴承应用在中等载荷、中等转速和旋转精度要求不高的一般机构中,如普通机床、汽车、拖拉机的变速机构,普通电机、水泵、压缩机的旋转机构的轴承。

6(或 6X)级(中等精度级)轴承应用于旋转精度和转速较高的旋转机构中,如普通机床的主轴轴承、精密机床传动机构使用的轴承。

5 级、4 级(较高精度级、高精度级)轴承应用于旋转精度高和转速高的旋转机构中,如精密机床的主轴轴承、精密仪器和机械使用的轴承。

2 级(精密级)轴承应用于旋转精度和转速很高的旋转机构中,如精密坐标镗床的主轴轴承、高精度仪器和高转速机构中使用的轴承。

2. 滚动轴承与轴、外壳孔的配合特点

滚动轴承是标准件,其内圈内孔与轴颈的配合采用基孔制配合,外圈与外圆与外壳孔的配合采用基轴制配合。

(1) 滚动轴承内圈内孔与轴颈的配合特点

GB/T 307.1—2017 规定,内圈基准孔公差带位于以公称内径 $d$ 为零件的下方,且上偏差为零,如图 2-13 所示。这种特殊的基准孔公差带不同于 GB/T 1800.2 中光滑圆柱体基准孔 H 的公差带,因为在多数情况下,轴承内圈随传动轴一起转动,且不允许轴孔之间有相对运动,所以两者的配合应具有一定的过盈量。但由于内圈是薄壁零件,又常需要维修拆换,故过盈量不宜过大。而一般基准孔,其公差带布置在零线上侧,若选用过盈配合,则其过盈量太大;如果改用过渡配合,又可能出现间隙,使内圈与轴在工作中发生相对滑动,导致结合面被磨损。因此在采用相同的轴公差带的前提下,其所得到配合比一般基孔制的相应配合要紧些。当其与轴径公差带为 k6、m6、n6 等的轴构成配合时,将获得比一般基孔制过渡配合规定的过盈量稍大的过盈配合;当与轴径公差带为 g6、h6 等的轴构成配合时,不再是间隙配合,而成为过渡配合,如图 2-14(a)所示。

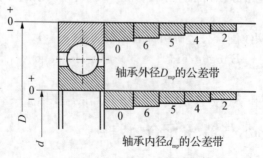

图 2-13 滚动轴承内、外径公差带

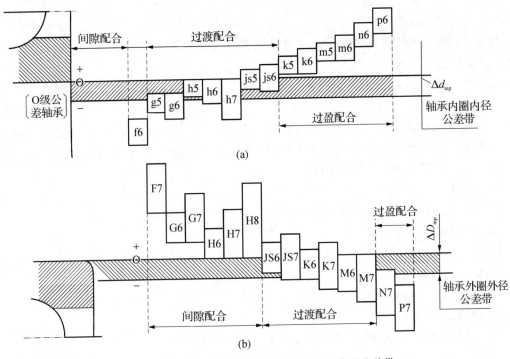

图 2-14 与滚动轴承配合的轴颈、外壳孔常用公差带

(2) 滚动轴承外圈外圆与外壳孔的配合特点

GB/T 307.1—2017 规定,滚动轴承外圈基准轴公差带位于以公称外径 $D$ 为零线的下方,且上偏差为零,如图 2-14(b) 图所示。在轴承外圈与外壳孔的基轴制配合中,外壳孔的各种公差带与一般圆柱结合基轴制配合中的孔公差带相同;作为基准轴的轴承外圈圆柱面,其公差带位置虽与一般基准轴相同,但其公差带的大小不同,所以其公差带也是特殊的。其配合基本上保持 GB/T 1801 中同名配合的配合性质。

3. 轴承配合种类的选择

(1) 轴承配合种类的选择原则

① 相对于载荷方向旋转的套圈与轴或外壳孔,应选择过渡配合或过盈配合。过盈量的大小,以轴承在载荷作用下,其套圈在轴上或外壳孔内的配合表面上不产生"爬行"现象为原则。

② 相对于载荷方向固定的套圈与轴或外壳孔,应选择过渡配合或间隙配合。

③ 相对于轴或外壳孔需要做轴向移动的套圈(游动圈)以及需要经常拆卸的套圈与轴或外壳孔,应选择较松的过渡配合或间隙配合。

④ 承受重载荷的轴承,通常应比承受轻载荷或正常载荷的轴承选用较紧的过盈配合,且载荷越大,过盈量应越大。

(2) 公差等级的选择

① 与轴承内圈配合的轴颈公差等级的选择

与轴承配合的轴或外壳孔的公差等级与轴承精度有关。与普通级精度轴承配合的轴,其公差等级一般为 IT6,外壳孔一般为 IT7。

② 对于旋转精度和运转的平稳性有较高要求的场合(如电动机等),轴的公差等级应为

IT5,外壳孔应为 IT6。

(3) 公差带的选择

与轴承内圈内孔配合的轴颈的尺寸公差通常在 IT5～IT7 之间,常用公差带代号为 k6、r6、s6,表面粗糙度为 $R_a 0.4～1.6\ \mu m$,常用 $R_a 0.8\ \mu m$。

与轴承外圈外圆配合的外壳孔的尺寸公差通常在 IT6～IT8 之间,常用公差带代号为 M7、N7、Js7、K7、P7。

在设计中,轴承的配合通常采用类比法来选择,有时为了安全起见,才用计算法校核。用类比法确定与轴承内圈内径配合的轴颈和与轴承外圈外圆相配合的外壳孔的公差带时,可应用滚动轴承标准推荐的资料进行选取。

➤ **单选题**

选择滚动轴承与轴颈、外壳孔的配合时,首先应考虑的因素是(　　)。

A. 轴承的径向游隙

B. 轴承套圈相对于载荷方向的运转状态和所承受载荷的大小

C. 轴和外壳的材料和结构

D. 轴承的工作温度

➤ **判断题**

某滚动轴承内圈与轴配合,当轴径公差为 js6 时,为过渡配合。

# ▐▶ 考点 11　直齿圆柱齿轮精度等级

正确确定直齿圆柱齿轮精度等级,能规范标注齿轮图样。

渐开线直齿圆柱齿轮的精度,包括齿轮孔与轴径的配合精度和齿形精度。齿轮安装孔与轴径的精度等级及其选择已经在前面讨论过,这里主要分析渐开线齿轮的齿形精度。

1. 齿轮传动的使用要求

各类齿轮都是用来传递运动或动力的,它是机器和仪器的重要零件,其精度在一定程度上直接影响着整台机器或仪器的性能和质量。现代工业对齿轮传动提出越来越高的要求。主要有以下几项。

(1) 传递运动准确性

是指传递运动或分度准确可靠。为此,必须要求齿轮在一转范围内,最大的转角误差不能超过允许范围。通常将传递运动准确性公差组称为第 I 公差组。

(2) 传动平稳性

是指要求齿轮传动瞬时的传动比变化尽量小,以保证传动平稳,噪声,振动较小。通常将传动平稳性公差组称为第 II 公差组。

(3) 载荷分布均匀性

是指要求一对齿轮啮合时,工作齿面的接触区域不能小于允许的范围,即在受载下能够良好接触,以保证足够的承载能力和使用寿命。通常将载荷分布均匀性公差组称为第 III 公差组。

(4) 传动侧隙(齿侧间隙)

要求一对齿轮啮合时,在非工作齿面间应存在的间隙。为了使齿轮传动灵活,用以储存润滑油、补偿齿轮的制造和安装误差以及热变形等所需的侧隙,否则齿轮传动过程中会出现卡死或烧伤,但齿侧间隙又不能过大。

**2. 齿轮齿形的精度等级及其选用**

以上四项使用要求,每一项都设计了一些检测项目,每个检测项目都定义有代号。比如检定载荷分布均匀性包括齿向公差(其公差代号为 $F_\beta$)、接触线公差(其公差代号为 $F_b$)和轴向齿距偏差(其公差代号为 $\pm F_{px}$)三个检测项目。不同用途的齿轮,可以在各项目中分别选择一些检测项目(一般不需要选择全部的检测项目)组成检测组。这些项目的公差数值由齿轮精度等级以及其他条件(比如齿轮的尺寸等)在相应的表格中查取。

(1) 齿轮齿形的精度等级

国家标准对单个齿轮规定了 13 个精度等级,从高到低分别用阿拉伯数字 0,1,2,3,…,12 表示,其中 0~2 级齿轮要求非常高,属于未来发展级,3~5 级称为高精度等级,6,8 级称为中精度等级,最常用,9 级为较低精度等级,10~12 级为低精度等级。

(2) 齿轮精度等级标注

齿轮精度等级一般按标注在齿轮零件图的右上方的齿轮参数表中,依照国家标准 GB/T 10095.1—2008,齿轮精度等级的标注的方法示例如下:

示例 1:7 GB/T 10095.1—2008

该标注的含义为:齿轮各项偏差项目均为 7 级精度,且符合 GB/T 10095.1—2008 的要求。

示例 2:7$F_p$6($F_\alpha F_\beta$)GB/T 10095.1—2008

该标注的含义为:齿轮各项偏差项目均应符合 GB/T 10095.1—2008 要求,$F_p$ 为 7 级精度,$F_\alpha F_\beta$ 均为 6 级精度。

(3) 齿厚偏差的标注

按照 GB/T 6443—1986《渐开线圆柱齿轮图样上应注明的尺寸数据》的规定,应将齿厚(或公法线长度)及其极限偏差数值注写在图样右上角的参数表中。

(4) 齿轮精度等级的选择

各类机械设备的齿轮精度等级选用,可参看表 2-8。

表 2-8 各类机械设备的齿轮精度等级

| 应用范围 | 精度等级 | 应用范围 | 精度等级 |
| --- | --- | --- | --- |
| 测量齿轮 | 3~5 | 拖拉机 | 6~10 |
| 汽轮机、减速机 | 3~6 | 一般用途的减速器 | 6~9 |
| 金属切削机床 | 3~8 | 轧钢设备小齿轮 | 6~10 |
| 内燃机与电气机车 | 6~7 | 矿用绞车 | 8~10 |
| 轻型汽车 | 5~8 | 起重机机构 | 7~10 |
| 重型汽车 | 6~9 | 农业机械 | 8~11 |
| 航空发动机 | 4~7 | | |

➤ **单选题**

1. 某齿轮零件图如图 2-15 所示。从该图可知,由齿轮齿形精度( )。

A. 第Ⅰ公差组精度为 7 级,第Ⅱ和第Ⅲ公差组精度无要求

B. 第Ⅱ公差组精度为 7 级,第Ⅰ和第Ⅲ公差组精度无要求

C. 第Ⅲ公差组精度为 7 级,第Ⅰ和第Ⅱ公差组精度无要求

D. 第Ⅰ、第Ⅱ和第Ⅲ公差组精度均为 7 级

2. 带式输送机用减速机的传动齿轮的精度等级标注,合理的是(　　)。

A. 10—FL

B. 11—FL

C. 766—FL

D. 667—FL

> **判断题**

图 2-15 中齿轮的齿面表面粗糙度为 $R_a 12.5\ \mu m$。

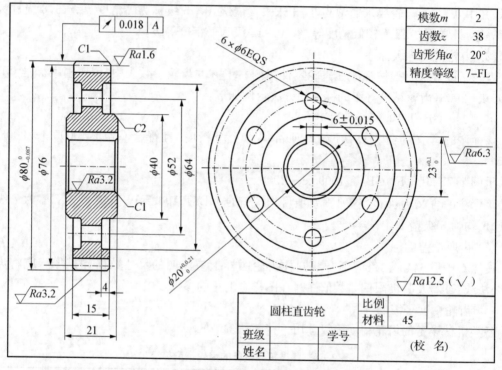

**图 2-15　齿轮零件图**

# 第三章　技术测量

## ▶▶ 考点 12　按使用说明书,规范操作量具、量仪进行技术测量

实践中所用的量具、量仪种类很多,日常所用的量具、量仪有关使用方法如前所述。

> **单选题**

使用千分尺时应(　　)。

A. 测量时用手握住千分尺的测脚

B. 测量时使测脚紧紧贴靠在工件上

C. 测量时握住弓架

D. 测量时握住工件

## ⬛▶ 考点 13　对测量误差进行数据处理

**1. 测量误差及其产生原因**

**(1) 测量误差**

测量误差是测得值与被测真值之差。按测量误差的表达方式,测量误差分为绝对误差和相对误差。

① 绝对误差。绝对误差是测得值与被测量真值之差。一般来说,被测量的真值是不知道的。在实际测量时,常用相对真值或不存在系统误差情况下的多次测量的算术平均值来代替真值使用。

② 相对误差。相对误差为测的绝对误差的绝对值与被测量真值之比。

**(2) 测量误差产生的原因**

① 测量器具误差。由测量器具的设计、制造、装配和使用调整的不准确而引起的误差。如测量器具的制造误差、分度盘安装偏心等。

② 基准件误差。作为标准量的基准件本身存在的误差。如量块的制造误差等。

③ 测量方法误差。由于测量方法不完善(包括计算公式不精确、测量方法选择不当、测量时定位装夹不合理)所产生的误差。

④ 环境条件引起的误差。测量时的环境条件不符合标准条件所引起的误差。如温度、湿度、气压、照明等不符合标准以及计量器具或工件上有灰尘、测量时有振动等引起的误差。

⑤ 人为误差。人为原因所引起的误差。如测量人员技术不熟练、视力分辨能力差、估读判断不准等引起的误差。

总之产生测量误差的原因很多,在分析误差时应找出测量误差的主要原因,采取相应的措施消除或减少其对测量结果的影响,以保证测量结果的精度。

**2. 测量误差的分类与处理**

测量误差按其性质可分为**随机误差、系统误差和粗大误差**三类。

**(1) 随机误差及其评定**

随机误差是指在相同测量条件下,多次测量同一量值时,误差的绝对值和符号以不可预定的方式变化的误差。

随机误差的产生是由于测量过程中各种随机因素而引起的,例如,测量过程中温度的波动、振动、测力不稳以及观察者的视觉等。随机误差的数值通常不大,虽然某一次测量的随机误差大小、符号不能预料,但是进行多次重复测量,对测量结果进行统计、预算,就可以看出随机误差符合一定的统计规律。

① 随机误差的分布规律和特性。大量测量实践的统计分析表明,随机误差的分布多呈现正态分布。正态分布曲线如图 3-1 所示。由此可归纳出随机误差具有以下几个分布特性:

➤ 单峰性。绝对值小的误差比绝对值大的误差出现的概率大。

➤ 对称性。绝对值相等的正、负误差出现的概率相等。

➤ 有界性。在一定的测量条件下,随机误差的绝对值不会超过一定的界线。

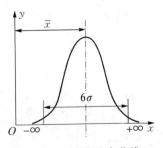

**图 3-1　正态分布曲线**

➤ 抵偿性。随着测量次数的增加,随机误差的算术平均值趋于零。

② 随机误差的评定。正态分布曲线的数学表达式为

$$y = \frac{1}{\sigma\sqrt{2\pi}} e^{-\frac{\delta^2}{2\sigma^2}}$$ (3-1)

式中,$y$——概率密度;

$\delta$——随机误差;

$\sigma$——标准偏差。

由图 3-1 可见,当 $\delta=0$ 时,概率密度最大,且有 $y_{max} = \frac{1}{\sigma\sqrt{2\pi}}$,概率密度的最大值 $y_{max}$ 与标准偏差 $\sigma$ 成反比,即 $\sigma$ 越小,$y_{max}$ 越大,分布曲线越陡峭,测得值越集中,亦即测量精度越高;反之,$\sigma$ 越大,$y_{max}$ 越小分布曲线越平坦,测得值越分散,亦即测量精度越低。如图 3-2 所示的三种标准偏差的分布曲线。

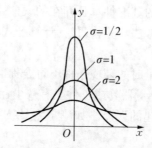

**图 3-2  正态分布曲线**

标准偏差和算术平均值 $\bar{x}$ 也可通过有限次的等精度测量实验求出,其计算式为

$$\sigma = \sqrt{\frac{\sum_{i=1}^{n}(x_i - \bar{x})^2}{n-1}}$$ (3-2)

$$\bar{x} = \frac{1}{n}\sum_{i=1}^{n} x_i$$ (3-3)

式中,$x_i$——第 $i$ 次测量值;

$\bar{x}$——$n$ 次测量的算术平均值;

$n$——测量次数,一般 $n$ 取 10~20。

由概率论可知,全部随机误差的概率之和为 1,即

$$P = \int_{-\infty}^{+\infty} y\,\mathrm{d}\delta = \frac{1}{\sigma\sqrt{2\pi}}\int_{-\infty}^{+\infty} e^{-\frac{\delta^2}{2\sigma^2}}\,\mathrm{d}\delta = 1$$ (3-4)

随机误差出现在区间$(-|\delta|, +|\delta|)$内的概率为

$$P = \frac{1}{\sigma\sqrt{2\pi}}\int_{-|\delta|}^{+|\delta|} e^{-\frac{\delta^2}{2\sigma^2}}\,\mathrm{d}\delta$$

若令 $\tau = \dfrac{\delta}{\sigma}$，则 $d\tau = \dfrac{d\delta}{\sigma}$，于是有

$$P = \frac{1}{\sqrt{2\pi}} \int_{-|\tau|}^{+|\tau|} e^{-\frac{\tau^2}{2}} d\tau = \frac{2}{\sqrt{2\pi}} \int_{0}^{|\tau|} e^{-\frac{\tau^2}{2}} d\tau = 2\Phi(\tau)$$

式中

$$\Phi(\tau) = \frac{1}{\sqrt{2\pi}} \int_{0}^{|\tau|} e^{-\frac{\tau^2}{2}} d\tau \qquad (3-5)$$

$\Phi(\tau)$ 称为拉普拉斯函数。表 3-1 为从 $\Phi(\tau)$ 表中查得的 4 个特殊 $\tau$ 值对应的概率。

**表 3-1 拉普拉斯函数表**

| $\tau$ | $|\delta| = |\tau\sigma|$ | 不超过 $|\delta|$ 的概率 $P = 2\Phi(\tau)$ | 超过 $|\delta|$ 的概率 $\alpha = 1 - 2\Phi(\tau)$ |
|---|---|---|---|
| 1 | $1\sigma$ | 0.682 6 | 0.317 4 |
| 2 | $2\sigma$ | 0.954 4 | 0.045 6 |
| 3 | $3\sigma$ | 0.997 3 | 0.002 7 |
| 4 | $4\sigma$ | 0.999 36 | 0.000 64 |

在仅存在符合正态分布规律的随机误差的前提下，如果用某仪器对被测工件只测量一次，或者虽然测量了多次，但任取其中一次作为测量测量结果，可认为该单次测量值 $x_i$ 与被测量真值 $Q$（或算术平均值 $\bar{x}$）之差不会超过 $\pm 3\sigma$ 的概率为 99.73%，而超出此范围的概率只有 0.27%。因此，通常把相应于置信概率 99.73% 的 $\pm 3\sigma$ 作为测量极限误差，即

$$\pm \delta_{\lim} = \pm 3\sigma$$

为了减小随机误差的影响，可以采用多次测量并取其算术平均值表示测量结果。显然，算术平均值 $\bar{x}$ 比单次测量值 $x_i$ 更加接近被测量真值 $Q$，但 $\bar{x}$ 也具有分散性，不过它的分散程度比 $x_i$ 的分散程度小，用 $\sigma_{\bar{x}}$ 表示算术平均值的标准偏差，其数值与测量次数 $n$ 有关，即

$$\sigma_{\bar{x}} = \frac{\sigma}{\sqrt{n}} \qquad (3-6)$$

若以多次测量的算术平均值 $\bar{x}$ 表示测量结果，则 $\bar{x}$ 与真值 $Q$ 之差不会超过 $\pm 3\sigma_{\bar{x}}$，即

$$\pm \delta_{\lim \bar{x}} = \pm 3\sigma_{\bar{x}} \qquad (3-7)$$

**【例 3-1】** 在某仪器上对某零件尺寸进行 10 次等精度测量，得到表 3-2 所示的测量值 $x_i$。已知测量中不存在系统误差，试计算测量列的标准偏差 $\sigma$、算术平均值的标准偏差 $\sigma_{\bar{x}}$，并分别给出以单次测量值作为结果和以算术平均值作为测量结果的精度。

**解** 由式(3-2)、式(3-3)和式(3-6)得测量列的算术平均值、测量列的标准偏差和算术平均值的标准偏差分别为

表 3-2  测量数据

| 测量序号 | 测量值 $x_i$ /mm | $x_i - \bar{x}$ /μm | $(x_i - \bar{x})^2$ /μm² |
|---|---|---|---|
| 1 | 40.008 | +1 | 1 |
| 2 | 40.004 | −3 | 9 |
| 3 | 40.008 | +1 | 1 |
| 4 | 40.009 | +2 | 4 |
| 5 | 40.007 | 0 | 0 |
| 6 | 40.008 | +1 | 1 |
| 7 | 40.007 | 0 | 0 |
| 8 | 40.006 | −1 | 1 |
| 9 | 40.008 | +1 | 1 |
| 10 | 40.005 | −2 | 4 |
| | $\bar{x} = \frac{1}{10}\sum\limits_{i=1}^{10} x_i = 40.007$ | $\frac{1}{10}\sum\limits_{i=1}^{10}(x_i - \bar{x}) = 0$ | $\frac{1}{10}\sum\limits_{i=1}^{10}(x_i - \bar{x})^2 = 22$ |

$$\bar{x} = \frac{1}{10}\sum_{i=1}^{10} x_i = 40.007$$

$$\sigma = \sqrt{\frac{\sum\limits_{i=1}^{10}(x_i - \bar{x})^2}{n-1}} = \sqrt{\frac{22}{10-1}} \approx 1.6 \ \mu\text{m}$$

$$\sigma_{\bar{x}} = \frac{\sigma}{\sqrt{n}} = \frac{1.6}{\sqrt{10}} \mu\text{m} \approx 0.5 \ \mu\text{m}$$

因此,以单次测量值作为结果时,不确定度为 $\pm 3\sigma \approx \pm 5 \ \mu\text{m}$;以算术平均值作为结果时,不确定度为 $\pm 3\sigma_{\bar{x}} \approx \pm 1.5 \ \mu\text{m}$。

所以,该零件的最终测量结果表示为

$$Q = \bar{x} \pm 3\sigma_{\bar{x}} = (40.007 \pm 0.001\,5) \ \mu\text{m}$$

(2) 系统误差及其消除

系统误差是指在相同测量条件下,多次重复测量同一量值,测量误差的大小和符号保持不变或按一定规律变化的误差。

系统误差可分为常值系统误差和变值系统误差,前者如千分尺的零位不正确引起的测量误差,后者如万能工具显微镜(简称万工显)上测量长丝杠的螺距误差时,由于温度有规律的升高而引起的丝杠长度变化的误差。对这两种误差数值大小和变化规律已被确切掌握了的系统误差,也叫作已定系统误差。不易确切掌握误差大小和符号,但是可以估计其数值范围的误差,称为未定系统误差。例如,万能工具显微镜的光学刻线尺的误差为 $\pm\left(1 + \dfrac{L}{200}\right) \mu\text{m}$($L$ 是以 mm 为单位的被测件长度),若测量时,对刻线尺的误差不做修正,则该项误差可视为未定系统误差。

在实际测量中,应设法避免产生系统误差。如果难以避免,则应设法加以消除或减小系统误差。消除和减小系统误差的方法有以下几种:

① 从产生系统误差的根源消除。这是消除系统误差的最根本方法。例如调整好仪器的零位、正确选择测量基准、保证被测零件和仪器都处于标准温度条件等。

② 用加修正值的方法消除。对于标准量具或标准件以及计量器具的刻度,都可事先用更精密的标准件检定其实际值与标准值的偏差,然后将此偏差作为修正值在测量结果中予以消除。例如,按"等"使用量块,按修正值使用测长仪的读数,测量时温度偏离标准温度而引起的系统误差也可以计算出来。

③ 用两次读数法消除。若用两种测量法测量,产生的系统误差的符号相反、大小相等或相近,则可以用这两种测量方法测得值的算术平均值走位结果,从而消除系统误差。

④ 利用被测量之间的内在联系消除。有些被测量各测量值之间存在必然的关系。例如,多面棱体的各角度之和是封闭的,即 360°,因此在用自准仪检定其各角度时,可根据其角度之和为 360°这一封闭条件消除检定中的系统误差。又如,在用齿距仪按相对法测量齿轮的齿距累积误差时,可根据齿轮从第 1 个齿距误差累积到最后 1 个齿距误差时,其累积误差应为零这一关系来修正测量时的系统误差。

(3) 粗大误差及其剔除

粗大误差(也称为过失误差)是指超出在规定条件下预期的误差。

粗大误差的产生是由于某些不正常的原因所造成的。例如,测量者的粗心大意、测量仪器和被测件的突然振动以及读数或记录错误等。由于粗大误差一般数值较大,它会显著地歪曲测量结果,因此,它是不允许存在的。若发现有粗大误差,则应按一定准则加以剔除。

发现和剔除粗大误差的方法通常是用重复测量或者改用另一种测量方法加以核对。对于等精度多次测量值,凡是测量值与算术平均值之差(也叫剩余误差)的绝对值大于标准偏差 $\sigma$ 的 3 倍,即认为该测量值具有粗大误差,应从测量列中将其剔除。例如,在例题中,已求得该测量列的标准偏差 $\sigma = 1.6\ \mu m$,则 $3\sigma = 4.8\ \mu m$,可以看出表 3-2 中 10 次测量的剩余误差 $x_i - \bar{x}$ 值均不超过 $4.8\ \mu m$,则说明该测量列中没有粗大误差;倘若某测量值的剩余误差 $x_i - \bar{x} > 4.8\ \mu m$,则应视该测量值有粗大误差,而将其从测量列中剔除。

➢ 单选题

对某工件尺寸进行多次测量,其测量值的统计数据呈现正态分布规律,这种误差属于(　　)。

A. 常值系统误差　　　　B. 变值系统误差　　　　C. 随机误差　　　　D. 粗大误差

➢ 判断题

量具或量仪的制造或安装不精确会引起测量中出现随机误差。

# 考点 14　按使用说明书要求对量具、量仪进行保养

➢ 单选题

对于量具量仪,正确的使用方法是(　　)。

A. 用后立即放入工具箱

B. 用后放入量具盒内,再置于量具柜内

C. 用手擦拭干净后放入量具盒内,再置于量具柜内

D. 用后用净洁的棉布擦拭干净,调至零位后放入量具盒内,再置于量具柜内

# 第四章　职业素养

(1) 遵守安全操作规范。

(2) 能正确规范使用工具、夹具和量具。

(3) 能保证工作场地清洁、整齐、有序,注重环境保护。

(4) 尊重数据、诚实守信的职业素养。

➤ **单选题**

1. 不爱护工、卡、刀、量具的做法是(　　)。

A. 按规定维护工、卡、刀、量具　　　　　B. 工、卡、刀、量具要放在工作台上

C. 正确使用 工、卡、刀、量具　　　　　D. 工、卡、刀、量具要放在指定地点

2. 钳工操作(　　)戴手套进行(　　)。

A. 可以　　　　　B. 不可以　　　　　C. 必须　　　　　D. 随意

➤ **判断题**

安全生产管理必须坚持"安全第一、预防为主、综合治理"的方针。